普通高等教育土木与交通类“十四五”教材

材料力学

（第2版）

主　编　王向东

副主编　邓爱民　朱为玄

中国水利水电出版社
www.waterpub.com.cn
·北京·

内 容 提 要

本教材在第1版基础上，增加了反映科技发展的新内容；融入了反映课程讨论的新元素；突出基本概念、基本理论和基本方法。内容上与相关课程既保持相对独立性，又不失联贯性与渗透性。精选的例题和习题，既有利于启发式、引导式和互动式教学；又有利于培养学生分析问题、解决问题的能力以及创新思维的能力。

本教材共15章，内容包括绪论及基本概念、轴向拉伸和轴向压缩、扭转、弯曲内力、弯曲应力、弯曲变形、简单的超静定问题、应力状态与应变状态分析、强度理论、组合变形、连接部分的强度计算、压杆稳定、能量法、动荷载和交变应力以及考虑材料塑性时杆的强度计算；附录包括平面图形几何性质和型钢截面尺寸、截面面积、理论质量及截面特性。

本教材可作为高等院校工程力学专业，水利、土木类专业以及其他专业的材料力学教材或参考书；可作为大学生力学竞赛和硕士研究生入学考试的参考书；也可供力学及相关专业教师和工程技术人员阅读、参考。

图书在版编目（CIP）数据

材料力学 / 王向东主编. -- 2版. -- 北京 : 中国水利水电出版社, 2020.12（2023.5重印）
普通高等教育土木与交通类“十四五”教材
ISBN 978-7-5170-9310-7

Ⅰ. ①材… Ⅱ. ①王… Ⅲ. ①材料力学－高等学校－教材 Ⅳ. ①TB301

中国版本图书馆CIP数据核字(2020)第270076号

书　　名	普通高等教育土木与交通类“十四五”教材 **材料力学**（第2版） CAILIAO LIXUE
作　　者	主编　王向东　副主编　邓爱民　朱为玄
出版发行	中国水利水电出版社 （北京市海淀区玉渊潭南路1号D座　100038） 网址：www.waterpub.com.cn E-mail：sales@mwr.gov.cn 电话：（010）68545888（营销中心）
经　　售	北京科水图书销售有限公司 电话：（010）68545874、63202643 全国各地新华书店和相关出版物销售网点
排　　版	中国水利水电出版社微机排版中心
印　　刷	清淞永业（天津）印刷有限公司
规　　格	184mm×260mm　16开本　22.5印张　548千字
版　　次	2014年1月第1版第1次印刷 2020年12月第2版　2023年5月第2次印刷
印　　数	3001—6000册
定　　价	**60.00**元

第 2 版前言

自 21 世纪以来，河海大学编写出版了三本材料力学教材，一本是面向 21 世纪课程系列教材《材料力学》(徐道远主编，河海大学出版社，2004 年 1 月出版)；一本是主要面向高等学校工程力学专业使用的《材料力学》(徐道远、朱为玄、王向东编著，河海大学出版社，2006 年 1 月出版)；还有一本即为该书的第 1 版《材料力学》(王向东、邓爱民编著，中国水利水电出版社，2014 年 1 月出版)。

随着高等教育改革的深化和教学计划的不断改革，特别是新时代中国特色社会主义建设进一步推进，编写一本适合时代发展需要的材料力学教材，满足高等学校水利、土木类专业，或有更高要求的专业教学之需，实有必要。本书在第 1 版基础上，继承传统的材料力学体系，结合目前教学实际要求编写，在内容编排上努力做到由浅入深、循序渐进，力求严格、准确、精炼地阐述基本概念、基本理论和基本方法，注意将材料力学与工程应用相联系，充分反映其工程应用背景和前沿科技发展，并将课程思政紧密融入教材内容之中。具体修改内容如下：

(1) 全教材主体部分保持不变，对部分章节做了适当调整和修改。

(2) 超静定内容单独组成一章，体现了超静定问题的系统性和完整性。

(3) 对部分例题和习题做了补充和修改，使教学过程更便于启发和引导。

(4) 对部分习题做了习题解答的电子资源库，以二维码的形式提供给学习者参考。

本教材由王向东（第 1 章、第 8～15 章、附录 A 和附录 B)、邓爱民（第 2～7 章)、朱为玄（内容提要和前言）合作编写，并由王向东担任主编。本书的编写主要参考了河海大学徐道远主编的由河海大学出版社 2004 年和 2006 年出版的《材料力学》教材，同时还参考了国内外其他材料力学教材，注意吸收了它们的许多长处。北京交通大学石志飞教授、南京工业大学王振波教授对全书进行了审核，河海大学徐道远教授对书稿提出了许多宝贵意见，为提高本书的质量作出了贡献，特此致以衷心感谢。

本教材可作为高等院校工程力学专业材料力学教材，也可作为水利、土木或其他专业材料力学教材和参考书。为便于教学内容的选择，在一些内容具有深度或具有特殊教学需求的章节均注了*号。本书也可供力学教师和工程技术人员参考，并可作为硕士研究生入学考试的参考书。

限于编者水平，本教材难免有不妥和疏漏之处，欢迎读者对使用中发现的问题，提出宝贵意见和建议，以利于今后再次修订完善。

编　者

2020 年 11 月

第 1 版前言

自国家级力学教学基地建设以来，河海大学已编写出版了两本材料力学教材，一本是按基地建设要求对传统材料力学内容体系作了较大调整的《材料力学》（面向21世纪课程教材，徐道远主编，河海大学出版社，2004年出版），另一本是主要面向高等学校工科力学专业使用的《材料力学》（徐道远主编，河海大学出版社，2006年出版）。

随着高等教育改革的深化和教学计划的不断改革，编写一本符合现行“高等院校材料力学基本要求（多学时）”的材料力学教材，满足高等院校力学、水利、土木类专业，或有更高要求的专业教学之需，实有必要。

本书在徐道远教授主编的上述两本教材的基础上，继承传统的材料力学体系，结合目前教学实际要求而编写，在内容编排上努力做到由浅入深、循序渐进，力求严格、准确、精炼地阐述基本概念、基本理论和基本方法，注意将材料力学与工程应用相联系，充分反映其工程应用背景。

本书内容包括：绪论及基本概念、轴向拉伸和轴向压缩、扭转、弯曲内力、弯曲应力、弯曲变形、应力状态和应变状态分析、强度理论、组合变形、连接部分的强度计算、压杆稳定、能量法、动荷载和交变应力、考虑材料塑性时杆的强度计算和开口薄壁杆件的约束扭转；附录包括平面图形几何性质、薄壁截面扇性几何性质和型钢截面尺寸、截面面积、理论重量及截面特性。

本书由王向东（第1章、第8～15章及附录A、附录B和附录C）、邓爱民（第2～7章）编著。本书的选材主要参考了前述的两本教材，此外还参考了国内外一些材料力学教材，注意吸收各家之长。河海大学朱为玄教授对全书进行了审阅，河海大学徐道远教授对书稿提出了许多宝贵意见，使本书品质得以提升，特此致以衷心感谢。

本书可作为高等院校工科力学专业材料力学教材，也可作为水利、土木或其他专业材料力学教材和参考书，为便于教学内容的选择，在一些内容较深或较特殊的章节均注了*号。本书也可供力学教师和工程技术人员阅读、参考，并可作为大学生力学竞赛和硕士研究生入学考试的参考书。

限于编者水平，本书难免有不妥和疏漏之处，欢迎读者指正。

编　者

2013年9月

目　　录

第1章　绪论及基本概念

本章介绍材料力学的任务、研究范畴、研究对象、研究的基本方法以及材料力学的特点。

材料力学的研究对象是杆件，将杆件作为变形固体。本章将介绍变形固体的基本假设，杆件变形的基本形式，受力杆件中的内力、应力、变形、位移和应变等重要的概念。

1.1　材料力学的任务

结构物、机器等都由许多部件组成，例如，房屋的组成部件有梁、板、柱和承重墙等，机器的组成部件有齿轮、传动轴等。这些组成结构的部件统称为**构件**（member）。为了使结构物和机器能正常工作，必须首先确保构件能正常工作，即对构件进行设计，选择合适的尺寸和材料，使之满足一定的要求。这些要求是：

（1）**强度**（strength）。构件抵抗破坏的能力称为强度。构件在外力作用下必须具有足够的强度才不致发生破坏，即不发生强度**失效**（failure）。

（2）**刚度**（rigidity）。构件抵抗变形的能力称为刚度。在某些情况下，构件虽有足够的强度，但若刚度不够，即受力后产生的变形过大，也会影响正常工作。因此设计时，必须使构件具有足够的刚度，使其变形限制在工程允许的范围内，即不发生刚度失效。

（3）**稳定性**（stability）。构件在外力作用下保持原有形状平衡的能力称为稳定性。例如受压力作用的细长直杆，当压力较小时，其直线形状的平衡是稳定的；但当压力过大时，直杆不能保持直线形状下的平衡，称为失稳。这类构件须具有足够的稳定性，即不发生稳定失效。

以上三个要求中，强度要求是基本的，只在某些情况下，才对构件提出刚度要求。至于稳定性问题，只有在一定受力情况下的某些构件才会出现。

为了满足上述要求，一方面必须从理论上分析和计算构件受**外力**（external force）作用产生的**内力**（internal force）、**应力**（stress）和**变形**（deformation），建立强度、刚度和稳定性计算的方法；另一方面，构件的强度、刚度和稳定性与材料的**力学性质**（mechanical properties）有关，而材料的力学性质需要通过试验确定。此外，由于理论分析要根据对实际现象的观察进行抽象简化，对所得结果的可靠性也要用试验来检验。**材料力学**（mechanics of materials）**的任务就是从理论和试验两方面，研究构件的内力、应力和变形，在此基础上进行强度、刚度和稳定性计算，以便合理地选择构件的尺寸和材料。**必须指出，要完全解决这些问题，还应考虑工程上的其他问题，材料力学只是提供基本的理论和方法。

在选择构件的尺寸和材料时，还要考虑经济要求，即尽量降低材料的使用成本；但为了安全，又希望构件尺寸大些，材料质量高些。这两者之间存在着一定的矛盾，材料力学正是在解决这些矛盾中产生并不断发展的。

材料力学的发展与社会生产发展密切相关，材料力学的知识是从生产实践中产生，并逐渐从低级向高级发展起来的。在古代，虽然已有舟车、房屋、堤坝等机械和结构的建造和制作，并已逐渐对构件的受力特点、材料的力学性能和正确使用积累起丰富的经验，但一直到16世纪前，在结构和机械的设计中，仍然主要是根据经验或模仿，还没有上升到科学理论的水平。

材料力学作为一门学科，一般认为是从17世纪开始建立。此后，随着生产的发展，各国科学家对与构件有关的力学问题进行了广泛深入的研究，使材料力学这门学科得到了长足的发展。长期以来，材料力学的概念、理论和方法已广泛应用于土木、水利、船舶与海洋工程、机械、化工、冶金、航空与航天等工程领域。计算机以及实验方法和设备的飞速发展与广泛应用，为材料力学的工程应用提供了强有力的手段。

1.2　变形固体的概念及其基本假设

固体在外力作用下产生各种各样的物理现象，而每门学科仅从自身的特定目的出发去研究某一方面的问题。为了研究方便，常常需要舍弃那些与所研究的问题无关或关系不大的特征，而只保留主要的特征，将研究对象抽象成一种理想的**模型**（model）。例如在理论力学中，为了从宏观上研究物体的平衡和机械运动的规律，可将物体看作刚体。**在材料力学中，所研究的是构件的强度、刚度和稳定性问题，这就必须考虑物体的变形，即使变形很小，也不能将物体看作刚体。**研究变形固体的力学称为固体力学或变形体力学。材料力学是固体力学的一个分支。

变形固体的组织构造及其物理性质十分复杂，为了抽象成理想的模型，通常对变形固体作出下列基本假设：

（1）**连续性假设**（assumption of continuity）。假设物体内部充满了物质，没有任何空隙。而实际的物体内当然存在着空隙，而且随着外力或其他外部条件的变化，这些空隙的大小会发生变化。但从宏观方面研究，只要这些空隙的大小比物体的尺寸小得多，就可不考虑空隙的存在，而认为物体是连续的。

（2）**均匀性假设**（assumption of homogeneity）。假设物体内各处的力学性质均完全相同。实际上，工程材料的力学性质都有一定程度的非均匀性。例如金属材料由晶粒组成，各晶粒的性质不尽相同，晶粒与晶粒交界处的性质与晶粒本身的性质也不同；又如混凝土材料由水泥、砂和碎石组成，它们的性质也各不相同。但由于这些组成物质的大小和物体尺寸相比很小，而且是随机排列的，因此，从宏观上看，可以将物体的性质看作各组成部分性质的统计平均量，认为物体的性质是均匀的。

（3）**各向同性假设**（assumption of isotropy）。假设材料在各个方向的力学性质均相同。金属材料由晶粒组成，单个晶粒的性质有方向性，但由于晶粒交错排列，从统计观点看，金属材料的力学性质可认为是各个方向相同的。例如铸钢、铸铁、铸铜等金属材料均可认为是各向同性材料。同样，像玻璃、塑料、混凝土等非金属材料也可认为是各向同性材料。但是，有些材料在不同方向具有明显不同的力学性质，如经过碾压的钢材、纤维整齐的木材以及冷扭的钢丝等，这些材料是各向异性材料。在材料力学中主要研究各向同性的材料。

变形固体受外力作用后将产生变形。如果变形的大小较物体原始尺寸小得多，这种变形称为**小变形**（small deformation）。材料力学所研究的构件，受力后所产生的变形大多是小变形。在小变形情况下，研究构件的平衡以及内部受力等问题时，均可不计这种小变形，而按构件的原始尺寸计算。

当变形固体所受外力不超过某一范围时，若除去外力，则变形可以完全消失，并恢复原有的形状和尺寸，这种性质称为**弹性**（elasticity）。若外力超过某一范围，则除去外力后，变形不会全部消失，其中能消失的变形称为弹性变形，不能消失的变形称为**塑性**（plasticity）变形，或残余变形、永久变形。对大多数的工程材料，当外力在一定的范围内时，所产生的变形完全是弹性的。对多数构件，要求在工作时只产生弹性变形。因此，在材料力学中，主要研究构件产生弹性变形的问题，即弹性范围内的问题。

1.3　杆件分类及其变形形式

1.3.1　构件的分类

根据几何形状的不同，构件可分为 3 类：

（1）**杆**（bar）。一个方向的尺寸比其他两个方向的尺寸大得多的构件称为杆或杆件，如图 1－1（a）所示。杆的几何形状可用一根中心**轴线**（axis）和与中心轴线正交的**横截面**（cross section）表示。根据轴线的形状，可分为直杆和曲杆；根据横截面沿轴线变化的情况，可分为等截面杆和变截面杆。例如组成桁架的杆多为等截面直杆，起重机的吊钩为变截面曲杆。

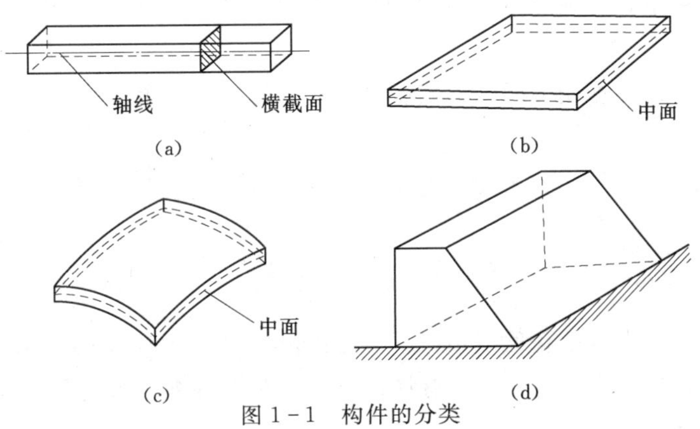

图 1－1　构件的分类

（2）**板和壳**（plate and shell）。一个方向的尺寸（厚度）比其他两个方向的尺寸小得多的构件称为板或壳。平分厚度的面称为**中面**。当中面为平面时，该构件称为板（或平板），如图 1－1（b）所示；当中面为曲面时，该构件称为壳（或壳体），如图 1－1（c）所示。例如楼板为平板，有些建筑物的屋顶为壳体。

（3）**块体**（solid block）。三个方向的尺寸相差不很大的构件称为块体。例如机器底座为块体，图1-1（d）所示的坝体也是块体。

材料力学主要研究杆件，其他几类构件的分析需用弹性力学的方法。

1.3.2 杆件变形形式

杆在各种形式的外力作用下，其变形形式多种多样，但**不外乎是某一种基本变形**（basic deformation）**或几种基本变形的组合**。杆的基本变形可分为：

（1）**轴向拉伸或压缩**（axial tension or compression）。直杆受到与轴线重合的外力作用时，杆的变形主要是轴线方向的伸长或缩短。这种变形称为轴向拉伸或压缩，如图1-2（a）、（b）所示。

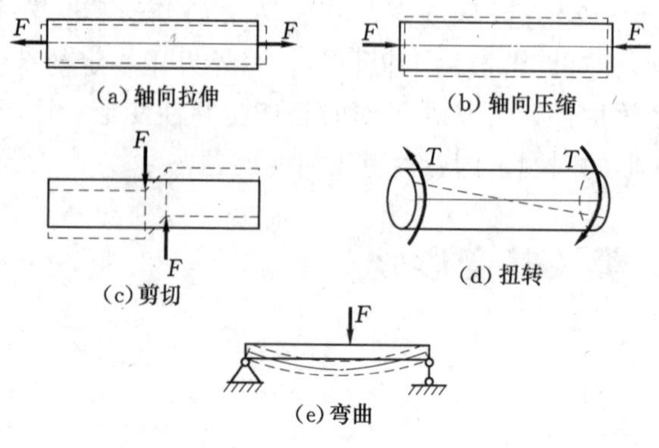

图1-2 杆件的几种基本变形

（2）**剪切**（shear）。直杆受一对大小相等、方向相反、作用线垂直于杆轴线且相距很近的横向外力作用时，杆的主要变形是横截面沿外力作用方向发生相对错动。这种变形称为剪切，如图1-2（c）所示。杆件在发生剪切变形的同时，通常还会发生其他变形。

（3）**扭转**（torsion）。直杆在垂直于轴线的相距一段距离的平面内，受到大小相等、方向相反的力偶作用时，各横截面之间发生绕杆轴线的相对转动。这种变形称为扭转，如图1-2（d）所示。

（4）**弯曲**（bending）。直杆受到垂直于轴线的外力或在包含轴线的纵向平面内的力偶作用时，杆的轴线由直变弯。这种变形称为弯曲，如图1-2（e）所示。

杆在外力作用下，若同时发生两种或两种以上的基本变形，则称为**组合变形**（complex deformation）。

本书先研究杆的基本变形问题，然后再研究杆的组合变形问题。

1.4 内力和应力

1.4.1 内力

构件所受到的外力包括**荷载**（load）和**约束反力**（reaction of constraint）。外力可从不同的角度分类，这在理论力学中已有详述。构件在外力作用下发生变形的同时，将引起**内力**（internal force）。

在物理学中，物体内相邻质点之间的相互作用力称为内力。物体未受外力作用时，内力已经存在，正是因为内力的存在，物体才能保持一定的形状。当外力作用后，原有的内力会发生改变，这一改变量称为附加内力。材料力学中研究的就是这种附加内力，通常简称为内力。物体受外力作用产生变形引起了内力，当外力增大使内力超过某一限度时，物体将破坏。

1.4.2 截面法

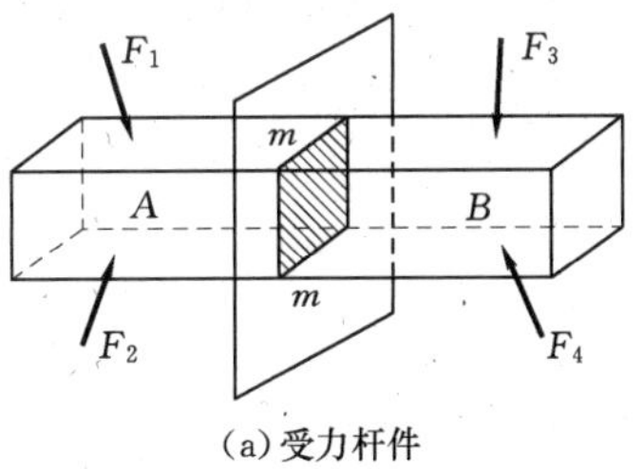

(a) 受力杆件

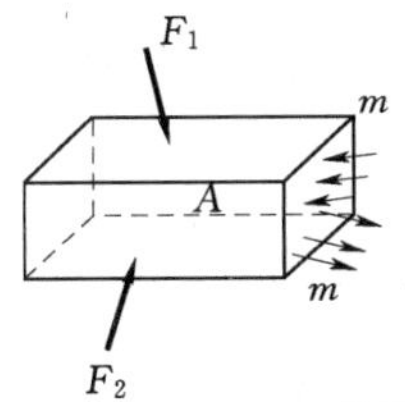

(b) m—m 截面左侧部分杆件

图 1-3 截面法原理

为了计算内力，需将物体截开。如图 1-3 (a) 所示的直杆，假想在需求内力的截面 m—m 处将杆截开为 A、B 两部分，留取任一部分，例如 A 部分 [见图 1-3 (b)]。在 A 部分上除有外力 F_1 和 F_2 外，还有 B 部分对它的作用力。这些作用力在 m—m 截面上是连续分布的，即为截面上的分布内力。一般情况下，截面上的分布内力可以合成为一个力（主矢）和一个力偶（主矩）。以后将截面上分布内力的合力（力和力偶）简称为内力。

根据 A 部分的平衡方程可求出这些内力。同样，也可根据 B 部分的平衡方程求 m—m 截面上的内力。

上述求内力的方法称为**截面法**（section method），其求解步骤为：

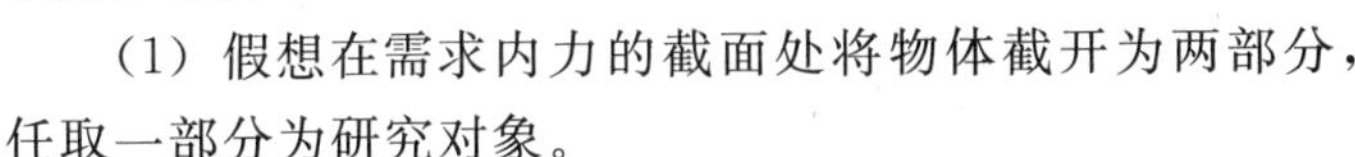

(1) 假想在需求内力的截面处将物体截开为两部分，任取一部分为研究对象。

(2) 在留取的部分上，除保留作用在这部分上的外力以外，还要加上移去部分对这部分的作用力，即截开截面上的内力。

(3) 利用平衡方程求得截面上的内力。

1.4.3 应力

实际的物体总是从内力集度最大处开始破坏的，因此只按理论力学中所述方法求出截面上分布内力是不够的，必须进一步确定截面上各点处分布内力的集度。为此，必须引入应力的概念。

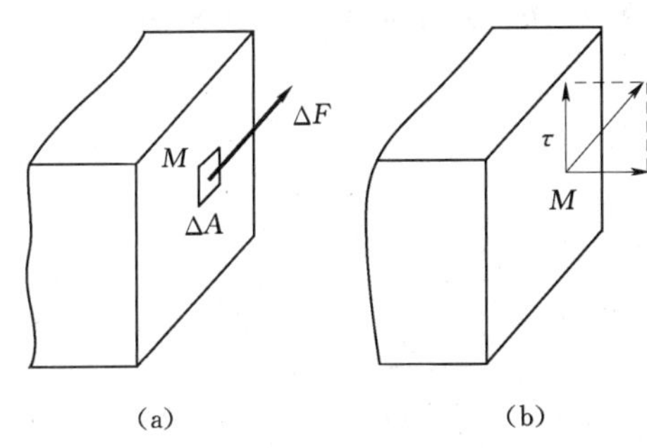

图 1-4 一点处的应力

在图 1-4 (a) 中受力物体某截面上某点 M 处的周围取一微面积 ΔA，设其上分布内力的合力为 ΔF。ΔF 的大小和指向随 ΔA 的大小而变。$\Delta F/\Delta A$ 称为面积 ΔA 上分布内力的平均集度，又称为平均应力。如令 $\Delta A \to 0$，则比值 $\Delta F/\Delta A$ 的极限值为

$$p = \lim_{\Delta A \to 0} \frac{\Delta F}{\Delta A} \tag{1-1}$$

它表示一点处分布内力的集度，称为一点处的**应力**（stress）。由此可见，应力是截面上一点处分布内力的集度。为了使应力具有更明确的物理意义，可以将一点处的总应力 p 分解为两个分量：一个是垂直于截面的应力，称为**正应力**（normal stress），或称法向应力，用 σ 表示；另一个是沿着截面的应力，称为**切应力**（shear stress），或称切向应力，用 τ 表示，如图 1-4 (b) 所示。物体的破坏现象表明，拉断破坏和正应力有关，剪切错动破坏和切应力有关。

应力的量纲是 $ML^{-1}T^{-2}$。在国际单位制中，应力的单位是牛/米^2，称为帕斯卡，简

称帕（Pa）。由于该单位较小，工程中通常采用兆帕（MPa）或吉帕（GPa）表示，其关系为：$1\text{MPa}=1\times10^{6}\text{Pa}$，$1\text{GPa}=1\times10^{3}\text{MPa}=1\times10^{9}\text{Pa}$。

1.5　位移和应变

物体受力后，其形状和尺寸都要发生变化，即发生变形。为了描述变形，现引入**位移**和**应变**（strain）的概念。

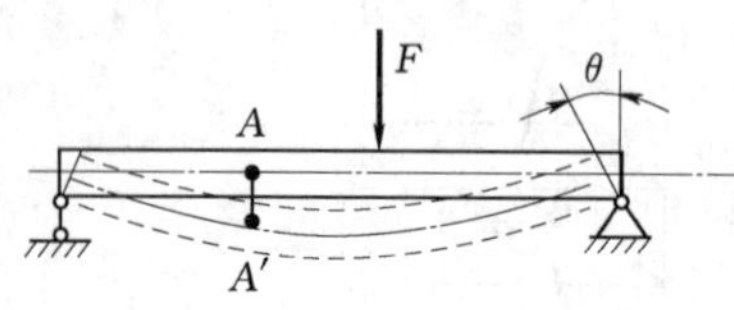

图 1-5　杆件的变形位移

1.5.1　位移

（1）**线位移**（linear deformation）。物体中一点相对于原来位置所移动的直线距离称为线位移。例如图 1-5 所示直杆，受外力作用弯曲后，轴线上任一点 A 的线位移为 $\overline{AA'}$。

（2）**角位移**（angular deformation）。物体中某一直线或平面相对于原来位置所转过的角度称为角位移。例如图 1-5 中，杆的右端截面的角位移为 θ。

上述两种位移是变形过程中物体内各点作相对运动所产生的，称为变形位移。变形位移可以描述物体的变形情况，例如图 1-5 所示的直杆，由杆的轴线上各点的线位移和各截面的角位移就可以描述杆的弯曲变形。

但是，物体受力后，其中不发生变形的部分，也可能产生刚体位移。

材料力学仅讨论物体的变形位移。物体的刚体位移已在理论力学中讨论过，本书将直接引用。一般来说，受力物体内各点处的变形是不均匀的。为了说明受力物体内各点处的变形程度，还需引入应变的概念。

1.5.2　应变

设想在物体内一点 A 处取出一微小的长方体，它在 xy 平面内的边长为 Δx 和 Δy，如图 1-6 所示（图中未画出厚度）。物体受力后，A 点位移至 A'点，且长方体的尺寸和形状都发生了改变，如边长 Δx 和 Δy 变为 $\Delta x'$和 $\Delta y'$，直角变为锐角（或钝角），从而引出下面两种表示该长方体变形的量：

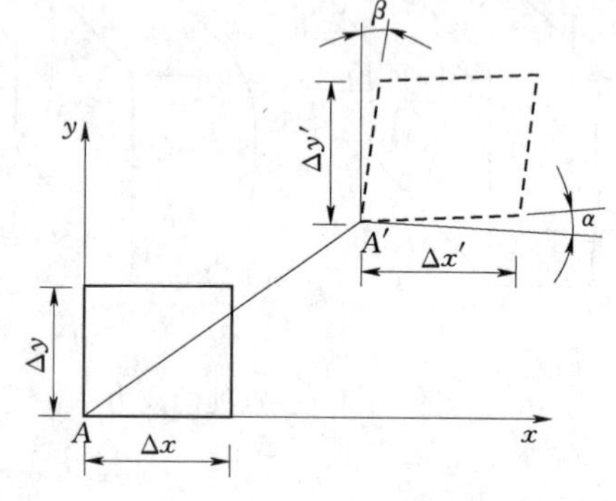

图 1-6　一点处的应变

（1）**线应变**（linear strain）。线段长度的改变称为线变形，如图 1-6 中的 $\Delta x'-\Delta x$ 和 $\Delta y'-\Delta y$。但是，线段长度的改变显然随线段原长的不同而变化。为避免线段原长的影响，现引入线应变（即相对变形）的概念。设线应变用 ε 表示，线应变定义为

$$\varepsilon_x=\lim_{\Delta x\to 0}\frac{\Delta x'-\Delta x}{\Delta x} \tag{1-2a}$$

$$\varepsilon_y=\lim_{\Delta x\to 0}\frac{\Delta y'-\Delta y}{\Delta y} \tag{1-2b}$$

式中：ε_x 和 ε_y 为无限小长方体在 x 和 y 方向的线应变，也就是 A 点沿 x 和 y 方向的线应变。线应变是无量纲量。

(2) **切应变** (shear strain)。通过一点处互相垂直的两线段之间所夹直角的改变量称为切应变，用 γ 表示。例如在图 1-6 中，当 $\Delta x \to 0$ 和 $\Delta y \to 0$ 时直角的改变量为

$$\gamma = \alpha + \beta \tag{1-3}$$

这就是 A 点处的切应变。切应变通常用弧度表示，也是无量纲量。

线应变 ε 和切应变 γ 是描述物体内一点处变形的两个基本量，它们分别和正应力与切应力有联系。

1.6 材料力学的特点

材料力学是固体力学的一个分支，是土建、水利、机械和航空航天等专业的一门技术基础课程。它的理论、概念和方法无论对工程设计还是对力学分析以及较多的后续课程都是必不可少的。材料力学的特点是：

(1) **内容的系统性比较强**。材料力学内容的主线是分析和计算杆的应力和变形；根据杆的危险点处的应力进行强度计算；在某些情况下，求出杆的最大变形进行刚度计算；对一定受力情况下的某些杆进行稳定计算。先研究杆的基本变形，再研究组合变形。主要研究静荷载下的应力和变形问题，再研究一些动荷载问题和交变应力问题。主要研究材料处于弹性范围的应力和变形，对有些超过弹性范围的问题，只作简单介绍。

(2) **有科学的研究方法**。分析杆的应力和变形，必须基于杆件在各种力作用下处于平衡，以及杆件各部分的变形互相协调这两个前提，因而只用静力学的方法是不够的。材料力学的方法是通过试验现象的观察和分析，忽略次要因素，保留主要因素，在基本假设之外，再作某些假设，然后综合静力学方面、变形的几何方面和物理方面的条件，即综合应用平衡、变形协调和物理关系三方面的方程，导出应力和变形的理论计算公式，最后通过实验检验理论公式的正确性。在材料力学中采用某些假设，是为了简化理论分析，以便得到便于使用的计算公式。而利用这些公式计算得到的结果，可以满足工程上所要求的精度。

(3) **与工程实际的联系比较密切**。材料力学研究的内容既然是工程设计的理论基础，必然会遇到工程实际问题如何上升到理论，在理论分析时又如何考虑实际情况的问题。例如，如何将实际的构件连同其所受荷载和支承等，简化为可供计算的**力学模型**；在分析和计算时要考虑实际存在的主要因素以及设计制造上的方便性和经济性，等等。当然，很多实际问题的分析和处理，在专业的学科上要全面研究，但在材料力学中也应注意。

(4) **概念、公式较多**。材料力学中有较多的概念，这些概念对于理解内容、分析问题及正确运用基本公式，以至于对今后从事工作时如何分析和解决实际问题，都是很重要的，必须引起足够的重视。在学习时切不可只满足于背条文、代公式、囫囵吞枣、不求甚解。材料力学中有不少公式，但基本的公式并不多。只要能正确理解基本公式，用前后联系、互相对比的方法，并多做习题，就能够熟练地运用这些公式。

了解材料力学的特点后，只要认真学习，勤于思考、善于发现问题，注意培养自己分

析问题、解决问题和创新思维的能力，同时注意培养计算能力及实验能力，就一定能学好这门课程。

习　题

1-1　何谓强度？何谓刚度？何谓稳定性？

1-2　材料力学的研究对象是什么？对它们作了哪些假设和哪些研究范围的规定？

1-3　杆件变形的基本形式有哪几种？它们的外力特征和变形特征各是什么？

1-4　何谓内力？何谓应力？应力与内力有何区别？又有何联系？

1-5　何谓变形位移？它与刚体位移有何区别？

1-6　何谓应变？它与变形位移有何关系？

1-7　在理论力学中，将研究的对象看作是刚体，而在材料力学中，又将研究的对象看作是变形固体，是何原因？

1-8　图 1-7 所示为一厂房结构的示意图，试分析桥式吊车、吊车梁、屋架弦杆及柱会产生怎样的变形。

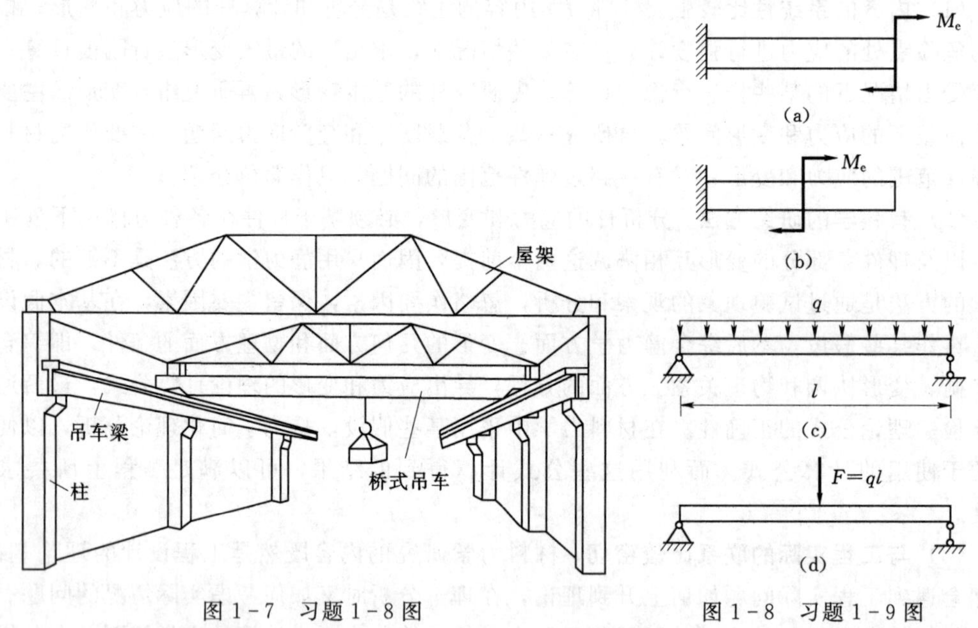

图 1-7　习题 1-8 图

图 1-8　习题 1-9 图

1-9　图 1-8（a）中的杆，右端的力偶 M_e 是否能搬移到图 1-8（b）中的位置？图 1-8（c）中杆上的均布荷载能否用图 1-8（d）中作用在杆中点的等效集中力代替？为什么？请思考刚体与变形体的不同点。

1-10　请举例说明材料力学在生活和工作实际中的应用。

第 2 章　轴向拉伸和轴向压缩

轴向拉伸和轴向压缩是杆件的基本变形之一。本章首先介绍轴向拉伸（压缩）杆件横截面上的内力、应力以及轴向拉伸（压缩）杆件的变形，并引出胡克定律。其次介绍轴向拉、压时典型塑性材料和脆性材料的力学性质和一些重要性能指标（如 σ_p、σ_s、σ_b、E 等）及其实验测定方法。再次简单介绍了复合材料和黏弹性材料及其力学性能。最后介绍了轴向拉伸（压缩）杆件的强度计算。

2.1　概　　述

工程上有一些直杆，在外力作用下，其主要变形是轴线方向的伸长或缩短。例如图 2-1（a）中桁架的各杆及支承桁架的柱子，图 2-1（b）中渡槽的支墩，图 2-1（c）中连杆机构的连杆及图 2-1（d）中气缸的活塞杆等。这些杆件，尽管端部的连接方式各有差异，但根据其受力和约束情况，其计算简图均可用图 2-2 来表示。这类杆件称为轴向拉伸或轴向压缩杆件。轴向拉伸和轴向压缩是杆件的基本变形之一。

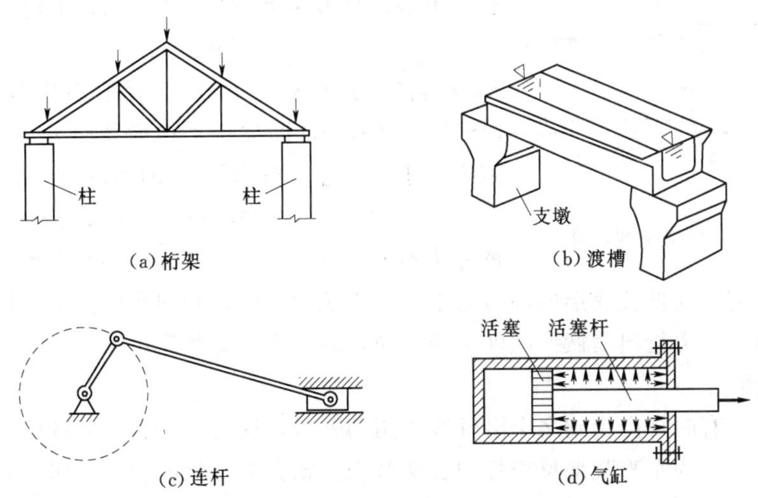

图 2-1　轴向拉压杆件实例

这类杆件的受力特点是：外力的合力作用线与杆轴线重合。图 2-2（a）为轴向拉伸杆件的受力情况，图 2-2（b）为轴向压缩杆件的受力情况。

这类杆件的变形特点是：杆件的主要变形是轴线方向的伸长或缩短，同时杆的横向（垂直于轴线方向）尺寸缩小或增大。图 2-3（a）为轴向拉伸的变形情况，图 2-3（b）为轴向压缩的变形情况，实线表示杆受力前的形状，虚线表示杆受力后的形状。

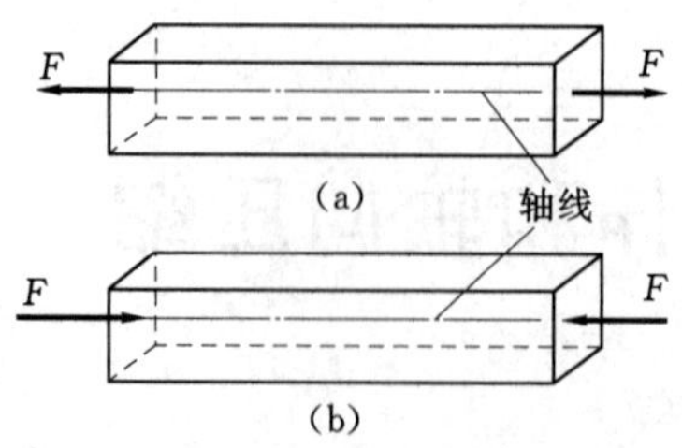

图 2-2　轴向拉伸（压缩）杆件的受力情况

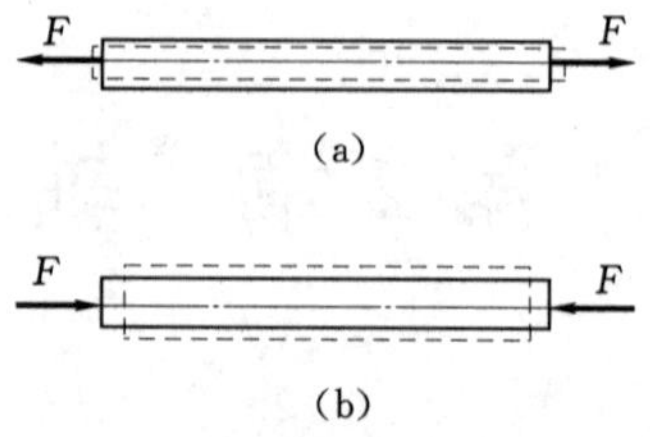

图 2-3　轴向拉伸（压缩）杆件的变形

2.2　轴力及轴力图

2.2.1　轴力的计算

由 1.4 节可知，轴向拉伸（压缩）杆件横截面上的内力可用截面法求解。设一等直杆在两端轴向拉力 F 的作用下处于平衡，欲求任意横截面 $m—m$ 上的内力［图 2-4（a）］。为此，假想沿横截面 $m—m$ 将杆截为两段，并取左段杆为研究对象［图 2-4（b）］。由于整根杆处于平衡状态，杆的任一部分均应保持平衡，在左段杆上，除外力 F 外，还有横截面上的内力 F_N，故内力 F_N 必定与其左端外力 F 共线即与杆的轴线重合。由该段杆的平衡方程 $\sum F_x=0$，求得

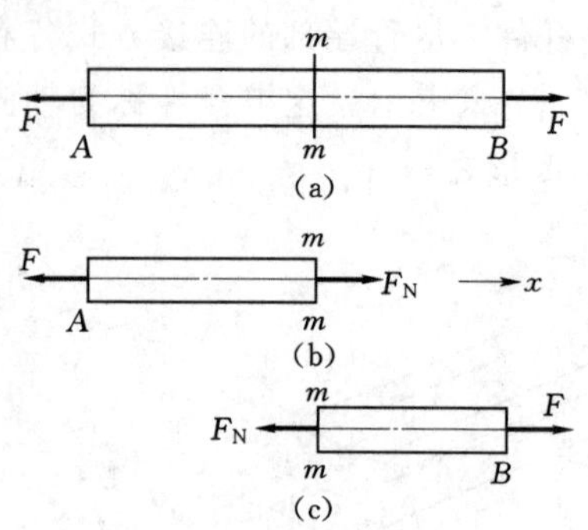

图 2-4　轴力的显示和计算

$$F_N=F$$

F_N 称为**轴力**（axial force）。如取右段杆为研究对象［图 2-4（c）］，同样可求得横截面 $m—m$ 上的轴力，其大小必与由左段杆求出的相同而指向相反。

为了使由左、右两段杆分别求得的同一横截面上的轴力有相同的正负号，联系变形情况，规定轴力的正负号为：引起轴向伸长变形的轴力为正，称为**拉力**；引起轴向压缩变形的轴力为负，称为**压力**。显然，拉力指向横截面的外法线方向，而压力正好相反。

2.2.2　轴力图

在工程上，有时杆会受到多个沿轴线作用的外力，这时，杆在不同杆段的横截面上将产生不同的轴力。为了直观地反映杆的各横截面上轴力沿杆长的变化规律，并找出最大轴力及其所在横截面的位置，通常需要画出**轴力图**（axial force diagram）。即以平行于杆轴线的坐标轴为横坐标轴，其上各点表示横截面的位置，以垂直于杆轴线的纵坐标表示横截面上的轴力，画出的图线即为轴力图。习惯上，正的轴力画在横坐标轴的上方，负的轴力画在下方。

【例 2-1】　一等直杆及其受力情况如图 2-5（a）所示，试作杆的轴力图。

解　（1）轴力计算。此为悬臂式轴向拉、压杆件，从右端开始用截面法可以不需计算约束力。根据杆上受力情况，分 CD、BC 和 AB 三段计算轴力。

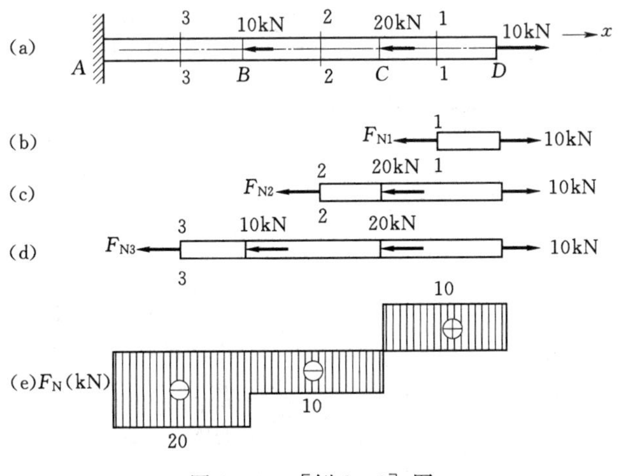

图 2-5 [例 2-1] 图

CD 段：沿 *CD* 段内任意横截面 1—1 假想地将杆截开，取右段杆为研究对象，如图 2-5 (b) 所示。假定 F_{N1} 为拉力，由平衡方程 $\sum F_x=0$，求得

$$F_{N1}=10\text{kN}$$

结果为正，表示 F_{N1} 为拉力。

BC 段：沿 *BC* 段内任意横截面 2—2 假想地将杆截开，取右段杆为研究对象，如图 2-5 (c) 所示。假定 F_{N2} 为拉力，由平衡方程，求得

$$F_{N2}=10\text{kN}-20\text{kN}=-10\text{kN}$$

结果为负，表示 F_{N2} 为压力。

AB 段：沿 *AB* 段内任意横截面 3—3 假想地将杆截开，取右段杆为研究对象，如图 2-5 (d) 所示。假定 F_{N3} 为拉力，由平衡方程，求得

$$F_{N3}=10\text{kN}-20\text{kN}-10\text{kN}=-20\text{kN}$$

结果为负，表示 F_{N3} 也是压力。

在计算上述各横截面的轴力时，通常预先假定轴力为正（拉力），根据计算结果的正负，确定轴力为拉力或压力。另外，也可取左段杆为研究对象，但需首先由全杆的平衡方程求出左端的约束反力，再计算各段的轴力。

(2) 作轴力图。按前述作轴力图的规则，作出杆的轴力图如图 2-5 (e) 所示。由该图可见，杆的最大轴力为

$$|F_N|_{max}=20\text{kN}$$

发生在 *AB* 段内的各横截面上。由图 2-5 (e) 还可看出，由于假设外力是作用在一点的集中力，在集中力作用处左右两侧的横截面上，轴力有突变，突变值即为该集中力的大小。

【例 2-2】 一等直杆及其受力情况如图 2-6 (a) 所示，试作杆的轴力图。

解 根据杆上受力情况，轴力图分 *AB*、*BC* 和 *CD* 三段画出。用截面法不难求出 *AB* 段和 *CD* 段杆的轴力分别为 3kN（拉力）和 −1kN（压力）。

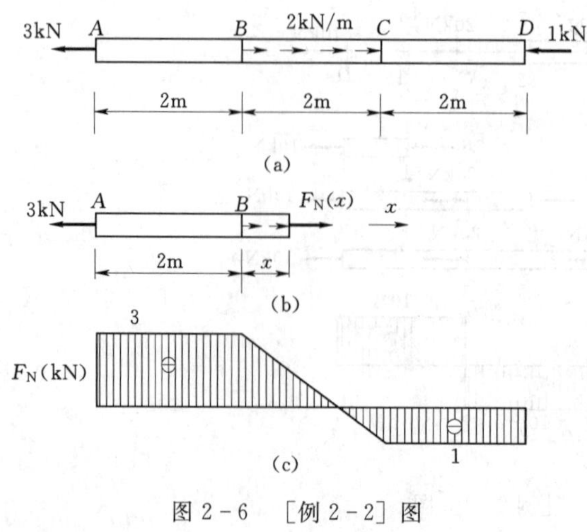

图 2-6　[例 2-2] 图

BC 段杆受均匀分布的轴向外力作用，各横截面上的轴力是不同的。假想在距 B 截面为 x 处将杆截开，取左段杆为研究对象，如图 2-6（b）所示。由平衡方程，可求得 x 截面的轴力为

$$F_N(x)=3-2x$$

由此可见，在 BC 段内，$F_N(x)$ 沿杆长线性变化。当 $x=0$ 时，$F_N=3\text{kN}$；当 $x=2\text{m}$ 时，$F_N=-1\text{kN}$。全杆的轴力图如图 2-6（c）所示。

通过以上的计算可知，某一横截面上的轴力，在数值上等于该截面一侧杆上所有轴向外力的代数和。

2.3　轴向拉伸（压缩）杆件横截面上的正应力

2.3.1　正应力公式

2.2 节所计算的轴力，是轴向拉伸（压缩）杆件横截面上的分布内力系的合力，还不能判断杆是否会因为强度不足而破坏，而要判断杆是否会因为强度不足而破坏，就必须知道横截面上的应力。由于轴力垂直于横截面，且通过横截面的形心，而截面上各点处应力与微面积 dA 之乘积的合成即为该截面上的内力。显然，截面上的切应力不可能合成为一个垂直于截面的轴力，因而，与轴力相对应的只可能是垂直于横截面的正应力，即轴力由微内力 σdA 合成。但要计算应力的大小，需要先确定横截面上的应力分布规律。而应力的分布和杆的变形情况有关，因此需通过实验观察杆受力后表面的变形情况，由表及里地作出杆内部变形情况的几何假设，得到杆纵向线应变的变化规律，即变形的几何关系，然后利用变形和力之间的物理关系得到横截面应力分布规律，最后由静力学关系得到横截面上正应力的计算公式。

1. 几何关系

取一等直杆，在杆的中部表面上描画出一系列与杆轴线平行的纵线和与杆轴线垂直的横线，然后在杆的两端施加一对轴向拉力 F 使杆发生变形，如图 2-7（a）所示。由变形后的情况可见，纵线仍为平行于轴线的直线，各横线仍为直线并垂直于轴线，但产生了平行移动。横线可以看成是横截面的周线，因此，根据横线的变形情况去推测杆内部的变形，可以作出如下假设：变形前为平面的横截面，变形后仍为平面。这个假设称为平截面假设或**平面假设**（plane assumption）。

由平面假设可知，两个横截面间所有纵向线段的伸长是相同的，而这些线段的原长相同，于是可推知它们的线应变 ε 相同，这就是变形的几何关系。

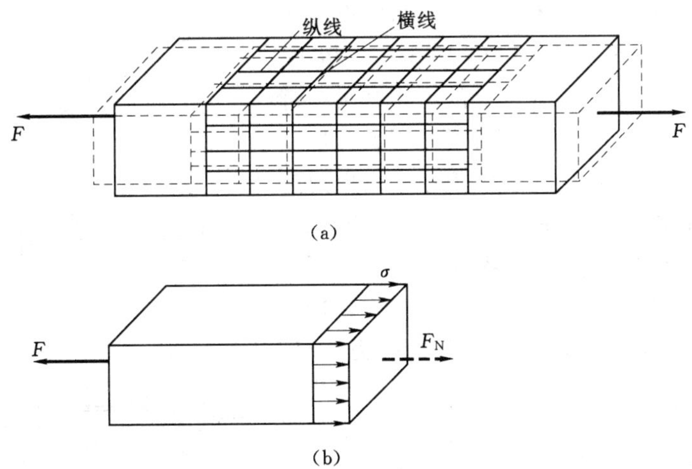

图 2-7 杆的轴向拉伸变形及横截面上应力分布

2. 物理关系

根据物理学知识，当变形为弹性变形时，变形和力成正比。因为各纵向线段的线应变 ε 相同，而各纵向线段的线应变只能由正应力 σ 引起，故可推知横截面上各点处的正应力相同，即在横截面上，各点处的正应力 σ 为均匀分布，如图 2-7（b）所示。

3. 静力学关系

由静力学求合力的方法，可得

$$F_{\mathrm{N}}=\int_A \sigma \mathrm{d}A=\sigma\int_A \mathrm{d}A=\sigma A$$

由此可得杆的横截面上任一点处正应力的计算公式为

$$\sigma=\frac{F_{\mathrm{N}}}{A} \tag{2-1}$$

式中：A 为杆的横截面面积。

如果杆受到轴向压力，式（2-1）同样适用。正应力的正负号与轴力的正负号相对应，即拉应力为正，压应力为负。由式（2-1）计算得到的正应力大小，只与横截面面积有关，与横截面的形状和杆的材料无关。此外，对于横截面沿杆长连续缓慢变化的变截面杆，其横截面上的正应力也可用式（2-1）作近似计算。

当等直杆受到多个轴向外力作用时，由轴力图可求得其最大轴力 F_{Nmax}，代入式（2-1）即可求得杆内的最大正应力

$$\sigma_{\max}=\frac{F_{\mathrm{Nmax}}}{A} \tag{2-2}$$

最大轴力所在的横截面称为**危险截面**（critical section），危险截面上的正应力称为最大工作应力。若杆各横截面上的轴力和横截面的面积都不相同，此时，需要具体分析哪个截面的正应力最大。

2.3.2 圣维南原理

必须指出，式（2-1）只在杆上距离外力作用点稍远的部分才正确，而在外力作用点

附近，由于杆端连接方式的不同，其应力情况较为复杂。但法国科学家圣维南（Saint Venant）指出，当作用于弹性体表面某一小区域上的力系被另一静力等效的力系代替时，对该区域附近的应力和应变有显著的影响，而对稍远处的影响很小，可以忽略不计。这一结论称为**圣维南原理**（Saint Venant principle）。它已被许多计算结果和实验结果所证实，因此，在轴向拉（压）杆的应力计算中，均以式（2-1）为准。至于杆端连接部分的应力计算，将在第 10 章中讨论。

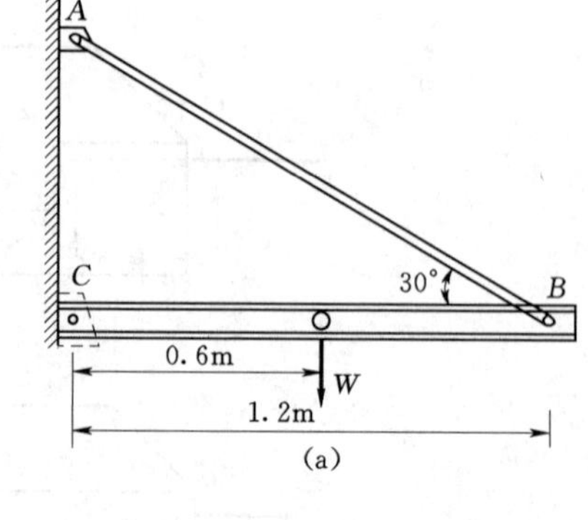

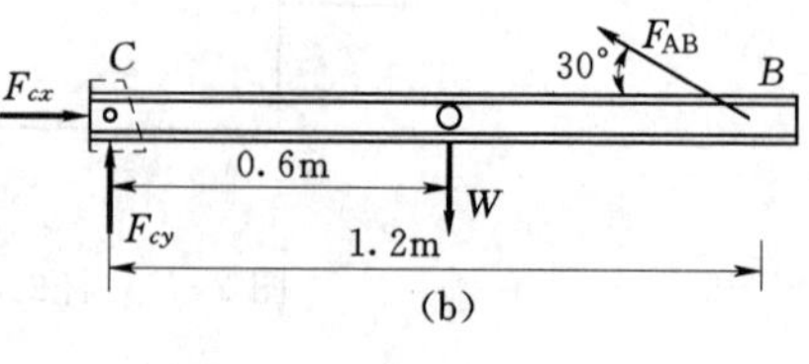

图 2-8　［例 2-3］图

【例 2-3】 图 2-8（a）所示为一吊车架，吊车及所吊重物总重为 $W=18.4\text{kN}$。拉杆 AB 的横截面为圆形，直径 $d=15\text{mm}$。试求当吊车在图示位置时，AB 杆横截面上的应力。

解　由于 A、B、C 三处用销钉连接，故可视为铰接，AB 杆受轴向拉伸。BC 杆受力图如图 2-8（b）所示。

由 BC 杆的平衡方程 $\sum M_C=0$，求得 AB 杆的受力为

$$F_{AB}=\frac{18.4\text{kN}\times 0.6\text{m}}{1.2\text{m}\times\sin 30^\circ}=18.4\text{kN}$$

即 AB 杆轴力 $F_N=18.4\text{kN}$。再由式（2-1），求得 AB 杆横截面上的正应力为

$$\sigma=\frac{F_N}{A}=\frac{F_N}{\frac{1}{4}\pi d^2}=\frac{18.4\times 10^3\text{N}}{\frac{1}{4}\times\pi\times 0.015^2\text{m}^2}$$

$$=104.2\times 10^6\text{N/m}^2=104.2\text{MPa}$$

显然，当吊车在 BC 杆上行驶到其他位置时，AB 杆的应力将发生变化。

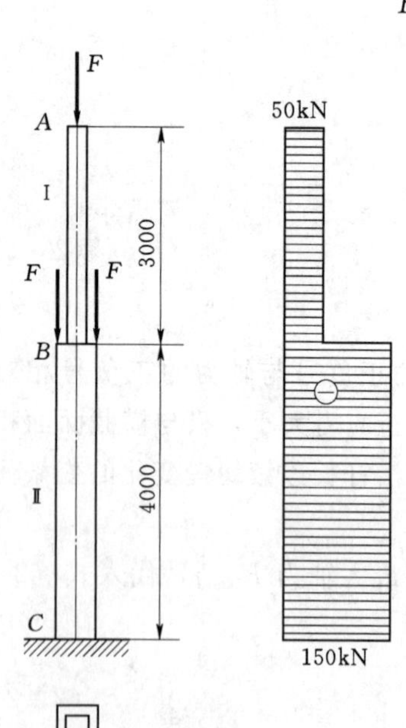

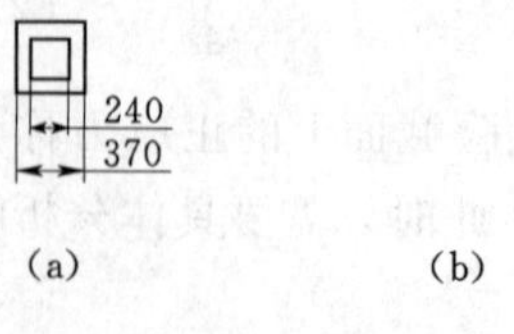

图 2-9　［例 2-4］图
（单位：mm）

【例 2-4】 一横截面为正方形的砖柱分上、下两段，其受力情况、各段长度及横截面尺寸如图 2-9（a）所示。已知 $F=50\text{kN}$，试求荷载引起的最大工作应力。

解：首先作柱的轴力图如图 2-9（b）所示。

由于砖柱为变截面杆，故须利用式（2-1）求出每段柱横截面上的正应力，从而确定全柱的最大工作应力。

Ⅰ、Ⅱ两段柱［图 2-9（a）］横截面上的正应力，分别由轴力图及横截面尺寸算得为

$$\sigma_{AB}=\frac{F_{N1}}{A_1}=\frac{-50\times 10^3\text{N}}{0.24\text{m}\times 0.24\text{m}}=-0.87\times 10^6\text{N/m}^2$$

$$=-0.87\text{MPa(压应力)}$$

和

$$\sigma_{BC}=\frac{F_{N2}}{A_2}=\frac{-150\times10^3\text{N}}{0.37\text{m}\times0.37\text{m}}=-1.1\times10^6\text{N/m}^2=-1.1\text{MPa(压应力)}$$

由上述结果可见，砖柱的最大工作应力在柱的下段，其值为 1.1MPa，为压应力。

2.4 应力集中的概念

工程中有些杆件，由于实际的需要，常有台阶、孔洞、沟槽、螺纹等，使杆的横截面在某些部位发生显著的变化。理论和实验的研究发现，在截面突变处的局部范围内，应力数值明显增大，这种现象称为应力集中（stress concentration）。

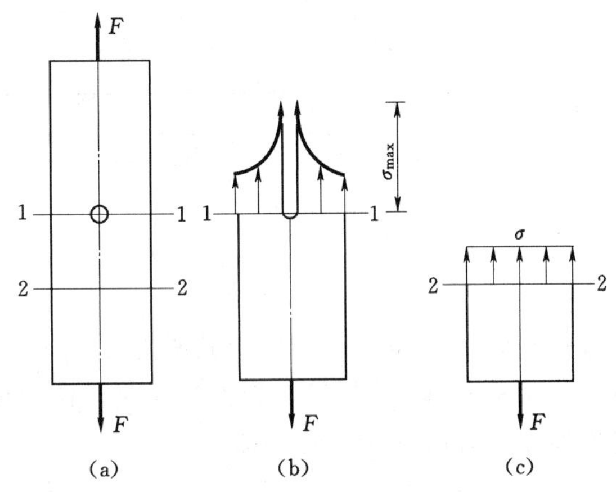

图 2-10 应力集中现象

例如图 2-10（a）所示的受轴向拉伸的直杆，杆内某处轴线上有一小圆孔。通过圆孔的 1—1 截面上，应力分布不再是均匀的，在孔的附近局部范围内应力明显增大，在离开孔边稍远处，应力迅速降低并趋于均匀，如图 2-10（b）所示。但在离开圆孔较远的 2—2 截面上，应力仍为均匀分布，如图 2-10（c）所示。

当材料处在弹性范围时，用弹性力学方法或实验方法，可以求出有应力集中的截面上的最大应力和该截面上的应力分布规律。该截面上的最大应力 σ_{max} 和该截面上的平均应力 σ_0 之比，称为应力集中因数 α，即

$$\alpha=\frac{\sigma_{max}}{\sigma_0}$$

式中：$\sigma_0=F/A_0$，A_0 为 1—1 截面处的净截面面积。

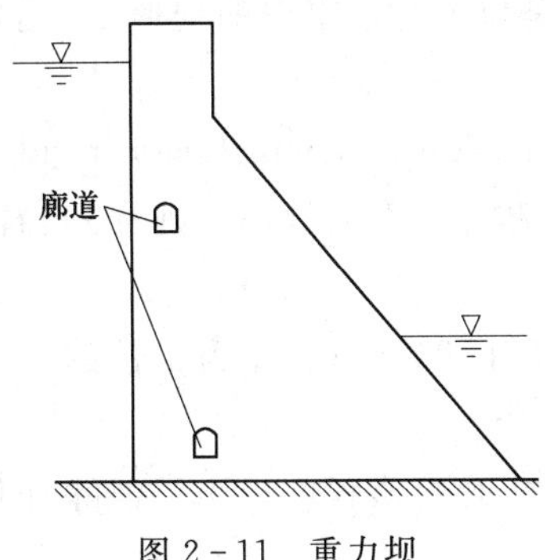

图 2-11 重力坝

α 是大于 1 的数，它反映应力集中的程度。根据 σ_0 值及 α 值，即可求出最大应力 σ_{max}。不同情况下的 α 值一般可在有关的设计手册中查到。

在水利工程结构中也经常遇到应力集中问题。例如图 2-11 所示的混凝土重力坝中，为了排水、灌浆、观测等需要，常在坝体内设置一些廊道。在廊道周边附近就会引起应力集中。因此，在设计重力坝时，常需要用理论或实验的方法专门对廊道附近区域进行应力分析。请思考如何降低应力集中。

2.5　轴向拉伸（压缩）杆件的变形

直杆受到轴向外力作用时，在轴线方向将伸长或缩短，同时横向尺寸将缩小或增大，即同时发生纵向（轴向）变形和横向变形。下面分别介绍这两种变形的计算。

2.5.1　轴向变形及应变　胡克定律

如图 2－12 所示，设拉杆的原长为 l，横截面为正方形，边长为 a。当受到轴向外力拉伸后，l 增至 l'，a 缩小到 a'。

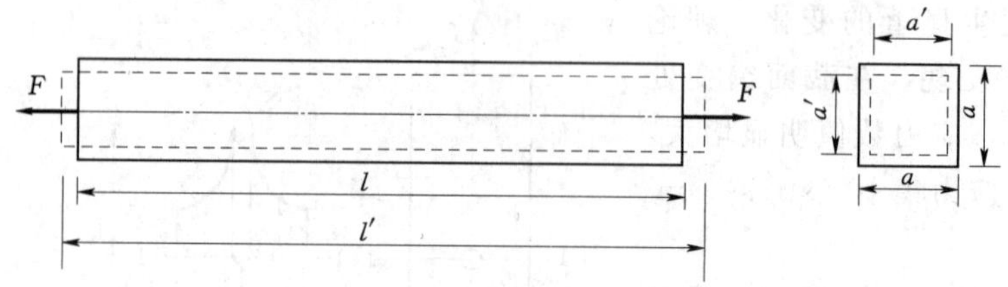

图 2－12　杆的轴向拉伸变形

杆的轴向变形 $\Delta l = l' - l$，与其所受力之间的关系与材料的性能有关，只能通过实验来获得。实验表明，当杆发生弹性变形时，杆的轴向变形 Δl 与拉力 F、杆长 l 成正比，与杆的横截面面积 A 成反比，即

$$\Delta l \propto \frac{Fl}{A}$$

引进比例常数 E，并注意到轴力 $F_N = F$，则上式可表示为

$$\Delta l = \frac{F_N l}{EA} \tag{2-3}$$

这一关系是由胡克（Hooke）首先发现的，故通常称为**胡克定律**（Hooke's law）。当杆受轴向外力压缩时，这一关系仍然成立。式中的 E 称为拉伸（或压缩）时材料的**弹性模量**（modulus of elasticity），其量纲是 $ML^{-1}T^{-2}$，其单位是 Pa。E 值的大小因材料而异，可以通过试验测定，其值表征材料抵抗弹性变形的能力，即 E 值越大，杆的变形越小；E 值越小，杆的变形越大。工程上的大部分材料在拉伸和压缩时的 E 值可认为是相同的。轴力 F_N 和变形 Δl 的正负号是相对应的，即当轴力 F_N 是拉力时，求得的变形 Δl 是拉伸变形为正，反之亦然。

式（2－3）中的 EA 称为杆的**拉伸（压缩）刚度**（tension or compression rigidity），当轴力 F_N 和杆长 l 不变时，EA 越大，则杆的轴向变形越小；EA 越小，则杆的轴向变形越大。

应用式（2－3）可求出杆的轴向变形，但该式只适用于 F_N、A、E 为常数的一段杆内，且杆的变形在线弹性范围内。

轴向变形 Δl 的大小与杆的长度 l 有关，不足以反映杆的变形程度。为了消除杆长的影响，在均匀变形的情况下，将式（2－3）变换为

$$\frac{\Delta l}{l}=\frac{F_{\mathrm{N}}}{A}\frac{1}{E}$$

式中 $\Delta l/l=\varepsilon$，就是轴向线应变。它是相对变形，表示轴向变形的程度。又 $F_{\mathrm{N}}/A=\sigma$，故上式可写为

$$\varepsilon=\frac{\sigma}{E}\quad 或 \quad \sigma=E\varepsilon \tag{2-4}$$

式（2-4）表示，当杆发生弹性变形时，正应力和同一方向的线应变成正比，这是胡克定律的另一种形式。显然，轴向线应变 ε 和横截面上的正应力 σ 的正负号是相对应的，即拉应力引起轴向伸长线应变，反之亦然。式（2-4）不仅适用于轴向拉（压）杆，而且还可以更普遍地应用于所有的单向受力情况。

2.5.2 横向变形及应变

图 2-12 所示的杆，其横向变形为 $\Delta a=a'-a$，横向应变为

$$\varepsilon'=\frac{\Delta a}{a}=\frac{a'-a}{a}$$

显然，在拉伸时，ε 为正值，ε' 为负值；在压缩时，ε 为负值，ε' 为正值。由实验可知，当变形为弹性变形时，横向应变和轴向应变的比值的绝对值为一常数，即

$$\nu=\left|\frac{\varepsilon'}{\varepsilon}\right|\quad 或 \quad \varepsilon'=-\nu\varepsilon \tag{2-5}$$

ν 称为**泊松比**（Poisson ratio），是由法国科学家泊松首先得到的。ν 是量纲为 1 的量，其数值因材料而异，也是通过实验测定的。

弹性模量 E 和泊松比 ν 都是材料的弹性常数，表 2-1 给出了一些常用材料的 E 和 ν 值。

表 2-1　　常用材料的 E、ν 值

材　　料		E/GPa	ν
钢		190～220	0.25～0.33
铜及其合金		74～130	0.31～0.36
灰口铸铁		60～165	0.23～0.27
铝合金		71	0.26～0.33
花岗岩		48	0.16～0.34
石灰岩		41	0.16～0.34
混凝土		14.7～35	0.16～0.18
橡胶		0.0078	0.47
木材	顺纹	9～12	
	横纹	0.49	

【例 2-5】 一等截面杆，长 1.5m，截面为 50mm×100mm 的矩形。当杆受到 100kN 的轴向拉力作用时，由实验方法测得杆伸长 0.15mm，截面的长边缩短 0.003mm。试求

该杆材料的弹性模量 E 和泊松比 ν。

解　利用式（2－3），可求得弹性模量为

$$E=\frac{F_{\mathrm{N}}l}{\Delta lA}=\frac{100\times10^{3}\mathrm{N}\times1.5\mathrm{m}}{0.15\times10^{-3}\mathrm{m}\times0.05\mathrm{m}\times0.1\mathrm{m}}=2.0\times10^{11}\mathrm{N/m^{2}}=200\mathrm{GPa}$$

再由式（2－5），求得泊松比为

$$\nu=\left|\frac{\varepsilon'}{\varepsilon}\right|=\frac{0.003\times10^{-3}\mathrm{m}/0.1\mathrm{m}}{0.15\times10^{-3}\mathrm{m}/1.5\mathrm{m}}=0.3$$

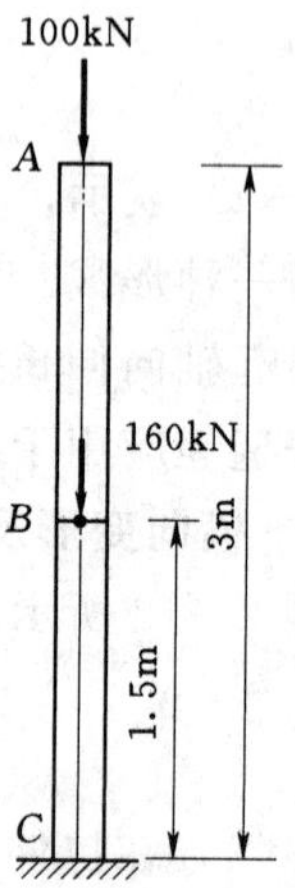

【例 2－6】　一木柱受力如图 2－13 所示。柱的横截面为边长 200mm 的正方形，材料可认为服从胡克定律，其弹性模量 $E=10\mathrm{GPa}$。如不计柱的自重，试求木柱顶端 A 截面的位移。

图 2－13　［例 2－6］图

解　因为木柱下端固定，故顶端 A 截面的位移就等于全杆总的轴向变形。由于 AB 段和 BC 段的轴力不同，但每段杆内各截面的轴力相同，因此可利用式（2－3）分别计算各段杆的变形，然后求其代数和，即为全杆的总变形。

AB 段：　　$F_{\mathrm{N}}=-100\mathrm{kN}$

$$\Delta l_{AB}=\frac{-100\times10^{3}\mathrm{N}\times1.5\mathrm{m}}{10\times10^{9}\mathrm{Pa}\times0.2\mathrm{m}\times0.2\mathrm{m}}=-0.375\times10^{-3}\mathrm{m}=-0.375\mathrm{mm}$$

BC 段：　　$F_{\mathrm{N}}=-100\mathrm{kN}+(-160\mathrm{kN})=-260\mathrm{kN}$

$$\Delta l_{BC}=\frac{-260\times10^{3}\mathrm{N}\times1.5\mathrm{m}}{10\times10^{9}\mathrm{Pa}\times0.2\mathrm{m}\times0.2\mathrm{m}}=-0.975\times10^{-3}\mathrm{m}=-0.975\mathrm{mm}$$

全杆的总变形为

$$\Delta l=\Delta l_{AB}+\Delta l_{BC}=-0.375\mathrm{mm}-0.975\mathrm{mm}=-1.35\mathrm{mm}（缩短）$$

即木柱顶端 A 截面的位移为 1.35mm，方向向下。

【例 2－7】　试求图 2－14（a）所示等截面直杆由自重引起的最大正应力以及杆的轴向总变形。设该杆的横截面面积 A、材料密度 ρ 和弹性模量 E 均为已知。

解　自重为体积力。对于均质材料的等截面杆，可将杆的自重简化为沿轴线作用的均布荷载，其集度为 $q=\rho gA\times1=\rho gA$。

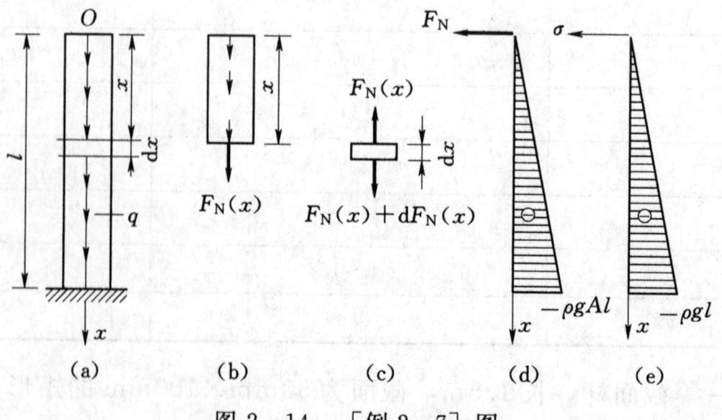

图 2－14　［例 2－7］图

（1）杆的最大正应力。应用截面法，求得离杆顶端距离为 x 的横截面［图 2－14（b）］上的轴力为

$$F_N(x)=-qx=-\rho gAx$$

上式表明，自重引起的轴力沿杆轴线按线性规律变化。轴力图如图 2－14（d）所示。

在 x 截面上的正应力为

$$\sigma(x)=\frac{F_N(x)}{A}=-\rho gx(\text{压应力})$$

可见，在杆底部（$x=l$）的横截面上，正应力的数值最大，其值为

$$|\sigma_{max}|=\rho gl$$

正应力沿轴线的变化规律如图 2－14（e）所示。

（2）杆的轴向变形。由于杆的轴力沿杆轴线按线性规律变化，因此不能直接用式（2－3）计算变形，需用积分法。先计算任一微段 dx［图 2－14（c）］的变形 $d(\Delta l)$，略去微量 $dF_N(x)$ 的影响，dx 微段的变形为

$$d(\Delta l)=\frac{F_N(x)dx}{EA}$$

因此，杆的总变形为

$$\Delta l=\int_0^l d(\Delta l)=\int_0^l\frac{F_N(x)dx}{EA}=\int_0^l\frac{-\rho gAx\,dx}{EA}=-\frac{\rho gAl\cdot l}{2EA}=-\frac{\frac{W}{2}l}{EA}(\text{缩短})$$

式中：$W=\rho gAl$，为杆的总重。

由计算可知，等直杆因自重引起的变形，在数值上等于将杆总重的一半集中作用在杆端所产生的变形。

【例 2－8】 图 2－15（a）所示为一三脚架。1 杆和 2 杆均为钢杆，其弹性模量均为 $E=200\text{GPa}$，$A_1=100\text{mm}^2$，$l_1=1\text{m}$，$A_2=400\text{mm}^2$。设 $F=40\text{kN}$，试求节点 A 的位移。

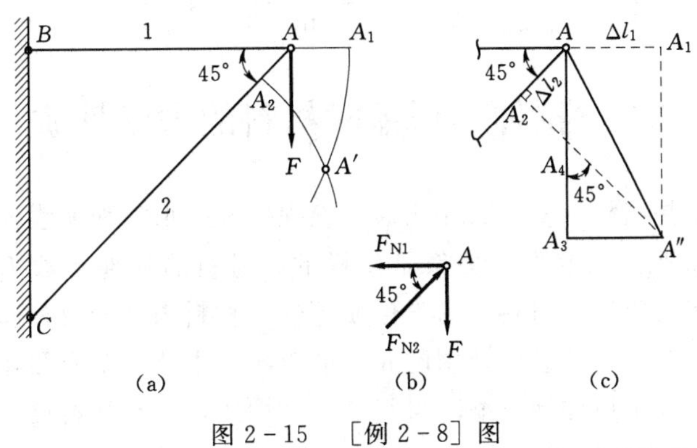

图 2－15　［例 2－8］图

解　节点 A 的位移与 1、2 杆变形有关，需根据两杆变形由几何关系确定。

（1）计算两杆的轴力。A 节点的受力图如图 2－15（b）所示，由节点平衡可求得两杆的轴力 F_{N1} 和 F_{N2}。

$$F_{N1}=F=40\text{kN}(\text{拉力})$$

$$F_{N2}=\sqrt{2}F=56.6\text{kN}(\text{压力})$$

（2）计算两杆的变形。

杆 1 的伸长为

$$\Delta l_1=\frac{F_{N1}l_1}{E_1A_1}=\frac{40\times10^3\text{N}\times1\text{m}}{200\times10^9\text{Pa}\times100\times10^{-6}\text{m}^2}=0.002\text{m}=2\text{mm}$$

杆 2 的缩短为

$$\Delta l_2=\frac{F_{N2}l_2}{E_2A_2}=\frac{56.6\times10^3\text{N}\times\sqrt{2}\text{m}}{200\times10^9\text{Pa}\times400\times10^{-6}\text{m}^2}=0.001\text{m}=1\text{mm}$$

（3）计算节点 A 的位移。AB 和 AC 两杆在未受力前是连接在一起的，它们在受力变形后仍应不脱开，于是两杆变形后 A 点的新位置可由下面方法确定：先假设各杆自由变形，$\overline{AA_1}=\Delta l_1$，$\overline{AA_2}=\Delta l_2$，然后分别以 B、C 两点为圆心，以（$l_1+\Delta l_1$）和（$l_2-\Delta l_2$）为半径作圆弧，两圆弧的交点 A' 即 A 节点的新位置，如图 2－15（a）所示。但是，在小变形情况下，Δl_1 和 Δl_2 与杆的原长相比是很小的，因此可近似地用垂直线代替圆弧，即过 A_1 和 A_2 点分别作 AB 和 AC 的垂线 A_1A'' 和 A_2A''，它们的交点 A'' 代表 A 点的新位置，如图 2－15（c）所示。由图中的几何关系求得 A 点的水平位移 Δ_h 和竖直位移 Δ_v 分别是

$$\Delta_h=\overline{A_3A''}=\Delta l_1=2\text{mm}$$

$$\Delta_v=\overline{A_1A''}=\overline{AA_3}=\overline{AA_4}+\overline{A_4A_3}=\frac{\overline{AA_2}}{\cos45^\circ}+\frac{\overline{A_3A''}}{\tan45^\circ}=\frac{\Delta l_2}{\cos45^\circ}+\frac{\Delta l_1}{\tan45^\circ}$$

$$=\sqrt{2}\Delta l_2+\Delta l_1=\sqrt{2}\times1+2=3.41\text{mm}$$

所以，节点 A 的总位移为

$$\Delta_A=\overline{AA''}=\sqrt{\Delta_h^2+\Delta_v^2}=\sqrt{2^2\text{mm}+3.41^2\text{mm}}=3.95\text{mm}$$

2.6　拉伸和压缩时材料的力学性质

材料的力学性质是指材料受外力作用后，在强度和变形方面所表现出来的特性，也可称为机械性质。例如外力和变形的关系是怎样的，材料的弹性常数 E 和 ν 等如何测定，材料的极限应力有多大等等。材料的力学性质不仅与材料内部的成分和组织结构有关，还受到加载速度、温度、受力状态以及周围介质的影响。本节主要介绍在常温和静荷载（缓慢平稳加载）作用下处于拉伸和压缩时材料的力学性质，这是材料最基本的力学性质。

2.6.1　拉伸时材料的力学性质

1. 低碳钢的拉伸试验

低碳钢是含碳量较低（在 0.25%以下）的普通碳素钢，例如 Q235 钢，是工程上广泛使用的材料，它在拉伸试验时的力学性质较为典型。

材料的力学性质与试样的几何尺寸有关。为了便于比较试验结果，应将材料制成标准

试样（standard specimen）。金属材料的标准试样有两种，一种是圆截面试样，另一种为矩形截面试样，如图 2-16 所示。取试样等直段中均匀变形段作为试验段，A、B 间长度 l 称为标距，试验时用仪表量测该段的伸长。对圆截面试样，规定其标距 l 与标距内横截面直径 d 的关系为 $l=10d$ 或 $l=5d$。对矩形截面试样，则规定其标距 l 与横截面面积 A 的关系为 $l=11.3\sqrt{A}$ 或 $l=5.65\sqrt{A}$。

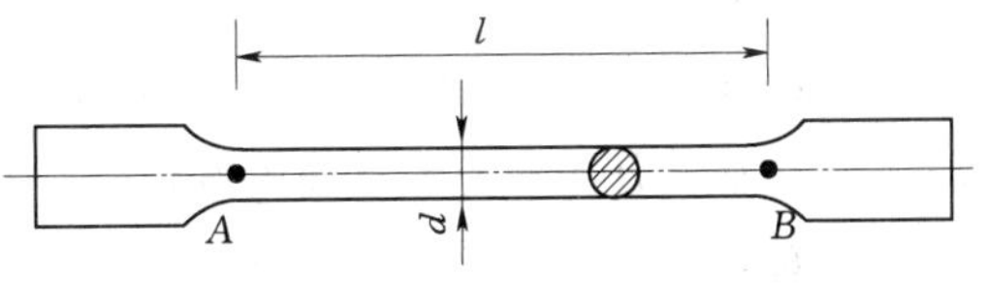

图 2-16　标准试样

试验时，将试样安装在试验机上，然后均匀缓慢地加载（应力速率在 3～30MPa/s 之间），使试样拉伸直至断裂。[1]

试样所受荷载与变形的关系曲线，即 $F-\Delta l$ 曲线，称为**拉伸图**，如图 2-17 所示。为了消除试样尺寸的影响，将拉力 F 除以试样的原横截面面积 A，试样伸长 Δl 除以原标距 l，得到材料的**应力-应变图**，即 $\sigma-\varepsilon$ 曲线，如图 2-18 所示，这一图形与拉伸图的图形相似。从拉伸图和应力-应变图以及试样的变形现象，可得到低碳钢的下列力学特性。

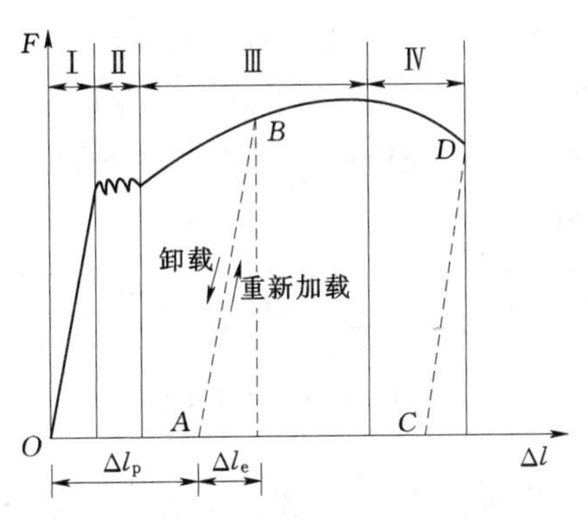

图 2-17　低碳钢拉伸图

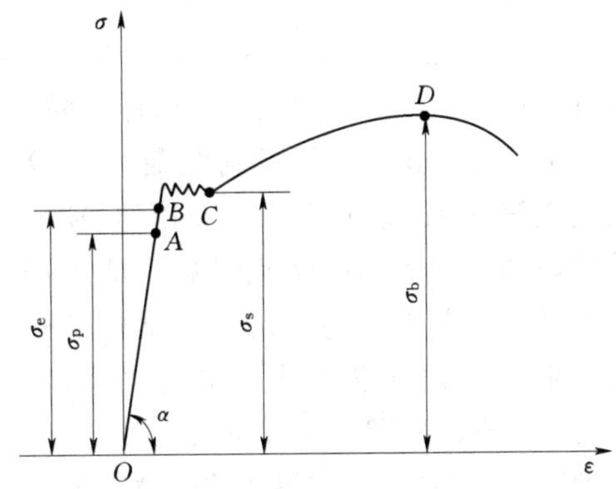

图 2-18　低碳钢应力-应变图

（1）**拉伸过程的阶段及特征点**。低碳钢整个拉伸过程大致可分为 4 个阶段：

弹性阶段（Ⅰ）。当试样中的应力不超过图 2-18 中 B 点的应力时，试样的变形是弹性的。在这个阶段内，当卸去荷载后，试样将恢复其原长。B 点对应的应力为弹性阶段的应力最大值，称为**弹性极限**（elastic limit），用 σ_e 表示。在弹性阶段内，OA 段为直线，这表示应力和应变（或拉力和伸长变形）成线性关系，即材料服从胡克定律。A 点的应力为线弹性阶段的应力最大值，称为**比例极限**（proportional limit），用 σ_p 表示。由于在 OA 范围内材料服从胡克定律，故可在这段范围内利用式（2-4）或式（2-3）测定材料的弹性模量 E。

试验结果表明，材料的弹性极限和比例极限数值上非常接近，故工程上对它们往往不

[1] 关于试样的具体要求和测试条件，可参阅国家标准，例如 GB/T 228.1—2010《金属材料　拉伸试验　第 1 部分：室温实验方法》。

加区分。

屈服阶段（Ⅱ）。此阶段亦称为流动阶段。当增加荷载使应力超过弹性极限后，变形增加较快，而应力在不大的范围内波动，$\sigma-\varepsilon$ 曲线或 $F-\Delta l$ 曲线呈锯齿形，这种现象称为材料的**屈服**（yield）或流动。在屈服阶段内，若卸去荷载，则变形不能完全消失。这种不能消失的变形即为塑性变形或称残余变形。材料具有塑性变形的性质称为塑性。试验表明，低碳钢在屈服阶段内所产生的应变为弹性极限时应变的 15～20 倍。当材料屈服时，在抛光的试样表面能观察到两组与试样轴线呈 45°的正交细微条纹，这些条纹称为滑移线。在后面的应力状态分析中可以知道，这种现象的产生，是由于拉伸试样中，与杆轴线呈 45°角的两组斜面上，存在着数值最大的切应力，当拉力增加到一定数值后，斜面上的最大切应力超过了材料的极限值，造成材料内部晶格产生相互间的滑移。由于滑移，材料暂时失去了继续承受外力的能力，因此变形增加的同时，应力不会增加甚至减少。由试验得知，屈服阶段内荷载首次下降前最高点（上屈服点）的应力很不稳定，而不计初始瞬时效应的最低点 C（下屈服点）所对应的应力较为稳定。故通常取下屈服点所对应的应力为材料屈服时的应力，称为**屈服极限**（yield limit）（或流动极限），用 σ_s 表示。

强化阶段（Ⅲ）。试样屈服以后，内部组织结构发生了调整，重新获得了进一步承受外力的能力，因此要使试样继续增大变形，必须增加外力，这种现象称为材料的**强化**（strengthening）。在强化阶段中，试样主要产生塑性变形，而且随着外力的增加，塑性变形量显著地增加。这一阶段的荷载最大点 D 所对应的应力是材料所能承受的最大应力，称为**强度极限**（strength limit）或拉伸强度，用 σ_b 表示。

破坏阶段（Ⅳ）。从 D 点以后，试样在某一薄弱区域内的伸长急剧增加，试样横截面在这薄弱区域内显著缩小，出现"**颈缩**"（necking）现象，如图 2-19 所示。由于试样"颈缩"，使试样继续变形所需的拉力迅速减小。因此，$F-\Delta l$ 和 $\sigma-\varepsilon$ 曲线出现下降现象。最后试样在最小截面处被拉断。

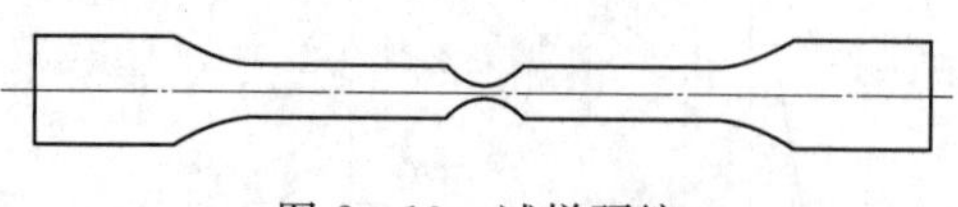
图 2-19　试样颈缩

材料的比例极限 σ_p（或弹性极限 σ_e）、屈服极限 σ_s 及强度极限 σ_b 都是特征点应力，它们在材料力学的概念和计算中有重要意义。需要注意的是，这里的 σ 实质上是名义应力，因为超过屈服阶段以后试样横截面面积显著减小，用原面积计算的应力并不能表示试样横截面上的真实应力，这也说明了应力-应变曲线在破坏阶段出现下降的现象，同样，ε 实质上也是名义应变，因为超过屈服阶段以后试样的长度也有了显著增加。

(2) **材料的塑性指标**。试样断裂之后，弹性变形消失，塑性变形则留存在试样中不会消失，试样的标距由原来的 l 伸长为 l_1，断口处的横截面面积由原来的 A 缩小为 A_1。工程中常用试样拉断后保留的塑性变形大小作为衡量材料塑性的指标，称为延伸率 δ（或断后伸长率），即

$$\delta=\frac{l_1-l}{l}\times 100\%$$

试样拉断后的长度 l_1 既包括了标距内的均匀伸长，也包括"颈缩"部分的局部伸长，

前者跟标距有关，后者仅与标距内横截面尺寸有关，因此延伸率 δ 的大小和试样的标距与横截面的比值有关。通常不加说明的 δ 是 $l=10d$ 标准试样的延伸率。

衡量材料塑性的另一个指标为断面收缩率 ψ，其定义为

$$\psi=\frac{A-A_1}{A}\times100\%$$

式中：A_1 为试样拉断后断口处平均横截面面积。

工程中一般将 $\delta\geqslant5\%$的材料称为**塑性材料**（ductile materials），$\delta<5\%$的材料称为**脆性材料**（brittle materials）。低碳钢的延伸率大约为 25%。

(3) **应变硬化现象**。在材料的强化阶段中，如果卸去荷载，则卸载时拉力和变形之间仍为线性关系，如图 2-17 中的虚线 BA，该直线与弹性阶段内的加载直线近乎平行。由图可见，试样在强化阶段的变形包括弹性变形 Δl_e 和塑形变形 Δl_p。如卸载后立即重新加载，则拉力和变形之间大致仍按 AB 直线上升，直到 B 点后再按原曲线 BD 变化。将 OBD 曲线和 ABD 曲线比较后看出：①卸载后重新加载时，材料的比例极限提高了（由原来的 σ_p 提高到 B 点所对应的应力），而且不再有屈服现象；②拉断后的塑性变形减少了（即拉断后的残余伸长由原来的 OC 减小为 AC）。这一现象称为应变硬化现象，工程上称为冷作硬化现象。

材料经过冷作硬化处理后，其比例极限提高，表明材料的强度可以提高，这是有利的一面。例如钢筋混凝土梁中所用的钢筋，常预先经过冷拉处理；起重机用的钢索也常预先进行冷拉。但另一方面，材料经冷作硬化处理后，其塑性降低，这在许多情况下又是不利的。例如机器上的零件经冷加工后易变硬变脆，使用中容易断裂；在冲孔等工艺中，零件的孔口附近材料变脆，使用时孔口附近也容易开裂。因此需对这些零件进行“退火”处理，以消除冷作硬化的影响。

2. 其他塑性材料拉伸时的力学性质

图 2-20 给出了 5 种金属材料在拉伸时的 $\sigma-\varepsilon$ 曲线。由图可见，这 5 种材料的延伸率都比较大（$\delta>5\%$）。45 号钢和 Q235 钢的 $\sigma-\varepsilon$ 曲线大体相似，有弹性阶段、屈服阶段和强化阶段。其他 3 种材料都没有明显的屈服阶段。对于没有明显屈服阶段的塑性材料，通常以产生 0.2%的塑性应变（或残余应变）时的应力作为屈服极限，称为**条件屈服极限**（offset yield stress），或称为**名义屈服极限**，用 $\sigma_{p0.2}$ 表示，或写成 $\sigma_{0.2}$。确定 $\sigma_{0.2}$ 的方法如图 2-21 所示，图中的直线 CD 与弹性阶段内的直线部分平行。

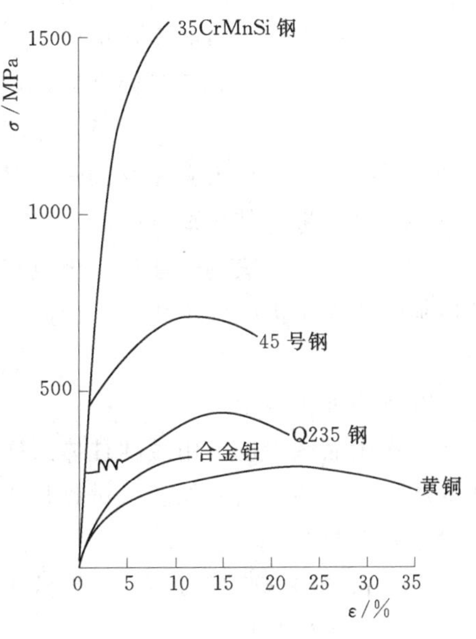

图 2-20 塑性材料 $\sigma-\varepsilon$ 曲线

3. 铸铁的拉伸试验

图 2-22 为灰口铸铁拉伸时的 $\sigma-\varepsilon$ 曲线。从图中可看出：

(1) $\sigma-\varepsilon$ 曲线上没有明显的直线段，即材料

不服从胡克定律。但直至试样拉断为止，曲线的曲率都很小。因此，曲线的绝大部分可用一割线（如图中虚线）代替，在这段范围内，认为材料近似服从胡克定律，并以割线的斜率作为材料的弹性模量，称为**割线弹性模量**。

（2）变形很小，拉断后的残余变形只有 0.5%～0.6%，故为脆性材料。

（3）没有屈服阶段和“颈缩”现象。唯一的强度指标是拉断时的应力，即强度极限 σ_b，而且强度极限比较低。因此，铸铁等脆性材料不适于作为受拉杆件的材料。

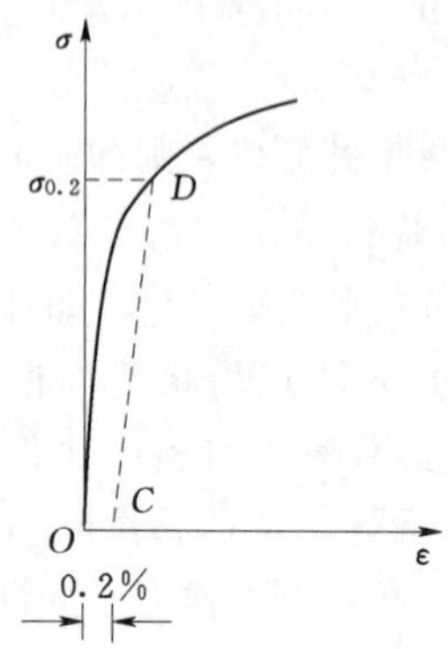

图 2-21 条件屈服极限

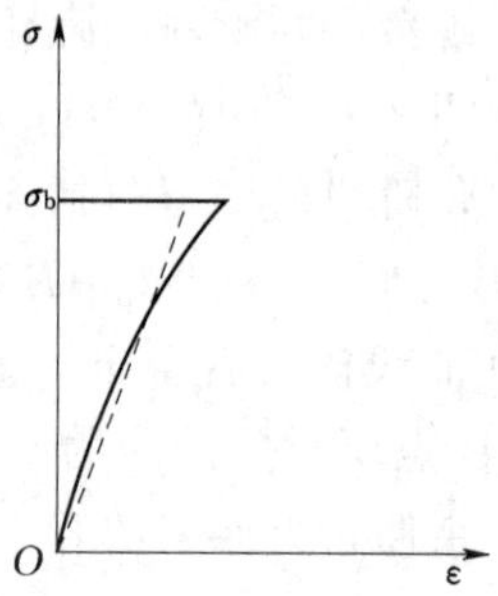

图 2-22 灰口铸铁拉伸时的 $\sigma-\varepsilon$ 曲线

2.6.2 压缩时材料的力学性质

1. 低碳钢的压缩试验

为避免试样在试验过程中被压弯，低碳钢压缩试验采用短圆柱体试样，短压缩试样高度和直径关系为 $l=(1\sim2)d$，如果采用长压缩试样，其高度和直径关系为 $l=(2.3\sim3.5)d$。试验得到低碳钢压缩时的 $\sigma-\varepsilon$ 曲线如图 2-23（a）所示。为了便于比较材料在拉伸和压缩时的力学性质，在图中以虚线绘出了低碳钢在拉伸时 $\sigma-\varepsilon$ 曲线。试验结果表明：

（1）低碳钢压缩时的比例极限 σ_p、屈服极限 σ_s 及弹性模量 E 都与拉伸时基本相同。

（2）当应力超过屈服极限之后，压缩试样产生很大的塑性变形，越压越扁，横截面面积不断增大，如图 2-23（b）所示。虽然名义应力不断增加，但实际应力并不增加，故试样不会破坏，无法得到压缩的强度极限。由于低碳钢压缩时的主要性能与拉伸时相似，所以一般可不进行其压缩试验。

类似情况在一般的塑性材料中也存在。但有些塑性材料（例如铬钼硅合金钢）在拉伸和压缩时的屈服极限并不相同，因此，对这类塑性材料需要做压缩试验，以确定其压缩屈服极限。

2. 铸铁的压缩试验

铸铁压缩试验也采用短圆柱体试样。与塑性材料不同，脆性材料在压缩和拉伸时的力学性质有较大的区别。如灰口铸铁压缩时的 $\sigma-\varepsilon$ 曲线和试样破坏情况如图 2-24 所示。试验结果表明：

（1）和拉伸试验相似，$\sigma-\varepsilon$ 曲线上没有直线段，材料只近似服从胡克定律。

（2）没有屈服阶段。

（3）和拉伸相比延伸率要大得多。

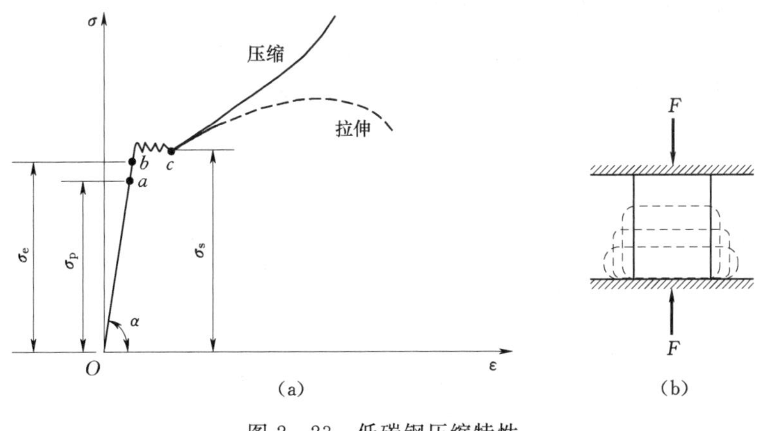

(a)　　　　(b)

图 2-23　低碳钢压缩特性

(4) 试样沿着与横截面大约呈 55°的斜截面剪断。通常以试样剪断时横截面上的正应力作为强度极限 σ_b。铸铁压缩强度极限比拉伸强度极限高 4～5 倍。

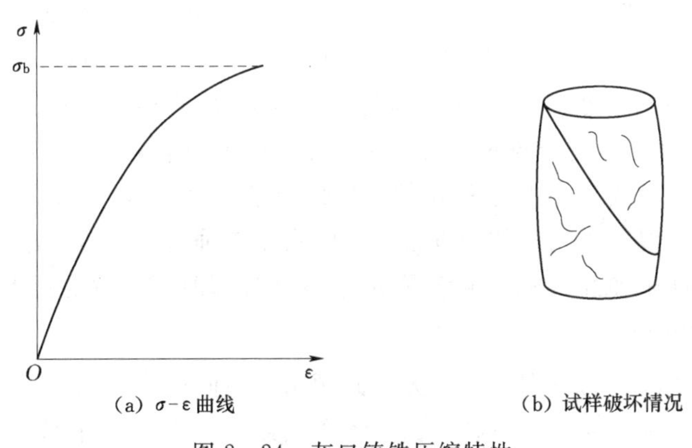

(a) σ-ε 曲线　　　　(b) 试样破坏情况

图 2-24　灰口铸铁压缩特性

3. 混凝土的压缩试验

混凝土是一种由水泥、石子和砂加水搅拌均匀经水化作用而成的人造材料。由于石子粒径较构件尺寸要小得多，故可近似看作是均质、各向同性材料。混凝土和天然石料都是脆性材料，一般都用作压缩构件，故混凝土常需做压缩试验以了解其基本力学性质。混凝土压缩试验常用边长为 150mm 的立方块作为试样，在标准养护条件下养护 28 天后进行。

混凝土的抗压强度与试验方法有密切关系。在压缩试验中，若试样上下两端面不加减摩剂，两端面与试验机加力面之间的摩擦力使得试样横向变形受到阻碍，提高了抗压强度。随着压力的增加，试样的中部四周逐渐剥落，最后试样剩下两个相连的截顶角锥体而破坏，如图 2-25 (a) 所示。若在两个端面加减摩剂，则减少了两端面的摩擦力，使试样易于横向变形，因而降低了抗压强度。最后试样沿纵向开裂而破坏，如图 2-25 (b) 所示。

标准的压缩试验是在试样的两端面之间不加减摩剂。试验得到混凝土的压缩 σ-ε 曲线如图 2-26 所示。但是一般在普通的试验机上做试验时，只能得到上升段曲线 OA。在这一范围内，当荷载较小时，$\sigma-\varepsilon$ 曲线接近直线，继续增加荷载后，应力-应变关系变为曲线，直至加载到材料破坏，得到混凝土受压的强度极限 σ_b。

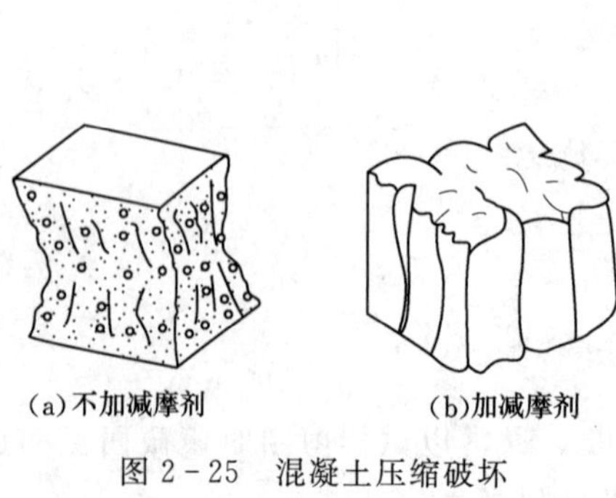

图 2-25　混凝土压缩破坏

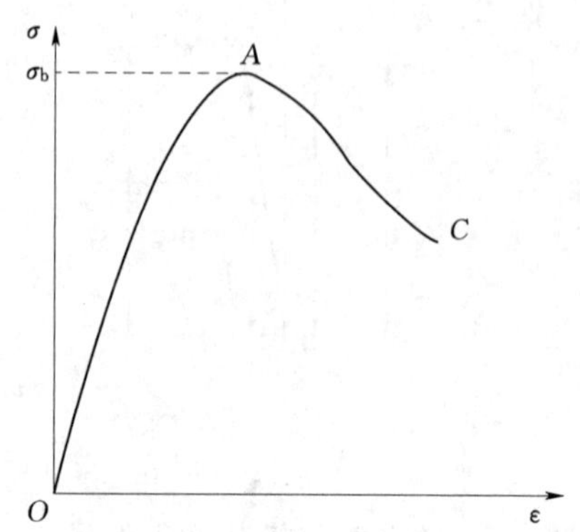

图 2-26　混凝土压缩全曲线

根据近代的试验研究发现，若采用控制变形速率的伺服试验机或刚度很大的试验机，可以得到强度极限 σ_b 以后的 $\sigma-\varepsilon$ 曲线下降段 AC。在 AC 段范围内，试样变形不断增大，但承受压力的能力逐渐减小，这一现象称为材料的**软化**（softening）。整个曲线 OAC 称为 $\sigma-\varepsilon$ 全曲线，它对混凝土结构的应力和变形分析有重要意义。

用试验方法同样可得到混凝土的拉伸强度以及拉伸 $\sigma-\varepsilon$ 全曲线，混凝土受拉时也存在材料的软化现象。混凝土的拉伸强度很小，约为压缩强度的 1/5～1/20，故在用作受拉构件时，一般用钢筋来加强（称为钢筋混凝土），在计算时不考虑混凝土的拉伸强度。

4. 木材的压缩试验

木材的力学性质随应力方向与木纹方向间倾角的不同而有很大的差异，即木材的力学性质具有方向性，称为各向异性材料。由于木材的组织结构对于平行于木纹（称为顺纹）和垂直于木纹（称为横纹）的方向基本上具有对称性，因而其力学性质也具有对称性，这种力学性质具有三个相互垂直的对称轴的材料，称为正交各向异性材料（图 2-27）。

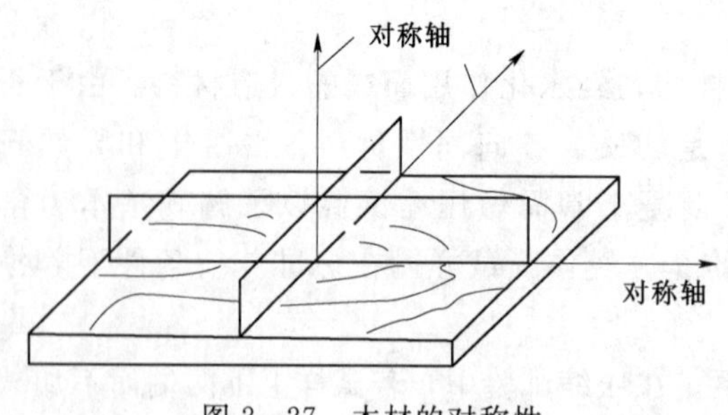

图 2-27　木材的对称性

松木在顺纹拉伸、压缩和横纹压缩时，其 $\sigma-\varepsilon$ 曲线的大致形状如图 2-28 所示。木材的顺纹拉伸强度很高，但因受木节等缺陷的影响，其强度极限值波动很大。木材的横纹拉伸强度很低，工程中应避免横纹受拉。木材的顺纹压缩强度虽稍低于顺纹拉伸强度，但受木节等缺陷的影响较小，因此，在工程中广泛用作柱、斜撑等承压构件。木材在横纹压缩时，其初始阶段的应力-应变关系基本上成线性关系，当应力超过比例极限后，曲线趋于水平，并产生很大的塑性变形，工程中通常以其比例极限作为强度指标。

由于木材的力学性质具有方向性，因而在设计计算中，其弹性模量 E 和强度指标，

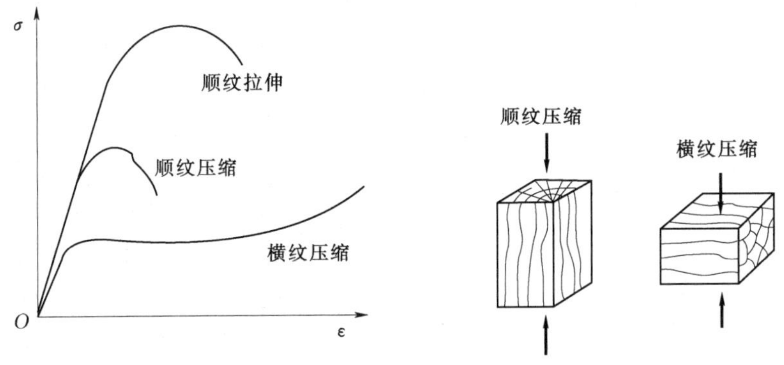

图 2-28 木材压缩特性

都应随应力方向与木纹方向间倾角的不同而采用不同的数值。详情可参阅 GB 50005—2017《木结构设计规范》。

表 2-2 给出了工程上几种常用材料在拉伸和压缩时的部分力学性质。

表 2-2 **几种常用材料在拉伸和压缩时的力学性质(常温、静荷载)**

材料名称或牌号	屈服极限 σ_s/MPa	强度极限/MPa		塑性指标	
		σ_{bt}	σ_{bc}	δ/%	ψ/%
Q235 钢 Q274 钢	216~235 255~274	380~470 490~608		24~27 19~21	60~70
35 号钢 45 号钢	310 350	530		20 16	45 40
15Mn 钢 16Mn 钢	300 270~340	520 470~510		23 16~21	50 45~60
灰口铸铁		150~370	600~1300	0.5~0.6	
球墨铸铁	290~420	390~600	1570 以上	1.5~10	
有机玻璃		55~77	130 以上		
红松(顺纹)		98	33		
普通混凝土		1.3~3.1	10~50		

注 σ_{bt} 为材料拉伸时的强度极限,σ_{bc} 为材料压缩时的强度极限。

2.6.3 塑性材料和脆性材料的比较

从以上介绍的各种材料的试验结果看出,塑性材料和脆性材料在常温和静荷载下的力学性质有很大差别,现简单地加以比较。

(1) 塑性材料的抗拉强度比脆性材料的抗拉强度高,故塑性材料一般用来制成受拉构件;脆性材料的抗压强度比抗拉强度高,故一般用来制成受压构件,而且成本较低。

(2) 塑性材料破坏时能产生较大的塑性变形,而脆性材料破坏时的变形较小。由于材料抵抗冲击能力的大小取决于它能吸收多大的动能,而使塑性材料破坏需要消耗较大的能量,因此塑形材料承受冲击的能力较好。此外,在结构安装时,常常要校正构件的不正确尺寸,塑性材料由于可以产生较大的变形而不破坏,但脆性材料则往往会因此而引起

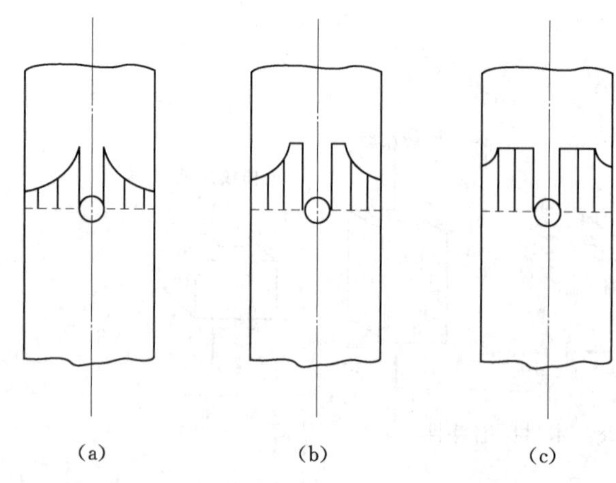

图 2-29　塑性材料孔口应力的变化

断裂。

(3) 当构件中存在应力集中时，塑性材料对应力集中的敏感性较小。例如图 2-29 (a) 所示带圆孔的塑性材料拉杆，当孔边的最大应力达到材料的屈服极限时，若再增加拉力，则该处应力不增加，而该截面上其他各点处的应力将逐渐增加至材料的屈服极限，使截面上的应力趋向平均（未考虑材料的强化），如图 2-29 (b)、(c) 所示。这样，杆所能承受的最大荷载和无圆孔时相比，不会降低很多。脆性材料对应力集中的敏感性较大，由于脆性材料没有屈服阶段，当孔边最大应力达到材料的强度极限时，局部就要开裂；若再增加拉力，裂纹就会扩展，并导致杆件断裂。但铸铁由于其内部组织很不均匀，本身就存在气孔、杂质等引起应力集中的因素，因此外部形状的骤然变化引起的应力集中的影响反而很不明显，就可不考虑应力集中的影响。但在动荷载作用下，则不论是塑性材料，还是脆性材料制成的构件，都应考虑应力集中的影响。

必须指出，材料的塑性或脆性，实际上还与环境温度、变形速率、受力状态等因素有关。而荷载的作用方式（如冲击荷载或随时间作周期性变化的交变荷载等）对材料的力学性质也将产生明显的影响。例如低碳钢在常温下表现为塑性，但在低温下表现为脆性；石料通常认为是脆性材料，但在各向受压的情况下，却表现出很好的塑性。

2.7　几种新材料的力学性质简介

20 世纪 60 年代以来，以复合材料、高分子材料等为代表的新型材料在很多工程领域得到日益广泛的应用，这些新材料的力学性能和相关的设计准则，是广大工程技术人员非常关心、迫切需要了解的问题。本节仅对复合材料和高分子材料的力学性质作一简介。

2.7.1　复合材料

复合材料是指两种或两种以上互不相溶（熔）的材料通过一定的方式组合成的一种新型的材料。近年来，纤维增强复合材料（fiber-reinforced composite materials）在工程中的应用迅速增长。纤维增强复合材料是以韧性好的金属、塑料或混凝土为基体将纤维材料嵌固其中，二者牢固地黏结成整体，如玻璃钢、加纤混凝土等。纤维材料的嵌入将使材料的性能有极明显的改善。例如碳纤维增强的环氧树脂基体复合材料，其弹性模量比基体材料可提高约 60 倍，强度可提高约 30 倍。

纤维增强复合材料不同于金属等各向同性材料，它具有极明显的各向异性。在平行于纤维的方向“增强”效应极其明显，而在垂直于纤维方向则不显著。所以在制造时常常采

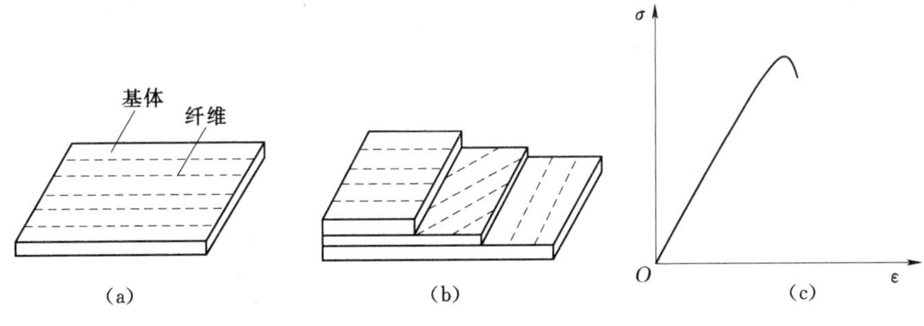

图 2-30 纤维增强复合材料

用叠层结构，其中每一层的纤维都按一定要求的方向铺设［图 2-30（b）］。

复合材料的弹性模量不仅与基体和纤维材料的弹性模量有关，而且与这两种材料的体积比有关。纤维按同一方向排列时的单层玻璃钢，沿纤维方向拉伸的应力应变曲线如图 2-30（c）所示。由图可见，σ 与 ε 基本上是线弹性关系。

复合材料沿纤维方向的弹性模量可由并联模型得到，即将复合材料杆中两种材料归结为长度相同、横截面面积不同的两根并联的直杆，在轴向荷载的作用下，两杆具有相同的伸长量。由此可推出，单层复合材料沿纤维方向的弹性模量为

$$E=E_{\mathrm{f}}V_{\mathrm{f}}+E_{\mathrm{m}}(1-V_{\mathrm{f}})$$

式中：E_{f} 为纤维材料的弹性模量；E_{m} 为基体材料的弹性模量；V_{f} 为纤维材料的体积与总体积之比。

在以上分析中，没有考虑纤维材料与基体材料横向变形的影响。当两者的泊松比不同时，在两者的交界面上将会产生横向正应力。应用能量原理可以证明，此时的复合弹性模量会比按上式计算的结果稍大。

对于纤维排列方向不同和应力方向与纤维方向不同时复合材料的力学性能，可参阅有关的教材和复合材料力学的专著。

2.7.2 黏弹性材料

高分子材料（又称聚合物）是一种新兴的工程材料，包括橡胶、塑料、化纤、黏结剂等。它具有重量轻、耐腐蚀、价格便宜、便于加工等优点，因此在工程中得到越来越广泛的应用。目前全世界聚合物的产量，在体积上已与钢产量相当。聚合物所具有的一些独特性能，如橡胶的高弹性和黏结剂的高黏结性等，是其他材料无法比拟的。

常规工程材料如钢铁等，在常温下其应力-应变关系与时间无关，其弹性模量 E 为常数。而聚合物的应力-应变关系则与时间有关，这种性质称为**黏弹性**（viscoelasticity）。聚合物在荷载作用下，将产生明显的黏弹性变形，是一种介于弹性和黏性之间的变形行为。

黏弹性材料的应力是应变与时间的函数，即

$$\sigma=f(\varepsilon,t)$$

若应力与应变、时间的关系可简化为

$$\sigma=\varepsilon f(t)$$

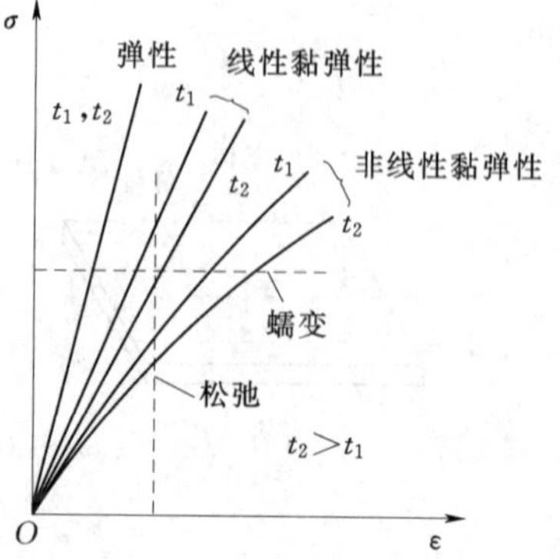

图 2-31　弹性与黏弹性材料的应力-应变关系

的关系，即为**线性黏弹性**（linear viscoelasticity），如不能简化，则为**非线性黏弹性**（nonlinear viscoelasticity）。

弹性、线性黏弹性与非线性黏弹性材料的应力-应变关系可由图 2-31 说明。由图可见，对于黏弹性材料，当应力保持不变时，应变随时间的增加而增加，这种现象称为**蠕变**（creep）；当应变保持不变时，应力将随时间的增加而减小，这种现象称为**松弛**（relaxation）。

需要指出的是，一般线弹性材料在较高的温度下也会出现蠕变与松弛。所不同的是，黏弹性材料在一般环境温度下便会产生这两种效应。

此外，黏弹性材料的应力与应变、时间的关系还具有温度敏感性，即与温度值有关。

2.8　轴向拉伸（压缩）杆件的强度计算

由式（2-2）可求出拉（压）杆横截面上的最大正应力，称为最大工作应力。但仅有最大工作应力并不能判断杆件是否会因强度不足而发生失效，只有将杆件的最大工作应力与材料的强度指标联系起来，才有可能作出判断。

2.8.1　容许应力和安全因数

由 2.6 节中材料的拉伸和压缩试验得知，当脆性材料的应力达到强度极限时，材料将会破坏（拉断或剪断）；当塑性材料的应力达到屈服极限时，材料将产生显著的塑性变形。工程上的构件，既不允许破坏，也不允许产生显著的塑性变形。因为显著塑性变形的出现，将改变原来的设计状态，往往会影响杆的正常工作。因此，将脆性材料的强度极限 σ_b 和塑性材料的屈服极限 σ_s（或 $\sigma_{0.2}$）作为材料的极限正应力，用 σ_u 表示。要保证杆安全而正常地工作，其最大工作应力不能超过材料的**极限应力**（limit stress）。同时，考虑到一些实际存在的不利因素，设计时杆的最大工作应力必须小于极限应力。这些不利因素主要有：

（1）计算荷载难以估计准确，因而杆件中实际产生的最大工作应力可能超过公式计算出的数值。

（2）实际结构与其计算简图间的差异。

（3）实际的材料与标准试件材料的差异，因此，实际的极限应力往往小于试验所得的结果。

（4）其他因素，如杆件的尺寸由于制造等原因引起的不准确，加工过程中杆件受到损伤，杆件长期使用受到磨损或材料老化、腐蚀等。

此外，还要给杆件必要的强度储备，以应对构件使用期内可能遇到的意外的事故或其他不利的工作条件。

因此，工程上将极限正应力除以一个大于 1 的**安全因数**（safety factor）n，作为材料的**容许正应力**（allowable normal stress），即

$$[\sigma]=\frac{\sigma_u}{n} \tag{2-6}$$

对于脆性材料，$\sigma_u=\sigma_b$；对于塑性材料，$\sigma_u=\sigma_s$（或 $\sigma_{0.2}$）。

安全因数 n 的选取，除了需要考虑前述因素外，还要考虑其他很多因素，例如工程的重要性，杆件失效所引起后果的严重性以及经济效益等，因此，要根据实际情况选取安全因数。在通常情况下，对静荷载问题，塑性材料一般取 $n=1.5\sim2.0$，脆性材料一般取 $n=2.0\sim2.5$。由于脆性材料的破坏以断裂为标志，而塑性材料的破坏则以发生一定程度塑形变形为标志，两者的危险性显然不同，且脆性材料的强度指标值的分散度较大，因此，脆性材料的安全因数取值较大。

几种常用材料的容许正应力的数值列于表 2-3 中。

2.8.2 强度条件和强度计算

对于等截面直杆，内力最大的横截面称为危险截面，危险截面上应力最大的点就是危险点。拉压杆件危险点处的最大工作应力由式（2-2）计算，当该点处的最大工作应力不超过材料的容许正应力时，就能保证杆件不致因强度不足而破坏。

因此，等截面拉压直杆的强度条件为

$$\sigma_{max}=\frac{F_{Nmax}}{A}\leqslant[\sigma] \tag{2-7}$$

式中：F_{Nmax} 为杆的最大轴力，即危险截面上的轴力。

表 2-3　几种常用材料的容许正应力值

材料名称		容许正应力值/MPa	
		容许拉应力 $[\sigma_t]$	容许压应力 $[\sigma_c]$
低碳钢		170	170
低合金钢		230	230
灰口铸铁		34～54	160～200
松木	顺纹	6～8	9～11
	横纹	—	1.5～2
混凝土		0.4～0.7	7～11

利用式（2-7），可以进行以下 3 方面的计算：

（1）**校核强度**。当杆的横截面面积 A、材料的容许正应力 $[\sigma]$ 及杆所受荷载已知时，可由式（2-7）校核杆的最大工作应力是否满足强度条件的要求。如杆的最大工作应力超过了容许应力，工程上规定，只要超过的部分在容许应力的 5%以内，仍可以认为杆是安全的。

（2）**设计截面**。当杆所受荷载及材料的容许正应力 $[\sigma]$ 已知时，可由式（2-7）选择杆所需的横截面面积，即

$$A\geqslant\frac{F_{Nmax}}{[\sigma]}$$

再根据不同的截面形状，确定截面的尺寸。

（3）**求容许荷载**。当杆的横截面面积 A 及材料的容许正应力 $[\sigma]$ 已知时，可由式（2-7）求出杆所容许产生的最大轴力为

$$F_{\mathrm{Nmax}} \leqslant A[\sigma]$$

再由此可确定杆所容许承受的荷载。

【例 2-9】 三铰屋架的主要尺寸如图 2-32（a）所示，承受长度为 $l=9.3\mathrm{m}$ 的竖向均布荷载，荷载集度为 $q=4.2\mathrm{kN/m}$。屋架中的钢拉杆直径 $d=16\mathrm{mm}$，容许正应力 $[\sigma]=170\mathrm{MPa}$。试校核拉杆的强度。

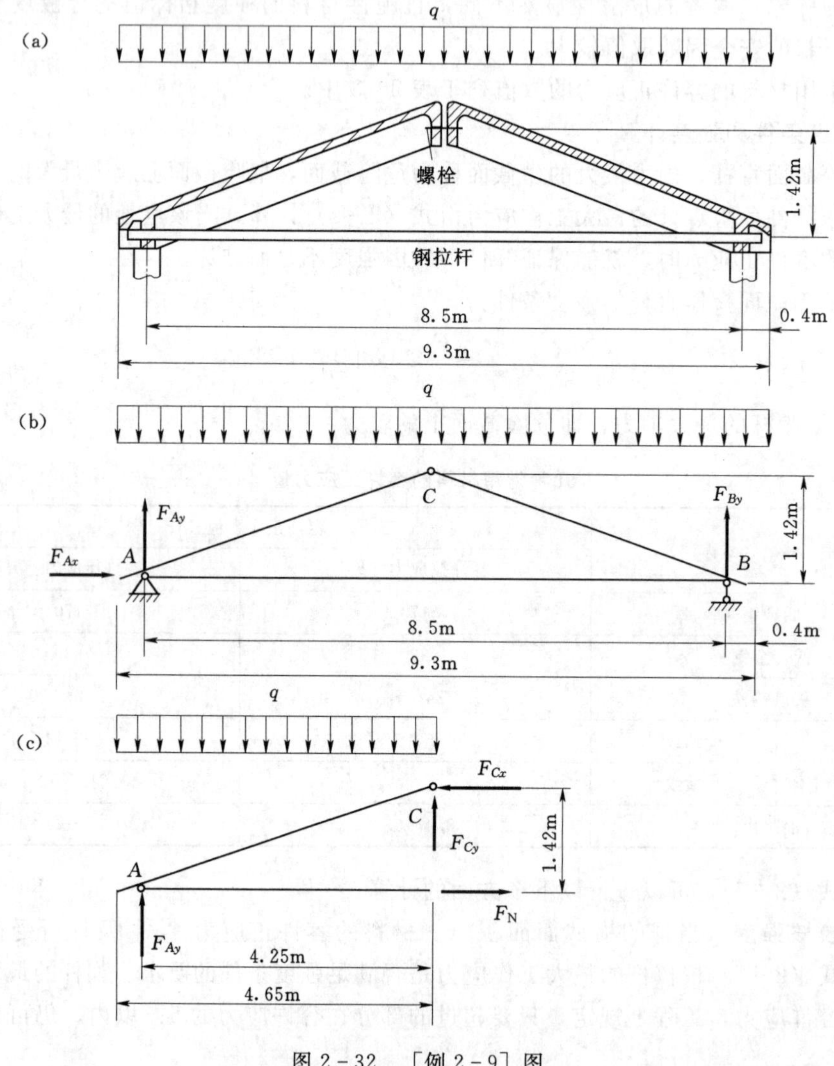

图 2-32　［例 2-9］图

解　（1）作计算简图。由于两屋面板之间和拉杆与屋面板之间的接头难以阻止微小的相对转动，故可将接头看作铰接，于是得屋架的计算简图如图 2-32（b）所示。

（2）求支反力。从屋架整体［图 2-32（b）］的平衡方程 $\sum F_x=0$，得

$$F_{Ax}=0$$

为了简便，可利用对称关系得

$$F_{Ay}=F_{By}=\frac{1}{2}ql=\frac{1}{2}\times 4.2\times 10^3\,\text{N/m}\times 9.3\text{m}=19.5\text{kN}$$

（3）求拉杆的轴力。取半个屋架为脱离体［图 2－32（c）］，由平衡方程 $\sum M_C=0$，即

$$1.42\text{m}\cdot F_N+\frac{(4.65\text{m})^2}{2}q-4.25\text{m}\cdot F_{Ay}=0$$

及 $q=4.2\text{kN/m}$ 和 $F_{Ay}=19.5\text{kN}$，求得

$$F_N=26.3\text{kN}$$

（4）求拉杆横截面上的工作应力 σ。由拉杆直径 $d=16\text{mm}$ 和轴力 $F_N=26.3\text{kN}$ 得

$$\sigma=\frac{F_N}{A}=\frac{26.3\times 10^3\,\text{N}}{\frac{\pi}{4}(16\times 10^{-3}\,\text{m})^2}=131\times 10^6\,\text{Pa}=131\text{MPa}$$

（5）强度校核。因为 $\sigma=131\text{MPa}<[\sigma]$，故钢拉杆满足强度要求。

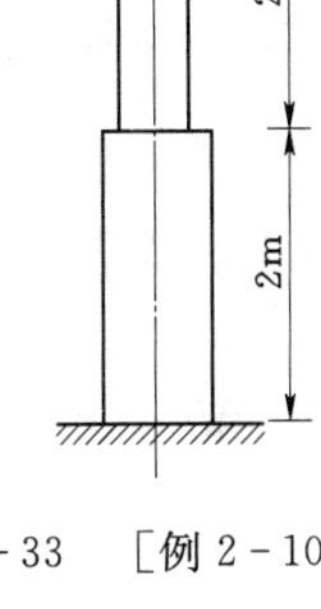

图 2－33 ［例 2－10］图

【例 2－10】 一墙体的剖面如图 2－33 所示。已知墙体材料的容许压应力 $[\sigma_c]_{墙}=1.2\text{MPa}$，重度 $\rho g=16\text{kN/m}^3$；地基的容许压应力 $[\sigma_c]_{地}=0.5\text{MPa}$。试求上段墙每米长度上的容许荷载 q 及下段墙的厚度。

解 取 1m 长的墙进行计算。对于上段墙，由式（2－7），得

$$\sigma_{max}=\frac{F_{Nmax}}{A}=\frac{q\times 1+\rho g A_1 l_1}{A_1}\leqslant[\sigma]_{墙}$$

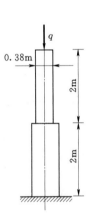

代入已知数据后，得到容许荷载为

$$q=\frac{A_1([\sigma]_{墙}-\rho g l_1)}{1}$$

$$=\frac{0.38\text{m}\times 1\text{m}\times(1.2\times 10^6\,\text{Pa}-16\times 10^3\,\text{N/m}^3\times 2\text{m})}{1\text{m}}$$

$$=443.8\text{kN/m}$$

对于下段墙，最大压应力发生在底部。但地基的容许压应力小于墙的容许压应力，所以应根据地基的容许压应力进行计算。由式（2－7），得

$$\sigma_{max}=\frac{q\times 1+\rho g A_1 l_1+\rho g A_2 l_2}{A_2}\leqslant[\sigma]_{地}$$

代入已知数据后，得到

$$A_2\geqslant\frac{q\times 1+\rho g A_1 l_1}{[\sigma]_{地}-\rho g l_2}=\frac{443.8\times 10^3\,\text{N/m}\times 1\text{m}+16\times 10^3\,\text{N/m}^3\times 0.38\text{m}\times 1\text{m}\times 2\text{m}}{0.5\times 10^6\,\text{Pa}-16\times 10^3\,\text{N/m}^3\times 2\text{m}}=0.97\text{m}^2$$

因为取 1m 长的墙计算，所以下段墙的厚度为 0.97m。

【例 2－11】 图 2－34（a）所示的结构由两根杆组成。AC 杆的截面面积为 450mm^2，

BC 杆的截面面积为 250mm^2。设两杆材料相同，容许拉应力均为 $[\sigma]=100\text{MPa}$，试求容许荷载 $[F]$。

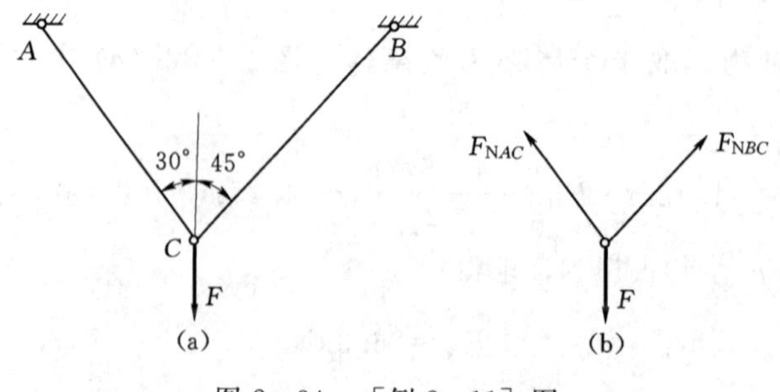

图 2 - 34　[例 2 - 11] 图

解　(1) 确定各杆的轴力（均设为正）和 F 的关系。节点 C 的受力图如图 2 - 34 (b) 所示，其平衡方程为

$\sum F_x=0$:　　$$F_{NBC}\sin45°-F_{NAC}\sin30°=0$$

$\sum F_y=0$:　　$$F_{NBC}\cos45°+F_{NAC}\cos30°-F=0$$

联立求解得

$$F_{NAC}=0.732F,\ F_{NBC}=0.517F$$

(2) 求容许荷载。两根杆均要求安全，由强度条件式 (2 - 7)，对 AC 杆有

$$F_{NAC}\leqslant A_{AC}[\sigma]$$

即
$$0.732F\leqslant 450\times10^{-6}\text{m}^2\times100\times10^6\text{Pa}$$

故
$$[F]\leqslant 61.48\text{kN}$$

对 BC 杆有

$$F_{NBC}\leqslant A_{BC}[\sigma]$$

即
$$0.517F\leqslant 250\times10^{-6}\text{m}^2\times100\times10^6\text{Pa}$$

故
$$[F]\leqslant 48.36\text{kN}$$

在所得的两个 $[F]$ 值中，应取较小者。故结构的容许荷载为

$$[F]\leqslant 48.36\text{kN}$$

结构在这一荷载作用下，BC 杆的应力恰好等于容许应力，而 AC 杆的应力小于容许应力，说明 AC 杆的强度没有得到充分发挥。

习　　题

2 - 1　试绘出图 2 - 35 中各杆的轴力图。请总结画轴力图的方法。

2 - 2　图 2 - 36 (a)、(b) 为拉压杆的轴力图，试分别作出各杆的受力图。

2 - 3　求图 2 - 37 所示结构中指定杆内的应力。已知图 2 - 37 (a) 中杆的横截面面积 $A_1=A_2=1150\text{mm}^2$，图 2 - 37 (b) 中杆的横截面面积 $A_1=850\text{mm}^2$，$A_2=$

$600mm^2$，$A_3=500mm^2$。

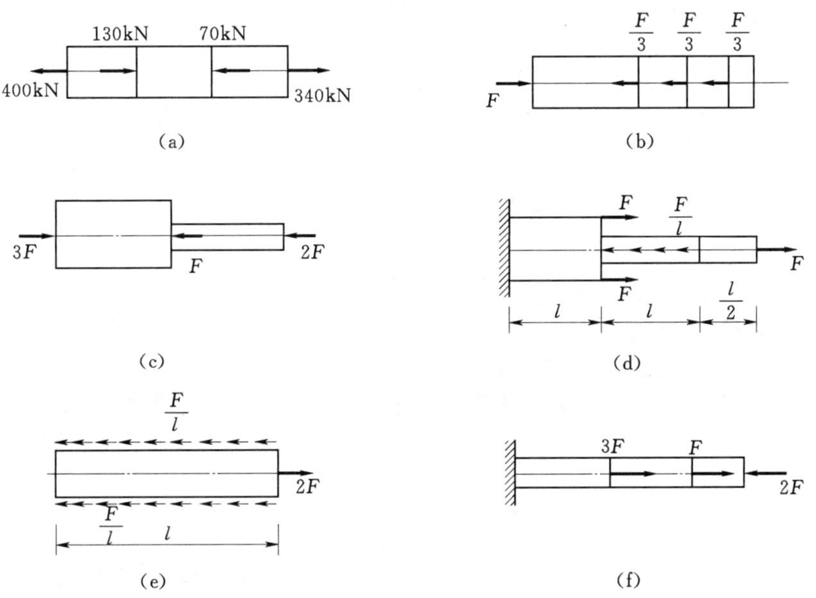

图 2-35　习题 2-1 图

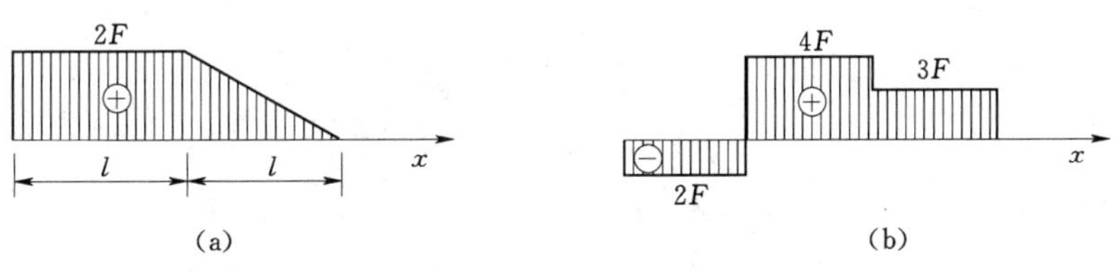

图 2-36　习题 2-2 图

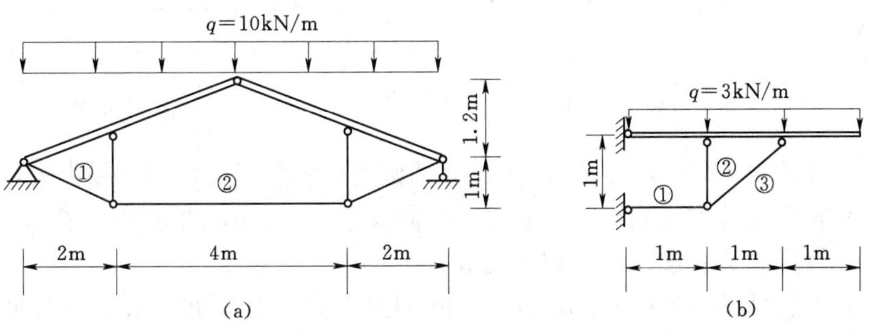

图 2-37　习题 2-3 图

2-4　求图 2-38 所示各杆内的最大正应力。请说明求最大正应力的方法。

(1) 图 2-38 (a) 为开槽拉杆，两端受力 $F=14kN$，$b=20mm$，$b_0=10mm$，$\delta=4mm$。

(2) 图 2-38 (b) 为阶梯形杆，AB 段杆横截面面积为 $80mm^2$，BC 段杆横截面面积为 $20mm^2$，CD 段杆横截面面积为 $120mm^2$。

(3) 图 2-38 (c) 为变截面拉杆，上段 AB 的横截面面积为 40mm^2，下段 BC 的横截面面积为 30mm^2，杆材料重度 $\rho g=78\text{kN/m}^3$。

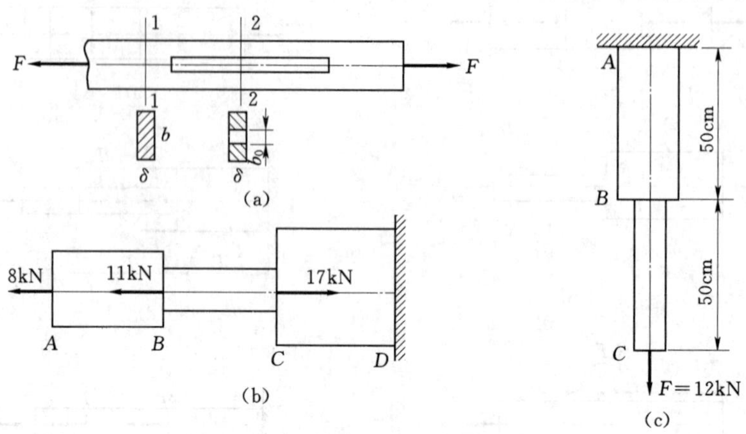

图 2-38　习题 2-4 图

2-5　一起重架由 100mm×100mm 的木杆 BC 和 30mm 直径的钢拉杆 AB 组成，如图 2-39 所示。现起吊一重物 $W=40\text{kN}$。求杆 AB 和 BC 中的正应力。

2-6　求图 2-40 所示铰接构架中，直径为 20mm 的圆拉杆 CD 中的正应力。

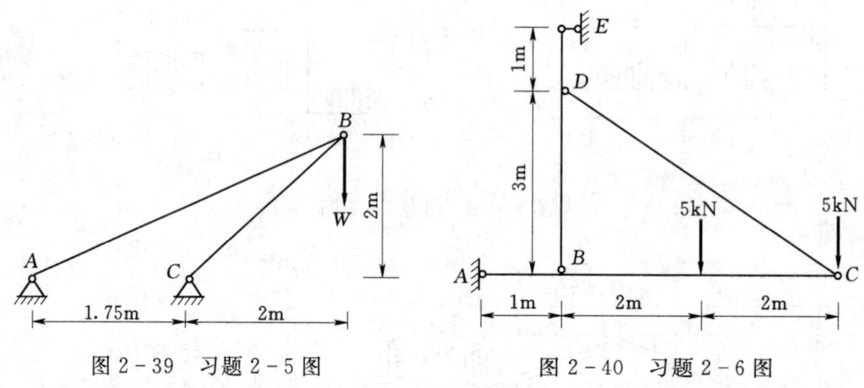

图 2-39　习题 2-5 图　　图 2-40　习题 2-6 图

2-7　一直径为 15mm，标距为 200mm 的圆合金钢杆，在比例极限内进行拉伸试验，当轴向荷载从零缓慢地增加到 58.4kN 时，杆伸长了 0.9mm，直径缩小了 0.022mm，试确定材料的弹性模量 E、泊松比 ν 和比例极限 σ_p。

2-8　截面尺寸为 $b\times h=6\text{mm}\times 50\text{mm}$ 的扁平合金杆，在 35kN 的轴向力作用下，在其 1.5m 长度内伸长了 1.22mm，材料的比例极限为 300MPa，泊松比为 0.32，问两横向尺寸各改变了多少？

2-9　从长度为 3m，横截面为 25mm×150mm 的钢板上开一长槽，长 600mm，宽 50mm，如图 2-41 所示。板受 $F=700\text{kN}$ 拉力时，杆总伸长量为 0.02m。试问当卸去力 F 时，杆内的残余变形是多少？已知屈服极限 $\sigma_s=240\text{MPa}$，$E=200\text{GPa}$。

2-10　图 2-42 所示短柱由两种材料制成，上段为钢材，长 200mm，截面尺寸为 100mm×100mm；下段为铝材，长 300mm，截面尺寸为 200mm×200mm。当柱顶受力

F 作用时，柱子总长度减少了 0.4mm，试求 F 值。已知 $E_{钢}=200\text{GPa}$，$E_{铝}=70\text{GPa}$。

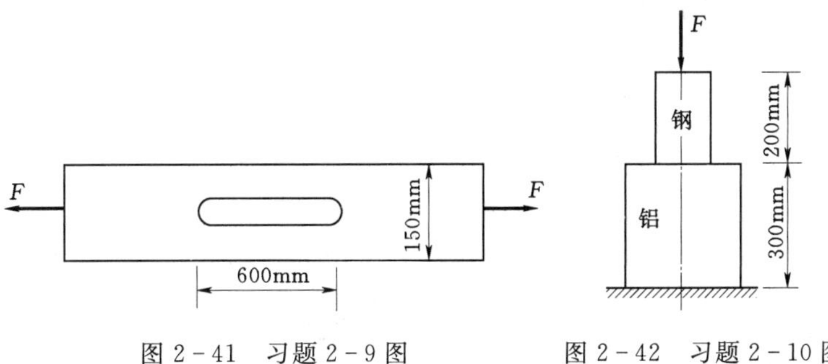

图 2-41　习题 2-9 图　　　　图 2-42　习题 2-10 图

2-11　图 2-43 所示等直杆 AC，材料的重度为 ρg，弹性模量为 E，横截面面积为 A。求直杆 B 截面的位移 Δ_B。

2-12　图 2-44 所示受力结构中，ABC 杆可视为刚性杆，BD 杆的横截面面积 $A=400\text{mm}^2$，材料弹性模量 $E=2.0\times10^5\text{MPa}$。求 C 点的竖直位移 Δ_{Cy}。

2-13　图 2-45 所示变截面钢杆，受 4 个集中力作用，AB 段与 CD 段杆横截面面积为 0.001m^2，BC 段杆横截面面积为 0.002m^2。试求 A、D 两截面的相对位移 Δ。设 $E=2.0\times10^5\text{MPa}$。

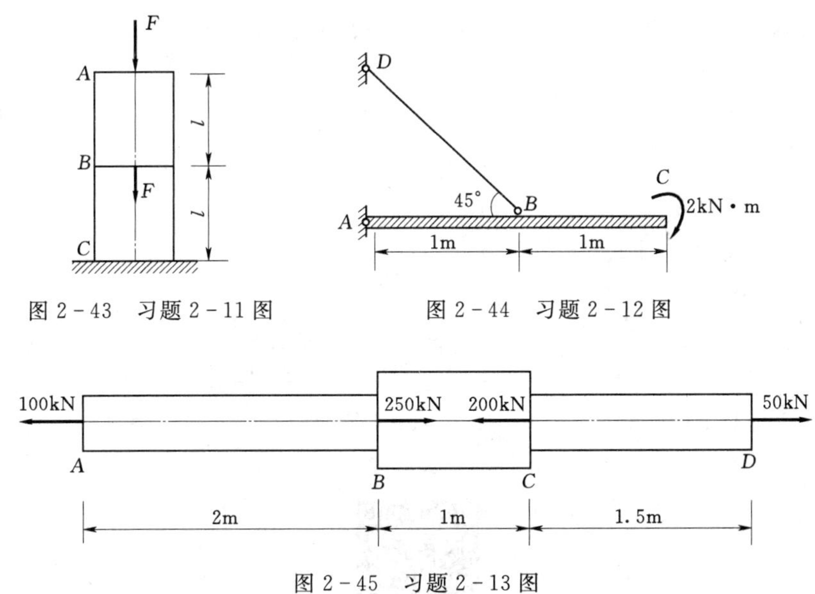

图 2-43　习题 2-11 图　　　　图 2-44　习题 2-12 图

图 2-45　习题 2-13 图

2-14　图 2-46 所示结构中，AB 可视为刚性杆；AD 为钢杆，横截面面积 $A_1=500\text{mm}^2$，弹性模量 $E_1=200\text{GPa}$；CG 为铜杆，横截面面积 $A_2=1500\text{mm}^2$，弹性模量 $E_2=100\text{GPa}$；BE 为木杆，横截面面积 $A_3=3000\text{mm}^2$，弹性模量 $E_3=10\text{GPa}$。当 G 点处作用有 $F=60\text{kN}$ 时，求该点的竖直位移 Δ_G。

2-15　求图 2-47 所示圆锥形杆在轴向力 F 作用下的伸长量。弹性模量为 E。

2-16　图 2-48 所示水塔结构，水和塔共重 $W=400\text{kN}$，同时还受侧向水平风力$F=$

100kN 作用。若支杆①、②和③的容许压应力 $[\sigma_c]=100\text{MPa}$，容许拉应力 $[\sigma_t]=40\text{MPa}$，试求每根支杆所需要的面积。

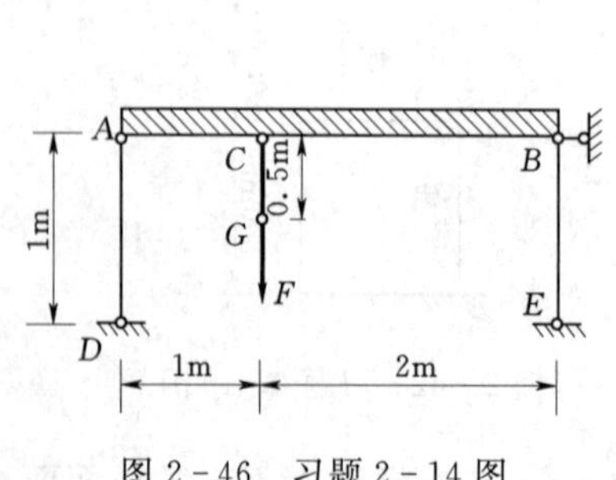

图 2-46　习题 2-14 图

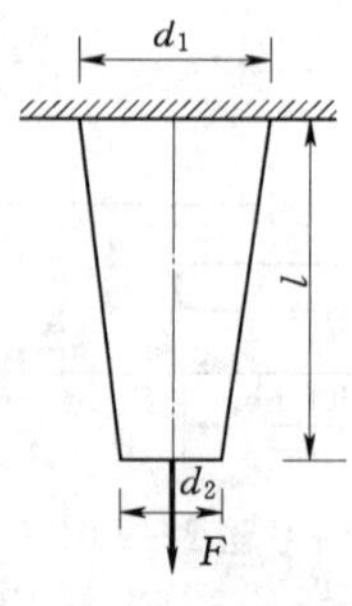

图 2-47　习题 2-15 图

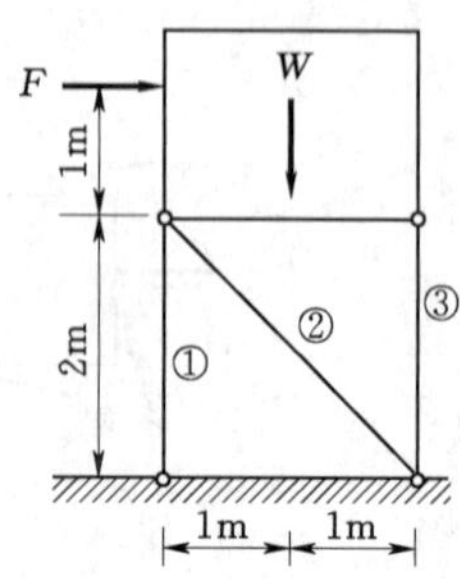

图 2-48　习题 2-16 图

2-17　一结构受力如图 2-49 所示，杆件 AB、AD 均由两根等边角钢（见附表 B-3）组成。已知材料的容许应力 $[\sigma]=170\text{MPa}$，试选择杆 AB、AD 的角钢型号。

2-18　图 2-50 所示结构中的 CD 杆为刚性杆。AB 杆为钢杆，直径 $d=30\text{mm}$，容许应力 $[\sigma]=160\text{MPa}$。试求结构的容许荷载 $[F]$。

2-19　3m 高的正方形砖柱，边长为 0.4m，砌筑在高为 0.4m 的正方形块石底脚上，如图 2-51 所示。已知砖的重度 $\rho_1 g=16\text{kN/m}^3$，块石重度 $\rho_2 g=20\text{kN/m}^3$。砖柱顶上受集中力 $F=16\text{kN}$ 作用，地基容许应力 $[\sigma]=0.08\text{MPa}$。试设计正方形块石底脚的边长 a。

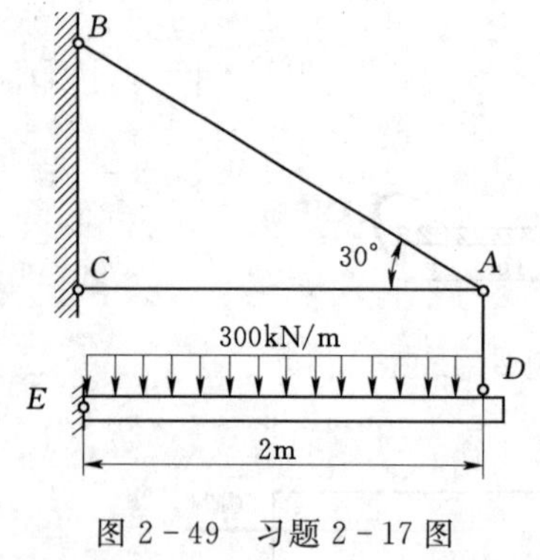

图 2-49　习题 2-17 图

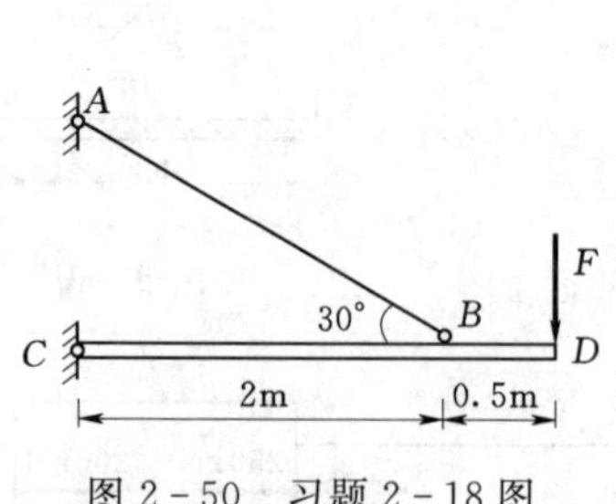

图 2-50　习题 2-18 图

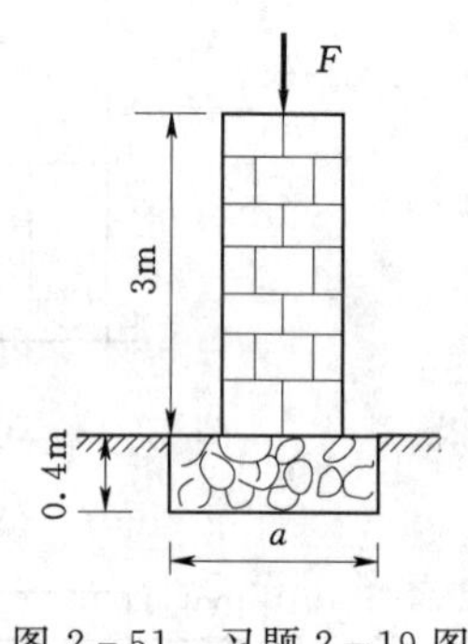

图 2-51　习题 2-19 图

习题详解

第3章　扭　　转

扭转是杆件的一种基本变形。本章着重介绍圆杆扭转时的内力、应力、变形和强度、刚度计算，还介绍了切应力互等定理。此外，本章对扭转时材料的力学性质和剪切胡克定律也作了介绍，并给出了弹性常数 E、G、ν 三者的关系式。最后，本章简单介绍了非圆截面杆的扭转。

3.1　概　　述

工程上有一些直杆，在外力作用下，其主要变形是扭转。例如图 3－1（a）中攻螺纹的丝杆、图 3－1（b）中传动机构的传动轴、图 3－1（c）中水轮发电机的主轴以及石油钻机中的钻杆等。这类杆件称为扭转杆件。扭转是杆件的一种基本变形形式。

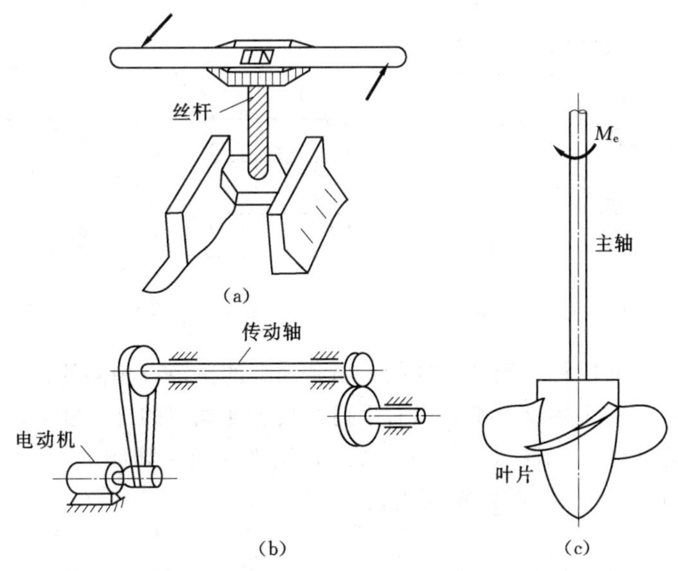

图 3－1　扭转杆件实例

扭转杆件最简单的计算简图如图 3－2 所示。其受力和变形特点是：

（1）受力特点。受作用面位于杆横截面所在平面内的平衡外力偶系的作用。

（2）变形特点。所有横截面绕杆轴线作相对转动，两横截面之间产生的相对角位移，称为**扭转角**（图 3－

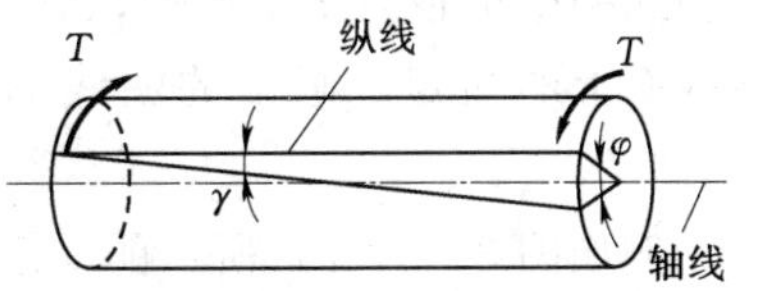

图 3－2　扭转杆件的受力和变形

2 中的 φ 为右端截面相对于左端截面的扭转角)；小变形下，纵线也随之转过一角度 γ。

当发生扭转的杆是等直圆杆时，由于杆的物理性质和横截面几何形状的极对称性，可用材料力学方法求解。工程上将扭转圆杆通称为**轴**（shaft）。

3.2　扭矩和扭矩图　传动轴外力偶矩的计算

3.2.1　扭矩的计算

为了分析扭转杆件的应力和变形，首先需要计算杆横截面上的内力。设一等直圆杆及其受力情况如图 3-3（a）所示，现求任一横截面上的内力。

采用截面法，假想将杆在横截面 $m—m$ 处截开，任取一杆段，例如左段杆［见图 3-3（b）］为研究对象。由这段杆的平衡可知，横截面 $m—m$ 上必定存在一个内力偶矩 M_x，由 $\sum M_x=0$ 得

$$M_x=T$$

M_x 称为**扭矩**（torque）。该截面上的扭矩也可从右段杆的平衡求出，其值仍等于 T，但转向与图 3-3（b）中的相反，如图 3-3（c）所示。

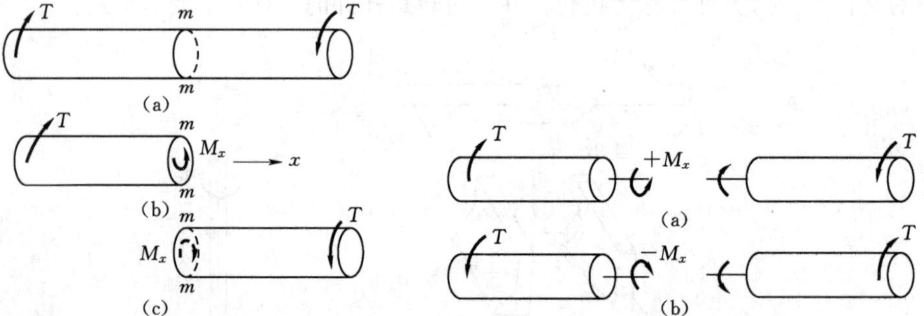

图 3-3　扭矩的显示和计算　　　　图 3-4　扭矩的正负号规定

为了使由左、右两段杆分别求得的同一横截面上的扭矩有相同的正负号，对扭矩的正负号作如下规定：按右手螺旋法则，以右手拇指代表横截面的外法线方向，则与其余 4 指的转向相同的扭矩为正，如图 3-4（a）所示；反之为负，如图 3-4（b）所示。因此，图 3-3 中，横截面 $m—m$ 上的扭矩为正。

3.2.2　扭矩图

为了表示各横截面上的扭矩沿杆长的变化规律，并求出杆内的最大扭矩及所在截面的位置，应画出**扭矩图**（torque diagram）。扭矩图的画法与轴力图的画法相似。即以平行于杆轴线的坐标轴为横坐标轴，其上各点表示横截面的位置，以垂直于杆轴线的纵坐标表示横截面上的扭矩，画出的图线即为扭矩图。正的扭矩画在横坐标轴的上方，负的画在下方。

例如图 3-5（a）所示的受多个外力偶矩作用的扭转杆件，根据其受力情况，杆件的扭矩图可分 AB、BC、CD 三段画出。先采用截面法，分别取图 3-5（b）、（c）、（d）所示杆段为研究对象，求出各段杆横截面上的扭矩，即 1—1、2—2 和 3—3 截面的扭矩，结

果分别为

$$M_{x1}=T,\ M_{x2}=-2T,\ M_{x3}=-T$$

然后分段画出杆的扭矩图，如图 3-5（e）所示。由图可见，该杆的最大扭矩发生在 BC 段，其值为

$$|M_x|_{\max}=2T$$

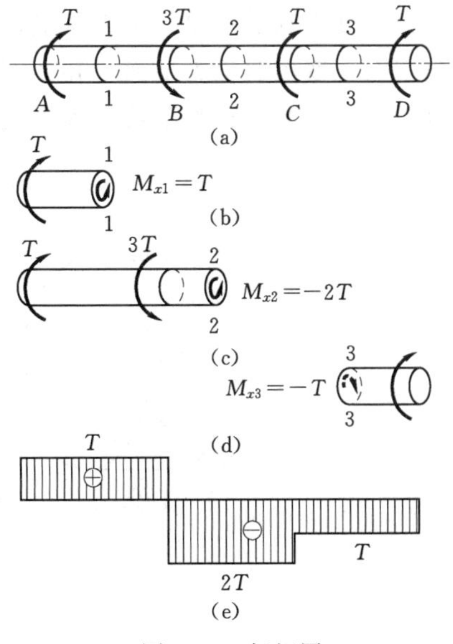

图 3-5 扭矩图

3.2.3 传动轴外力偶矩的计算

工程中常用的传动轴（图 3-1），往往是只知道它所传递的功率和转速。为此，需根据所传递的功率和转速，计算使轴发生扭转的外力偶矩。

当轴在稳定转动时，外力偶矩 T 在时间 t 内所做的功为 $W=T\varphi$，则功率 P 为

$$P=\frac{W}{t}=\frac{T\varphi}{t}=T\omega$$

式中：ω 为角速度，rad/s；T 为外力偶矩，N·m，φ 为轴转过的角度，rad。

若功率 P 的单位为 kW，转速 n 的单位为转/分（r/min），因 1kW=1000N·m/s，$1\text{r/min}=\frac{2\pi}{60}\text{rad/s}$，则由上式得外力偶矩与功率、转速的关系为

$$T(\text{N}\cdot\text{m})=\frac{P}{\omega}=\frac{P\times1000}{n\times2\pi/60}=9.55\times10^3\ \frac{P(\text{kW})}{n(\text{r/min})} \tag{3-1}$$

3.3 扭转圆杆横截面上的应力

3.3.1 横截面上的应力

前面用截面法求出了圆杆扭转时横截面的内力——扭矩，现进一步研究圆杆横截面上的应力。由于横截面上的扭矩只能由切向微内力 $\tau\mathrm{d}A$ 合成，所以在小变形下，横截面上只有切应力。为了确定横截面上的切应力计算公式，必须首先研究扭转时杆的变形情况，得到横截面的变形规律，即变形的几何关系，然后再利用物理关系和静力学关系综合求解。

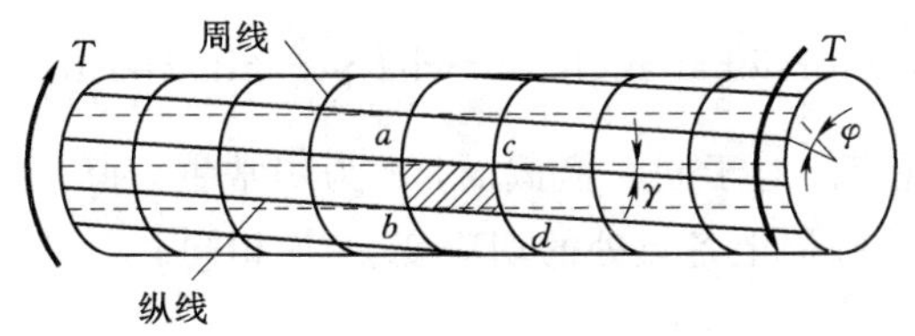

图 3-6 扭转变形

1. 几何关系

为研究横截面的变形规律，在等直圆杆表面上画一系列的圆周线和纵线，它们组成柱面矩形网格如图 3-6 所示（变形前纵线用虚线表示）。然后在其两端施加一对大小相等、转向相反的力偶矩 T，使其发生扭转。当变形很小时，可以观察到：①变形后所有圆周线的形状、大小和间距均未改变，只是绕杆的轴线作相对转动；②所有的纵线都转过了同一微小角度 γ，因而所有的矩形都变成了平行四边形。

根据观察到的现象，由表及里，推测杆内部的变形，可作出如下假设：变形前为平面的横截面，变形后仍为平面，并如同刚片一样绕杆轴线旋转，横截面上任一半径始终保持为直线。这一假设称为**平截面假设或平面假设。**

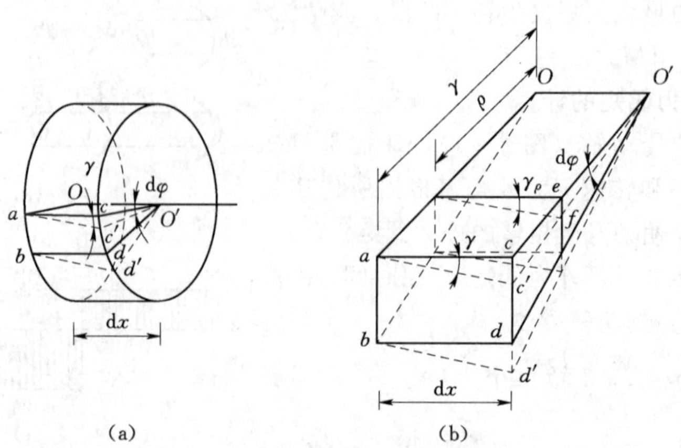

图 3-7 微段圆轴扭转变形分析

在上述假设的基础上，从图 3-6 所示的杆中截取长为 dx 的一段杆，其扭转后的相对变形情况如图 3-7（a）所示。为了更清楚显示杆的变形，再从微段杆中截取一楔形微体 $OO'abcd$，如图 3-7（b）所示。由图可见，在微段杆表面上的矩形 $abcd$ 变为平行四边形 $abc'd'$，左右两条边间距不变，但有一相对错动，从而直角改变了一个 γ 角，γ 即为表面该点的切应变。在圆杆内部，距圆心为 ρ 处的矩形也变为平行四边形，其切应变为 γ_ρ。假设 dx 段左、右两截面的相对扭转角用半径 $O'c$ 转到 $O'c'$ 的角度 $d\varphi$ 表示，则由几何关系可以得到

$$\gamma_\rho \approx \tan\gamma_\rho = \frac{\overline{ef}}{dx} = \frac{\rho d\varphi}{dx}$$

或

$$\gamma_\rho = \rho\frac{d\varphi}{dx} = \rho\theta \tag{a}$$

式中：$\theta = \frac{d\varphi}{dx}$，称为**单位长度杆的相对扭转角**（torsional angle of twist perunit length）。

这就是等直圆杆横截面上切应变的变化规律。对于同一横截面，θ 为一常量，其上各点处的切应变 γ_ρ 与 ρ 成正比，在同一半径 ρ 的圆周上各点处的切应变 γ_ρ 均相同。

2. 物理关系

切应变是由矩形的两侧相对错动而引起的，发生在垂直于半径的平面内，所以与它对应的切应力的方向也垂直于半径。由试验可知（见 3.5 节），当杆只产生弹性变形时，切应力和切应变之间存在着如下关系

$$\tau = G\gamma \tag{3-2}$$

这一关系称为**剪切胡克定律**（Hooke's law in shear）。式中 G 为**切变模量**（shear modulus），量纲和常用单位与 E 相同。G 值的大小因材料而异，可由试验测定。

由式（a）和式（3-2）可得横截面上任一点处的切应力为

$$\tau_\rho = G\gamma_\rho = G\rho\,\frac{\mathrm{d}\varphi}{\mathrm{d}x} \tag{b}$$

由于同一横截面的 $\mathrm{d}\varphi/\mathrm{d}x$ 为常量，可见横截面上各点处的切应力与 ρ 成正比，同一半径 ρ 的圆周上各点处的切应力相同，切应力的方向垂直于半径。等直实心圆杆横截面上的切应力分布规律如图 3-8 所示，在圆杆周边上各点处的切应力具有相同的最大值，而在圆心处 $\tau=0$。由于横截面上的扭矩由切向微内力 $\tau\mathrm{d}A$ 合成，因此，切应力的指向应与 M_x 的转向一致。

式（b）虽确定了切应力的分布规律，但 $\mathrm{d}\varphi/\mathrm{d}x$ 尚未确定，故无法计算切应力。因此，还需用静力学关系求解。

3. 静力学关系

由于在横截面上任一直径上距圆心相同距离的两点处的微内力 $\tau_\rho\mathrm{d}A$ 等值而反向，因此，整个截面上的微内力 $\tau_\rho\mathrm{d}A$ 的合力必等于零，并组成一个力偶，即为横截面上的扭矩 M_x。由于 τ_ρ 的方向垂直于半径，如图 3-9 所示，横截面上的扭矩 M_x 由该横截面所有微面积 $\mathrm{d}A$ 上的微内力 $\tau_\rho\mathrm{d}A$ 对圆心 O 点的力矩合成得到，即

$$M_x = \int_A \rho\tau_\rho\,\mathrm{d}A \tag{c}$$

式中：A 为横截面面积。

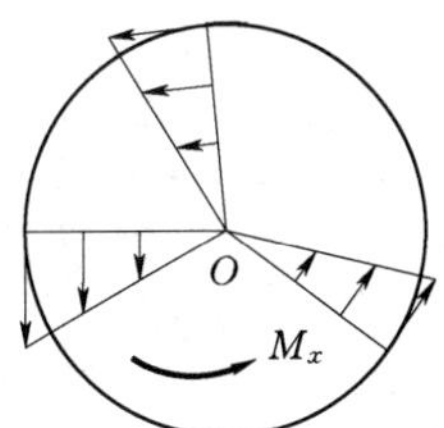

图 3-8 扭转圆杆横截面上切应力分布规律

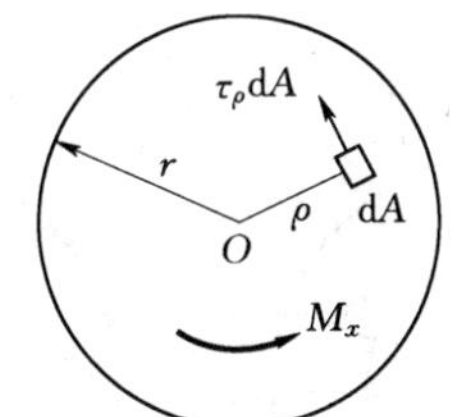

图 3-9 圆杆横截面应力的合成

将式（b）代入式（c），得

$$M_x = \int_A G\rho^2\,\frac{\mathrm{d}\varphi}{\mathrm{d}x}\mathrm{d}A = G\,\frac{\mathrm{d}\varphi}{\mathrm{d}x}\int_A \rho^2\,\mathrm{d}A \tag{d}$$

式中：$\int_A \rho^2\mathrm{d}A$ 只与横截面有关，用 I_P 表示，称为截面的**极惯性矩**（polar moment of inertia），即

$$I_\mathrm{P} = \int_A \rho^2\,\mathrm{d}A \tag{3-3}$$

I_P 的量纲为 L^4，其单位为 m^4。于是式（d）可改写成

$$\frac{\mathrm{d}\varphi}{\mathrm{d}x} = \frac{M_x}{GI_\mathrm{P}} \tag{3-4}$$

将式（3-4）代入式（b），得到等直圆杆横截面上任一点处的切应力公式

$$\tau_\rho = \frac{M_x\rho}{I_\mathrm{P}} \tag{3-5}$$

横截面上的最大切应力发生在 $\rho=r$ 处，其值为

$$\tau_{\max}=\frac{M_x r}{I_P}$$

令

$$W_P=\frac{I_P}{r} \tag{3-6}$$

则

$$\tau_{\max}=\frac{M_x}{W_P} \tag{3-7}$$

式中：W_P 称为**扭转截面系数**（section modulus of torsion），它也只与横截面有关，W_P 的量纲为 L^3，其单位为 m^3。

由于推导切应力计算公式的主要依据为平面假设，且材料符合胡克定律。因此上述公式仅适用于在线弹性范围内的等直圆杆。

3.3.2 极惯性矩和扭转截面系数的计算

1. 实心圆截面

图 3-10（a）为一直径为 d 的实心圆截面。取微面积 $dA=2\pi\rho d\rho$，则由式（3-3）及式（3-6）得

$$I_P=\int_A \rho^2 dA=\int_0^{d/2} 2\pi\rho^3 d\rho=\frac{\pi d^4}{32} \tag{3-8}$$

$$W_P=\frac{I_P}{r}=\frac{\pi d^4}{32}\frac{2}{d}=\frac{\pi d^3}{16} \tag{3-9}$$

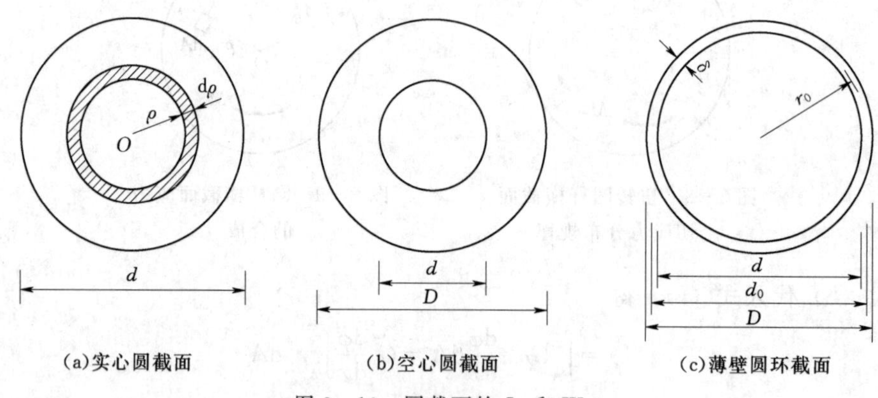

图 3-10　圆截面的 I_P 和 W_P

2. 空心圆截面

图 3-10（b）为一空心圆截面，内径为 d，外径为 D。设 $\alpha=d/D$，则

$$I_P=\int_A \rho^2 dA=\int_{d/2}^{D/2} 2\pi\rho^3 d\rho=\frac{\pi D^4}{32}(1-\alpha^4) \tag{3-10}$$

$$W_P=\frac{\pi D^4}{32}(1-\alpha^4)\frac{2}{D}=\frac{\pi D^3}{16}(1-\alpha^4) \tag{3-11}$$

3. 薄壁圆环截面

图 3-10（c）为一薄壁圆环截面，内、外径分别为 d 及 D。设其平均直径为 d_0，平均半径为 r_0，壁厚为 δ。将 $D=2r_0+\delta$ 和 $d=2r_0-\delta$ 分别代入式（3-10）和式（3-11），

略去壁厚 δ 的二次方项后，得到

$$I_P \approx 2\pi r_0^3 \delta \tag{3-12}$$

$$W_P \approx 2\pi r_0^2 \delta \tag{3-13}$$

【例 3-1】 一直径为 50mm 的传动轴如图 3-11（a）所示。每分钟为 300 转的电动机通过 A 轮输入 100kW 的功率，由 B、C 和 D 轮分别输出 45kW、25kW 和 30kW 以带动其他部件。要求：(1) 画轴的扭矩图；(2) 求轴的最大切应力。

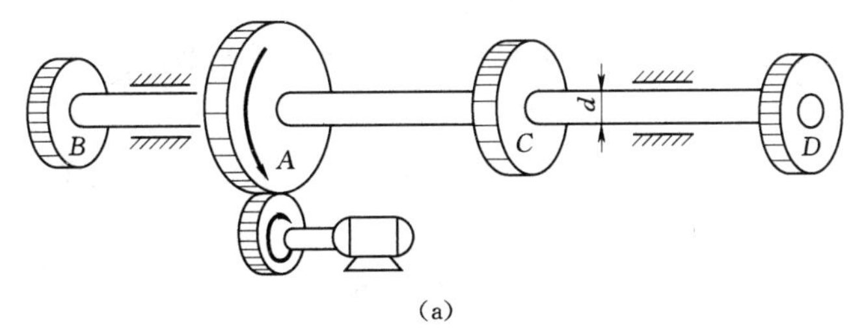

(a)

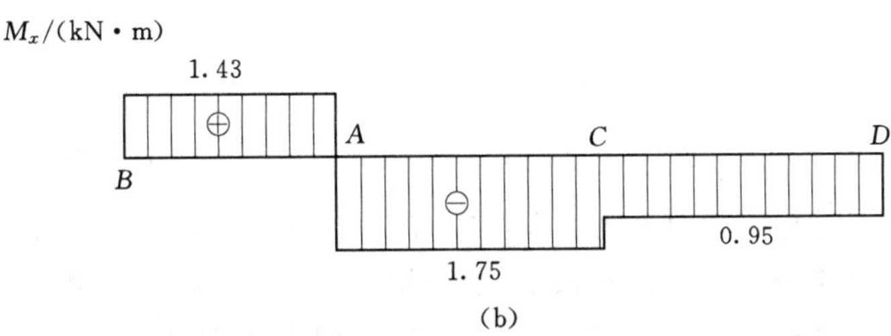

(b)

图 3-11 ［例 3-1］图

解 (1) 作用在轮上的外力偶矩可由（3-1）式计算得到，分别为

$$T_A = 9.55\times10^3 \frac{100\text{kW}}{300\text{r/min}}\text{N}\cdot\text{m} = 3.18\text{kN}\cdot\text{m}$$

$$T_B = 9.55\times10^3 \frac{45\text{kW}}{300\text{r/min}}\text{N}\cdot\text{m} = 1.43\text{kN}\cdot\text{m}$$

$$T_C = 9.55\times10^3 \frac{25\text{kW}}{300\text{r/min}}\text{N}\cdot\text{m} = 0.80\text{kN}\cdot\text{m}$$

$$T_D = 9.55\times10^3 \frac{30\text{kW}}{300\text{r/min}}\text{N}\cdot\text{m} = 0.95\text{kN}\cdot\text{m}$$

扭矩图如图 3-11（b）所示。

(2) 由扭矩图可知，最大扭矩发生在 AC 段内，$|M_x|_{\max} = 1.75\text{kN}\cdot\text{m}$。因为传动轴为等直实心圆杆，故最大切应力发生在 AC 段内各横截面周边上各点处，其值由式（3-9）和式（3-7）计算得到

$$W_P = \frac{\pi d^3}{16} = \frac{3.14\times(50\times10^{-3}\text{m})^3}{16} = 24.5\times10^{-6}\text{m}^3$$

$$\tau_{\max} = \frac{|M_x|\max}{W_P} = \frac{1.75\times10^3\text{N}\cdot\text{m}}{24.5\times10^{-6}\text{m}^3} = 71.4\times10^6\text{N/m}^2 = 71.4\text{MPa}$$

【例 3-2】 直径 $d=100$mm 的实心圆轴，两端受力偶矩 $T=10$kN·m 作用而扭转，求横截面上的最大切应力。若改用内、外直径比值为 0.5 的空心圆轴，且横截面面积和以

上实心轴横截面面积相等，问最大切应力是多少？

解 圆轴各横截面上的扭矩均为 $M_x = T = 10\text{kN}\cdot\text{m}$。

（1）实心圆截面。由式（3-9）和式（3-7），得

$$W_P = \frac{\pi d^3}{16} = \frac{3.14\times(100\times10^{-3}\text{m})^3}{16} = 1.96\times10^{-4}\text{m}^3$$

$$\tau_{\max} = \frac{M_x}{W_P} = \frac{10\times10^3\text{N}\cdot\text{m}}{1.96\times10^{-4}\text{m}^3} = 51.0\times10^6\text{N/m}^2 = 51.0\text{MPa}$$

（2）空心圆截面。由面积相等的条件，可求得空心圆截面的内、外直径。令内直径为 d_1，外直径为 D，$\alpha = d_1/D = 0.5$，则有

$$\frac{1}{4}\pi d^2 = \frac{\pi D^2}{4}(1-\alpha^2)$$

由此求得

$$D = 115\text{mm}$$

$$W_P = \frac{\pi D^3}{16}(1-\alpha^4) = \frac{3.14\times(115\times10^{-3}\text{m})^3}{16}[1-(0.5)^4] = 2.8\times10^{-4}\text{m}^3$$

$$\tau_{\max} = \frac{M_x}{W_P} = \frac{10\times10^3\text{N}\cdot\text{m}}{2.8\times10^{-4}\text{m}^3} = 35.7\times10^6\text{N/m}^2 = 35.7\text{MPa}$$

计算结果表明，空心圆截面上的最大切应力比实心圆截面小。这是因为在面积相同的条件下，空心圆截面的 W_P 比实心圆截面大。此外，扭转切应力在截面上的分布规律表明，实心圆截面中心部分的切应力很小，这部分面积上的微内力 $\tau_\rho dA$ 离圆心近，力臂小，所以组成的扭矩也小，材料没有被充分利用。而空心圆截面的材料分布得离圆心较远，截面上各点处的应力也较均匀，微内力对圆心的力臂大，在合成相同扭矩的情况下，最大切应力必然减小。请思考在工程实际中如何应用该例题的结论。

3.3.3 切应力互等定理

从上面的分析可知，圆杆扭转时，横截面上各点处存在切应力。下面证明，在圆杆的纵截面（径向平面）上也存在着切应力，且这两个截面上的切应力有一定的关系。在图3-12（a）所示圆杆表面 A 点周围，沿横截面、纵截面及垂直于径向的平面截出一无限小的长方体，称为**单元体**（element），设其边长为 dx、dy、dz，如图3-12（b）所示。该单元体的左、右两个面属于横截面，作用有切应力 τ；前面的一个面为外表面，其上没有应力，与它平行的平面，由于相距很近，也认为没有应力。从平衡的观点看，如果单元体上只在左、右两个面上有切应力，则该单元体将会转动，不能平衡，所以在上、下两个纵截面上必定存在着图示的切应力 τ'。由于各面的面积很小，可认为切应力在各面上均匀分布。由平衡方程 $\sum M_z = 0$ 得到

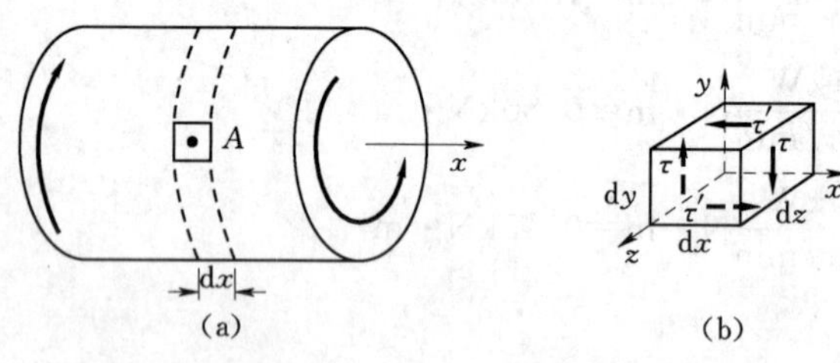

图3-12 切应力互等分析

$$(\tau \mathrm{d}y\mathrm{d}z)\mathrm{d}x = (\tau'\mathrm{d}x\mathrm{d}z)\mathrm{d}y \tag{3-14}$$

式（3-14）所表示的关系称为**切应力互等定理**（theorem of conjugate shearing

stress)。**即过一点的互相垂直的两个截面上，垂直于两截面交线的切应力大小相等，并均指向或背离这一交线。**

切应力互等定理在应力分析中有很重要的作用。在圆杆扭转时，当已知横截面上的切应力及其分布规律后，由切应力互等定理便可知道纵截面上的切应力及其分布规律，如图 3-13 所示。切应力互等定理除在扭转问题中成立外，在其他的变形情况下也同样成立。但须特别指出，这一定理只适用于一点处或在一点处所取的单元体。如果边长不是无限小的长方体或一点处两个不相正交的方向上，便不能适用。

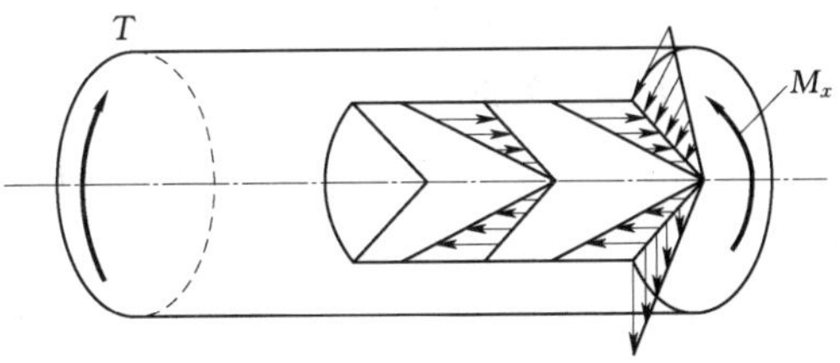

图 3-13 纵截面上切应力分布

切应力互等定理具有普遍性，若单元体的各面上还同时存在正应力时，也同样适用。

3.4 圆杆扭转时的变形

圆杆扭转时，其变形可用横截面之间的**相对角位移**（relative angle of twist）φ，即**扭转角**表示。

由式（3-4）可得，相距为 $\mathrm{d}x$ 的两个横截面的相对扭转角 $\mathrm{d}\varphi$ 为

$$\mathrm{d}\varphi=\frac{M_x}{GI_P}\mathrm{d}x$$

若杆长为 l，则两端截面的相对扭转角为

$$\varphi=\int_l \mathrm{d}\varphi=\int_0^l \frac{M_x\mathrm{d}x}{GI_P} \tag{3-15}$$

当杆长 l 之内的 M_x、G、I_P 均为常数时，则

$$\varphi=\frac{M_x l}{GI_P} \tag{3-16}$$

式（3-16）表明，扭转角与杆的长度 l 成正比，与 GI_P 成反比。乘积 GI_P 称为圆杆的**扭转刚度**（torsional rigidity）。当 M_x 和 l 不变时，GI_P 越大，扭转角越小；GI_P 越小，扭转角越大。扭转角的单位为弧度（rad）。

由于杆在扭转时各横截面上的扭矩可能并不相同，且杆的长度也各不相同，因此，圆杆的扭转变形程度用单位长度扭转角 θ 表示，由前可知

$$\theta=\frac{\mathrm{d}\varphi}{\mathrm{d}x}=\frac{M_x}{GI_P} \tag{3-17}$$

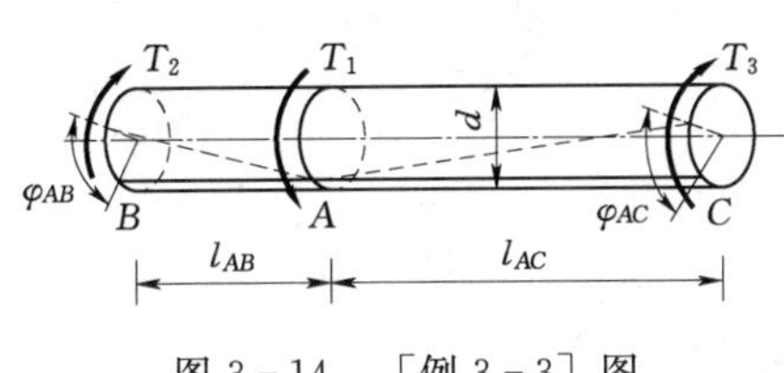

图 3-14 ［例 3-3］图

θ 的单位为弧度/米（rad/m）。显然，以上计算公式都只适用于材料在线弹性变形范围内的等直圆杆。

【例 3-3】 图 3-14 所示为一钢制实心圆截面传动轴。已知：$T_1=0.82\mathrm{kN\cdot m}$，$T_2=0.5\mathrm{kN\cdot m}$，

$T_3=0.32\mathrm{kN\cdot m}$，$l_{AB}=300\mathrm{mm}$，$l_{AC}=500\mathrm{mm}$。轴的直径 $d=50\mathrm{mm}$，钢的切变模量 $G=80\mathrm{GPa}$。试求截面 C 相对于 B 的扭转角。

解　截面 C 相对于 B 的扭转角 φ_{BC} 可通过计算截面 B、C 相对于截面 A 的扭转角 φ_{AB}、φ_{AC} 求得。为此，先由截面法计算求得 AB、AC 两段轴的扭矩分别为 $M_{x1}=0.5\mathrm{kN\cdot m}$，$M_{x2}=-0.32\mathrm{kN\cdot m}$。假想截面 A 固定不动，由式（3－16）可得

$$\varphi_{AB}=\frac{M_{x1}l_{AB}}{GI_{\mathrm{P}}}$$

$$\varphi_{AC}=\frac{M_{x2}l_{AC}}{GI_{\mathrm{P}}}$$

式中：$I_{\mathrm{P}}=\frac{\pi d^4}{32}$。将有关数据代入以上两式，即得

$$\varphi_{AB}=\frac{500\mathrm{N\cdot m}\times0.3\mathrm{m}}{80\times10^9\mathrm{Pa}\times\frac{\pi}{32}(5\times10^{-2}\mathrm{m})^4}=0.0031\mathrm{rad}$$

$$\varphi_{AC}=\frac{320\mathrm{N\cdot m}\times0.5\mathrm{m}}{80\times10^9\mathrm{Pa}\times\frac{\pi}{32}(5\times10^{-2}\mathrm{m})^4}=0.0033\mathrm{rad}$$

由于假想截面 A 固定不动，故截面 B、C 对截面 A 的相对转动应分别与 T_2、T_3 的转向相同（图 3－14）。由此，截面 C 相对于 B 的扭转角 φ_{BC} 为

$$\varphi_{BC}=\varphi_{AC}-\varphi_{AB}=0.0002\mathrm{rad}$$

其转向与 T_3 相同。

3.5　扭转时材料的力学性质

3.5.1　低碳钢的扭转试验

对低碳钢材料，可通过薄壁圆筒扭转试验，找出切应力与切应变之间的关系，并确定极限切应力。

一薄壁圆筒，一端固定，在自由端受外力偶矩 T 作用，如图 3－15（a）所示。由于筒壁很薄，故圆筒扭转后，可认为横截面上的切应力 τ 沿壁厚均匀分布，如图 3－15（b）

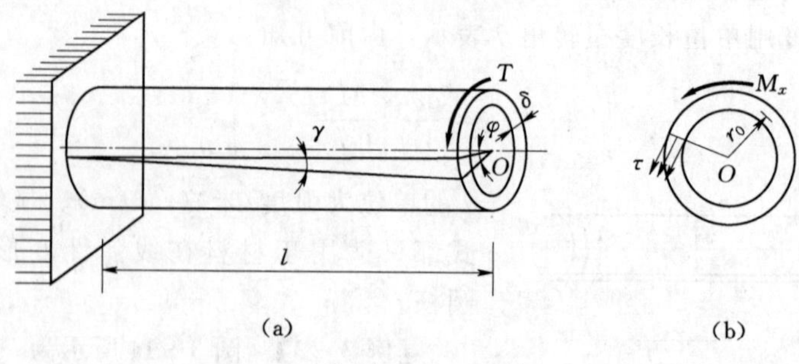

图 3－15　薄壁圆筒扭转

所示。

由静力学关系，可得

$$(\tau \cdot 2\pi r_0 \cdot \delta) r_0 = M_x = T$$

即

$$\tau = \frac{T}{2\pi r_0^2 \delta} \tag{a}$$

圆筒扭转后，表面上的纵线转过角度 γ，此即切应变，它和扭转角 φ 的几何关系为［见图 3－15（a）］

$$\gamma l = r_0 \varphi$$

即

$$\gamma = \frac{r_0}{l} \varphi \tag{b}$$

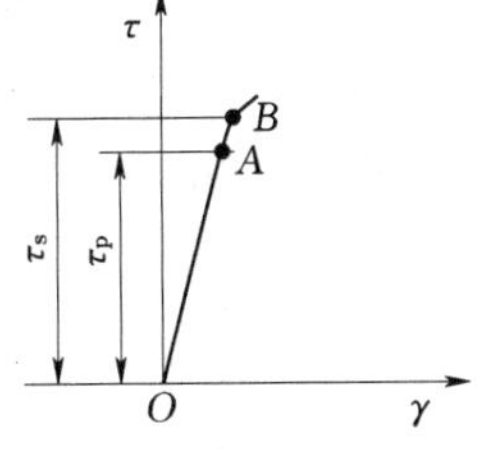

图 3－16　低碳钢 $\tau-\gamma$ 曲线

扭转试验在扭转试验机上进行。试验时逐渐增加外力偶矩，并测得与之相应的扭转角 φ，可画出 $T-\varphi$ 曲线。再通过式（a）和式（b）计算得 τ 与 γ，可画出 $\tau-\gamma$ 曲线。

低碳钢的 $\tau-\gamma$ 曲线如图 3－16 所示。由图可见，在 OA 范围内，切应力 τ 与切应变 γ 之间为线性关系，因此得到

$$\tau = G\gamma$$

这就是 3.3 节中所提到的剪切胡克定律式（3－2）。$\tau-\gamma$ 曲线开始部分为直线，该部分最高点 A 点的切应力称为剪切比例极限，用 τ_P 表示。当切应力超过 τ_P 以后，材料将发生屈服，B 点的切应力称为剪切屈服极限，用 τ_s 表示。但低碳钢的扭转试验不易测得剪切屈服极限，因为在材料屈服前，圆筒壁可能会发生皱折破坏，所以图 3－16 只画出皱折破坏前的 $\tau-\gamma$ 曲线。

3.5.2　铸铁的扭转试验

铸铁为脆性材料，需采用实心圆截面试件，在扭转试验机上进行破坏实验，得出 $T-\varphi$ 曲线，再通过式（3－7）和与式（b）相类似的 γ 与 φ 的几何关系式画出危险点 $\tau-\gamma$ 曲线。

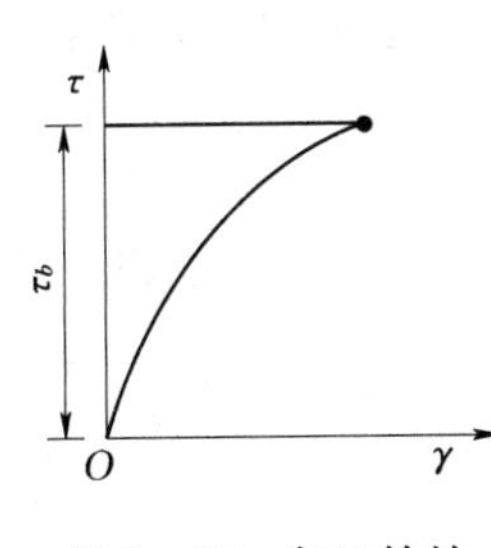

图 3－17　灰口铸铁 $\tau-\gamma$ 曲线

灰口铸铁的 $\tau-\gamma$ 曲线如图 3－17 所示。曲线上没有直线段，故一般用割线代替，认为剪切胡克定律近似成立。此外，铸铁扭转时没有屈服阶段，但可测得对应于试件破坏时的剪切强度极限 τ_b。

弹性模量 E、泊松比 ν 和切变模量 G，是材料的 3 个弹性常数，经试验验证和理论证明，它们之间存在如下关系：

$$G = \frac{E}{2(1+\nu)} \tag{3-18}$$

因此这 3 个常数中，只有 2 个是独立的。只要知道其中 2 个常数，便可由式（3－18）求得第三个常数。

对于绝大多数各向同性材料，泊松比 ν 一般大于 0、小于 0.5，因此，G 值约为 E 的 1/2～1/3。

3.6　扭转圆杆的强度计算和刚度计算

工程上的扭转杆件，为保证正常工作，除不能发生强度失效外，有时对其变形也需加以限制，以防止发生刚度失效。例如机器的传动轴如扭转角过大，将会使机器在运转时产生较大的振动；精密机床的轴若变形过大，则将影响机床的加工精度等。

3.6.1　强度计算

等直圆杆扭转时，最大切应力 $\tau_{\max}$ 发生在最大扭矩所在的危险截面的周边上任一点处，即危险截面的周边各点为危险点。其强度条件应为 $\tau_{\max}$ 不超过材料的**容许切应力**(allowable shearing stress) $[\tau]$，再由式（3-7），得

$$\tau_{\max}=\frac{M_{x\max}}{W_{\mathrm{P}}}\leqslant[\tau] \tag{3-19}$$

由式（3-19）即可进行扭转圆杆的强度计算，包括校核强度、设计截面或求容许外力偶矩。

对变截面圆杆，如阶梯轴、圆锥形轴等，W_{P} 不是常量，$\tau_{\max}$ 并不一定发生在 $M_{x\max}$ 的截面上，要综合考虑扭矩 M_x 和 W_{P} 的变化，计算 $\tau=M_x/W_{\mathrm{P}}$ 的极大值。

关于容许切应力 $[\tau]$，3.5 节中已介绍了用试验的方法可以得到塑性材料的剪切屈服极限 τ_{s} 和脆性材料的剪切强度极限 τ_{b}，统称为材料的极限切应力 τ_{u}，将其除以安全因数，即可得到容许切应力。根据大量试验，容许切应力和容许拉应力之间存在着下列关系：

$$\begin{aligned}&\text{塑性材料} && [\tau]=(0.5\sim0.6)[\sigma]\\&\text{脆性材料} && [\tau]=(0.8\sim1.0)[\sigma]\end{aligned} \tag{3-20}$$

因此，只要知道材料的容许拉应力，也可以由式（3-20）确定其容许切应力。

3.6.2　刚度计算

对扭转圆杆的变形限制，通常是要求其最大单位长度扭转角不超过规定的数值。因此，由式（3-17）得到等直圆杆扭转时的刚度条件为

$$\theta_{\max}=\frac{M_{x\max}}{GI_{\mathrm{P}}}\leqslant[\theta] \tag{3-21}$$

式中：$[\theta]$ 为规定的单位长度杆扭转角，单位为（°）/m。

$[\theta]$ 值可在有关的设计手册中查到，例如

精密机器　　$[\theta]=(0.15\sim0.3)°/\mathrm{m}$

一般传动轴　　$[\theta]=(0.5\sim2.0)°/\mathrm{m}$

钻杆　　$[\theta]=(2.0\sim4.0)°/\mathrm{m}$

利用式（3-21）即可对扭转圆杆进行刚度计算，包括校核刚度、设计截面和求容许外力偶矩。

【例 3-4】 一传动轴如图 3-18（a）所示。设材料的容许切应力 $[\tau]=40\text{MPa}$，切变弹性模量 $G=8\times10^4\text{MPa}$，杆的容许单位长度扭转角 $[\theta]=0.2^\circ/\text{m}$。试求轴所需的直径。

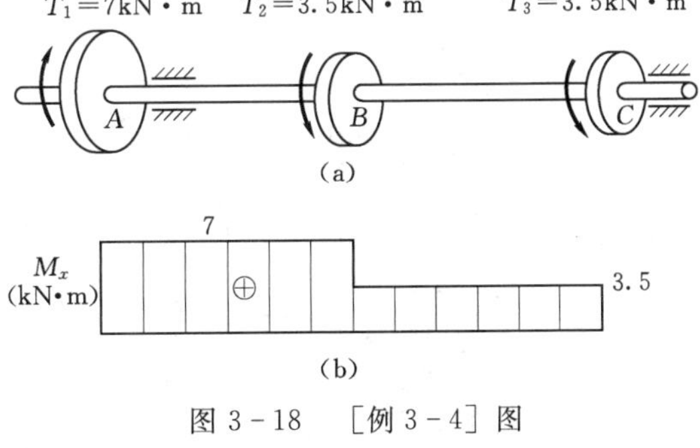

图 3-18 ［例 3-4］图

解 （1）画出轴的扭矩图如图 3-18（b）所示。

（2）由强度条件求直径。由扭矩图知危险截面是 AB 段内的各截面。由式（3-19），得

$$W_\text{P}\geqslant\frac{M_{x\max}}{[\tau]}=\frac{7\times10^3\text{N}\cdot\text{m}}{40\times10^6\text{Pa}}=0.175\times10^6\text{mm}^3$$

由此得到
$$d\geqslant\sqrt[3]{\frac{16W_\text{P}}{\pi}}=\sqrt[3]{\frac{16\times0.175\times10^6\text{mm}^3}{\pi}}=96\text{mm}$$

（3）由刚度条件求直径。由式（3-21），得

$$I_\text{P}\geqslant\frac{M_{x\max}}{G[\theta]}=\frac{7\times10^3\text{N}\cdot\text{m}}{8\times10^4\times10^6\text{Pa}\times0.2\times\frac{\pi}{180}\text{m}^{-1}}=2.51\times10^7\text{mm}^4$$

由此得到
$$d\geqslant\sqrt[4]{\frac{32I_\text{P}}{\pi}}=\sqrt[4]{\frac{32\times2.51\times10^7\text{mm}^4}{\pi}}=126\text{mm}$$

综合强度要求和刚度要求考虑，轴直径应取 $d=126\text{mm}$。

3.7 非圆截面杆的扭转

工程上常遇到一些非圆截面杆的扭转问题，如横截面为矩形、工字形、槽形等。试验表明，这些非圆截面杆扭转后，横截面不再保持为平面，这种现象称为**翘曲**（warping）。截面发生翘曲是由于杆扭转后，横截面上各点沿杆轴线方向产生了不同位移造成的。由于截面翘曲，根据平面假设建立起来的一些圆杆扭转公式在非圆截面杆中不再适用。

非圆截面杆扭转时，若截面翘曲不受约束，例如两端自由的直杆受一对外力偶矩扭转时，则各截面翘曲程度相同，这时杆的横截面上只有切应力而没有正应力，这种扭转称为**自由扭转**（free torsion）。若杆端存在约束或杆的各截面上扭矩不同，这时，横截面的翘曲受到限制，因而各截面上翘曲程度不同，这时杆的横截面上除有切应力外，还将产生正应力，这种扭转称为**约束扭转**（constrained torsion）。由约束扭转产生的正应力，在实体截面杆中很小，可不予考虑，但在薄壁截面杆中却不能忽略。本节仅简单介绍矩形截面杆和开口薄壁截面杆的自由扭转问题。

3.7.1 矩形截面杆

矩形截面杆自由扭转时，变形情况如图 3-19（a）所示。由于截面翘曲，无法用材料力学的方法分析杆的应力和变形。现在介绍由弹性力学分析所得到的一些主要结果。

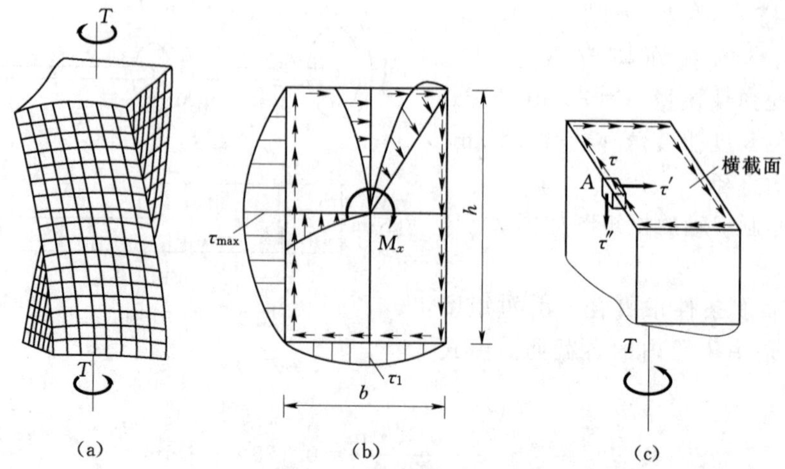

图 3-19 矩形截面杆扭转变形及切应力分布

(1) 横截面上沿截面周边、对角线及对称轴上的切应力分布情况如图 3-19 (b) 所示。由图可见，横截面周边上各点处的切应力平行于周边。这个事实可由切应力互等定理及杆表面无应力的情况得到证明。如图 3-19 (c) 所示的横截面上，在周边上任一点 A 处取一单元体，在单元体上若有任意方向的切应力，则必可分解成平行于周边的切应力 τ 和垂直于周边的切应力 τ'。由切应力互等定理可知，当 τ' 存在时，则单元体的左侧面上必有 τ''，但左侧面是杆的外表面，其上没有切应力，故 $\tau''=0$，由此可知，$\tau'=0$，于是该点只有平行于周边的切应力 τ。同理，凸角处切应力为零。由图 3-19 (b) 还可看出，长边中点处的切应力是整个横截面上的最大切应力。

(2) 切应力和单位长度扭转角的计算公式为

最大切应力
$$\tau_{\max}=\frac{M_x}{W_T} \tag{3-22}$$

短边中点的切应力
$$\tau_1=\gamma\tau_{\max} \tag{3-23}$$

单位长度杆的扭转角
$$\theta=\frac{M_x}{GI_T} \tag{3-24}$$

式中：$W_T=\alpha b^3$；$I_T=\beta b^4$；α、β 和 γ 的数值见表 3-1。

表 3-1 矩形截面杆自由扭转的因数 α、β 和 γ

$m=\frac{h}{b}$	1.0	1.2	1.5	2.0	2.5	3.0	4.0	6.0	8.0	10.0
α	0.208	0.263	0.346	0.493	0.645	0.801	1.150	1.789	2.456	3.12
β	0.140	0.199	0.294	0.457	0.622	0.790	1.123	1.789	2.456	3.12
γ	1.000	0.930	0.858	0.796	0.766	0.753	0.745	0.743	0.743	0.74

注 1. h 和 b 分别为矩形截面的长边和短边；

2. 当 $m>4$ 时，亦可按下列近似公式计算 α、β 和 γ：$\alpha=\beta\approx\frac{1}{3}(m-0.63)$，$\gamma\approx0.74$；

当 $m>10$ 时，$\alpha=\beta\approx\frac{1}{3}m$，$\gamma\approx0.74$。

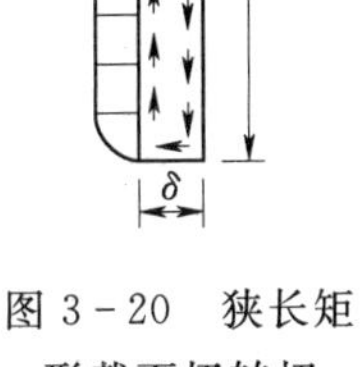

图 3-20 狭长矩形截面扭转切应力分布

(3) 对于狭长矩形截面 ($m=\dfrac{h}{\delta}\geqslant 10$)，为了与一般矩形相区别，将狭长矩形的短边尺寸 b 改写成 δ。由表 3-1 注可知

$$\left.\begin{aligned} W_{\mathrm{T}}&=\frac{m}{3}\delta^{3}=\frac{1}{3}h\delta^{2}\\ I_{\mathrm{T}}&=\frac{m}{3}\delta^{4}=\frac{1}{3}h\delta^{3}\end{aligned}\right\}\tag{3-25}$$

截面上的切应力分布规律如图 3-21 所示。切应力在沿长边各点处的方向均与长边相切，其数值除在靠近凸角处以外均相等。

最大切应力和单位长度杆的相对扭转角计算公式为

$$\tau_{\max}=\frac{M_x}{W_{\mathrm{T}}}=\frac{3M_x}{h\delta^{2}}\tag{3-26}$$

$$\theta=\frac{M_x}{GI_{\mathrm{T}}}=\frac{3M_x}{Gh\delta^{3}}\tag{3-27}$$

3.7.2 开口薄壁截面杆

工程中广泛采用的薄壁杆件，其壁厚平分线称为中线。若中线是一条不闭合的线，这种杆称为开口薄壁截面杆，如图 3-21 (a) ～ (e) 所示；若中线是一条闭合线，这种杆称为闭口薄壁截面杆，如图 3-21 (f) 所示。下面简单介绍开口薄壁截面杆在自由扭转时的应力和变形，而闭口薄壁截面杆的扭转不再赘述。

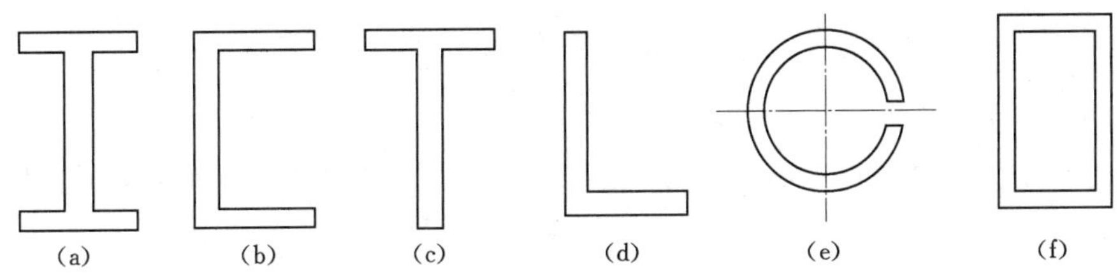

图 3-21 薄壁截面

开口薄壁截面杆的横截面可看成是由若干狭长的矩形截面组成的。假定杆发生扭转变形时，横截面上的总扭矩为 M_x，而每个狭长矩形截面上由切应力合成的扭矩为 M_{xi}。如果能求出 M_{xi}，则可由式 (3-26) 和式 (3-27) 求出每个狭长矩形截面的最大切应力和单位长度杆的扭转角。

由静力学的力矩合成原理可知，横截面上的总扭矩等于各狭长矩形截面上的扭矩之和，即

$$M_x=M_{x1}+M_{x2}+\cdots+M_{xn}=\sum_{i=1}^{n}M_{xi}\tag{a}$$

显然，由式 (a) 无法求出每个狭长矩形截面上的扭矩 M_{xi}。为此需从几何、物理方面进行分析，建立补充方程。然后再与式 (a) 联立求解。

由试验观察到的变形情况，可作出如下假设：开口薄壁截面杆扭转后，横截面虽然翘曲，但横截面的周边形状在其变形前平面上的投影保持不变。根据这一现象作出的假设称为**刚周边假设**。例如图 3-22 所示的工字形截面杆扭转后，其横截面在原平面内的投影仍

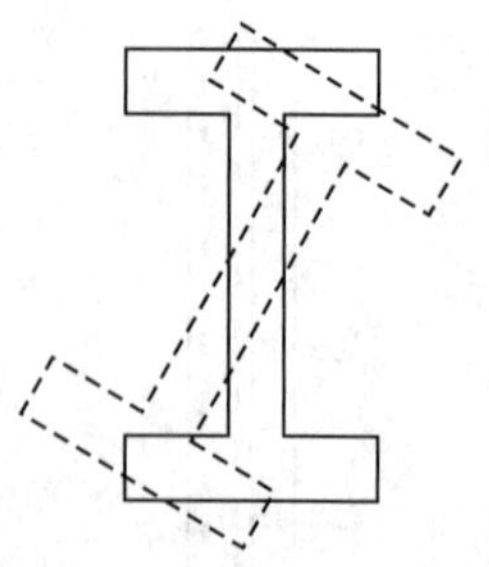
图 3-22　刚周边假设

为工字形。当开口薄壁截面杆沿杆长每隔一定距离有加劲板时，上述假设基本上和实际变形情况符合。由此可知，在单位长度杆内，横截面的单位长度扭转角 θ 和各狭长矩形的单位长度扭转角 θ_i 均相同，即

$$\theta=\theta_1=\theta_2=\cdots=\theta_n \tag{b}$$

由式（3-17）可得

$$\theta=\frac{M_x}{GI_{\mathrm{T}}},\theta_i=\frac{M_{xi}}{GI_{\mathrm{T}i}} \tag{c}$$

将式（c）代入式（b），得

$$\frac{M_{xi}}{GI_{\mathrm{T}i}}=\frac{M_x}{GI_{\mathrm{T}}}$$

或

$$M_{xi}=\frac{M_x}{I_{\mathrm{T}}}I_{\mathrm{T}i} \tag{d}$$

将式（d）代入式（a）得到

$$M_x=\frac{M_x}{I_{\mathrm{T}}}I_{\mathrm{T1}}+\frac{M_x}{I_{\mathrm{T}}}I_{\mathrm{T2}}+\cdots+\frac{M_x}{I_{\mathrm{T}}}I_{\mathrm{Tn}}$$

由此可得

$$I_{\mathrm{T}}=\sum_{i=1}^{n}I_{\mathrm{T}i} \tag{e}$$

将式（e）代入式（c）中的前一式，得到单位长度杆的扭转角

$$\theta=\frac{M_x}{G\sum_{i=1}^{n}I_{\mathrm{T}i}}$$

设 h_i 和 δ_i 分别为每个狭长矩形截面的长边和短边边长，则利用式（3-27）得到

$$\theta=\frac{M_x}{\frac{G}{3}\sum_{i=1}^{n}h_i\delta_i^3} \tag{3-28}$$

每个狭长矩形截面上的最大切应力可由式（3-26）、式（3-25）和式（d）求得

$$\tau_{\max i}=\frac{M_{xi}}{W_{\mathrm{T}i}}=\frac{M_x}{I_{\mathrm{T}}}\left(\frac{I_{\mathrm{T}i}}{W_{\mathrm{T}i}}\right)=\frac{M_x}{I_{\mathrm{T}}}\delta_i$$

再利用式（e）得

$$\tau_{\max i}=\frac{M_x}{\frac{1}{3}\sum_{i=1}^{n}h_i\delta_i^3}\delta_i \tag{3-29}$$

由此可见，横截面上的最大切应力发生在厚度 δ_i 最大的狭长矩形的长边中点处。其值为

$$\tau_{\max}=\frac{M_x}{\frac{1}{3}\sum_{i=1}^{n}h_i\delta_i^3}\delta_{\max} \tag{3-30}$$

【例 3-5】 图 3-23 为两薄壁钢管的截面。图 3-23（a）所示截面为闭口薄壁截面；图 3-23（b）所示截面有一缝，为开口薄壁截面。设它们的平均直径 D_0 和厚度 δ 均相

同，且 $\delta/D_0=1/10$，试问在相同的外力偶矩作用下，哪种截面形式较好？

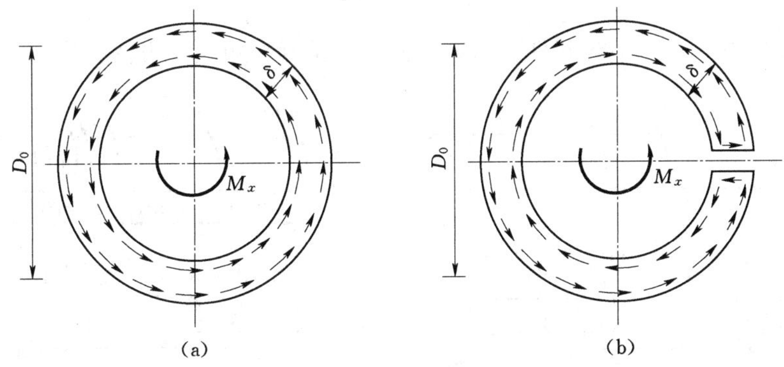

图 3-23 [例 3-5] 图

解 从强度和刚度考虑，在相同的外力偶矩作用下，所产生的最大切应力和单位长度杆的相对扭转角均较小的截面形式较好。因此，以下从这两方面进行比较。

(1) 最大切应力。

1) 闭口薄壁截面。由式 (3-7) 和式 (3-13)，得

$$\tau_{\max}^{(a)}=\frac{M_x}{W_P}=\frac{2M_x}{\pi D_0^2\delta} \tag{a}$$

2) 开口薄壁截面。可将此截面展开看成是狭长矩形，长为 $h=\pi D_0$，宽为 δ。由式 (3-26)，得

$$\tau_{\max}^{(b)}=\frac{3M_x}{h\delta^2}=\frac{3M_x}{\pi D_0\delta^2} \tag{b}$$

由式 (a) 和式 (b)，得

$$\frac{\tau_{\max}^{(b)}}{\tau_{\max}^{(a)}}=\frac{3D_0}{2\delta}=15$$

即开口薄壁截面管的最大切应力是闭口薄壁截面管的 15 倍。

(2) 单位长度杆的相对扭转角。

1) 闭口薄壁截面。由式 (3-17) 和式 (3-12)，得

$$\theta^{(a)}=\frac{M_x}{GI_P}=\frac{4M_x}{G\pi D_0^3\delta} \tag{c}$$

2) 开口薄壁截面。由式 (3-27)，得

$$\theta^{(b)}=\frac{3M_x}{Gh\delta^3}=\frac{3M_x}{G\pi D_0\delta^3} \tag{d}$$

由式 (c) 和式 (d)，得

$$\frac{\theta^{(b)}}{\theta^{(a)}}=\frac{3}{4}\left(\frac{D_0}{\delta}\right)^2=75$$

即开口薄壁截面管的单位长度杆相对扭转角是闭口薄壁截面管的 75 倍。

从以上两方面的计算可见，闭口薄壁截面形式好得多。请读者定性分析其原因。

习 题

3-1 试作图3-24中各圆杆的扭矩图。请总结画扭矩图的方法。

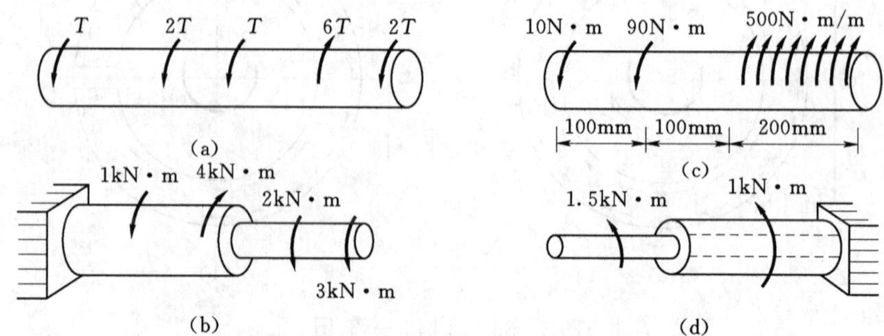

图3-24 习题3-1图

3-2 一传动轴以每分钟200转的角速度转动，轴上装有4个轮子，如图3-25所示，主动轮2输入功率60kW，从动轮1、3、4依次输出功率15kW、15kW和30kW。试求：

(1) 作轴的扭矩图。

(2) 将2、3轮的位置对调，扭矩图有何变化？

3-3 一直径$d=60$mm的圆杆，其两端受$T=2$kN·m的外力偶矩作用而发生扭转，如图3-26所示。设轴的切变模量$G=80$GPa。试求横截面上1、2、3点处的切应力和最大切应变，并在此三点处画出切应力的方向。

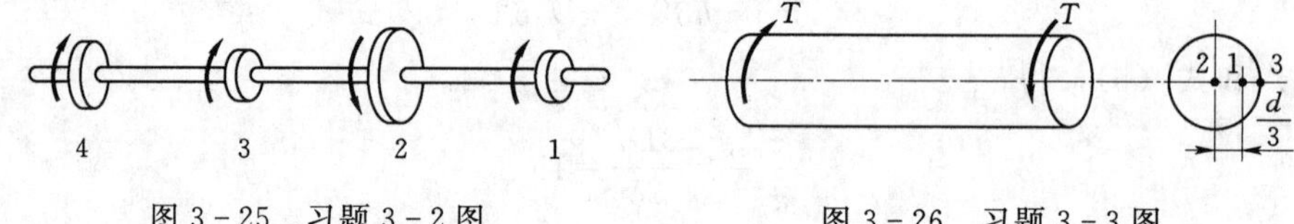

图3-25 习题3-2图　　图3-26 习题3-3图

3-4 一变截面实心圆轴，受图3-27所示外力偶矩作用，求轴的最大切应力。

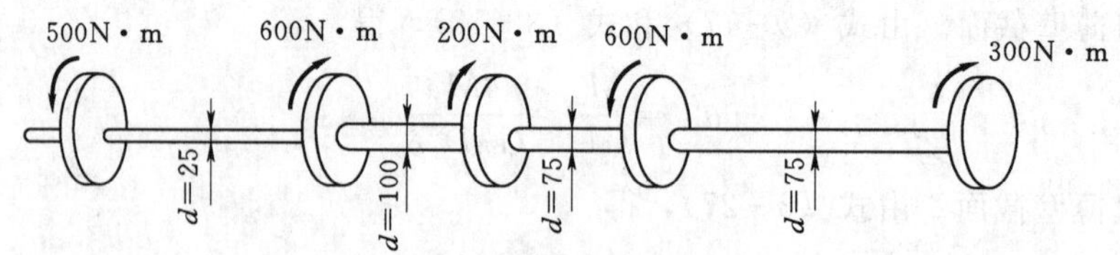

图3-27 习题3-4图（尺寸单位：mm）

3-5 从直径为300mm的实心轴中镗出一个直径为150mm的通孔，问最大应力增大了百分之几？请思考如何在工程实际中应用本习题的结论。

3-6 一端固定，一端自由的钢圆轴，其几何尺寸及受力情况如图3-28所示，试求：

(1) 轴的最大切应力。

（2）两端截面的相对扭转角。设 $G=80\text{GPa}$。

3-7　一圆轴 AC 如图 3-29 所示。AB 段为实心，直径为 50mm；BC 段为空心，外径为 50mm，内径为 35mm。要使杆的总扭转角为 0.12°，试确定 BC 段的长度 a。设 $G=80\text{GPa}$。

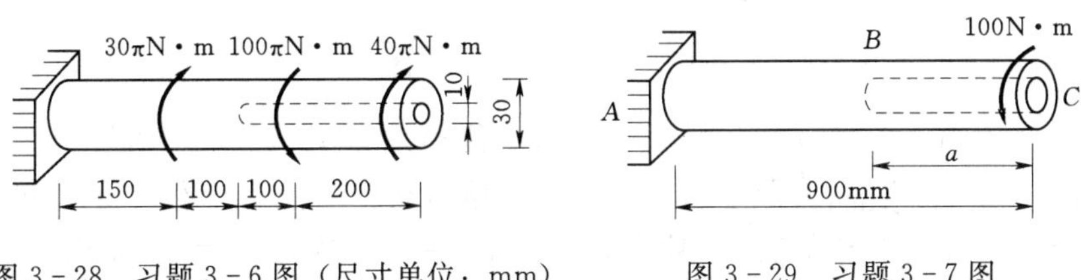

图 3-28　习题 3-6 图（尺寸单位：mm）　　图 3-29　习题 3-7 图

3-8　图 3-30 所示合金圆杆 ABC，材料 $G=27\text{GPa}$，直径 $d=150\text{mm}$，BC 段内的最大切应力为 120MPa。试求：

（1）在 BC 段内的任一横截面上 $\rho=0$ 和 $\rho=40\text{mm}$ 间部分面积上所承受的扭矩大小。

（2）B 截面的扭转角。

3-9　图 3-31 所示实心圆轴，承受均匀分布的扭转外力偶矩作用。设轴的切变模量为 G，求自由端的扭转角（用 m、l、G、d 表示）。

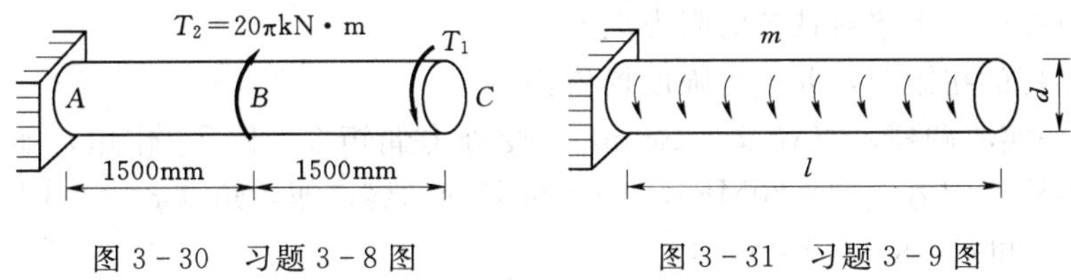

图 3-30　习题 3-8 图　　图 3-31　习题 3-9 图

3-10　图 3-32 所示空心的钢圆轴，$G=80\text{GPa}$，内外半径之比 $\alpha=\dfrac{r}{R}=0.6$，B、C 两截面的相对扭转角 $\varphi=0.03°$。求内、外直径 d 与 D 之值。

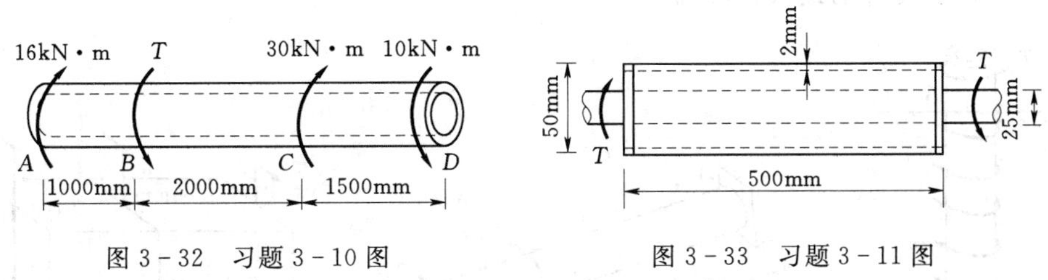

图 3-32　习题 3-10 图　　图 3-33　习题 3-11 图

3-11　一外径为 50mm，壁厚为 2mm 的管子，两端用刚性法兰盘与直径为 25mm 的实心圆轴相连接，如图 3-33 所示，设管子与实心轴材料相同，试问管子承担外力偶矩 T 的百分之几？

3-12　图 3-34 所示传动轮的转速为 200r/min，从主动轮 3 上输入的功率是 80kW，由 1、2、4、5 轮分别输出的功率为 25kW、15kW、30kW 和 10kW。设 $[\tau]=20\text{MPa}$。

（1）试按强度条件选定轴的直径。

(2) 若轴改用变截面，试分别定出每一段轴的直径。

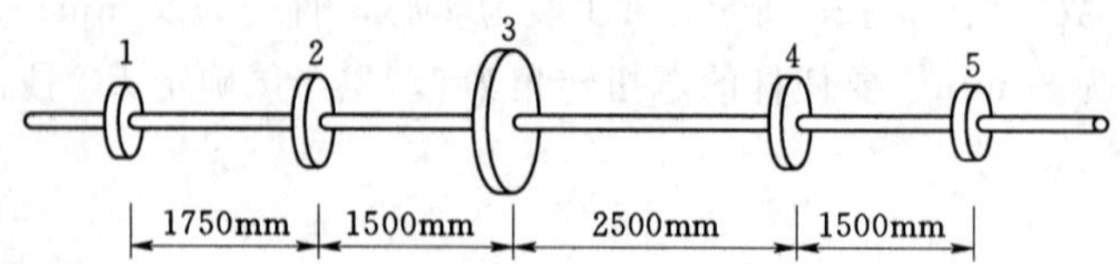

图 3-34　习题 3-12 图

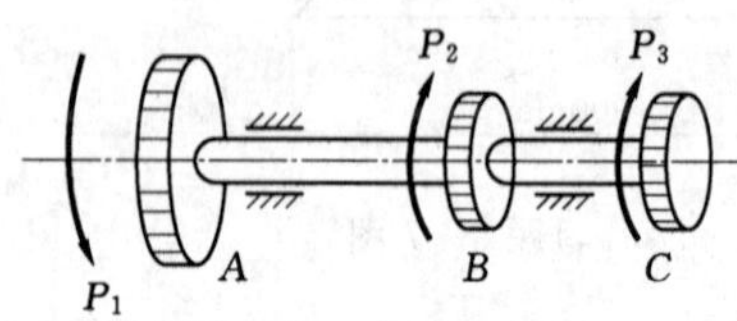

图 3-35　习题 3-13 图

3-13　传动轴（图 3-35）的转速为 $n=500\text{r/min}$，主动轮输入功率 $P_1=500\text{kW}$，从动轮 2、3 输出功率分别为 $P_2=200\text{kW}$，$P_3=300\text{kW}$。已知 $[\tau]=70\text{MPa}$，$[\theta]=1°/\text{m}$，$G=8.0\times10^4\text{MPa}$。

(1) 确定 AB 段的直径 d_1 和 BC 段的直径 d_2。

(2) 若 AB 和 BC 两段选用同一直径，试确定直径 d。

3-14　已知钻探机钻杆（图 3-36）的外径 $D=60\text{mm}$，内径 $d=50\text{mm}$，功率 $P=10\text{kW}$，转速 $n=180\text{r/min}$，钻杆入土深度 $l=40\text{m}$，$G=8.0\times10^4\text{MPa}$，$[\tau]=40\text{MPa}$。假设土壤对钻杆的阻力沿长度均匀分布，试求：

(1) 单位长度上土壤对钻杆的阻力矩 m。

(2) 作钻杆的扭矩图，并进行强度校核。

3-15　一实心圆杆，直径 $d=100\text{mm}$，受外力偶矩 T_1 和 T_2 作用，如图 3-37 所示。若杆的容许切应力 $[\tau]=80\text{MPa}$，900mm 长内的容许扭转角 $[\varphi]=0.014\text{rad}$，求 T_1 和 T_2 的值。已知 $G=8.0\times10^4\text{MPa}$。

3-16　图 3-38 所示矩形截面钢杆受外力偶矩作用，已知 $T=3\text{kN}\cdot\text{m}$，材料的切变模量 $G=8.0\times10^4\text{MPa}$。求：

(1) 杆内最大切应力的大小、方向、位置。

(2) 单位长度杆的最大扭转角。

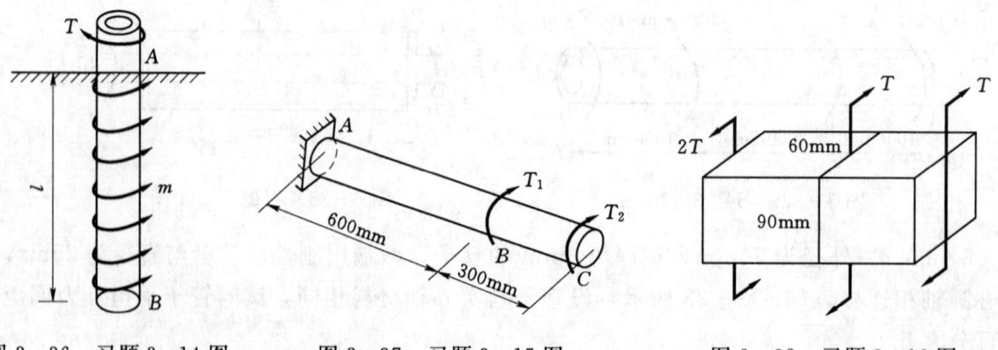

图 3-36　习题 3-14 图　　图 3-37　习题 3-15 图　　图 3-38　习题 3-16 图

3-17　工字形薄壁截面杆，如图 3-39，长 2m，两端受 $0.2\text{kN}\cdot\text{m}$ 的外力偶矩作用而扭转。设 $G=8.0\times10^4\text{MPa}$，求此杆的最大切应力及杆单位长度的扭转角。

3-18　图 3-40 所示槽形薄壁截面杆，受一对 $T=4\text{kN}\cdot\text{m}$ 的外力偶矩作用而扭转。

杆长为 0.5m，材料的切变模量 $G=8.0\times10^4$ MPa。求杆截面上的最大切应力及扭转角。

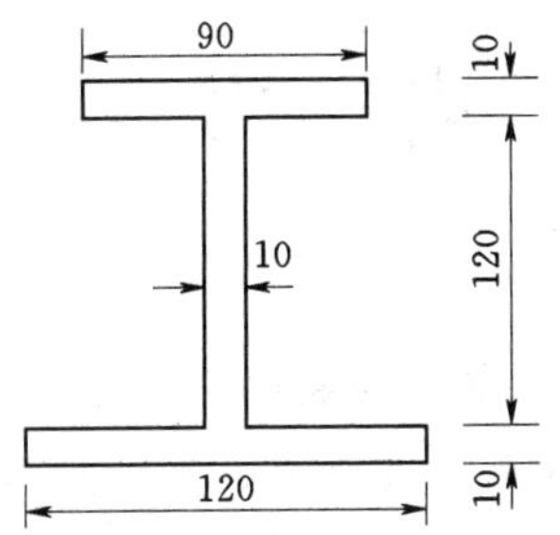

图 3-39　习题 3-17 图（尺寸单位：mm）

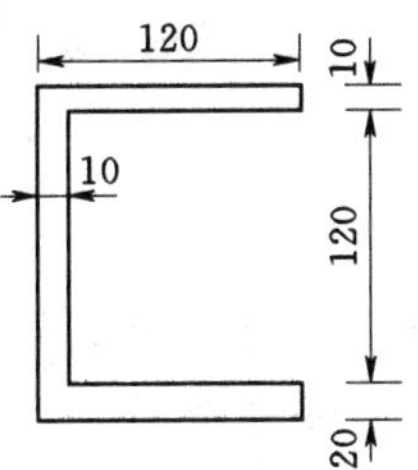

图 3-40　习题 3-18 图（尺寸单位：mm）

习题详解

第4章 弯 曲 内 力

弯曲也是杆件的一种基本变形。本章首先介绍了平面弯曲的概念和梁的计算简图，其次介绍了弯曲杆件横截面上内力——剪力和弯矩的概念及其计算；剪力图和弯矩图的概念；按剪力方程和弯矩方程作剪力图和弯矩图的方法；按分布荷载集度、剪力、弯矩间的微分关系作剪力图和弯矩图的方法；按叠加原理作弯矩图的方法。

4.1 概 述

工程上有许多直杆，在外力作用下的主要变形是弯曲。以弯曲为主要变形的杆，通常称为梁（beam）。例如图4-1（a）中桥梁的大梁、图4-1（b）中闸门的叠梁（图示为其右半部分）、图4-1（c）中的车轴以及图4-1（d）中的挡水结构的木桩等。

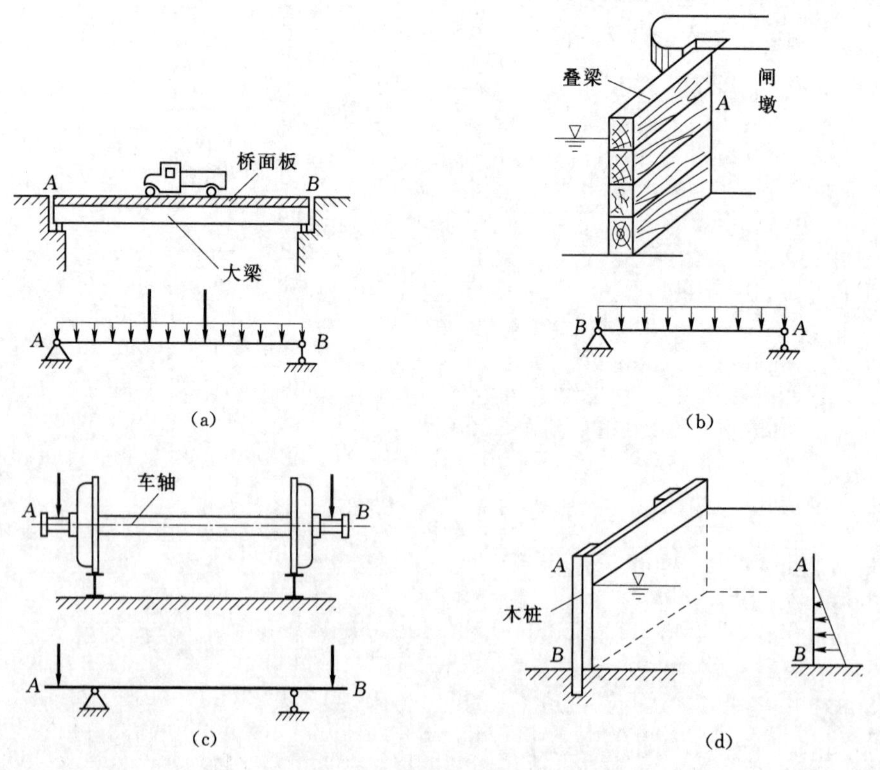

图4-1 梁的工程实例

现用图4-2所示的力学计算简图，说明弯曲杆件的受力和变形特点。

受力特点：外力是垂直于杆轴线的力（集中力或分布力），或作用在包含轴线的平面

（如图中阴影线平面）内的力偶。

变形特点：杆的轴线弯成曲线。

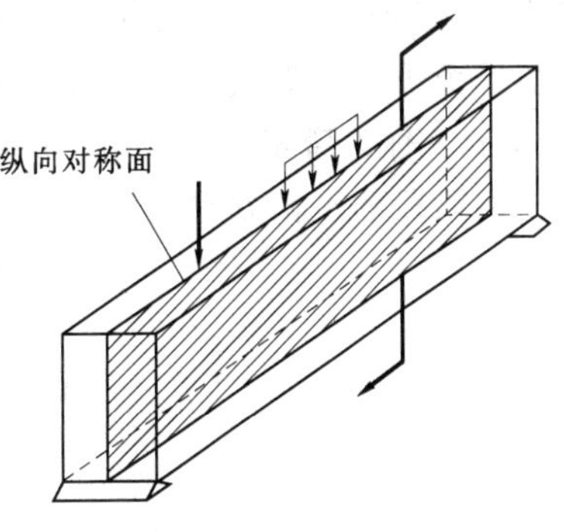

图 4-2 弯曲杆件

工程上常用的梁，大多有一个纵向对称面（各横截面的纵向对称轴所组成的平面），当外力作用在该对称面内或可简化为作用在该对称面内时，由变形的对称性可知，梁的轴线将在此平面内弯成一条平面曲线，这种弯曲称为**对称弯曲**（symmetric bending）。对称弯曲时，由于梁变形后的轴线所在平面与外力所在的平面重合，因此也称为**平面弯曲**（plane bending），这是最简单和最基本的一种弯曲。若梁不具有纵向对称面，或虽有纵向对称面但外力不作用在该面内，这种弯曲统称为**非对称弯曲**（unsymmetric bending）。在特定条件下，非对称弯曲的梁也会发生平面弯曲。

实际工程中，梁上所受荷载、梁的支座情况都是比较复杂的。在计算梁的内力、应力和变形以前，首先应进行合理的简化，得到梁的**力学计算简图**（mechanical simplified diagram）。通常，梁用其轴线表示；梁上的荷载可简化为集中荷载、分布荷载和集中力偶；根据不同支承情况，梁的支座可简化为固定铰支座、可动铰支座和固定端。根据支座的简化情况，可以得到如下 3 种基本形式的梁：

（1）**简支梁**（simply supported beam）。例如图 4-1（a）的大梁和图 4-1（b）的一根叠梁，可将支承情况简化为一端是固定铰支座，另一端是可动铰支座，称为简支梁。

（2）**外伸梁**（overhanging beam）。例如图 4-1（c）的车轴，可将支承情况简化为一边是固定铰支座，另一边是可动铰支座，且梁具有外伸部分，称为外伸梁。

（3）**悬臂梁**（cantilever beam）。例如图 4-1（d）的木桩，上端自由，下端埋入地基，地基限制了下端的移动和转动，可简化为固定端，称为悬壁梁。

在实际问题中，梁的支承究竟应当简化为哪种支座，需根据具体情况进行分析。

以上 3 种梁，其支座反力均可由静力平衡方程求出，称为**静定梁**（statically determinate beam）。仅用静力平衡方程不能求出全部支座反力的梁称为**超静定梁**（statically indeterminate beam）。本章只介绍静定梁的内力计算。

梁的两支座间的部分称为**跨度**（span），其长度称为跨长。常见的静定梁大多是单跨的。

4.2 剪力和弯矩

为了计算梁的应力和变形，应先确定梁在外力作用下任一横截面上的内力。现以图 4-3（a）所示的简支梁为例，说明梁的内力计算方法。当梁上作用有荷载 F_1 和 F_2 后，根据平衡方程，可求得支座反力，然后再用截面法分析和计算任一横截面上的内力。

设任一横截面 m—m 距左端支座的距离为 x，现假想沿该截面将梁截开，取左段梁为研究对象，如图 4-3（b）所示。在该段梁上作用有支座反力 F_{RA} 和荷载 F_1。由梁段 y 方向力的平衡可知，横截面 m—m 上必定存在一与该截面平行的内力，用 F_S 表示，称为

剪力（shearing force）（当 $F_{RA}=F_1$ 时，$F_S=0$）。另由梁段对横截面 $m—m$ 的形心 C 的力矩平衡可知，横截面 $m—m$ 上必定存在一对横截面 $m—m$ 的形心 C 的内力偶，其矩用 M 表示，称为**弯矩**（bending moment）（当 F_{RA} 和 F_1 对 C 的矩大小相等时，$M=0$）。因此，由梁段的平衡方程，可求得横截面 $m—m$ 上的剪力和弯矩，即

由
$$\sum F_y=0:\ F_{RA}-F_1-F_S=0$$

得
$$F_S=F_{RA}-F_1 \tag{a}$$

由
$$\sum M_C=0:F_{RA}x-F_1(x-a)-M=0$$

得
$$M=F_{RA}x-F_1(x-a) \tag{b}$$

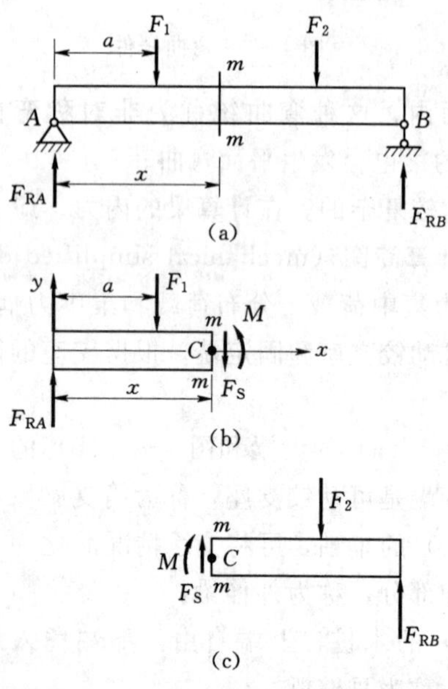

图 4-3　剪力和弯矩的显示和计算

横截面 $m—m$ 上的剪力和弯矩也可由右段梁的平衡方程求出，其大小与由左段梁求得的相同，但方向相反，如图 4-3（c）所示。这也可由作用与反作用原理得到，因为左段梁横截面 $m—m$ 上的剪力和弯矩，实际上就是右段梁对左段梁的作用。

为了使由左、右梁段求得的同一横截面上的内力有相同的正负号，联系变形情况，对剪力和弯矩的正、负号作如下规定：

（1）剪力。考虑左段梁，作用于横截面上向下的剪力为正，考虑右段梁，作用于横截面上向上的剪力为正，如图 4-4（a）所示；反之为负，如图 4-4（b）所示。也就是说，使杆件截开部分产生顺时针转动的剪力为正，反之为负。

（2）弯矩。无论左段梁或右段梁，在外力矩 M_e 和弯矩 M 共同作用下，梁段向下凸起时，横截面上的弯矩为正，如图 4-5（a）所示；梁段向上凸起时，横截面上的弯矩为负，如图 4-5（b）所示。

按照上述正负号的规定，图 4-3（b）、（c）所示的横截面 $m—m$ 上的剪力和弯矩均为正。

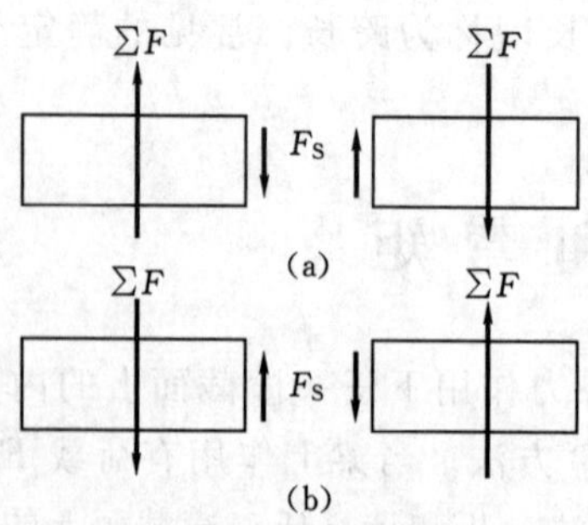

图 4-4　剪力的正负号规定

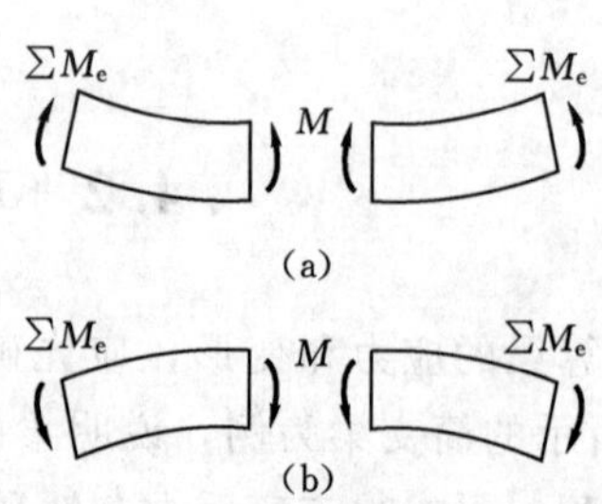

图 4-5　弯矩的正负号规定

因为剪力和弯矩是由横截面一侧的外力计算得到的，所以在实际计算时，也可直接根据外力的方向规定剪力和弯矩的正负号。当横截面左侧的外力向上或右侧的外力向下时，

该横截面的剪力为正，反之为负。当外力向上时（不论横截面的左侧或右侧），截面上的弯矩为正，反之为负。当梁上作用外力偶时，由它引起的横截面上的弯矩正负号，仍需由梁段的变形情况决定。

由式（a）和式（b）可见：任一横截面上的剪力，在数值上等于该截面一侧（左侧或右侧）所有外力的代数和；任一横截面上的弯矩，在数值上等于该截面一侧（左侧或右侧）所有外力对该截面形心力矩的代数和。因此，熟练掌握了剪力和弯矩的计算方法和正负号规定后，一般并不必将梁假想地截开，而可直接从横截面的任意一侧梁上的外力计算该横截面上的剪力和弯矩。

【例 4-1】 一悬臂梁，受力情况如图 4-6 所示，试求 1—1、2—2 和 3—3 截面上的内力。（1—1 截面表示 A 点右侧非常靠近 A 点的截面。）

解 （1）为求横截面上的内力，先求支座反力。

由 $\sum F_y=0$： $$F_{RA}-2q=0$$

求得 $$F_{RA}=2q=4\text{kN}$$

由 $\sum M_A=0$： $$M_A-2q\times3=0$$

求得 $$M_A=6q=12\text{kN}\cdot\text{m}$$

（2）求各指定截面上的内力。

1）1—1 截面。由截面左侧的外力，求得

$$F_S=F_{RA}=4\text{kN},M=-M_A=-12\text{kN}\cdot\text{m}$$

2）2—2 截面。由截面左侧的外力，求得

$$F_S=F_{RA}=4\text{kN},M=F_{RA}\times2-M_A=-4\text{kN}\cdot\text{m}$$

3）3—3 截面。由截面右侧的外力，求得

$$F_S=q\times1=2\text{kN},M=-q\times1\times0.5=-1\text{kN}\cdot\text{m}$$

本题为悬臂梁，故也可不计算支座反力，各截面的内力均由截面右侧的外力计算。

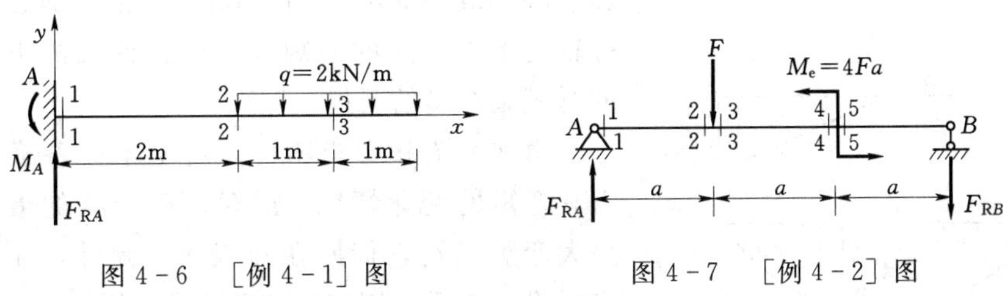

图 4-6 ［例 4-1］图

图 4-7 ［例 4-2］图

【例 4-2】 一简支梁及其受力情况如图 4-7 所示。求 1—1、2—2、3—3、4—4 及 5—5 截面上的内力。（2—2 截面表示力 F 作用点的左侧非常靠近力 F 作用点的截面，3—3、4—4、5—5 截面类推。）

解 （1）求支座反力。

由 $\sum M_B=0$： $$F_{RA}\times3a-F\times2a-M_e=0$$

求得 $$F_{RA}=\frac{2Fa+4Fa}{3a}=2F$$

由 $\sum M_A=0$： $$F_{RB}\times3a+Fa-M_e=0$$

求得
$$F_{RB}=\frac{4Fa-Fa}{3a}=F$$

(2) 求各指定截面上的内力。

1—1 截面　　$F_S=F_{RA}=2F$，　　$M=0$

2—2 截面　　$F_S=F_{RA}=2F$，　　$M=F_{RA}a=2Fa$

3—3 截面　　$F_S=F_{RA}-F=F$，　　$M=F_{RA}a=2Fa$

4—4 截面　　$F_S=F_{RA}-F=F$，　　$M=F_{RA}\times 2a-Fa=3Fa$

5—5 截面　　$F_S=F_{RA}-F=F$，　　$M=F_{RA}\times 2a-Fa-M_e=-Fa$

由计算可知，在集中力 F 作用点左侧和右侧截面的剪力有一突变，突变值为该集中力 F 的大小，但弯矩无变化；在集中力偶 M_e 作用点左侧和右侧截面的弯矩有一突变，突变值为该集中力偶矩 M_e 的大小，但剪力无变化。

4.3　剪力方程和弯矩方程　剪力图和弯矩图

一般说来，梁的不同横截面上，剪力和弯矩的大小是不同的。为了表示梁的各横截面上剪力和弯矩的变化规律，可将横截面的位置用 x 表示，将横截面上的剪力和弯矩写成 x 的函数，即

$$F_S=F_S(x), M=M(x)$$

它们称为**剪力方程**（shearing force equation）**和弯矩方程**（bending moment equation）。

根据剪力方程和弯矩方程，可以作出剪力图和弯矩图。即以平行于梁轴线的坐标轴为横坐标轴，其上各点表示横截面的位置，以垂直于杆轴线的纵坐标表示横截面上的剪力或弯矩，作出的图线即为**剪力图**（shearing force diagram）**或弯矩图**（bending moment diagram）。正的剪力画在横坐标轴的上方，正的弯矩画在横坐标轴的下方（即正的弯矩画在梁的受拉一侧）。

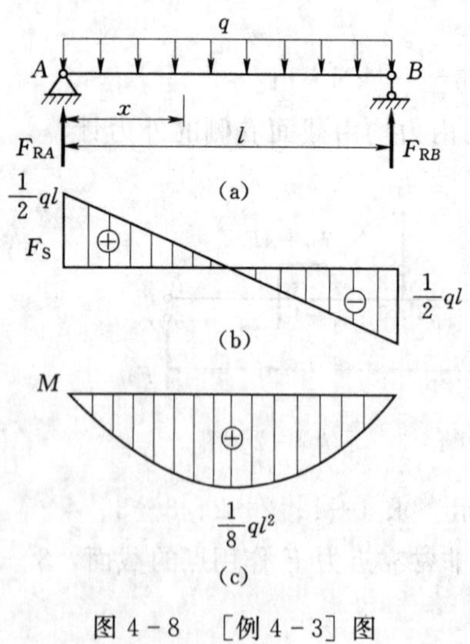

图 4-8　[例 4-3] 图

由剪力图和弯矩图可以看出梁的各横截面上剪力和弯矩的变化情况，同时可确定梁的最大剪力和最大弯矩以及它们所在的截面。此外，在计算梁的变形时，也需利用弯矩方程或弯矩图。

【例 4-3】 一简支梁受均布荷载作用，如图 4-8 (a) 所示。试列出剪力方程和弯矩方程，并作剪力图和弯矩图。

解　(1) 求支座反力。由平衡方程及对称性条件，得到

$$F_{RA}=F_{RB}=\frac{1}{2}ql$$

(2) 列剪力方程和弯矩方程。将坐标原点取在梁的左端 A 点，取距 A 点为 x 的任一

横截面，考虑截面左侧的梁段或右侧梁段，写出该横截面上的剪力和弯矩即为梁的剪力方程和弯矩方程

$$F_S(x)=\frac{1}{2}ql-qx \quad (0<x<l) \tag{a}$$

$$M(x)=\frac{1}{2}qlx-\frac{1}{2}qx^2 \quad (0\leqslant x\leqslant l) \tag{b}$$

(3) 作剪力图和弯矩图。由式 (a) 可见，剪力随 x 成线性变化，即剪力图是斜直线。只需确定其两端的 2 个点，如该梁左右两个截面的剪力（$x=0$ 处 $F_S=\frac{1}{2}ql$，$x=l$ 处 $F_S=-\frac{1}{2}ql$），即可作出剪力图，如图 4-8 (b) 所示。

由式 (b) 可见，弯矩是 x 的二次函数，即弯矩图是二次抛物线，一般至少需要确定其上的 3 个点。这里，除梁左右两个截面的弯矩（$x=0$ 处 $M=0$，$x=l$ 处 $M=0$）外，还需要判断抛物线的顶点位置是否位于梁内。

由 $\frac{\mathrm{d}M(x)}{\mathrm{d}x}=0$，可得抛物线的顶点即弯矩极值的截面位置为 $x=\frac{l}{2}$，该截面的弯矩为 $M=\frac{1}{8}ql^2$。

由这 3 点即可作出弯矩图，如图 4-8 (c) 所示。由图可见，在梁的跨中截面上的弯矩值为最大，$M_{\max}=\frac{ql^2}{8}$，该截面上剪力为零；在支座 A 的右侧截面上和支座 B 的左侧截面上的剪力值为最大，$F_{S\max}=\frac{ql}{2}$。

作剪力图和弯矩图时，必须注明正、负号及一些主要截面的剪力值和弯矩值（A 的右侧截面剪力为正，B 的左侧截面剪力为负）。

图 4-9 ［例 4-4］图

【例 4-4】 一简支梁受一集中荷载作用，如图 4-9 (a) 所示。试列出剪力方程和弯矩方程，并作剪力图和弯矩图。

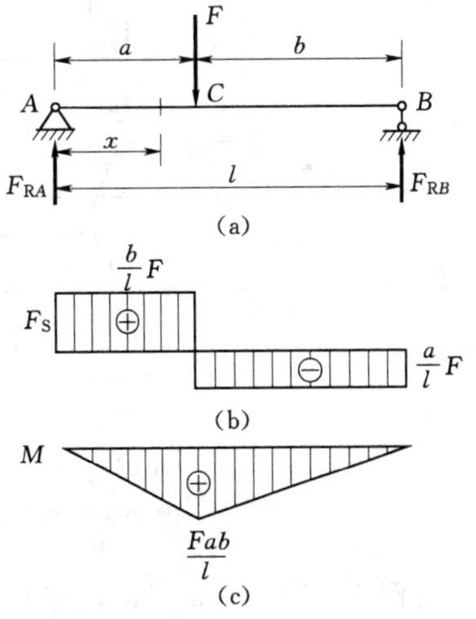

解 (1) 求支座反力。由平衡方程 $\sum M_B=0$ 和 $\sum M_A=0$，求得

$$F_{RA}=\frac{Fb}{l},\ F_{RB}=\frac{Fa}{l}$$

(2) 列剪力方程和弯矩方程。显然，梁受集中荷载作用后，集中荷载作用两侧梁段的剪力方程和弯矩方程不同，故应分段列出。

AC 段：

$$F_S(x)=\frac{Fb}{l} \quad (0<x<a) \tag{a}$$

$$M(x)=\frac{Fb}{l}x \quad (0\leqslant x\leqslant a) \tag{b}$$

CB 段：

$$F_S(x)=\frac{Fb}{l}-F=-\frac{Fa}{l}\quad (a<x<l) \tag{c}$$

$$M(x)=\frac{Fb}{l}x-F(x-a)$$

$$=\frac{Fa}{l}(l-x)\quad (a\leqslant x\leqslant l) \tag{d}$$

（3）作剪力图和弯矩图。由式（a）和式（c），作出剪力图如图 4-9（b）所示；由式（b）和式（d），作出弯矩图如图 4-9（c）所示。

由图可见，当 $b>a$ 时，AC 段各截面上剪力值最大，其值为 Fb/l；在集中荷载作用的截面上，弯矩值最大，其值为 Fab/l，在集中荷载作用处左、右两侧截面上的剪力值有突变。

实际上，集中荷载 F 是作用在很短一段梁上分布力的简化，若将分布力当作均匀分布［图 4-10（a）］，其剪力图是按线性规律变化的［图 4-10（b）］，相应弯矩图大致形状如图 4-10（c）所示。由图可见，在力 F 作用段内，各截面的剪力值均在两侧截面的剪力值之间，而弯矩的最大值略小。因此，将集中荷载 F 看成作用在一点，不影响剪力的最大值，对弯矩的最大值虽略有影响，但偏于安全。请读者分析其原因。

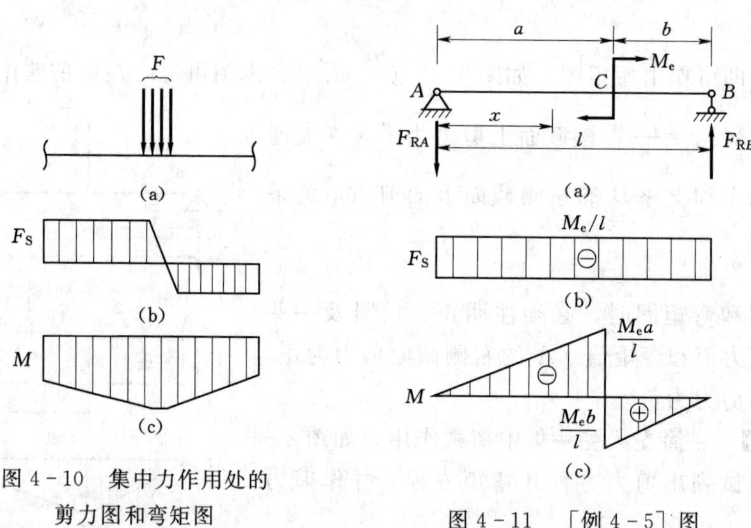

图 4-10　集中力作用处的剪力图和弯矩图

图 4-11　［例 4-5］图

【例 4-5】　一简支梁，在 C 处受一矩为 M_e 的集中力偶作用，如图 4-11（a）所示。试列出梁的剪力方程和弯矩方程，并作其剪力图和弯矩图。

解　（1）求支座反力。由平衡方程 $\sum M_B=0$ 和 $\sum M_A=0$，求出

$$F_{RA}=\frac{M_e}{l},\ F_{RB}=\frac{M_e}{l}$$

（2）列剪力方程和弯矩方程。

AC 段：

$$F_S(x)=-\frac{M_e}{l}\quad (0<x\leqslant a) \tag{a}$$

$$M(x)=-\frac{M_e}{l}x\quad (0\leqslant x<a) \tag{b}$$

CB 段：
$$F_S(x)=-\frac{M_e}{l}\quad(a\leqslant x<l)\tag{c}$$

$$M(x)=-\frac{M_e}{l}x+M_e=\frac{M_e}{l}(l-x)\quad(a\leqslant x\leqslant l)\tag{d}$$

(3) 作剪力图和弯矩图。利用式 (a) ～式 (d)，可作出剪力图和弯矩图如图 4-11 (b)、(c) 所示。由图可见，全梁各截面上的剪力值均相等；在集中力偶作用处左、右两侧截面上的弯矩值有突变。当 $a>b$ 时，集中力偶作用处的左侧截面上，弯矩值最大，其值为 $M_e a/l$。实际上，集中力偶也是一种简化的结果，若按实际分布情况，绘出的弯矩图也是连续变化的。

【例 4-6】 一悬臂梁受到线性分布的荷载作用，最大荷载集度为 q_0，如图 4-12 (a) 所示。试列出梁的剪力方程和弯矩方程，并作其剪力图和弯矩图。

解 距左端为 x 处的荷载集度为

$$q(x)=\frac{q_0}{l}(l-x)$$

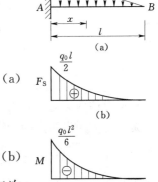

该梁为悬臂梁，求 x 截面的内力时，可由截面右侧计算。

(1) 列剪力方程和弯矩方程。

$$F_S(x)=\frac{1}{2}q(x)(l-x)=\frac{q_0}{2l}(l-x)^2\quad(0<x\leqslant l)\tag{a}$$

$$M(x)=-\frac{1}{2}q(x)(l-x)\frac{1}{3}(l-x)$$

$$=-\frac{q_0}{6l}(l-x)^3(0<x\leqslant l)\tag{b}$$

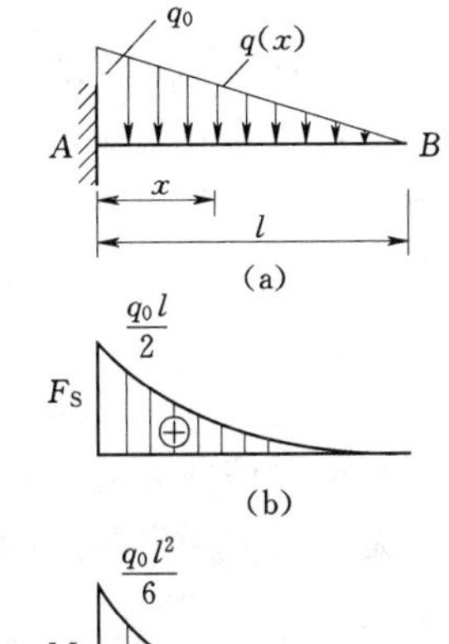

图 4-12 [例 4-6] 图

(2) 作剪力图和弯矩图。由式 (a) 可知，剪力图为一二次抛物线，顶点在梁的最右端即分布荷载为零处，因此只需要确定其两端的两个点 ($x=0$ 处 $F_S=\frac{1}{2}q_0 l$，$x=l$ 处 $F_S=0$)，用一条二次曲线连接即可做出剪力图，作出剪力图如图 4-12 (b) 所示；由式 (b) 可知，弯矩图为一三次抛物线，用同样的方法作出弯矩图如图 4-12 (c) 所示。

由图 4-12 可见，在固定端 *A* 右侧的截面上，剪力值和弯矩值均为最大，最大剪力值为 $q_0 l/2$，最大弯矩值值为 $q_0 l^2/6$。

4.4 剪力、弯矩和荷载集度间的关系

由 4.3 节的例题可以看出，剪力图和弯矩图的变化有一定的规律性。例如在某段梁上如无分布荷载作用，则剪力图为一水平线，弯矩图为一斜直线，而且直线的倾斜方向和剪力的正负有关 [例 4-4]；当梁的某段上有均布荷载作用时，剪力图为一斜直线，弯矩图为二次抛物线 [例 4-3]。此外从 [例 4-3] 中还可看到，弯矩有极值的截面上，剪力为零。这些现象表明，剪力、弯矩和荷载集度之间有一定的关系。事实上，这些关系在直梁中是普遍存在的。

设一梁及其所受荷载如图 4-13（a）所示。现在分布荷载作用的范围内，截出一长为 dx 的微段梁，假定在 dx 长度上，分布荷载集度为常量，并设 $q(x)$ 向上为正；在左、右横截面上存在有剪力和弯矩，并设它们均为正，如图 4-13（b）所示。

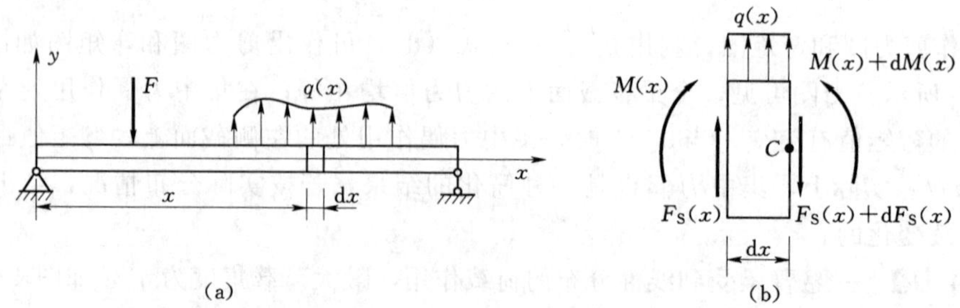

图 4-13　微段梁的受力分析

在坐标为 x 的截面上，剪力和弯矩分别设为 $F_S(x)$ 和 $M(x)$；则在坐标为 $x+dx$ 的截面上，剪力和弯矩分别为 $F_S(x)+dF_S(x)$ 和 $M(x)+dM(x)$。即右边横截面上的剪力和弯矩比左边横截面上的多一个增量。因为微段处于平衡状态，故

由 $\sum F_y=0$：
$$F_S(x)+q(x)dx-[F_S(x)+dF_S(x)]=0$$

得
$$\frac{dF_S(x)}{dx}=q(x) \tag{4-1}$$

即横截面上的剪力对 x 的导数，等于同一横截面上分布荷载的集度。式（4-1）的几何意义是：剪力图上某点的切线斜率等于梁上与该点对应处的荷载集度。

由 $\sum M_C=0$：
$$M(x)+F_S(x)dx+q(x)dx\,\frac{dx}{2}-[M(x)+dM(x)]=0$$

略去高阶微量后，得
$$\frac{dM(x)}{dx}=F_S(x) \tag{4-2}$$

即横截面上的弯矩对 x 的导数，等于同一横截面上的剪力。式（4-2）的几何意义是：弯矩图上某点的切线斜率等于梁上与该点对应处横截面上的剪力。

由式（4-1）及式（4-2），又可得
$$\frac{d^2M(x)}{dx^2}=q(x) \tag{4-3}$$

即横截面上的弯矩对 x 的二阶导数，等于同一横截面上分布荷载的集度。式（4-3）可用来判断弯矩图的凹凸方向。

式（4-1）～式（4-3）即为剪力、弯矩和荷载集度之间的关系式，由这些关系式，可以得到剪力图和弯矩图的一些规律：

（1）梁的某段上如无分布荷载作用，即 $q(x)=0$，则在该段内，$F_S(x)=$常数，而 $M(x)$ 为 x 的线性函数。故剪力图为水平直线，弯矩图为斜直线。弯矩图的倾斜方向由剪力的正负决定。

（2）梁的某段上如有均布荷载作用，即 $q(x)=$常数，则在该段内，$F_S(x)$ 为 x 的线性函数，而 $M(x)$ 为 x 的二次函数。故该段内的剪力图为斜直线，其倾斜方向由 $q(x)$

是向上作用还是向下作用决定，该段的弯矩图为二次抛物线。

(3) 由式 (4-3) 可知，如图 4-14 所示坐标系下（正弯矩画在横坐标轴下方），当分布荷载向上作用时，弯矩图向上凸起；当分布荷载向下作用时，弯矩图向下凸起。

(4) 由式 (4-2) 可知，在分布荷载作用的一段梁内，$F_S=0$ 的截面上，弯矩具有极值，见例 4-3。

(5) 如分布荷载集度随 x 成线性变化，则剪力图为二次曲线，弯矩图为三次曲线，见例 4-6。

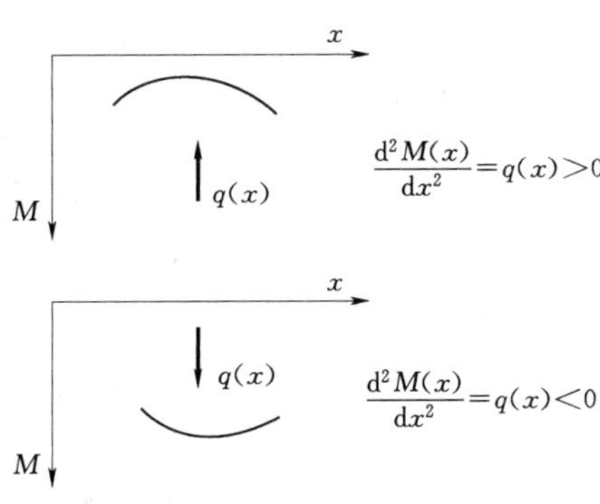

图 4-14 分布荷载方向与弯矩图凸向的关系

利用上述规律，可以较方便地作出剪力图和弯矩图，而不需列出剪力方程和弯矩方程。具体做法是：先求出支座反力（悬臂梁可省略），再根据梁上受力情况将梁分段，每一段的左右两侧截面为控制面（一般为支座处、集中荷载作用处、集中力偶作用处以及分布荷载变化处的截面），求出控制面的剪力和弯矩。注意在集中力作用处，左右两侧截面上的剪力有突变；在集中力偶作用处，左右两侧截面上的弯矩有突变。利用以上关系式，确定每段梁剪力图和弯矩图的线型，分段作出梁的剪力图和弯矩图，最后组合得到全梁的剪力图和弯矩图。如果梁上某段内有分布荷载作用，则需求出该段内弯矩具有极值的截面位置以及该截面上的弯矩值。最后标出具有代表性的剪力值和弯矩值。

以上导出的剪力、弯矩和荷载集度之间的关系只适用于坐标原点在左端，x 轴向右的情况。若将 x 轴坐标原点取在梁的右端，且 x 坐标以指向左为正，则式 (4-1) 和式 (4-2) 的右端应加一负号，而式 (4-3) 不变。请总结画梁的剪力图和弯矩图的方法。

【例 4-7】 作图 4-15 (a) 所示外伸梁的剪力图和弯矩图。

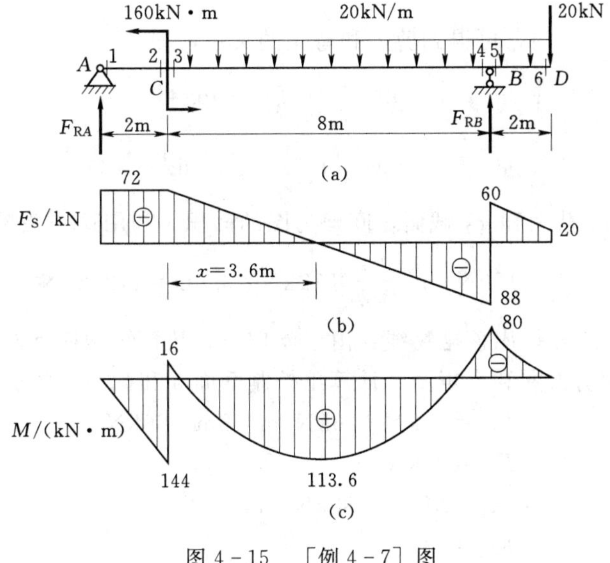

图 4-15 [例 4-7] 图

解　(1) 求支座反力。由平衡方程$\sum M_B=0$和$\sum M_A=0$，求得

$$F_{RA}=72\text{kN}, F_{RB}=148\text{kN}$$

(2) 根据梁上的受力情况，全梁分三段，即AC段、CB段和BD段。先作AC段的剪力图和弯矩图。计算出控制截面1和截面2的剪力和弯矩为

$$F_{S1}=F_{S2}=72\text{kN}$$

$$M_1=0$$

$$M_2=72\text{kN}\times 2\text{m}=144\text{kN}\cdot\text{m}$$

在该段上没有分布荷载作用，故剪力图为水平直线；又因剪力为正值，故弯矩图为向下倾斜的直线。

(3) 作CB段的剪力图和弯矩图。计算出控制截面3和截面4的剪力为

$$F_{S3}=72\text{kN}$$

$$F_{S4}=72\text{kN}-20\text{kN/m}\times 8\text{m}=-88\text{kN}$$

因为均布荷载q向下，所以剪力图是向下倾斜的直线。弯矩图是二次抛物线，需求出3个控制截面的弯矩。其中

$$M_3=72\text{kN}\times 2\text{m}-160\text{kN}\cdot\text{m}=-16\text{kN}\cdot\text{m}$$

$$M_4=-20\text{kN}\times 2\text{m}-20\text{kN/m}\times 2\text{m}\times 1\text{m}=-80\text{kN}\cdot\text{m}$$（由截面右侧外力计算）

此外，在CB段内有一截面上的剪力$F_S=0$，在此截面上的弯矩为极值。可以用两种方法求出该截面的位置：①列出该段的剪力方程，令$F_S(x)=0$，求出x的值；②在CB段内的剪力图上有2个相似三角形，由对应边成比例的关系求出x。现用方法①：

由
$$F_S(x)=72-20x=0$$

得
$$x=3.6\text{m}$$

此即$F_S=0$的截面距C点的距离。

计算该截面的弯矩也有两种方法。方法一，根据截面一侧的外力计算，得

$$M_{max}=72\text{kN}\times(2+3.6)\text{m}-160\text{kN}\cdot\text{m}-20\text{kN/m}\times 3.6\text{m}\times\frac{3.6}{2}\text{m}=113.6\text{kN}\cdot\text{m}$$

方法二，由式（4-2），可得到剪力和弯矩的关系，即

$$\int_{M_{x1}}^{M_{x2}}\text{d}M=\int_{x_1}^{x_2}F_S(x)\text{d}x$$

故
$$M_{x2}=M_{x1}+\int_{x_1}^{x_2}F_S(x)\text{d}x$$

其中的积分式表示x_1截面和x_2截面之间剪力图的面积。利用这一关系，求得

$$M_{max}=-16\text{kN}\cdot\text{m}+\frac{1}{2}\times 72\text{kN}\times 3.6\text{m}=113.6\text{kN}\cdot\text{m}$$

根据M_3、M_4、M_{max} 3点作出该抛物线，由于q向下，故弯矩图向下凸。

(4) 作BD段的剪力图和弯矩图。计算出控制截面5和截面6的剪力和弯矩为

$$F_{S5}=20\text{kN}+20\text{kN/m}\times 2\text{m}=60\text{kN}$$

$$F_{S6}=20\text{kN}$$

$$M_5=M_4=-80\text{kN}\cdot\text{m}$$

$$M_6=0$$

在该段上的均布荷载集度 q 与 CB 段的相同，故剪力图为向下的斜直线，其斜率与 CB 段剪力图的斜率相同。弯矩图为二次抛物线，由于该段剪力不为零，所以抛物线没有顶点，根据 M_5、M_6 2 点近似作出该抛物线，同样，由于 q 向下，弯矩图向下凸。

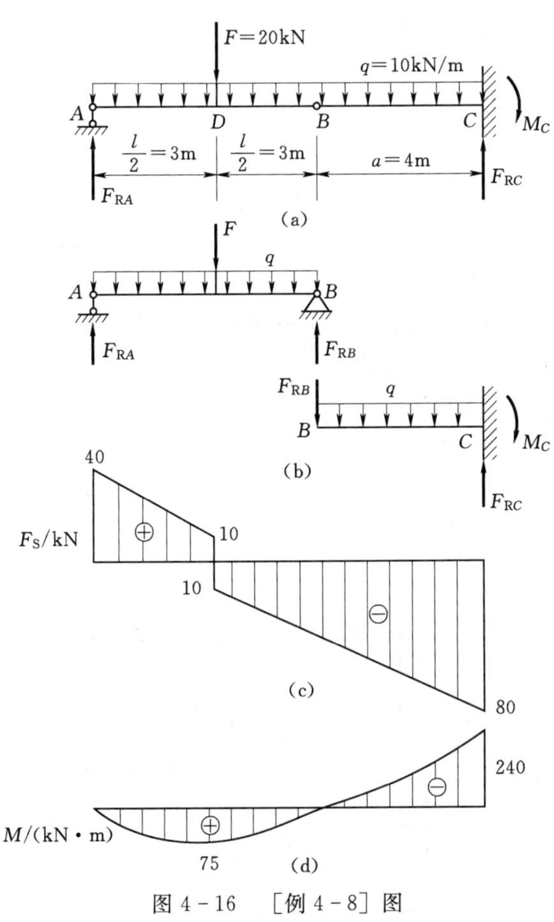

图 4-16　[例 4-8] 图

全梁的剪力图和弯矩图如图 4-15 (b)、(c) 所示。由图可见，全梁的最大剪力（为负值）产生在截面 4，最大弯矩（为正值）产生在截面 2，其值分别为

$$|F_S|_{max}=88kN$$
$$M_{max}=144kN\cdot m$$

【例 4-8】 作图 4-16 (a) 所示联合梁的剪力图和弯矩图。

解　(1) 求支座反力。该梁在 B 处有一中间铰，为静定联合梁。设在中间铰处将梁拆开为 AB 和 BC 两部分。BC 部分为基本部分，称为主梁，它是一悬臂梁；AB 部分为附属部分，称为次梁，它是一简支梁，如图 4-16 (b) 所示。

先求次梁的支座反力，再求主梁的支座反力。由平衡方程，求得

$$F_{RA}=F_{RB}=\frac{F}{2}+\frac{ql}{2}=40kN$$
$$F_{RC}=F_{RB}+qa=80kN$$
$$M_C=F_{RB}a+\frac{qa^2}{2}=240kN\cdot m$$

(2) 分 AD、DB 两段作出次梁 AB 的剪力图和弯矩图。计算出控制截面的剪力和弯矩为

$$F_{SA右}=40kN$$
$$F_{SD左}=40kN-10kN/m\times3m=10kN$$
$$F_{SD右}=40kN-10kN/m\times3m-20kN=-10kN$$
$$F_{SB左}=-40kN$$
$$M_A=0$$
$$M_D=40kN\times3m-10kN/m\times3m\times\frac{1}{2}\times3m=75kN\cdot m$$
$$M_B=0$$

在该段上有向下作用的均布荷载，故剪力图为向下倾斜的直线，但力 F 作用点 D 处左、右截

面上的剪力有突变。弯矩图为一向下凸的二次抛物线。在集中力 F 作用处，弯矩图有尖角。

(3) 作主梁 BC 的剪力图和弯矩图。计算出控制截面的剪力和弯矩为

$$F_{SB右}=-40\text{kN}$$

$$F_{SC左}=-40\text{kN}-10\text{kN/m}\times4\text{m}=-80\text{kN}$$

$$M_B=0$$

$$M_{C左}=-40\text{kN}\times4\text{m}-10\text{kN/m}\times4\text{m}\times2\text{m}=-240\text{kN}\cdot\text{m}$$

在该段上有向下作用的均布荷载，其集度与 AB 段的相同，故剪力图仍为一向下倾斜的直线，其斜率与 AB 段的相同。弯矩图仍为一向下凸的曲线。

全梁的剪力图和弯矩图如图 4-16 (c)、(d) 所示。由图可见，全梁的最大剪力和最大弯矩均产生在固定端截面上，其值（均为负值）分别为

$$|F_S|_{max}=80\text{kN}$$

$$|M|_{max}=240\text{kN}\cdot\text{m}$$

【例 4-9】 一悬臂刚架及其受力情况如图 4-17 (a) 所示。试列出各杆的轴力方程、剪力方程和弯矩方程，并作其轴力图、剪力图和弯矩图。

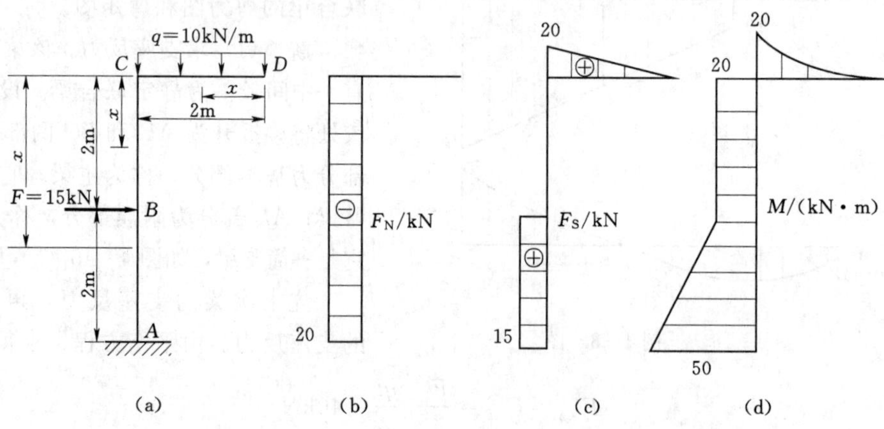

图 4-17 [例 4-9] 图

解 刚架是由若干直杆组成的折线形结构，杆与杆之间大多为刚性连接。刚架内力图的作法与前面所述杆的内力图的作法相同，计算剪力时，可将竖直杆看作水平杆，仍采用前述剪力正负号的规定。但是，除了轴力图和剪力图仍需注明正负号外，弯矩图作在杆受拉的一侧，不必注明正负号。计算内力以前，一般应先求出支座反力，但对悬臂刚架，可不必计算支座反力。

(1) 列轴力方程、剪力方程和弯矩方程。

CD 段：$F_N(x)=0$

$$F_S(x)=10x \quad (0\leqslant x\leqslant2\text{m})$$

$$M(x)=10x\times\frac{x}{2}=5x^2 \quad (0\leqslant x\leqslant2\text{m})$$

BC 段：$F_N(x)=-10\text{kN/m}\times2\text{m}=-20\text{kN}\ (0\leqslant x\leqslant2\text{m})$

$$F_S(x)=0$$

$$M(x)=10\text{kN/m}\times2\text{m}\times1\text{m}=20\text{kN}\cdot\text{m}\ (0\leqslant x\leqslant2\text{m})$$

AB 段：$F_N(x)=-10\text{kN/m}\times2\text{m}=-20\text{kN}\cdot\text{m}\quad(2\text{m}\leqslant x\leqslant4\text{m})$

$$F_S(x)=15\text{kN}\quad(2\text{m}<x<4\text{m})$$

$$M(x)=10\text{kN/m}\times2\text{m}\times1\text{m}+15\text{kN}\times(x-2)\text{m}$$
$$=20\text{kN}\cdot\text{m}+15(x-2)\text{kN}\cdot\text{m}(2\text{m}\leqslant x\leqslant4\text{m})$$

(2) 作轴力图、剪力图和弯矩图。利用以上各式，可作出轴力图、剪力图和弯矩图，如图 4－17 (b)、(c)、(d) 所示。

(3) 校核。由于刚架结构相对较为复杂，计算较为繁琐，为了校核结果的正确性，可在刚结点 C 附近截取图 4－18 所示部分，看它是否满足平衡方程。根据本例的计算结果，刚结点 C 是平衡的，故计算正确。

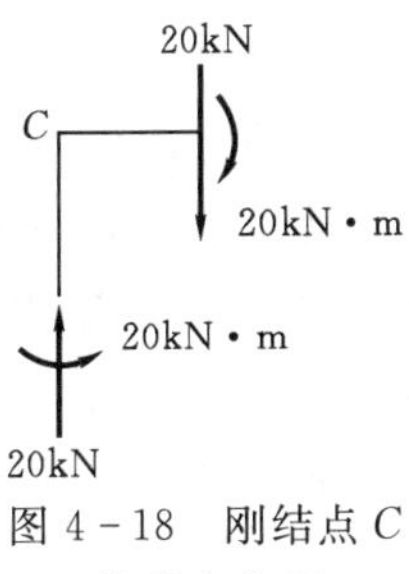

图 4－18　刚结点 C 的受力分析

4.5　叠加法作弯矩图

当梁在荷载作用下为微小变形时，不必考虑其跨长的变化。在这种情况下，支座反力、内力均与荷载成线性关系。例如图 4－19 (a) 所示的简支梁，受到均布荷载 q 和集中力偶 M_e 作用时，梁的支座反力为

$$F_{RA}=\frac{M_e}{l}+\frac{ql}{2}=F_{RA(M_e)}+F_{RA(q)}$$

$$F_{RB}=-\frac{M_e}{l}+\frac{ql}{2}=F_{RB(M_e)}+F_{RB(q)}$$

梁的任一截面上的弯矩为

$$M(x)=F_{RA}x-M_e-qx\ \frac{x}{2}$$
$$=\left(\frac{M_e}{l}x-M_e\right)+\left(\frac{ql}{2}-\frac{1}{2}qx^2\right)$$

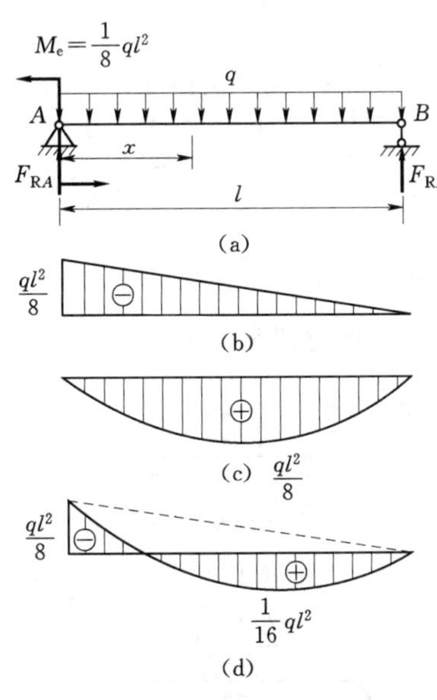

图 4－19　叠加法作弯矩图

由上式可见，弯矩 $M(x)$ 和 M_e、q 成线性关系。因此在 $M(x)$ 的表达式中，弯矩 $M(x)$ 可以分为两部分：第一个括号内为荷载 M_e 单独作用在梁上所引起的弯矩，第二个括号内为荷载 q 单独作用在梁上所引起的弯矩。由此可知，在多个荷载作用下，梁的横截面上的弯矩，等于各个荷载单独作用所引起的弯矩的代数和。这种求弯矩的方法称为**叠加法** (superposition method)。

这是一个普遍性的原理，即**叠加原理** (principle of superposition)：当作用因素（如荷载、变温等）和所引起的结果（如内力、应力、变形等）之间成线性关系时，由几个因素共同作用所引起的某一结果，就等于每个因素单独作用时所引起结果的叠加。

由于弯矩可以叠加，所以弯矩图也可以叠加。用叠加法作弯矩图时，可先分别作出各个荷载单独作用的弯矩图，然后将各图对应处的纵坐标叠加，即得所有荷载共同作用的弯矩图。例如图 4－19 (a) 所示的简支梁，由集中力偶 M_e 作用引起的弯矩图如图 4－19

(b) 所示，由均布荷载 q 作用引起的弯矩图如图 4-19 (c) 所示，将两个弯矩图的纵坐标叠加后，得到总的弯矩图如图 4-19 (d) 所示。在叠加弯矩图时，也可以图 4-19 (b) 中的斜直线［即图 4-19 (d) 中的虚线］为基线，作出均布荷载下的弯矩图。于是，两图的共同部分正负抵消，剩下的即为叠加后的弯矩图。

用叠加法作弯矩图，只在单个荷载作用下梁的弯矩图可以比较方便地作出，且梁上所受荷载也不复杂时才适用。如果梁上荷载复杂，还是按荷载共同作用的情况用前两节所述方法作弯矩图比较方便。此外，在分布荷载作用的范围内，用叠加法不能直接求出最大弯矩；如果要求最大弯矩，还需用前述的方法。

剪力图也可用叠加法作出，但并不方便，所以通常只用叠加法作弯矩图。

习　　题

4-1　求图 4-20 中各梁指定截面上的剪力和弯矩。

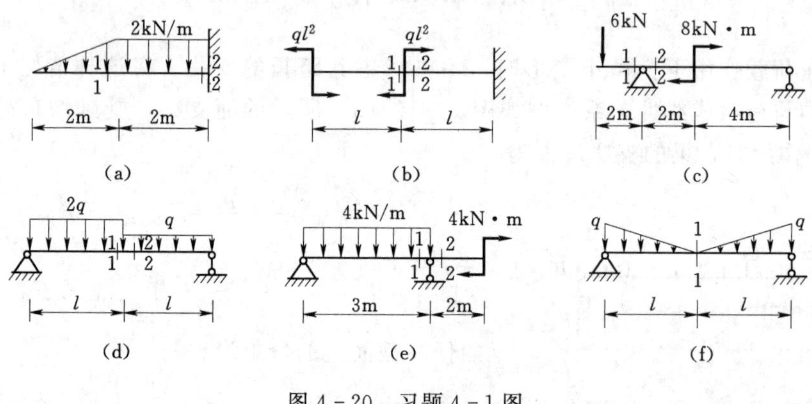

图 4-20　习题 4-1 图

4-2　写出图 4-21 中各梁的剪力方程、弯矩方程，并作剪力图和弯矩图。

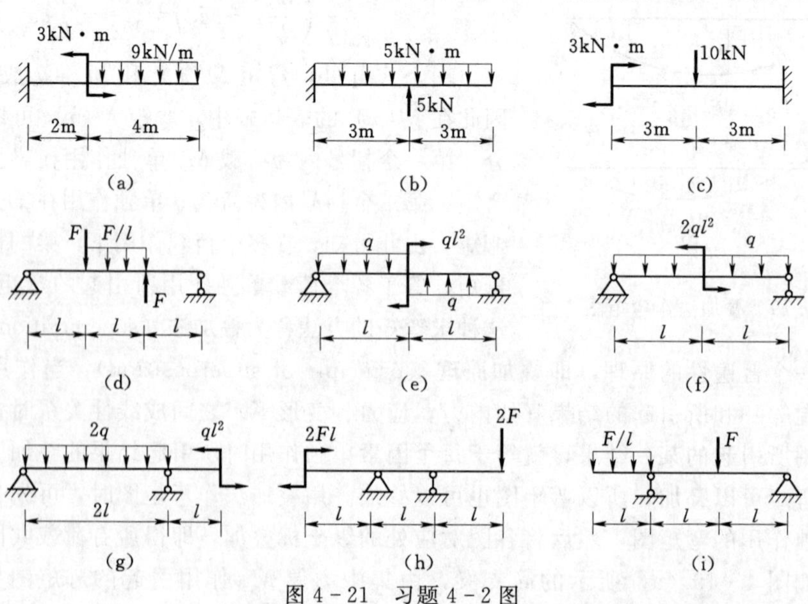

图 4-21　习题 4-2 图

4-3　应用剪力、弯矩和荷载集度的关系作出图 4-22 中各梁的剪力图和弯矩图。

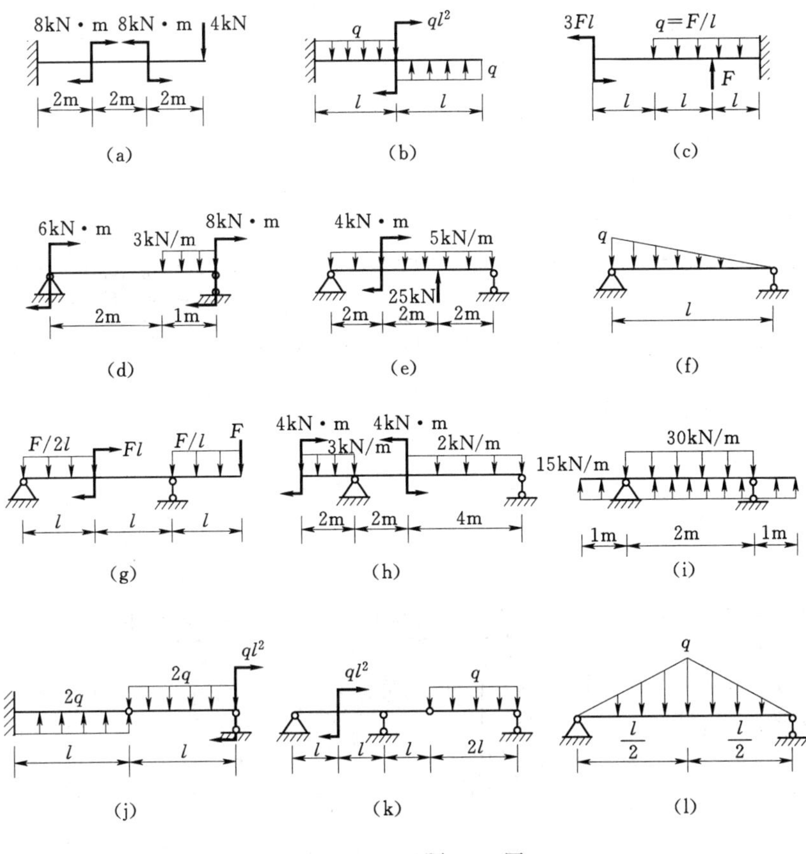

图 4-22　习题 4-3 图

4-4　用叠加法作图 4-23 中各梁的弯矩图。

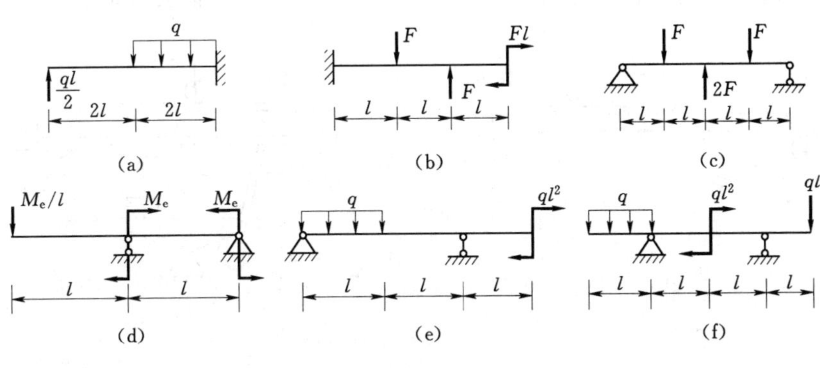

图 4-23　习题 4-4 图

4-5　已知简支梁的弯矩图（图 4-24），作出梁的荷载图和剪力图。

4-6　在图 4-25 的各梁中，中间铰放在何处才能使正负弯矩的最大（绝对）值相等？

4-7　作图 4-26 所示斜梁、刚架的轴力图、剪力图和弯矩图。

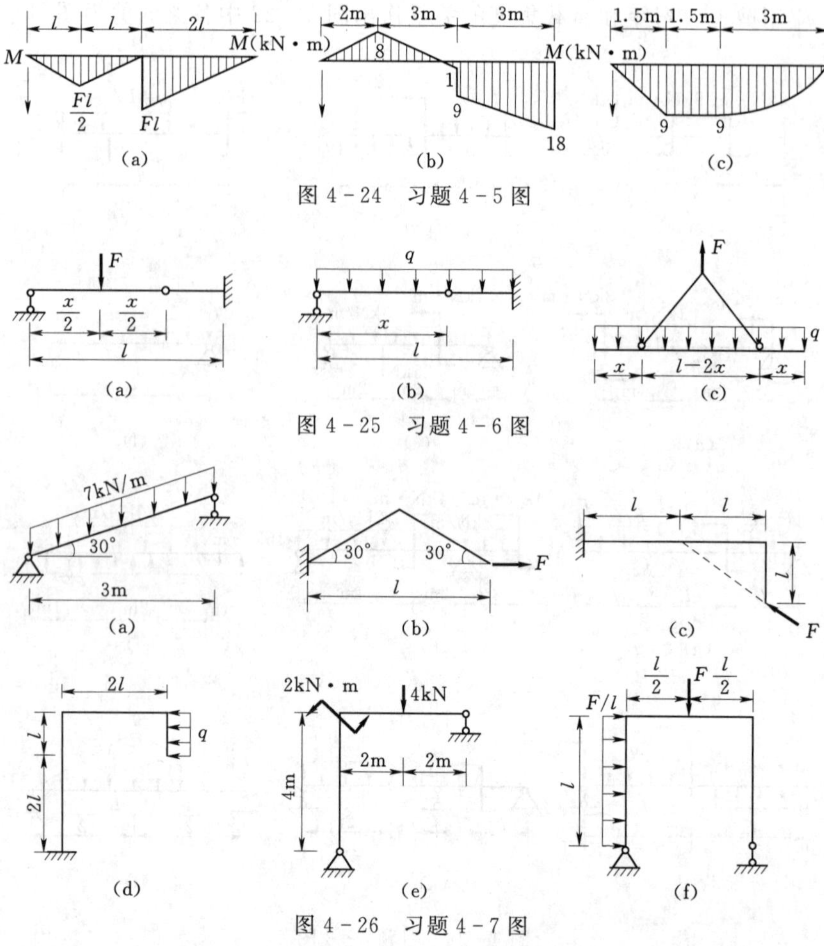

图4-24 习题4-5图

图4-25 习题4-6图

图4-26 习题4-7图

4-8 图4-27(a)为行车梁,图4-27(b)为轧钢机滚道的升降台横梁。当 AB 梁上作用着可移动荷载 F 时,试确定梁上最大弯矩位置,并求最大弯矩值。

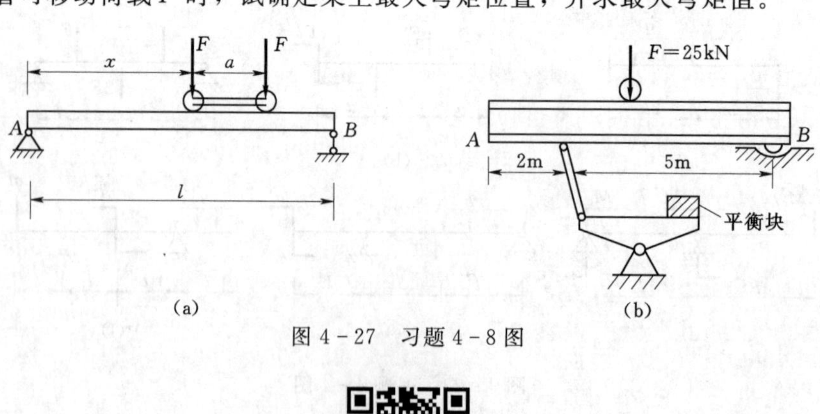

图4-27 习题4-8图

习题详解

第5章　弯　曲　应　力

在一般情况下，梁的横截面上同时存在正应力和切应力。本章的主要内容包括：梁横截面上的正应力计算公式的推导及其应用条件；矩形截面梁、工字形截面梁、圆形截面梁和薄壁圆环截面梁横截面上切应力公式的推导；梁的强度计算；非对称截面梁的正应力；开口薄壁截面梁的切应力和弯曲中心的概念。最后简单介绍了异料复合梁及平面曲杆纯弯曲时的正应力。

5.1　概　　述

由第4章可知，在一般情况下，梁的横截面上同时存在着剪力和弯矩。由截面上分布内力的合成关系，剪力 F_S 是平行于截面的内力，只能由切向微内力 $\tau\mathrm{d}A$ 合成，而弯矩只能由法向微内力 $\sigma\mathrm{d}A$ 合成。因此，一般情况下，梁的横截面上同时存在着正应力和切应力。

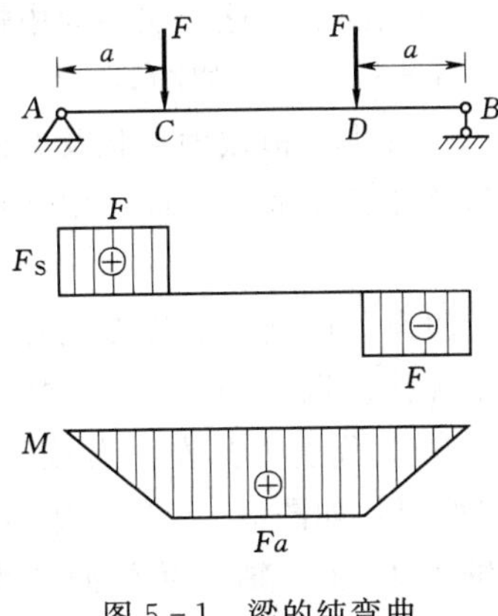

图5-1　梁的纯弯曲

若梁或一梁段内各横截面上的剪力为零，弯矩为常量，则该梁或该梁段的变形称为**纯弯曲**（pure bending）。例如图5-1所示的梁，由其剪力图和弯矩图可知，梁段 CD 的变形为纯弯曲。

因为正应力只与弯矩有关，所以可以由纯弯曲情况分析梁横截面上的正应力。

若梁（梁段）横截面上既有弯矩又有剪力，该梁（梁段）的变形称为**横力弯曲**（bending by transverse force）或**剪切弯曲**。在横力弯曲情况下，梁的横截面上不仅有与弯矩有关的正应力，还有与剪力有关的切应力。

下面先分析梁的正应力。

5.2　梁横截面上的正应力

5.2.1　纯弯曲梁的正应力公式

与杆受轴向拉压和圆轴扭转时分析横截面上应力的方法相同，分析梁横截面上的正应力也需要从变形几何关系、物理关系和静力学关系3个方面综合考虑。

1. 变形几何关系

为找出横截面上正应力的分布规律，先研究该截面上任一点处沿横截面法线方向的线应变，亦即纵向线应变，从而找出纵向线应变在该截面上的分布规律。为此，首先观察纯弯曲梁的变形现象。取横截面形状为任意，但有一个纵向对称面的直梁（简单作图起见，此处给出的为矩形截面直梁），在其表面画一系列横向线和纵向线如图 5-2（a）所示。当梁产生纯弯曲后，可观察到［见图 5-2（b）］：横向线在变形后仍为直线，但旋转了一个角度，并与弯曲后的纵向线正交；梁上部的纵向线缩短，下部的纵向线伸长；梁上部的横向尺寸略有增加，下部的横向尺寸略有减小。

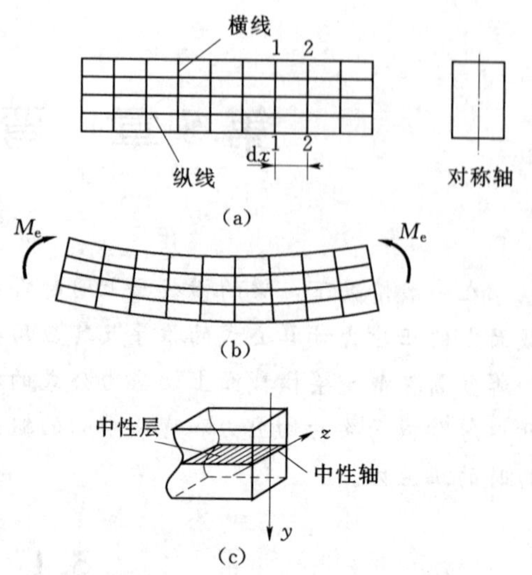

图 5-2 纯弯曲梁的变形现象

根据上述表面现象去推测梁内部的变形，可作出如下假设：

（1）**平面假设**。横截面在变形后仍为平面，并和弯曲后的纵向线正交。对于纯弯曲梁，按弹性理论分析的结果，证明其横截面确实保持为平面。

（2）**单向受力假设**。假设梁由纵向线组成，各纵向线之间互不挤压，即每一纵向线只受单向拉伸或单向压缩。

根据平面假设，图 5-2（a）中梁的上部纵向线缩短，下部纵向线伸长，由变形的连续性，可推知在梁的中间，必有一层纵向线既不伸长也不缩短的纵向层。这一层称为**中性层**（neutral surface)。中性层与横截面的交线称为**中性轴**（neutral axis)，如图 5-2（c）所示。梁弯曲时，相邻横截面就是绕中性轴作相对转动的。由于外力、横截面形状及梁的物理性质均对称于梁的纵向对称面，故梁变形后的形状也必对称于该平面，因此，中性轴应与横截面的对称轴正交。

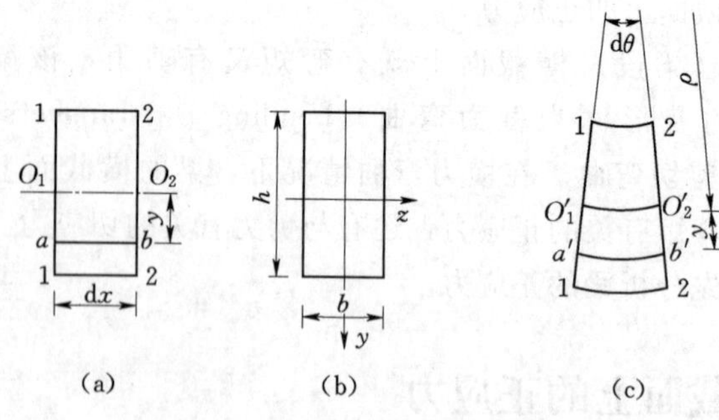

图 5-3 纯弯曲微段梁及其变形

由以上假设，可进一步找出纵向线应变的变化规律。取长为 dx 的一微段梁，1—1、2—2 分别为其左、右截面，$\overline{O_1O_2}$ 为中性层，如图 5-3（a）所示。若将梁的轴线取为 x 轴，横截面的纵向对称轴取为 y 轴，则中性轴可取为 z 轴，其横截面如图 5-3（b）所示。但是，中性轴的具体位置目前还不确定。该微段梁变形后如图 5-3（c）所示。现研究距中性层为 y 处的纵向层中任一纵向线 ab 的变形［图 5-3（a）］。设图 5-3（c）中的 $\mathrm{d}\theta$ 为 1—1 和 2—2 截面的相对转角，ρ 为中性层的**曲率半径**（radius of curvature)。由于 $\overline{O_1O_2}$ 和 $\widehat{O'_1O'_2}$ 长度相同，即 $\overline{ab}=\overline{O_1O_2}=\widehat{O'_1O'_2}=\rho\mathrm{d}\theta$。微段变形后，$\overline{ab}$ 弯成 $\widehat{a'b'}$，$\widehat{a'b'}=(\rho+y)\mathrm{d}\theta$，从而 ab 的线应变为

$$\varepsilon=\frac{\widehat{a'b'}-\overline{ab}}{\overline{ab}}=\frac{\widehat{a'b'}-\widehat{O_1'O_2'}}{\overline{O_1O_2}}=\frac{(\rho+y)\mathrm{d}\theta-\rho\mathrm{d}\theta}{\rho\mathrm{d}\theta}=\frac{y}{\rho} \tag{a}$$

对同一横截面，ρ 是常量，故式（a）表明，横截面上任一点处的纵向线应变与该点到中性轴的距离 y 成正比。

2. 物理关系

因假设每一纵向线只受单向拉伸或单向压缩，当材料处于线弹性范围内，且拉伸和压缩弹性模量相同时，利用胡克定律式（2-4），并将式（a）代入后，得到

$$\sigma=E\varepsilon=\frac{Ey}{\rho} \tag{b}$$

由式（b）可见，横截面上各点处的正应力与 y 成正比，而与 z 无关，即正应力沿高度方向呈线性分布，沿宽度方向均匀分布。为了清晰地表示横截面上的正应力分布状况，对矩形截面梁，画出横截面上的正应力分布如图 5-4（a）所示。通常可简单地用图 5-4（b）或图 5-4（c）表示。

由于曲率半径 ρ 和中性轴的位置均为未知，由式（b）还不能计算出正应力，还必须应用静力学关系。

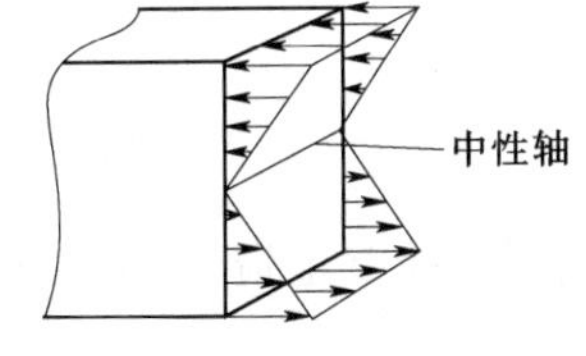

(a)

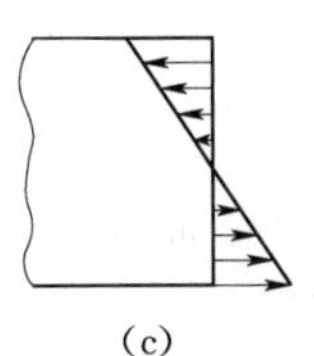
(b)

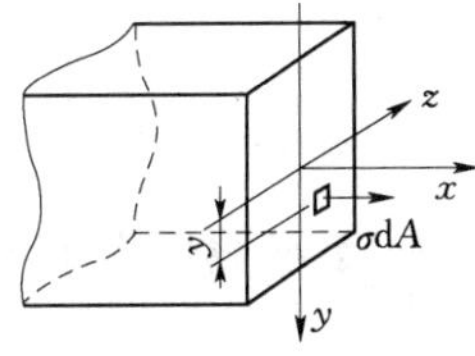
(c)

图 5-4 梁横截面正应力分布

图 5-5 横截面的静力学关系

3. 静力学关系

横截面上各点处的法向微内力 $\sigma\mathrm{d}A$ 构成空间平行力系，如图 5-5 所示。它们合成为横截面上的内力。因为纯弯曲梁横截面上只有对 z 轴的力矩即弯矩，没有轴力，也没有对 y 轴的力矩，故根据静力学中力的合成原理可得

$$F_{\mathrm{N}}=\int_A\sigma\mathrm{d}A=0 \tag{c}$$

将式（b）代入上式，并注意到对横截面积分时 $\dfrac{E}{\rho}$ = 常量，得

$$\int_A y\mathrm{d}A=0$$

即横截面对中性轴（即 z 轴）的面积矩等于零。因此，**中性轴必定通过横截面的形心**，从而确定了中性轴的位置。

$$M_y=\int_A z\sigma\mathrm{d}A=0 \tag{d}$$

将式（b）代入上式得

$$\frac{E}{\rho}\int_A yz\mathrm{d}A=0$$

上式中的积分即为横截面对 y、z 轴的惯性积 I_{yz}（见附录 A）。因为$\frac{E}{\rho}$=常量，$I_{yz}=0$。对所研究的情况，因为 y 轴为对称轴，故这一条件自然满足（见附录 A）。

$$M_z=\int_A y\sigma\,\mathrm{d}A=M \tag{e}$$

将式（b）代入上式，得

$$\frac{E}{\rho}\int_A y^2\,\mathrm{d}A=M$$

上式中的积分即为横截面对中性轴 z 的惯性矩 I_z（见附录 A）。故上式可写为

$$\frac{1}{\rho}=\frac{M}{EI_z} \tag{5-1}$$

式（5-1）表明，梁弯曲变形后，其中性层的曲率与弯矩 M 成正比，与 EI_z 成反比。EI_z 称为梁的**弯曲刚度**（flexural rigidity）。梁的弯曲刚度越大，则其曲率越小，即梁的弯曲程度越小；反之，梁的弯曲刚度越小，则其曲率越大，即梁的弯曲程度越大。式（5-1）是弯曲问题的一个基本公式。

将式（5-1）代入式（b），即得到等直梁在纯弯曲时横截面上任一点处正应力的计算公式

$$\sigma=\frac{My}{I_z} \tag{5-2}$$

式中：M 为横截面上的弯矩；I_z 为截面对中性轴 z 的惯性矩；y 为所求正应力点的纵坐标。

梁弯曲时，**横截面被中性轴分为2个区域**，一个为拉应力区，另一个为压应力区。将坐标 y 及弯矩 M 的数值连同正负号一并代入式（5-2），如果求出的应力是正，则为拉应力，如果为负，则为压应力。在具体计算中，可**根据梁弯曲变形的情况确定，即以中性层为界，梁弯曲后，凸出边的应力为拉应力，凹入边的应力为压应力。**

由式（5-2）可知，当 $y=y_{\max}$ 时，即在**横截面上离中性轴最远的边缘上各点处，正应力有最大值。当中性轴为横截面的对称轴时，最大拉应力和最大压应力的数值相等。**横截面上的最大正应力为

$$\sigma_{\max}=\frac{My_{\max}}{I_z}$$

令

$$W_z=\frac{I_z}{y_{\max}} \tag{5-3}$$

则

$$\sigma_{\max}=\frac{M}{W_z} \tag{5-4}$$

式中：W_z 为**弯曲截面系数**（section modulus of bending），其值与截面的形状和尺寸有关，也是一种截面几何性质，其量纲为 L^3，单位为 m^3。

对于中性轴不是对称轴的横截面，其上拉应力和压应力的最大值不相等，这时应分别以横截面上受拉和受压部分距中性轴最远的距离 y_{tmax} 和 y_{cmax} 直接代入式（5-2），以求得相应的最大应力。

5.2.2　正应力公式的推广

式（5-1）、式（5-2）和式（5-4）是在纯弯曲情况下，根据平面假设和纵向线之间互不挤压的假设导出的，已为纯弯曲实验所证实。但当梁受横向外力作用时，一般来说，横截面上既有弯矩又有剪力，为横力弯曲。根据实验和弹性力学的理论分析，当存在剪力时，横截面在变形后已不再是平面（详细的定性分析见5.3节），而且由于横向外力的作用，纵线之间将互相挤压。但分析结果也表明，这对于跨长与横截面高度之比大于5的梁影响很小，而工程上常用的梁，其跨高比远大于5，用纯弯曲正应力公式（5-2）计算所得结果虽略偏低一些，但足以满足工程上的精度要求。但在横力弯曲情况下，由于各横截面的弯矩是截面位置 x 的函数，因此式（5-1）、式（5-2）和式（5-4）应改写为

$$\frac{1}{\rho(x)}=\frac{M(x)}{EI_z} \tag{5-5}$$

$$\sigma=\frac{M(x)y}{I_z} \tag{5-6}$$

$$\sigma_{\max}=\frac{M(x)}{W_z} \tag{5-7}$$

需要注意的是，式（5-7）计算的是 x 截面上的最大正应力，而梁的最大正应力应用梁最大弯矩 $M_{\max}$ 代替 $M(x)$ 计算。请总结求梁的最大正应力的方法。

【例5-1】 一简支钢梁及其所受荷载如图5-6所示。若分别采用截面面积相同的矩形截面、圆形截面和工字形截面，试求以上3种截面梁的最大拉应力。设矩形截面高为140mm，宽为100mm。

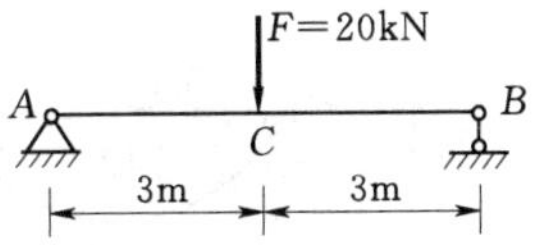

图5-6　［例5-1］图

解　该梁为横力弯曲梁，中性轴关于横截面对称，C 截面的弯矩最大，为正值，故全梁的最大拉应力发生在 C 截面的最下边缘处，可用式（5-7）计算之。

（1）矩形截面。由式（5-3），得

$$W_z=\frac{\frac{1}{12}bh^3}{\frac{1}{2}h}=\frac{1}{6}bh^2=\frac{1}{6}\times0.1\text{m}\times(0.14\text{m})^2$$

$$=32.67\times20^{-5}\text{m}^3$$

由式（5-7），求得最大拉应力为

$$\sigma_{\max}=\frac{M_{\max}}{W_z}=\frac{\frac{1}{4}\times20\times10^3\text{N}\times6\text{m}}{32.67\times10^{-5}\text{m}^3}=91.8\times10^6\text{N/m}^2=91.8\text{MPa}$$

（2）圆形截面。当圆形截面的面积和矩形截面面积相同时，圆形截面的直径为

$$d=133.5\times10^{-3}\text{m}$$

由式（5-3），得

$$W_z=\frac{\frac{1}{64}\pi d^4}{\frac{1}{2}d}=\frac{1}{32}\pi d^3=23.36\times10^{-5}\text{m}^3$$

再由式（5-7），得

$$\sigma_{\max}=\frac{\frac{1}{4}\times 20\times 10^3\,\mathrm{N}\times 6\mathrm{m}}{23.36\times 10^{-5}\,\mathrm{m}^3}=128.4\times 10^6\,\mathrm{N/m^2}=128.4\mathrm{MPa}$$

(3) 工字形截面。采用截面面积相同的工字形截面时，可查附录B的型钢表，选用50C工字钢，其截面面积为 $13.9\times10^{-3}\mathrm{m}^2$，$W_z=2080\times10^{-6}\mathrm{m}^3$。由式（5-7），得

$$\sigma_{\max}=\frac{\frac{1}{4}\times 20\times 10^3\,\mathrm{N}\times 6\mathrm{m}}{2080\times 10^{-6}\,\mathrm{m}^3}=14.4\times 10^6\,\mathrm{N/m^2}=14.4\mathrm{MPa}$$

以上计算结果表明，在承受相同荷载和截面面积相同（即用料相同）的条件下，工字钢梁所产生的最大拉应力最小。反过来说，如果使3种截面的梁所产生的最大拉应力相同，工字钢梁所能承受的荷载最大。因此，工字形截面最为经济合理，矩形截面次之，圆形截面最差。请读者分析其原因。

【例5-2】 外伸梁及其所受荷载如图5-7（a）所示。试求其最大拉应力及最大压应力，并作出最大拉应力截面上的正应力分布图。

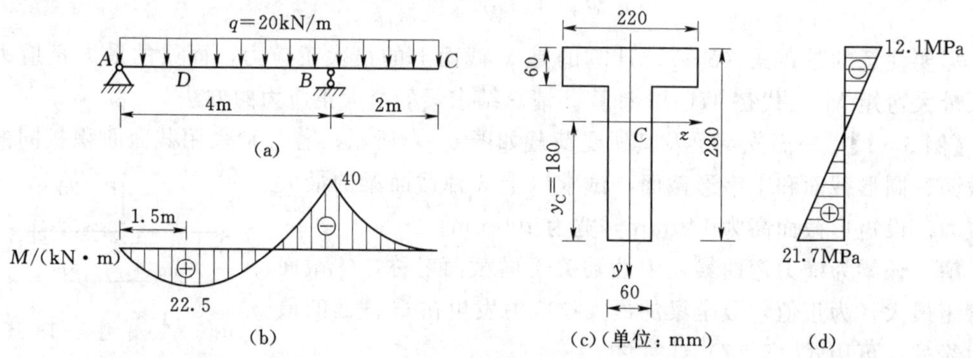

图5-7 ［例5-2］图

解 (1) 确定横截面形心的位置。将T形截面分为两个矩形，求出形心 C 的位置如图5-7（c）所示。中性轴为通过形心 C 的 z 轴。

(2) 计算横截面的惯性矩 I_z。利用附录A中的平行移轴公式（A-10）求得

$$\begin{aligned}I_z&=\frac{1}{12}\times 60\times10^{-3}\mathrm{m}\times(220\times10^{-3}\mathrm{m})^3+60\times10^{-3}\mathrm{m}\times220\times10^{-3}\mathrm{m}\times(70\times10^{-3}\mathrm{m})^2\\&\quad+\frac{1}{12}\times220\times10^{-3}\mathrm{m}\times(60\times10^{-3}\mathrm{m})^3+60\times10^{-3}\mathrm{m}\times220\times10^{-3}\mathrm{m}\times(70\times10^{-3}\mathrm{m})^2\\&=186.6\times10^{-6}\mathrm{m}^4\end{aligned}$$

(3) 作梁的弯矩图［图5-7（b）］。可见，最大正弯矩发生在 D 截面，最大负弯矩发生在 B 截面。

(4) 计算最大拉应力和最大压应力。由于该梁的截面不对称于中性轴，且 B、D 截面的弯矩正负号不同，所以需要比较该两个截面上的最大拉应力和最大压应力，以确定全梁的最大拉应力和最大压应力。

B 截面的弯矩为负，故该截面上边缘各点处产生最大拉应力，下边缘各点处产生最大压应力。其值分别为

$$\sigma_{\text{tmax}}=\frac{40\times10^{3}\text{N}\cdot\text{m}\times100\times10^{-3}\text{m}}{186.6\times10^{-6}\text{m}^{4}}=21.4\times10^{6}\text{N/m}^{2}=21.4\text{MPa}$$

$$\sigma_{\text{cmax}}=\frac{40\times10^{3}\text{N}\cdot\text{m}\times180\times10^{-3}\text{m}}{186.6\times10^{-6}\text{m}^{4}}=38.6\times10^{6}\text{N/m}^{2}=38.6\text{MPa}$$

D 截面的弯矩为正，故该截面下边缘各点处产生最大拉应力，上边缘各点处产生最大压应力，其值分别为

$$\sigma_{\text{tmax}}=\frac{22.5\times10^{3}\text{N}\cdot\text{m}\times180\times10^{-3}\text{m}}{186.6\times10^{-6}\text{m}^{4}}=21.7\times10^{6}\text{N/m}^{2}=21.7\text{MPa}$$

$$\sigma_{\text{cmax}}=\frac{22.5\times10^{3}\text{N}\cdot\text{m}\times100\times10^{-3}\text{m}}{186.6\times10^{-6}\text{m}^{4}}=12.1\times10^{6}\text{N/m}^{2}=12.1\text{MPa}$$

由计算可知，全梁最大拉应力为 21.7MPa，发生在 D 截面的下边缘各点处；最大压应力为 38.6MPa，发生在 B 截面的下边缘各点处。

最大拉应力截面（D 截面）上的正应力分布如图 5－7（d）所示。

5.3 梁横截面上的切应力

研究梁横截面上的切应力，则需对横力弯曲的梁进行分析。在对称弯曲情况下，由于梁的切应力与截面形状有关，故需分别研究。请读者定性分析其原因。

5.3.1 矩形截面梁

在轴向拉压、扭转和纯弯曲问题中，求横截面上的应力时，都是首先由平面假设，得到应变的变化规律，再结合物理关系得到应力的分布规律，最后利用静力学关系得到应力公式。但是分析梁在横力弯曲下的切应力时，无法用简单的几何关系确定与切应力对应的切应变的变化规律。

因为根据切应力互等定理，对于狭长矩形截面梁，横截面两侧边上的切应力必平行于侧边，而在对称弯曲情况下，对称轴 y 处的切应力必沿 y 方向，且狭长矩形截面上切应力沿截面宽度变化不可能大。为了简化分析，对于矩形截面梁的切应力，可首先作出以下两个假设：

（1）**横截面上各点处的切应力平行于侧边。**

（2）**切应力沿横截面宽度方向均匀分布。**图 5－8 画出了横截面上切应力沿宽度方向均匀分布的情况。

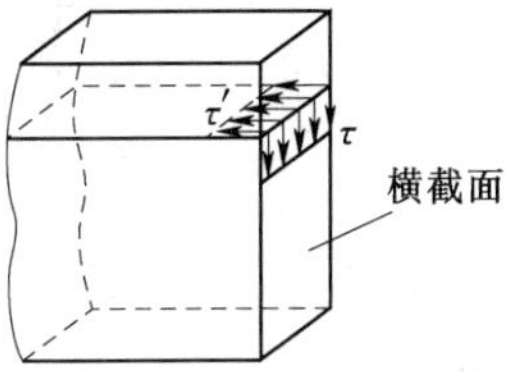

图 5－8　矩形截面梁横截面上的切应力

宽高比越小的横截面，上述两个假设越接近实际情况。根据上述假设所得到的解与弹性理论的解相比较，对狭长矩形截面梁，上述假设完全可用，对一般高度大于宽度的矩形截面梁，在工程计算中也是适用的。

上述假设给出了切应力沿截面宽度的变化规律及切应力的方向，下面可直接根据静力平衡条件导出切应力沿横截面高度方向的变化规律以及各点处切应力的大小。由切应力互等定理可知，如果横截面上某一高度处有竖向的切应力，则在同一高度处，梁的平行于中性层的纵截面上靠近横截面处必有与之大小相等的切应力 τ'，如图 5－8 所示。如果知道了 τ'的大小，就可知道 τ 的大小。

在如图 5－9（a）所示的梁上，假想沿 $m-m$ 和 $n-n$ 取出长为 $\mathrm{d}x$ 的一微段梁，并设

$m-m$ 截面上的剪力为 F_S，弯矩为 M，$n-n$ 截面上的剪力为 F_S，弯矩为 $M+dM$，如图 5-9（b）所示。为了求出距中性轴 z 为 y 处纵截面上的切应力 τ'，假想沿纵截面再将微段梁截开，取 $abmncedf$ 这一部分进行分析，如图 5-9（c）、（d）所示。由于 $amdc$ 和 $bnfe$ 两截面上高度相同的点处的正应力不同，故该两截面上由法向微内力合成的内力 F_{N1} 和 F_{N2} 不相等，且 $F_{N2}>F_{N1}$。由该部分平衡知 $abec$ 截面上必存在切应力 τ'，设其合力为 dF，指向左方。由平衡方程得到

$$F_{N2}-F_{N1}=dF \tag{a}$$

F_{N1} 是 $amdc$ 面上法向微内力 σdA 的合力，现设距中性轴 z 为 y' 处的法向微内力为 $\sigma' dA$，则

$$F_{N1}=\int_{A^*}\sigma' dA=\int_{A^*}\frac{M}{I_z}y' dA=\frac{M}{I_z}\int_{A^*}y' dA$$

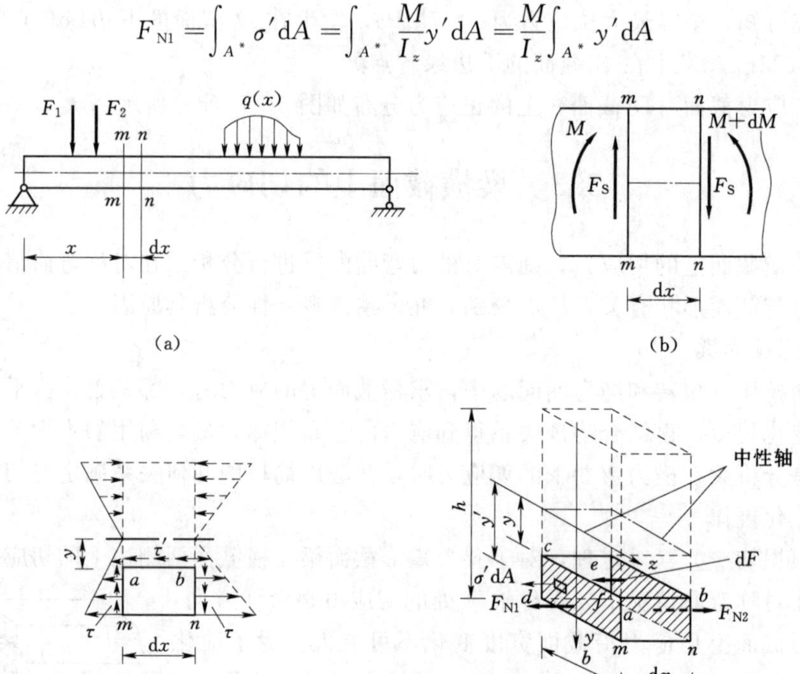

图 5-9　横力弯曲微段梁受力分析

式中：A^* 为 $amdc$ 的面积；积分 $\int_{A^*}y' dA$ 为该面积对中性轴 z 的面积矩，用 S_z^* 表示。

因此，上式可写为

$$F_{N1}=\frac{M}{I_z}S_z^* \tag{b}$$

同理可得

$$F_{N2}=\frac{M+dM}{I_z}S_z^* \tag{c}$$

在面积 $abec$ 上，因 dx 为微量，可认为沿 dx 方向各点处 τ' 相等。又根据假设（2），沿横截面宽度方向各点处 τ' 也相等。因此该截面上 τ' 均匀分布，故

$$dF=\tau' b dx \tag{d}$$

将式（b）、式（c）、式（d）代入式（a），得到

$$\tau' = \frac{\mathrm{d}M}{\mathrm{d}x}\frac{S_z^*}{I_z b}$$

引用微分关系式$\frac{\mathrm{d}M}{\mathrm{d}x}=F_S$和切应力互等定理$\tau=\tau'$，最后得到

$$\tau = \frac{F_S S_z^*}{I_z b} \tag{5-8}$$

式中：F_S为横截面上的剪力；I_z为整个横截面对中性轴的惯性矩；b为横截面的宽度；S_z^*为横截面上距中性轴为y的横线任意一侧部分的面积［图5-9（d）中阴影面积为下侧部分面积］对中性轴的面积矩。

式（5-8）即为计算矩形截面梁横截面上各点处切应力的公式。同一横截面上的F_S、I_z和b均为常量，由此可见，横截面上的切应力与S_z^*成正比，而S_z^*是y的函数，由此可确定切应力沿横截面高度的分布规律。

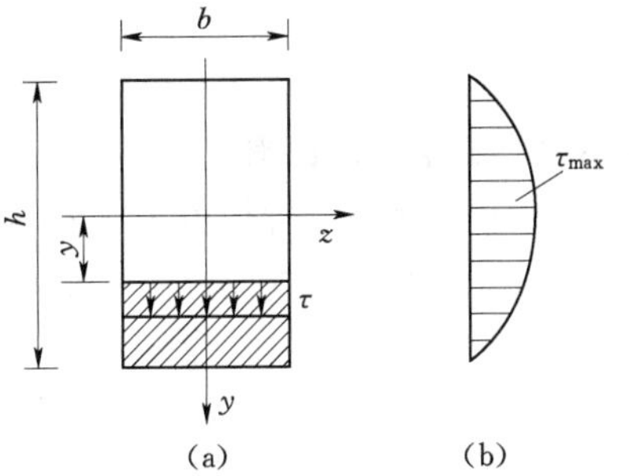

图5-10 矩形截面梁横截面切应力分布

如图5-10（a）所示矩形截面，距离中性轴为y的横线下侧阴影部分对中性轴z的面积矩为（也可根据横线上侧部分的面积计算，所得结果相同）

$$S_z^* = b\left(\frac{h}{2}-y\right)\frac{1}{2}\left(\frac{h}{2}+y\right)=\frac{b}{2}\left(\frac{h^2}{4}-y^2\right)$$

故由式（5-8），得到距中性轴z为y的各点处的切应力为

$$\tau = \frac{6F_S}{bh^3}\left(\frac{h^2}{4}-y^2\right)$$

上式表明，矩形截面梁的横截面上，切应力沿横截面高度按二次抛物线规律变化［图5-10（b）］。

当$y=\pm\frac{h}{2}$时，$\tau=0$

当$y=0$时，$\tau=\tau_{\max}=\frac{3}{2}\frac{F_S}{bh}=\frac{3}{2}\frac{F_S}{A}$ （5-9）

式中：$A=bh$，为矩形截面的面积。

式（5-9）表明，矩形截面中性轴上各点处的切应力最大，其值等于横截面上平均切应力的1.5倍。

关于梁横截面上切应力的正负号规定，与横截面上剪力的正负号规定是一致的，且这一正负号规定对材料力学其他部分中的切应力，如扭转杆件的切应力等，也同样适用。

在5.2节中曾指出，当梁的横截面上有剪力存在时，平面假设已不再成立，现简要加以分析。图5-11（a）所示一悬臂梁在自由端受集中荷载作用。如不考虑剪力的影响，梁弯曲后，任一横截面$m-m$将转过一角度，但仍为平面。实际上，梁内各点存在切应力，相应地要产生切应变γ。由切应力分布规律可知，在梁的上、下边缘，因$\tau=0$，故$\gamma=0$；在中性轴上的切应力最大，故γ也最大。因此，截面$m—m$将变成$m'—m'$，即横截面不再是平面而要发生翘曲，如图5-11（b）所示。如各截面剪力相同，则各截面的

翘曲程度相同，因而纵向线的线应变不会受到影响（固定端附近除外）。因此，由纯弯曲得到的正应力公式仍可应用。但当梁上受有分布荷载时，由于各截面剪力不同，各截面翘曲程度不同，这时纵向线的线应变要受到影响，严格说来，正应力公式已不再适用。但对跨高比大于5的梁，这种影响很小，可忽略不计。

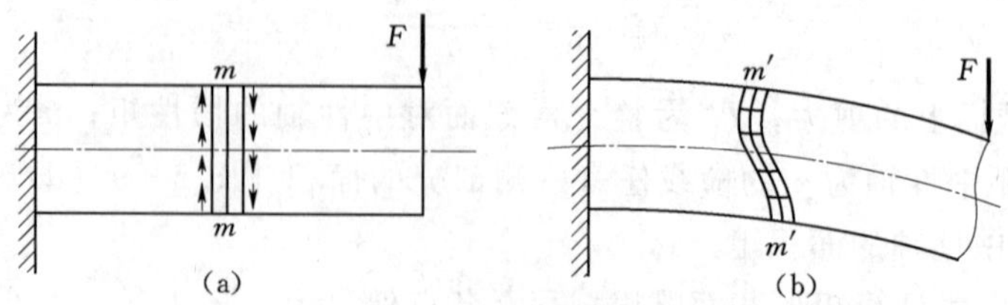

图5-11 横截面翘曲

5.3.2 工字形截面梁

工字形截面可看作由3块矩形组成，如图5-12（a）所示。上、下两块称为**翼缘**，中间一块称为**腹板**。现研究工字形截面梁横截面上的切应力。

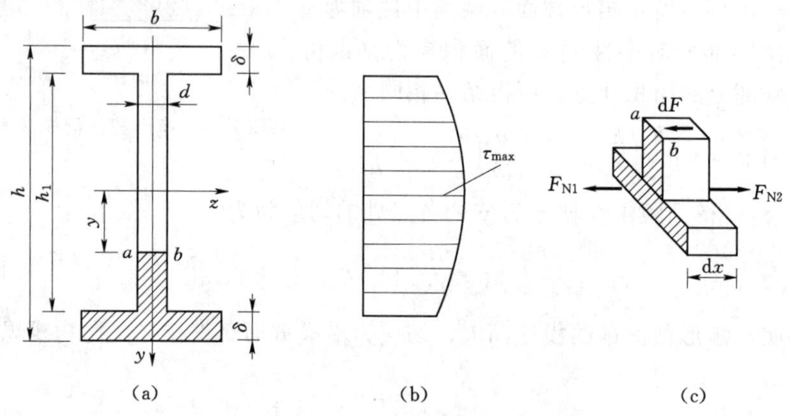

图5-12 工字形截面梁横截面上的切应力

1. 腹板

腹板是一狭长矩形，用与上节相同的分析方法，可导出切应力公式为

$$\tau=\frac{F_S S_z^*}{I_z d} \tag{5-10}$$

式中：d 为腹板宽度；I_z 为整个工字形截面对中性轴 z 的惯性矩；S_z^* 为横截面上距中性轴为 y 的横线任意一侧部分的面积［如图5-12（a）、（c）中阴影面积］对中性轴 z 的面积矩。

计算 S_z^* 时，可将阴影面积分为翼缘和腹板两部分，分别计算 S_z^* 后相加。将求得的 S_z^* 代入式（5-10），得到

$$\tau=\frac{F_S}{2I_z d}\left[b\left(\frac{h^2}{4}-\frac{h_1^2}{4}\right)+d\left(\frac{h_1^2}{4}-y^2\right)\right]$$

由此可见，切应力沿腹板高度按二次抛物线规律变化，如图5-12（b）所示。最大切应力发生在中性轴上各点处。但在腹板顶部和底部，即与翼缘交界各点处，切应力并不为零。

对于工字形型钢，计算最大切应力时，可将截面看成如图 5-12 (a) 所示的三个矩形组成的形状，此时 S_z^* 为中性轴任一侧的半个截面面积对中性轴的面积矩，即最大面积矩 $S_{z\max}^*$。

2. 翼缘

根据计算，腹板上切应力所组成的剪力占横截面上总剪力的 95%左右，通常近似地认为腹板上的剪力 $F'_S \approx F_S$。因而翼缘上的竖向切应力很小，可不必计算。实际上，由于翼缘宽度很大，对矩形截面梁的切应力所作的两个假设在此不适用，所以也不能用式 (5-8) 计算翼缘上的竖向切应力。

但是，在翼缘上存在着水平切应力 τ_1，现分析如下。

取长为 dx 的一段工字形截面梁，如图 5-13 (a) 所示。假设左边截面上有正的剪力 F_S 和正的弯矩 M，右边截面上有正的剪力 F_S 和正的弯矩 $M+dM$。在翼缘上，可认为水平切应力 τ_1 平行于水平边界并沿翼缘厚度均匀分布。为了证明水平切应力 τ_1 的存在并导出 τ_1 的计算公式，假想在下翼缘上截出一段 A，如图 5-13 (b) 所示。图中 u 为从翼缘端部量起的距离。该段的左面和右面，分别有法向内力 F'_{N1} 及 F'_{N2}，且 $F'_{N2} > F'_{N1}$。由平衡条件可知，在截开的截面上（后面），必定存在着切应力 τ'_1，其合力为 dF，并且指向左方。由切应力互等定理可知，该段的翼缘左面截面上有指向后方的水平切应力 τ_1 存在。由该段平衡方程得到

$$F'_{N2} - F'_{N1} = dF$$

其中

$$F'_{N1} = \int_A \sigma' dA^* = \frac{M}{I_z}\int_{A^*} y' dA^* = \frac{M}{I_z} S_z^*$$

$$F'_{N2} = \int_A \sigma'' dA^* = \frac{M+dM}{I_z}\int_{A^*} y' dA^* = \frac{M+dM}{I_z} S_z^*$$

$$dF = \tau'_1 \delta dx$$

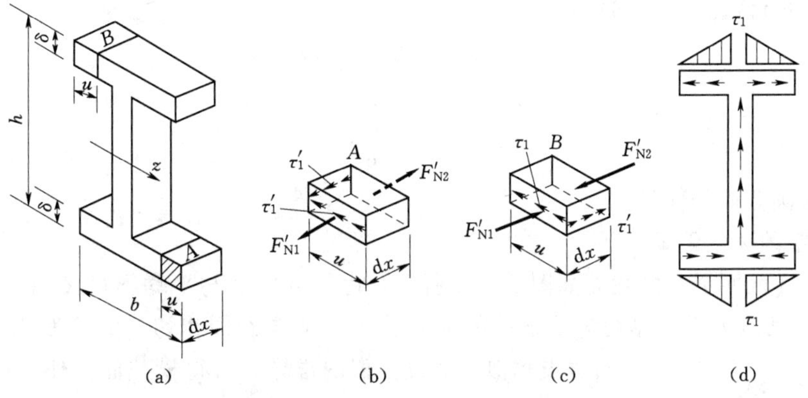

图 5-13　工字形截面梁横截面切应力分布

因为 $\tau'_1 = \tau_1$，故由此得到翼缘截面上水平切应力的计算公式

$$\tau_1 = \frac{F_S S_z^*}{I_z \delta} \tag{5-11}$$

这一公式和式 (5-8) 的形式相同，但该式中的 S_z^* 为 A 段翼缘面积［图 5-13 (a) 中阴影部分］对中性轴 z 轴的面积矩，即

$$S_z^* = \delta u \times \frac{1}{2}(h-\delta)$$

将 S_z^* 代入式（5-11）后可看出，水平切应力 τ_1 与 u 成线性关系。

用同样的方法可对上翼缘的 B 段进行分析［见图 5-13（c）］。分析表明，该段翼缘左面上的水平切应力 τ_1 指向后方，其大小仍按式（5-11）计算。

对翼缘的其他部分，可用同样方法分析。

整个工字形截面上的切应力形成所谓**“切应力流”**，如图 5-13（d）所示。图中同时画出翼缘上水平切应力 τ_1 大小的分布情况。

对工字形截面梁横截面上的切应力所作的分析和计算，同样适用于T形、槽形和箱形等截面梁。

5.3.3 圆形截面梁

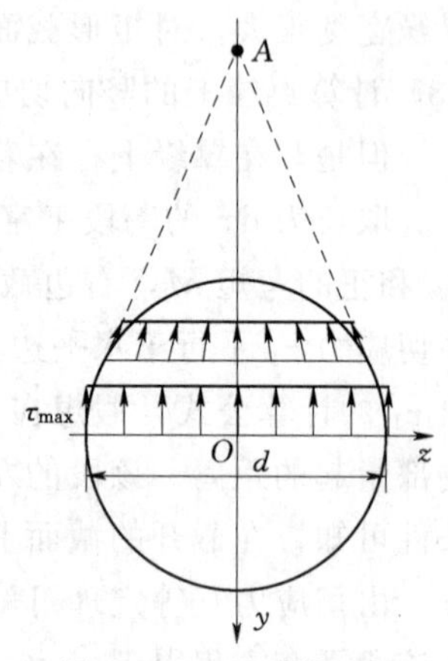

图 5-14 圆形截面梁横截面切应力分布

对于圆形截面梁，由切应力互等定理可知，横截面周边上各点处的切应力方向必与周边相切。而在对称轴 y 上，由于剪力、截面形状和材料物理性质均对称于 y 轴，因此切应力必沿 y 方向。因此，当剪力 F_S 与对称轴 y 重合时，任一弦线两端点处的切应力延长线和该弦线中点处的切应力相交于 y 轴上一点 A，由此可假设弦线上各点处的切应力延长线均汇交于 A 点，并且弦线上各点处切应力沿 y 方向的分量相等，如图 5-14 所示。这样，就可用矩形截面梁的切应力公式（5-8）计算各点处切应力沿 y 方向的分量，然后按所在点处切应力方向与 y 轴间的夹角，计算该点的切应力。圆截面的最大切应力仍产生在中性轴上各点处，方向与 y 轴平行，显然中性轴上各点处切应力相等。将半个圆截面面积对中性轴的面积矩代入式（5-8）后得到

$$\tau_{max} = \frac{F_S S_{z\max}^*}{I_z d} = \frac{F_S \dfrac{\pi d^2}{8}\dfrac{2d}{3\pi}}{\dfrac{\pi d^4}{64} d} = \frac{4}{3}\frac{F_S}{A} \tag{5-12}$$

式中：A 为圆截面的面积。

5.3.4 薄壁圆环截面梁

薄壁圆环截面梁的横截面如图 5-15 所示，由于壁厚 δ 与平均半径 R_0 相比很小，故可假设：① 切应力沿壁厚均匀分布；② 切应力的方向与圆周相切。由于假设①与矩形截面假设相似，通过类似的推导，可得横截面上任一点处的切应力公式与式（5-8）形式相同。当剪力 F_S 与对称轴 y 重合时，最大切应力 τ_{max} 仍发生在中性轴上各点处，方向与 y 轴平行。将半个圆环面积对中性轴的面积矩代入式（5-8），并注意应将该式中的 b 变为 2δ，得到

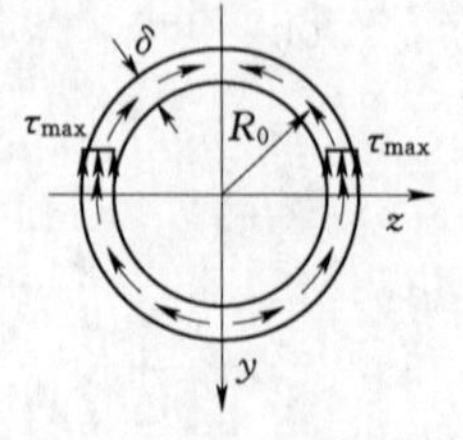

图 5-15 薄壁圆环截面梁横截面切应力分布

$$\tau_{max} = \frac{F_S S_{z\max}^*}{I_z \times 2\delta} = \frac{F_S \times 2R_0^2\delta}{\pi R_0^3\delta \times 2\delta} = \frac{F_S}{\pi R_0 \delta} = 2\frac{F_S}{A} \tag{5-13}$$

式中：A 为圆环面积。

最后，讨论计算等直梁横截面上最大切应力的一般公式。对于等直梁，其最大切应力 τ_{max} 发生在最大剪力 F_{Smax} 所在的横截面上，而且一般地说是位于该截面的中性轴上。因此，全梁最大切应力 τ_{max} 可统一表达为

$$\tau_{max}=\frac{F_{Smax}S_{z\ max}^{*}}{I_z b}$$

式中：F_{Smax} 为全梁的最大剪力；$S_{z\ max}^{*}$ 为横截面中性轴一侧的面积对中性轴的面积矩；I_z 为整个横截面对中性轴的惯性矩；b 为横截面在中性轴处的宽度。

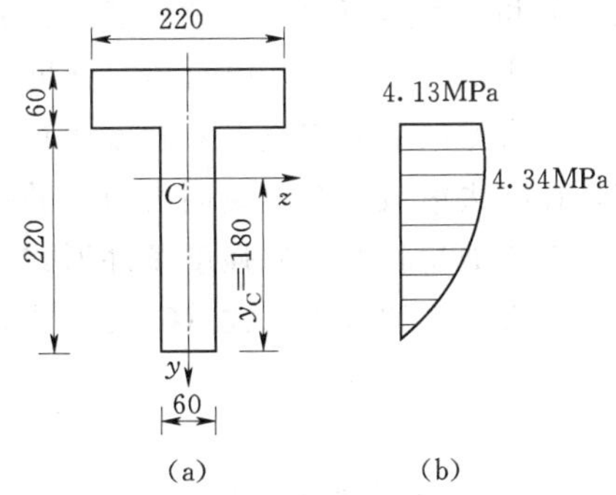

图 5-16 ［例 5-3］图
（尺寸单位：mm）

【例 5-3】 图 5-16（a）为一 T 形截面梁的横截面，已知 $I_z=186.6\times10^{-6}\text{m}^4$。如截面上的剪力 $F_S=50\text{kN}$，与 y 轴重合，试画出腹板上的切应力分布图，并求腹板上的最大切应力。

解 T 形截面腹板上的切应力方向与剪力 F_S 的方向相同，其大小沿腹板高度按二次抛物线规律变化。腹板截面下边缘各点处 $\tau=0$；中性轴 z 上各点处的切应力最大，可由式（5-10）求得

$$\begin{aligned}\tau=\tau_{max}&=\frac{F_S S_{zmax}^{*}}{I_z d}\\&=\frac{50\times10^3\text{N}\times180\times60\times90\times10^{-9}\text{m}^3}{186.6\times10^{-6}\text{m}^4\times60\times10^{-3}\text{m}}\\&=4.34\times10^6\text{N/m}^2=4.34\text{MPa}\end{aligned}$$

腹板与翼缘交界处各点的切应力仍由式（5-10）求得

$$\tau=\frac{50\times10^3\text{N}\times220\times60\times70\times10^{-9}\text{m}^3}{186.6\times10^{-6}\text{m}^4\times60\times10^{-3}\text{m}}=4.13\times10^6\text{N/m}^2=4.13\text{MPa}$$

腹板上的切应力分布如图 5-16（b）所示。

5.4 梁的强度计算和合理设计

5.4.1 梁的强度计算

一般来说，梁的横截面上同时存在弯矩和剪力两种内力，因此也同时有正应力和切应力。对等直梁，最大弯矩截面是危险截面，其顶、底处各点为正应力危险点，由于该处的切应力等于零或与该点处的正应力相比很小，而且，纵截面上由横向力引起的挤压应力可略去不计。因此，可将横截面上最大正应力所在各点看作单向受力情况，于是可按照轴向拉压下强度条件的形式，建立梁的正应力强度条件。

最大工作正应力由式（5-7）计算，因此，等直梁的正应力强度条件为

$$\sigma_{max}=\frac{M_{max}}{W_z}\leqslant[\sigma] \tag{5-14}$$

式中：M_{max} 为梁的最大弯矩；［σ］是弯曲容许正应力，作为近似处理，可取材料在轴向

拉伸时的容许正应力作为弯曲容许正应力，但实际上，由于弯曲和轴向拉压时杆横截面上正应力分布规律不同，材料在弯曲时的强度略高于轴向拉伸时的强度，所以有些手册上所规定的弯曲容许正应力略高于轴向拉伸时的容许正应力。

必须指出，若材料的容许拉应力等于容许压应力，而中性轴又是截面的对称轴，这时只需对绝对值最大的正应力作强度计算；对于用铸铁等脆性材料制成的梁，由于材料的容许拉应力和容许压应力不相等，而中性轴往往也不是截面的对称轴，因此，需分别对最大拉应力和最大压应力（注意两者通常并不发生在同一横截面上）作强度计算。

利用式（5-14），可对梁作强度计算：校核强度、设计截面或求容许荷载。

等直梁的最大切应力一般发生在最大剪力截面中性轴各点处，这些点处的正应力等于零，在略去纵截面上由横向力引起的挤压应力后，最大切应力所在点处于纯剪切状态，于是可按纯剪切状态下的强度条件形式，建立梁的切应力强度条件。

最大工作切应力由式（5-8）计算，因此，等直梁的切应力强度条件为

$$\tau_{max}=\frac{F_{Smax}S_{zmax}^{*}}{I_z b}\leqslant[\tau] \tag{5-15}$$

式中：F_{Smax} 为梁的最大剪力；S_{zmax}^{*} 为截面中性轴一侧面积对中性轴的面积矩；$[\tau]$ 为材料在横力弯曲时的容许切应力，其值在有关设计规范中有具体规定。

一般说来，在梁的设计中，正应力强度计算起控制作用，不必校核切应力强度。但在下列情况下，需要校核切应力强度：①梁的最大弯矩较小而最大剪力较大时，例如集中荷载作用在靠近支座处的情况；②焊接或铆接的组合截面（如工字形）钢梁，当腹板的厚度与梁高之比小于工字形等型钢截面的相应比值时；③木梁，由于木材顺纹方向抗剪强度较低，故需校核其顺纹方向的切应力强度。

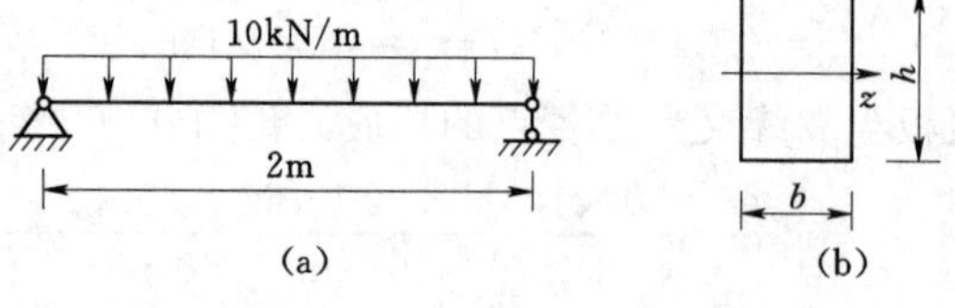

图 5-17　［例 5-4］图

【例 5-4】 图 5-17 所示一简支木梁及其所受荷载。设材料的容许正应力 $[\sigma_t]=[\sigma_c]=10\text{MPa}$，容许切应力 $[\tau]=2\text{MPa}$，梁的截面为矩形，宽度 $b=80\text{mm}$，求所需的截面高度。

解　先由正应力强度条件确定截面高度，再校核切应力强度。

(1) 正应力强度计算。该梁的最大弯矩为

$$M_{max}=\frac{1}{8}ql^2=\frac{1}{8}\times 10\text{kN/m}\times 2^2\text{m}^2=5\text{kN}\cdot\text{m}$$

由式（5-14），得

$$W_z\geqslant\frac{M_{max}}{[\sigma]}=\frac{5\times 10^3\text{N}\cdot\text{m}}{10\times 10^6\text{Pa}}=5\times 10^{-4}\text{m}^3$$

对于矩形截面

$$W_z=\frac{1}{6}bh^2=\frac{1}{6}(0.08\text{m})h^2$$

由此得到

$$h\geqslant\sqrt{\frac{6\times 5\times 10^{-4}\text{m}^3}{0.08\text{m}}}=0.194\text{m}=194\text{mm}$$

可取 $h=200\text{mm}$。

（2）切应力强度校核。该梁的最大剪力为

$$F_{S\max}=\frac{1}{2}ql=\frac{1}{2}\times 10\text{kN/m}\times 2\text{m}=10\text{kN}$$

由矩形截面梁的最大切应力公式（5－9），得

$$\tau_{\max}=\frac{3}{2}\frac{F_{S\max}}{bh}=\frac{3}{2}\times\frac{10\times 10^3\text{N}}{0.08\text{m}\times 0.2}=0.94\times 10^6\text{N/m}^2=0.94\text{MPa}<[\tau]$$

可见由正应力强度条件所确定的截面尺寸能满足切应力强度要求。

【例5－5】 图5－18（a）所示一外伸梁及其所受荷载。截面形状如图5－18（c）所示。若材料为铸铁，容许应力为 $[\sigma_t]=35\text{MPa}$、$[\sigma_c]=150\text{MPa}$，试求 F 的容许值。

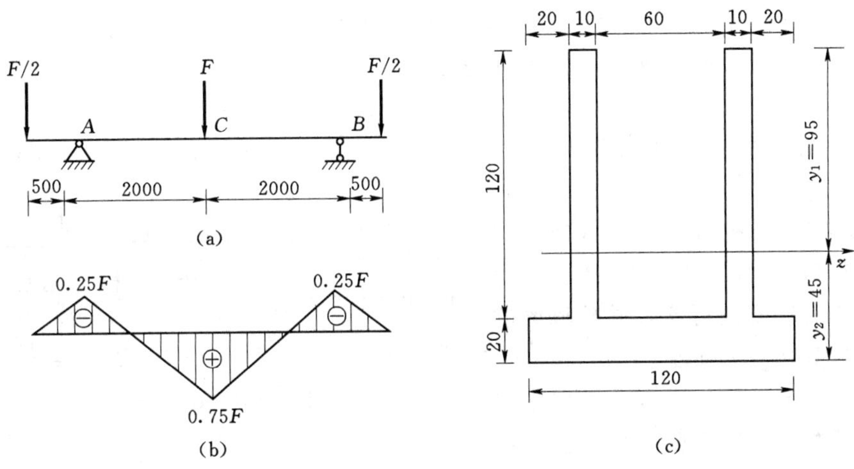

图5－18　［例5－5］图（尺寸单位：mm）

解　（1）确定截面的形心位置和惯性矩。由附录A中的式（A－5）求得截面的形心位置后，即可定出中性轴 z，如图5－18（c）所示。

利用平行移轴公式（A－10），求得惯性矩为

$$\begin{aligned}I_z&=\left[\frac{1}{12}\times 120\text{mm}\times(20\text{mm})^3+20\text{mm}\times 120\text{mm}\times(35\text{mm})^2\right]\\&\quad+2\times\left[\frac{1}{12}\times 10\text{mm}\times(120\text{mm})^3+10\text{mm}\times 120\text{mm}\times(35\text{mm})^2\right]\\&=884\times 10^4\text{mm}^4\end{aligned}$$

（2）判断危险截面和危险点。因中性轴不是截面的对称轴，最大正负弯矩都是可能的危险截面，由弯矩图［图5－18（b）］可见，A、B 截面的弯矩相等，为最大负弯矩截面，C 截面为最大正弯矩截面，即 A、B 和 C 三个截面都可能是危险截面，需分别计算，以求得 F 的容许值。

（3）求 F 的容许值。C 截面的下边缘各点处产生最大拉应力，上边缘各点处产生最大压应力。

由
$$\sigma_{t\max}=\frac{M_C y_2}{I_z}=\frac{0.75F\times 45\times 10^{-3}\text{m}}{884\times 10^4\times 10^{-12}\text{m}^4}\leqslant 35\times 10^6\text{Pa}$$

求得
$$[F]\leqslant 9.17\text{kN}$$

由
$$\sigma_{\text{cmax}}=\frac{M_C y_1}{I_z}=\frac{0.75F\times 95\times 10^{-3}\text{m}}{884\times 10^4\times 10^{-12}\text{m}^4}\leqslant 150\times 10^6\text{Pa}$$

求得
$$[F]\leqslant 18.61\text{kN}$$

A、B 截面的上边缘各点处产生最大拉应力，下边缘各点处产生最大压应力。

由
$$\sigma_{\text{tmax}}=\frac{M_B y_1}{I_z}=\frac{0.25F\times 95\times 10^{-3}\text{m}}{884\times 10^4\times 10^{-12}\text{m}^4}\leqslant 35\times 10^6\text{Pa}$$

求得
$$[F]\leqslant 13.03\text{kN}$$

由
$$\sigma_{\text{cmax}}=\frac{M_B y_2}{I_z}=\frac{0.25F\times 45\times 10^{-3}\text{m}}{884\times 10^4\times 10^{-12}\text{m}^4}\leqslant 150\times 10^6\text{Pa}$$

求得
$$[F]\leqslant 117.87\text{kN}$$

比较所得结果，该梁所受 F 的容许值为
$$[F]=9.17\text{kN}$$

【例 5-6】 图 5-19 所示矩形截面悬臂梁，由 3 块木板胶合而成，梁上受均布荷载 $q=3\text{kN/m}$ 作用。设木板的容许正应力 $[\sigma]=10\text{MPa}$，容许切应力 $[\tau]=1\text{MPa}$；胶层的容许切应力 $[\tau]_{胶}=0.4\text{MPa}$。试校核胶层是否有脱开的可能，并校核梁的正应力强度和切应力强度。

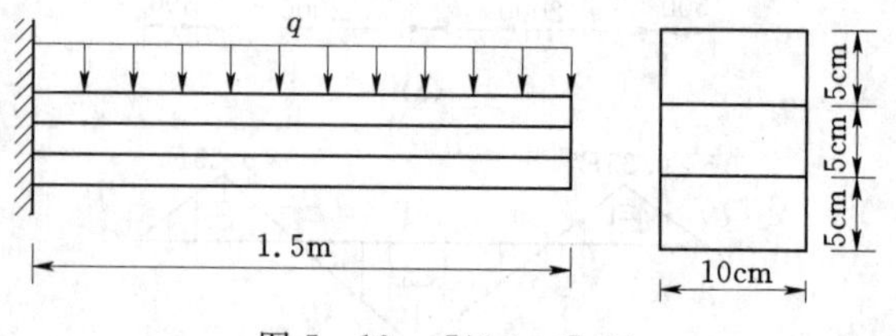

图 5-19　[例 5-6] 图

解　(1) 校核胶层强度。胶层中存在水平切应力，它等于同一层处横截面上的切应力。因此，需要计算横截面上胶层处的切应力。因胶合面对称于梁截面的中性轴，故只需校核任一胶层的强度。固定端截面的剪力最大，其值为
$$F_{\text{Smax}}=1.5q=1.5\text{m}\times 3\text{kN/m}=4.5\text{kN}$$

由式 (5-8)，该截面上胶层处的切应力为
$$\tau=\frac{F_{\text{Smax}}S_z^*}{I_z b}=\frac{4.5\times 10^3\text{N}\times(0.1\text{m}\times 0.05\text{m}\times 0.05\text{m})}{\frac{1}{12}\times 0.1\text{m}\times(0.15\text{m})^3\times 0.1\text{m}}=0.4\times 10^6\text{N/m}^2=0.4\text{MPa}$$

它等于该处胶层中的水平切应力。这一数值等于胶层的容许切应力。故胶层不会脱开。

(2) 校核梁的正应力强度。梁的最大弯矩发生在固定端截面，其值为
$$M_{\max}=\frac{1}{2}ql^2=\frac{1}{2}\times 3\text{kN/m}\times 1.5^2\text{m}^2=3.38\text{kN}\cdot\text{m}$$

由式 (5-4)，梁的最大正应力为
$$\sigma_{\max}=\frac{M_{\max}}{W_z}=\frac{3.38\times 10^3\text{N}\cdot\text{m}}{\frac{1}{6}\times 0.1\text{m}\times 0.15^2\text{m}^2}=9.01\times 10^6\text{N/m}^2=9.01\text{MPa}<[\sigma]$$

可见满足梁的正应力强度要求。

(3) 校核梁的切应力强度。梁的最大切应力发生在固定端截面中性轴上各点处，其值为

$$\tau_{max}=\frac{3}{2}\frac{F_{Smax}}{bh}=\frac{3\times4.5\times10^3\text{N}}{2\times0.1\text{m}\times0.15\text{m}}=0.45\times10^6\text{N/m}^2=0.45\text{MPa}<[\tau]$$

可见满足梁的切应力强度要求。

5.4.2　梁的合理设计

杆件的强度计算，除了必须满足强度要求外，还应考虑如何充分利用材料，使设计更为合理。即在一定的外力作用下，怎样能使杆件的用料最少（几何尺寸最小），或者说，在一定的用料情况下，如何提高杆件的承载能力。

对于梁，可以采用多种措施提高其承载能力，使设计更为合理。现介绍一些从强度方面考虑的主要措施。

1. 选择合理的截面形式

由式（5－14），得

$$M_{max}\leqslant W[\sigma]$$

可见梁所能承受的最大弯矩与弯曲截面系数成正比。所以在截面面积相同的情况下，W 越大的截面形式越是合理。例如矩形截面，$W=\frac{1}{6}bh^2$，在面积相同的条件下，增加高度可以增加 W 的数值。但梁的高宽比也不能太大，否则梁受力后会发生侧向失稳。

对各种不同形状的截面，可用 W/A 的值来比较它们的合理性。现比较圆形、矩形和工字形 3 种截面。为了便于比较，设 3 种截面的高度均为 h。对圆形截面，$\frac{W}{A}=\frac{\pi d^3}{32}/\frac{\pi d^2}{4}=0.125h$；对矩形截面，$\frac{W}{A}=\frac{1}{6}bh^2/bh=0.167h$；对工字形截面，$\frac{W}{A}=(0.27\sim0.34)h$。由此可见，矩形截面比圆形截面合理，工字形截面比矩形截面合理。

从梁的横截面上正应力沿梁高的分布看，离中性轴越远的点处，正应力越大，在中性轴附近的点处，正应力很小。所以为了充分利用材料，应尽可能将材料移置到离中性轴较远的地方。上述 3 种截面中，工字形截面最好，圆形截面最差，道理就在于此。

在选择截面形式时，还要考虑材料的性能。例如由塑性材料制成的梁，因拉伸和压缩的容许应力相同，宜采用中性轴为对称轴的截面。由脆性材料制成的梁，因容许拉应力远小于容许压应力，宜采用 T 形或 Π 形等中性轴为非对称轴的截面，并将翼缘部分置于受拉侧。对于用木材制成的梁，虽然材料的拉、压强度不等，但根据制造工艺的要求仍多采用矩形截面。总之，在选择梁合理的截面形式时，应综合考虑横截面上的应力分布情况、材料的力学性质、梁的使用条件以及制造工艺等。

2. 采用变截面梁

梁的截面尺寸一般是按最大弯矩设计并做成等截面。但是，等截面梁并不经济，因为在其他弯矩较小处，不需要这样大的截面。因此，为了节约材料和减轻重量，可采用变截面梁。

最合理的变截面梁是**等强度梁**（constant strength beam）。所谓等强度梁，就是每个截面上的最大正应力都达到材料容许应力的梁。例如对图 5－20（a）所示的简支梁，现

按等强度梁进行设计。设截面为矩形，并且高度 $h=$ 常数，求宽度 $b(x)$ 的变化规律。由正应力强度条件

$$\sigma_{\max}=\frac{M(x)}{W(x)}\leqslant[\sigma]$$

其中

$$M(x)=\frac{1}{2}Fx$$

$$W(x)=\frac{1}{6}b(x)h^2$$

得到

$$b(x)=\frac{3F}{[\sigma]h^2}x$$

即截面的宽度 $b(x)$ 与 x 成正比，如图 5-20（b）所示。此外，还应由切应力强度条件设计梁的最小宽度 $b_{\min}$。由切应力强度条件

$$\tau_{\max}=\frac{3}{2}\frac{F/2}{hb_{\min}}\leqslant[\tau]$$

图 5-20 等强度梁

得到

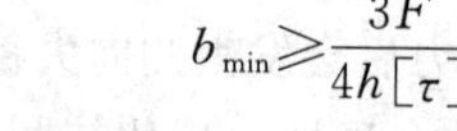

$$b_{\min}\geqslant\frac{3F}{4h[\tau]}$$

截面宽度的变化规律如图 5-20（c）所示。

若将图 5-20（c）所示的梁，在虚线处切开成若干狭条，再将它们叠合在一起，就成为叠板弹簧梁，如图 5-21 所示。这种叠板弹簧梁在工程上经常使用。例如在汽车底座下放置这种梁，可以减小汽车的振动。

如设图 5-20（a）中简支梁的宽度 $b=$ 常数，用同样的方法可以求得梁高 $h(x)$ 的表达式为

$$h(x)=\sqrt{\frac{3Fx}{b[\sigma]}}$$

而

$$h_{\min}=\frac{3F}{4b[\tau]}$$

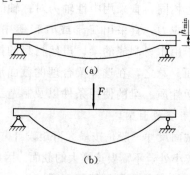

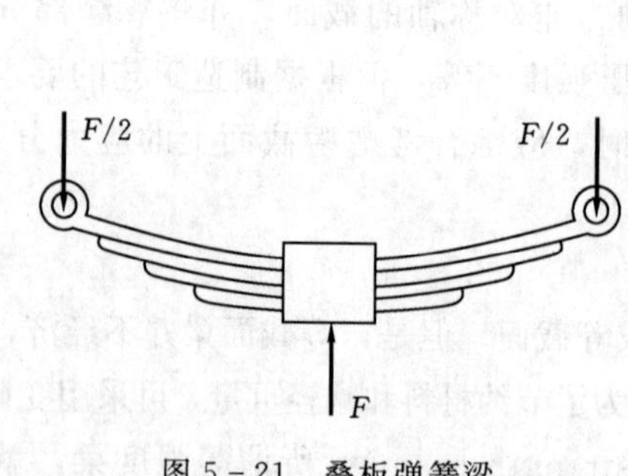

图 5-21 叠板弹簧梁

图 5-22 鱼腹梁

截面高度沿梁长变化的形状如图 5-22（a）所示。有些吊车梁采用图 5-22（b）所示的鱼腹梁，就是根据等强度梁的概念设计的。

但是，这种等宽度、变高度的等强度梁不便于施工，所以工程上多使用截面逐段变化的变截面梁，例如图 5-23（a）中的简支梁，主体为工字钢，在梁的中间部分，弯矩较大，可以在工字钢上加 1～2 块盖板，各段截面如图 5-23（b）所示。机器中的传动轴，往往采用图 5-24 的阶梯形圆轴。

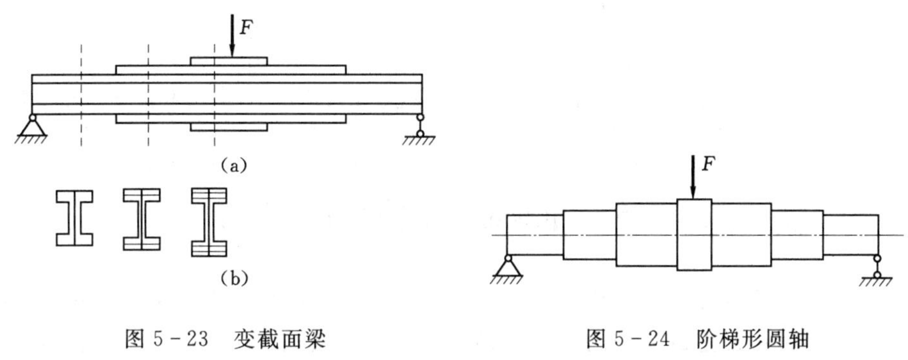

图 5-23 变截面梁

图 5-24 阶梯形圆轴

3. 改善梁的受力状况

图 5-25（a）所示的简支梁，受均布荷载作用时，各截面均产生正弯矩，最大弯矩为

$$M_{\max}=\frac{1}{8}ql^2$$

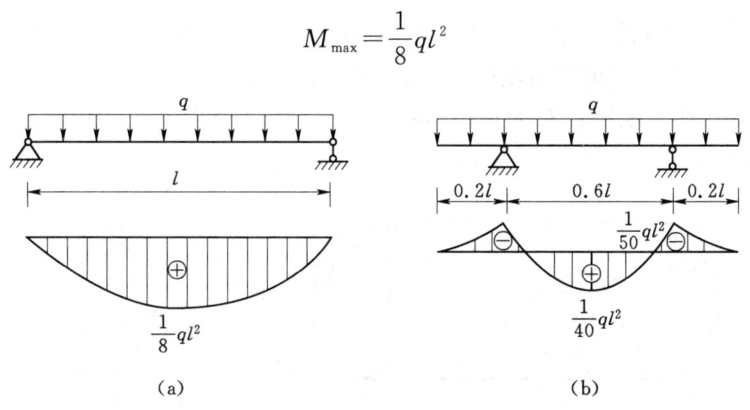

图 5-25 不同支座位置的简支梁

如将两端支座分别向内移动 0.2l，如图 5-25（b）所示，则最大弯矩为

$$M_{\max}=\frac{1}{40}ql^2$$

最大弯矩仅为原来的 1/5，故截面的尺寸可以减小很多。对于中性轴 z 为横截面对称轴的梁，最合理的情况是调整支座位置，使最大正弯矩和最大负弯矩的数值相等。

图 5-26（a）所示一简支梁 AB，在跨中受一集中荷载作用。若加一辅助梁 CD，如图 5-26（b）所示，则简支梁的最大弯矩可减小 1/2。

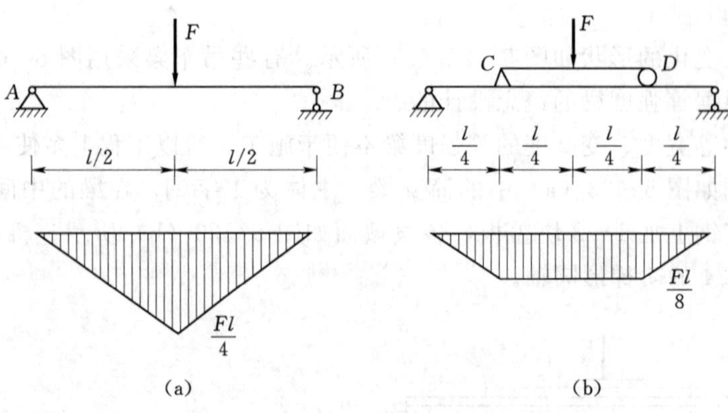

图 5-26　加辅梁的简支梁

*5.5　非对称弯曲梁的正应力

在 5.2 节中，已经导出了适用于梁有一个纵向对称面，且外力作用在该对称面内而发生对称弯曲时，横截面上的正应力公式，即式（5-2）或式（5-6）。若梁不具有纵向对称面，或虽有纵向对称面但外力不作用在该面内，即发生非对称弯曲时，横截面上的正应力不能按式（5-2）或式（5-6）计算，下面对非对称弯曲梁横截面上正应力公式进行推导。

先分析最简单的非对称纯弯曲情况。如图 5-27（a）所示一非对称截面等直梁段，设梁轴线为 x 轴，横截面内过形心的任意一对正交轴为 y 轴和 z 轴，y 轴和 z 轴并不一定是形心主惯性轴；并假定梁段两端的外力偶矩作用在 xy 平面内。从而，梁段任一横截面上只有弯矩 M_z。实验表明，对于非对称纯弯曲梁，5.2 节中的平面假设和纵向线段单向受力假设依然成立。

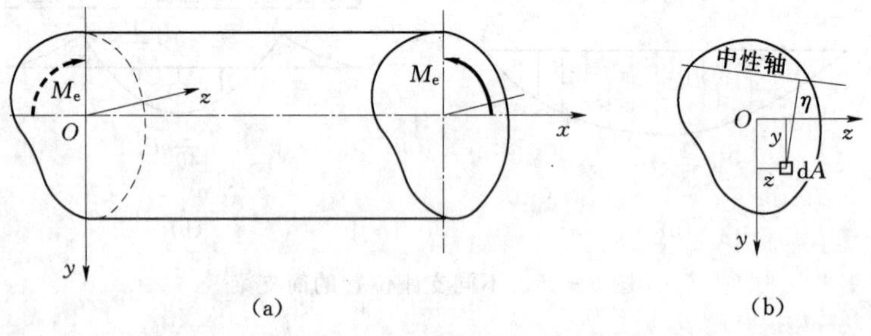

图 5-27　非对称实心纯弯曲梁

设横截面的中性轴如图 5-27（b）所示，但这时中性轴的具体位置尚未确定，仿照 5.2 节对对称纯弯曲梁横截面正应力的推导可得，在距中性轴为 η 的任一点处［图 5-27（b）］的应变

$$\varepsilon=\frac{\eta}{\rho} \tag{a}$$

式中：ρ 为变形后梁中性层的曲率半径。

式（a）即为变形几何关系。

若材料在线弹性范围内工作，则按胡克定律，横截面上任一点处的正应力为

$$\sigma=E\varepsilon=E\frac{\eta}{\rho} \tag{b}$$

式中：E 为材料的弹性模量。

式（b）即为物理关系。该式表明，横截面上任一点处的正应力与该点到中性轴的距离 η 成正比。

横截面上的法向微内力 $\sigma\mathrm{d}A$ 构成空间平行力系，只可能组成 3 个内力分量，由静力学关系，可得

$$\int_A \sigma\mathrm{d}A=F_{\mathrm{N}}=0 \tag{c}$$

$$\int_A z\sigma\mathrm{d}A=M_y=0 \tag{d}$$

$$\int_A y\sigma\mathrm{d}A=M_z \tag{e}$$

将式（b）代入式（c），得

$$F_N=\frac{E}{\rho}\int_A \eta\mathrm{d}A=0$$

显然式中$\frac{E}{\rho}$不可能为零，因而必定有

$$\int_A \eta\mathrm{d}A=0$$

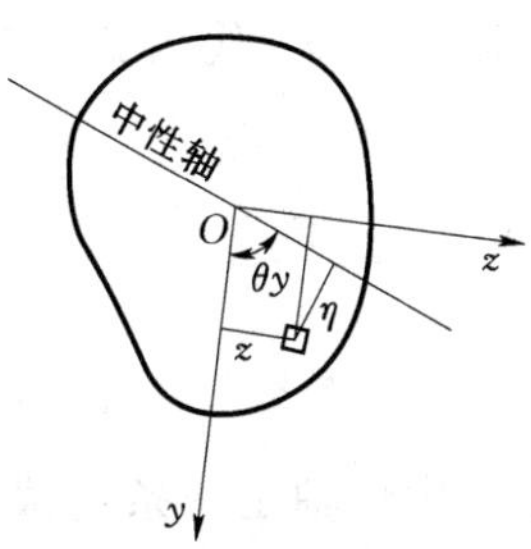

由于 η 是 $\mathrm{d}A$ 到中性轴的距离，故上式表示在非对称弯曲时，横截面对中性轴的面积矩等于零，因此，中性轴必定通过横截面的形心。

图 5-28 横截面中性轴位置

由于中性轴必定过截面形心，故图 5-27（b）应改画成图 5-28。设中性轴与 y 轴间的夹角为 θ，则由图可见

$$\eta=y\sin\theta-z\cos\theta$$

代入式（b），得

$$\sigma=\frac{E}{\rho}(y\sin\theta-z\cos\theta) \tag{f}$$

将式（f）代入式（d），得

$$\begin{aligned}M_y&=\frac{E}{\rho}\left(\sin\theta\int_A yz\mathrm{d}A-\cos\theta\int_A z^2\mathrm{d}A\right)\\&=\frac{E}{\rho}(I_{yz}\sin\theta-I_y\cos\theta)=0\end{aligned}$$

由此得

$$\tan\theta=\frac{I_y}{I_{yz}} \tag{g}$$

上已述及，中性轴过截面形心，式（g）又确定了中性轴与 y 轴的夹角 θ，所以中性轴的

位置就完全确定了。

再将式（f）代入式（e），得

$$M_z=\frac{E}{\rho}\left(\sin\theta\int_A y^2\,\mathrm{d}A-\cos\theta\int_A yz\,\mathrm{d}A\right)$$
$$=\frac{E}{\rho}(I_z\sin\theta-I_{yz}\cos\theta) \tag{h}$$

从式（f）和式（h）消去$\frac{E}{\rho}$，并利用式（g）的关系，最后可得

$$\sigma=\frac{M_z(I_y y-I_{yz}z)}{I_y I_z-I_{yz}^2} \tag{5-16}$$

这就是仅在 xy 平面内有外力偶矩作用情况下，非对称纯弯曲梁横截面上任一点处正应力的计算公式。

若仅在如图 5-27（a）所示梁段的 xz 平面内有外力偶矩作用，则用同样的方法可导出横截面上任一点处的正应力为

$$\sigma=\frac{M_y(I_z z-I_{yz}y)}{I_y I_z-I_{yz}^2} \tag{5-17}$$

在最一般情况下，若外力偶矩作用在包含梁轴线的任意纵向平面内，则显然可将其分解成作用在 xy 平面内和 xz 平面内的两个分量，因而，这时横截面上任一点处的正应力计算公式就是式（5-16）、式（5-17）两式的叠加，即

$$\sigma=\frac{M_z(I_y y-I_{yz}z)+M_y(I_z z-I_{yz}y)}{I_y I_z-I_{yz}^2} \tag{5-18}$$

式（5-18）也称为**广义弯曲正应力公式**。

按中性轴定义，若以 y_0、z_0 表示中性轴上任一点的坐标，以 y_0、z_0 代入式（5-18），得

$$\sigma=\frac{M_z(I_y y_0-I_{yz}z_0)+M_y(I_z z_0-I_{yz}y_0)}{I_y I_z-I_{yz}^2}=0$$

或写成

$$(M_z I_y-M_y I_{yz})y_0+(M_y I_z-M_z I_{yz})z_0=0 \tag{5-19}$$

这就是最一般情况下横截面上**中性轴的方程**。由式（5-19）可见，中性轴是一条过截面形心（坐标原点）的直线，中性轴与 y 轴的夹角 θ 可由式（5-19）得到，并规定 θ 以逆时针转向为正，反之为负。

$$\tan\theta=\frac{z_0}{y_0}=\frac{M_z I_y-M_y I_{yz}}{M_y I_z-M_z I_{yz}} \tag{5-20}$$

从而，中性轴的位置就完全确定了。中性轴位置确定后，横截面上的最大拉应力和最大压应力必将发生在距中性轴最远的点处，其值可由将这些点处的坐标值分别代入式（5-18）求得。

与对称弯曲相仿，上面由非对称纯弯曲导出的结果，也可推广应用于跨长与横截面高度之比较大的细长梁非对称横力弯曲情况。

如将对称弯曲看作是非对称弯曲的特例，则广义弯曲正应力公式（5-18）也可用于对称弯曲梁的正应力计算。在对称弯曲情况下，由于外力作用在纵向对称面内，所以只有 $M_z=M$，而 $M_y=0$，且 $I_{yz}=0$，将其代入式（5-18），得

$$\sigma=\frac{My}{I_z}$$

这就是对称弯曲梁横截面上的正应力公式。

对称弯曲当然是平面弯曲，这种梁在受力后，其挠曲线必定在外力作用平面内，即为纵向对称面内的一条平面曲线。

如果梁虽不具有纵向对称面，但外力作用平面位于或平行于梁的形心主惯性平面时，梁仍发生平面弯曲。分析如下。

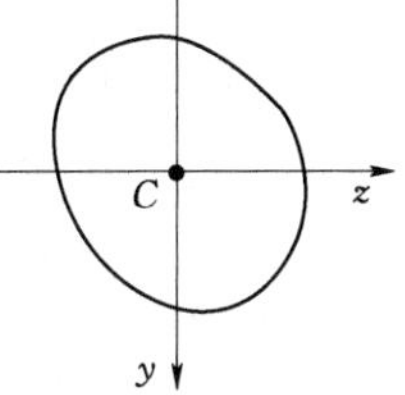

图 5-29 非对称截面

一非对称截面梁，横截面见图 5-29，主形心惯性轴为 y、z，当梁的外力作用在 y 面内或平行于 y 面的平面内时，横截面上只有弯矩 $M=M_z$，而 $M_y=0$，又由于 y、z 为主形心惯性轴，故 $I_{yz}=0$，将这些条件代入式（5-18），化简后得

$$\sigma=\frac{My}{I_z}$$

从而表明，在这种情况下，梁横截面上的正应力公式仍然与对称弯曲时相同。

再将这些条件代入式（5-20），得

$$\tan\theta=\infty, \text{即 } \theta=90°$$

可见，这时横截面上中性轴与 y 轴正交，就是 z 轴。而当中性轴垂直于外力作用面时，梁变形后的曲线必定是在 y 面内的平面曲线，即梁仍是平面弯曲。

【例 5-7】 简支梁受力如图 5-30（a）所示，已知 $F=5\text{kN}$，$l=4\text{m}$。梁截面为 Z 形，尺寸如图 5-30（b）所示，且知截面对图中坐标轴的惯形矩 $I_y=1.98\times10^{-6}\text{m}^4$，$I_z=10.97\times10^{-6}\text{m}^4$，惯性积 $I_{yz}=3.38\times10^{-6}\text{m}^4$。试求该梁的最大拉应力和最大压应力。

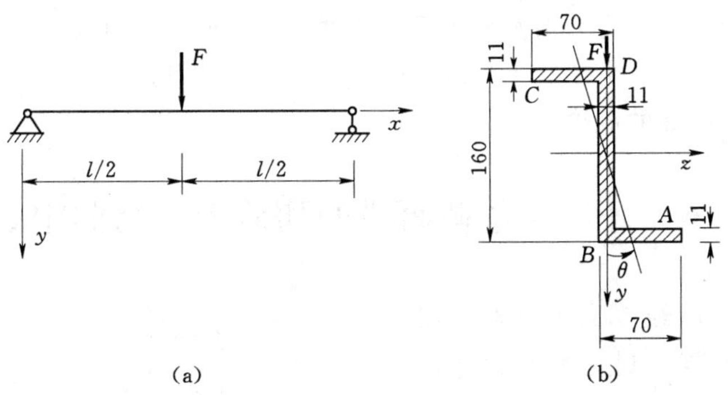

图 5-30 ［例 5-7］图（尺寸单位：mm）

解 该梁截面为非对称截面，图 5-30（b）中所示 y、z 轴并非形心主惯性轴，因此，在 xy 平面内的 F 作用下，梁发生非对称弯曲，但各横截面只有弯矩 M_z。

梁的最大弯矩为

$$M_{z\max}=\frac{Fl}{4}=\frac{6\text{kN}\times4\text{m}}{4}=6\text{kN}\cdot\text{m}$$

发生在梁跨中截面。

由式（5-20）并加以简化，将已知数据代入，得

$$\tan\theta=\frac{I_y}{I_{yz}}=\frac{1.98\times10^{-6}\,\mathrm{m}^4}{3.38\times10^{-6}\,\mathrm{m}^4}=0.586$$

从而得 $\theta=30.4°$。

可见，截面中性轴为过形心且与 y 轴夹 30.4°角的直线［见图 5－30（b）］。

在跨中截面上，距中性轴最远点处将发生最大正应力，而图 5－30（b）中 A、B、C、D 4 个凸角点是距中性轴最远的点，分别计算出该 4 点的坐标为

$$\begin{cases}y_A=69\mathrm{mm}\\z_A=64.5\mathrm{mm}\end{cases}\quad\begin{cases}y_B=80\mathrm{mm}\\z_B=-5.5\mathrm{mm}\end{cases}\quad\begin{cases}y_C=-69\mathrm{mm}\\z_C=-64.5\mathrm{mm}\end{cases}\quad\begin{cases}y_D=-80\mathrm{mm}\\z_D=5.5\mathrm{mm}\end{cases}$$

将式（5－18）简化，并将已知的 I_y、I_z、I_{yz} 和上述 4 点坐标代入计算，再利用 4 点坐标的对称性，得

$$\begin{aligned}\sigma_A&=\frac{M_{z\max}(I_y y_A-I_{yz}z_A)}{I_yI_z-I_{yz}^2}\\&=\frac{6\times10^3\,\mathrm{N\cdot m}(1.98\times10^{-6}\,\mathrm{m}^4\times69\times10^{-3}\,\mathrm{m}-3.38\times10^{-6}\,\mathrm{m}^4\times64.5\times10^{-3}\,\mathrm{m})}{1.98\times10^{-6}\,\mathrm{m}^4\times10.97\times10^{-6}\,\mathrm{m}^4-(3.38\times10^{-6}\,\mathrm{m}^4)^2}\\&=-47.4\times10^6\,\mathrm{N/m^2}=-47.4\mathrm{MPa}\end{aligned}$$

$$\begin{aligned}\sigma_B&=\frac{M_{z\max}(I_y y_B-I_{yz}z_B)}{I_yI_z-I_{yz}^2}\\&=\frac{6\times10^3\,\mathrm{N\cdot m}[1.98\times10^{-6}\,\mathrm{m}^4\times80\times10^{-3}\,\mathrm{m}-3.38\times10^{-6}\,\mathrm{m}^4\times(-5.5\times10^{-3}\,\mathrm{m})]}{1.98\times10^{-6}\,\mathrm{m}^4\times10.97\times10^{-6}\,\mathrm{m}^4-(3.38\times10^{-6}\,\mathrm{m}^4)^2}\\&=103\times10^6\,\mathrm{N/m^2}=103\mathrm{MPa}\end{aligned}$$

$$\sigma_C=47.4\mathrm{MPa}$$

$$\sigma_D=-103\mathrm{MPa}$$

可见，全梁最大拉、压应力分别发生在 B、D 两凸角点处，其值为

$$\sigma_{t\max}=103\mathrm{MPa},\ \sigma_{c\max}=-103\mathrm{MPa}$$

该两点就是梁跨中截面的危险点。

5.6 开口薄壁截面梁的切应力 弯曲中心

在 5.3 节中，已经导出了对称弯曲梁的切应力公式，现在讨论非对称弯曲梁的切应力。对于没有纵向对称面的非对称弯曲梁，若为纯弯曲，则梁只发生平面弯曲，不会有扭转。若为横力弯曲，即使外力作用在形心主惯性平面内，梁除发生平面弯曲外，还会发生扭转。只有当横向外力作用在平行于形心主惯性平面的某一特定平面内，梁才只发生平面弯曲。这一特定平面，也就是梁在形

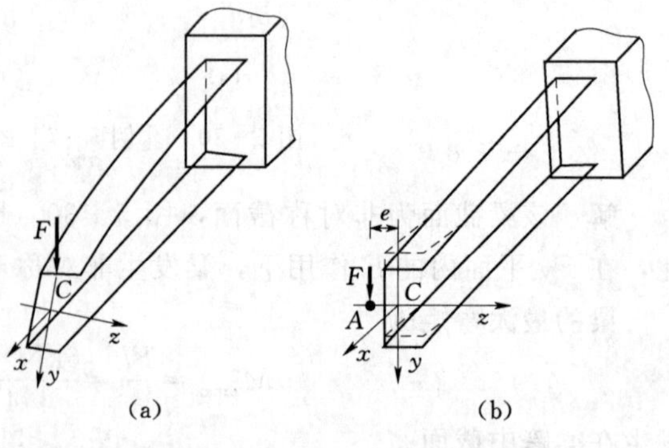

图 5－31 槽形截面梁的平面弯曲

心主惯性平面内发生弯曲时剪力所在的纵向平面。以图 5-31 所示无纵向对称面的槽形截面梁为例，实验表明，当横向外力 F 作用在形心主惯性平面 xy 内，则梁除弯曲外，还会扭转［见图 5-31（a）］；若横向外力 F 作用在距 xy 面为 e 的某一纵向平面内时，梁在 xy 平面（形心主惯性平面之一）内发生平面弯曲［见图 5-31（b）］，另一形心主惯性轴 z 轴即为中性轴。究其原因，显然是与横力弯曲时，横截面上存在剪力或存在切应力有关。发生平面弯曲的同时是否发生扭转，对开口薄壁截面梁有重要的现实意义，因为开口薄壁截面杆的扭转刚度较小，承受扭转变形的能力较差，有时还会因约束扭转而产生附加正应力和切应力。

下面分析开口薄壁截面梁在非对称弯曲下的切应力。图 5-32（a）所示一在横向力 F 作用下的开口薄壁截面梁，并假定 F 作用在与形心主惯性平面 xy 平行的某一特定纵向平面内，梁只发生平面弯曲而无扭转，即梁的横截面上只有弯曲正应力和弯曲切应力，而无扭转切应力。

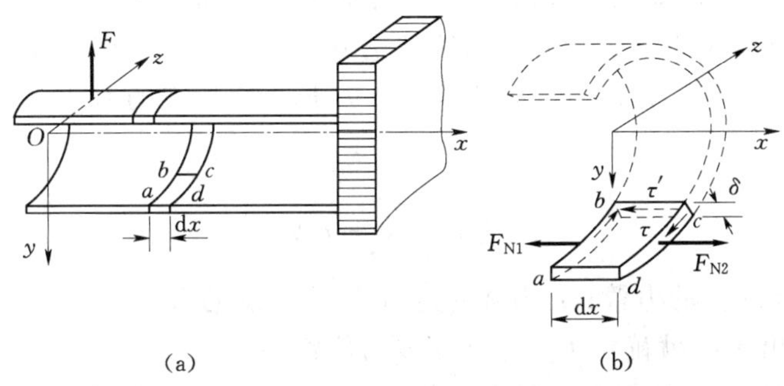

图 5-32 开口薄壁截面梁的切应力

由于梁的内、外侧表面均为自由面，根据切应力互等定理，截面边缘上的切应力必与截面周边相切；又因梁壁厚 δ 很小，故可认为切应力沿壁厚均匀分布。

从梁中取出微段 $\mathrm{d}x$，再沿水平面从微段中取出 $abcd$ 这一部分［见图 5-32（a）］进行分析，$abcd$ 块体的放大图见图 5-32（b）。

微段梁左、右两个横截面上的剪力显然相等，均为 F_S，而弯矩分别为 M 和 $M+\mathrm{d}M$。因此，块体 $abcd$ 的左侧面 ab 和右侧面 cd 上分别有大小不相等的弯曲正应力，这两个面上的法向微内力 $\sigma\mathrm{d}A$ 将合成沿 x 方向的内力 F_{N1} 和 F_{N2}，其中

$$F_{N1}=\int_{A^*}\sigma\mathrm{d}A=\frac{M}{I_z}\int_{A^*}y\mathrm{d}A=\frac{M}{I_z}S_z^* \tag{a}$$

同理得

$$F_{N2}=\frac{M+\mathrm{d}M}{I_z}S_z^* \tag{b}$$

式中：A^* 为 ab 或 cd 的面积；S_z^* 为 A^* 对横截面中性轴 z 的面积矩。

假定 $F_{N2}>F_{N1}$，则由于块体 $abcd$ 应处于平衡状态，可知块体顶面 bc 上必将有由水平切应力 τ' 所合成的内力 $\mathrm{d}F$。由于梁壁厚 δ 很小，可以认为 τ' 沿 bc 厚度方向是均匀分布的。又由于 $\mathrm{d}x$ 为微段长度，故可认为沿 $\mathrm{d}x$ 方向 τ' 也是均匀分布的，因此

$$\mathrm{d}F=\tau'\delta\mathrm{d}x \tag{c}$$

由块体 $abcd$ 沿 x 方向的平衡方程可得

$$dF = F_{N2} - F_{N1}$$

将式（a）、式（b）、式（c）代入，得

$$\tau' = \frac{dM}{dx}\frac{S_z^*}{I_z\delta}$$

引用微分关系$\frac{dM}{dx} = F_S$和切应力互等定理，可得开口薄壁截面梁横截面上的切应力公式为

$$\tau = \frac{F_S S_z^*}{I_z\delta} \tag{5-21}$$

上式是在外力 F 作用在平行于形心主惯性平面 xy 的某一特定纵向平面内的情况下导出的，这时，外力 F 可以 F_y 表示，而横截面上的剪力 F_S 可按截面法求得，必为平行于横截面的形心主惯性轴 y 的 F_{Sy}。

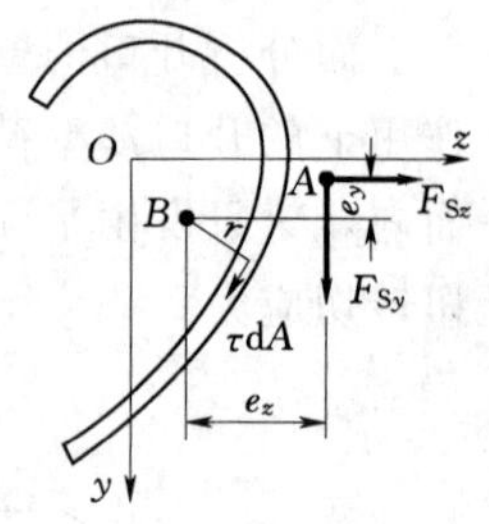

图 5-33　弯曲中心

在横截面上，F_{Sy} 又将是由微内力 τdA 合成的，如选横截面内任一点 B 作为矩心（见图 5-33），则按理论力学中的合力矩定理，微内力 τdA 对 B 点力矩的总和，应等于合力 F_{Sy} 对 B 点的力矩，即

$$F_{Sy}e_z = \int_A r\tau dA \tag{d}$$

式中：e_z 为 F_{Sy} 对 B 点的力臂；r 为微内力 τdA 对 B 点的力臂。

从式（d）解出 e_z，就确定了 F_{Sy} 作用线的位置。

显然，在非对称弯曲情况下，只有当外力 F_y 作用在 F_{Sy} 所在的与 y 轴平行即与 xy 面平行的这一特定平面内时，梁才只发生平面弯曲，否则，还将同时发生扭转变形。

同理可知，若外力是作用在与另一形心主惯性平面 xz 平行的某一横向平面内的 F_z，则只发生平面弯曲的条件为 F_z 作用在剪力 F_{Sz} 所在的与 z 轴平行，即与 xz 面平行的平面内。F_{Sz} 作用线的位置可由下式解出 e_y 而确定：

$$F_{Sz}e_y = \int_A r\tau dA \tag{e}$$

横截面上 F_{Sy} 和 F_{Sz} 的交点 A，称为**弯曲中心或剪切中心**（shear center），简称弯心。过弯心 A，与形心主惯性轴 y、z 平行的两个平面 xAy 和 xAz，称为弯心平面。从而可知，对于开口薄壁截面梁，只有**当外力作用在弯心平面内时，梁才只发生平面弯曲而无扭转**。这就是梁发生平面弯曲的一般条件。

如横截面有两根对称轴，则两根对称轴的交点即为弯曲中心，即弯曲中心和截面的形心重合；如横截面只有一根对称轴，则弯曲中心必在此对称轴上。

常用开口薄壁截面弯曲中心 A 的大致位置如图 5-34 所示。图中 y、z 轴为截面的形心主轴。

非对称截面的实体梁和闭口薄壁截面梁横截面的弯心通常在形心附近，且杆件的扭转刚度较大，因此当外力作用在形心主惯性平面内时，引起的扭转变形可忽略不计。

【例 5-8】 试求图 5-35（a）所示槽形截面的弯曲中心。

解 槽形截面形心主惯性轴为 y、z，其中 z 为水平对称轴，则弯心 A 必在此水平对

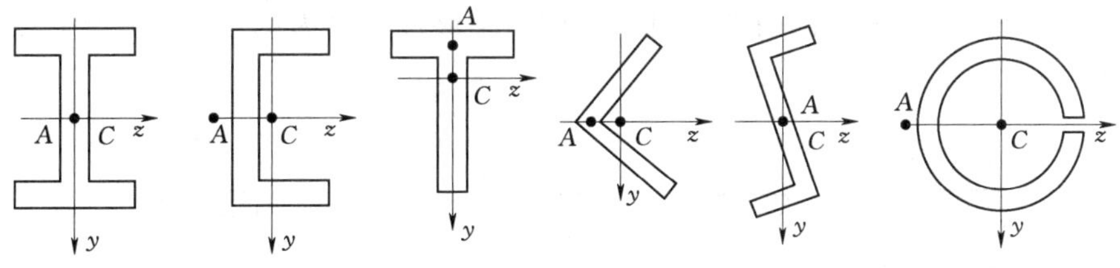

图 5-34 开口薄壁截面弯曲中心

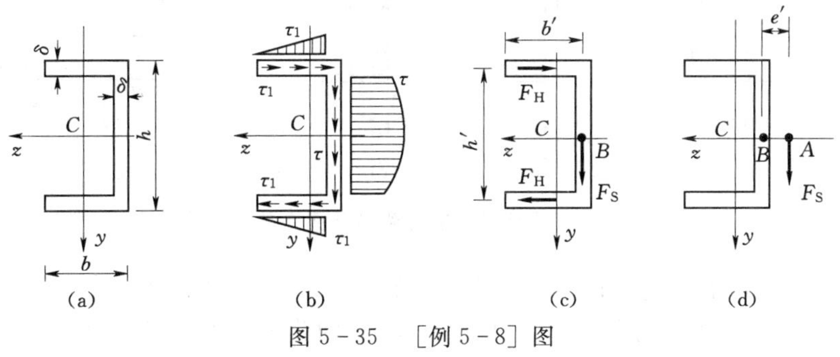

图 5-35 [例 5-8] 图

称轴上。

采用 5.3 节分析工字形截面梁切应力的方法，可以确定槽形截面的腹板和翼缘上切应力的分布规律和切应力流情况，如图 5-35（b）所示。腹板上的竖向切应力 τ 用式（5-10）计算，翼缘上的水平切应力 τ_1 用式（5-11）计算。

腹板上的切应力合成的剪力近似等于截面上的总剪力 F_S。上、下翼缘的水平切应力分别合成水平剪力 F_H，如图 5-35（c）所示。现将 F_S 和 F_H 合成为大小等于 F_S 且与之平行的合力，设合力作用在距 B 点为 e' 的位置。由静力学方法，对 B 点取矩后得到

$$F_S e' = F_H h'$$

其中
$$F_H = \int_0^{b'} \tau_1 \delta \mathrm{d}u = \int_0^{b'} \frac{F_S \delta^2 u h'}{2I_z \delta} \mathrm{d}u = \frac{F_S h' b'^2 \delta}{4I_z}$$

式中：δ 为翼缘厚度。

由此可得

$$e' = \frac{h'^2 b'^2 \delta}{4I_z}$$

合力 F_S 的位置如图 5-35（d）所示。其作用线与 z 轴的交点即为弯心 A。

*5.7 异 料 复 合 梁

本章前面所讨论的梁，都是由一种材料制成的，但在工程中，也会遇到由两种或两种以上不同材料组成的**复合梁**（composite beam），如钢筋混凝土梁、夹层梁、钢和其他材料组成的复合梁等。

由于复合梁的各组成部分是紧密结合的，在弯曲变形时无相对错动，故梁可看作是一个整体。试验表明，平面假设和单向受力假设仍然成立。

现以图 5－36（a）所示的由两种材料组成的矩形截面梁为例，来研究复合梁在对称纯弯曲情况下梁的正应力。

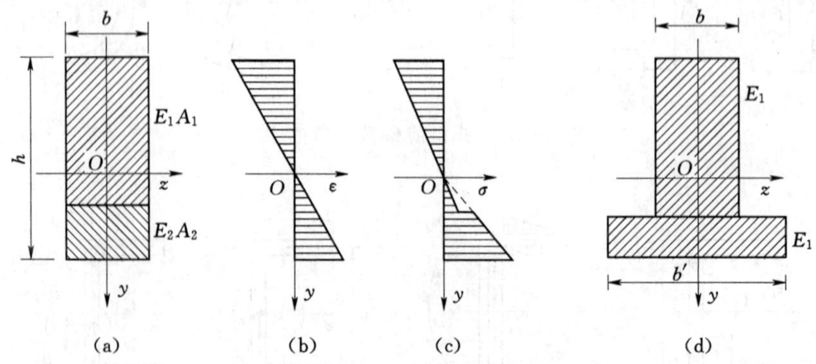

图 5－36　两种材料复合梁横截面上的正应力

设该复合梁上、下两种材料（材料 1 和材料 2）的弹性模量分别为 E_1 和 E_2，且 $E_1<E_2$，相应的横截面面积分别为 A_1 和 A_2。取 y 轴为横截面的对称轴，z 轴为中性轴（其具体位置尚未知），见图 5－36（a）。与 5.2 节中均质材料纯弯曲梁的情况相类似，由平面假设可知，横截面上各点处的纵向线应变沿截面高度呈线性规律变化［见图 5－36（b）］，任一点处的纵向线应变为

$$\varepsilon=\frac{y}{\rho} \tag{a}$$

式中：y 为任一点处至中性轴的距离；ρ 为梁中性层的曲率半径。

当梁的两种材料均处于线弹性范围时，由胡克定律，可得两种材料各部分的弯曲正应力为

$$\left.\begin{aligned}\sigma'=E_1\frac{y}{\rho}\\ \sigma''=E_2\frac{y}{\rho}\end{aligned}\right\} \tag{b}$$

其沿横截面高度的变化规律如图 5－36（c）所示。

由横截面上纵向微内力 $\sigma\mathrm{d}A$ 将合成为横截面上的内力的静力学关系，可得

$$\int_{A_1}\sigma'\mathrm{d}A+\int_{A_2}\sigma''\mathrm{d}A=F_{\mathrm{N}}=0 \tag{c}$$

和

$$\int_{A_1}y\sigma'\mathrm{d}A+\int_{A_2}y\sigma''\mathrm{d}A=M \tag{d}$$

将式（b）代入式（c），得

$$\frac{E_1}{\rho}\int_{A_1}y\mathrm{d}A+\frac{E_2}{\rho}\int_{A_2}y\mathrm{d}A=0$$

式中：$\int_{A_1}y\mathrm{d}A$ 和 $\int_{A_2}y\mathrm{d}A$ 分别为 A_1 和 A_2 对中性轴的面积矩 S'_z 和 S''_z。

又由于 $\rho\neq0$，故上式可简化为

$$E_1S'_z+E_2S''_z=0 \tag{5-22}$$

由此式即可确定该复合梁横截面的中性轴位置。显然，中性轴不再是水平对称轴。

将式（b）代入式（d），得

$$\frac{E_1}{\rho}\int_{A_1} y^2 \mathrm{d}A + \frac{E_2}{\rho}\int_{A_2} y^2 \mathrm{d}A = M$$

式中：$\int_{A_1} y^2 \mathrm{d}A$ 和 $\int_{A_2} y^2 \mathrm{d}A$ 分别为 A_1 和 A_2 对中性轴的惯形矩 I'_z 和 I''_z。

故上式可简化为

$$\frac{1}{\rho} = \frac{M}{E_1 I'_z + E_2 I''_z} \tag{5-23}$$

再将式（5-23）代入式（b），消去 ρ，得

$$\left.\begin{aligned} \sigma' &= \frac{MyE_1}{E_1 I'_z + E_2 I''_z} \\ \sigma'' &= \frac{MyE_2}{E_1 I'_z + E_2 I''_z} \end{aligned}\right\} \tag{5-24}$$

这就是两种材料复合梁横截面上任一点处的正应力计算公式。

当横截面上的弯矩为正，则横截面中性轴以上部分为压应力，以下为拉应力。对图5-36（a）所示的截面，A_1 区的中性轴以上部分为压应力区，以下部分为拉应力区，而 A_2 区全为拉应力区［见图5-36（c）］。

计算复合梁的弯曲正应力，常用一种实用而简便的**等效截面法**，即先将由多种材料组成的复合梁的横截面等效换算为仅由一种材料组成的梁的横截面，然后按均质材料梁的正应力公式，即式（5-2）计算。

仍以图5-36（a）所示梁为例进行分析。若将该复合梁变换为仅由材料1组成，则需将横截面上材料2的宽度变换为

$$b' = \frac{E_2}{E_1} b = nb \tag{e}$$

式中：$n = E_2/E_1$，称为折算比。

从而图5-36（a）所示的横截面将成为如图5-36（d）所示的均质材料截面，称为**等效截面**。可以证明，等效截面的中性轴与两种材料的实际截面的中性轴是重合的，且等效截面梁与原两种材料复合梁的弯曲刚度也没有改变。

由于等效截面梁已是均质材料（材料1）梁，故可按均质材料梁的正应力公式计算其正应力，但必须注意的是，此时横截面对中性轴的惯性矩应为等效截面对中性轴的惯性矩 I_{zt}。

显然，等效截面梁中性层的曲率半径满足

$$\frac{1}{\rho} = \frac{M}{E_1 I_{zt}} \tag{f}$$

且与原复合梁的中性层曲率半径相同，故将式（f）与式（5-23）比较，得

$$I_{zt} = I'_z + \frac{E_2}{E_1} I''_z = I'_z + nI''_z \tag{5-25}$$

用式（5-25），可将式（5-24）变换为

$$\left.\begin{aligned} \sigma' &= \frac{My}{I_{zt}} \\ \sigma'' &= n\frac{My}{I_{zt}} \end{aligned}\right\} \tag{5-26}$$

这就是等效截面法计算横截面上任一点处正应力的公式，与式（5-24）等效。

当然，也可将上述复合梁变换为仅由材料2组成的均质梁，即将材料1区域的宽度变换，但这时 $n=E_1/E_2$。等效截面法还可以扩展到两种以上材料的复合梁。

【例5-9】 图5-37（a）所示一简支复合梁，$l=3\text{m}$，$F=4\text{kN}$。该梁由宽为100mm、高为150mm的木梁及其底部加10mm厚的钢板组成，横截面见图5-37（b）。已知 $E_{木}=10\text{GPa}$，$E_{钢}=200\text{GPa}$。试求这两部分的最大正应力。

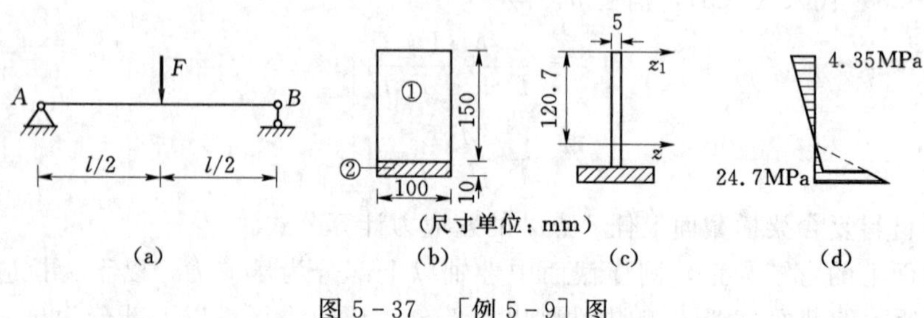

图5-37 ［例5-9］图

解 （1）确定等效截面及其几何性质。设以钢为基本材料，将木材部分横截面的宽度进行变换，折算比为

$$n=\frac{E_{木}}{E_{钢}}=\frac{100\text{GPa}}{200\text{GPa}}=\frac{1}{20}$$

等效截面如图5-37（c）所示。木材部分的宽度为

$$b'=nb=\frac{1}{20}\times100\text{mm}=5\text{mm}$$

取 z_1 为参考坐标轴，则等效截面的形心坐标为

$$y_C=\frac{5\text{mm}\times150\text{mm}\times75\text{mm}+100\text{mm}\times10\text{mm}\times155\text{mm}}{5\text{mm}\times150\text{mm}+100\text{mm}\times10\text{mm}}=120.7\text{mm}$$

等效截面对中性轴 z 的惯性矩为

$$\begin{aligned}I_{zt}&=\left[\frac{1}{12}\times5\text{mm}\times(150\text{mm})^3+5\text{mm}\times150\text{mm}\times(75\text{mm}-29.3\text{mm})^2\right]\\&\quad+\left[\frac{1}{12}\times100\text{mm}\times(10\text{mm})^3+100\text{mm}\times10\text{mm}\times(5\text{mm}+29.3\text{mm})^2\right]\\&=4.16\times10^6\text{mm}^4=4.16\times10^{-6}\text{m}^4\end{aligned}$$

（2）正应力计算。梁跨中截面弯矩最大，即

$$M_{\max}=\frac{Fl}{4}=\frac{4\text{kN}\times3\text{m}}{4}=3\text{kN}\cdot\text{m}$$

由式（5-26），得钢板中最大正应力为

$$\sigma_{钢\max}=\frac{M_{\max}y_{钢\max}}{I_{zt}}=\frac{3\times10^{-3}\text{MN}\cdot\text{m}\times34.3\times10^{-3}\text{m}}{4.16\times10^{-6}\text{m}^4}=24.7\text{MPa}$$

为拉应力，发生在跨中截面底部。

而木材中最大正应力为

$$\sigma_{木\max}=n\frac{M_{\max}y_{木\max}}{I_{zt}}=\frac{1}{20}\times\frac{3\times10^{-3}\text{MN}\cdot\text{m}\times120.7\times10^{-3}\text{m}}{4.16\times10^{-6}\text{m}^4}=4.35\text{MPa}$$

为压应力，发生在跨中截面顶部。

跨中截面上正应力分布如图 5－37（d）所示。

*5.8 平面曲杆纯弯曲时的正应力

曲杆是指轴线为平面曲线的杆件。工程中常应用一些曲杆作为构件，例如起重机的吊钩、链条的链环、结构中的拱等。当曲杆有一纵向对称面，且曲杆轴线在此纵向对称面内时，这种曲杆称为**平面曲杆**（plane curved bar）。如横向外力就作用在曲杆的纵向对称面内，则曲杆将发生对称弯曲，曲杆变形后的轴线仍在此纵向对称面内，所以，也是平面弯曲。曲杆在横向外力作用下除发生平面弯曲外，通常还同时发生轴向拉压变形。曲杆在外力作用下横截面上的各种内力，仍可用截面法求得。本节将讨论曲杆的弯曲正应力。

当曲杆杆轴线的曲率半径大于其截面形心至曲杆内侧边缘的距离的 10 倍以上，即曲率很小时，可以按直梁弯曲正应力公式计算其正应力，误差很小，可以满足工程要求。但在曲率较大的曲杆中，由于初曲率的影响，不能再用直梁正应力公式进行计算。下面，将从纯弯曲情况推导曲杆弯曲正应力公式。

图 5－38（a）为一矩形截面纯弯曲曲杆，其各横截面只有弯矩 $M=M_e$，从其中截取一夹角为 $d\varphi$ 的微段，示于图 5－38（b）。实验和精确理论计算的结果均表明，对纯弯曲曲杆，平面假设仍然适用。因而变形后微段左右两横截面 $m—m$ 和 $n—n$ 虽绕中性轴相对转动了一微小角度 $\Delta(d\varphi)$，但仍保持为平面，设变形后的平面为 $m—m$ 和 $n'—n'$［图 5－38（b）］。分别设横截面的纵向对称轴及中性轴（位置尚未确定）为 y、z 轴［图 5－38（c）］，则在微段上距中性层为 y 处的纵向线段 $\overset{\frown}{ab}$ 将伸长为 $\overset{\frown}{ab'}$，因而，其线应变为

$$\varepsilon=\frac{\overset{\frown}{ab'}-\overset{\frown}{ab}}{\overset{\frown}{ab}}=\frac{\overset{\frown}{bb'}}{\overset{\frown}{ab}}=\frac{y\Delta(d\varphi)}{\rho d\varphi}=\frac{y}{r+y}\frac{\Delta(d\varphi)}{d\varphi} \tag{a}$$

式中：y 为 $\overset{\frown}{ab}$ 线段至中性层的距离；r 为微段中性层的曲率半径；$\rho=r+y$ 为线段 $\overset{\frown}{ab}$ 的

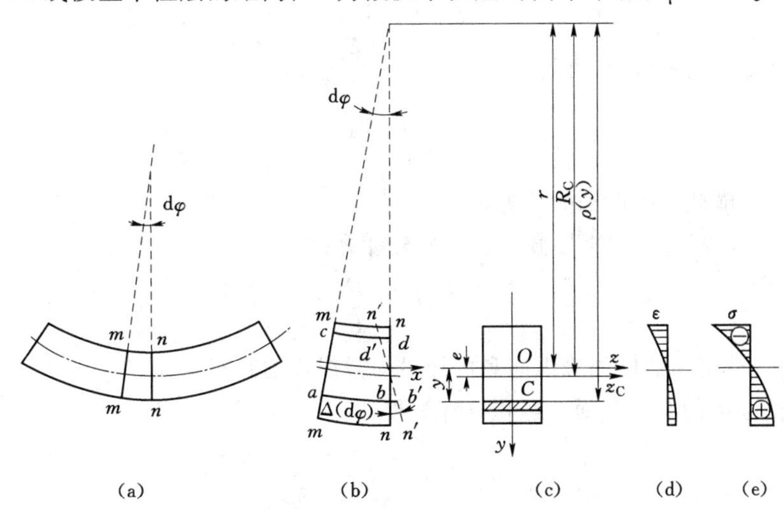

图 5－38 曲杆横截面上的正应力

曲率半径；Δ（dφ）为微段左右两截面绕中性轴相对转动的角度，即 n'—n'与 n—n 之间的角度。

显然，对同一横截面，r 及$\dfrac{\Delta(\mathrm{d}\varphi)}{\mathrm{d}\varphi}$均为常量。从而由式（a）可知，$\varepsilon$ 沿截面高度将按双曲线的规律变化，如图 5-38（d）所示。

在直梁纯弯曲中的另一个假设，即各纵向线之间互不挤压，因而每一纵向线均为单向受力的假设，在纯弯曲杆中也可近似满足。严格地说，曲杆在纯弯曲时，纵向线之间的挤压应力是存在的，但比横截面上的正应力小得多，可忽略不计。因此，仍可应用胡克定律来确定横截面上各点处的正应力。按式（2-4），并将式（a）代入，得

$$\sigma=E\varepsilon=E\frac{y}{r+y}\frac{\Delta(\mathrm{d}\varphi)}{\mathrm{d}\varphi} \tag{b}$$

由式（b）可知，横截面上各点处的正应力沿截面高度也将按双曲线规律变化，如图 5-38（e）所示。

但是，并不能由式（b）计算横截面上的正应力 σ，因为中性轴的位置和$\dfrac{\Delta(\mathrm{d}\varphi)}{\mathrm{d}\varphi}$的数值尚不知道，这要通过分析图 5-38（b）所示的微段杆的静力学关系方能解决。

由于曲杆横截面上只有弯矩 M，而没有轴力，故按静力学中力的合成原理可得

$$F_{\mathrm{N}}=\int_A\sigma\mathrm{d}A=0 \tag{c}$$

将式（b）代入式（c），并注意到 E 和$\dfrac{\Delta(\mathrm{d}\varphi)}{\mathrm{d}\varphi}$为常数以及 $\rho=r+y$ 的关系，得

$$\int_A E\frac{y}{r+y}\frac{\Delta(\mathrm{d}\varphi)}{\mathrm{d}\varphi}\mathrm{d}A=E\frac{\Delta(\mathrm{d}\varphi)}{\mathrm{d}\varphi}\int_A\frac{y}{\rho}\mathrm{d}A=0 \tag{d}$$

由于 $E\dfrac{\Delta(\mathrm{d}\varphi)}{\mathrm{d}\varphi}$不可能为零，故只能是

$$\int_A\frac{y}{\rho}\mathrm{d}A=\int_A\frac{\rho-r}{\rho}\mathrm{d}A=\int_A\mathrm{d}A-\int_A\frac{r}{\rho}\mathrm{d}A=0 \tag{e}$$

又由于 r 是常量，由式（e）可得

$$r=\frac{A}{\displaystyle\int_A\frac{\mathrm{d}A}{\rho}} \tag{5-27}$$

从而，就确定了横截面中性轴的位置。

对于高为 h，宽为 b 的矩形截面，经积分计算得

$$r=h/\ln\frac{R_1}{R_2} \tag{5-28}$$

式中：R_1、R_2 分别为曲杆外缘纵向和内缘纵向微线段的曲率半径。

对于直径为 d 的圆形截面，经积分计算得

$$r=d^2/8R_{\mathrm{C}}\left[1-\sqrt{1-\left(\frac{d}{2R_{\mathrm{C}}}\right)^2}\right] \tag{5-29}$$

式中：R_{C} 为微段曲杆轴线的曲率半径。

另按静力学中力矩合成原理，又可得

$$M=\int_A \sigma y \mathrm{d}A \tag{f}$$

将式（b）代入式（f），得

$$E\frac{\Delta(\mathrm{d}\varphi)}{\mathrm{d}\varphi}\int_A \frac{y^2}{r+y}\mathrm{d}A=M \tag{g}$$

将式（g）中的积分 $\int_A \frac{y^2}{r+y}\mathrm{d}A$ 展开，得

$$\int_A \frac{y^2}{r+y}\mathrm{d}A=\int_A \frac{(\rho-r)y}{\rho}\mathrm{d}A=\int_A y\mathrm{d}A-r\int_A \frac{y}{\rho}\mathrm{d}A \tag{h}$$

由式（e）可知，$\int_A \frac{y}{\rho}\mathrm{d}A=0$，故式（h）中后项为零。而前项 $\int_A y\mathrm{d}A$ 就是横截面对中性轴 z 的面积矩 S。从而，式（g）可写为

$$E\frac{\Delta(\mathrm{d}\varphi)}{\mathrm{d}\varphi}S=M \tag{i}$$

由此，可得

$$\frac{\Delta(\mathrm{d}\varphi)}{\mathrm{d}\varphi}=\frac{M}{ES}$$

再将式（i）代入式（b），得

$$\sigma=E\frac{y}{r+y}\frac{M}{ES}=\frac{My}{S\rho} \tag{5-30}$$

式中：M 为横截面的弯矩，以使曲杆曲率增加时为正，反之为负；y 为所求正应力点处距中性轴的距离；S 为横截面对中性轴的面积矩；ρ 为所求正应力点处纵向微线段的曲率半径。

这就是纯弯曲曲杆横截面上的正应力公式。

若将式（5-30）改写为

$$\sigma=\frac{M}{S}\frac{y}{r+y}=\frac{M}{S}\left(1-\frac{r}{r+y}\right) \tag{j}$$

则由式（j）可见，在 y 的代数值最大和最小处，即曲杆横截面的内、外边缘，应力的绝对值最大，其中一个为拉应力，另一个为压应力。

由图 5-38（e）所示的正应力沿截面高度按双曲线分布的规律可知，杆横截面的中性轴不通过截面形心，而是偏于曲杆内侧的一边，令中性轴 z 和形心轴 z_C 的距离为 e［图 5-38（c）］，则

$$e=R_C-r \tag{5-31}$$

从而，式（5-30）中的面积矩为

$$S=Ae \tag{5-32}$$

【例 5-10】 图 5-39 所示一矩形截面曲杆，截面 $h=20\text{mm}$，$b=10\text{mm}$，已知横截面 $m—m$ 上的弯矩 $M=-60\text{N}\cdot\text{m}$，该截面杆轴线的曲率半径 $R_C=40\text{mm}$。试计算该截面的最大拉应力和最大压应力。

解　(1) 几何参数计算。

由 $R_C=40\text{mm}$、$h=20\text{mm}$ 可得

$$R_1=R_C+\frac{h}{2}=40\text{mm}+\frac{20\text{mm}}{2}=50\text{mm}$$

$$R_2=R_C-\frac{h}{2}=40\text{mm}-\frac{20\text{mm}}{2}=30\text{mm}$$

由式（5-28），得

$$r=h/\ln\frac{R_1}{R_2}=\frac{20\text{mm}}{\ln\dfrac{50\text{mm}}{30\text{mm}}}=39.15\text{mm}$$

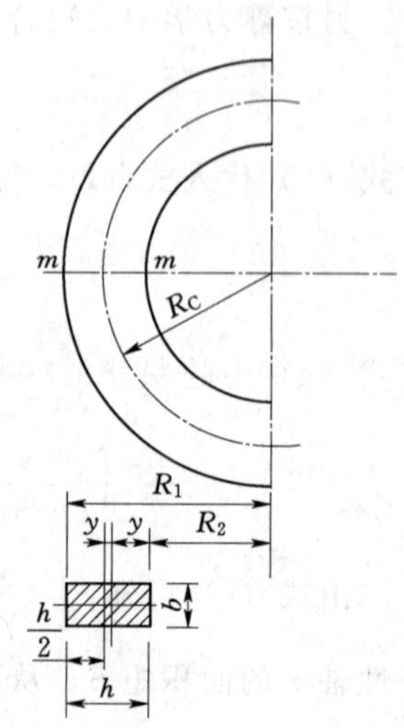

图 5-39　[例 5-10] 图

由式（5-31）和式（5-32），得

$$e=R_C-r=40\text{mm}-39.2\text{mm}=0.85\text{mm}$$

和 $$S=Ae=20\text{mm}\times10\text{mm}\times0.85\text{mm}=170\text{mm}^3$$

（2）应力计算。

外侧边缘处：　$y_1=R_1-r$，$\rho_1=R_1$

由式（5-30），得

$$\sigma_{\max1}=\frac{My_1}{S\rho_1}=\frac{-60\times10^{-6}\text{MN}\cdot\text{m}\times(50-39.15)\times10^{-3}\text{m}}{170\times10^{-9}\text{m}^3\times50\times10^{-3}\text{m}}=-76.6\text{MPa}$$

为最大压应力。

内侧边缘处：　$y_2=R_2-r$，$\rho_2=R_2$

由式（5-30），得

$$\sigma_{\max2}=\frac{My_2}{S\rho_2}=\frac{-60\times10^{-6}\text{MN}\cdot\text{m}\times(30-39.15)\times10^{-3}\text{m}}{170\times10^{-9}\text{m}^3\times30\times10^{-3}\text{m}}=107.6\text{MPa}$$

为最大拉应力。

习　题

5-1　处于纯弯曲情况下的矩形截面梁，高 120mm、宽 60mm，绕水平形心轴弯曲。如梁最外层纤维中的正应变 $\varepsilon=7\times10^{-4}$，求该梁的曲率半径。

5-2　直径 $d=3\text{mm}$ 的高强度钢丝，绕在直径 $D=600\text{mm}$ 的轮缘上，已知材料的弹性模量 $E=200\text{GPa}$，求钢丝横截面上的最大弯曲正应力。

5-3　图 5-40（a）、（b）所示横截面的梁，均受 54kN·m 绕水平中性轴的弯矩作用，试确定各截面上 A、B、C 点处的正应力。

5-4　画出图 5-41 所示各梁横截面上沿 1—1 和 2—2 直线上的正应力分布图。

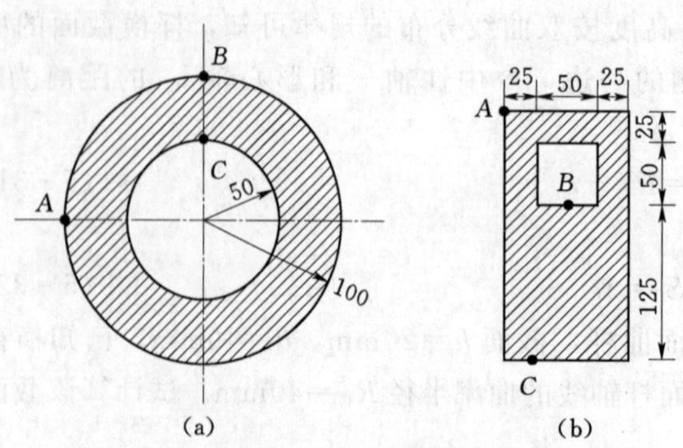

图 5-40　习题 5-3 图（尺寸单位：mm）

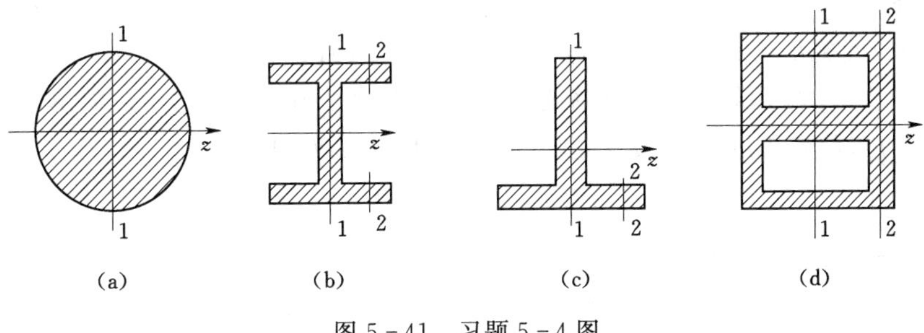

图 5-41　习题 5-4 图

5-5　求图 5-42 所示梁指定截面 a—a 上指定点 D 处的正应力，并求梁的最大拉应力 σ_{tmax} 和最大压应力 σ_{cmax}。

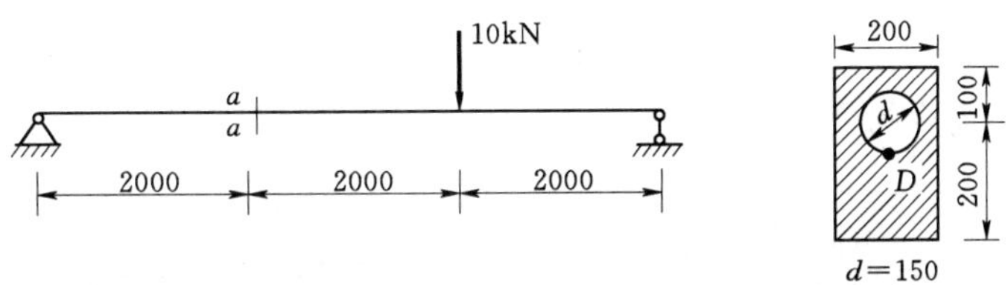

图 5-42　习题 5-5 图（尺寸单位：mm）

5-6　图 5-43 所示二梁的横截面，其上均受绕水平中性轴的弯矩作用。若截面上的最大正应力为 40MPa，试问：

（1）当矩形截面挖去虚线内面积时，弯矩减小百分之几？

（2）工字形截面腹板和翼缘上，各承受总弯矩的百分之几？

5-7　矩形截面悬臂梁，如图 5-44 所示，具有如下 3 种截面形式：(a) 整体；(b) 两块上下叠合；(c) 两块并排叠合。试分别计算 3 种情况下梁的最大正应力，并画出正应力沿截面高度的分布规律。

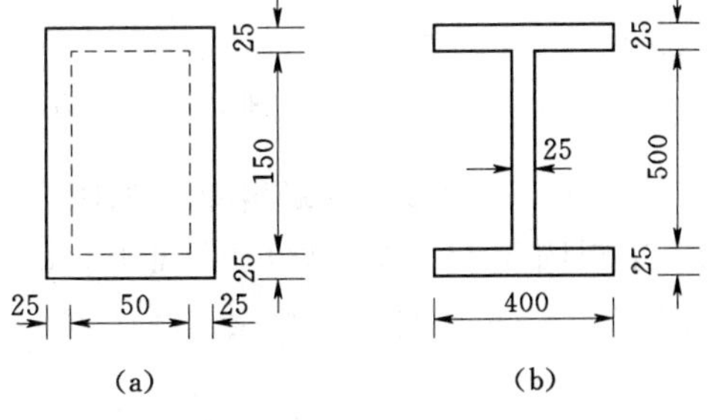

图 5-43　习题 5-6 图（尺寸单位：mm）

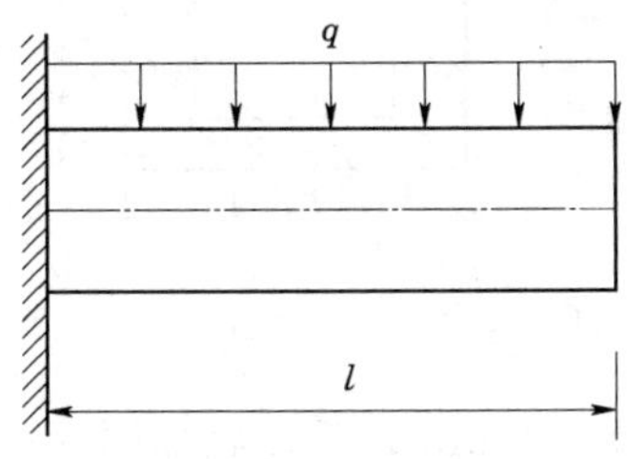

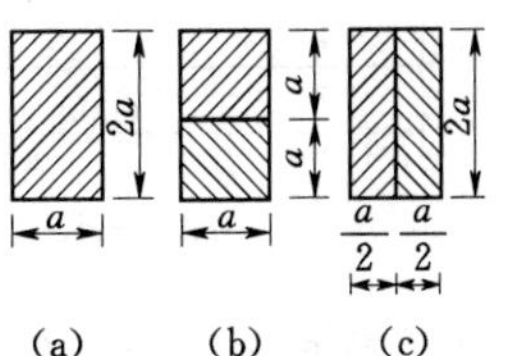

图 5-44　习题 5-7 图

5-8　图5-45所示截面为45a号工字钢的简支梁，测得梁底面 A、B 两点间的伸长为0.012mm，问施加于梁上的 F 为多大？设 $E=200\text{GPa}$。

5-9　图5-46所示矩形截面钢梁，测得梁底部 AB 长度（2m）内的伸长量 $l_{AB}=1.3\text{mm}$，求均布荷载集度 q 和最大正应力。已知 $E=200\text{GPa}$。

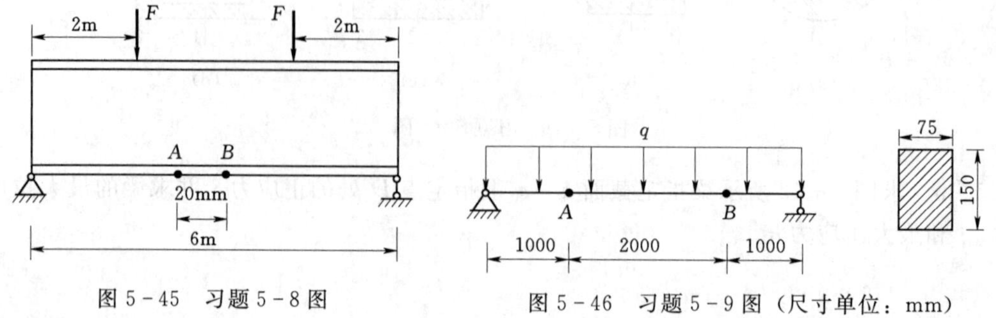

图5-45　习题5-8图　　图5-46　习题5-9图（尺寸单位：mm）

5-10　图5-47（a）、（b）所示截面上均有竖直向下的剪力 $F_S=37\text{kN}$，试绘制竖向切应力沿截面腹板高度的变化曲线。

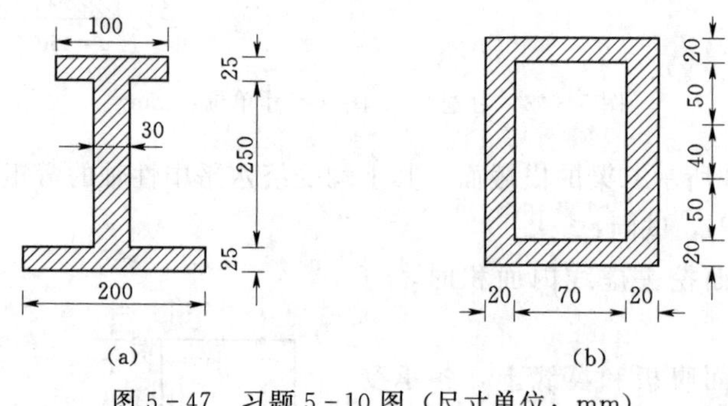

图5-47　习题5-10图（尺寸单位：mm）

5-11　一槽形截面悬臂梁，如图5-48所示，长6m，受 $q=5\text{kN/m}$ 的均布荷载作用，求距固定端0.5m处的截面上，a—a 线上及距梁顶面100mm处 b—b 线上的切应力。

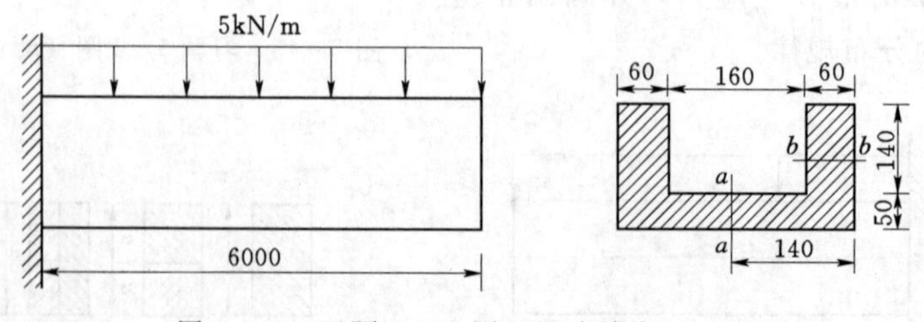

图5-48　习题5-11图（尺寸单位：mm）

5-12　一矩形截面悬臂梁，$b=200\text{mm}$，$h=300\text{mm}$，受荷载如图5-49所示。从梁中取出阴影所示的 $abcd$（50mm×50mm×200mm）部分为脱离体，试在该脱离体的各面上画出由正应力和切应力所引起的各合力的大小、方向。

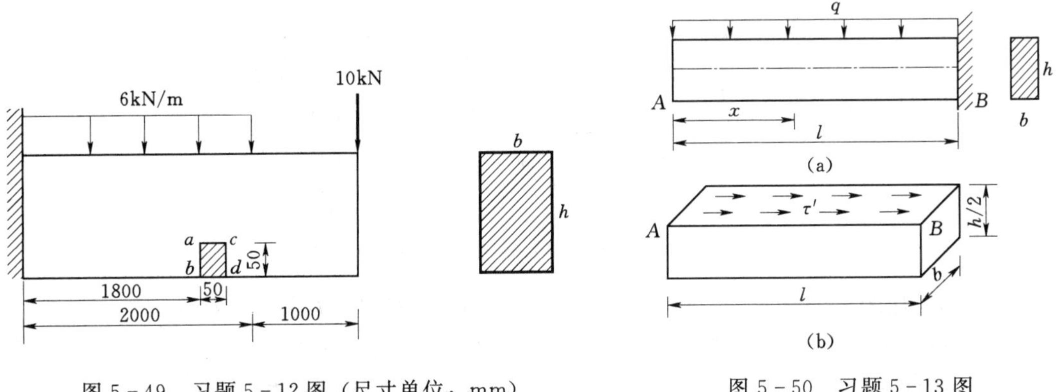

图 5-49　习题 5-12 图（尺寸单位：mm）　　图 5-50　习题 5-13 图

5-13　图 5-50（a）所示一矩形截面悬臂梁，在全梁上受集度为 q 的均布荷载作用，其横截面尺寸为 b、h，长度为 l。

（1）试证明在距自由端为 x 处的横截面上的切向分布内力 $\tau\mathrm{d}A$ 的合力等于该截面上的剪力，而法向分布内力 $\sigma\mathrm{d}A$ 的合力偶矩等于该截面上的弯矩。

（2）如沿梁的中性层截出梁的下半部，如图 5-50（b）所示。问截开面上的切应力 τ' 沿梁长度的变化规律如何？该面上总的水平剪力 F'_S 有多大？它由什么力来平衡？

5-14　图 5-51 所示梁的容许应力 $[\sigma]=8.5\text{MPa}$，若单独作用 30kN 的荷载时，梁内的应力就超过容许应力，为使梁内应力不超过容许值，试求 F 的最小值。

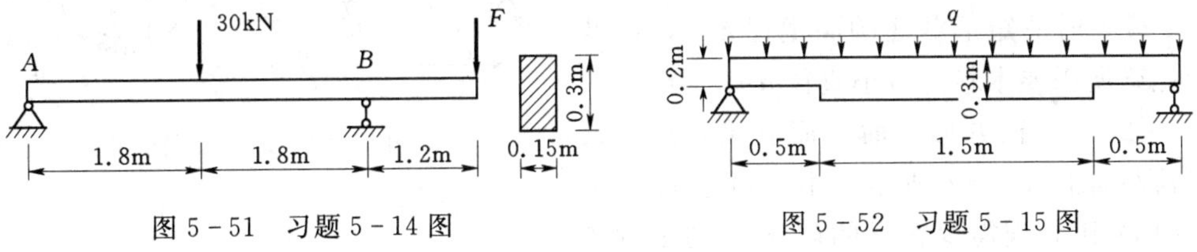

图 5-51　习题 5-14 图　　图 5-52　习题 5-15 图

5-15　受均布荷载的变高度梁，如图 5-52 所示，其截面宽度 $b=150\text{mm}$，若容许正应力 $[\sigma]=10\text{MPa}$，容许切应力 $[\tau]=1\text{MPa}$，求容许的 q 值。

5-16　一铸铁梁如图 5-53 所示。已知材料的抗拉强度极限 $\sigma_{bt}=150\text{MPa}$，抗压强度极限 $\sigma_{bc}=630\text{MPa}$。求此梁的安全因数 n。

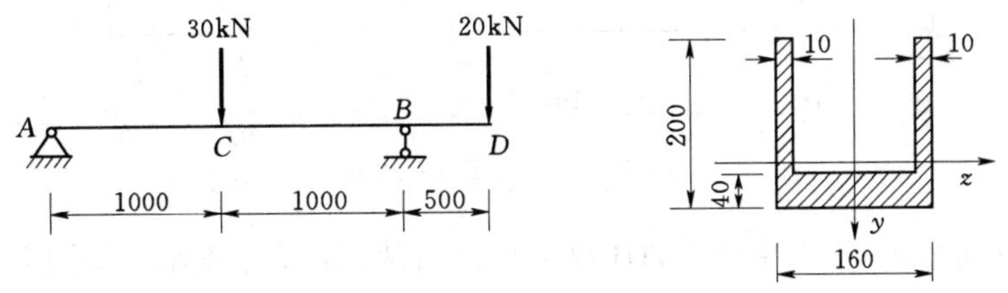

图 5-53　习题 5-16 图（尺寸单位：mm）

5-17　如图 5-54 所示铸铁梁，若 $[\sigma_t]=30\text{MPa}$，$[\sigma_c]=60\text{MPa}$，试校核此梁的强度。设 $I_z=764\times10^{-8}\text{m}^4$。

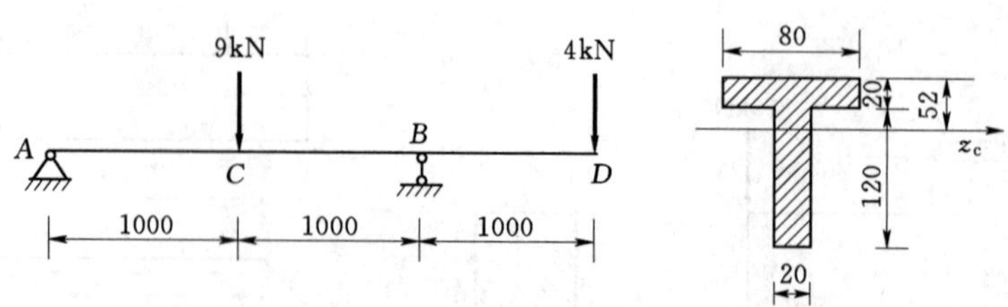

图 5-54　习题 5-17 图（尺寸单位：mm）

5-18　如图 5-55 所示一铸铁梁，容许拉应力为容许压应力的 1/3。

(1) 已知图 5-55 (a) 中 $h=100$mm，$\delta=25$mm，求 x 值。

(2) 若图 5-55 (b) 中，$b=80$mm，$h=160$mm，求厚度 δ 值。

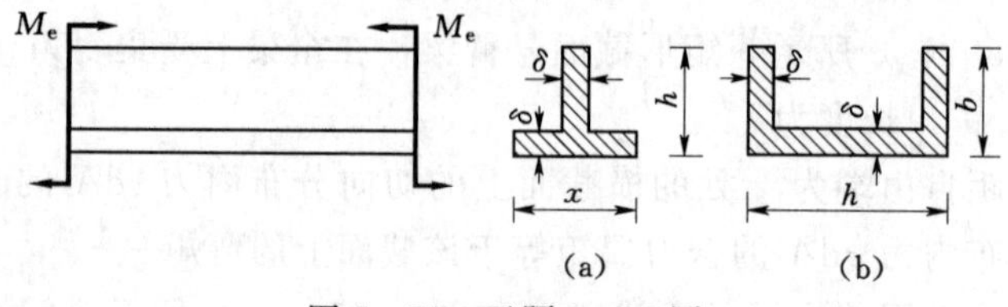

图 5-55　习题 5-18 图

5-19　一矩形截面简支梁，由圆柱形木料锯成，如图 5-56 所示。已知 $F=8$kN，$a=1.5$m，$[\sigma]=10$MPa。试确定弯曲截面系数 W_z 最大时的矩形截面的高宽比 h/b，以及锯成此梁所需要木料的最小直径 d。

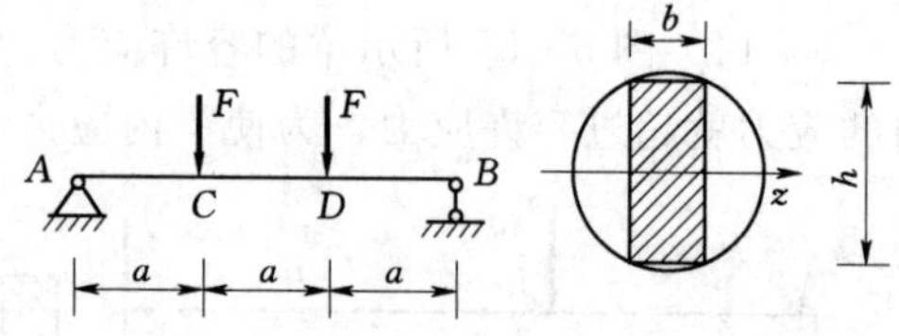

图 5-56　习题 5-19 图

5-20　一正方形截面木简支梁，尺寸及所受荷载如图 5-57 所示。木梁的容许应力 $[\sigma]=10$MPa，现需要在梁的截面 C 的中性轴处钻一直径为 d 的圆孔，问在保证该梁强度的条件下，圆孔直径 d 为多大？

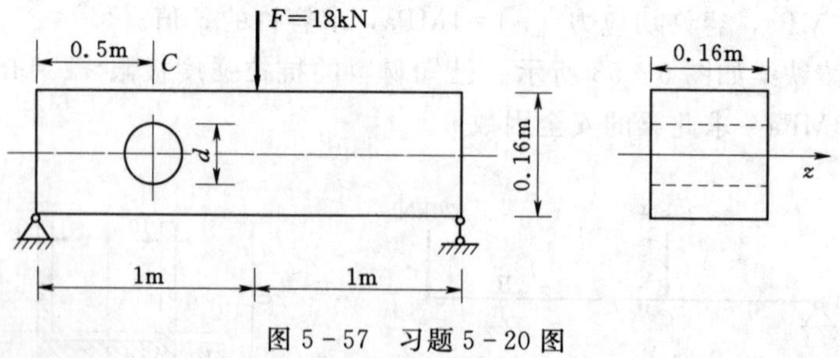

图 5-57　习题 5-20 图

5-21　截面为 10 号工字钢的 AB 梁，B 点由圆钢杆 BC 支承，如图 5-58 所示。已知 $d=20$mm，梁及杆的容许应力 $[\sigma]=160$MPa，试求容许均布荷载 q。

5-22　图 5-59 所示 AB 为叠合梁，由 25mm×100mm 木板若干层胶粘制成。如果木材容许应力 $[\sigma]=13$MPa，胶结处的容许切应力 $[\tau]=0.35$MPa。试确定叠合梁所需要的层数。（注：层数取 2 的倍数。）

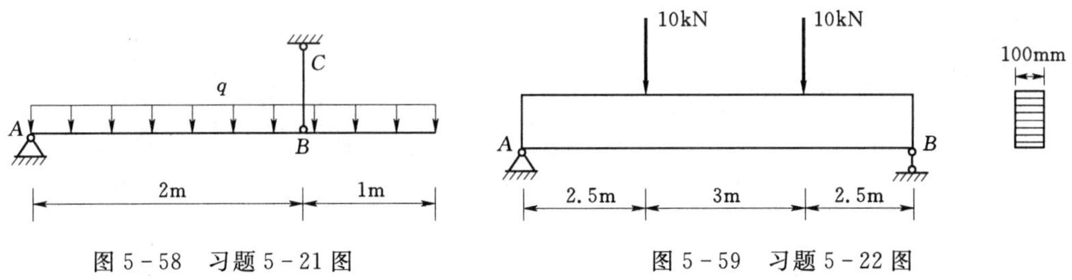

图 5-58　习题 5-21 图　　　　图 5-59　习题 5-22 图

5-23　求图 5-60 所示梁的最大容许荷载 q。梁的容许拉应力为 3.5MPa，容许切应力为 0.7MPa，胶结处的容许切应力为 0.35MPa。

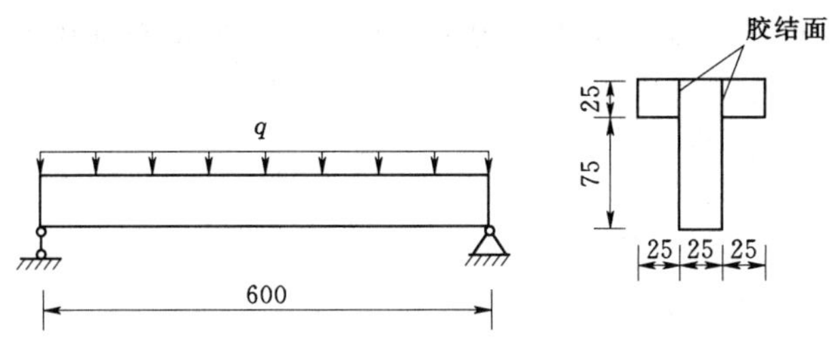

图 5-60　习题 5-23 图（尺寸单位：mm）

5-24　图 5-61 所示跨长为 $l=4$m 的简支梁，由 200mm×200mm×20mm 的等边角钢制成，在梁跨中受集中力 $F=25$kN 作用。试求最大弯矩截面上 A、B 和 C 点处的正应力。

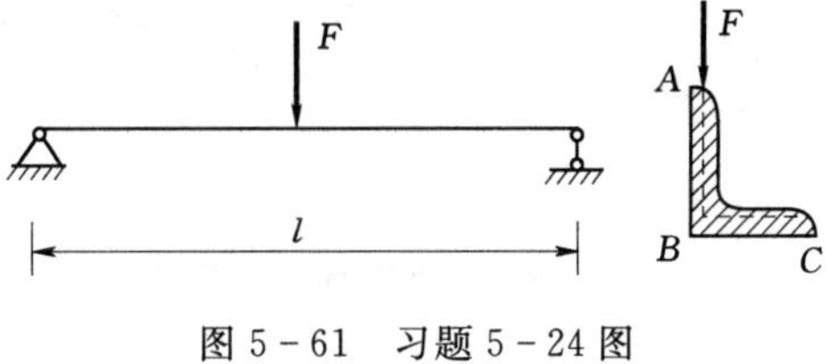

图 5-61　习题 5-24 图

5-25　Z 形截面简支梁在跨中受一集中力作用，如图 5-62 所示。已知该截面对过形心的一对相互垂直的轴 y，z 的惯性矩和惯性积分别为 $I_z=5.75\times10^{-4}\text{m}^4$，$I_y=1.83\times10^{-4}\text{m}^4$ 和 $I_{yz}=2.59\times10^{-4}\text{m}^4$。求此梁的最大正应力。

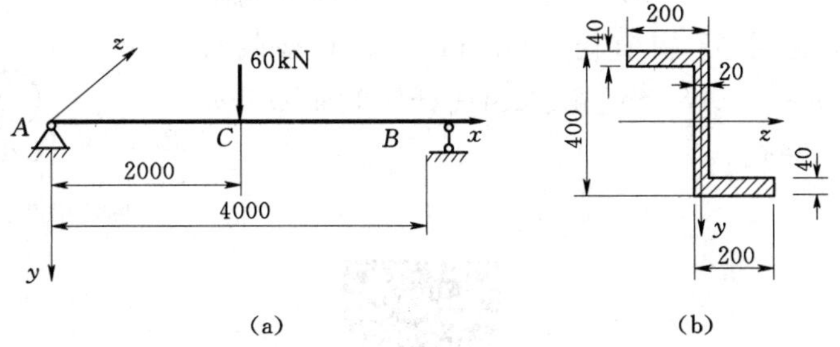

图 5-62　习题 5-25 图（尺寸单位：mm）

5-26　悬臂梁的横截面为直角三角形，$h=150$mm，$b=75$mm。自由端的集中力 $F=6$kN，且通过截面形心并平行于三角形的竖直边，如图 5-63 所示。若不计杆件的扭转变形，试求固定端 A、B、C 3 点的应力。设跨度 $l=1.25$m。

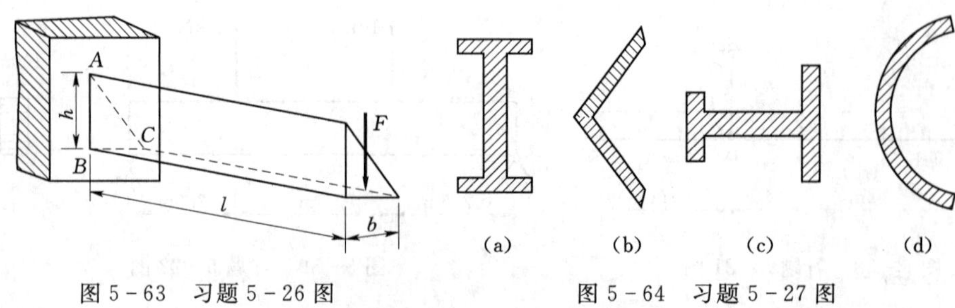

图 5-63　习题 5-26 图　　　　图 5-64　习题 5-27 图

5-27　试画出图 5-64 所示各截面的弯曲中心的大致位置，设截面上剪力 F_S 的方向竖直向下。

5-28　求图 5-65 中各截面梁在竖直向下荷载作用时的弯曲中心，并画出切应力流的流向。设各截面厚度均为 10mm。

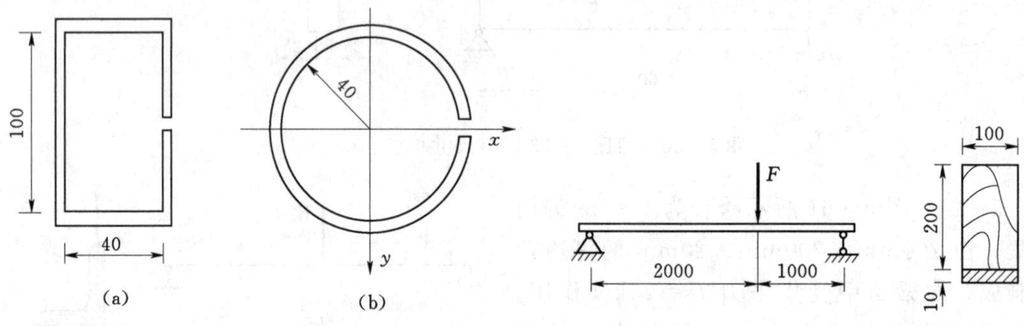

图 5-65　习题 5-28 图（尺寸单位：mm）　　　　图 5-66　习题 5-29 图（尺寸单位：mm）

5-29　一用钢板加固的木梁承受集中荷载 $F=30\text{kN}$，如图 5-66 所示。钢和木材的弹性模量分别为 $E_s=200\text{GPa}$ 及 $E_w=10\text{GPa}$，试求危险截面上钢和木材部分的最大弯曲正应力。

5-30　图 5-67 所示一平均半径为 $R_C=40\text{mm}$ 的钢制曲杆，杆的横截面为圆形，其直径 $d=20\text{mm}$。曲杆横截面 m—m 上的弯矩 $M=-60\text{N}\cdot\text{m}$。试求出曲杆横截面 m—m 上的最大弯曲正应力 σ_{max}。

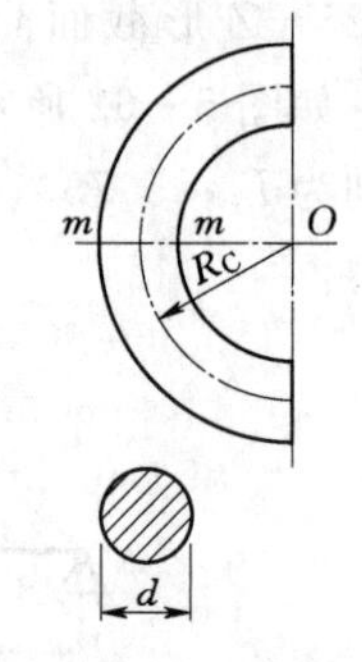

图 5-67　习题 5-30 图

习题详解

第6章 弯 曲 变 形

梁受外力作用后的弯曲变形，是用挠度和转角两种位移来描述的。通常有多种方法可以求解梁的变形，即计算梁的挠度和转角。梁的变形计算也是梁的刚度计算和求解超静定梁的基础。本章的主要内容包括：梁的挠度、转角和挠曲线的概念；梁的挠曲线近似微分方程；采用积分法、转角和挠度的通用方程、叠加法计算梁的变形；梁的刚度计算。

6.1 梁的挠度和转角

在平面弯曲情况下，梁的轴线在形心主惯性平面内弯曲成一条平面曲线，如图 6-1 所示（图中 xAw 平面为形心主惯性平面）。此曲线称为梁的**挠曲线**（deflection curve）。当梁的变形在弹性范围时，挠曲线也称**弹性曲线**（elasticity curve）。一般情况下，挠曲线是一条光滑连续的曲线。

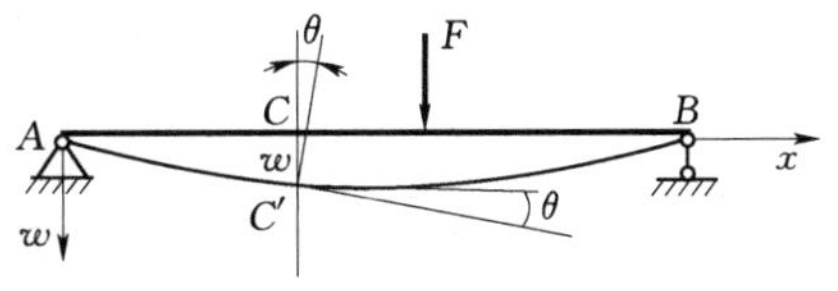

图 6-1 梁的挠度和转角

结合第 4 章可知，梁的挠曲线的曲率表征了梁弯曲变形程度，但由于曲率难以度量，且在工程实际中，梁的变形程度还受到支座约束的影响，而横截面的位移不但与曲率的大小有关，同时还与梁的支座约束有关。因此，通常梁的**变形**（displacement）可用横截面的 2 个位移来度量，现分述如下：

（1）**挠度**（deflection）。梁的轴线上任一点，即梁任一横截面形心 C 在垂直于 x 轴方向的线位移 $\overline{CC'}$，称为该横截面的挠度，用 w 表示（图 6-1）。实际上，轴线上任一点除有垂直于 x 轴的位移外，还有 x 轴方向的位移。但在小变形情况下，梁的挠度远小于跨长，横截面形心沿 x 轴方向的位移与挠度相比属于高阶微量，可略去不计。

（2）**转角**（angle of rotation）。根据平面假设，梁变形后，其任一横截面将绕中性轴转过一个角度，这一角度称为该截面的转角，用 θ 表示（图 6-1）。由于梁的挠曲线是一条光滑连续的曲线，梁变形后横截面仍与挠曲线保持垂直，因此，横截面的转角也就是挠曲线上该点处的切线与 x 轴的夹角。

在图 6-1 所示坐标系中，挠曲线可用下式表示

$$w=f(x)$$

式中：x 为梁变形前轴线上任一点的横坐标；w 为该点的挠度。

上式称为**挠曲线方程**或**挠度方程**（equation of the deflection curve）。挠曲线上任一点的斜率为 $w'=\tan\theta$，在小变形情况下，$\tan\theta\approx\theta$，所以

$$\theta=w'=f'(x)$$

即挠曲线上任一点的斜率 w' 就等于该处横截面的转角。该式称为**转角方程**（equation of

the angles of rotation）。由此可见，只要确定了挠曲线方程，梁上任一截面形心的挠度和任一横截面的转角均可确定，梁的变形随之确定。

挠度和转角的正负号与所取坐标系有关。在图 6-1 所示的坐标系中，**向下的挠度为正，向上的挠度为负；顺时针转向的转角为正，逆时针转向的转角为负。**

6.2　梁的挠曲线近似微分方程

为求得梁的挠曲线方程，可以利用曲率与弯矩间的关系。在剪切弯曲的情况下，曲率既和梁的刚度相关，也和梁的剪力与弯矩有关。工程上常用的梁，其跨长往往是横截面高度的 10 倍以上，剪力对梁变形的影响很小，可以忽略，因此可以只考虑弯矩对梁变形的作用。由式（5-5），梁轴线弯曲后的曲率为

$$\frac{1}{\rho(x)}=\frac{M(x)}{EI_z} \tag{a}$$

从几何方面来看，由高等数学知，平面曲线的曲率为

$$\frac{1}{\rho(x)}=\pm\frac{w''}{(1+w'^2)^{3/2}} \tag{b}$$

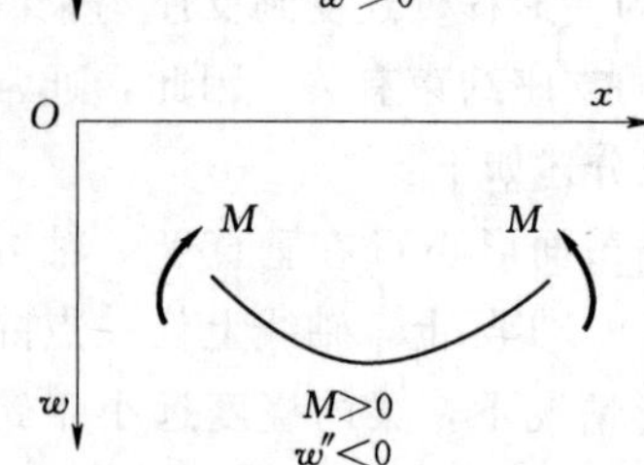

图 6-2　M 与 w'' 的符号规定

由式（a）、式（b）两式得

$$\pm\frac{w''}{(1+w'^2)^{3/2}}=\frac{M(x)}{EI_z} \tag{c}$$

式中左边的正负号取决于坐标系的选择和弯矩的正负号规定。在本章所取的坐标系中，上凸的曲线 w'' 为正值，下凸的为负值，如图 6-2 所示；按弯矩正负号的规定，正弯矩对应着负的 w''，负弯矩对应着正的 w''。故式（c）左边应取负号，即

$$-\frac{w''}{(1+w'^2)^{3/2}}=\frac{M(x)}{EI_z} \tag{d}$$

在小变形情况下，$w'=\frac{\mathrm{d}w}{\mathrm{d}x}$ 是一个很小的量，则 $w'^2\ll 1$，可略去不计，故式（d）可近似地写为

$$w''=-\frac{M(x)}{EI_z} \tag{6-1}$$

这就是**梁的挠曲线近似微分方程**（approximate differential equation of the deflection curve of beams），适用于小挠度梁。

若取与图 6-2 不同的坐标系（例如原点仍为 A，但 y 轴向上或原点在右端 B，x 轴向左，y 向上或向下），挠曲线微分方程将与式（6-1）有所不同。

对于 EI 为常量的等直梁（将 I_z 简写为 I），式（6-1）可写为

$$EIw''=-M(x) \tag{6-2}$$

式（6-1）或式（6-2）是计算梁变形的基本方程。

6.3 积分法计算梁的变形

对于等直梁，可以通过对式（6-2）的直接积分，并通过由梁的变形协调条件给出的**边界条件**（boundary condition）确定积分常数，计算梁的挠度和转角。

当全梁各截面上的弯矩可用单一的弯矩方程表示时，梁的挠曲线近似微分方程仅有一个，将式（6-2）积分一次，得到

$$EIw' = EI\theta = -\int M(x)\mathrm{d}x + C \tag{6-3}$$

再积分一次，得到

$$EIw = -\int\left[\int M(x)\mathrm{d}x\right]\mathrm{d}x + Cx + D \tag{6-4}$$

式（6-3）和式（6-4）中的积分常数 C 和 D，由梁支座处的已知位移条件即边界条件确定。图 6-3（a）所示的简支梁，边界条件是左、右两支座处的挠度 w_A 和 w_B 均应为零；图 6-3（b）所示的悬臂梁，边界条件是固定端处的挠度 w_A 和转角 θ_A 均应为零。

积分常数 C、D 确定后，就可由式（6-3）和式（6-4）得到梁的转角方程和挠度方程，并可计算任一横截面的转角和梁轴线上任一点的挠度。这种求梁变形的方法称为**积分法**（method of integration）。

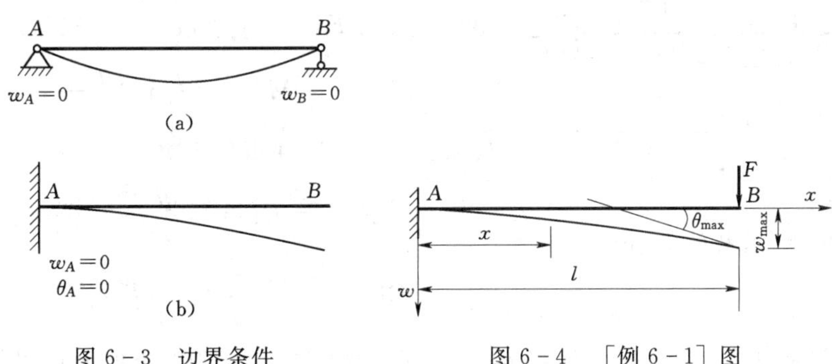

图 6-3　边界条件　　　　图 6-4　[例 6-1] 图

【例 6-1】 一悬臂梁在自由端受集中力 F 作用，如图 6-4 所示。试求梁的转角方程和挠度方程，并求最大转角和最大挠度。设梁的弯曲刚度为 EI。

解　取坐标系如图 6-4 所示，首先写出梁的弯矩方程。取 x 处横截面右侧梁段，由荷载 F 直接写出

$$M(x) = -F(l-x)$$

梁的挠曲线近似微分方程为

$$EIw'' = -M(x) = Fl - Fx$$

进行 2 次积分，得到

$$EIw' = EI\theta = Flx - \frac{Fx^2}{2} + C \tag{a}$$

$$EIw = \frac{Flx^2}{2} - \frac{Fx^3}{2\times 3} + Cx + D \tag{b}$$

悬臂梁的边界条件为：在 $x=0$ 处，$w=0$；在 $x=0$ 处，$w'=\theta=0$。将边界条件代入式（a）、式（b），得到 $C=0$ 和 $D=0$。

将 C、D 值代入式（a）、式（b）两式，得到该梁的转角方程和挠度方程分别为

$$\theta=w'=\frac{Flx}{EI}-\frac{Fx^2}{2EI} \tag{c}$$

$$w=\frac{Flx^2}{2EI}-\frac{Fx^3}{6EI} \tag{d}$$

梁的挠曲线大致形状如图 6-4 所示。可见，挠度及转角的最大值均在自由端 B 处，以 $x=l$ 代入式（c）、式（d）两式，得到

$$\theta_{\max}=\frac{Fl^2}{2EI}$$

$$w_{\max}=\frac{Fl^3}{3EI}$$

以上结果中，$\theta_{\max}$ 为正值，表明梁变形后，B 截面顺时针转动；$w_{\max}$ 为正值，表明 B 点位移向下。

【例 6-2】 一简支梁受均布荷载 q 作用，如图 6-5 所示。试求梁的转角方程和挠度方程，并确定最大挠度和 A、B 截面的转角。设梁的弯曲刚度为 EI。

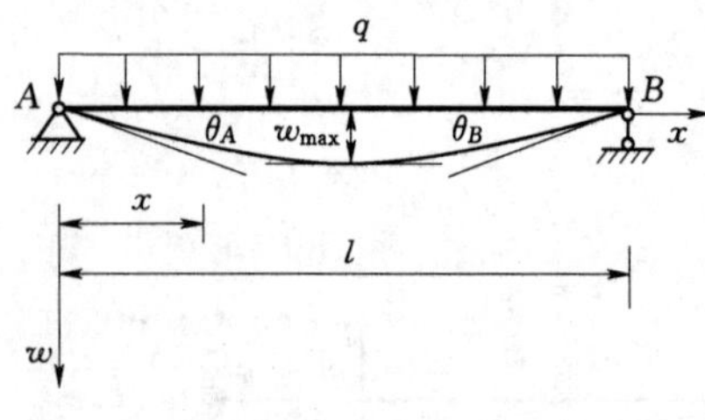

图 6-5 ［例 6-2］图

解 取坐标系如图 6-5 所示。由对称关系求得支座反力 $F_{Ay}=F_{By}=ql/2$。梁的弯矩方程为

$$M(x)=\frac{ql}{2}x-\frac{qx^2}{2}$$

代入式（6-2）并积分 2 次，得

$$EIw'=EI\theta=-\frac{ql}{2}\frac{x^2}{2}+\frac{qx^3}{2\times3}+C \tag{a}$$

$$ELw=-\frac{ql}{2}\frac{x^3}{2\times3}+\frac{qx^4}{2\times3\times4}+Cx+D \tag{b}$$

简支梁的边界条件为：在 $x=0$ 处，$w=0$；在 $x=l$ 处，$w=0$。将前一边界条件代入式（b），得 $D=0$。将 $D=0$ 连同后一边界条件代入式（b），得

$$EIw|_{x=l}=-\frac{ql^4}{12}+\frac{ql^4}{24}+Cl=0$$

由此得到 $C=\frac{ql^3}{24}$。

将 C、D 值代入式（a）、式（b）两式，得到梁的转角方程和挠度方程分别为

$$\theta=w'=\frac{ql^3}{24EI}-\frac{ql}{4EI}x^2+\frac{q}{6EI}x^3 \tag{c}$$

$$w=\frac{ql^3}{24EI}x-\frac{ql}{12EI}x^3+\frac{q}{24EI}x^4 \tag{d}$$

梁的挠曲线大致形状如图 6-5 所示。由对称性可知，梁跨中点的挠度最大。以 $x=l/2$ 代入式（d）得到

$$w_{\max}=\frac{5ql^4}{384EI}$$

以 $x=0$ 和 $x=l$ 分别代入式（c）后，得到 A 截面和 B 截面的转角为

$$\theta_A=\frac{ql^3}{24EI},\theta_B=-\frac{ql^3}{24EI}$$

以上是由对称性观察出梁跨中点的挠度最大。根据极值原理，最大挠度发生在 $w'=0$ 的位置，故由式（c）也可求得最大挠度发生在 $x=l/2$ 的位置。同时，由对称性也可知道，A、B 两截面的转角数值相同，且均为最大值。

【例 6-3】 一简支梁 AB，在 D 点受集中力 F 作用，如图 6-6 所示。试求梁的转角方程和挠度方程，并求最大挠度。设梁的弯曲刚度为 EI。

解 首先由平衡方程求出梁的支座反力为

$$F_{Ay}=\frac{Fb}{l},F_{By}=\frac{Fa}{l}$$

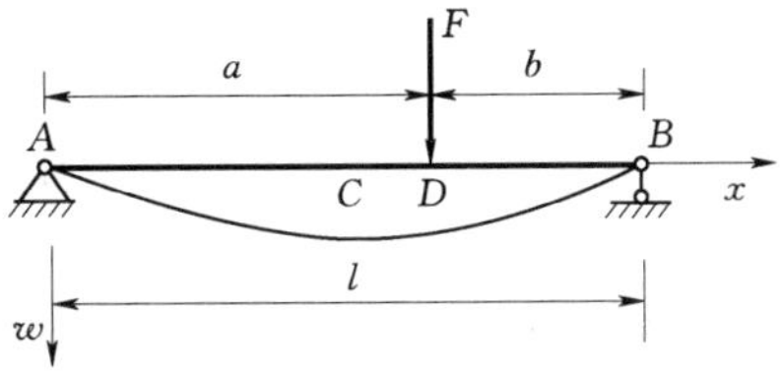

图 6-6 ［例 6-3］图

由于梁的两个支座间有一集中力，弯矩方程需分段列出

$$AD\text{ 段}(0\leqslant x\leqslant a):\quad M_1(x)=\frac{Fb}{l}x$$

$$DB\text{ 段}(a<x\leqslant l):\quad M_2(x)=\frac{Fb}{l}x-F(x-a)$$

由于 AD 段和 DB 段的弯矩方程不同，所以两段的转角方程和挠度方程也不相同。现将两段的弯矩方程分别代入式（6-2），并分别积分两次，得

AD 段：

$$EIw_1'=EI\theta_1=-\frac{Fb}{l}\frac{x^2}{2!}+C_1 \tag{a}$$

$$EIw_1=-\frac{Fb}{l}\frac{x^3}{3!}+C_1x+D_1 \tag{b}$$

DB 段：

$$EIw_2'=EI\theta_2=-\frac{Fb}{l}\frac{x^2}{2!}+F\frac{(x-a)^2}{2!}+C_2 \tag{c}$$

$$EIw_2=-\frac{Fb}{l}\frac{x^3}{3!}+F\frac{(x-a)^3}{3!}+C_2x+D_2 \tag{d}$$

在对 DB 梁段进行积分运算时，对含有（$x-a$）的弯矩项不要展开，而以（$x-a$）作为自变量进行积分，这样可使后面确定积分常数的工作得到简化。

式（a）～式（d）中有 4 个积分常数，需要 4 个条件确定。所以，除 2 个边界条件外，还要补充 2 个条件。由于梁的挠曲线是光滑连续的曲线，在两段梁的交界处（集中力作用的 D 点处）也应光滑连续。故由式（a）、式（b）两式求出的 D 截面的转角和挠度，和由式（c）、式（d）两式求出的 D 截面的转角和挠度应相等，即

$$x=a\text{ 时},w_1'=w_2'$$

$$x=a\text{ 时},w_1=w_2$$

这 2 个条件称为**连续条件**（continuity conditions）。

先利用连续条件，由式（a）、式（c）和式（b）、式（d）得到

$$C_1=C_2,D_1=D_2$$

再利用边界条件，即

$$x=0 \text{ 时}, w_1=0$$
$$x=l \text{ 时}, w_2=0$$

由式（b）和式（d），求得

$$D_1=D_2=0, C_1=C_2=\frac{Fb}{6l}(l^2-b^2)$$

将求得的积分常数代入式（a）～式（d），得到两段梁的转角方程和挠度方程为

AD 段：
$$\theta_1=w_1'=\frac{Fb(l^2-b^2)}{6EIl}-\frac{Fb}{2EIl}x^2 \tag{a'}$$
$$w_1=\frac{Fb(l^2-b^2)}{6EIl}x-\frac{Fb}{6EIl}x^3 \tag{b'}$$

DB 段：
$$\theta_2=w_2'=\frac{Fb(l^2-b^2)}{6EIl}-\frac{Fb}{2EIl}x^2+\frac{F}{2EI}(x-a)^2 \tag{c'}$$
$$w_2=\frac{Fb(l^2-b^2)}{6EIl}x-\frac{Fb}{6EIl}x^3+\frac{F}{6EI}(x-a)^3 \tag{d'}$$

梁的挠曲线大致形状如图 6-6 所示。简支梁的最大挠度应发生在 $w'=0$ 处，先研究 AD 段梁。由式（a′），令 $w_1'=0$，得到

$$x_0=\sqrt{\frac{l^2-b^2}{3}}=\sqrt{\frac{a(a+2b)}{3}} \tag{e}$$

可见，当 $a>b$ 时，x_0 将小于 a，即梁的最大挠度发生在 AD 段内。将式（e）代入式（b′），得到梁的最大挠度为

$$w_{\max}=w_1\big|_{x=x_0}=\frac{Fb(l^2-b^2)^{3/2}}{9\sqrt{3}\ EIl}$$

此外，以 $x=l/2$ 代入式（b′），得到梁中点的挠度为

$$w_C=\frac{Fb}{48EI}(3l^2-4b^2)$$

下面将说明，$w_{\max}$ 和 w_C 相差极小。由式（e）可见，当 b 值越小，则 x_0 值越大，即荷载越靠近右支座，梁的最大挠度点距离梁跨中点就越远，而且梁的最大挠度与梁跨中点挠度的差也随之增加。在极端情况下，当 F 无限靠近右端支座，即 $b\approx0$ 时，由式（e）得到

$$x_0=0.577l$$

即最大挠度发生的位置距梁中点仅 $0.077l$。在此极端情况下，上述 $w_{\max}$ 和 w_C 式中的 b^2 和 l^2 相比，可以略去不计，故令 $b^2=0$，即得

$$w_{\max}=\frac{Fbl^2}{9\sqrt{3}EI}=0.0642\frac{Fbl^2}{EI}$$
$$w_C=\frac{Fbl^2}{16EI}=0.0625\frac{Fbl^2}{EI}$$

$w_{\max}$ 和 w_C 仅相差不到 3%。因此，**受任意荷载的简支梁，只要挠曲线上没有拐点，均可近似地将梁中点的挠度作为最大挠度，其精度能满足工程计算的要求。**

当集中荷载 F 作用在简支梁中点处，即 $a=b=\dfrac{l}{2}$时，则 A、B 两端的转角均为最大

值，即

$$\theta_A=\frac{Fl^2}{16EI},\theta_B=-\frac{Fl^2}{16EI}$$

梁中点的挠度为最大值，即

$$w_C=Fl^3/48EI$$

6.4 转角和挠度的通用方程

6.3节所介绍的积分法是计算梁变形的基本方法。但是，当荷载复杂，需要对梁分多段列弯矩方程时，求解相当繁杂。因为对挠曲线近似微分方程积分之后，每段的方程中都出现2个积分常数。如果梁分 n 段，则有 $2n$ 个积分常数。从例6-3中可以看到，如果在列弯矩方程和积分时遵循一定的规则，例如各段的坐标 x 的原点都取左端点，各段的弯矩方程均由同一侧梁段上的外力计算写出，积分时以（$x-a_i$）作为变量等，则可使各段梁的方程中所包含的2个积分常数 C_i 和 D_i 分别相等，即 $C_1=C_2=\cdots=C_n$，$D_1=D_2=\cdots=D_n$。最后只需确定2个积分常数。这样就可以建立统一的方程，计算较为方便。

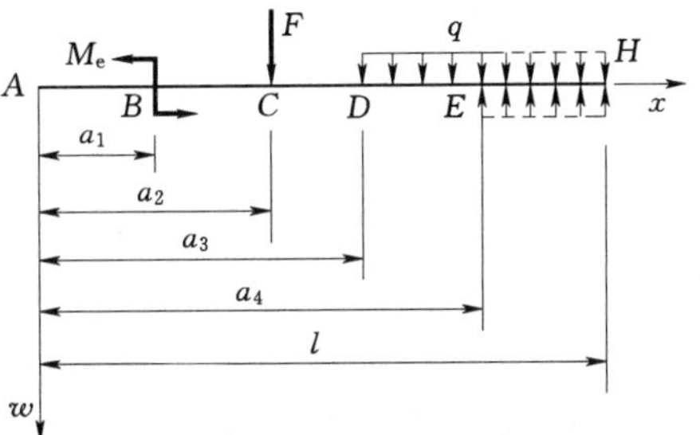

图6-7　受各类荷载作用的梁

下面介绍这一方法。设有一等直梁 AH（未画支座），受集中力偶 M_e、集中力 F 及 DE 段内的均布荷载 q 作用，如图6-7所示。为了得到统一的方程，在列各段梁的弯矩方程及积分时，需遵循下列规则：

（1）各段梁的弯矩方程中自变量即横截面的坐标 x 的原点均取同一坐标原点（左端）。梁的各段弯矩方程中，应保留以前各段的弯矩方程式中的各项。

（2）遇有均布荷载时，需将均布荷载延长到梁的末端（H 点），并在延长部分加上等量反向的均布荷载。

（3）弯矩方程中的各项写成（$x-a_i$）^{n} 的形式，a_i 为各段起点至坐标原点的距离。对只有集中力偶 M_e 的项，可写成 $M_e(x-a_i)^0$ 的形式。

（4）积分时，含有（$x-a_i$）的项以（$x-a_i$）为自变量，不得展开积分。

因此，对于图6-7所示的梁，各段梁的挠曲线近似微分方程及其积分为

AB 段：
$$EIw_1''=0$$
$$EIw_1'=C_1$$
$$EIw_1=C_1x+D_1$$

BC 段：
$$EIw_2''=M_e(x-a_1)^0$$
$$EIw_2'=M_e(x-a_1)+C_2$$
$$EIw_2=M_e\frac{(x-a_1)^2}{2}+C_2x+D_2$$

CD 段：
$$EIw_3''=M_e(x-a_1)^0+F(x-a_2)$$

$$EIw_3'=M_e(x-a_1)+F\frac{(x-a_2)^2}{2}+C_3$$

$$EIw_3=M_e\frac{(x-a_1)^2}{2}+F\frac{(x-a_2)^3}{2\times3}+C_3x+D_3$$

DE 段：

$$EIw_4''=M_e(x-a_1)^0+F(x-a_2)+q\frac{(x-a_3)^2}{2}$$

$$EIw_4'=M_e(x-a_1)+F\frac{(x-a_2)^2}{2}+q\frac{(x-a_3)^3}{2\times3}+C_4$$

$$EIw_4=M_e\frac{(x-a_1)^2}{2}+F\frac{(x-a_2)^3}{2\times3}+q\frac{(x-a_3)^4}{2\times3\times4}+C_4x+D_4$$

EH 段：

$$EIw_5''=M_e(x-a_1)^0+F(x-a_2)+q\frac{(x-a_3)^2}{2}-q\frac{(x-a_4)^2}{2}$$

$$EIw_5'=M_e(x-a_1)+F\frac{(x-a_2)^2}{2}+q\frac{(x-a_3)^3}{2\times3}-q\frac{(x-a_4)^3}{2\times3}+C_5$$

$$EIw_5=M_e\frac{(x-a_1)^2}{2}+F\frac{(x-a_2)^3}{2\times3}+q\frac{(x-a_3)^4}{2\times3\times4}-q\frac{(x-a_4)^4}{2\times3\times4}+C_5x+D_5$$

利用各段梁交界处位移连续的条件，可以得到

$$C_1=C_2=C_3=C_4=C_5=C$$

$$D_1=D_2=D_3=D_4=D_5=D$$

即待定的积分常数只有2个。这2个积分常数可以和梁左端（$x=0$）的初始位移 θ_0 和 w_0 联系起来。这2个初始位移称为**初参数**。为此考察 AB 段梁的方程，令 $x=0$，即得

$$C=EI\theta_0,D=EIw_0$$

在以上各段梁的方程中，EH 段梁的方程包括了梁上所有的荷载，且涵盖了各类型荷载，因而是一般形式的方程。当梁上作用有多个同类型的荷载时，可以将 EH 段的转角方程和挠度方程写成以下的一般形式：

$$EI\theta=EIw'=EI\theta_0+\sum M_e(x-a_1)+\sum F\frac{(x-a_2)^2}{2!}+\sum q\frac{(x-a_3)^3}{3!} \quad (6-5)$$

$$EIw=EIw_0+EI\theta_0x+\sum M_e\frac{(x-a_1)^2}{2!}+\sum F\frac{(x-a_2)^3}{3!}+\sum q\frac{(x-a_3)^4}{4!} \quad (6-6)$$

式（6-5）和式（6-6）称为梁转角和挠度的**通用方程**，式（6-6）也称为梁的挠曲线通用方程，通用方程中的积分常数是用初参数表示的，所以也称为**初参数方程**。

通用方程中的初参数 θ_0 和 w_0，由梁的支座处的位移边界条件确定。通用方程中外力项的正负，由弯矩的正负决定。如外力引起的弯矩为负，则该项为正；如外力引起的弯矩为正，则该项为负。此外，$a_i>x$ 的项不能列入，因为这些荷载不包括在 x 截面以左的梁段内。

通用方程各项中的函数 $(x-a_i)^n$ 可以用**奇异函数** $\langle x-a_i\rangle^n$ 表示，这种函数有如下特征：

$$\langle x-a_i\rangle^n=\begin{cases}0 & (x<a_i)\\(x-a_i)^n & (x>a_i)\end{cases}$$

即当 $n\geqslant0$ 时，如果 $x<a_i$，函数 $\langle x-a_i\rangle^n$ 等于零；如果 $x>a_i$，函数 $\langle x-a_i\rangle^n$ 就是普

通的二项式 $(x-a_i)^n$。

【例 6-4】 一悬臂梁 AC，左半段受均布荷载 q 作用，如图 6-8 所示。求梁的转角方程和挠度方程，并求 θ_C、w_C 和 w_B。设梁的抗弯刚度为 EI。

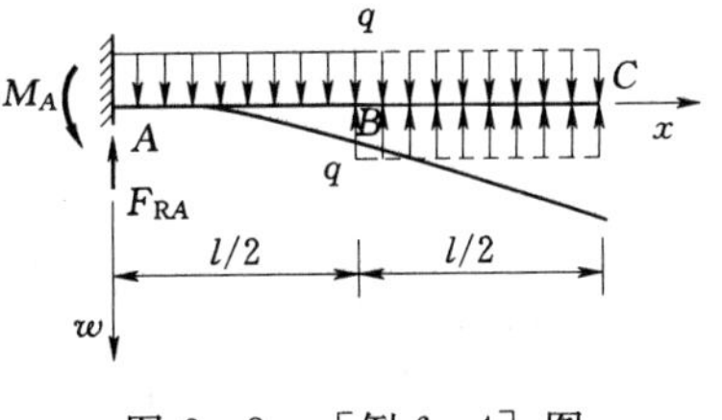

图 6-8 [例 6-4] 图

解 取坐标系如图 6-8 所示。首先求得梁的支座反力为

$$F_{RA}=\frac{1}{2}ql,\ M_A=\frac{1}{8}ql^2$$

再将均布荷载延长至梁的末端 C，并在延长部分加上等量反向的均布荷载。

由式 (6-5) 和式 (6-6) 得到梁的转角通用方程和挠度通用方程为

$$EI\theta=EIw'=EI\theta_0+\frac{1}{8}ql^2x-\frac{1}{2}ql\frac{x^2}{2!}+q\frac{x^3}{3!}-q\frac{\left(x-\frac{l}{2}\right)^3}{3!}$$

$$EIw=EIw_0+EI\theta_0x+\frac{1}{8}ql^2\frac{x^2}{2!}-\frac{1}{2}ql\frac{x^3}{3!}+q\frac{x^4}{4!}-q\frac{\left(x-\frac{l}{2}\right)^4}{4!}$$

梁的左端是固定端，所以初参数 $\theta_0=0$，$w_0=0$。因此，梁的转角方程和挠度方程为

$$\theta=\frac{1}{EI}\left[\frac{ql^2}{8}x-\frac{ql}{2}\frac{x^2}{2}+q\frac{x^3}{6}-q\frac{\left(x-\frac{l}{2}\right)^3}{6}\right] \tag{a}$$

$$w=\frac{1}{EI}\left[\frac{ql^2}{8}\frac{x^2}{2}-\frac{ql}{2}\frac{x^3}{6}+q\frac{x^4}{24}-q\frac{\left(x-\frac{l}{2}\right)^4}{24}\right] \tag{b}$$

以 $x=l$ 代入式 (a)，得

$$\theta_C=\frac{ql^3}{48EI}$$

以 $x=l$ 代入式 (b)，得

$$w_C=\frac{7ql^4}{384EI}$$

以 $x=l/2$ 代入式 (b)，得

$$w_B=\frac{ql^4}{128EI}$$

对本例题求解时，也可将梁如图 6-9 放置。由式 (6-5) 和式 (6-6)，梁的转角方程和挠度方程为

$$EI\theta=EI\theta_0+\frac{q\left(x-\frac{l}{2}\right)^3}{3!}$$

$$EIw=EIw_0+EI\theta_0x+\frac{q\left(x-\frac{l}{2}\right)^4}{4!}$$

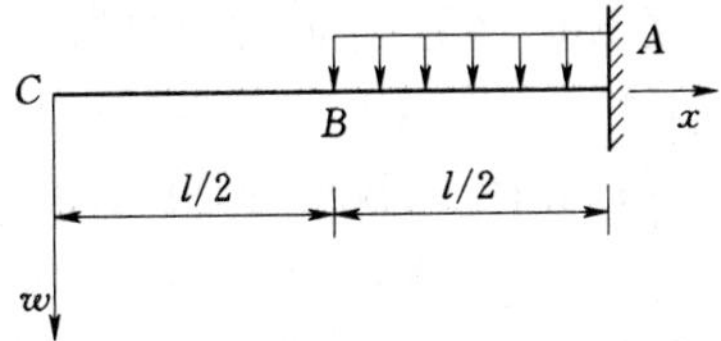

图 6-9 例 6-4 梁的另一种放置

在这种情况下，梁的初参数 θ_0 及 w_0 均不为零，需由梁右端的边界条件确定。由 $x=l$ 时，$\theta=0$，$x=l$ 时，$w=0$，利用以上两式可求得

$$\theta_C=\theta_0=-\frac{ql^3}{48EI}$$

$$w_C=w_0=\frac{7ql^4}{384EI}$$

当梁的支座情况和承受的外力较为复杂时，应用通用方程并在计算机上编程计算，可大大简化计算过程，提高计算效率。

6.5 叠加法计算梁的变形

在梁的弯曲问题中，由于变形很小，可以不考虑梁长度的变化，且材料在弹性范围内工作，因此，梁的变形和外荷载成线性关系，从而也可用**叠加法**（method of superposition）计算梁的变形。在这种情况下，**梁在多个荷载作用下，某一横截面的转角和挠度就分别等于各个荷载单独作用下该截面的转角和挠度的叠加。此外，叠加法还可应用于将某段梁上由荷载引起的转角和挠度和该段边界位移引起的转角或挠度相叠加的情况。**

为了便于应用叠加法计算梁的转角和挠度，在表 6-1 中列出了几种类型的梁在简单荷载作用下的转角和挠度。

【例 6-5】 一简支梁及其所受荷载如图 6-10（a）所示。试用叠加法求梁中点的挠度 w_C 和梁左端截面的转角 θ_A。设梁的弯曲刚度为 EI。

解 先分别求出均布荷载和集中荷载作用下梁的变形［图 6-10（b）和图 6-10（c）］，然后叠加，即得两种荷载共同作用下梁的变形。

由表 6-1 查得简支梁在 q 和 F 单独作用下梁中点的挠度 w_C 和梁左端截面的转角 θ_A，叠加后得到

$$w_C=w_C(q)+w_C(F)$$

$$=\frac{5ql^4}{384EI}+\frac{Fl^3}{48EI}=\frac{5ql^4+8Fl^3}{384EI}$$

$$\theta_A=\theta_A(q)+\theta_A(F)$$

$$=\frac{ql^3}{24EI}+\frac{Fl^2}{16EI}=\frac{2ql^3+3Fl^2}{48EI}$$

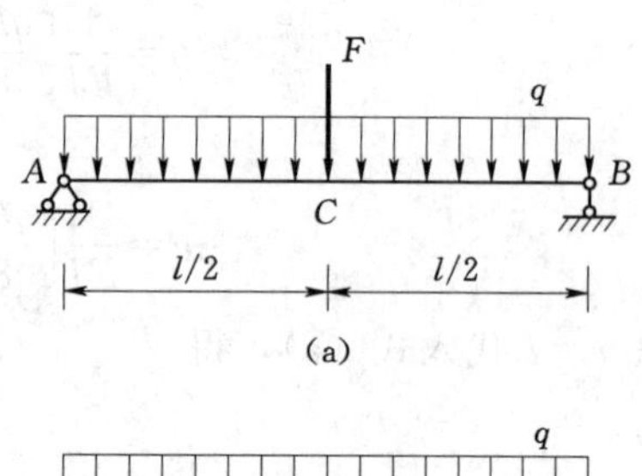

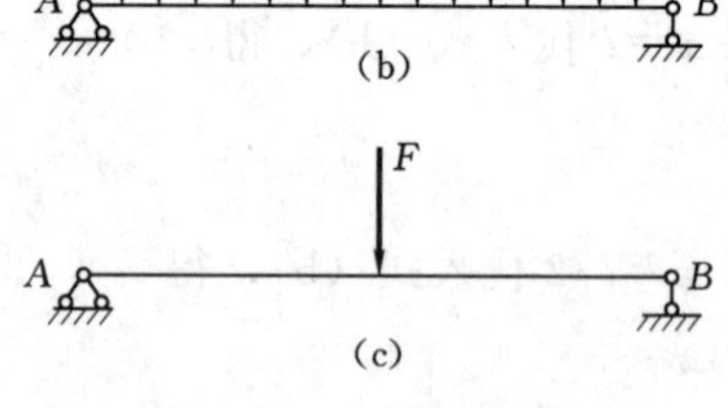

图 6-10 ［例 6-5］图

【例 6-6】 一阶梯形悬臂梁，在左端受集中力作用，如图 6-11（a）所示。试求左端的挠度 w_A。

解 由于两段梁的弯曲刚度不同，先将梁分成两根悬臂梁 BC 和 AB，分别如图 6-11（b）、（c）所示。B 截面是悬臂梁 AB 的固定端，但在梁变形后它本身也有转动和竖向位移。因此，AB 段梁的变形包括两部分：一部分是由 B 截面的转角和位移引起的刚体位移；另一部分是悬臂梁 AB 由力 F 引起的变形。从而，A 点的挠度可由两部分挠度叠加

求得。

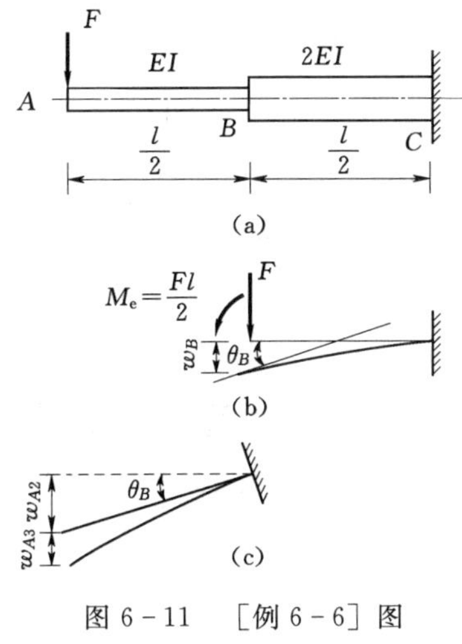

图 6-11 [例 6-6] 图

通过对悬臂梁 BC 的变形计算可确定 B 截面的转角和挠度。为此将 F 力向 B 点简化，得到力 F 和力偶矩 $M_e=\dfrac{Fl}{2}$ [图 6-11 (b)]。它们引起的 B 截面的转角和挠度可由表 6-1 查得

$$\theta_B=\theta_B(F)+\theta_B(M_e)=\frac{F\left(\frac{l}{2}\right)^2}{2\times 2EI}+\frac{\frac{Fl}{2}\left(\frac{l}{2}\right)}{2EI}=\frac{3Fl^2}{16EI}(-)$$

$$w_B=w_B(F)+w_B(M_e)=\frac{F\left(\frac{l}{2}\right)^3}{3\times 2EI}+\frac{\frac{Fl}{2}\left(\frac{l}{2}\right)^2}{2\times 2EI}=\frac{5Fl^3}{96EI}$$

θ_B 和 w_B 引起 A 点的刚体位移（挠度）分别为 $w_{A1}=w_B$ 和 $w_{A2}=\dfrac{l}{2}\theta_B$。

再考察悬臂梁 AB，由力 F 引起 A 点的挠度 $w_{A3}=\dfrac{F\left(\frac{l}{2}\right)^3}{3EI}$。因此，$A$ 点的总挠度为

$$w_A=w_{A1}+w_{A2}+w_{A3}=w_B+\frac{l}{2}\theta_B+w_{A3}=\frac{5Fl^3}{96EI}+\frac{l}{2}\frac{3Fl^2}{16EI}+\frac{F\left(\frac{l}{2}\right)^3}{3EI}=\frac{3Fl^3}{16EI}$$

以上 2 例表明叠加法虽简便，但必须先求出各荷载单独作用下梁的转角和挠度（见表 6-1)，然后可直接查用。

梁变形的计算方法还有很多，如能量法（详见第 13 章）、共轭梁法等，在此不再介绍。请读者总结并比较梁变形的计算方法。

表 6-1　　简单荷载作用下梁的转角和挠度

	梁上荷载及弯矩图	挠曲线方程	转角和挠度
1	M_e, A, θ_B, B, x, w_B, l, y, M	$w=+\dfrac{M_e x^2}{2EI}$	$\theta_B=+\dfrac{M_e l}{EI}$ $w_B=+\dfrac{M_e l^2}{2EI}$
2	F, A, θ_B, B, x, w_B, l, y, Fl	$w=+\dfrac{Fx^2}{6EI}(3l-x)$	$\theta_B=+\dfrac{Fl^2}{2EI}$ $w_B=+\dfrac{Fl^3}{3EI}$
3	q, A, B, x, l, θ_B, w_B, y, $\frac{ql^2}{2}$	$w=\dfrac{qx^2}{24EI}(6l^2-4lx+x^2)$	$\theta_B=+\dfrac{ql^3}{6EI}$ $w_B=+\dfrac{ql^4}{8EI}$

续表

	梁上荷载及弯矩图	挠曲线方程	转角和挠度
4	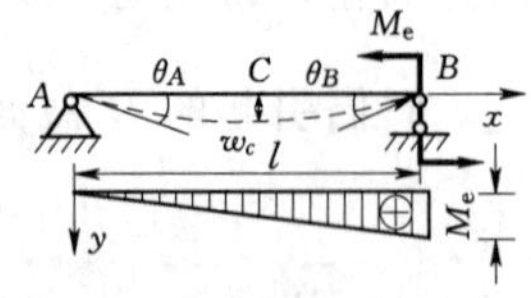	$w=+\frac{M_el^2}{6EI}\left(\frac{x}{l}-\frac{x^3}{l^3}\right)$	$\theta_A=+\frac{M_el}{6EI}$， $\theta_B=-\frac{M_el}{3EI}$ $w_C=+\frac{M_el^2}{16EI}$
5	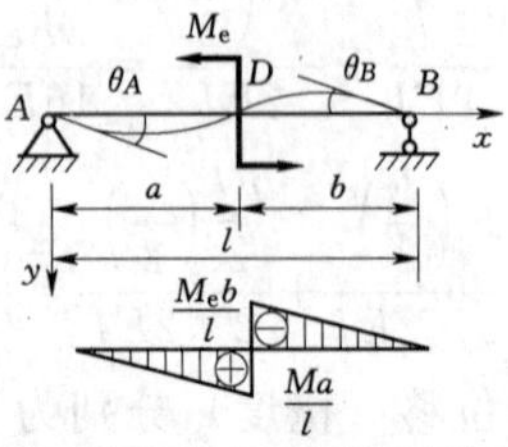	$w=+\frac{M_ex}{6EIl}\times(l^2-x^2-3b^2)$ $(0\leqslant x\leqslant a)$ $w=-\frac{M_e(l-x)}{6EIl}(x^2-2lx+3a^2)$ $(a\leqslant x\leqslant l)$	$\theta_A=+\frac{M_e}{6EIl}(l^2-3b^2)$ $\theta_B=+\frac{M_e}{6EIl}(l^2-3a^2)$ $w_D=+\frac{M_ea}{6EIl}(l^2-a^2-3b^2)$
6	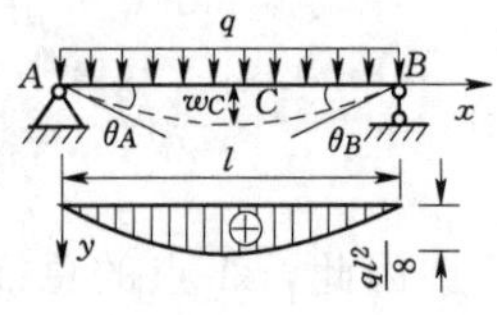	$w=\frac{qx}{24EI}(l^3-2lx^2+x^3)$	$\theta_A=+\frac{ql^3}{24EI}$ $\theta_B=-\frac{ql^3}{24EI}$ $w_C=+\frac{5ql^4}{384EI}$
7	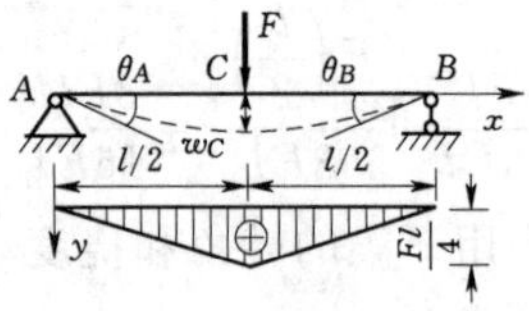	$w=\frac{Fx}{48EI}(3l^2-4x^2)$ $\left(0\leqslant x\leqslant\frac{l}{2}\right)$	$\theta_A=+\frac{Fl^2}{16EI}$ $\theta_B=-\frac{Fl^2}{16EI}$ $w_C=+\frac{Fl^3}{48EI}$
8	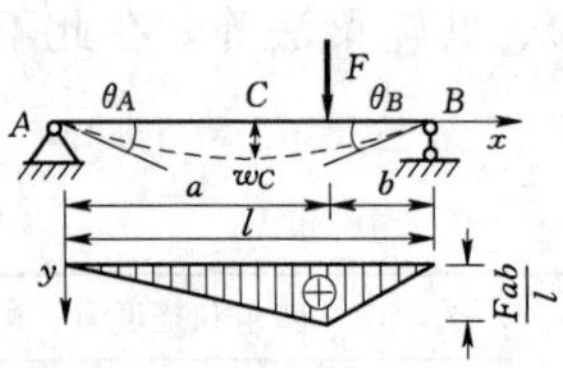	$w=\frac{Fbx}{6EIl}(l^2-x^2-b^2)$ $(0\leqslant x\leqslant a)$ $w=\frac{Fb}{6EIl}\left[\frac{l}{b}(x-a)^3+(l^2-b^2)x-x^3\right]$ $(a\leqslant x\leqslant l)$	$\theta_A=+\frac{Fab(l+b)}{6EIl}$ $\theta_B=-\frac{Fab(l+a)}{6EIl}$ $w_C=+\frac{Fb(3l^2-4b^2)}{48EI}$ （当 $a\geqslant b$ 时）

6.6 梁的刚度计算

6.6.1 梁的刚度计算

有些情况下，梁的强度是足够的，但由于变形过大而不能正常工作。在土建结构中，通常需对梁的挠度加以限制，例如吊车梁若变形过大，行车时会产生较大的振动，使吊车行驶很不平稳；楼板的横梁若变形过大，会使涂于楼板的灰粉开裂脱落。在机械制造中，往往对挠度和转角都有一定的限制，如机床主轴的挠度过大，将影响其加工精度；传动轴在轴承处若转角过大，会使轴承的滚珠产生不均匀磨损，缩短轴承的使用寿命。在这些情况下，梁的变形需限制在某一容许的范围内，即满足刚度要求。梁的刚度条件为

$$w_{\max}\leqslant[w] \tag{6-7}$$

$$\theta_{max} \leqslant [\theta] \tag{6-8}$$

式中：w_{max} 为梁的最大挠度；θ_{max} 一般是支座处的截面转角；$[w]$ 和 $[\theta]$ 是规定的容许挠度和转角，在有关设计手册中可查到，例如

吊车梁： $[w]=\dfrac{l}{500}\sim\dfrac{l}{600}$

屋梁和楼板梁： $[w]=\dfrac{l}{200}\sim\dfrac{l}{400}$

钢闸门主梁： $[w]=\dfrac{l}{500}\sim\dfrac{l}{750}$

普通机床主轴： $[w]=\dfrac{l}{5000}\sim\dfrac{l}{10000}$

$$[\theta]=0.005\sim0.001\text{rad}$$

利用式（6-7）和式（6-8），可对梁进行刚度计算，包括校核刚度、设计截面或求容许荷载。应当指出，一般土建工程中的构件，强度如能满足，刚度条件一般也能满足。因此，在设计工作中，刚度要求常处于从属地位。但当对构件的位移限制很严，或按强度条件所选用的构件截面过于单薄时，刚度条件也可能起控制作用。

【例 6-7】 图 6-12（a）所示简支梁，受 4 个集中力作用。$F_1=120\text{kN}$，$F_2=30\text{kN}$，$F_3=40\text{kN}$，$F_4=12\text{kN}$。该梁的横截面由两个槽钢组成。设钢的容许正应力 $[\sigma]=170\text{MPa}$，容许切应力 $[\tau]=100\text{MPa}$；弹性模量 $E=2.1\times10^5\text{MPa}$；梁的容许挠度 $[w]=l/400$。试由强度条件和刚度条件选择槽钢型号。

解 （1）计算支座反力。由平衡方程求得

$$F_{RA}=138\text{kN},\ F_{RB}=64\text{kN}$$

（2）作剪力图和弯矩图。梁的剪力图和弯矩图如图 6-12（b）、（c）所示。由图可知

$$F_{Smax}=138\text{kN},\ M_{max}=62.4\text{kN}\cdot\text{m}$$

（3）由正应力强度条件选择槽钢型号。由式（5-14），得

$$W_z \geqslant \frac{M_{max}}{[\sigma]}=\frac{62.4\times10^3\text{N}\cdot\text{m}}{170\times10^6\text{Pa}}=367\times10^{-6}\text{m}^3=367\text{cm}^3$$

查型钢表，选 2 个 20a 号槽钢，其 $W_z=178\times2=356\text{cm}^3$。由于所选型钢 W_z 略小，再对正应力强度进行校核。

梁的最大工作正应力为

$$\sigma_{max}=\frac{M_{max}}{W_z}=\frac{62.4\times10^3\text{N}\cdot\text{m}}{356\times10^{-6}\text{m}^3}=175\times10^6\text{N/m}^2=175\text{MPa}$$

此值未超过容许应力 5%，所以可以认为满足正应力强度要求。

（4）校核切应力强度。由型钢表查得 20a 号槽钢的截面几何性质为：$I_z=1780\text{cm}^4$，$h=200\text{mm}$，$b=73\text{mm}$，$d=7\text{mm}$，$\delta=11\text{mm}$［图 6-12（d）］。梁的最大工作切应力为

$$\tau_{max}=\frac{F_{Smax}S_{zmax}^*}{I_z d}=\frac{138\times10^3\text{N}\times2\times\left[73\times11\times\left(100-\frac{11}{2}\right)+7\times\frac{(100-11)^2}{2}\right]\times10^{-9}\text{m}^3}{2\times1780\times10^{-8}\text{m}^4\times2\times7\times10^{-3}\text{m}}$$

$$=57.4\times10^6\text{N/m}^2=57.4\text{MPa}<[\tau]$$

满足切应力强度要求。

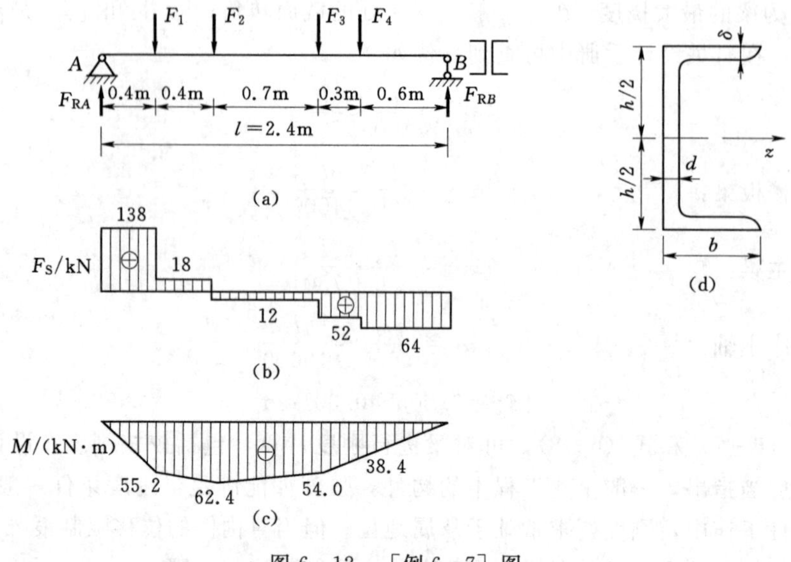

图 6-12 ［例 6-7］图

(5) 校核刚度。因为该梁的挠曲线上无拐点，故可用中点的挠度作为最大挠度。由表 6-1 的第 8 项，应用叠加法，得到

$$w_{\max}=\sum_{i=1}^{4}\frac{F_i b_i(3l^2-4b_i^2)}{48EI}=\frac{1.77\times10^6\,\text{N}\cdot\text{m}^3}{48\times2.1\times10^5\times10^6\,\text{Pa}\times2\times1780\times10^{-8}\,\text{m}^4}$$

$$=4.94\times10^{-3}\,\text{m}=4.94\,\text{mm}$$

已知 $[w]=2.4\text{m}/400=6\times10^{-3}\text{m}=6\text{mm}$，因此，满足刚度要求。故该梁选两个 20a 号槽钢。

6.6.2 提高承载能力的措施

提高梁的承载能力，也可从刚度方面加以考虑。由于梁的变形与其弯曲刚度成反比，因此，为了减小梁的变形，可以设法增加其弯曲刚度。一种方法是采用弹性模量 E 大的材料，例如钢梁就比铝梁的变形小。但对于钢梁来说，用高强度钢代替普通低碳钢并不能有效减小梁的变形，因为两者弹性模量相差不多。另一种方法是增大截面的惯性矩 I，即在截面积相同的条件下，采用工字形截面、空心截面等，以增大截面的惯性矩。

调整支座位置以减小跨长（图 5-25），或增加辅助梁（图 5-26），都可以减小梁的变形。增加梁的支座，也可以减小梁的变形，并可减小梁的最大弯矩。例如在悬臂梁的自由端或简支梁的跨中增加支座，都可以减小梁的变形，并减小梁的最大弯矩。但增加支座后，原来的静定梁就变成了超静定梁。

习 题

6-1 用积分法求图 6-13 中各梁指定截面处的转角和挠度。设 EI 已知。

6-2 对于图 6-14 中各梁，要求：

(1) 写出用积分法求梁变形时的边界条件和连续光滑条件。

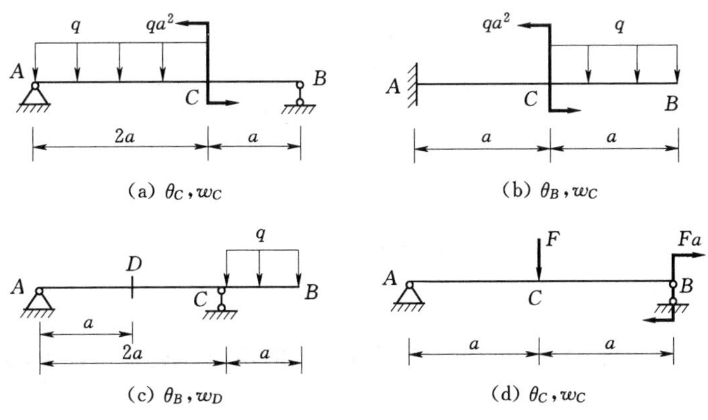

图 6-13　习题 6-1 图

(2) 根据梁的弯矩图和支座条件，画出梁的挠曲线的大致形状。

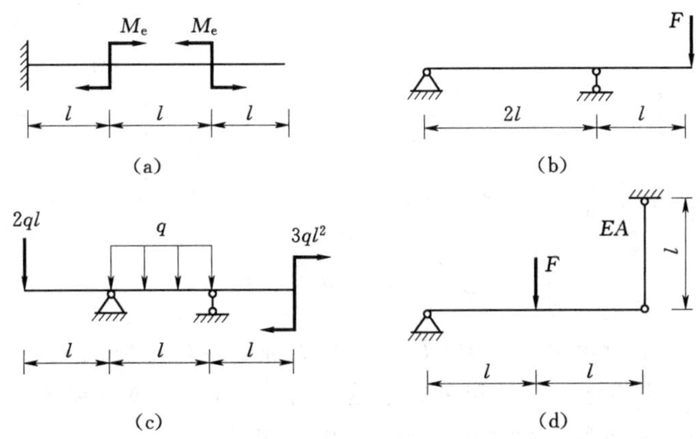

图 6-14　习题 6-2 图

6-3　用通用方程求图 6-15 中各梁的转角和挠度。设梁的 EI 已知。在图 6-15 (d)、(e) 中，$EI=8\times10^4\text{kN}\cdot\text{m}^2$。

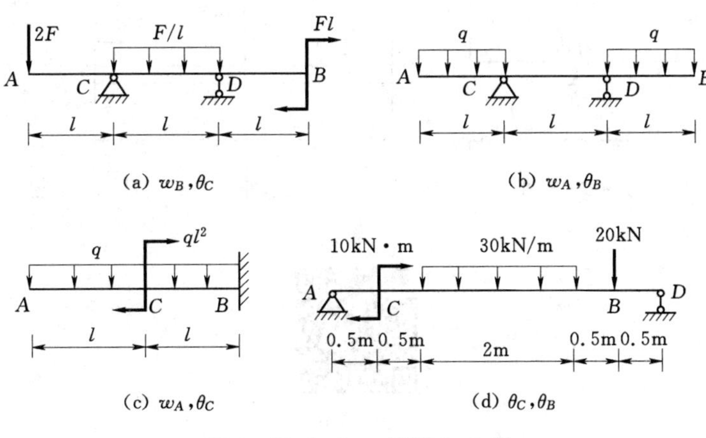

图 6-15（一）　习题 6-3 图

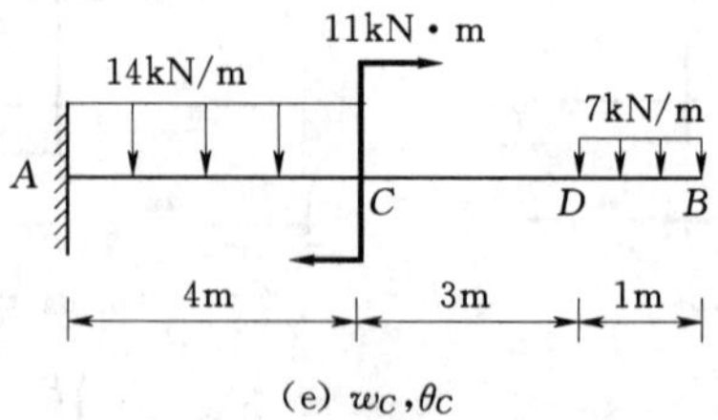

(e) w_C, θ_C

图 6－15（二） 习题 6－3 图

6－4 用叠加法求图 6－16 中各梁指定截面上的转角和挠度。设 EI 已知。

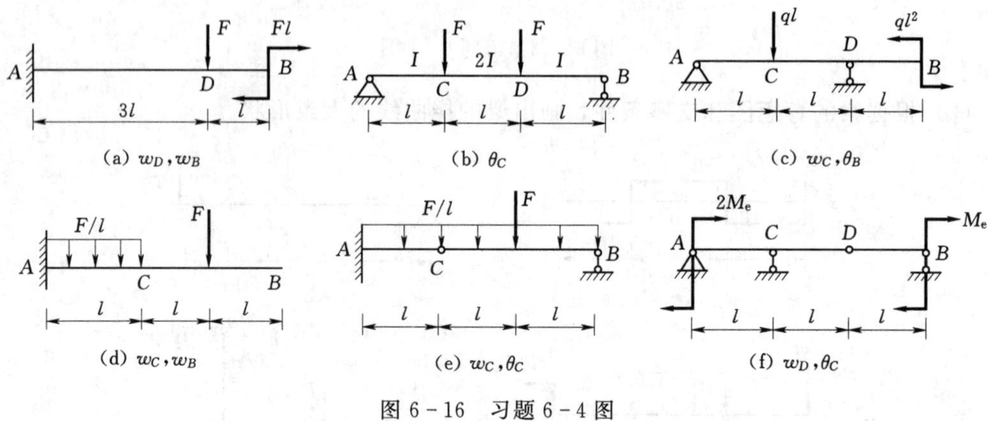

图 6－16 习题 6－4 图

6－5 求图 6－17 所示 AB 梁中 CD 段的最大挠度距 C 支座的距离。设 EI 已知。

6－6 一梁的 EI 为常数，该梁的挠曲线方程为 $EIw''(x)=M_e(x^3-lx^2)/4l$。试确定该梁上的荷载及支承条件，并画出梁的剪力图和弯矩图。

6－7 图 6－18 所示悬臂梁，容许应力 $[\sigma]=160\text{MPa}$，容许挠度 $[w]=l/400$，截面为 2 个槽钢组成，试选择槽钢的型号。设 $E=200\text{GPa}$。

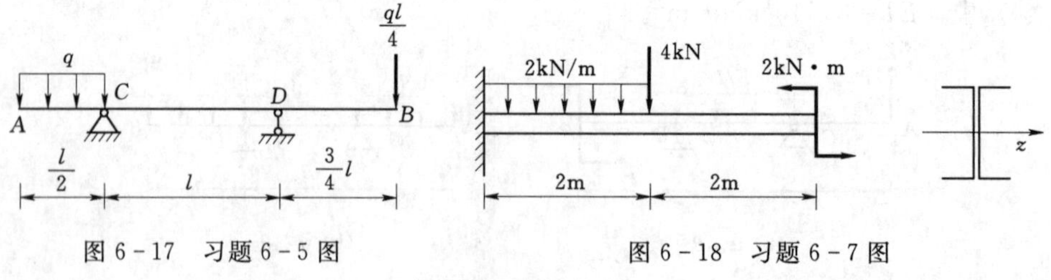

图 6－17 习题 6－5 图　　图 6－18 习题 6－7 图

习题详解

第7章 简单的超静定问题

超静定杆是工程中常见的杆，其约束力或内力的计算方法与静定杆的计算方法不同，本章首先介绍了超静定问题的概念，然后介绍了超静定轴向拉压杆、超静定扭转轴和超静定弯曲梁的约束力或内力的求解方法。

7.1 超静定问题的概念

在前面讨论的轴向拉压杆、扭转轴和弯曲梁等问题中，其约束力或内力均可由静力平衡方程求出，这类问题称为**静定问题**（statically determinate problem）。在实际工程中，有时约束力或内力并不能仅由静力平衡方程解出，这类问题称为**超静定问题**（statically indeterminate problem）。

在超静定问题中，存在多于维持平衡所必需的约束，习惯上称其为**多余约束**（redundant constraint），这种“多余”只是对保证结构的平衡及几何不变性而言的，但可以提高结构的强度和刚度。由于多余约束的存在，未知力的数目必然多于独立平衡方程的数目。未知力个数与独立平衡方程数的差，称为**超静定次数**。

多余约束使结构由静定变为超静定，因此不能仅由静力平衡求解。但是，多余约束对结构（或构件）的变形起着一定的限制作用，而结构（或构件）的变形又是与受力密切相关的，这就为求解超静定问题提供了补充条件。因此在求解超静定问题时，除了根据静力平衡条件列出平衡方程外，还必须根据变形的几何相容条件建立变形协调关系（或称变形协调条件），进而根据弹性范围内力与变形的关系（即物理条件）建立补充方程。将静力平衡方程与补充方程联立求解，就可解出全部未知力。可见，求解超静定问题需要综合考虑平衡、变形和物理3方面条件，这是分析超静定问题的基本方法。

7.2 轴向拉压杆的超静定问题

7.2.1 轴向拉压杆超静定问题解法

如上节所述，求解拉压杆件的超静定问题需要综合考虑平衡、变形和物理3方面条件，这是分析超静定问题的基本方法。实际上，在第2章推导轴向拉压杆横截面上的正应力公式时，就用到了这个方法，这是因为已知横截面上的内力求其应力的问题具有超静定的性质。下面通过例题来说明拉压超静定杆的解法。

【例7-1】 如图7-1（a）所示一两端固定的等直杆AB，在截面C上受轴向力F，杆的拉压刚度为EA，试求两端反力。

解 杆AB为轴向受力杆，故两端的约束反力［图7-1（b）］也均沿轴向，独立平衡方程只有1个，但未知力有2个，故为一次超静定问题，所以需建立一个补充方程。

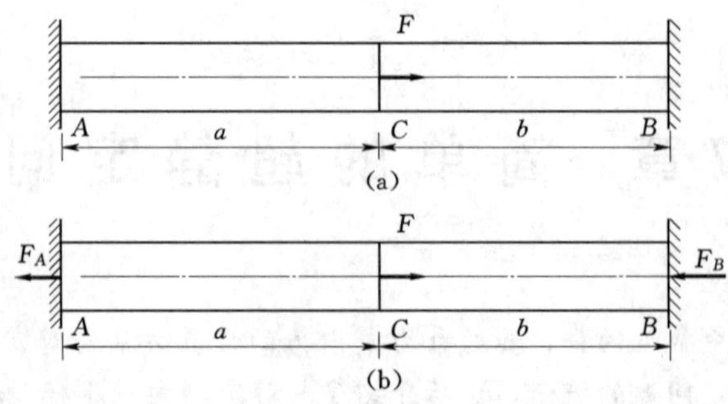

图 7-1 [例 7-1] 图

静力平衡方程为

$$F_A + F_B = F \tag{a}$$

为建立补充方程，需要先分析变形协调关系。AB 杆在荷载与约束力的作用下，AC 段和 CB 段均发生轴向变形，但由于两端固定，杆的总变形量必须等于零，即

$$\Delta l_{AB} = \Delta l_{AC} + \Delta l_{CB} = 0 \tag{b}$$

这就是变形协调关系式。

再根据胡克定律，即式（2-3），各段的轴力与变形的关系为

$$\Delta l_{AC} = \frac{F_{NAC}a}{EA} = \frac{F_A a}{EA},\ \Delta l_{CB} = \frac{F_{NCB}b}{EA} = -\frac{F_B b}{EA} \tag{c}$$

将式（c）代入式（b），得补充方程为

$$\frac{F_A a}{EA} - \frac{F_B b}{EA} = 0 \tag{d}$$

最后，由式（a）、式（d），即可解出两端的约束反力

$$F_A = \frac{Fb}{a+b},\ F_B = \frac{Fa}{a+b}$$

求得约束反力后，对于杆的轴力、应力、变形（位移）及强度计算，均可按静定杆进行。

【例 7-2】 如图 7-2（a）所示的杆系结构由 1、2、3 三杆组成。设 1、2 杆的横截面面积及材料弹性模量均相同，即 $A_1 = A_2$，$E_1 = E_2$，3 杆的横截面面积为 A_3，材料弹性模量 E_3，试求各杆内力。

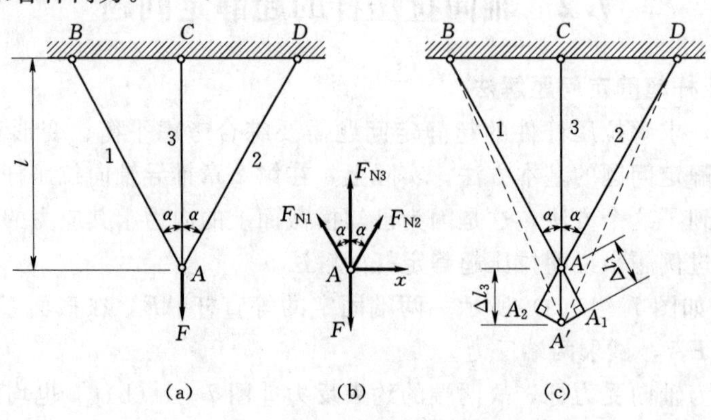

图 7-2 [例 7-2] 图

解 节点 A 的受力情况如图 7-2（b）所示。由平衡方程

$\sum F_x=0$，　　$F_{N1}\sin\alpha-F_{N2}\sin\alpha=0$

$\sum F_y=0$，　　$F_{N1}\cos\alpha+F_{N2}\cos\alpha+F_{N3}-F=0$

得到

$$F_{N1}=F_{N2}$$

$$2F_{N1}\cos\alpha+F_{N3}=F \tag{a}$$

可见这是一次超静定问题。为了求出 3 根杆的内力，需要建立一个补充方程。

该结构受外力 F 作用后，各杆要产生变形，但变形后的各杆仍然铰接在一起，因此，各杆的变形之间必然存在着一定的协调条件。各杆变形之间的关系可利用［例 2-8］中的方法找出。由于结构对称，该结构受力变形后，A 点移至 A' 点，则 3 杆的伸长为 $\Delta l_3=\overline{AA'}$。再由 A' 点向 AB 和 AD 的延长线上作垂线 $\overline{A'A_1}$ 及 $\overline{A'A_2}$，则 1 杆的伸长为 $\Delta l_1=\overline{AA_1}$，2 杆的伸长为 $\Delta l_2=\overline{AA_2}$，显然 $\Delta l_1=\Delta l_2$，如图 7-2（c）所示。由此得变形几何方程为

$$\Delta l_1=\Delta l_3\cos\alpha \tag{b}$$

再利用胡克定律，得

$$\Delta l_1=\frac{F_{N1}l_1}{E_1A_1},\ \Delta l_3=\frac{F_{N3}l_3}{E_3A_3}$$

并注意到 $l_3=l_1\cos\alpha=l$，由式（b）得到

$$F_{N1}=F_{N3}\frac{E_1A_1}{E_3A_3}\cos^2\alpha \tag{c}$$

式（c）即为所需的补充方程。

联立求解式（a）和式（c），得

$$\left.\begin{aligned}F_{N1}=F_{N2}&=\frac{F}{2\cos\alpha+\dfrac{E_3A_3}{E_1A_1\cos^2\alpha}}\\F_{N3}&=\frac{F}{1+2\dfrac{E_1A_1}{E_3A_3}\cos^3\alpha}\end{aligned}\right\} \tag{d}$$

由式（d）可见，在超静定杆系结构中，各杆内力的大小与各杆刚度的比值有关，如某杆的刚度增加，则该杆的内力也增加，这是超静定结构的特点。

【例 7-3】 一刚性很大的杆 AB，右端用铰链固定于 B 点，并用钢杆 CE（1 杆）拉住及木杆 DF（2 杆）撑住，如图 7-3（a）所示。现 A 端受一集中力 $F=300\text{kN}$ 作用，试求 1 杆和 2 杆的轴力 F_{N1} 及 F_{N2}。设 1 杆的横截面面积 $A_1=5\times10^{-3}\text{m}^2$，弹性模量 $E_1=2\times10^5\text{MPa}$；2 杆的横截面面积 $A_2=5\times10^{-2}\text{m}^2$，弹性模量 $E_2=10^4\text{MPa}$。

解 根据结构的受力情况，AB 杆受力图如图 3-7（b）所示，F_{N1} 为拉力，F_{N2} 为压力。由静力学平衡方程 $\sum M_B=0$，得到

$$6F_{N1}+5F_{N2}=4500\ (\text{kN}) \tag{a}$$

因 AB 杆刚性很大，可认为是刚杆。当 1 杆和 2 杆变形后，AB 杆的位置如图中虚线所示。A 点移至 A' 点，C 点移至 C' 点，D 点移至 D' 点。由几何关系，$\overline{CC'}=2\overline{DD'}$。1 杆的伸长为 $\Delta l_1=\overline{CC''}=\overline{CC'}\sin\alpha$，2 杆的缩短为 $\Delta l_2=\overline{DD'}$。变形几何方程为

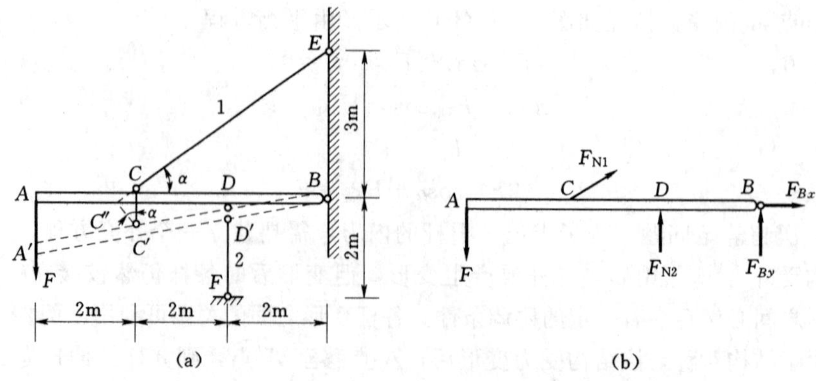

图 7-3 ［例 7-3］图

$$\frac{\Delta l_1}{\sin\alpha}=2\Delta l_2$$

即

$$\Delta l_1=\frac{6}{5}\Delta l_2 \tag{b}$$

由胡克定律

$$\Delta l_1=\frac{F_{N1}l_1}{E_1A_1},\ \Delta l_2=\frac{F_{N2}l_2}{E_2A_2} \tag{c}$$

将式（c）代入式（b）后，得到补充方程为

$$\frac{F_{N1}l_1}{E_1A_1}=\frac{6F_{N2}l_2}{5E_2A_2} \tag{d}$$

联立求解式（a）和式（d），并将已知数据及 $l_1=5\text{m}$ 和 $l_2=2\text{m}$ 代入，最后得到

$$F_{N1}=639.1\text{kN(拉力)},\ F_{N2}=133.14\text{kN(压力)}$$

7.2.2 装配应力

杆件在加工制造时，尺寸产生微小误差往往是难免的。对于静定结构，在装配时会使结构的几何形状略有改变，并不会在杆内引起附加应力。但超静定结构在装配后，却会由于这种误差而在杆中产生附加应力，这种应力称为**装配应力**（assemble stress）。因为它是加载以前产生的，故也称初应力。现举例说明装配应力的计算方法。

【例 7-4】 如图 7-4（a）所示的杆系结构由 1，2，3 三杆组成。3 杆在制造时，其长度比设计长度 l 短了 $\delta=l/1000$，经装配后，三杆铰接于 A 点。设三杆都是钢杆，横截面面积相同，弹性模量 $E=2\times10^5\text{MPa}$，$\alpha=30°$，试计算各杆的装配应力。

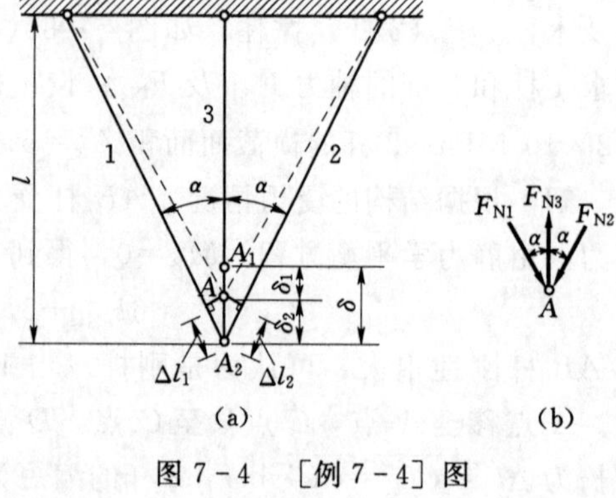

图 7-4 ［例 7-4］图

解 三杆经装配铰接于 A 点后，1，2 杆受压，从 A_2 位移至 A，3 杆受拉，从 A_1 位移至 A。节点 A 的受力图如图 7-4（b）所示。平衡方程为

$$\left.\begin{aligned}&F_{N1}\sin\alpha=F_{N2}\sin\alpha\\&F_{N3}-F_{N1}\cos\alpha-F_{N2}\cos\alpha=0\end{aligned}\right\} \tag{a}$$

显然，这是一次超静定问题。

三根杆的变形分别为 Δl_1、Δl_2 和 Δl_3，其中 $\Delta l_3=\delta_1$，另根据对称性可知 $\dfrac{\Delta l_1}{\cos\alpha}=\dfrac{\Delta l_2}{\cos\alpha}=\delta_2$ 由图可见

$$\delta_1+\delta_2=\delta$$

故变形几何方程为

$$\Delta l_3+\frac{\Delta l_1}{\cos\alpha}=\delta \tag{b}$$

由于 δ 远小于 l，变形计算仍采用设计长度，根据胡克定律

$$\Delta l_1=\frac{F_{N1}l}{EA\cos\alpha},\ \Delta l_3=\frac{F_{N3}l}{EA} \tag{c}$$

将式（c）代入式（b）后，得到补充方程为

$$\frac{F_{N3}l}{EA}+\frac{F_{N1}l}{EA\cos^2\alpha}=\delta \tag{d}$$

联立求解式（a）和式（d），得

$$F_{N1}=F_{N2}=\frac{\delta}{l}\frac{EA\cos^2\alpha}{1+2\cos^3\alpha}(\text{压力})$$

$$F_{N3}=\frac{\delta}{l}\frac{2EA\cos^3\alpha}{1+2\cos^3\alpha}(\text{拉力})$$

代入已知数据后，得各杆的装配应力为

$$\begin{aligned}\sigma_{1\text{杆}}=\sigma_{2\text{杆}}&=\frac{F_{N1}}{A}=\frac{\delta}{l}\ \frac{E\cos^2\alpha}{1+2\cos^3\alpha}=0.001\times\frac{2\times10^5\,\text{MPa}\times\cos^2 30^\circ}{1+2\cos^3 30^\circ}\\&=65.2\times10^6(\text{N/m}^2)=65.2\text{MPa}(\text{压应力})\end{aligned}$$

$$\begin{aligned}\sigma_{3\text{杆}}&=\frac{F_{N3}}{A}=\frac{\delta}{l}\ \frac{2E\cos^3\alpha}{1+2\cos^3\alpha}=0.001\times\frac{2\times2\times10^5\,\text{MPa}\times\cos^3 30^\circ}{1+2\cos^3 30^\circ}\\&=113.0\times10^6(\text{N/m}^2)=113.0\text{MPa}(\text{拉应力})\end{aligned}$$

由计算结果可见，即使 3 杆长度只有千分之一的制造误差，它产生的装配应力也很大。

装配应力有时会产生不利的影响，但有时为了某种需要也可利用装配应力。土建工程中的预应力钢筋混凝土构件，就是利用装配应力来提高构件承载能力的例子。机械上的过盈配合问题也是如此。在机械上，有时需将两个圆环紧套在一起，通常是将内环的外直径做得比外环的内直径略大，然后将外环加热，使其套在内环上，冷却后，两环即紧套在一起。这样，外环内产生的拉应力和内环内产生的压应力即为装配应力。

7.2.3 温度应力

杆件在工作时，环境的温度常常会发生变化，导致杆件产生变形。若杆的同一横截面上各点处的温度变化相同，则杆将仅发生伸长或缩短变形。在静定结构中，由于杆可自由变形，均匀的温度变化不会使杆产生应力，但在超静定结构中，由于有了多余约束，杆由温度变化所引起的变形受到限制，从而将在杆中产生应力。这种由温度变化引起的应力称为**温度应力**（temperature stress）。与前面不同的是，杆的变形包括两部分，即由温度变化所引起的变形，以及与温度变化引起的内力相应的弹性变形。现举例说明温度应力的计算方法。

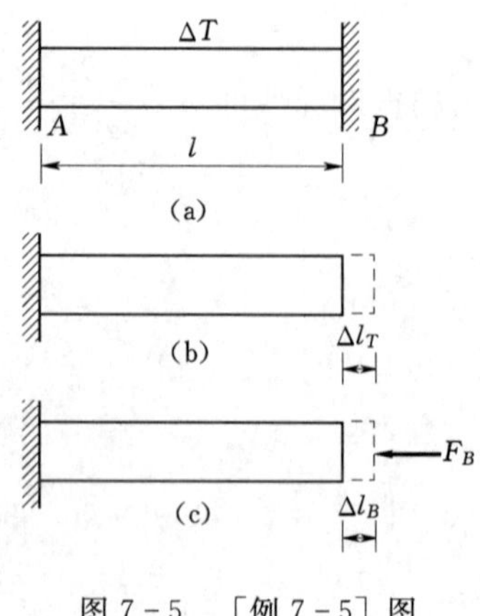

图7-5 [例7-5]图

【例7-5】 一两端固定的杆，如图7-5（a）所示。设杆的横截面面积为A，弹性模量为E，线膨胀系数为α。当温度升高ΔT度时，试求杆的温度应力。

解 当温度升高ΔT后，杆将伸长。但由于杆端约束，阻止了杆的伸长。这相当于两端有约束反力（轴向压力）作用在杆上，使杆内产生温度应力。由静力平衡方程只能知道两端的约束反力大小相等，但不能求出约束反力的大小，所以这是一次超静定问题。

设想解除一端的约束（例如解除B端约束），则杆因温度升高将自由伸长Δl_{T}，如图7-5（b）所示。而约束反力F_{B}使杆缩短Δl_{B}，如图7-5（c）所示。但全杆实际上没有变形，故变形几何方程为

$$\Delta l_T - \Delta l_B = 0 \tag{a}$$

由线膨胀定律和胡克定律，得

$$\Delta l_T = \alpha l \Delta T, \ \Delta l_B = \frac{F_B l}{EA} \tag{b}$$

将式（b）代入式（a）得

$$F_B = \alpha EA \Delta T$$

由此求得温度应力为

$$\sigma = \frac{F_{\mathrm{N}}}{A} = \frac{F_B}{A} = \alpha E \Delta T \text{（压应力）}$$

在超静定结构中，温度应力是一个不容忽视的因素。在铁路钢轨接头处，以及混凝土路面中，通常都留有空隙；高温管道隔一段距离要设一个弯道，都为考虑温度的影响，调节因温度变化而产生的伸缩。如果忽视了温度变化的影响，将会导致破坏或妨碍结构的正常工作。

7.3 扭转超静定问题

杆在扭转时，如支座反力偶矩仅用静力平衡方程不能求出，则称这类问题为扭转超静定问题。其求解方法与拉压超静定问题类似。现举例说明。

如图7-6（a）所示的圆杆A，B两端固定。在C截面处作用一扭转外力偶矩T后，两固定端产生反力偶矩T_A和T_B，如图7-6（b）所示。由静力学平衡方程得到

$$T_A + T_B = T \tag{a}$$

这是一次超静定问题。为了求出T_A和T_B，必须考虑变形协调条件。

杆在T的作用下，C截面绕杆的轴线转动。截面C相对于A端产生扭转角φ_{AC}，相对于B端产生扭转角φ_{BC}。由于A、B两端固定，φ_{AC}和φ_{BC}的数值应相等，这就是变形协调条件，由此得变形几何方程

$$\varphi_{AC} = \varphi_{BC} \tag{b}$$

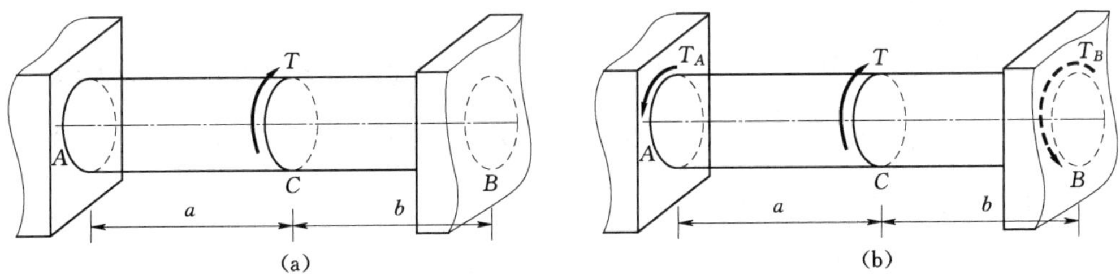

图 7-6 超静定扭转杆件

设杆的扭转刚度为 GI_P，由式（3-16），得

$$\left.\begin{aligned}\varphi_{AC}&=\frac{T_A a}{GI_P}\\ \varphi_{BC}&=\frac{T_B b}{GI_P}\end{aligned}\right\} \tag{c}$$

将式（c）代入式（b）后，得到补充方程为

$$T_A=\frac{b}{a}T_B \tag{d}$$

由式（a）和式（d），求得

$$T_A=\frac{b}{a+b}T，\ T_B=\frac{a}{a+b}T$$

还可以用假想解除一端约束的方法求固定端支座的反力偶矩。请读者自行求解。

7.4 弯曲超静定问题

7.4.1 超静定梁的解法

在工程上，为了减小梁的应力和变形，常在静定梁上增加一些约束，例如图 7-7（a）所示的梁在悬臂梁自由端上增加一个活动铰支座。该梁共 3 个支座反力，但只有 2 个静力平衡方程，所以仅用静力平衡方程不能求出全部的支座反力。这样的梁被称为**超静定梁**（statically indeterminate beam）。

求解超静定梁，除仍必须应用平衡方程外，还需根据多余约束对梁的变形或位移的特定限制，建立由变形或位移间的几何关系得到的几何方程，即**变形协调条件**（compatibility condition），再以力与变形或位移间的物理关系代入，得到**补充方程**，方能解出多余支座反力。现以图 7-7（a）所示的超静定梁为例，说明求解方法。

首先将 B 支座视为多余约束，假想将其解除，得到一个悬臂梁，如图 7-7（b）所示。这个悬臂梁是静定的，称为**基本静定梁**。再将梁上的荷载 q 及多余支座反力 F_{RB} 作用在基本静定梁上，如图 7-7（c）所示。基本静定梁在 B 点的挠度应和原超静定梁 B 点的挠度相同，因此，基本静定梁在 B 点的挠度应等于零。这就是变形协调条件。按叠加法，基本静定梁上 B 点的挠度，由均布荷载 q 及反力 F_{RB} 引起［图 7-7（d）、（e）］。因此由变形协调条件得到变形几何方程为

$$w_B = w_{Bq} + w_{BF_{RB}} = 0 \tag{a}$$

由表 6-1 及式（a），得到

$$\frac{ql^4}{8EI} - \frac{F_{RB}l^3}{3EI} = 0 \tag{b}$$

式（b）即为补充方程。由式（b）解得

$$F_{RB} = \frac{3}{8}ql \tag{c}$$

再由平衡方程求得

$$F_{RA} = \frac{5}{8}ql,\ M_A = \frac{1}{8}ql^2 \tag{d}$$

梁的剪力和弯矩图如图 7-7（f）、（g）所示。

从以上的求解过程看到，求解超静定梁的主要问题是如何选择基本静定梁，并找出相应的变形协调条件。对同一个超静定梁，可以选取不同的基本静定梁。如图 7-7（a）所示的超静定梁，也可将左端阻止转动的约束视为多余约束，予以解除，得到的基本静定梁是简支梁。原来的超静定梁就相当于基本静定梁上受有均布荷载 q 和多余支座反力矩 M_A。相应的变形协调条件是基本静定梁上 A 截面的转角为零。此外，还可取左端阻止下移动的约束作为多余约束，同样可求解上述超静定梁。请读者进行计算。

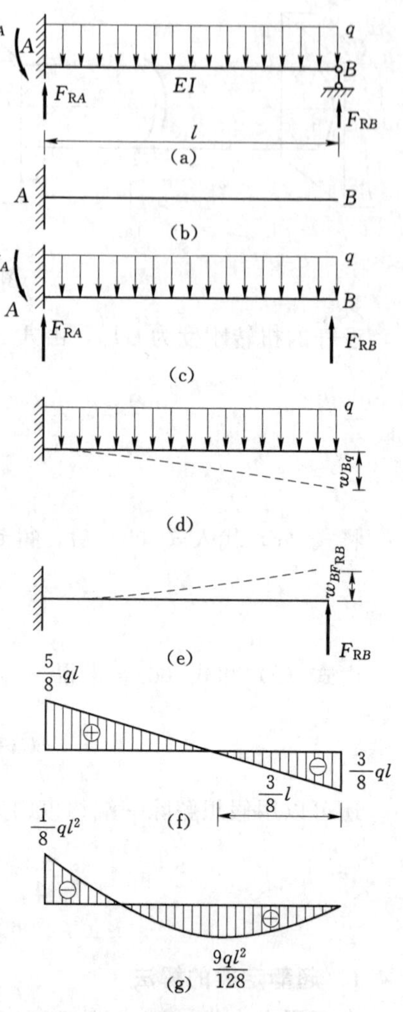

图 7-7　超静定梁及其求解

上述解超静定梁的方法，以多余约束力作为基本未知量，以解除多余约束的静定梁作为基本系，根据解除约束处的位移条件，再引入力与位移间的物理关系建立补充方程，求出多余约束力。进而，再由平衡方程求出其他未知支座反力，使该超静定梁得以求解。这一方法就是结构力学中的**力法**（force method）。

【例 7-6】 两端固定的梁，在 C 处有一中间铰，如图 7-8（a）所示。当梁上受集中荷载作用后，试作梁的剪力图和弯矩图。

解 如不考虑固定端和中间铰处的水平约束力，则共有 5 个支座约束力，即 M_A，M_B，F_{Ay}，F_{By} 和 F_{Cy}。两段共有 4 个独立的平衡方程，所以是一次超静定问题。

现假想将梁在中间铰处拆开，选两个悬臂梁为基本静定梁［图 7-8（b）］，即以 C 处的铰约束作为多余约束，相应的约束力 F_{Cy} 为多余未知力。在基本静定梁 AC 和 CB 上作用有外力 F 和 F_{Cy}，如图 7-8（c）所示。由于梁变形后，中间铰不会分开，这就是变形协调条件。设 w_{C1} 是基本静定梁 AC 在 C 点的挠度，w_{C2} 是基本静定梁 CB 在 C 点的挠度，由变形协调条件，两者需相等。因此，变形几何方程为

$$w_{C1} = w_{C2} \tag{a}$$

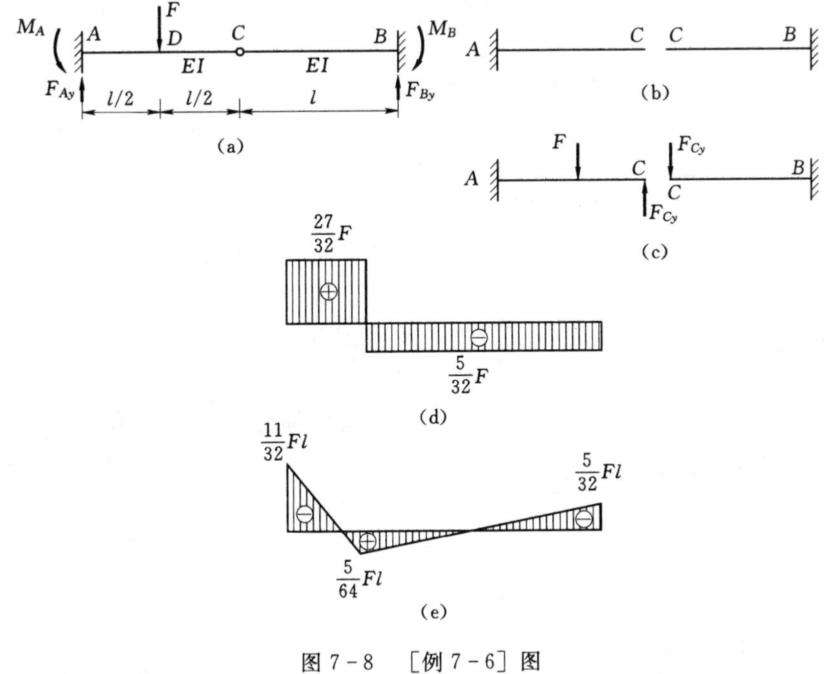

图 7－8 ［例 7－6］图

由表 6－1 和叠加法，得到

$$w_{C1}=\frac{F\left(\frac{l}{2}\right)^3}{3EI}+\frac{F\left(\frac{l}{2}\right)^2}{2EI}\frac{l}{2}-\frac{F_{Cy}l^3}{3EI}$$

$$w_{C2}=\frac{F_{Cy}l^3}{3EI}$$

代入式（a）后，得到补充方程为

$$\frac{5El^3}{48EI}-\frac{F_{Cy}l^3}{3EI}=\frac{F_{Cy}l^3}{3EI} \tag{b}$$

由式（b）解得

$$F_{Cy}=\frac{5}{32}F$$

再分别由两段的平衡方程，可求得其余支座反力。梁的剪力图和弯矩图如图 7－8（d）、（e）所示。

＊7.4.2 支座沉陷和温度变化对超静定梁的影响

在工程中，有些梁由于地基下沉等原因，各支座可能发生不同程度的沉陷；有些梁由于受到周围环境的影响，使其上、下表面的温度变化有较大的差别。这些因素，对于静定梁将只影响其几何外形，对梁的内力和应力在一般情况下并无影响，然而对超静定梁将不仅影响其几何外形，并且对其内力和应力也将产生明显的影响。

1. 支座沉陷的影响

如图 7－9（a）所示的一次超静定梁，受集度为 q 的均布荷载作用，梁的弯曲刚度为

EI，若梁的3个支座均发生了沉陷，沉陷后3个支座的顶部 A_1、B_1 和 C_1 不在同一直线上，3个支座的沉陷量 Δ_A、Δ_B 和 Δ_C 均远比梁的跨长 l 为小，并设 $\Delta_B > \Delta_C > \Delta_A$。下面来分析图7-9(a)中超静定梁的3个支反力 F_A，F_B 和 F_C。

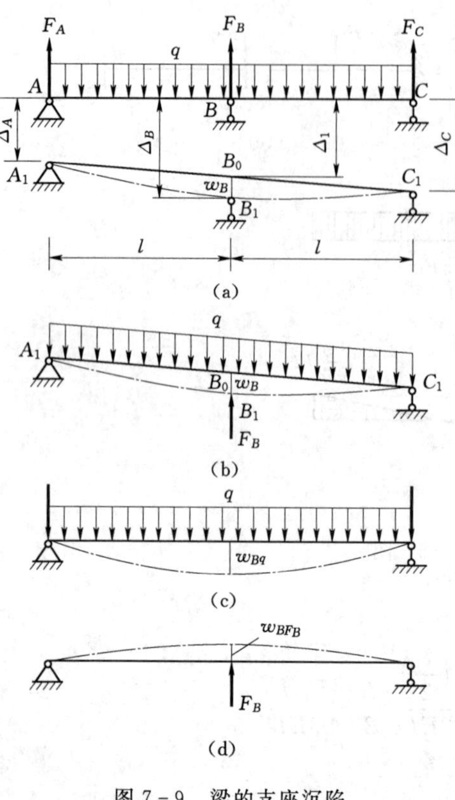

图7-9　梁的支座沉陷

设想将支座 B_1 处的约束当作"多余"约束解除，并在 B_1 点处施加相应的多余未知力 F_B，即得基本静定系为图7-9(b)所示的静定简支梁 A_1C_1。基本静定系应满足的变形协调条件是梁在受力变形后仍与中间支座在 B_1 处相连。

值得注意的是，原超静定梁在 B 点处的位移由两部分所组成。第一部分是由于 A、C 两支座的沉陷而引起的刚体位移，而使 B 点移至 B_0 点。显然，这部分的位移并不引起支座反力。第二部分是简支梁 A_1C_1 在均布荷载和多余未知力 F_B 共同作用下，发生弯曲变形后 B_0 点的位移 $\overline{B_0B_1}$ [图7-9(a)]，这部分的位移才引起超静定梁的支座反力。

以 Δ_1、w_B 分别表示上述两部分位移 $\overline{BB_0}$ 和 $\overline{B_0B_1}$。由图7-9(a)、(b)可见 $\Delta_1=\dfrac{\Delta_A+\Delta_C}{2}$，而 $w_B=\Delta_B-\Delta_1$，于是，从已知的 Δ_A、Δ_B 和 Δ_C。可求得

$$w_B=\Delta_B-\frac{\Delta_A+\Delta_C}{2} \tag{a}$$

由于支座沉陷后斜线 A_1C_1 的斜度甚小，故基本静定系 A_1C_1 仍可近似地当作水平放置的梁来计算。梁 A_1C_1 在均布荷载和力 F_B 的共同作用下，其 B_0 点的挠度为

$$w_B=w_{Bq}+w_{BF_B} \tag{b}$$

由变形协调条件可知，式(a)、式(b)中的 w_B 值相等，于是，可得变形几何方程为

$$w_{Bq}+w_{BF_B}=\Delta_B-\frac{\Delta_A+\Delta_C}{2} \tag{c}$$

式中，w_{Bq} 及 w_{BF_B} 由表6-1可得

$$w_{Bq}=\frac{5}{384}\frac{q(2l)^4}{EI}=\frac{5}{24}\frac{ql^4}{EI}$$

$$w_{BF_{RB}}=-\frac{F_B(2l)^3}{48EI}=-\frac{F_Bl^3}{6EI}$$

将其代入式(c)，即得补充方程

$$\frac{5}{24}\frac{ql^4}{EI}-\frac{F_Bl^3}{6EI}=\Delta_B-\frac{\Delta_A+\Delta_C}{2}$$

由此可得

$$F_B=\frac{1}{4}\left[5ql-\frac{24EI}{l^3}\left(\Delta_B-\frac{\Delta_A+\Delta_C}{2}\right)\right] \tag{d}$$

然后，由静力平衡方程求得

$$F_A=F_C=\frac{3ql}{8}+\frac{3EI}{l^3}\left(\Delta_B-\frac{\Delta_A+\Delta_C}{2}\right) \tag{e}$$

式（d）和式（e）两式中含有$\Delta_B-\frac{\Delta_A+\Delta_C}{2}$的项，反映了支座沉陷对支反力的影响。根据支反力受到支座沉陷的影响还可推知，支座沉陷对超静定梁的剪力及弯矩值等均有影响。

2. 梁上、下表面温度变化不同的影响

以图 7-10（a）所示的两端固定梁为例，讨论梁上、下表面温度变化不同对超静定梁的影响。设梁在安装以后，由于上、下表面工作条件不同，其顶面的温度由安装时的 t_0 上升为 t_1，而底面的温度则由 t_0 上升为 t_2，且 $t_2>t_1$。梁材料的弹性模量 E、线膨胀系数 α_l 及截面的惯性矩 I 均为已知，不计梁的自重。

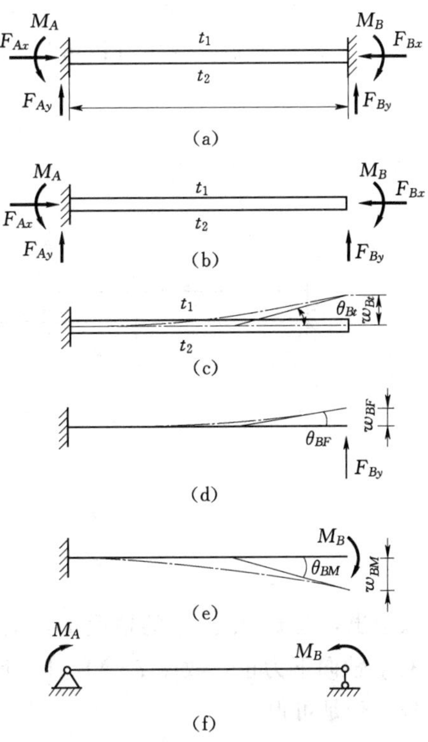

图 7-10 梁的温度变化影响

梁共有 6 个未知支反力，而平面一般力系只有 3 个独立的静力平衡方程，所以是三次超静定梁，须建立 3 个补充方程。

设想将其支座 B 处的 3 个约束当作“多余”约束解除，并在 B 点处施加与之相应的 3 个多余未知力 M_B、F_{By} 和 F_{Bx}，从而得到基本静定系如图 7-10（b）所示的悬臂梁。

由于 F_{Ax} 和 F_{Bx} 是梁沿轴向的支反力，在变形微小时，其对挠度和转角的影响均可略去不计。因此，可先不加考虑，而将梁看作是二次超静定的，并利用原超静定梁的变形协调条件 $w_B=0$ 和 $\theta_B=0$ 来求解 M_B 和 F_{By}。

对于图 7-10（b）所示的基本静定系，由于温度变化后梁底面的温度 t_2 大于其顶面的温度 t_1，因此，其底面长度将大于其顶面长度，从而使梁的 B 端产生挠度 w_{Bt} 和转角 θ_{Bt}［图 7-10（c）］。此外，当 F_{By} 单独作用时，B 端将产生挠度 w_{BF} 和转角 θ_{BF}；而当 M_B 单独作用时，B 端将产生 w_{BM} 和 θ_{BM}［图 7-10（d）、图 7-10（e）］。于是，根据变形协调条件，并利用叠加原理，可得变形几何方程为

$$w_B = w_{Bt} + w_{BF} + w_{BM} = 0 \tag{f}$$

$$\theta_B = \theta_{Bt} + \theta_{BF} + \theta_{BM} = 0 \tag{g}$$

先分别找出上述各种因素单独存在时，梁在截面 B 处的挠度和转角表达式，也就是建立其物理方程，然后将它们代入式（f）和式（g），即可得到两补充方程，以求解多余未知力 F_{By} 和 M_B。

（1）由于梁上、下表面的温度变化不同所引起的梁在 B 端的转角和挠度。假设梁的顶面到底面的温度是按线性规律变化的。取长为 $\mathrm{d}x$ 的梁段来分析［图 7-11（a）］。梁段的底面长度 $\mathrm{d}x$ 在温度从 t_0 上升到 t_2 时将增至 $\mathrm{d}x+\alpha_l(t_2-t_0)\mathrm{d}x$，而顶面长度 $\mathrm{d}x$ 在温度从 t_0 上升到 t_1 时将增至 $\mathrm{d}x+\alpha_l(t_2-t_0)\mathrm{d}x$［图 7-11（b）］。由于假设温度是按线性规律变化的，因此，$\mathrm{d}x$ 微段的变形情况将如图 7-11（b）中 $mnn'm'$ 所示，即微段左、右两横截面将发生相对转角 $\mathrm{d}\theta$。作辅助线 $m'n_0$ 平行于 mn［图 7-11（b）］，可得

$$\overline{n_0n'} = h\,\mathrm{d}\theta \tag{h}$$

而 $\overline{n_0n'} = \overline{nn'} - \overline{mm'} = \mathrm{d}x + \alpha_l(t_2-t_0)\mathrm{d}x - [\mathrm{d}x + \alpha_l(t_1-t_0)\mathrm{d}x] = \alpha_l(t_2-t_1)\mathrm{d}x$，将其代入式（h）并整理后即得相对转角为

$$\mathrm{d}\theta = \frac{\alpha_l(t_2-t_1)}{h}\mathrm{d}x \tag{i}$$

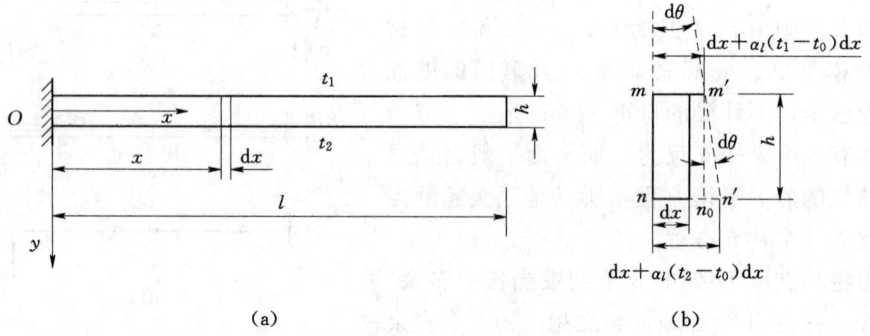

图 7-11　微段梁的温度变化影响

应该指出，在 t_2 大于 t_1 的情况下，上式右边为正值，但在图 7-11（a）所示坐标系中，因取 y 轴向下为正，故图 7-11（b）所示的转角 $\mathrm{d}\theta$ 为负值，因此，在式（i）右边应加上负号。于是可得

$$\frac{\mathrm{d}\theta}{\mathrm{d}x} = -\frac{\alpha_l(t_2-t_1)}{h} \tag{j}$$

由

$$\frac{\mathrm{d}\theta}{\mathrm{d}x} = \frac{\mathrm{d}^2w}{\mathrm{d}x^2} \tag{k}$$

由式（j）、式（k）即得梁因温度影响而弯曲的挠曲线微分方程为

$$\frac{\mathrm{d}^2w}{\mathrm{d}x^2} = -\frac{\alpha_l(t_2-t_1)}{h} \tag{l}$$

将式（l）所表示的微分方程积分，并应用边界条件 $x=0$、$\frac{\mathrm{d}w}{\mathrm{d}x}=0$ 及 $x=0$、$w=0$ 定出积分常数，即可得梁因温度影响而弯曲的转角方程及挠曲线方程分别为

$$\theta=\frac{\mathrm{d}w}{\mathrm{d}x}=-\frac{\alpha_l(t_2-t_1)}{h}x \tag{m}$$

$$w=-\frac{\alpha_l(t_2-t_1)}{2h}x^2 \tag{n}$$

将 B 点的坐标 $x=l$ 代入式（m）和式（n），即得梁在 B 端的转角和挠度为

$$\theta_{Bt}=-\frac{\alpha_l(t_2-t_1)l}{h} \tag{o}$$

$$w_{Bt}=-\frac{\alpha_l(t_2-t_1)l^2}{2h} \tag{p}$$

（2）在 F_{By} 和 M_B 分别作用下，梁在 B 端的转角和挠度分别按表 6-1 中的有关公式可得

$$\left.\begin{aligned}\theta_{BF}&=-\frac{F_{By}l^2}{2EI}\\ w_{BF}&=-\frac{F_{By}l^3}{3EI}\end{aligned}\right\} \tag{q}$$

$$\left.\begin{aligned}\theta_{BM}&=\frac{M_Bl}{EI}\\ w_{BM}&=\frac{M_Bl^2}{2EI}\end{aligned}\right\} \tag{r}$$

式（o）～式（r）即为物理关系式。

将物理关系式（o）～式（r）代入变形几何方程式（f）和式（g），即得补充方程

$$-\frac{\alpha_l(t_2-t_1)l^2}{2h}-\frac{F_{By}l^3}{3EI}+\frac{M_Bl^2}{2EI}=0 \tag{s}$$

$$-\frac{\alpha_l(t_2-t_1)l}{h}-\frac{F_{By}l^2}{2EI}+\frac{M_Bl}{EI}=0 \tag{t}$$

联立求解式（s）和式（t），可得

$$F_{By}=0,\ M_B=\frac{\alpha_lEI(t_2-t_1)}{h}$$

这里的 M_B 为正号，故其转向如图 7-10（b）所示。

若考虑到梁的结构和温度变化均对称于梁的跨中截面，则由对称性条件可得 $F_{Ay}=F_{By}$、$M_A=M_B$。当梁上无横向荷载作用时，则由平衡方程 $\sum F_y=0$，可得 $F_{Ay}=F_{By}=0$。于是，可进一步简化为一次超静定梁，其基本静定系将如图 7-10（f）所示。然后，按与前述类似的程序，即可解得 $M_A=M_B=\frac{\alpha_lEI(t_2-t_1)}{h}$。作为练习，建议读者自行求解。

关于轴向支反力 F_{Bx}，可根据梁的平均温度 $t_m=\frac{1}{2}(t_1+t_2)$ 与安装时的温度 t_0 之差，

参照例题 7-4 的解法求得。

习　题

7-1　如图 7-12 所示 AB 为刚性杆，长为 $3a$。在 C、B 两处分别用同材料、同横截面积的①、②两杆拉住。在 D 点作用荷载 F 后，求两杆内产生的应力。设弹性模量为 E，横截面面积为 A。

7-2　两端固定，长度为 l，横截面面积为 A，弹性模量为 E 的正方形杆，在 B、C 截面处各受一力 F 作用，如图 7-13 所示。求 B、C 截面间的相对位移。

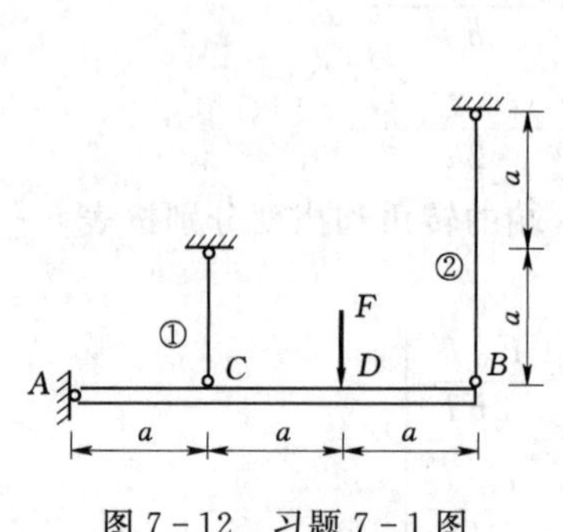

图 7-12　习题 7-1 图

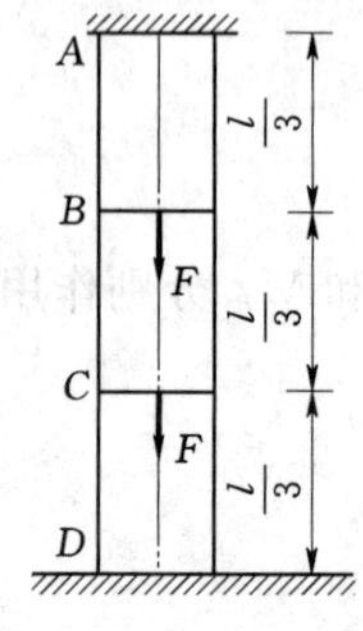

图 7-13　习题 7-2 图

7-3　如图 7-14 所示为钢筋混凝土柱。钢筋和混凝土的横截面面积分别为 250mm^2 和 1 万 mm^2，它们的弹性模量分别为 2.1×10^5MPa 和 2.1×10^4MPa。试问它们各承担多少荷载？请对计算结果进行分析。

7-4　如图 7-15 所示为相同材料的变截面杆，上段横截面面积 $A_1=1000\text{mm}^2$，长度 $l_1=0.4$m；下段横截面面积 $A_2=2000\text{mm}^2$，长度 $l_2=0.6$m。杆上端固定，下端距刚性支座的空隙 $\delta_0=0.3$mm，材料的线膨胀系数 $\alpha=12.5\times10^{-6}/℃$，弹性模量 $E=200$GPa。试求当温度上升 50℃时两段杆内的应力，并与 $\delta_0=0$ 时进行比较。

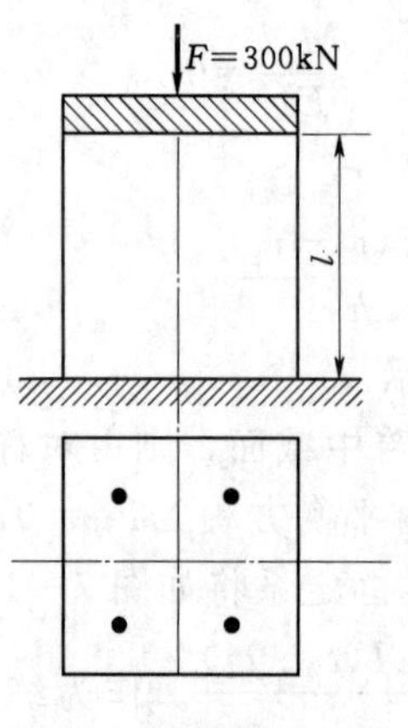

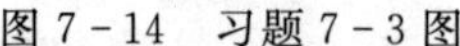

图 7-14　习题 7-3 图

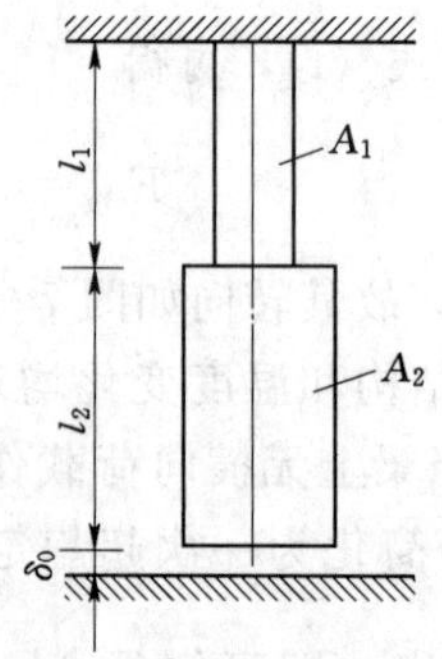

图 7-15　习题 7-4 图

7-5　如图 7-16 所示用 3 根长度相同钢杆悬挂一刚性杆 ABC。在 B 处作用 $F=1.2$kN 的力，当 CC' 杆温度上升 40℃，试确定各杆中产生的内力。设每根杆的横截面面

积均为 $10mm^2$，$E=200GPa$，$\alpha=12\times10^{-6}/℃$。

7-6　如图 7-17 所示结构中①、②两杆材料相同，横截面面积均为 $A=1000mm^2$，设 $F=60kN$，弹性模量 $E=200GPa$，AB 杆为刚性杆，试求各杆内的应力。

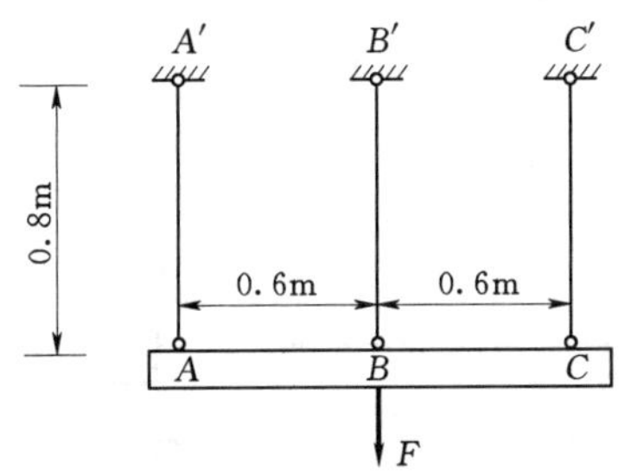

图 7-16　习题 7-5 图

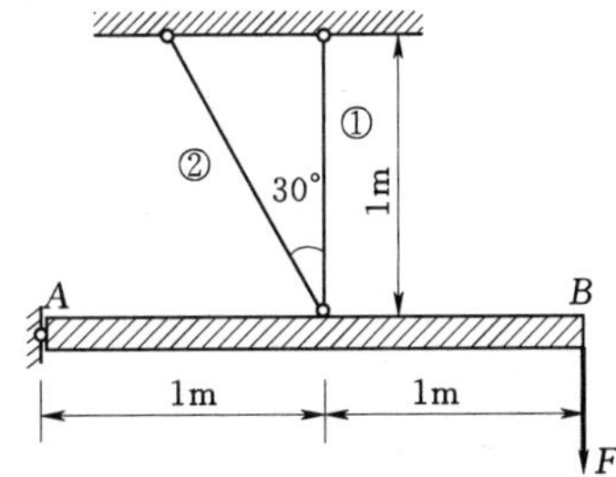

图 7-17　习题 7-6 图

7-7　两端固定的 AB 杆，在 C 截面处受一外力偶矩 T 作用，如图 7-18 所示，试导出使两端约束力偶矩数值上相等时，a/l 的表达式。

7-8　两端固定的圆杆，直径 $d=80mm$，所受外力偶矩 $T=10kN\cdot m$，如图 7-19 所示。若杆的容许切应力 $[\tau]=60MPa$，试校核该杆的强度。

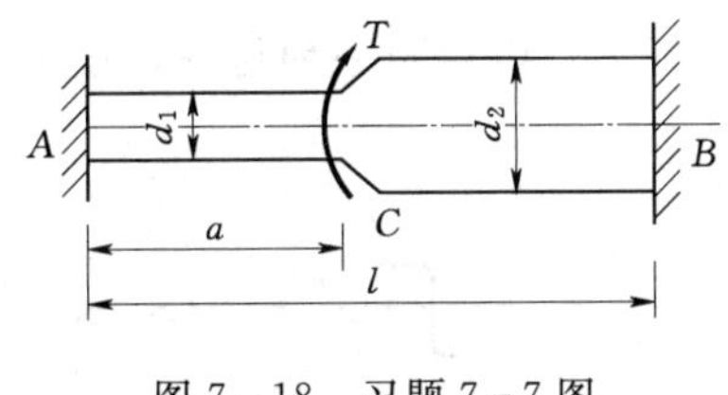

图 7-18　习题 7-7 图

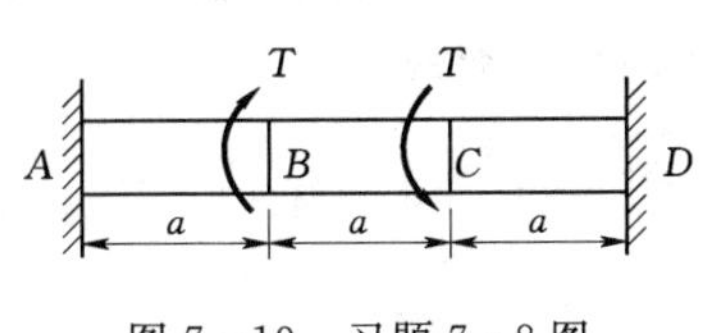

图 7-19　习题 7-8 图

7-9　求图 7-20 中各梁的支座反力，并作弯矩图。设 EI 已知。

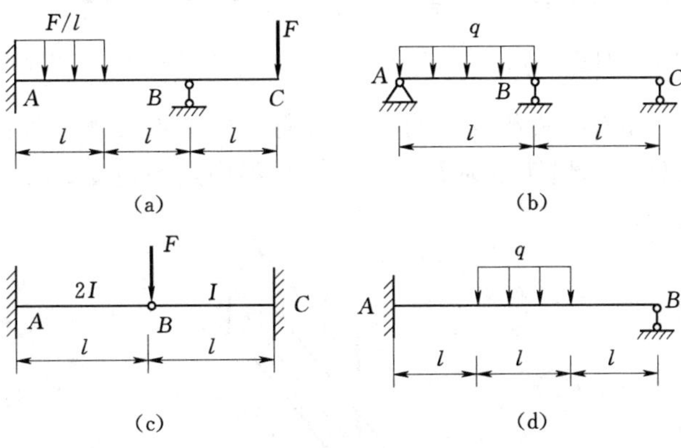

图 7-20　习题 7-9 图

7-10　用通用方程求图 7-21 中各梁的支座反力，并作弯矩图。设 EI 已知。

7-11　试比较图 7-22 中超静定梁和静定梁的最大弯矩和最大挠度。EI 相同。

7-12　外伸梁 AB，在外伸端 A 处用同材料和同样截面的短悬臂梁 CA 加固，如图 7-23 所示，问加固后 AB 梁的最大挠度和最大弯矩减少百分之几？设 EI 已知。

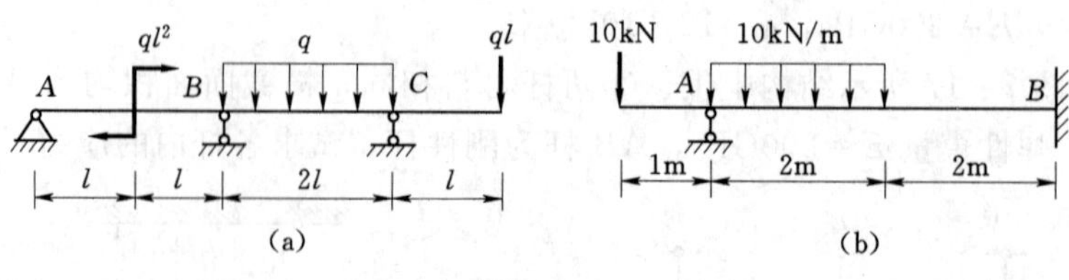

图7-21 习题7-10图

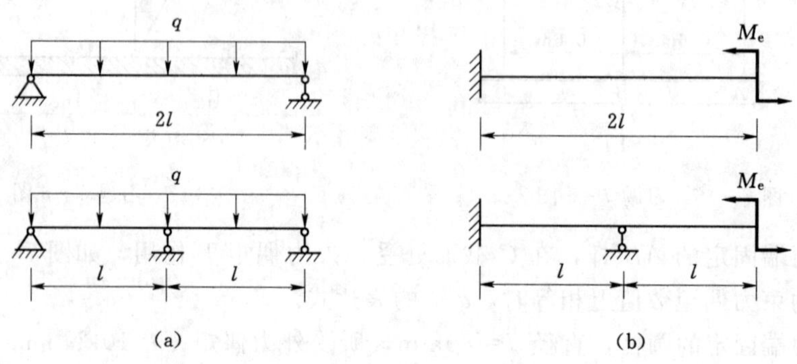

图7-22 习题7-11图

7-13 图7-24所示结构中，梁AB和DC及杆BC均为同一种材料，设$EA=\infty$。求杆AB内的最大弯矩。

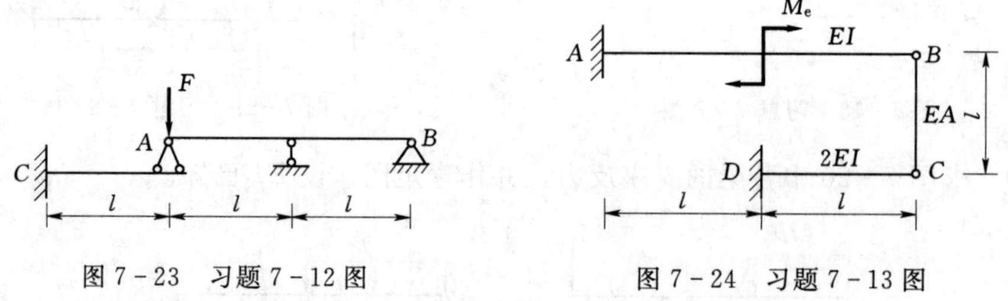

图7-23 习题7-12图

图7-24 习题7-13图

7-14 图7-25所示两梁相互垂直，并在简支梁中点接触。设两梁材料相同，AB梁的惯性矩为I_1，CD梁的惯性矩为I_2，试求AB梁中点的挠度w_C。

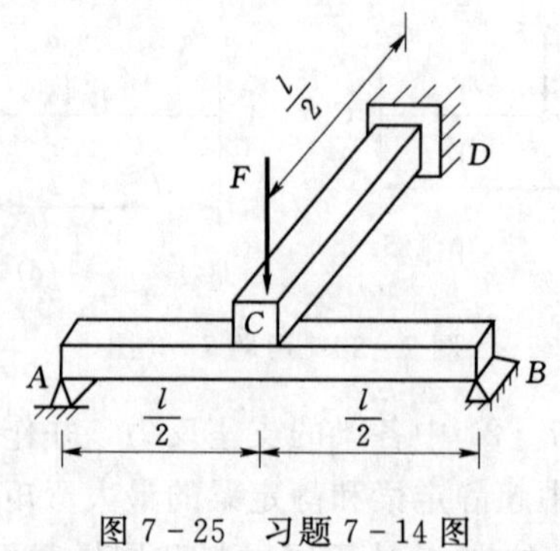

图7-25 习题7-14图

*7-15 图7-26所示直梁ABC在承受荷载前搁置在支座A和C上，梁与支座B

间有一间隙Δ。当加上均布荷载后，梁在中点处与支座B接触，因而3个支座都产生约束力。为使这3个约束力相等，试求其Δ值。设EI已知。

＊7－16　图7－27所示梁AB的两端均为固定端，当其左端转动了一个微小角度θ时，试确定梁的约束反力M_A，F_A。设EI已知。

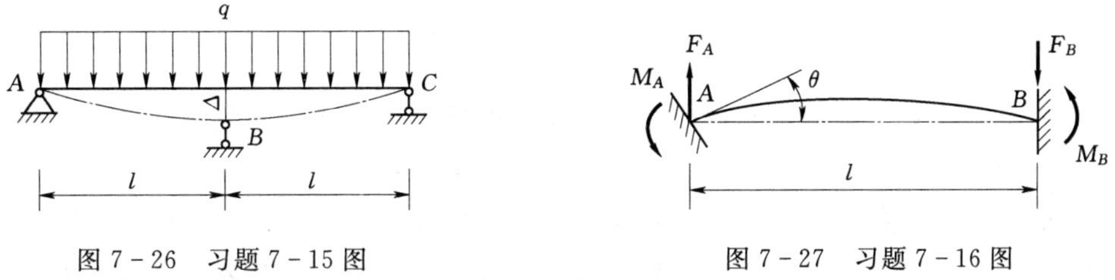

图7－26　习题7－15图　　　　图7－27　习题7－16图

＊7－17　图7－28所示梁AB的左端固定而右端铰支，梁的横截面高为h。设梁在安装后其顶面温度为t_1，而底面温度为t_2，设$t_2>t_1$，且沿截面高度h成线性变化。梁的弯曲刚度为EI，材料的线膨胀系数为α_l。试求梁B处的约束反力。设EI已知。

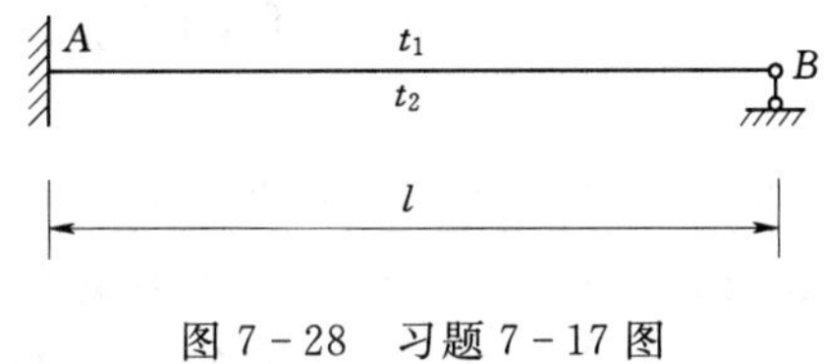

图7－28　习题7－17图

第 8 章　应力状态与应变状态分析

受力杆件中一点的应力状态是该点处各方向面上的应力情况的集合。研究应力状态，对全面了解受力杆件的应力全貌，以及分析杆件的强度和破坏机理都是必需的。

本章的主要内容包括：应力状态的基本概念，平面应力状态下任一方向面上应力的计算、主应力大小和方向的计算，三向应力状态分析的有关问题，广义胡克定律及其应用，体积应变、应变能和应变能密度等概念。

本章最后介绍了平面应变状态的分析和在电测试验中的应用。

8.1　应力状态的概念

在第 2、3、5 三章中，分析了拉压杆件、扭转杆件和弯曲杆件横截面上各点处与横截面正交方向的正应力或沿横截面方向的切应力，这些应力统称为横截面上的应力。而受力杆件中的任一点，可以看作是横截面上的点，也可看作是斜截面或纵截面上的点。一般来说，受力杆件中任一点处各个方向面上的应力情况是不相同的，一点处各方向面上应力情况的集合，称为该点的**应力状态**（state of stress at a point）。研究点的应力状态，对全面了解受力杆件的应力全貌，以及分析杆件的强度和破坏机理，都是必需的。

为了研究受力杆件中一点处的应力状态，通常是围绕该点取一无限小的长方体，即**单元体**（element）。因为单元体无限小，所以可认为其每个面上的应力都是均匀分布的，且相互平行的一对面上的应力大小相等、符号相同。由后面的分析可知，只要已知某点处所取任一单元体各面上的应力，就可以求得该单元体其他所有方向面上的应力，该点的应力状态也就完全确定。

可以证明，通过受力杆件中一点处的所有方向面中，一定存在三个互相垂直的方向面，这些方向面上只有正应力而没有切应力，这些方向面称为**主平面**（principal plane）；主平面上的正应力称为**主应力**（principle stress）。一点处的三个主应力分别记为 σ_1、σ_2 和 σ_3，其中 σ_1 表示代数值最大的主应力，σ_3 表示代数值最小的主应力。例如某点处的三个主应力分别为 50MPa、−80MPa 和 0，则 $\sigma_1=50$MPa，$\sigma_2=0$，$\sigma_3=-80$MPa。

一点处的三个主应力中，若一个不为零，其余两个为零，这种情况称为**单向应力状态**（unaxial stress state）；有两个主应力不为零，而另一个为零的情况称为**二向应力状态**（biaxial stress state）；三个主应力都不为零的情况称为**三向应力状态**（triaxial stress state）。单向和二向应力状态称为**平面应力状态**（plane stress state），三向应力状态称为**空间应力状态**（three-dimensional stress state）。二向及三向应力状态又统称为**复杂应力状态**（complex stress state）。

8.2 平面应力状态分析

8.2.1 任意方向面上的应力

图 8-1（a）所示一单元体，左、右两个方向面上作用有正应力 σ_x 和切应力 τ_x，上、下两个方向面上作用有正应力 σ_y 和切应力 τ_y，前、后两个方向面上没有应力，是平面应力状态的一般情况。为了简便起见，现用图 8-1（b）所示的平面图形表示该单元体。外法线和 x 轴重合的方向面称为 x 面，x 面上的正应力和切应力均加下标“x”；外法线和 y 轴重合的方向面称为 y 面，y 面上的正应力和切应力均加下标“y”。应力正负号的规定与本书前述一致。如果已知这些应力的大小，则可求出与前后两个方向面垂直的任意方向面上的应力。

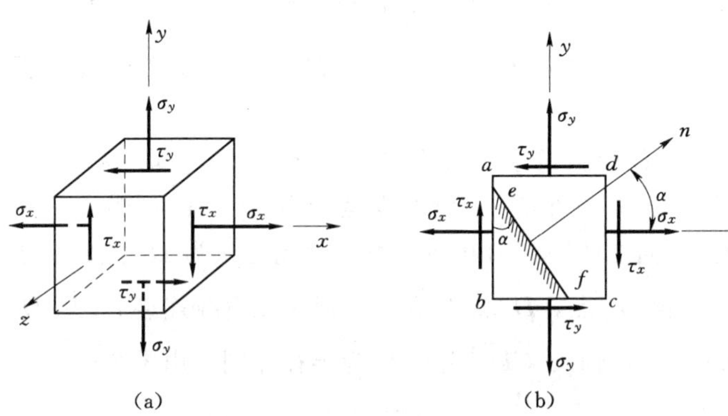

图 8-1　应力单元体

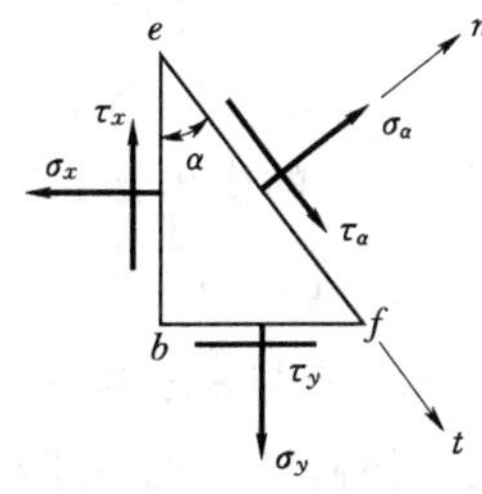

图 8-2　任意方向面的应力

设 ef 为任一方向面，其外法线 n 和 x 轴夹 α 角，称为 α 面，如图 8-1（b）所示，并规定，从 x 轴到外法线 n 逆时针转向的 α 角为正，反之为负。为了求该方向面上的应力，首先应用截面法，假设沿 ef 面将单元体截开，取下部分进行研究，如图 8-2 所示。在 ef 面上一般作用有正应力和切应力，用 σ_α 及 τ_α 表示，并设 σ_α 及 τ_α 为正。设 ef 的面积为 dA，则 eb 和 bf 面积分别是 $\mathrm{d}A\cos\alpha$ 和 $\mathrm{d}A\sin\alpha$。取 n 轴和 t 轴为投影轴，写出该部分的平衡方程

$$\sum F_n=0:\quad \sigma_\alpha dA+(\tau_x dA\cos\alpha)\sin\alpha-(\sigma_x dA\cos\alpha)\cos\alpha+(\tau_y dA\sin\alpha)\cos\alpha-(\sigma_y dA\sin\alpha)\sin\alpha=0$$

$$\sum F_t=0:\quad \tau_\alpha dA-(\tau_x dA\cos\alpha)\cos\alpha-(\sigma_x dA\cos\alpha)\sin\alpha+(\tau_y dA\sin\alpha)\sin\alpha+(\sigma_y dA\sin\alpha)\cos\alpha=0$$

由切应力互等定理可知，τ_x 和 τ_y 大小相等。再对上述平衡方程进行三角变换，得到

$$\sigma_\alpha=\frac{\sigma_x+\sigma_y}{2}+\frac{\sigma_x-\sigma_y}{2}\cos2\alpha-\tau_x\sin2\alpha \tag{8-1}$$

$$\tau_\alpha=\frac{\sigma_x-\sigma_y}{2}\sin2\alpha+\tau_x\cos2\alpha \tag{8-2}$$

式（8-1）和式（8-2）就是平面应力状态下任意方向面上正应力和切应力的计算

公式。

8.2.2 应力圆

由上述两公式可知，当已知一平面应力状态单元体上的应力 σ_x、σ_y 和 τ_x 时，任一方向面上的应力 σ_α 和 τ_α 均以 2α 为参变量。现将式（8-1）改写为

$$\sigma_\alpha-\frac{\sigma_x+\sigma_y}{2}=\frac{\sigma_x-\sigma_y}{2}\cos2\alpha-\tau_x\sin2\alpha \tag{8-3}$$

将式（8-3）与式（8-2）两边分别平方后相加，消去参变量 2α，得到

$$\left(\sigma_\alpha-\frac{\sigma_x+\sigma_y}{2}\right)^2+\tau_\alpha^2=\left(\frac{\sigma_x-\sigma_y}{2}\right)^2+\tau_x^2 \tag{8-4}$$

式（8-4）是以 σ_α 和 τ_α 为变量的圆的方程。若以 σ 轴为直角坐标系的横轴，τ 轴为纵轴，则式（8-4）所示圆的圆心坐标为 $\left(\frac{\sigma_x+\sigma_y}{2},\ 0\right)$，半径为 $\sqrt{\left(\frac{\sigma_x-\sigma_y}{2}\right)^2+\tau_x^2}$，该圆称为**应力圆**（stress circle），是德国工程师莫尔（Mohr）于 1895 年提出的，故又称**莫尔圆**（Mohr's circle）。

应力圆的作法如下：设一单元体及各面上的应力如图 8-3（a）所示。取 $O\sigma\tau$ 坐标系，在 σ 轴上按一定的比例量取 $\overline{OB_1}=\sigma_x$，再在 B_1 点量取纵坐标 $\overline{B_1D_1}=\tau_x$，得 D_1 点。由于 D_1 点的横坐标和纵坐标代表了 x 面上的正应力和切应力，因此可认为 D_1 点对应于 x 面。再量取 $\overline{OB_2}=\sigma_y$，$\overline{B_2D_2}=\tau_y$，得 D_2 点，D_2 点对应于 y 面。作直线连接 D_1 和 D_2 点，该直线与 σ 轴相交于 C 点，以 C 点为圆心、$\overline{CD_1}$ 或 $\overline{CD_2}$ 为半径作圆。由图 8-3（b）可见，该圆圆心的横坐标为

$$\overline{OC}=\frac{1}{2}(\overline{OB_1}+\overline{OB_2})=\frac{\sigma_x+\sigma_y}{2}$$

纵坐标为零，圆的半径为

$$\overline{CD_1}(=\overline{CD_2})=\sqrt{\overline{CB_1}^2+\overline{B_1D_1}^2}=\sqrt{\left(\frac{\sigma_x-\sigma_y}{2}\right)^2+\tau_x^2}$$

因此，该圆就是图 8-3（a）所示单元体应力状态的应力圆，如图 8-3（b）所示。

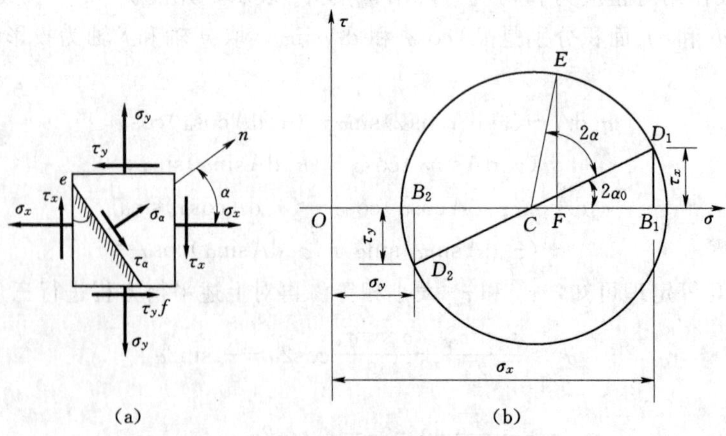

图 8-3 平面应力状态应力圆

利用应力圆，可求得任意 α 方向面上的应力。由于 α 角是从 x 面的外法线量起的，并且 σ_α 和 τ_α 的参变量是 2α，所以以 $\overline{CD_1}$ 为起始半径，按 α 的转动方向转动 2α 角，得到半径 $\overline{CE}$，E 点的横坐标和纵坐标就分别代表 α 方向面上的正应力和切应力。现证明如下。由图 8-3（b）可见

$$
\begin{aligned}
\overline{OF} &= \overline{OC}+\overline{CF}=\overline{OC}+\overline{CE}\cos(2\alpha_0+2\alpha)\\
&=\overline{OC}+\overline{CE}\cos2\alpha_0\cos2\alpha-\overline{CE}\sin2\alpha_0\sin2\alpha\\
&=\overline{OC}+(\overline{CD_1}\cos2\alpha_0)\cos2\alpha-(\overline{CD_1}\sin2\alpha_0)\sin2\alpha\\
&=\overline{OC}+\overline{CB_1}\cos2\alpha-\overline{B_1D_1}\sin2\alpha\\
&=\frac{\sigma_x+\sigma_y}{2}+\frac{\sigma_x-\sigma_y}{2}\cos2\alpha-\tau_x\sin2\alpha=\sigma_\alpha\\
\overline{EF} &= \overline{CE}\sin(2\alpha_0+2\alpha)=\overline{CD_1}\cos2\alpha_0\sin2\alpha+\overline{CD_1}\sin2\alpha_0\cos2\alpha\\
&=\frac{\sigma_x-\sigma_y}{2}\sin2\alpha+\tau_x\cos2\alpha=\tau_\alpha
\end{aligned}
$$

即 E 点的横坐标和纵坐标分别为 α 方向面的正应力和切应力。故 E 点对应于 α 方向面。

在作应力圆及利用应力圆进行作应力状态分析时，需要注意几点：

（1）点面对应：应力圆上的一点对应于单元体中的一个方向面。

（2）正负号对应：在作应力圆量取线段 $\overline{OB_1}$、$\overline{B_1D_1}$ 和 $\overline{B_2D_2}$ 时，需根据单元体上相应的应力是正还是负相应量取正坐标或负坐标。

（3）起始半径与坐标轴对应：在应力圆上选择哪个半径作起始半径，需视单元体 α 角从哪根坐标轴量起。若 α 角自 x 轴（x 面的外法线）量起，则选 $\overline{CD_1}$ 为起始半径；若 α 角自 y 轴（y 面的外法线）量起，则选 $\overline{CD_2}$ 为起始半径。

（4）2 倍角对应：在单元体上，方向面的角度为 α 时，在应力圆上则自起始半径转动 2α 角，并且它们的转向应一致。

【例 8-1】 如图 8-4（a）所示单元体，试用解析公式法和应力圆法确定 $\alpha_1=30°$ 和 $\alpha_2=-40°$ 两方向面上的应力。已知 $\sigma_x=-30\text{MPa}$，$\sigma_y=60\text{MPa}$，$\tau_x=-40\text{MPa}$。

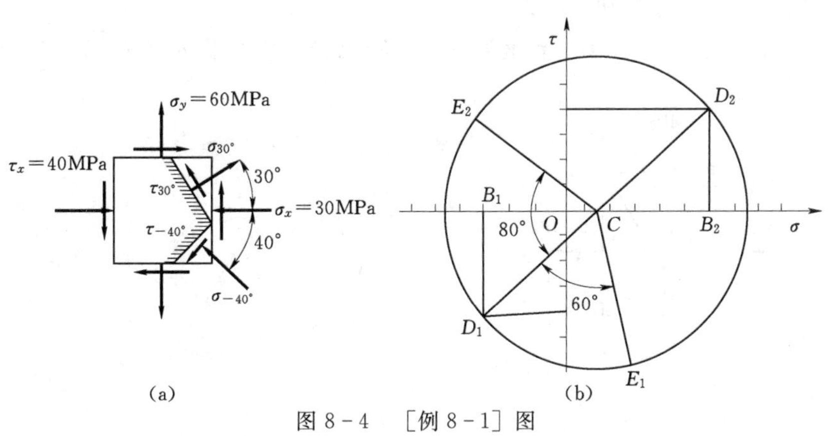

图 8-4 ［例 8-1］图

解 （1）解析公式法。

由式（8-1）和式（8-2），求得

$$\sigma_{30°}=\frac{-30\text{MPa}+60\text{MPa}}{2}+\frac{-30\text{MPa}-60\text{MPa}}{2}\cos60°-(-40\text{MPa})\sin60°$$
$$=27.14\text{MPa}$$

$$\tau_{30°}=\frac{-30\text{MPa}-60\text{MPa}}{2}\sin60°+(-40\text{MPa})\cos60°=-58.97\text{MPa}$$

$$\sigma_{-40°}=\frac{-30\text{MPa}+60\text{MPa}}{2}+\frac{-30\text{MPa}-60\text{MPa}}{2}\cos(-80°)-(-40\text{MPa})\sin(-80°)$$
$$=-32.2\text{MPa}$$

$$\tau_{-40°}=\frac{-30\text{MPa}-60\text{MPa}}{2}\sin(-80°)+(-40\text{MPa})\cos(-80°)=37.3\text{MPa}$$

（2）应力圆法。

1）作应力圆。在 $O\sigma\tau$ 坐标系中，按一定比例量取 $\overline{OB_1}=\sigma_x=-30\text{MPa}$，$\overline{B_1D_1}=\tau_x=-40\text{MPa}$，得到 D_1 点；量取 $\overline{OB_2}=\sigma_y=60\text{MPa}$，$\overline{B_2D_2}=\tau_y=40\text{MPa}$，得到 D_2 点。连接 D_1 和 D_2 点，直线 $\overline{D_1D_2}$ 交 σ 轴于 C 点。以 C 点为圆心、$\overline{CD_1}$ 或 $\overline{CD_2}$ 为半径作圆，即得应力圆，如图 8-4（b）所示。

2）求 $\alpha=30°$方向面上的应力。因单元体上的 α 角是由 x 轴逆时针方向量得，故在应力圆上以 $\overline{CD_1}$ 为起始半径，逆时针转 $2\alpha=60°$，在圆上得到 E_1 点，E_1 点对应于 $\alpha=30°$ 的方向面。量取 E_1 点的横坐标及纵坐标，即为 $\alpha=30°$方向面上的正应力和切应力，它们分别为

$$\sigma_{30°}=27\text{MPa}，\tau_{30°}=-59\text{MPa}$$

3）求 $\alpha=-40°$方向面上的应力。仍以 $\overline{CD_1}$ 为起始半径，顺时针旋转 $2\alpha=80°$，在圆上得到 E_2 点。量取 E_2 点的横坐标和纵坐标，即为 $\alpha=-40°$方向面上的正应力和切应力，它们分别为

$$\sigma_{-40°}=-32\text{MPa}，\tau_{-40°}=37\text{MPa}$$

【例 8-2】 图 8-5（a）所示单元体，在 x、y 面上只有主应力，试用应力圆法确定 $\alpha=-30°$方向面上的正应力和切应力。

解　（1）作应力圆。在 $O\sigma\tau$ 坐标系中的 σ 轴上按一定比例量取 $\overline{OA_1}=10\text{MPa}$，得到

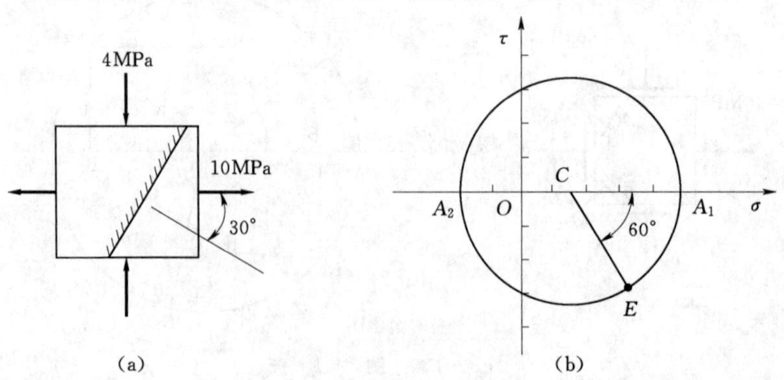

图 8-5　［例 8-2］图

A_1 点，再在 σ 轴上量取 $\overline{OA_2}=-4\text{MPa}$，得到 A_2 点。以 $\overline{A_1A_2}$ 为直径作圆，即得应力圆，如图 8-5（b）所示，A_1、A_2 的中点 C 即为圆心。

（2）求 $\alpha=-30°$方向面上的应力。以$\overline{CA_1}$ 为起始半径，顺时针旋转 60°，得到 E 点。量取 E 点的横坐标和纵坐标，即得 $\alpha=-30°$方向面上的正应力和切应力，它们分别为

$$\sigma_{-30°}=6.5\text{MPa},\ \tau_{-30°}=-6\text{MPa}$$

显然，可用式（8-1）和式（8-2）检查以上结果的正确性。请读者自行验证。

8.2.3　主平面和主应力

前面已经述及，受力杆件中一点处或对应的单元体中，切应力等于零的方向面称为**主平面**，主平面上的正应力称为**主应力**。下面给出用应力圆确定一点处主平面和主应力的方法。

假定图 8-6（a）所示一平面应力状态单元体，相应的应力圆如图 8-6（b）所示。由应力圆可见，A_1 和 A_2 点的纵坐标为零，这表明在单元体中与 A_1 和 A_2 点对应的面上，切应力为零，这两个面都是主平面。主应力的大小分别为 A_1 和 A_2 点对应的横坐标，即 $\sigma_1=\overline{OA_1}$，$\sigma_2=\overline{OA_2}$。此外还可看到，这 2 个主应力是该单元体中这一组所有方向面（垂直于 xy 面的一组面）上正应力中的极值，设为 σ_1 和 σ_2。现由应力圆上的几何关系，导出主应力的计算公式

$$\sigma_1=\overline{OA_1}=\overline{OC}+\overline{CA_1}=\frac{\sigma_x+\sigma_y}{2}+\sqrt{\left(\frac{\sigma_x-\sigma_y}{2}\right)^2+\tau_x^2}$$

$$\sigma_2=\overline{OA_2}=\overline{OC}-\overline{CA_2}=\frac{\sigma_x+\sigma_y}{2}-\sqrt{\left(\frac{\sigma_x-\sigma_y}{2}\right)^2+\tau_x^2}$$

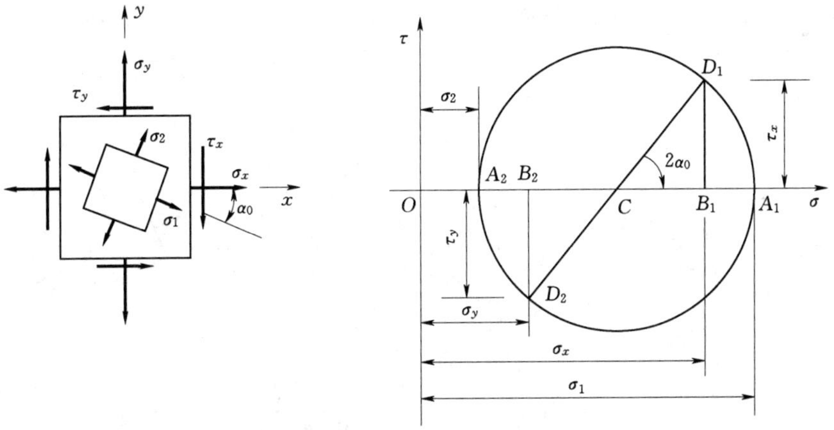

(a)　　(b)

图 8-6　主平面和主应力

合并写为

$$\left.\begin{matrix}\sigma_1\\ \sigma_2\end{matrix}\right\}=\frac{\sigma_x+\sigma_y}{2}\pm\sqrt{\left(\frac{\sigma_x-\sigma_y}{2}\right)^2+\tau_x^2}\tag{8-5}$$

现在确定该两个主应力所在方位面即主平面的方向。在图 8-6（b）所示的应力圆上，以 $\overline{CD_1}$ 为起始半径，顺时针旋转 $2\alpha_0$ 到 $\overline{OA_1}$ 得到 A_1 点。因此，在单元体上，由 x 轴顺时针旋转 α_0 角，就是 σ_1 所在主平面的外法线，即 σ_1 主平面的方向，也就确定了该

主平面的位置。由应力圆可看出，$\overline{OA_2}$ 与 $\overline{OA_1}$ 相差 180°，因此 σ_2 所在的主平面与 σ_1 所在的主平面互相垂直。

通常在平面应力状态中，只需确定 σ_1 主平面的方向即第一主方向 α_0。现由应力圆导出 α_0 的计算公式。由图可见

$$\tan(-2\alpha_0)=\frac{\overline{B_1D_1}}{\overline{CB_1}}=\frac{\tau_x}{\frac{1}{2}(\sigma_x-\sigma_y)}$$

或

$$\tan 2\alpha_0=\frac{-2\tau_x}{\sigma_x-\sigma_y} \tag{8-6}$$

式（8-6）中 $2\alpha_0$ 加负号的原因是因为起始半径 $\overline{CD_1}$ 是顺时针旋转至 $\overline{CA_1}$ 的。

由式（8-6）求出 α_0 后，即得 σ_1 所在的主平面位置。主应力单元体画于图 8-6（a）的原始单元体内。需要注意的是，这里式（8-6）中负号必须加在分子上，因为，需先根据式（8-6）分子和分母的正负号确定 $2\alpha_0$ 所在象限，然后再确定 α_0 具体的数值。例如，当 $\tan 2\alpha_0$ 为正时，若式（8-6）中分子和分母皆为正，则 $2\alpha_0$ 位于第一象限；若分子和分母皆为负，则 $2\alpha_0$ 位于第三象限。

也可由式（8-1）和式（8-2）导出式（8-5）和式（8-6），并可证明 σ_1 及 σ_2 为单元体中这一组各不同方向面上正应力中的极值。

在平面应力状态中有一个主应力为零［如图 8-6（a）所示的单元体中，与纸面平行的平面是一个主平面，其相应的主应力为零］，该处假设另两个主应力大于零，故记为 σ_1 和 $\sigma_2(\sigma_3=0)$。若求得的两个主应力一为拉应力一为压应力，则前者为 σ_1，后者为 σ_3，$\sigma_2=0$。同理，若求得的两个主应力均为压应力，则它们分别为 σ_2 和 σ_3，$\sigma_1=0$。

【例 8-3】 图 8-7（a）所示单元体上，$\sigma_x=-6\text{MPa}$，$\tau_x=-3\text{MPa}$，试求主应力的大小和主平面的位置。

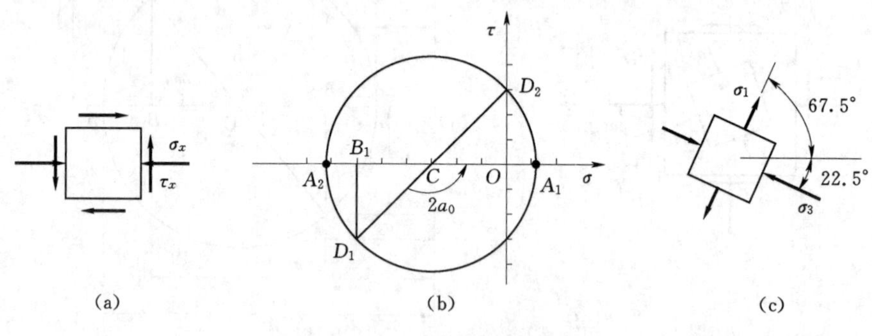

图 8-7　［例 8-3］图

解　(1) 应力圆法。

先作出该单元体应力圆。在 $O\sigma\tau$ 坐标系中，按一定比例量取 $\overline{OB_1}=-6\text{MPa}$，$\overline{B_1D_1}=-3\text{MPa}$，得到 D_1 点；由于 $\sigma_y=0$，只需量取 $\overline{OD_2}=3\text{MPa}$，得到 D_2 点。连接 D_1、D_2 点的直线交 σ 轴于 C 点，以 C 点为圆心、$\overline{CD_1}$（或 $\overline{CD_2}$）为半径作圆，即得应力圆，如图 8-7（b）所示。

再由应力圆确定两个主应力。量取 $\overline{OA_1}$ 和 $\overline{OA_2}$ 的长度，即得两个主应力的大小，它

们是

$$\sigma_1=1.3\text{MPa},\sigma_3=-7.2\text{MPa}$$

式中第二个主应力为负值，故标以 σ_3，该单元体的 $\sigma_2=0$。

最后由应力圆确定第一主方向 α_0。在应力圆上量得 $\angle D_1CA_1=2\alpha_0=135°$，并以起始半径 $\overline{CD_1}$ 逆时针转至 $\overline{CA_1}$，故在单元体上，σ_1 所在主平面的法线和 x 轴成逆时针角 $\alpha_0=67.5°$。σ_3 所在主平面和 σ_1 所在主平面垂直。主应力单元体如图 8-7（c）所示。

（2）解析公式法。

由式（8-5），得

$$\begin{matrix}\sigma_1\\ \sigma_3\end{matrix}=\frac{\sigma_x}{2}\pm\sqrt{\left(\frac{\sigma_x}{2}\right)^2+\tau_x^2}=\frac{-6\text{MPa}}{2}\pm\sqrt{\left(\frac{-6\text{MPa}}{2}\right)^2+(-3\text{MPa})^2}=\begin{matrix}1.24\\ -7.24\end{matrix}\quad(\text{MPa})$$

由式（8-6），得

$$\tan2\alpha_0=\frac{-2\tau_x}{\sigma_x}=\frac{-2\times(-3\text{MPa})}{-6\text{MPa}}=\frac{6\text{MPa}}{-6\text{MPa}}=-1$$

因上式的分子为正，分母为负，故 $2\alpha_0$ 在第二象限，$2\alpha_0=135°$，所以 $\alpha_0=67.5°$。即 σ_1 所在主平面的外法线和 x 轴成夹角为 67.5°，σ_3 所在主平面与 σ_1 所在主平面垂直。

【例 8-4】 如图 8-8（a）所示一单元体。试用应力圆法求其主应力的大小和方向。

解　该单元体 x 和 y 面上只有切应力没有正应力，称为纯切应力状态。先作出其应力圆，在 $O\sigma\tau$ 坐标系中按一定比例量取 $\overline{OD_1}=\tau$，$\overline{OD_2}=-\tau$，得到 D_1 和 D_2 点；连接 D_1 和 D_2 点的直线交 σ 轴于 O 点，以 O 为圆心、$\overline{OD_1}$（或 $\overline{OD_2}$）为半径所作的圆即为其应力圆，如图 8-8（b）所示。由应力圆上量得

$$\sigma_1=\overline{OA_1}=\tau,\ \sigma_3=\overline{OA_2}=-\tau$$

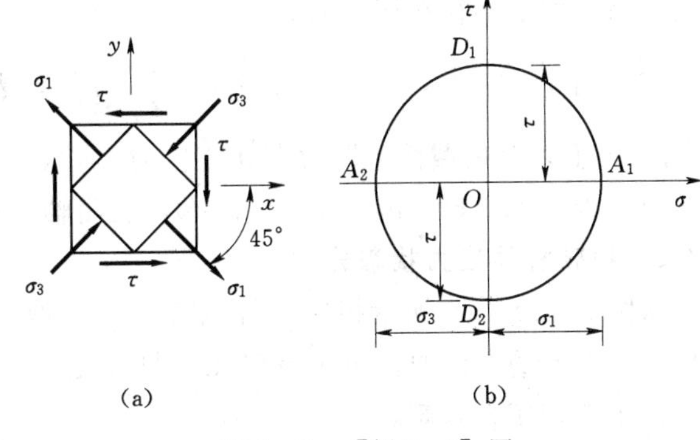

图 8-8　［例 8-4］图

该单元体的 $\sigma_2=0$。因为起始半径 $\overline{OD_1}$ 顺时针旋转 90°至 $\overline{OA_1}$，故 σ_1 所在主平面的外法线和 x 轴成 $-45°$夹角，σ_3 所在主平面与 σ_1 所在主平面垂直。主应力单元体画在图 8-8（a）的原始单元体内。可见纯切应力状态为二向应力状态的一种。

8.3　基本变形杆件的应力状态分析

8.3.1　轴向拉伸（压缩）杆件应力状态分析

从图 8-9（a）所示的轴向拉伸杆件内任一点处取一单元体，其中左右一对面为该点沿横截面方向的方向面。由于该单元体只在左右一对面上有拉应力 σ，可见处于单向应力状态。

对单向应力状态单元体［见图 8-9（b）］，任意 α 方向面上的正应力 σ_α 和切应力 τ_α

仍可由式（8-1）和式（8-2）得到，这里 $\sigma_x=\sigma$，$\sigma_y=0$，$\tau_x=0$，则得

$$\sigma_\alpha=\sigma\cos^2\alpha \tag{8-7a}$$

$$\tau_\alpha=\frac{\sigma}{2}\sin2\alpha \tag{8-7b}$$

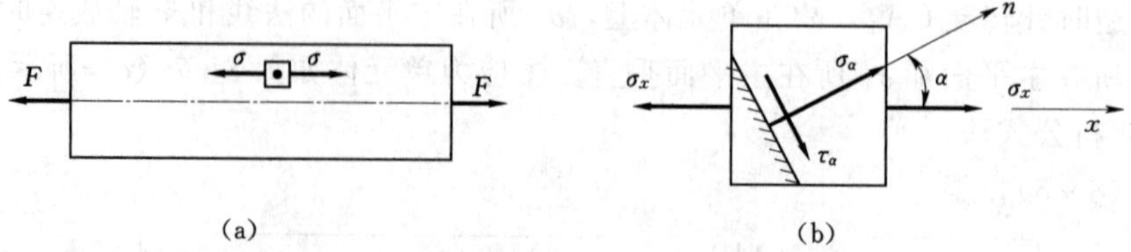

图 8-9　轴向拉伸杆件的应力状态

这就是轴向拉压杆件任意方向面的应力公式。

该单元体的主应力由式（8-5）知，为

$$\sigma_1=\sigma，\sigma_2=0，\sigma_3=0$$

主应力方向由式（8-6）确定，为 $\alpha_0=0°$，可见 σ_1 的作用面就是杆件的横截面。

由式（8-7）可知：

（1）当 $\alpha=0°$时，$\sigma_{0°}=\sigma=\sigma_{\max}$，$\tau_{0°}=0$，表明轴向拉压杆件的最大正应力发生在横截面上，该截面上不存在切应力。

（2）当 $\alpha=45°$时，$\sigma_{45°}=\dfrac{\sigma}{2}$，$\tau_{45°}=\dfrac{\sigma}{2}=\tau_{\max}$，表明轴向拉压杆件的最大切应力发生在 45°斜截面上，该斜截面上同时存在正应力。

（3）当 $\alpha=90°$时，$\sigma_{90°}=0$，$\tau_{90°}=0$，表明轴向拉压杆件纵截面上不存在任何应力。

8.3.2　扭转杆件应力状态分析

从图 8-10（a）所示扭转圆杆内任一点处取一单元体，同样，其左右一对面为该点沿横截面方向的方向面。由于该单元体只在左右、上下两对面上有数值相等的切应力 τ，可见处于**纯切应力状态**。

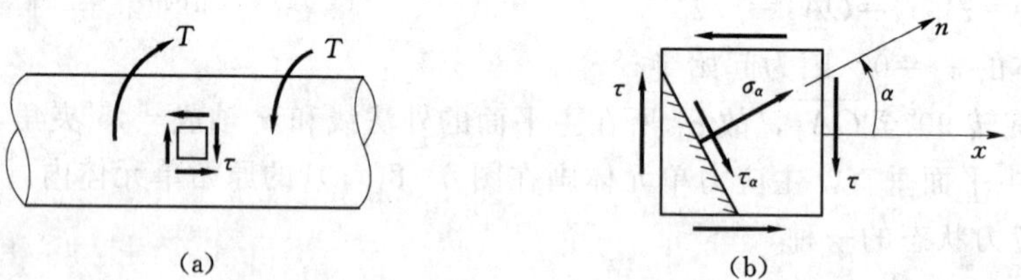

图 8-10

对纯切应力状态单元体［见图 8-10（b）］，任意 α 方向面上的正应力 σ_α 和切应力 τ_α 也可由式（8-1）和式（8-2）得到。这里 $\sigma_x=0$，$\sigma_y=0$，$\tau_x=\tau$，则得

$$\sigma_\alpha=-\tau\sin2\alpha \tag{8-8a}$$

$$\tau_\alpha=\tau\cos2\alpha \tag{8-8b}$$

该单元体的主应力及其方向，例 8-4 中已作了分析。

由式（8-8）可知，当 $\alpha=0°$时，$\sigma_{0°}=0$，$\tau_{0°}=\tau=\tau_{\max}$，表明扭转圆杆的最大切应力

发生在横截面上，该截面上不存在正应力。

非圆截面扭转杆件的应力状态，也可类似地进行分析。

8.3.3 梁的应力状态分析

图 8-11（a）所示一简支梁，在梁的任一横截面 $m—m$ 上，从梁顶到梁底各点处的应力状态并不相同。现在横截面 $m—m$ 上 a、b、c、d、e 5 个点处，分别取单元体［如图 8-11（b）所示］进行分析。梁顶 a 点处的单元体只有一对压应力，梁底 e 点处的单元体只有一对拉应力，均处于单向应力状态。中性层 c 点处的单元体只有两对切应力，处于纯切应力状态。梁顶、梁底与中性层之间 b、d 点处的单元体，其应力情况类同于例 7-3 的单元体，均为一般二向应力状态，其主应力及主平面位置可按式（8-5）和式（8-6）求得。5 个点处的主应力方向及主应力单元体如图 8-11（b）所示。

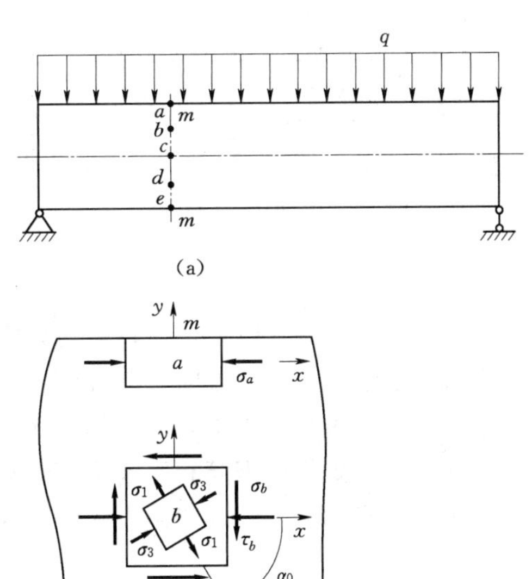

(a)

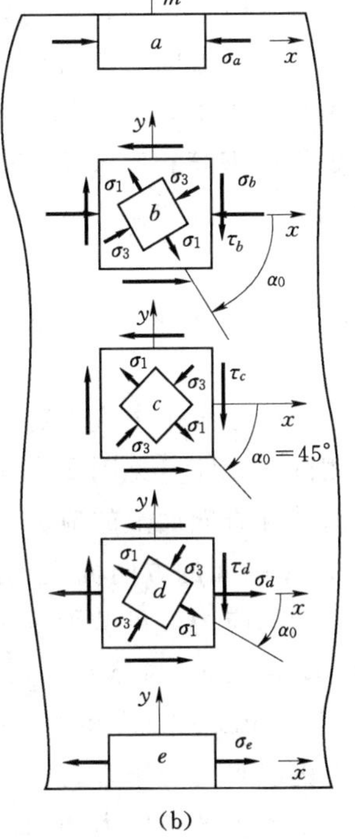

(b)

图 8-11 梁的应力状态

8.3.4 主应力轨迹线的概念

对于平面结构，可用上述方法求出结构内任一点处的两个主应力大小及其方向。在工程结构的设计中，往往还需要知道结构内各点主应力方向的变化规律。例如钢筋混凝土结构，由于混凝土的抗拉能力很差，因此，设计时需知道结构内各点主拉应力方向的变化情况，以便配置钢筋。为了反映结构内各点的主应力方向，需绘制主应力轨迹线。所谓**主应力轨迹线**（principal stress trajectories），是两组正交的曲线，其中一组曲线是主拉应力轨迹线，在这些曲线上，每点的切线方向表示该点的主拉应力方向，另一组曲线是主压应力轨迹线，在这些曲线上，每点的切线方向表示该点的主压应力方向。下面以梁为例说明如何绘制主应力轨迹线。

用梁的应力状态分析的方法，可求出如图 8-11（a）所示全跨受均布荷载的简支梁内各点处的主应力方向。

根据梁内各点处的主应力方向，可绘制出梁的主应力轨迹线如图 8-12（a）所示。图中实线为主拉应力轨迹线，虚线为主压应力轨迹线。梁的主应力轨迹线有如下特点：主拉应力轨迹线和主压应力轨迹线互相正交；所有的主应力轨迹线在中性层处与梁的轴线夹 45°角；在弯矩最大而剪力等于零的截面上，主应力轨迹线的切线是水平的；在梁的上、下边缘处，主应力轨迹线的切线与梁的上、下边界线平行或正交。

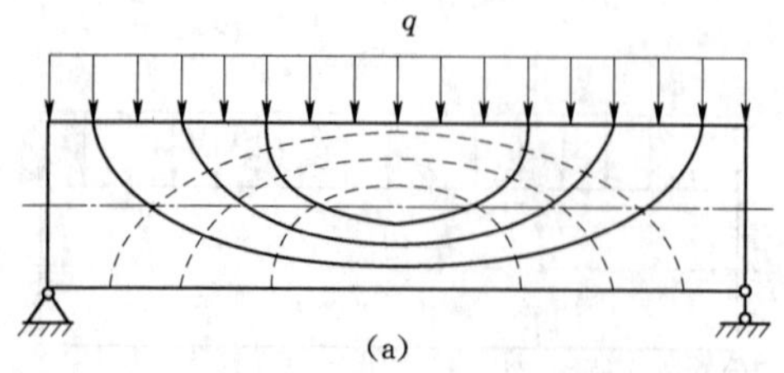

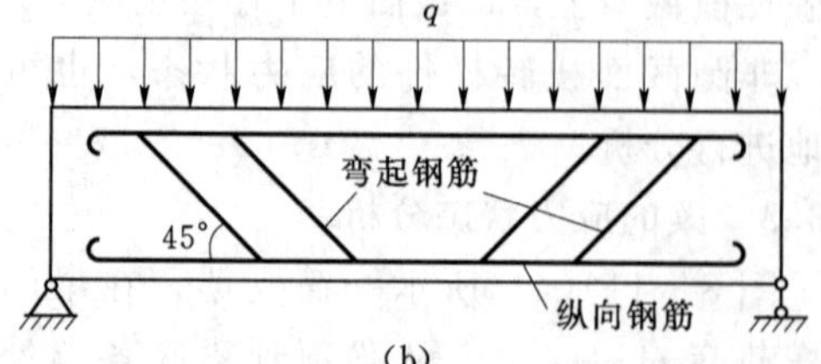

图 8-12　梁的主应力轨迹线

绘制主应力轨迹线时，可先将梁划分成若干细小的网格，计算出各节点处的主应力方向，再根据各点主应力的方向，即可绘出主应力轨迹线。

主应力轨迹线在工程中非常有用。例如图 8-12（a）的简支梁，可根据主拉应力轨迹线，在下部配置纵向钢筋和弯起钢筋，如图 8-12（b）所示。在坝体中绘制主应力轨迹线，可供选择廊道、管道和伸缩缝位置以及配置钢筋时参考。

8.4　三向应力状态分析

受力构件中一点处的 3 个主应力都不为零时，该点处于三向应力状态。本节主要以一受 3 个主应力作用的单元体［见图 8-13（a）］这一特例研究三向应力状态的最大应力。

首先分析 3 组特殊方向面上的应力。

（1）垂直于 σ_3 主平面的方向面上的应力。为求此组方向面中任意一斜面［图 8-13（a）中的阴影面］上的应力，可截取一五面体，如图 8-13（b）所示。由该图可见，前后两个三角形面上，应力 σ_3 的合力自相平衡，不影响斜面上的应力。因此，斜面上的应力只由 σ_1 和 σ_2 决定。由 σ_1 和 σ_2 可在 σ—τ 直角坐标系中画出应力圆，如图 8-13（c）中的 AE 圆。该圆上的各点对应于垂直于 σ_3 主平面的所有方向面，圆上各点的横坐标和纵坐标即表示对应方向面上的正应力和切应力。

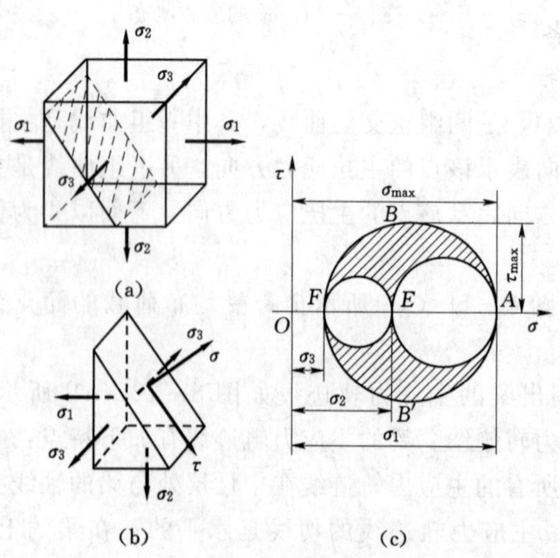

图 8-13　三向应力状态及其应力图

（2）垂直于 σ_2 主平面的方向面上的应力。这组方向面上的应力只由 σ_1 和 σ_3 决定。因此，由 σ_1 和 σ_3 可画出应力圆，如图 8-13（c）中的 AF 圆。根据这一应力圆上各点的坐标，就可求出这组方向面中各对应面上的应力。

（3）垂直于 σ_1 主平面的方向面上的应力。这组方向面上的应力只由 σ_2 和 σ_3 决定。因此，由 σ_2 和 σ_3 可画出应力圆，如图 8-13（c）中的 EF 圆。根据这一应力圆上各点的坐标，就可求出这组方向面中各对应面上的应力。

上述 3 个二向应力圆联合构成的图

形，就是三向应力圆，如图 8－13（c）所示。

下面分析三向应力状态单元体任意斜截面上的应力。

在图 8－14（a）所示的单元体中，有一任意斜截面 ABC，为求该面上的应力，用 ABC 截出一四面体 $OABC$，如图 8－14（b）所示。设斜截面 ABC 外法线 n 与 x、y、z 轴的夹角分别为 α、β、γ，该面的总应力 p 沿 x、y、z 轴的分量分别为 p_x、p_y、p_z。设 ABC 的面积为 $\mathrm{d}A$，则四面体三个侧面 OBC、OAC、OAB 的面积分别为 $\mathrm{d}A\cos\alpha$、$\mathrm{d}A\cos\beta$、$\mathrm{d}A\cos\gamma$。

由四面体的平衡方程 $\sum F_x=0$ 得

$$p_x\mathrm{d}A-\sigma_1\mathrm{d}A\cos\alpha=0$$

从而可得

$$p_x=\sigma_1\cos\alpha \tag{a}$$

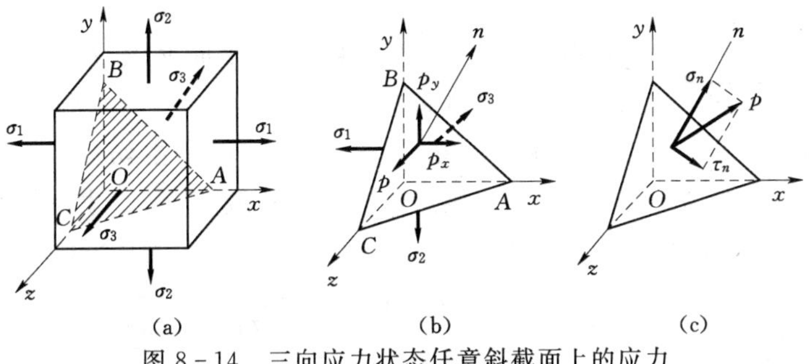

图 8－14　三向应力状态任意斜截面上的应力

同理，由四面体的平衡方程 $\sum F_y=0$ 和 $\sum F_z=0$，可分别得

$$p_y=\sigma_2\cos\beta \tag{b}$$

$$p_z=\sigma_3\cos\gamma \tag{c}$$

从而，斜截面 ABC 上的正应力为

$$\sigma_n=p_x\cos\alpha+p_y\cos\beta+p_z\cos\gamma \tag{d}$$

将式（a）～式（c）代入式（d），得

$$\sigma_n=\sigma_1\cos^2\alpha+\sigma_2\cos^2\beta+\sigma_3\cos^2\gamma \tag{8-9}$$

而斜截面 ABC 上的切应力由图 8－14（c）得

$$\tau_n=\sqrt{p^2-\sigma_n^2}=\sqrt{p_x^2+p_y^2+p_z^2-\sigma_n^2} \tag{e}$$

将式（a）～式（c）、式（d）代入式（e），得

$$\tau_n=\sqrt{(\sigma_1-1)\sigma_1\cos^2\alpha+(\sigma_2-1)\sigma_2\cos^2\beta+(\sigma_3-1)\sigma_3\cos^2\gamma} \tag{8-10}$$

可以证明，以任意斜截面 ABC 上的应力 σ_n 和 τ_n 为横坐标和纵坐标的点，必将落在图 8－13（c）所示三向应力圆的阴影面积内。

由图 8－13（c）的三向应力圆中可看到，如一点处是三向应力状态时，该点处的最大正应力为 σ_1，最小正应力为 σ_3，即

$$\left.\begin{aligned}\sigma_{\max}&=\sigma_1\\ \sigma_{\min}&=\sigma_3\end{aligned}\right\} \tag{8-11}$$

至于该点处的最大切应力，从组成三向应力圆的 3 个二向应力圆可看出，对应的 3 组方向面中，都有各自的最大切应力。例如，对应于垂直 σ_3 主平面的所有方向面中，其最大切应力为

$$\tau_{12}=\frac{\sigma_1-\sigma_2}{2}$$

发生在与 σ_1 或 σ_2 主平面夹 45°角的斜面上。

同理，分别对应于垂直 σ_1 或 σ_2 主平面的所有方向面中，其最大切应力分别为

$$\tau_{23}=\frac{\sigma_2-\sigma_3}{2}$$

$$\tau_{13}=\frac{\sigma_1-\sigma_3}{2}$$

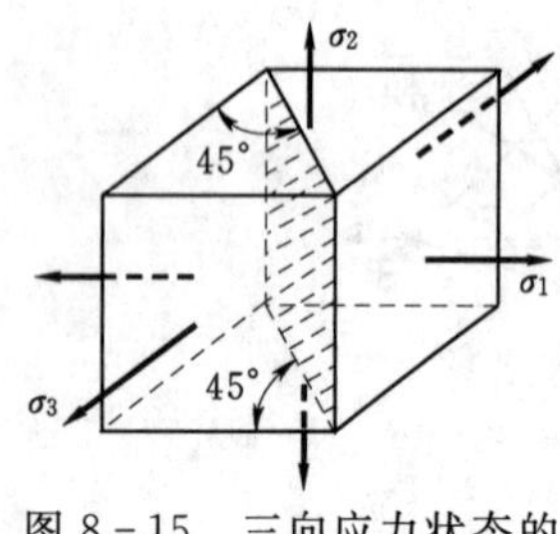

图 8-15　三向应力状态的最大切应力平面

它们分别发生在与 σ_2 和 σ_3 主平面夹 45°角，或与 σ_1 和 σ_3 主平面夹 45°角的斜面上。

上述 τ_{12}、τ_{23}、τ_{13}，称为 3 个**主切应力**（principle shearing stress）。显然，三者中的最大者 τ_{13} 才是该点处的最大切应力 $\tau_{\max}$，即

$$\tau_{\max}=\tau_{13}=\frac{\sigma_1-\sigma_3}{2} \tag{8-12}$$

其所在的平面，即为图 8-15 所示的阴影面。

在单向和二向应力状态中，最大切应力也应由式（8-12）计算。例如图 8-16（a）所示的应力状态，$\sigma_1=40\text{MPa}$，$\sigma_2=0$，$\sigma_3=-60\text{MPa}$，最大切应力为

$$\tau_{\max}=\frac{40\text{MPa}-(-60\text{MPa})}{2}=50\text{MPa}$$

而图 8-16（b）所示的应力状态，$\sigma_1=60\text{MPa}$，$\sigma_2=40\text{MPa}$，$\sigma_3=0$，故最大切应力为

$$\tau_{\max}=\frac{60\text{MPa}}{2}=30\text{MPa}$$

请读者自行标出图 8-16 中两种应力状态下最大切应力所在方向面的位置。

8.5　广义胡克定律　体积应变

8.5.1　广义胡克定律

在第 2 章中介绍了轴向拉压情况下，也就是单向应力状态的胡克定律，其表达式为

$$\sigma=E\varepsilon \quad 或 \quad \varepsilon=\frac{\sigma}{E}$$

现在分析三向应力状态下应力和应变的关系。

一般三向应力状态下的单元体，3 对面上均有正应力和切应力。对于各向同性材料，沿各方向的弹性常数 E、G、ν 均相同。在弹性范围、小变形条件下，沿坐标轴方向，正

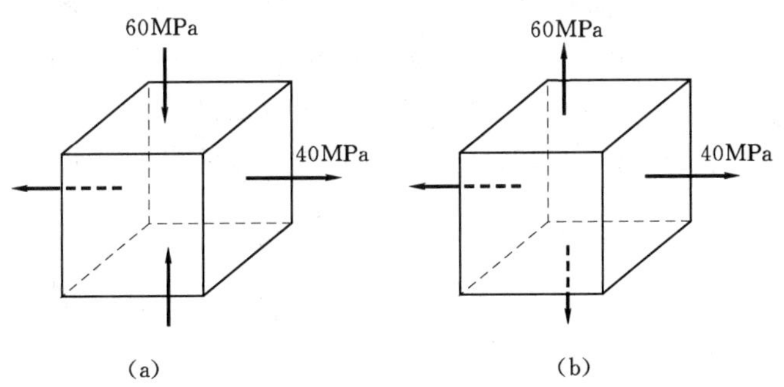

图 8-16　平面应力状态单元体

应力只引起线应变，而切应力只引起同一平面内的切应变。

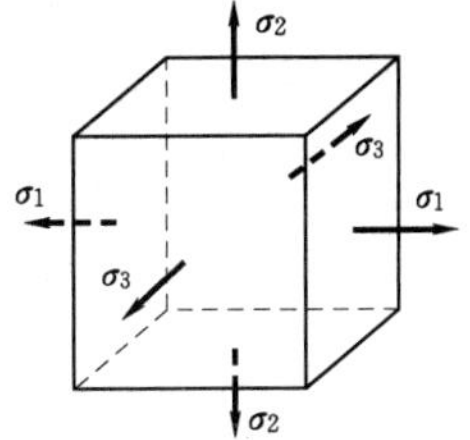

图 8-17　三向主应力单元体

图 8-17 是一从受力构件中某点处取出的单元体，其上作用着 3 个主应力 σ_1、σ_2、σ_3。在 3 个主应力作用下，单元体在每个主应力方向都要产生线应变。主应力方向的线应变称为**主应变**(principal strain)。现应用叠加原理分别求三个主应力方向的主应变。

首先求 σ_1 方向的主应变。3 个主应力都会使单元体在 σ_1 方向产生线应变，先分别求出每个主应力在 σ_1 方向引起的线应变，然后叠加，得到 σ_1 方向总的线应变。

由 σ_1 引起的是纵向线应变

$$\varepsilon_1'=\frac{\sigma_1}{E} \tag{a}$$

由 σ_2 引起的是横向线应变

$$\varepsilon_1''=-\nu\frac{\sigma_2}{E} \tag{b}$$

由 σ_3 引起的也是横向线应变

$$\varepsilon_1'''=-\nu\frac{\sigma_3}{E} \tag{c}$$

将式 (a)、式 (b)、式 (c) 三式相加，即得 σ_1 方向的主应变为

$$\varepsilon_1=\varepsilon_1'+\varepsilon_1''+\varepsilon_1'''=\frac{\sigma_1}{E}-\nu\frac{\sigma_2}{E}-\nu\frac{\sigma_3}{E}$$

同理可求出 σ_2 和 σ_3 方向的主应变。合并写为

$$\left.\begin{aligned}\varepsilon_1&=\frac{1}{E}[\sigma_1-\nu(\sigma_2+\sigma_3)]\\\varepsilon_2&=\frac{1}{E}[\sigma_2-\nu(\sigma_3+\sigma_1)]\\\varepsilon_3&=\frac{1}{E}[\sigma_3-\nu(\sigma_1+\sigma_2)]\end{aligned}\right\} \tag{8-13}$$

若单元体各面上不仅有正应力，还有切应力，即成为三向应力状态的一般情况，如图 8－18 所示。可以证明，在小变形条件下，切应力引起的线应变对于正应力引起的线应变而言是高阶微量，可以忽略。因此线应变和正应力之间的关系也可写成与式（8－13）类似的形式：

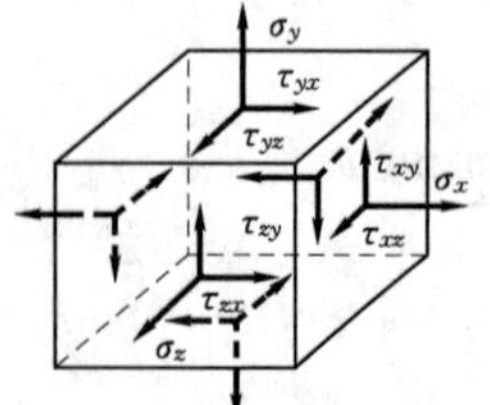

图 8－18　三向应力状态单元体各面上的应力分量

$$\left.\begin{aligned}\varepsilon_x&=\frac{1}{E}[\sigma_x-\nu(\sigma_y+\sigma_z)]\\ \varepsilon_y&=\frac{1}{E}[\sigma_y-\nu(\sigma_z+\sigma_x)]\\ \varepsilon_z&=\frac{1}{E}[\sigma_z-\nu(\sigma_x+\sigma_y)]\end{aligned}\right\}\tag{8-14a}$$

同时，在三向应力状态下，切应力和切应变之间也有一定关系，即

$$\left.\begin{aligned}\gamma_{xy}&=\frac{\tau_{xy}}{G}\\ \gamma_{yz}&=\frac{\tau_{yz}}{G}\\ \gamma_{zx}&=\frac{\tau_{zx}}{G}\end{aligned}\right\}\tag{8-14b}$$

本书第 3 章中的剪切胡克定律，即为式（8－14b）中的第一式。

式（8－13）和式（8－14）表示在三向应力状态下，主应变和主应力或应变分量与应力分量之间的关系，称为**广义胡克定律**（generalized Hook's law）。式（8－13）与式（8－14）是等效的，它表明各向同性材料在弹性范围内应力和应变之间的线性本构关系。广义胡克定律应用非常广泛，例如弹性力学中分析物体的应力和应变时，需用它作为物理方程；在试验应力分析中，根据某点处测出的应变，可以计算主应力或正应力、切应力。

各向异性材料的广义胡克定律将比式（8－14）复杂得多，请参阅有关教材和专著。

以上所得结果，同样适用于单向和二向应力状态。例如对于主应力为 σ_1 和 σ_2 的二向应力状态，令 $\sigma_3=0$，则式（8－13）成为

$$\left.\begin{aligned}\varepsilon_1&=\frac{1}{E}(\sigma_1-\nu\sigma_2)\\ \varepsilon_2&=\frac{1}{E}(\sigma_2-\nu\sigma_1)\\ \varepsilon_3&=-\frac{\nu}{E}(\sigma_1+\sigma_2)\end{aligned}\right\}\tag{8-15}$$

若用主应变表示主应力，则由上式得到

$$\left.\begin{aligned}\sigma_1&=\frac{E}{1-\nu^2}(\varepsilon_1+\nu\varepsilon_2)\\ \sigma_2&=\frac{E}{1-\nu^2}(\varepsilon_2+\nu\varepsilon_1)\end{aligned}\right\}\tag{8-16}$$

若单元体上既有正应力，又有切应力，即为一般二向应力状态，在这种情况下，正应力和线应变或切应力和切应变之间的关系可由式（8－14a）和式（8－14b）简化得到。

【例 8－5】 已知一受力构件中某点处为 $\sigma_2=0$ 的二向应力状态，并测得 2 个主应变为

$\varepsilon_1=240\mu\varepsilon$，$\varepsilon_3=-160\mu\varepsilon$。若构件的材料为Q235钢，弹性模量$E=2.1\times10^5$MPa，泊松比$\nu=0.3$，试求该点处的主应力，并求主应变$\varepsilon_2$。

解 因该点处$\sigma_2=0$，故由式（8－16），得

$$\sigma_1=\frac{E}{1-\nu^2}(\varepsilon_1+\nu\varepsilon_3)=\frac{2.1\times10^5\text{MPa}}{1-0.3^2}\times(240-0.3\times160)\times10^{-6}=44.3\text{MPa}$$

$$\sigma_3=\frac{E}{1-\nu^2}(\varepsilon_3+\nu\varepsilon_1)=\frac{2.1\times10^5\text{MPa}}{1-0.3^2}\times(-160+0.3\times240)\times10^{-6}=-20.3\text{MPa}$$

再由式（8－15），得

$$\varepsilon_2=-\frac{\nu}{E}(\sigma_1+\sigma_3)=-\frac{0.3}{2.1\times10^5\text{MPa}}\times(44.3\text{MPa}-20.3\text{MPa})=-34.3\times10^{-6}=-34.3\mu\varepsilon$$

【例8－6】 在一槽形钢块内，放置一边长为10mm的立方铝块。铝块与槽壁间无空隙，如图8－19（a）所示。当铝块上受到合力为$F=6$kN的均匀分布压力时，试求铝块内任一点处的应力，设铝的泊松比为$\nu=0.33$。

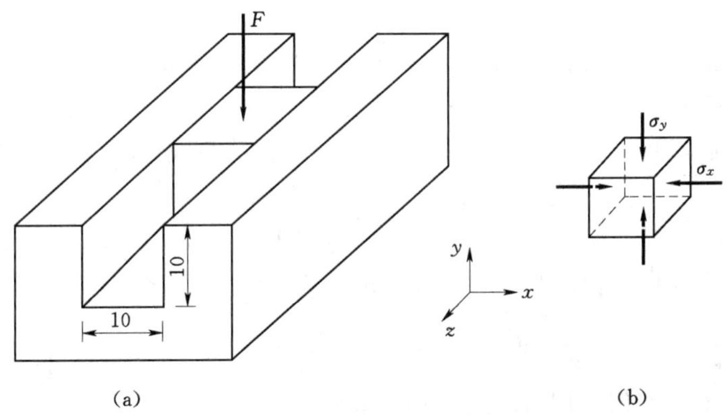

图8－19 ［例8－6］图（尺寸单位：mm）

解 当铝块受到力F压缩后，上下两个截面上将产生均匀的压应力，用σ_y表示，则

$$\sigma_y=\frac{-F}{A}=\frac{-6\times10^3\text{N}}{0.01\times0.01\text{m}^2}=-60\text{MPa}$$

同时，铝块的变形受到左、右两侧槽壁的限制，因此产生左右侧向压应力，用σ_x表示，而沿槽前后方向不受限制，不产生应力，即$\sigma_z=0$。在铝块内任一点处取一单元体，所受应力如图8－19（b）所示。根据平衡条件无法求出σ_x，故需利用变形协调条件。因铝较软，可假设槽形钢块为刚体，故铝块沿左、右方向不可能变形，即

$$\varepsilon_x=\frac{1}{E}(\sigma_x-\nu\sigma_y)=0$$

得
$$\sigma_x=\nu\sigma_y=0.33\times(-60\times10^6\text{N/m}^2)=-19.8\text{MPa}$$

由于x、y和z 3个方向面上均没有切应力，因此，3个方向面上的正应力为3个主应力，故铝块内任一点处的3个主应力为

$$\sigma_1=0,\ \sigma_2=-19.8\text{MPa},\ \sigma_3=-60\text{MPa}$$

【例8－7】 直径$d=80$mm的圆轴受外力偶矩T作用，如图8－20（a）所示。若在

圆轴表面沿与母线成$-45°$方向测得正应变$\varepsilon_{-45°}=260\mu\varepsilon$，求作用在圆轴上的外力偶矩$T$的大小。已知材料弹性模量$E=2.0\times10^5$MPa，泊松比$\nu=0.3$。

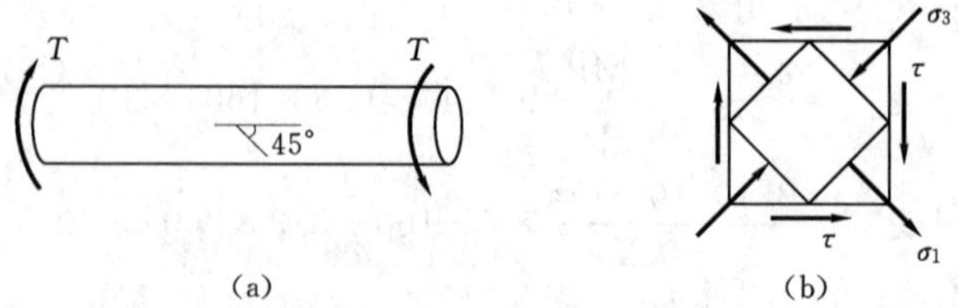

图 8-20　[例 8-7] 图

解　由前面知识可知，根据圆轴横截面上的切应力可以计算作用在圆轴上的外力偶矩T。在圆轴表面取一单元体［见图 8-20（b）］进行分析，该单元体处于纯切应力状态。作用在该单元体x面（横截面）和y面（纵截面）上的切应力大小为

$$\tau=\frac{M_x}{W_P}=\frac{16T}{\pi d^3} \tag{a}$$

由广义胡克定律知，与母线夹角为$-45°$方向的正应变与单元体上与母线夹角分别为$-45°$和$+45°$这两个相互正交的截面上的正应力都有关。由［例 8-4］可知，这两个相互正交的截面恰为主平面，且$\sigma_{-45°}=\sigma_1=\tau$，$\sigma_{45°}=\sigma_3=-\tau$。故由式（8-13），得

$$\varepsilon_{-45°}=\frac{1}{E}(\sigma_{-45°}-\nu\sigma_{45°})=\frac{1+\nu}{E}\tau \tag{b}$$

将式（a）代入式（b）可得

$$T=\frac{\pi d^3}{16}\frac{E}{1+\nu}\varepsilon_{-45°}$$

代入已知的$\varepsilon_{-45°}$、E和ν的值，即可求得作用在圆轴上的外力偶矩为

$$T=4.02\text{kN}\cdot\text{m}$$

8.5.2　体积应变

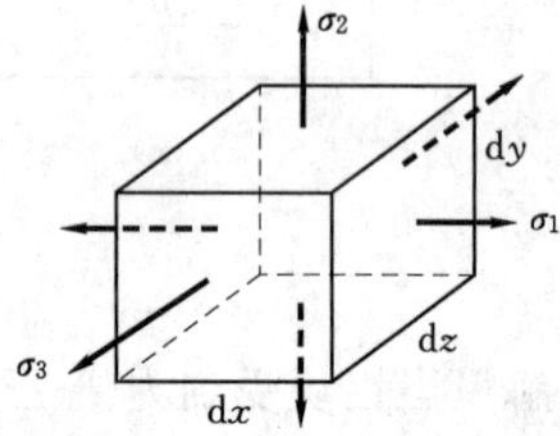

图 8-21　三向应力状态单元体

图 8-21 所示单元体，边长为dx、dy和dz。在 3 个主应力作用下，边长将发生变化，现求其体积的改变。

单元体原来的体积为$V_0=dx\,dy\,dz$。受力变形后，单元体的体积设为V，则单元体的体积改变为

$$\begin{aligned}\Delta V&=V-V_0\\&=(dx+\varepsilon_1dx)(dy+\varepsilon_2dy)(dz+\varepsilon_3dz)-dx\,dy\,dz\\&=(1+\varepsilon_1)(1+\varepsilon_2)(1+\varepsilon_3)dx\,dy\,dz-dx\,dy\,dz\end{aligned}$$

略去应变的高阶微量后，得

$$\Delta V=(\varepsilon_1+\varepsilon_2+\varepsilon_3)dx\,dy\,dz$$

单位体积的改变称为**体积应变**（volume strain)，用θ表示，则

$$\theta=\frac{\Delta V}{V_0}=\varepsilon_1+\varepsilon_2+\varepsilon_3 \tag{8-17}$$

将式（8-13）代入后，体积应变可用主应力表示为

$$\theta=\frac{1-2\nu}{E}(\sigma_1+\sigma_2+\sigma_3) \tag{8-18}$$

由式（8-18）可见，体积应变和三个主应力之和成正比。如果三个主应力之和为零，则 θ 等于零，即体积不变。例如纯切应力状态，由于 $\sigma_1=\tau$，$\sigma_2=0$，$\sigma_3=-\tau$，$\sigma_1+\sigma_2+\sigma_3=0$，故体积不改变，这说明切应力不引起体积改变。因此，当单元体各面上既有正应力又有切应力时，体积应变为

$$\theta=\frac{1-2\nu}{E}(\sigma_x+\sigma_y+\sigma_z)$$

如果物体内任一点处的单元体上受到压强 p 的静水压力作用，即 $\sigma_1=\sigma_2=\sigma_3=-p$，则由式（8-18），得

$$\theta=-\frac{3(1-2\nu)}{E}p \tag{8-19}$$

或

$$K=\frac{-p}{\theta}=\frac{E}{3(1-2\nu)} \tag{8-20}$$

式中：K 称为体积模量或压缩模量（bulk modulus of elasticity）。

8.6 应变能和应变能密度

弹性体在受力后要发生变形，同时弹性体内将积蓄能量。例如钟表的发条（弹性体）被拧紧（发生变形）以后，在它放松的过程中将带动齿轮系，使指针转动，这样，发条就做了功。这说明拧紧了的发条具有做功的本领，这是因为发条在拧紧状态下积蓄有能量。为了计算这种能量，现以受重力作用且仅发生弹性变形的拉杆为例，利用能量守恒原理来找出外力所做的功与弹性体内所积蓄的能量在数量上的关系。设杆（图 8-22）的上端固定，在其下端的小盘上逐渐增加重量。每加一点重量，杆将相应地有一点伸长，已在盘上的重物也相应地下沉，因而重物的位能将减少。由于重量是逐渐增加的，故在加载过程中，可认为杆没有动能改变。按能量守恒原理，略去其他微小的能量损耗不计，重物失去的位能将全部转变为积蓄在杆内的能量。因为杆的变形是弹性变形，故在卸除荷载以后，这种能量又随变形的消失而全部转换为其他形式的能量。这种伴随着弹性变形的增减而改变的能量称为应变能。这里，杆应变能就等于重物所失去的位能。

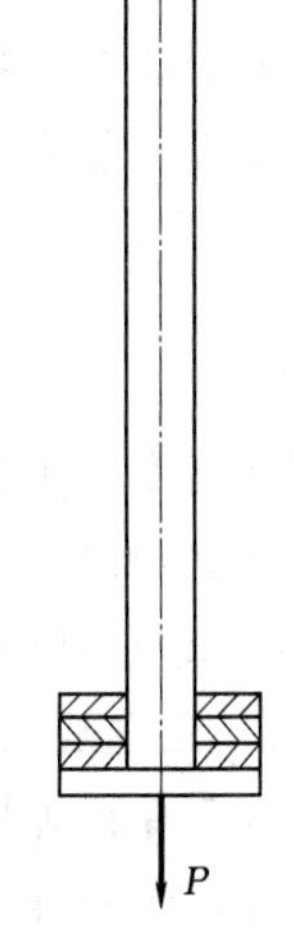

图 8-22 应变能

因为重物失去的位能在数值上等于它下沉时所做的功，所以杆内的应变能在数值上就等于重物在下沉时所做的功。推广到一般弹性体受静荷载（不一定是重力）作用的情况，可以认为在弹性体的变形过程中，积蓄在弹性体内的应变能 V_ε 在数值上等于外力所做的功 W，即

$$V_\varepsilon=W \tag{8-21}$$

式（8-21）称为弹性体的功能原理。在国际单位制中，应变能的单位是 J，1J=1N·m。

8.6.1 轴向拉压杆件的应变能和应变能密度

图 8-23（a）所示一受轴向拉伸的直杆，拉力由零逐渐增加到最

后的数值 F_1，现计算外力功。当拉力逐渐增加时，杆也随之逐渐伸长，杆的伸长就等于加力点沿加力方向的位移。由于拉力是变力，必须先计算加力过程中某一时刻的拉力在伸长增量上所做的微功，然后累加起来，即得到总功。设某一时刻的拉力为 F，杆的伸长为 Δl。如拉力再增加 dF，杆的伸长增量是 $d(\Delta l)$，则已作用在杆上的力 F 在伸长增量 $d(\Delta l)$ 上所做的微功为 $Fd(\Delta l)$。当材料处于弹性范围时，拉力和伸长成线性关系，$F-\Delta l$ 图为直线，如图 8－23（b）所示。微功由图上黑线面积表示。当拉力增加到最后数值 F_1 时，杆的伸长为 Δl_1，外力所做的总功为图 8－23（b）中三角形面积 OAB，即

$$W=\int_0^{\Delta l_1} Fd(\Delta l)=\frac{1}{2}F_1\Delta l_1$$

一般地，外力功可写为

$$W=\frac{1}{2}F\Delta l$$

由式（8－21），杆的应变能也为

$$V_\varepsilon=\frac{1}{2}F\Delta l$$

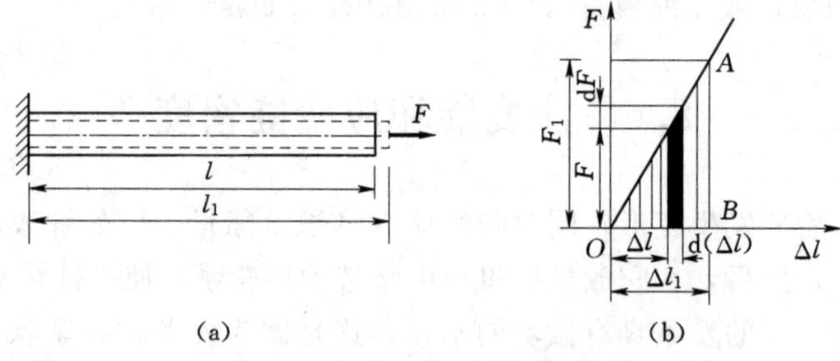

(a)　　(b)

图 8－23　轴向拉伸杆件应变能

由于图 8－23（a）所示拉杆的轴力 $F_N=F$，伸长 $\Delta l=\dfrac{F_N l}{EA}$，故上式可写为

$$V_\varepsilon=\frac{1}{2}F_N\Delta l=\frac{F_N^2 l}{2EA} \tag{8-22}$$

由于拉杆内各点的应力状态相同，故将应变能除以杆的体积，得单位体积内的应变能，即应变能密度（strain-energy density），用 v_ε 表示，为

$$v_\varepsilon=\frac{V_\varepsilon}{V}=\frac{\frac{1}{2}F_N\Delta l}{Al}=\frac{1}{2}\sigma\varepsilon \tag{8-23}$$

应变能密度的单位是 J/m^3。

以上导出的应变能计算公式也适用于直杆受轴向压缩的情况。而应变能密度的计算公式（8－23）则适用于所有单向应力状态。

8.6.2　三向应力状态的应变能密度

对于在线弹性范围内、小变形条件下受力的物体，所积蓄的应变能只取决于外力的最后数值，而与加力顺序无关（后面第 13 章将加以证明）。下面利用式（8－23），计算三向应力状态的应变能密度。图 8－24（a）所示一三向应力状态单元体，设主应力 σ_1、σ_2 和

σ_3 按同一比例由零逐渐增加到最后的数值。对应于每一主应力，其应变能密度等于该主应力在与之相应的主应变所做的功，而其他两个主应力在该主应变上并不做功。因此，将每一个主应力所引起的应变能密度相加，即可得到单元体的总应变能密度为

$$\upsilon_\varepsilon=\frac{1}{2}\sigma_1\varepsilon_1+\frac{1}{2}\sigma_2\varepsilon_2+\frac{1}{2}\sigma_3\varepsilon_3$$

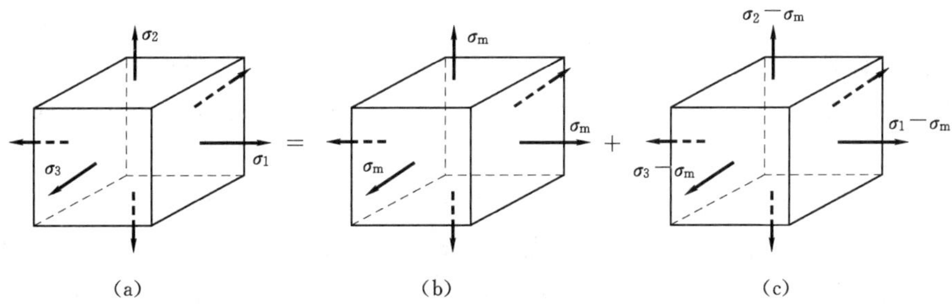

图 8－24　单元体应力状态的分解

将广义胡克定律式（8－13）代入上式，经化简后得到总应变能密度为

$$\upsilon_\varepsilon=\frac{1}{2E}[\sigma_1^2+\sigma_2^2+\sigma_3^2-2\nu(\sigma_1\sigma_2+\sigma_2\sigma_3+\sigma_3\sigma_1)] \tag{8-24}$$

在一般情况下，三向应力状态下的单元体将同时产生体积改变和形状改变，因此总应变能密度也可分为与之相应的**体积改变能密度**（strain-energy density of volume change）υ_v 和**形状改变能密度**（strain energy density of distortion）υ_d。为了求得这两部分应变能密度，可将图 8－24（a）所示的应力状态分解成图 8－24（b）、（c）所示的两种应力状态。在图 8－24（b）所示的单元体上，各面上作用有相等的主应力 $\sigma_m=\frac{1}{3}(\sigma_1+\sigma_2+\sigma_3)$，显然，该单元体只发生体积改变而无形状改变。由式（8－18）可知，其体积应变和图 8－24（a）所示单元体的体积应变相同。因此，图 8－24（a）所示单元体的体积改变能密度可求得为

$$\upsilon_v=3\times\frac{1}{2}\sigma_m\varepsilon_m \tag{8-25}$$

式中：ε_m 为图 8－24（b）所示单元体的主应变。

由式（8－13）得

$$\varepsilon_m=\frac{1}{E}[\sigma_m-\nu(\sigma_m+\sigma_m)]=\frac{1-2\nu}{E}\sigma_m \tag{8-26}$$

将式（8－26）代入式（8－25），得体积改变能密度为

$$\upsilon_v=3\times\frac{1}{2}\sigma_m\ \frac{1-2\nu}{E}\sigma_m=\frac{1-2\nu}{6E}(\sigma_1+\sigma_2+\sigma_3)^2 \tag{8-27}$$

在图 8－24（c）所示的单元体上，3 个主应力之和为零，由式（8－18）式可知，其体积应变 $\varepsilon_v=0$，即该单元体只有形状改变。这一单元体的应变能密度即为形状改变能密度 υ_d，可以证明，它等于单元体的总应变能密度减去体积改变能密度。由式（8－24）和式（8－27），可得

$$\upsilon_d=\upsilon_\varepsilon-\upsilon_v=\frac{1+\nu}{6E}[(\sigma_1-\sigma_2)^2+(\sigma_2-\sigma_3)^2+(\sigma_3-\sigma_1)^2] \tag{8-28}$$

8.7　平面应变状态分析

8.7.1　应变状态的概念

与应力状态的概念相似，受力杆件中一点处各个方向面上应变情况的集合，称为该点的**应变状态**（state of strain）。研究受力杆件中任一点处的应变状态，仍是围绕该点取一单元体。由于杆件的变形，该单元体的 3 个边长 dx、dy 和 dz 将发生线变形，即长度发生改变而有线应变 ε_x、ε_y 和 ε_z；该单元体 3 对面之间的夹角将发生角变形，即直角发生改变而有切应变 γ_{xy}、γ_{yz} 和 γ_{zx}。

在一般情况下，受力杆件中任一点处的应变可以用 ε_x、ε_y、ε_z 和 γ_{xy}、γ_{yz}、γ_{zx} 这 6 个应变分量来描述，它们与该点的 6 个应力分量 σ_x、σ_y、σ_z 和 τ_{xy}、τ_{yz}、τ_{zx} 间的关系在线弹性和小变形条件下应服从广义胡克定律，即式（8－14a）和式（8－14b）。与应力状态相似，该点的应变也可用 3 个主应变 ε_1、ε_2 和 ε_3 来描述，它们与该点的 3 个主应力 σ_1、σ_2 和 σ_3 则应满足广义胡克定律式（8－13）的关系。

结构物和机器，往往由于形状和受载情况复杂，很难用理论方法分析和计算其应力。这时，可用试验方法，例如电测法，测出一点处的某些应变，然后求出该点处的主应变，再利用广义胡克定律，就可算出该点处的主应力。为此，需研究一点处的应变状态，找出一点处各个方向应变之间的关系，并求出主应变。由于用电测法一般是量测处于平面应力状态下的构件自由表面上某一点处的应变状态，故本节只讨论这种平面应变状态分析的有关问题。

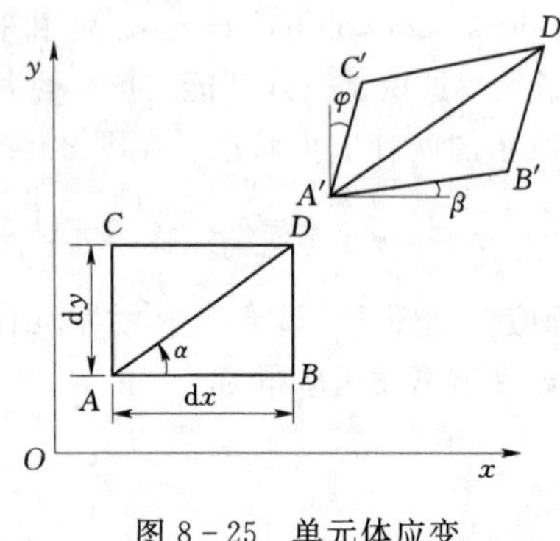

图 8－25　单元体应变

8.7.2　任意方向的应变

在变形前的物体中任一点 A 处，取一单元体 $ABCD$。在 xOy 坐标系中，其边长为 dx 和 dy，如图 8－25 所示。物体受力后，A、B、C、D 点分别移动到 A'、B'、C'、D'。线段 AB 成为 $A'B'$，并转过微小角度 β；线段 AC 成为 $A'C'$，并转过微小角度 φ。因此，线段 AB 的线应变，即 A 点处沿 x 方向的线应变为 $\varepsilon_x=\dfrac{\overline{A'B'}-\overline{AB}}{\mathrm{d}x}$；线段 AC 的线应变，即 A 点处沿 y 方向的线应变为 $\varepsilon_y=\dfrac{\overline{A'C'}-\overline{AC}}{\mathrm{d}y}$。此外，$A$ 点处的切应变 $\gamma_{xy}=\beta+\varphi$。根据 A 点处的 3 个应变 ε_x、ε_y 和 γ_{xy}，就可求出 A 点处沿任一方向的线应变和切应变。

设单元体的对角线 AD 代表 A 点处任意方向的线段，它与 x 轴成 α 角，如图 8－25 所示。α 角规定从 x 轴逆时针旋转为正。当单元体变形后，线段 AD 变为 $A'D'$，因此任意方向产生了线应变 ε_α。这一线应变是由 ε_x、ε_y 和 γ_{xy} 共同引起的。因为变形很小，可先分别研究由 ε_x、ε_y 和 γ_{xy} 引起的 ε_α、然后叠加，即得总的线应变 ε_α。为了便于分析，可不考虑单元体的刚性位移，即 A'点与 A 点重合。

1. 由 ε_x 引起的 ε_α

在图 8-26（a）中，设单元体只有 x 方向的线应变 ε_x 时，B 点移动至 B' 点，$\overline{BB'}=\varepsilon_x \mathrm{d}x$。对角线 AD 变为 AD''。由 D'' 点向 AD 的延长线作垂线，得到 D' 点，DD' 即为对角线 AD 的伸长。由几何关系得到

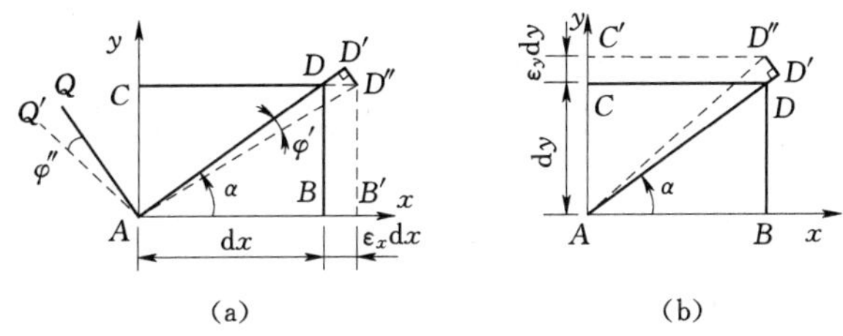

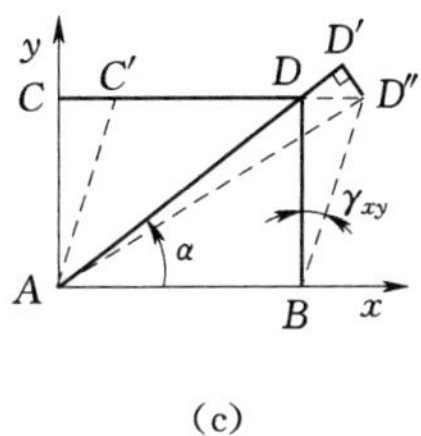

图 8-26　应变分解

$$\overline{DD'}=\overline{DD''}\cos\alpha=\varepsilon_x \mathrm{d}x\cos\alpha$$

$$\overline{AD}=\frac{\mathrm{d}x}{\cos\alpha}$$

故线段 AD 由 ε_x 引起的线应变为

$$\varepsilon'_\alpha=\frac{\overline{DD'}}{\overline{AD}}=\frac{\varepsilon_x \mathrm{d}x\cos\alpha}{\mathrm{d}x/\cos\alpha}=\varepsilon_x\cos^2\alpha \tag{a}$$

2. 由 ε_y 引起的 ε_α

在图 8-26（b）中，设单元体只有 y 方向的应变时，C 点移至 C' 点，$\overline{CC'}=\varepsilon_y \mathrm{d}y$。对角线 AD 变为 AD''。由 D'' 点向 AD 的延长线作垂线，得到 D' 点，$\overline{DD'}$ 即为对角线 AD 的伸长。由几何关系得到

$$\overline{DD'}=\overline{DD'}\sin\alpha=\varepsilon_y \mathrm{d}y\sin\alpha$$

$$\overline{AD}=\frac{\mathrm{d}y}{\sin\alpha}$$

故线段 AD 由 ε_y 引起的线应变为

$$\varepsilon''_\alpha=\frac{\overline{DD'}}{\overline{AD}}=\frac{\varepsilon_y \mathrm{d}y\sin\alpha}{\mathrm{d}y/\sin\alpha}=\varepsilon_y\sin^2\alpha \tag{b}$$

3. 由 γ_{xy} 引起的 ε_α

在图 8-26（c）中，设单元体的 AB 边固定，单元体只有切应变 γ_{xy} 时，C 点移动至 C' 点，而 D 点移动至 D'' 点，对角线 AD 变为 AD''。由 D'' 点向 AD 的延长线作垂线，即得 D' 点，$\overline{DD'}$ 即为对角线 AD 的伸长。由几何关系得到

$$\overline{DD'}=\overline{DD''}\cos\alpha=\gamma_{xy}\mathrm{d}y\cos\alpha$$

$$\overline{AD}=\frac{\mathrm{d}y}{\sin\alpha}$$

故线段 AD 由 γ_{xy} 引起的线应变为

$$\varepsilon'''_\alpha=\frac{\overline{DD'}}{\overline{AD}}=\frac{\gamma_{xy}\mathrm{d}y\cos\alpha}{\mathrm{d}y/\sin\alpha}=\gamma_{xy}\sin\alpha\cos\alpha \tag{c}$$

将式（a）～式（c）相加，即得线段 AD 总的线应变为

$$\varepsilon_\alpha=\varepsilon_x\cos^2\alpha+\varepsilon_y\sin^2\alpha+\gamma_{xy}\sin\alpha\cos\alpha$$

经过三角变换后，上式成为

$$\varepsilon_\alpha=\frac{\varepsilon_x+\varepsilon_y}{2}+\frac{\varepsilon_x-\varepsilon_y}{2}\cos2\alpha+\frac{\gamma_{xy}}{2}\sin2\alpha \tag{8-29}$$

此外，还可求出任意方向的切应变 γ_α。在图 8-26（a）中，画出直角$\angle QAD$，求出此直角的改变，即为所求的 γ_α。先求由 ε_x 引起的 γ_α。由于 ε_x 的影响，对角线 AD 转过 φ'角至AD''，由几何关系，可得

$$\varphi'=\frac{\overline{D'D''}}{\overline{AD}}=\frac{\overline{DD''}\sin\alpha}{\overline{AD}}=\frac{\varepsilon_x\mathrm{d}x\sin\alpha}{\mathrm{d}x/\cos\alpha}=\varepsilon_x\sin\alpha\cos\alpha \tag{d}$$

此转角使原来的直角$\angle QAD$ 增大。再求 AQ 的转角 φ''。在式（d）中，令 $\alpha=\alpha+\dfrac{\pi}{2}$，得

$$\varphi''=\varepsilon_x\sin\left(\alpha+\frac{\pi}{2}\right)\cos\left(\alpha+\frac{\pi}{2}\right)=-\varepsilon_x\sin\alpha\cos\alpha$$

式中的负号表示 φ''角的转向与 φ'角的转向相反，即 φ''角也使得原来的直角$\angle QAD$ 增大。前面已经规定，使直角减小的切应变为正，使直角增大的为负。因此，由 ε_x 引起的切应变为负，即

$$\gamma'_\alpha=-\varphi'+\varphi''=-2\varepsilon_x\sin\alpha\cos\alpha=-\varepsilon_x\sin2\alpha$$

同理可求出由 ε_y 和 γ_{xy} 引起的该方向的切应变分别为

$$\gamma''_\alpha=\varepsilon_y\sin2\alpha,\ \gamma'''_\alpha=\gamma_{xy}\cos2\alpha$$

由叠加法，得总的切应变为

$$\gamma_\alpha=\gamma'_\alpha+\gamma''_\alpha+\gamma'''_\alpha=-\varepsilon_x\sin2\alpha+\varepsilon_y\sin2\alpha+\gamma_{xy}\cos2\alpha$$

或

$$-\frac{\gamma_\alpha}{2}=\frac{\varepsilon_x-\varepsilon_y}{2}\sin2\alpha-\frac{\gamma_{xy}}{2}\cos2\alpha \tag{8-30}$$

比较式（8-29）、式（8-30）和式（8-1）、式（8-2）可见，只要将式（8-1）和式（8-2）中的 σ_x、σ_y、σ_α 代以 ε_x、ε_y、ε_α，而 τ_x 和 τ_α 代以$-(\gamma_{xy}/2)$ 和$-(\gamma_\alpha/2)$，就得到式（8-29）和式（8-30）。因此，在平面应变分析中，也可作应变圆分析一点的应变状态。在图 8-3（b）的应力圆上，将 D_1 点的横坐标 σ_x 换成 ε_x，纵坐标 τ_x 换成$-(\gamma_{xy}/2)$，即得应变圆上的 D_1 点；将应力圆上 D_2 点的横坐标 σ_y 换成 ε_y，纵坐标 $-\tau_y$ 换成 $(\gamma_{xy}/2)$，即得应变圆上的 D_2 点。以 $\overline{D_1D_2}$ 为直径所作的圆即为应变圆，如图 8-27 所示。

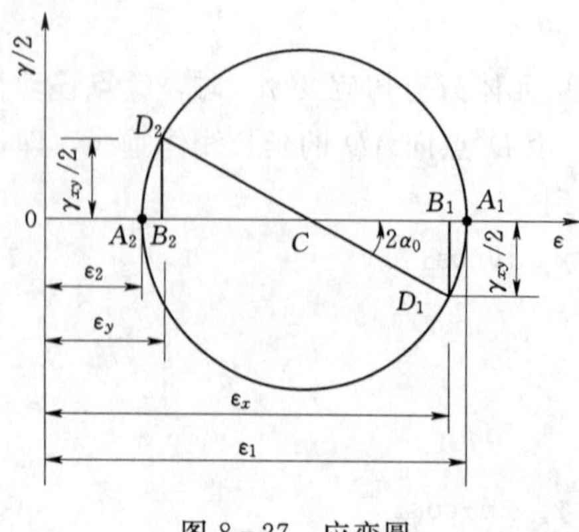

图 8-27　应变圆

8.7.3　主应变的大小和方向

由应变圆可见，A_1 和 A_2 点的纵坐标为零，它们的横坐标分别代表一点处的最大和最小线应变，即主应变，用 ε_1 和 ε_2 表示。因半径 CA_1 和 CA_2 夹 180°角，故 ε_1 和 ε_2 的方向互相垂直。由应变圆上可以导出主应变大小为

$$\left.\begin{matrix}\varepsilon_1\\\varepsilon_2\end{matrix}\right.=\frac{\varepsilon_x+\varepsilon_y}{2}\pm\sqrt{\left(\frac{\varepsilon_x-\varepsilon_y}{2}\right)^2+\left(\frac{\gamma_{xy}}{2}\right)^2} \tag{8-31}$$

主应变的方向由下式决定：

$$\tan 2\alpha_0=\frac{\gamma_{xy}}{\varepsilon_x-\varepsilon_y} \tag{8-32}$$

对弹性各向同性材料，主应变的方向和主应力的方向是一致的。

8.7.4 应变的量测

在实验应力分析的电测法中，利用电阻片作为传感器，可测出一点处的应变，然后利用广义胡克定律可求出该点处的主应力。

当测点处的两个主应力方向已知时，可以测出这两个方向的主应变，再由式（8-16）求出这两个主应力。

若测点处的主应力方向未知时，可在该点处测出任意三个方向的线应变，分别代入式（8-29），求出 ε_x、ε_y 和 γ_{xy}。将所得的 ε_x、ε_y 和 γ_{xy} 代入式（8-31），即可求出主应变 ε_1 和 ε_2；代入式（8-32），即可求出主应变的方向。再将 ε_1 和 ε_2 代入式（8-16），即可求出主应力的大小。

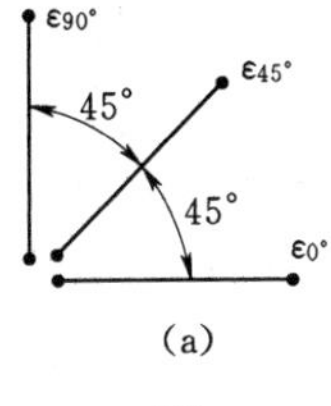

(a)

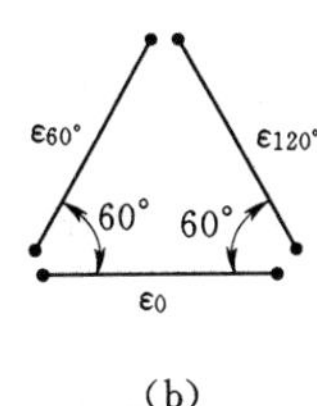

(b)

图 8-28 应变花

在实际量测应变时，通常采用直角应变花和三角形应变花两种方法。

1. 直角应变花

在测点处，沿 $\alpha=0°$、45°、90°三个方向粘贴三个电阻片，组成直角应变花，如图 8-28（a）所示。将所测得的三个方向的应变 $\varepsilon_{0°}$、$\varepsilon_{45°}$ 和 $\varepsilon_{90°}$ 代入式（8-29），得到

$$\left.\begin{aligned}\varepsilon_{0°}&=\varepsilon_x\\\varepsilon_{45°}&=\frac{\varepsilon_x+\varepsilon_y}{2}+\frac{\gamma_{xy}}{2}\\\varepsilon_{90°}&=\varepsilon_y\end{aligned}\right\}$$

联立求解，得

$$\left.\begin{aligned}\varepsilon_x&=\varepsilon_{0°}\\\varepsilon_y&=\varepsilon_{90°}\\\gamma_{xy}&=2\varepsilon_{45°}-(\varepsilon_{0°}+\varepsilon_{90°})\end{aligned}\right\}$$

再将 ε_x、ε_y 和 γ_{xy} 代入式（8-31）和式（8-32），得到

$$\left.\begin{matrix}\varepsilon_1\\\varepsilon_2\end{matrix}\right.=\frac{\varepsilon_{0°}+\varepsilon_{90°}}{2}\pm\sqrt{\frac{1}{2}(\varepsilon_{0°}-\varepsilon_{45°})^2+(\varepsilon_{45°}-\varepsilon_{90°})^2} \tag{8-33}$$

$$\tan 2\alpha_0=\frac{2\varepsilon_{45°}-\varepsilon_{0°}-\varepsilon_{90°}}{\varepsilon_{0°}-\varepsilon_{90°}} \tag{8-34}$$

2. 三角形应变花

在测点处，沿 $\alpha=0°$、60°和 120°三个方向粘贴三个电阻片，组成三角形应变花，如图 8-28（b）所示。将所测得的三个方向的应变 $\varepsilon_{0°}$、$\varepsilon_{60°}$ 和 $\varepsilon_{120°}$ 代入式（8-29），得到

$$\left.\begin{aligned}\varepsilon_x&=\varepsilon_{0^\circ}\\ \varepsilon_y&=\frac{-\varepsilon_{0^\circ}+2\varepsilon_{60^\circ}+\varepsilon_{120^\circ}}{3}\\ \gamma_{xy}&=\frac{2(\varepsilon_{60^\circ}-\varepsilon_{120^\circ})}{\sqrt{3}}\end{aligned}\right\}$$

再将 ε_x、ε_y 和 γ_{xy} 代入式（8-31）及式（8-32），得到

$$\begin{matrix}\varepsilon_1\\ \varepsilon_2\end{matrix}=\frac{\varepsilon_{0^\circ}+\varepsilon_{60^\circ}+\varepsilon_{120^\circ}}{3}\pm\frac{\sqrt{2}}{3}\sqrt{(\varepsilon_{0^\circ}-\varepsilon_{60^\circ})^2+(\varepsilon_{60^\circ}-\varepsilon_{120^\circ})^2+(\varepsilon_{0^\circ}-\varepsilon_{120^\circ})^2}\tag{8-35}$$

$$\tan 2\alpha_0=\frac{\sqrt{2}(\varepsilon_{60^\circ}-\varepsilon_{120^\circ})}{2\varepsilon_{0^\circ}-\varepsilon_{60^\circ}-\varepsilon_{120^\circ}}\tag{8-36}$$

习　题

8-1　试确定图 8-29 所示杆中 A、B 点处的应力状态，并画出各点的单元体应力图。

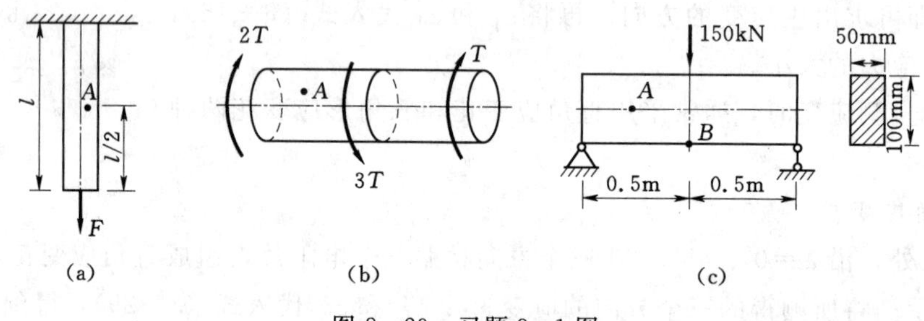

图 8-29　习题 8-1 图

8-2　各单元体上的应力如图 8-30 所示。试用解析公式法求指定斜截面上的应力。

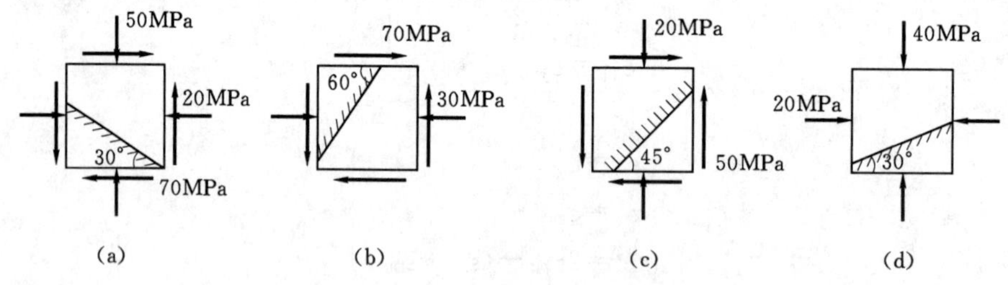

图 8-30　习题 8-2 图

8-3　0.1m×0.5m 的矩形截面木梁，受力如图 8-31 所示。木纹与梁轴成 20°角，试用解析公式法求截面 a—a 上 A、B 两点处木纹面上的应力。

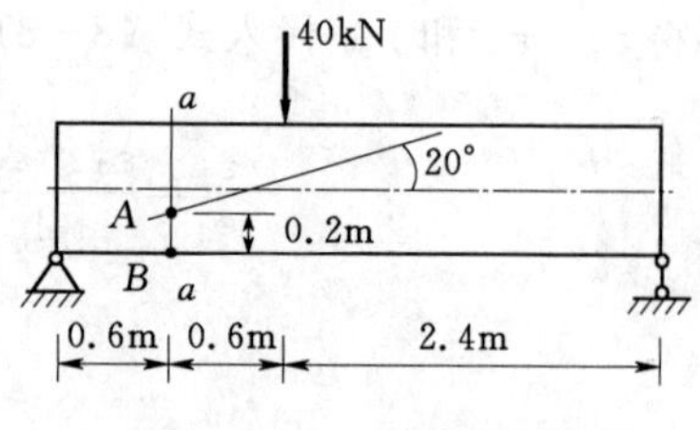

图 8-31　习题 8-3 图

8-4　各单元体上的应力如图 8-32 所示。试用应力圆求各单元体的主应力大小和方位，再用解析公式法校核，并绘出主应力作用的单元体。

8-5　试确定图 8-33 所示梁中 A、B 两点处的主应力大小和方向，并绘出主应力单

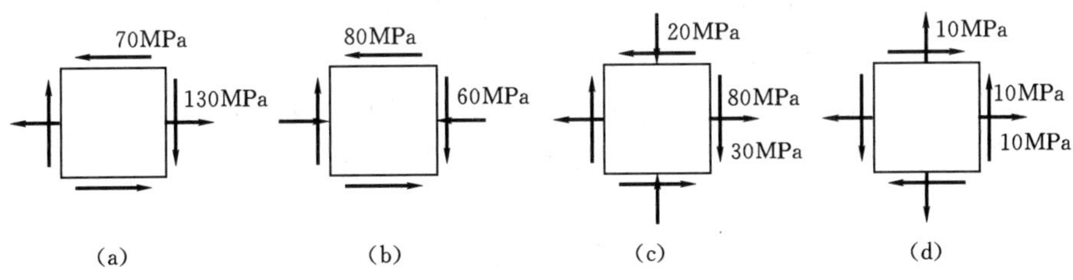

图 8-32　习题 8-4 图

元体。

8-6　图 8-34 所示 A 点处的最大切应力为 0.9MPa，试确定 F 的大小。

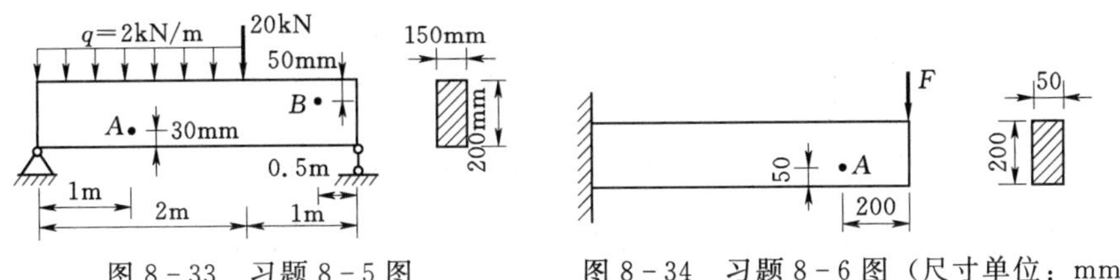

图 8-33　习题 8-5 图　　图 8-34　习题 8-6 图（尺寸单位：mm）

8-7　分析图 8-35 所示杆件 A 点处横截面上及纵截面上有什么应力。（提示：在 A 点处取出图示单元体，并考虑它的平衡）。

8-8　求图 8-36 所示两单元体的主应力大小及方向。

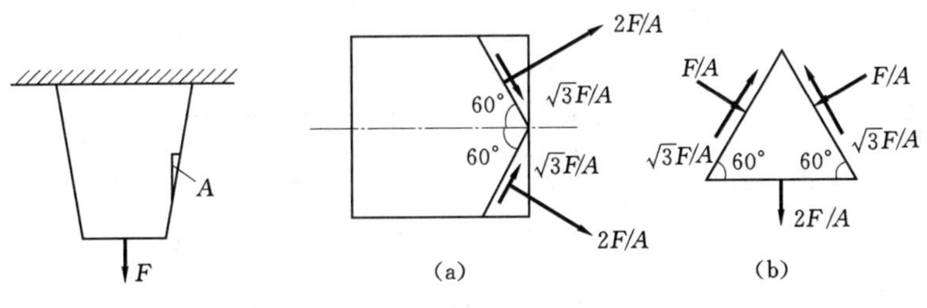

图 8-35　习题 8-7 图　　图 8-36　习题 8-8 图

8-9　在不受外力的表面上取一单元体 A，如图 8-37 所示，已知该点的最大切应力为 3.5MPa，与表面垂直的截面上作用着拉应力，而前后面上无应力。试求：

(1) 画出并计算 A 点的 σ_x、σ_y 及 τ_x。

(2) 求 A 点处的主应力大小和方向。

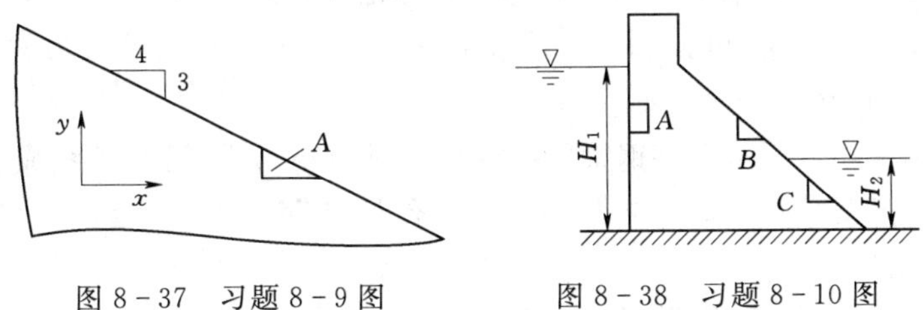

图 8-37　习题 8-9 图　　图 8-38　习题 8-10 图

8-10　试绘出图 8-38 所示坝内 A、B、C3 点处各截面上的应力（不考虑各点前后面上的应力）。

8-11　一点的应力状态如图 8-39 所示，已知该点的最大切应力 $\tau_{max}=120\text{MPa}$，试求 τ_x 的值。

8-12　一拉杆由两段杆沿 m—n 面胶合而成，如图 8-40 所示。由于实用的原因，图中的 α 角限于 60°以内。对胶合缝作强度计算时可以把其上的正应力和切应力分别与相应的容许应力比较。已知$[\tau]/[\sigma]=3/4$，且此杆的强度由胶合缝的强度控制。为使杆能承受的荷载 F 最大，试问 α 角的值应取多大？

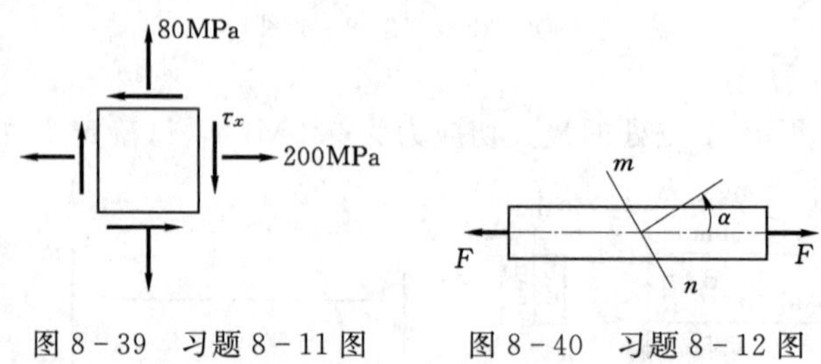

图 8-39　习题 8-11 图　　图 8-40　习题 8-12 图

8-13　试草绘图 8-41 中杆件内两组主应力轨迹线的大致形状。请说明主应力轨迹线的工程意义（注：用实线表示 σ_1 轨迹线，虚线表示 σ_3 轨迹线）

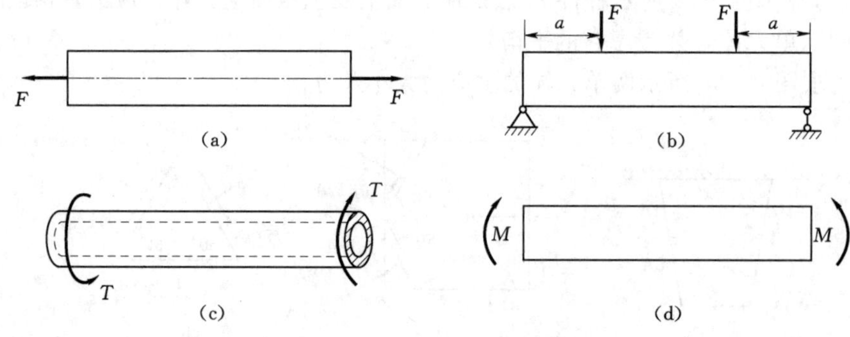

图 8-41　习题 8-13 图

8-14　在一体积较大的钢块上开一个立方形槽，其各边尺寸都是 10mm，在槽内嵌入一铝质立方块，它的尺寸是 9.5mm×9.5mm×10mm（长×宽×高）。当铝块受到压力 $F=6\text{kN}$ 的作用时，假设钢块不变形，铝的弹性模量 $E=7.0\times10^4\text{MPa}$，$\nu=0.33$，试求铝块的 3 个主应力和相应的变形。

8-15　一处于二向拉伸状态下的单元体（$\sigma_1\neq0$，$\sigma_2\neq0$，$\sigma_3=0$），其主应变 $\varepsilon_1=0.00007$，$\varepsilon_2=0.00004$。已知 $\nu=0.3$，试求主应变 ε_3。该主应变是否为 $\varepsilon_3=-\nu(\varepsilon_1+\varepsilon_2)=-0.000033$，为什么？

8-16　在图 8-42 所示工字钢梁的中性层上某点 K 处，沿与轴线成 45°方向上贴有电阻片，测得主应变 $\varepsilon=-2.6\times10^{-5}$，试求梁上的荷载 F。已知 $E=2.1\times10^5\text{MPa}$，$\nu=0.28$。

8-17　图 8-43 所示一钢质圆杆，直径 $D=20\text{mm}$。已知 A 点处与水平线成 70°方向上的正应变 $\varepsilon=4.1\times10^{-4}$，$E=2.1\times10^5\text{MPa}$，$\nu=0.28$，求荷载 F。

8-18　用电阻应变仪测得空心圆轴表面上某点处与母线成 45°方向上的正应变 $\varepsilon=$

2.0×10^{-4}，如图 8－44 所示。已知 $E=2.0\times10^{5}$MPa，$\nu=0.3$，试求轴所传递的扭矩。

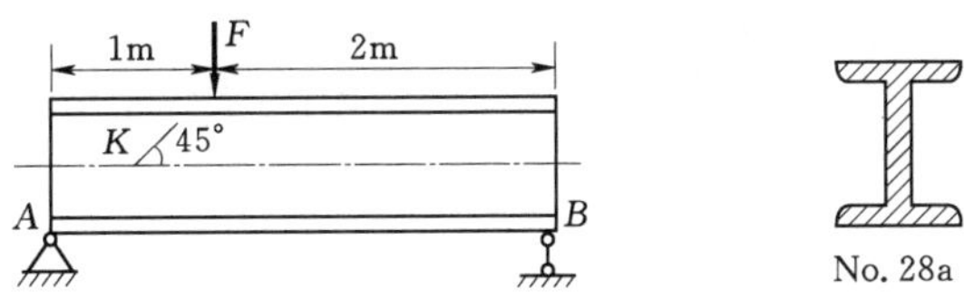

图 8－42　习题 8－16 图

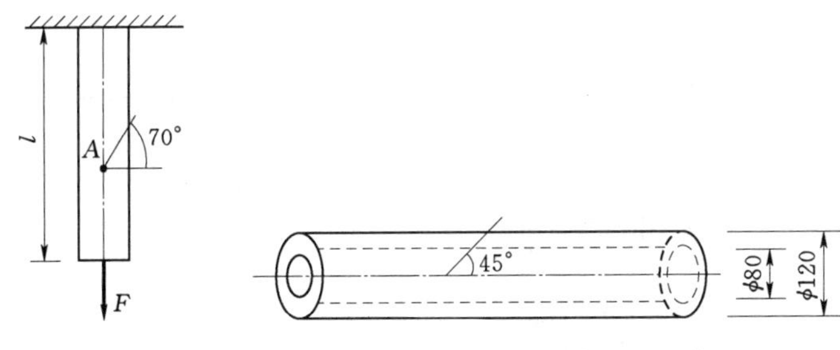

图 8－43　习题 8－17 图　　　　图 8－44　习题 8－18 图

8－19　由光弹性方法测得如图 8－45 所示应力状态中，所有平行于 σ_3（$\sigma_3=0$）的平面中的最大切应力为 τ_{12}，又测得厚度改变率 $\varepsilon=\dfrac{\Delta\delta}{\delta}$，试求 σ_1 和 σ_2。设 E、ν 已知。

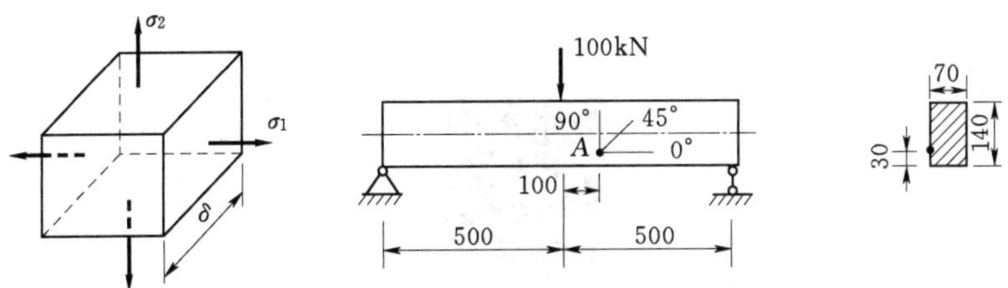

图 8－45　习题 8－19 图　　　　图 8－46　习题 8－20 图（尺寸单位：mm）

8－20　做梁弯曲试验时，在图 8－46 所示矩形截面钢梁中性轴以下离底边为 30mm 处的 A 点贴 3 片与轴线成 0°、45°、90°的电阻片，当荷载增加 100kN 时，每一电阻片的读数改变值约为多少？材料弹性模量 $E=2.0\times10^{5}$MPa，泊松比 $\nu=0.3$。

8－21　两根杆 A_1B_1 和 A_2B_2 材料相同，长度和横截面面积也相同。A_1B_1 杆下端受集中力 F，A_2B_2 杆受沿长度均匀分布的荷载，其集度 $q=F/l$，如图 8－47 所示，试求此两杆内的应变能。

8－22　图 8－48 所示二杆，当它们都受力 F 作用时，试比较二杆的应变能。

8－23　受力物体内一点处的应力状态如图 8－49 所示，试求单元体的体积改变能密度和形状改变能密度。设 $\nu=0.3$，$E=2.0\times10^{5}$MPa。

8－24　用直角应变花测得构件表面上某点处 $\varepsilon_{0^\circ}=400\times10^{-6}$，$\varepsilon_{45^\circ}=260\times10^{-6}$，$\varepsilon_{90^\circ}=-80\times10^{-6}$。试求该点处 3 个主应变的数值和方向。

8－25　某构件表面一点应力状态如图 8－50 所示。已知 $E=70$GPa，$\nu=0.25$。试求单元体的 3 个主应变，并用应变圆求出其最大切应变 γ_{max}。

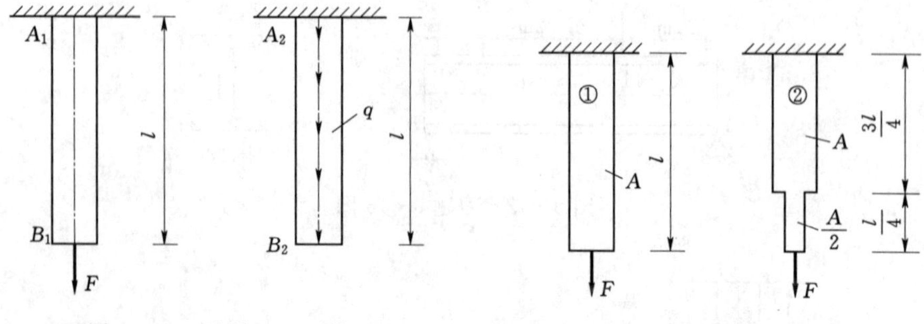

图 8 - 47　习题 8 - 21 图

图 8 - 48　习题 8 - 22 图

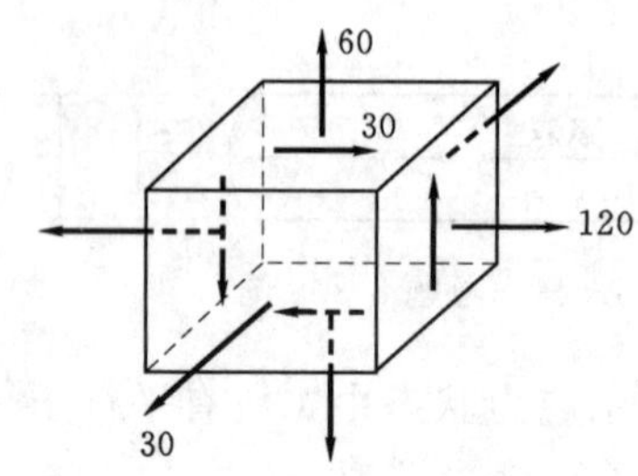

图 8 - 49　习题 8 - 23 图（单位：MPa）

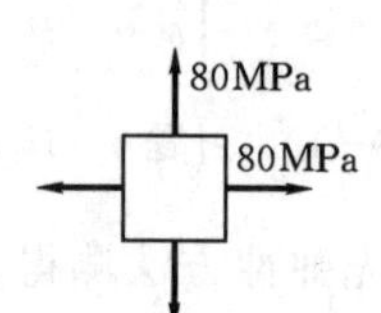

图 8 - 50　习题 8 - 25 图

习题详解

第9章　强　度　理　论

在第 2、3、5 章中，已分别介绍了拉伸（压缩）、扭转和弯曲 3 类基本变形杆件的强度条件和强度计算方法。这 3 类杆件的危险点处于单向应力状态或纯切应力状态。如受力杆件中危险点处于复杂应力状态，则必须按强度理论进行强度计算。本章介绍了强度理论的有关概念，4 种常用的强度理论、莫尔强度理论和双切应力强度理论以及它们的应用。

9.1　强度理论的概念

在第 2 章拉伸或压缩杆件的强度计算，第 3 章扭转杆件的强度计算和第 5 章梁的正应力、切应力强度计算中，所用的强度条件为

$$\sigma_{\max} \leqslant [\sigma] \text{或} \tau_{\max} \leqslant [\tau]$$

其中容许正应力 $[\sigma]$ 和容许切应力 $[\tau]$ 都可直接由试验所得的极限应力除以安全因数得到。所以上述强度条件是直接通过试验得到了材料的极限应力之后建立的。

由第 8 章的应力状态分析知，拉伸或压缩杆件的危险点以及梁的正应力危险点均处于单向应力状态，扭转杆件的危险点和梁的切应力危险点处于纯切应力状态。可见上述两个强度条件只能分别用于杆件中危险点处于单向应力状态和纯切应力状态的情况。

但是，有些杆件受力后，杆件中危险点处的应力状态既不是单向应力状态，也不是纯切应力状态，而是复杂应力状态（一般为二向或三向应力状态）。要对危险点处于复杂应力状态的杆件进行强度计算，理应先用试验方法确定材料破坏时的极限应力，然后才能建立强度条件。但在复杂应力状态下进行破坏试验，主应力 σ_1、σ_2 和 σ_3 可以有无限多种的组合，要通过试验确定主应力各种组合下的极限应力，实际上很难实现。而且在复杂应力状态下进行破坏试验，试验设备和试验方法都比较复杂。因此，为了解决复杂应力状态下的强度计算问题，人们不再采用直接通过复杂应力状态的破坏试验建立强度条件的方法，而是致力于观察和分析材料破坏的规律，找出使材料破坏的共同原因，然后利用单向应力状态的破坏试验结果，来建立复杂应力状态下的强度条件。17 世纪以来，人们根据大量的试验，进行观察和分析，提出了各种关于破坏原因的假说，并由此建立了不同的强度条件。这些假说和由此建立的强度条件通常称为**强度理论**（theory of strength）。

每种强度理论的提出，都是以一定的试验现象为依据的。实际现象表明，材料的破坏形式有两种：一种是**脆性断裂破坏**，例如铸铁拉伸，试件最后在横截面上被拉断，再如铸铁扭转，试件最后在与杆轴线成 45°的方向被拉断；另一种是**屈服破坏**，例如低碳钢拉伸以及低碳钢扭转时，试件以出现屈服而破坏。现有的强度理论虽然很多，但大体可分为两类，一类是关于脆性断裂的强度理论，另一类是关于屈服破坏的强度理论。下面将介绍在

实际中应用较广的几种主要的强度理论。

9.2　四种常用的强度理论

9.2.1　关于脆性断裂的强度理论

1. 最大拉应力理论（第一强度理论）

这一理论认为，最大拉应力是引起材料断裂破坏的原因。当构件内危险点处的最大拉应力达到某一极限值时，材料便发生脆性断裂破坏。这个极限值就是材料受单向拉伸发生断裂破坏时的极限应力。因此，**破坏条件**（condition of failure）为

$$\sigma_1=\sigma_b$$

将 σ_b 除以安全因数后，得到材料的容许拉应力 $[\sigma]$，故强度条件为

$$\sigma_1\leqslant[\sigma] \tag{9-1}$$

这一理论是英国学者兰金（W. J. Rankine）于 1859 年最早提出的强度理论。试验表明，对于铸铁、砖、岩石、混凝土和陶瓷等脆性材料，在二向或三向受拉断裂时，此强度理论较为合适，因为计算简单，所以应用较广。但是它没有考虑 σ_2 和 σ_3 两个主应力对破坏的影响。

2. 最大拉应变理论（第二强度理论）

这一理论认为，最大拉应变是引起材料断裂破坏的原因。当构件内危险点处的最大拉应变达到某一极限值时，材料便发生脆性断裂破坏。这个极限值就是材料受单向拉伸发生断裂破坏时的极限应变。因此，破坏条件为

$$\varepsilon_1=\varepsilon_u$$

如果材料直至破坏都处于弹性范围，则在复杂应力状态下，由广义胡克定律式（8-13），并注意 $\varepsilon_u=\sigma_b/E$，这一破坏条件可用主应力表示为

$$\sigma_1-\nu(\sigma_2+\sigma_3)=\sigma_b$$

将 σ_b 除以安全因数后，得到容许拉应力 $[\sigma]$，故强度条件为

$$\sigma_1-\nu(\sigma_2+\sigma_3)\leqslant[\sigma] \tag{9-2}$$

这一理论是由法国科学家圣维南（Saint Venant）于 19 世纪中叶提出。它可以解释混凝土试件或石料试件受压时的破坏现象。例如第 2 章中介绍的混凝土试件，当试件端部无摩擦时，受压后将产生纵向裂缝而破坏，这可以认为是试件的横向应变超过了极限值的结果。第二强度理论考虑了 σ_2 和 σ_3 对破坏的影响。

9.2.2　关于屈服破坏的强度理论

1. 最大切应力理论（第三强度理论）

这一理论认为，最大切应力是引起材料屈服破坏的原因。当构件内危险点处的最大切应力达到某一极限值时，材料便发生屈服破坏。这个极限值就是材料受单向拉伸发生屈服时的切应力。因此，屈服条件为

$$\tau_{max}=\tau_s$$

在复杂应力状态下，由式（8-12），并注意 $\tau_s=\sigma_s/2$，这一屈服条件可用主应力表示为

$$\sigma_1-\sigma_3=\sigma_s \tag{9-3}$$

将 σ_s 除以安全因数后，得到容许拉应力 $[\sigma]$，故强度条件为

$$\sigma_1-\sigma_3\leqslant[\sigma]$$

这一理论首先由法国科学家库仑（C. A. Coulomb）于 1773 年针对剪断的情况提出，后来法国科学家屈雷斯卡（H. Tresca）将它应用到材料屈服的情况，故这一理论的屈服条件又称为**屈雷斯卡屈服条件**。一些试验表明，这一强度理论可以解释塑性材料的屈服现象，例如低碳钢拉伸屈服时，沿着与轴线成 45°方向出现滑移线的现象，同时这一强度理论计算简单，计算结果偏于安全，所以在工程中广泛应用。但是，这一强度理论没有考虑第二主应力 σ_2 对屈服破坏的影响。

2. 形状改变能密度理论（第四强度理论）

这一理论认为，形状改变能密度是引起材料屈服破坏的原因。当构件内危险点处的形状改变能密度达到某一极限值时，材料便发生屈服破坏。这一极限值就是材料受单向拉伸发生屈服时的形状改变能密度。因此，破坏条件为

$$v_d=v_{du}$$

由式（8-28），在复杂应力状态下

$$v_d=\frac{1+\nu}{6E}[(\sigma_1-\sigma_2)^2+(\sigma_2-\sigma_3)^2+(\sigma_3-\sigma_1)^2]$$

在单向拉伸试验中，测得材料的拉伸屈服极限 σ_s 后，令上式中的 $\sigma_1=\sigma_s$，$\sigma_2=\sigma_3=0$，便得到材料受单向拉伸发生屈服时的形状改变能密度为

$$v_{du}=\frac{1+\nu}{3E}\sigma_s^2$$

故屈服条件可用主应力表示为

$$\sqrt{\frac{1}{2}[(\sigma_1-\sigma_2)^2+(\sigma_2-\sigma_3)^2+(\sigma_3-\sigma_1)^2]}=\sigma_s$$

将 σ_s 除以安全因数后，得到容许拉应力 $[\sigma]$，故强度条件为

$$\sqrt{\frac{1}{2}[(\sigma_1-\sigma_2)^2+(\sigma_2-\sigma_3)^2+(\sigma_3-\sigma_1)^2]}\leqslant[\sigma] \tag{9-4}$$

意大利学者贝尔特拉密（E. Beltrami）首先提出了以总应变能密度作为判断材料是否发生屈服破坏的原因，但是在三向等值压缩下，材料很难达到屈服状态。这种情况的总应变能密度可以很大，但单元体只有体积改变而无形状改变，因而形状改变能密度为零。因此，波兰学者胡伯（M. T. Huber）于 1904 年提出了形状改变能密度理论，后来由德国科学家密赛斯（R. Von Mises）作出进一步的解释和发展。故这一理论的屈服条件又称为**密赛斯屈服条件**。一些试验表明，这一强度理论可以较好地解释和判断材料的屈服，由于全面考虑了三个主应力的影响，所以比较合理。

9.3 莫尔强度理论

最大切应力理论是解释和判断塑性材料是否发生屈服的理论，但材料发生屈服的根

本原因是材料的晶格之间在最大切应力的面上发生错动。因此，从理论上说，这一理论也可以解释和判断材料的脆性**剪断破坏**。但实际上，某些试验现象没有证实这种论断。例如铸铁压缩试验，虽然试件最后发生剪断破坏，但剪断面并不是最大切应力的作用面。这一现象表明，对脆性材料，仅用切应力作为判断材料剪断破坏的原因还不全面。1900 年，德国工程师莫尔（O. Mohr）提出了新的强度理论。这一理论认为，材料发生剪断破坏的原因主要是切应力，但也和同一截面上的正应力有关。因为材料沿某一截面有错动趋势时，该截面上将产生内摩擦力阻止这一错动，这一摩擦力的大小与该截面上的正应力有关。当构件在某截面上有压应力时，压应力越大，材料越不容易沿该截面产生错动；当截面上有拉应力时，则材料就容易沿该截面错动。因此，剪断并不一定发生在切应力最大的截面上。

由 8.4 节得知，在三向应力状态下，一点处的应力状态可用 3 个二向应力圆表示。如果不考虑 σ_2 对破坏的影响，则一点处的最大切应力可由 σ_1 和 σ_3 所作的应力圆决定。材料发生剪断破坏时，由 σ_1 和 σ_3 所作的应力圆称为**极限应力圆**（limit stress circle）。莫尔认为，根据 σ_1 和 σ_3 的不同比值，可作一系列极限应力圆，然后作这些极限应力圆的**包络线**（envelope curve），如图 9－1 所示。某一材料的包络线便是其破坏的**临界线**（critical curve）。当构件内某点处的主应力已知时，根据 σ_1 和 σ_3 所作的应力圆如在包络线以内，则该点不会发生剪断破坏；如所作的应力圆与包络线相切，表示该点刚处于剪断破坏状态，切点就对应于该点处的破坏面；如所作的应力圆超出包络线，表示该点已发生剪断破坏。

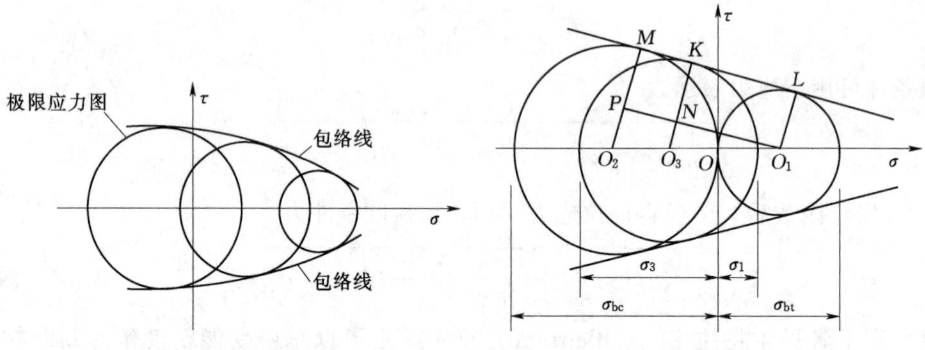

图 9－1　极限应力圆的包络线　　图 9－2　简化的包络线

但是，要精确作出某一材料的包络线是非常困难的。工程上为了简化计算，往往只作出单向拉伸和单向压缩的极限应力圆，并以这两个圆的公切线作为简化的包络线。图 9－2 中作出了抗拉强度 σ_{bt} 和抗压强度 σ_{bc} 不相等的材料的极限应力圆和包络线。

为了得到用主应力表示的破坏条件，设构件内某点处刚处于剪断破坏状态，由该点处的主应力 σ_1 和 σ_3 作一应力圆和包络线相切，如图 9－2 中的中间一个应力圆。作公切线 MKL 的平行线 PNO_1，由 $\Delta O_1NO_3 \sim \Delta O_1PO_2$，得到

$$\frac{\overline{O_3N}}{\overline{O_2P}}=\frac{\overline{O_3O_1}}{\overline{O_2O_1}}$$

其中
$$\overline{O_3N}=\overline{O_3K}-\overline{O_1L}=\frac{1}{2}(\sigma_1-\sigma_3)-\frac{1}{2}\sigma_{bt}$$
$$\overline{O_2P}=\overline{O_2M}-\overline{O_1L}=\frac{1}{2}\sigma_{bc}-\frac{1}{2}\sigma_{bt}$$
$$\overline{O_3O_1}=\overline{OO_1}+\overline{OO_3}=\frac{1}{2}\sigma_{bt}-\frac{1}{2}(\sigma_1+\sigma_3)$$
$$\overline{O_2O_1}=\overline{OO_1}+\overline{OO_2}=\frac{1}{2}\sigma_{bt}+\frac{1}{2}\sigma_{bc}$$

由此可得
$$\sigma_1-\frac{\sigma_{bt}}{\sigma_{bc}}\sigma_3=\sigma_{bt}$$

这就是莫尔强度理论的破坏条件。将 σ_{bt} 和 σ_{bc} 除以安全因数后，得到材料的容许拉应力 $[\sigma_t]$ 和容许压应力 $[\sigma_c]$，故强度条件为
$$\sigma_1-\frac{[\sigma_t]}{[\sigma_c]}\sigma_3\leqslant[\sigma_t] \tag{9-5}$$

一些试验表明，莫尔强度理论适用于脆性材料的剪断破坏，例如铸铁试件受轴向压缩时，其剪断面与图 9-2 中的 M 点对应，并不是与横截面成 45°的截面。对于抗拉强度和抗压强度相等的塑性材料，由于$[\sigma_t]=[\sigma_c]$，此时，式（9-5）即成为式（9-3），表明最大切应力理论是莫尔强度理论的特殊情况。因此，莫尔强度理论也适用于塑性材料的屈服。莫尔强度理论和最大切应力理论一样，也没有考虑 σ_2 对破坏的影响。

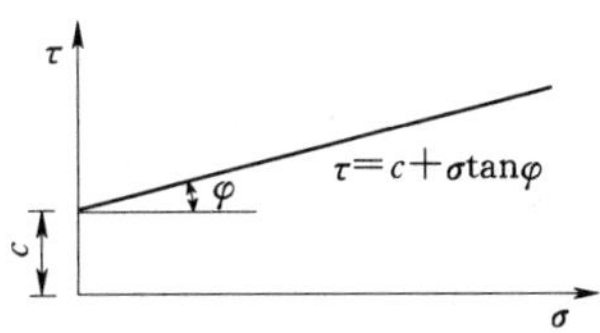

图 9-3 土体、岩石的包络线

此外，该理论也可用于解释土体和岩石的破坏。由于在土力学和岩石力学中习惯以压应力为正，故其包络线为如图 9-3 所示的斜直线，其方程通常写为
$$\tau=c+\sigma\tan\varphi \tag{9-6}$$
式中：c 为黏聚力；φ 为内摩擦角。c 和 φ 是土体或岩石的两个基本强度指标。

这一形式的强度条件首先由库仑提出，后由莫尔给予理论上的解释，故称**莫尔-库仑强度条件**。它也可用于混凝土材料。

*9.4 双切应力强度理论

在 8.4 节中，已经介绍了主切应力的概念，并给出了受力物件中任一点处三个主切应力的公式：
$$\tau_{12}=\frac{\sigma_1-\sigma_2}{2}$$
$$\tau_{23}=\frac{\sigma_2-\sigma_3}{2}$$
$$\tau_{13}=\frac{\sigma_1-\sigma_3}{2}$$

且最大切应力为 τ_{13}，即 $\tau_{max}=\tau_{13}$。

由上面3个公式可见，最大主切应力必为另两个较小的主切应力之和，即

$$\tau_{13}=\tau_{12}+\tau_{23}$$

可见，3个主切应力中只有两个是独立量。

我国学者俞茂鋐于1961年提出了双切应力强度理论，该理论认为，材料屈服破坏的原因是构件内危险点处两个较大的主切应力，只要该点处的两个较大主切应力之和 $\tau_{13}+\tau_{12}$（或 $\tau_{13}+\tau_{23}$）达到某一极限值，材料便发生屈服破坏。这个极限值就是材料受单向拉伸发生屈服时该两主切应力之和。因此，屈服条件为

$$\tau_{13}+\tau_{12}=(\tau_{13}+\tau_{12})_u \quad (\text{当 } \tau_{12}\geqslant\tau_{23} \text{ 时})$$

或

$$\tau_{13}+\tau_{23}=(\tau_{13}+\tau_{23})_u \quad (\text{当 } \tau_{12}<\tau_{23} \text{ 时}) \tag{a}$$

由主切应力的公式，可得

$$\tau_{13}+\tau_{12}=\frac{\sigma_1-\sigma_3}{2}+\frac{\sigma_1-\sigma_2}{2}=\sigma_1-\frac{\sigma_2+\sigma_3}{2} \quad (\text{当 } \tau_{12}\geqslant\tau_{23} \text{ 时})$$

$$\tau_{13}+\tau_{23}=\frac{\sigma_1-\sigma_3}{2}+\frac{\sigma_2-\sigma_3}{2}=\frac{\sigma_1+\sigma_2}{2}-\sigma_3 \quad (\text{当 } \tau_{12}<\tau_{23} \text{ 时})$$

注意到在单向拉伸达到屈服时，$\sigma_1=\sigma_s$，而 $\sigma_2=\sigma_3=0$，因此，式（a）所表示的屈服条件又可写为

$$\sigma_1-\frac{1}{2}(\sigma_2+\sigma_3)=\sigma_s \quad (\text{当 } \tau_{12}\geqslant\tau_{23} \text{ 时})$$

或

$$\frac{1}{2}(\sigma_1+\sigma_2)-\sigma_3=\sigma_s \quad (\text{当 } \tau_{12}<\tau_{23} \text{ 时})$$

将 σ_s 除以安全因数后，得到用容许拉应力 $[\sigma]$ 表示的强度条件为

$$\sigma_1-\frac{1}{2}(\sigma_2+\sigma_3)\leqslant[\sigma] \quad (\text{当 } \tau_{12}\geqslant\tau_{23} \text{ 时})$$

或

$$\frac{1}{2}(\sigma_1+\sigma_2)-\sigma_3\leqslant[\sigma] \quad (\text{当 } \tau_{12}<\tau_{23} \text{ 时})$$

这一理论后来的发展表明，它不仅可适用于塑性材料，也可解释脆性材料、混凝土、岩石和土体的破坏。而且它考虑了3个主应力的影响，较为全面。

9.5 强度理论的应用

上面介绍了6种强度理论及每种强度理论的强度条件，如式（9-1）～式（9-6）。这些强度条件可以写成统一的形式，即

$$\sigma_r\leqslant[\sigma] \tag{9-7}$$

式中：σ_r 称为**相当应力**（equivalent stress）。

上述6种强度理论的相当应力分别为

$$
\left.\begin{array}{ll}
\text{第一强度理论：} & \sigma_{r1}=\sigma_1 \\
\text{第二强度理论：} & \sigma_{r2}=\sigma_1-\nu(\sigma_2+\sigma_3) \\
\text{第三强度理论：} & \sigma_{r3}=\sigma_1-\sigma_3 \\
\text{第四强度理论：} & \sigma_{r4}=\sqrt{\dfrac{1}{2}[(\sigma_1-\sigma_2)^2+(\sigma_2-\sigma_3)^2+(\sigma_3-\sigma_1)^2]} \\
\text{莫尔强度理论：} & \sigma_{rM}=\sigma_1-\dfrac{[\sigma_t]}{[\sigma_c]}\sigma_3 \\
\text{双切应力强度理论：} & \sigma_{rds}=\begin{cases}\sigma_1-\dfrac{1}{2}(\sigma_2+\sigma_3) & (\tau_{12}\geqslant\tau_{23}) \\ \dfrac{1}{2}(\sigma_1+\sigma_2)-\sigma_3 & (\tau_{12}<\tau_{23})\end{cases}
\end{array}\right\} \quad (9-8)
$$

各相当应力只是杆件危险点处主应力一定形式的组合。

有了强度理论的强度条件，就可对危险点处于复杂应力状态的杆件进行强度计算。但是，在工程实际问题中，解决具体问题时应选用哪一个强度理论是比较复杂的问题，需要根据杆件的材料种类、受力情况、荷载的性质（静荷载还是动荷载）以及温度等因素决定。在常温静载下，脆性材料多发生断裂破坏（包括拉断和剪断），所以通常采用最大拉应力理论或莫尔强度理论，有时也采用最大拉应变理论。塑性材料多发生屈服破坏，所以通常采用最大切应力理论或形状改变能密度理论，前者偏于安全，后者偏于经济，也可用双切应力理论。

但是，材料的破坏形式又受应力状态的影响。因此，即使同一种材料，在不同的应力状态下，也不能采用同一种强度理论。例如低碳钢在单向拉伸时呈现屈服破坏，可用最大切应力理论或形状改变能密度理论，但在三向拉伸状态下低碳钢呈现脆性断裂破坏，就需要用最大拉应力理论或最大拉应变理论。对于脆性材料，在单向拉伸状态下，应采用最大拉应力理论；但在二向或三向应力状态，且最大和最小主应力分别为拉应力和压应力的情况下，则应采用最大拉应变理论或莫尔强度理论。在三向压应力状态下，不论塑性材料还是脆性材料，通常都发生屈服破坏，故一般可用最大切应力理论或形状改变能密度理论，也可用双切应力理论。

总之，强度理论的研究，虽然有了很大发展，并且在工程上也得到广泛的应用，但至今所提出的强度理论都有不够完善的地方，还有许多需要研究的问题。

必须指出，强度理论同样可用于危险点处于单向应力状态或纯切应力状态情况的强度计算。当危险点处于单向应力状态时，无论选用上述 6 种强度理论中的哪一种，其强度条件均相同，为

$$\sigma_{max}\leqslant[\sigma] \quad (9-9)$$

当危险点处于纯切应力状态时，无论选用上述 6 个强度理论中的哪一个，其强度条件也均相同，为

$$\tau_{max}\leqslant[\tau] \quad (9-10)$$

对于危险点处于复杂应力状态的情况，则必须先选用合适的强度理论，再按该强度理论的强度条件进行强度计算。

【例 9-1】 试用第一至第四强度理论导出 $[\tau]$ 和 $[\sigma]$ 之间的关系式。

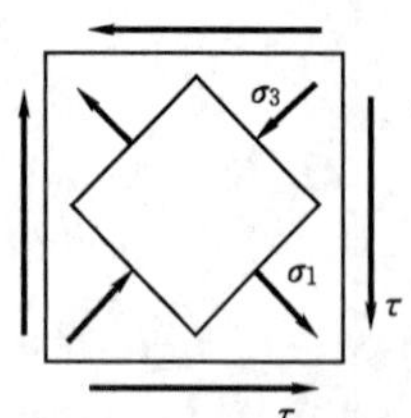

图 9-4 ［例 9-1］图

解 取一纯切应力状态的单元体，如图 9-4 所示。在该单元体中，主应力 $\sigma_1=\tau$，$\sigma_2=0$，$\sigma_3=-\tau$。现首先用第四强度理论导出 $[\tau]$ 和 $[\sigma]$ 的关系式。

将主应力代入式（9-4），得

$$\sqrt{\frac{1}{2}[(\tau-0)^2+(0+\tau)^2+(-\tau-\tau)^2]}\leqslant[\sigma]$$

即

$$\tau\leqslant\frac{[\sigma]}{\sqrt{3}}$$

将上式与纯切应力状态的强度条件式（9-10）相比较，即得

$$[\tau]=\frac{[\sigma]}{\sqrt{3}}=0.577[\sigma]$$

同理，由其他的强度理论也可导出 $[\tau]$ 和 $[\sigma]$ 的关系。

由第三强度理论：$[\tau]=0.5[\sigma]$

由第一强度理论：$[\tau]=[\sigma]$

由第二强度理论：$[\tau]=\dfrac{[\sigma]}{1+\nu}$

由于第一、第二强度理论适用于脆性材料，第三、第四强度理论适用于塑性材料，故通常取 $[\tau]$ 和 $[\sigma]$ 的关系为

塑性材料：$[\tau]=(0.5\sim0.6)[\sigma]$

脆性材料：$[\tau]=(0.8\sim1.0)[\sigma]$

此即式（3-20）。通常低碳钢的容许应力取 $[\sigma]=170\text{MPa}$，$[\tau]=100\text{MPa}$，基本符合由第四强度理论导出的 $[\tau]$ 和 $[\sigma]$ 的关系。

【例 9-2】 已知一锅炉的内直径 $D_0=1000\text{mm}$，壁厚 $\delta=10\text{mm}$，如图 9-5（a）所示。锅炉材料为低碳钢，其容许应力 $[\sigma]=170\text{MPa}$。设锅炉内蒸气压力的压强 $p=3.6\text{MPa}$，试用第四强度理论校核锅炉壁的强度。

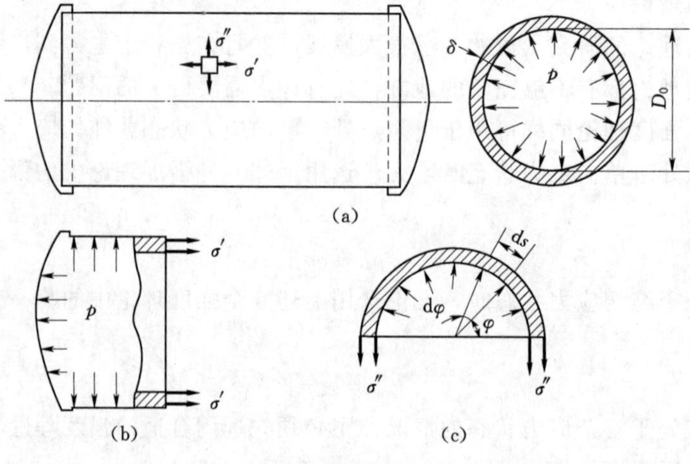

图 9-5 ［例 9-2］图

解 (1) 锅炉壁的应力分析。由于蒸气压力对锅炉端部的作用，锅炉壁横截面上要产生轴向应力，用σ'表示；同时，蒸气压力使锅炉壁均匀扩张，壁的切线方向要产生周向应力，用σ''表示，如图 9-5 (a) 所示。现分析这两种应力。

先求轴向应力σ'。假想将锅炉沿横截面截开，留下左部分，如图 9-5 (b) 所示。在留下的部分上，除蒸气压力外，还有环形截面上的轴向应力σ'。因壁厚很小，可认为σ'沿壁厚均匀分布。作用在锅炉端部的合力可近似地认为是 $p\dfrac{\pi D_0^2}{4}$。由平衡方程，得

$$p\frac{\pi D_0^2}{4}=\sigma'\left[\frac{\pi(D_0+2\delta)^2}{4}-\frac{\pi D_0^2}{4}\right]=\sigma'\frac{\pi}{4}(4D_0\delta+4\delta^2)$$

由于 $\delta \ll D_0$，可略去上式中的 δ^2 项，由此得到

$$\sigma'=\frac{pD_0}{4\delta}$$

将 p、D_0 和 δ 的数据代入上式，得

$$\sigma'=90\text{MPa}$$

再求周向应力σ''。假想将锅炉壁沿纵向直径平面截开，留取上部分，并沿长度方向取一段单位长度，如图 9-5 (c) 所示。在留取的部分上，除蒸气压力外，还有纵截面上的正应力σ''。为了求出σ''，需求出蒸气压力在竖直方向的合力。在弧上取弧段 ds，这一弧段上的作用力在竖直方向的投影为 $p\times \mathrm{d}s\times 1\times\sin\varphi$，故总的合力为

$$\int_s p\times 1\times\sin\varphi \mathrm{d}s=\int_0^{\pi} p\sin\varphi\frac{D_0}{2}\mathrm{d}\varphi=pD_0$$

由平衡方程，得
$$\sigma''\times 2\delta\times 1=pD_0$$

所以
$$\sigma''=\frac{pD_0}{2\delta}$$

将已知数据代入，得
$$\sigma''=180\text{MPa}$$

如在锅炉的筒壁内表面处取一单元体［图 9-5 (a)］，该单元体上除了有σ'和σ''外，还有蒸气压力作用，所以是三向应力状态，但是，蒸气压力的大小远远小于σ'和σ''的大小，通常不予考虑；如在锅炉筒壁外表面处取一单元体，由于外表面是自由表面，故是二向应力状态，从而认为锅炉筒壁上任一点处都是二向应力状态。因此，主应力 $\sigma_1=\sigma''=180\text{MPa}$，$\sigma_2=\sigma'=90\text{MPa}$，$\sigma_3=0$。

(2) 强度校核。由第四强度理论，相当应力为

$$\sigma_{r4}=\sqrt{\frac{1}{2}[(\sigma_1-\sigma_2)^2+(\sigma_2-\sigma_3)^2+(\sigma_3-\sigma_1)^2]}=155.6\text{MPa}$$

它小于材料的容许应力，所以锅炉壁的强度足够安全。

【例 9-3】 工字钢简支梁及所受荷载如图 9-6 (a) 所示。已知材料的容许应力 $[\sigma]=170\text{MPa}$，$[\tau]=100\text{MPa}$。试由强度计算，选择工字钢的型号。

解 首先作出梁的剪力图和弯矩图，如图 9-6 (b)、(c) 所示。

(1) 正应力强度计算。由弯矩图可见，CD 梁段内各横截面的弯矩相等且为最大值，$M_{max}=84\text{kN}\cdot\text{m}$。所以这段梁上各横截面均为危险截面。由梁的正应力强度条件式 (5-

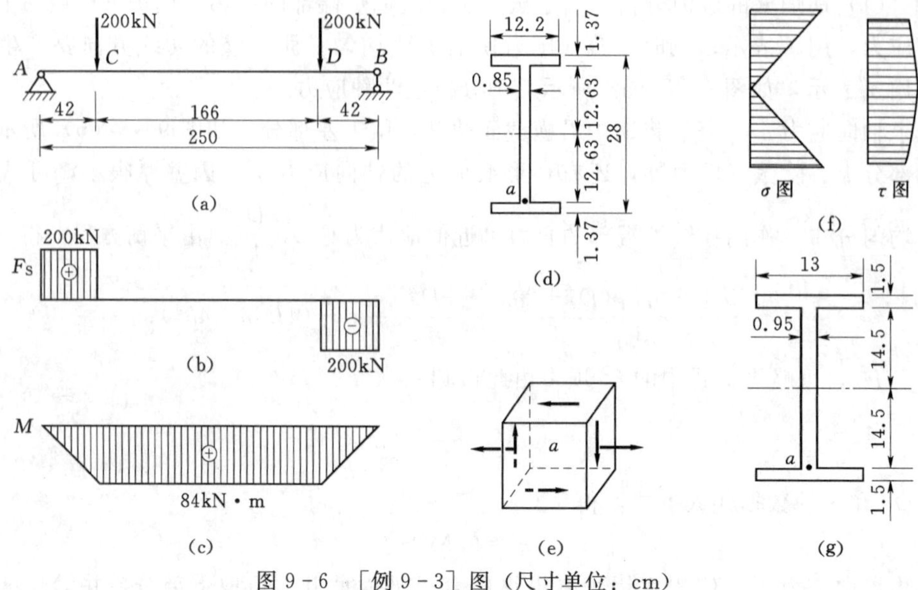

图 9-6 ［例 9-3］图（尺寸单位：cm）

14)，工字钢梁所需的弯曲截面系数为

$$W_z \geqslant \frac{M_{\max}}{[\sigma]} = \frac{84\times10^3\text{N}\cdot\text{m}}{170\times10^6\text{Pa}} = 494\times10^{-6}\text{m}^3 = 494\text{cm}^3$$

查型钢表，选用 28a 号工字钢，$W_z = 508\text{cm}^3$，$I_z = 7110\text{cm}^4$。

(2) 切应力强度校核。由剪力图可见，AC 梁段和 DB 梁段内各横截面的剪力绝对值相同，均为危险截面，$F_{\text{Smax}} = 200\text{kN}$。由梁的切应力强度条件式（5-15）校核切应力强度。查型钢表，28a 号工字钢的截面尺寸如图 9-6（d）所示，据此求出，$S_z^* = 290\text{cm}^3$，腹板宽度 $d = 0.85\text{cm}$，所以

$$\tau_{\max} = \frac{F_{\text{Smax}}S_z^*}{I_z d} = \frac{200\times10^3 N\times290\times10^{-6}\text{m}^3}{7110\times10^{-8}\text{m}^4\times0.85\times10^{-2}\text{m}^2} = 96\text{MPa} < [\tau]$$

可见 28a 号工字钢可满足切应力强度要求。

(3) 主应力强度校核。由剪力图和弯矩图可见，C 点稍左横截面上和 D 点稍右横截面上，同时存在最大剪力和最大弯矩。又由这两个横截面上的应力分布图［图 9-6（f）］可见，在工字钢腹板和翼缘的交界点处，同时存在正应力和切应力，并且两者的数值都较大。这些点是否危险，也需要作强度校核。由于这些点处于二向应力状态，需要求出主应力，再代入强度理论的强度条件进行强度校核，所以称为主应力强度校核。现在对 C 点稍左横截面腹板与下翼缘的交界点处，即图 9-6（d）中的 a 点作强度校核（也可对该截面腹板与上翼缘的交界点处作强度校核，结果相同）。从 a 点处取出一单元体，如图 9-6（e）所示。单元体上的 σ 和 τ 是 a 点处的正应力和切应力，它们可由简化的截面尺寸［图 9-6（d）］分别求得

$$\sigma = \frac{My}{I_z} = \frac{84\times10^3\text{N}\cdot\text{m}\times12.63\times10^{-2}\text{m}}{7110\times10^{-8}\text{m}^4} = 149.2\text{MPa}$$

$$\tau = \frac{F_S S_z^*}{I_z b} = \frac{200\times10^3\text{N}\times222.5\times10^{-6}\text{m}^3}{7110\times10^{-8}\text{m}^4\times0.85\times10^{-2}\text{m}} = 73.6\text{MPa}$$

式中：S_z^* 为下翼缘的面积对中性轴的面积矩，其值为

$$S_z^* = 12.2\text{cm} \times 1.37\text{cm} \times \left(12.63\text{cm} + \frac{1.37\text{cm}}{2}\right) = 222.5\text{cm}^3$$

因为该梁是钢梁，可用第三或第四强度理论校核强度。a 点处的主应力为

$$\sigma_1 = \frac{\sigma}{2} + \sqrt{\left(\frac{\sigma}{2}\right)^2 + \tau^2}$$

$$\sigma_2 = 0$$

$$\sigma_3 = \frac{\sigma}{2} - \sqrt{\left(\frac{\sigma}{2}\right)^2 + \tau^2}$$

将 σ_1、σ_2、σ_3 代入式（9-8）的第 3 式和第 4 式，可得第三和第四强度理论的相当应力为

$$\sigma_{r3} = \sigma_1 - \sigma_3 = \sqrt{\sigma^2 + 4\tau^2}$$

$$\sigma_{r4} = \sqrt{\frac{1}{2}[(\sigma_1 - \sigma_2)^2 + (\sigma_2 - \sigma_3)^2 + (\sigma_3 - \sigma_1)^2]} = \sqrt{\sigma^2 + 3\tau^2}$$

将 a 点处 σ 和 τ 的数值代入，得

$$\sigma_{r3} = \sqrt{(149.2\text{MPa})^2 + 4 \times (73.6\text{MPa})^2} = 209.6\text{MPa} > [\sigma]$$

$$\sigma_{r4} = \sqrt{(149.2\text{MPa})^2 + 3 \times (73.6\text{MPa})^2} = 196.2\text{MPa} > [\sigma]$$

可见 28a 号工字钢不能满足主应力强度要求，需加大截面，重新选择工字钢。

改选 32a 号工字钢，$I_z = 11100\text{cm}^4$，32a 号工字钢的截面尺寸如图 9-6（g）所示，据此求出 $S_z^* = 297.4\text{cm}^3$，并计算 a 点处的正应力和切应力，得

$$\sigma = \frac{84 \times 10^3\text{N} \cdot \text{m} \times 14.5 \times 10^{-2}\text{m}}{11100 \times 10^{-8}\text{m}^4} = 109.7\text{MPa}$$

$$\tau = \frac{200 \times 10^3\text{N} \times 297.4 \times 10^{-6}\text{m}^3}{11100 \times 10^{-8}\text{m}^4 \times 0.95 \times 10^{-2}\text{m}} = 56.4\text{MPa}$$

由此可得

$$\sigma_{r3} = 156.3\text{MPa} < [\sigma]$$

$$\sigma_{r4} = 146.9\text{MPa} < [\sigma]$$

可见 32a 号工字钢能满足主应力强度要求。显然，该梁最大正应力和最大切应力也能满足强度要求。

从这一例题可知，为了全面校核梁的强度，除了需要作正应力和切应力强度计算外，有时还需要作主应力强度校核。在下列情况下，需作主应力强度校核：

（1）弯矩和剪力都是最大值或者接近最大值的横截面。

（2）梁的横截面宽度有突然变化的点处，例如工字形和槽形截面翼缘和腹板的交界点处。但是，对于型钢，由于在腹板和翼缘的交界点处做成圆弧状，因而增加了该处的横截面宽度，所以，主应力强度是足够的。只有对那些由三块钢板焊接起来的工字钢梁或槽形钢梁才需作主应力强度校核。

【例 9-4】 对某种岩石试样进行了一组三向受压破坏试验，结果如表 9-1 所示。设某工程的岩基中两个危险点的应力情况已知，为

A 点：　　$\sigma_1 = \sigma_2 = -10\text{MPa}, \sigma_3 = -140\text{MPa}$

B 点：　　　　　　　$\sigma_1=\sigma_2=-120\text{MPa},\sigma_3=-200\text{MPa}$

试用莫尔强度理论校核 A、B 点的强度。

表 9-1　　　　**某种岩石试验结果**　　　　单位：MPa

试件号	1	2	3
σ_1	0	−23	−64
σ_2	0	−23	−191
σ_3	−74	−133	−191

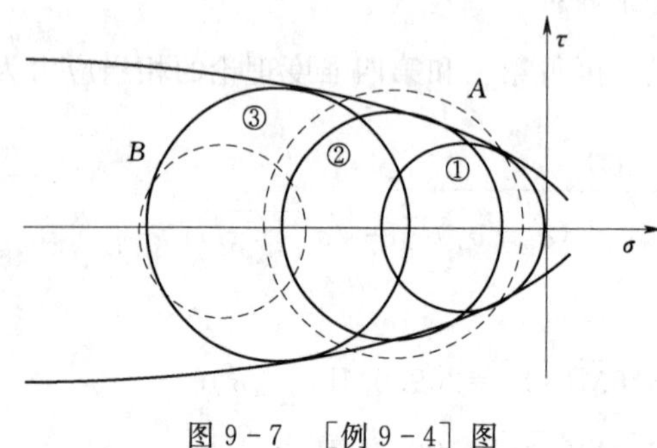

图 9-7 ［例 9-4］图

解 因为已知三向受压破坏试验的数据，所以不宜用简化的直线包络线，而应直接作包络线，然后校核 A、B 两点的强度。

利用表 9-1 中的数据，由 σ_1 和 σ_3 作出 3 个极限应力圆，作其包络线，如图 9-7 所示。再分别由 A、B 点的主应力 σ_1 和 σ_3 作出两个应力圆，如图中虚线所示的圆。A 点对应的应力圆为 A 圆，B 点对应的应力圆为 B 圆。由图可见，A 圆已超出包络线，故 A 点已发生剪断破坏；B 圆在包络线以内，故 B 点不会发生剪断破坏。

习　　题

9-1　圆杆同时受弯矩 $M=1\text{kN}\cdot\text{m}$、扭矩 $M_x=1.5\text{kN}\cdot\text{m}$ 作用。该材料的容许应力 $[\sigma]=200\text{MPa}$，试按第一和第三强度理论求杆的直径 d。

9-2　直径 $d=50\text{mm}$ 的圆杆，受扭矩 $M_x=2\text{kN}\cdot\text{m}$ 和弯矩 M 同时作用，根据第四强度理论求该圆杆屈服时的弯矩值。设 $\sigma_s=280\text{MPa}$。

9-3　炮筒横截面如图 9-8 所示。在危险点处，$\sigma_t=60\text{MPa}$，$\sigma_r=-35\text{MPa}$，第三主应力垂直于纸面为拉应力，其大小为 40MPa，试按第三和第四强度论计算其相当应力。

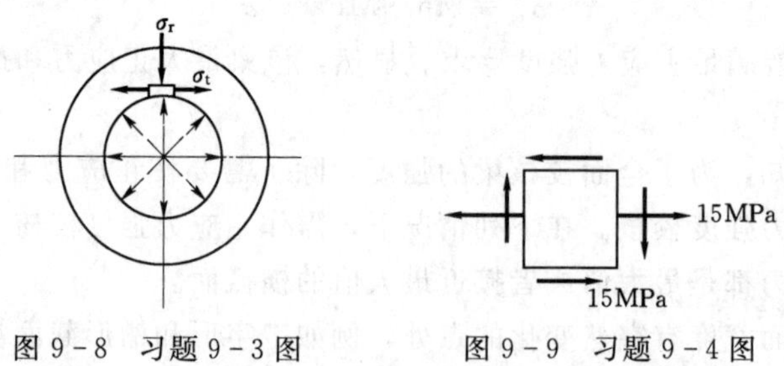

图 9-8　习题 9-3 图　　　图 9-9　习题 9-4 图

9-4　某铸铁构件内的危险点处取出的单元体，各面上的应力分量如图 9-9 所示。已知泊松比 $\nu=0.25$，容许拉应力 $[\sigma_t]=30\text{MPa}$，容许压应力 $[\sigma_c]=90\text{MPa}$，试按第一和第二强度理论校核其强度。

9-5　设有单元体如图 9-10 所示，已知材料的容许拉应力为 $[\sigma_t]=50\text{MPa}$，容许压应力 $[\sigma_c]=170\text{MPa}$，试按莫尔强度理论作强度校核。

9-6　已知钢轨与火车车轮接触点处的正应力 $\sigma_1=-650\text{MPa}$，$\sigma_2=-700\text{MPa}$，$\sigma_3=-900\text{MPa}$，如图 9-11 所示。如钢轨的容许应力 $[\sigma]=250\text{MPa}$，试用第三强度理论和第四强度理论校核该点的强度。

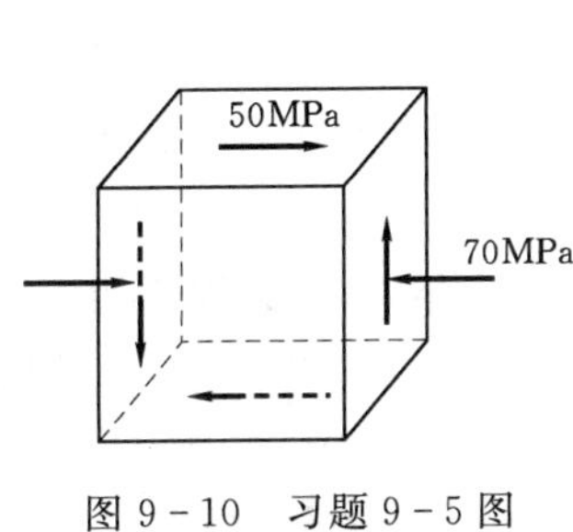

图 9-10　习题 9-5 图

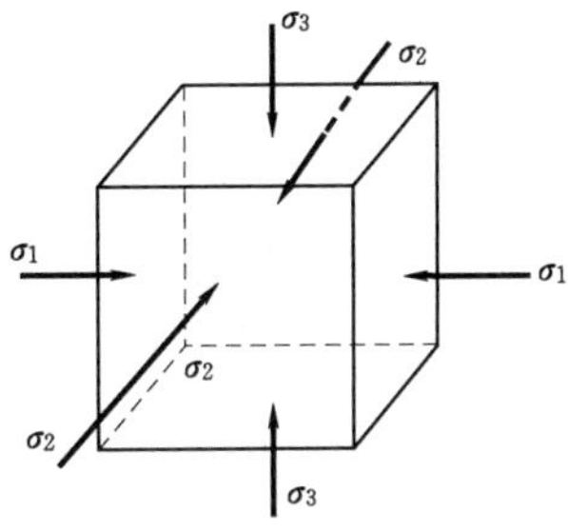

图 9-11　习题 9-6 图

9-7　受内压力作用的容器［图 9-12（a）］，其圆筒部分任意一点 A 处的应力状态如图 9-12（b）所示。当容器承受最大的内压力时，用应变计测得 A 点处 $\varepsilon_x=1.88\times10^{-4}$，$\varepsilon_y=7.37\times10^{-4}$。已知钢材弹性模量 $E=2.1\times10^5\text{MPa}$，泊松比 $\nu=0.3$，$[\sigma]=170\text{MPa}$。试用第三强度理论对 A 点作强度校核。

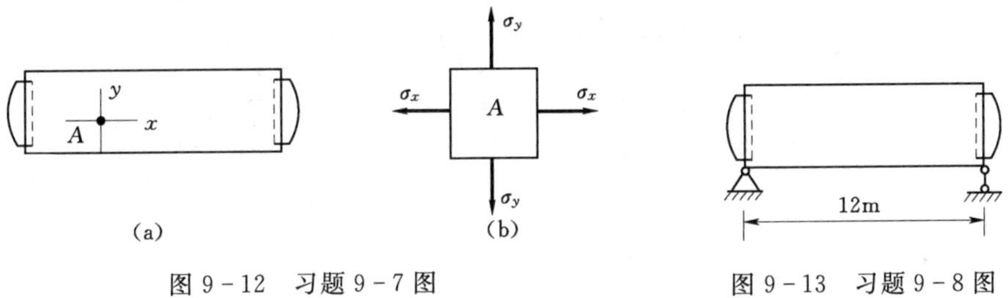

图 9-12　习题 9-7 图　　图 9-13　习题 9-8 图

9-8　图 9-13 所示为两端封闭的薄壁圆筒。若内压 $p=4\text{MPa}$，自重 $q=60\text{kN/m}$，圆筒内直径 $D=1\text{m}$，壁厚 $\delta=30\text{mm}$，容许应力 $[\sigma]=120\text{MPa}$，试用第三强度理论校核圆筒的强度。

9-9　两种应力状态如图 9-14（a）、（b）所示。

（1）试按第三强度理论分别计算其相当应力（设 $|\sigma|>|\tau|$）。

（2）直接根据形状改变能密度的概念判断何者较易发生屈服？并用第四强度理论进行校核。

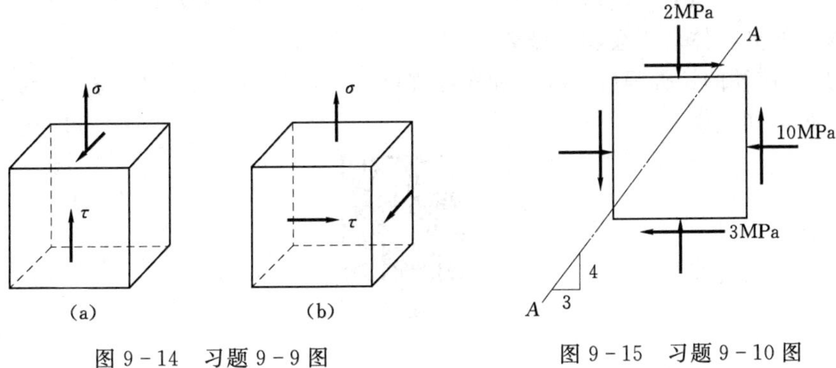

图 9-14　习题 9-9 图　　图 9-15　习题 9-10 图

9－10 一个石材结构中的某一点处的应力状态如图9－15所示。构成此结构的石材是层化材质，而且与$A—A$平行的平面上承剪能力较弱。假定石材在任何方向上的容许拉应力$[\sigma_t]=1.5\text{MPa}$，容许压应力$[\sigma_c]=14\text{MPa}$，平行于$A—A$平面的容许切应力$[\tau]=2.3\text{MPa}$。试问该结构是否安全？

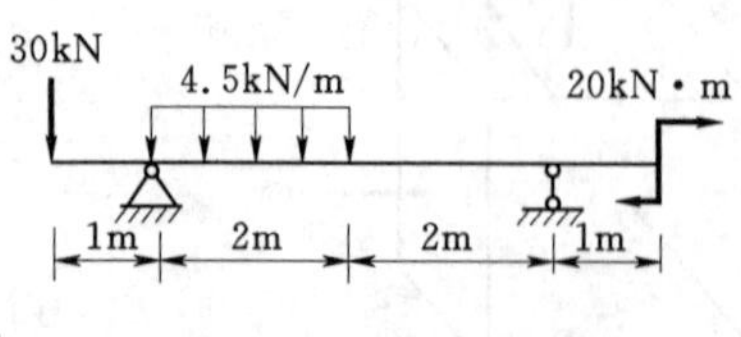

图9－16 习题9－11图

9－11 图9－16所示外伸梁的容许应力$[\sigma]=160\text{MPa}$，试选定该梁的工字钢型号，并作主应力校核。

9－12 一简支钢板梁受荷载如图9－17（a）所示，其截面尺寸见图9－17（b）。已知钢材的容许应力$[\sigma]=170\text{MPa}$，$[\tau]=100\text{MPa}$，试校核梁内的最大正应力和最大切应力，并按第四强度理论对截面上的a点作强度校核。（注：通常在计算a点处的应力时近似地按a'点的位置计算）

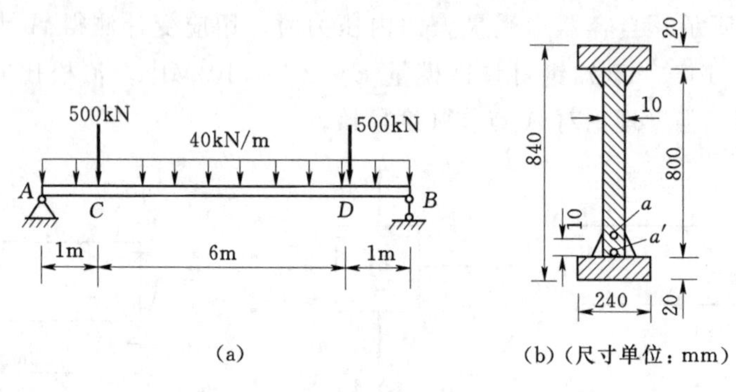

图9－17 习题9－12图

9－13 用三向压力仪测得土壤在下列两组应力值时开始破坏：

A组$\begin{cases}\sigma_1=\sigma_2=-0.15\text{MPa}\\ \sigma_3=-0.55\text{MPa}\end{cases}$ B组$\begin{cases}\sigma_1=\sigma_2=-0.05\text{MPa}\\ \sigma_3=-0.22\text{MPa}\end{cases}$

（1）由此两组破坏应力作出莫尔强度理论的直线包络线。

（2）当地基内有两点的应力状态为

(a)$\begin{cases}\sigma_1=\sigma_2=-0.1\text{MPa}\\ \sigma_3=-0.39\text{MPa}\end{cases}$ (b)$\begin{cases}\sigma_1=\sigma_2=-0.31\text{MPa}\\ \sigma_3=-0.77\text{MPa}\end{cases}$

时，校核此两处土体会不会发生破坏。

9－14 铸铁的拉伸强度$(\sigma_b)_t$和压缩强度$(\sigma_b)_c$之间的关系为$(\sigma_b)_c=4(\sigma_b)_t$，试用莫尔理论求剪切强度$\tau_b$。

习题详解

第 10 章　组　合　变　形

工程中有些杆件在外力作用下，常常同时产生两种或两种以上的基本变形，称为组合变形。计算杆在组合变形下的应力和变形时，如材料在线弹性范围内和小变形情况下，可分别计算出每种基本变形下的应力和变形，再应用叠加原理得到杆在组合变形下的应力和变形。本章主要介绍工程中最常见的斜弯曲、拉伸（压缩）与弯曲、偏心压缩（拉伸）和弯曲与扭转 4 种组合变形杆件的应力分析和强度计算。

10.1　概　　述

前面研究了杆在基本变形下的应力和变形以及强度和刚度计算。工程中有很多杆件在外力作用下，同时产生两种或两种以上的基本变形。例如图 10－1（a）所示的烟囱，在自重和水平风力作用下，将产生压缩和弯曲；图 10－1（b）所示的厂房柱子，在偏心外力作用下，将产生偏心压缩（压缩和弯曲）；图 10－1（c）所示的传动轴，在皮带拉力作用下，将产生弯曲和扭转。这些同时发生两种或两种以上基本变形的杆件，称为**组合变形**（combined deformation）杆件。

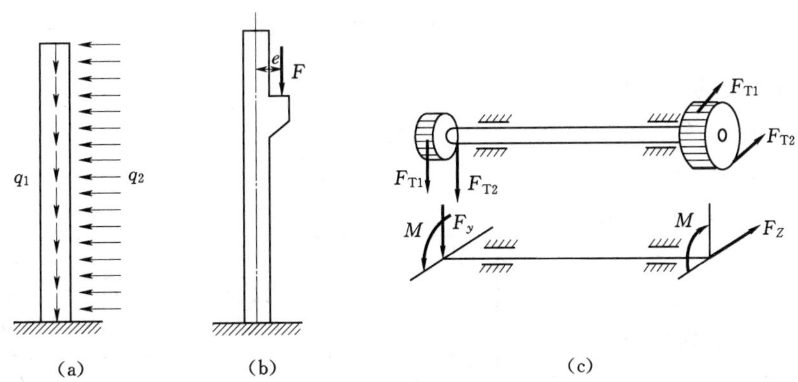

图 10－1　组合变形

计算杆在组合变形下的应力和变形时，如杆的材料处于弹性范围，且在小变形的情况下，则可将作用在杆上的荷载分解或简化成几组荷载，使杆在每组荷载下只产生一种基本变形。然后计算出每一种基本变形下的应力和变形，再应用叠加原理就可得到杆在组合变形下的应力和变形。

本章主要介绍杆在斜弯曲、拉伸（压缩）和弯曲、偏心压缩（偏心拉伸）以及弯曲和扭转等组合变形下的应力和强度计算。

10.2 斜 弯 曲

在前面研究的弯曲问题中，对于具有纵向对称平面的梁，当外力作用在纵向对称平面内时，梁变形后轴线仍在外力作用平面内，此种弯曲称为**平面弯曲**，如图 10-2（a）所示。对于不具有纵向对称平面的梁，只有当外力作用在通过弯曲中心且与形心主惯性平面平行的弯心平面内时，梁只发生平面弯曲，如图 10-2（b）所示。但工程中常有一些梁，不论梁是否具有纵向对称平面，外力虽然经过弯曲中心（或形心），但其作用面与形心主惯性平面既不重合也不平行，如图 10-2（c）、（d）所示，这种弯曲称为**斜弯曲**（oblique bending)。显然，斜弯曲是一种**非对称弯曲**。现以图 10-3 所示矩形截面悬臂梁为例，研究具有两个相互垂直的对称面的梁在斜弯曲情况下的应力和强度计算。

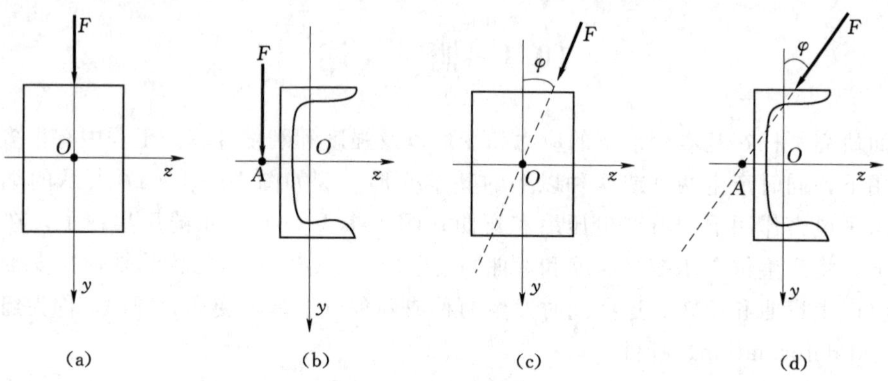

图 10-2 平面弯曲与斜弯曲

10.2.1 横截面上的内力及正应力

设力 F 作用在梁自由端截面的形心，并与竖向形心主轴夹 φ 角。现将力 F 沿两形心主轴分解，得

$$F_y=F\cos\varphi，F_z=F\sin\varphi$$

梁在 F_y 和 F_z 单独作用下，将分别在 xy 平面和 xz 平面内产生平面弯曲。由此可见，斜弯曲是两个相互正交的平面弯曲的组合。

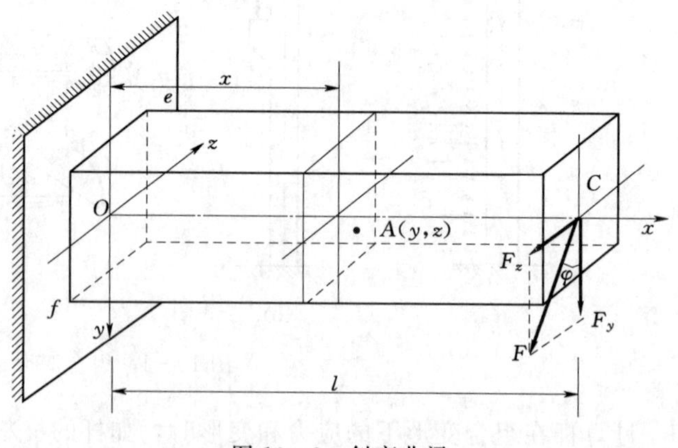

图 10-3 斜弯曲梁

在距固定端为 x 的横截面上，由 F_y 和 F_z 引起的弯矩分别为

$$M_z=F_y(l-x)=F(l-x)\cos\varphi=M\cos\varphi$$

$$M_y=F_z(l-x)=F(l-x)\sin\varphi=M\sin\varphi$$

式中：$M=F(l-x)$，表示力 F 引起的弯矩。

为了分析横截面上正应力及其分布规律，现考察 x 截面上第一象限内任一点 $A(y, z)$ 处的正应力。由 F_y 和 F_z 在 A 点处引起的正应力分别为

$$\sigma' = -\frac{M_z y}{I_z} = -\frac{M\cos\varphi}{I_z} y$$

$$\sigma'' = \frac{M_y z}{I_y} = \frac{M\sin\varphi}{I_y} z$$

显然，σ'和σ''沿高度和宽度均是线性分布的。至于σ'和σ''这两种正应力的正负号，由梁的变形情况确定比较方便。在该梁中，由于 F_z 的作用，横截面上竖向形心主轴以右的各点处产生拉应力，以左的各点处产生压应力；由于 F_y 的作用，横截面上水平形心主轴以上的各点处产生拉应力，以下的各点处产生压应力。所以 A 点处由 F_y 和 F_z 引起的正应力分别为压应力和拉应力。由叠加原理，得 A 点处的正应力为

$$\sigma = \sigma' + \sigma'' = -\frac{M_z}{I_z} y + \frac{M_y}{I_y} z \tag{10-1}$$

由于斜弯曲是一种非对称弯曲，故式（10－1）也可由 5.5 节中的式（5－18），即广义弯曲正应力公式推得。

至于横截面上的切应力，对于实体截面梁，因其数值较小，可不必考虑。因此，横截面上的剪力也就不再考虑。由梁的强度计算可知，横截面上由剪力引起的切应力与由弯矩引起的正应力相比为次要因素，因此，在组合变形中可不考虑剪力的影响。

10.2.2 中性轴的位置、最大正应力和强度条件

由式（10－1）可见，横截面上的正应力是 y 和 z 的线性函数，即在横截面上，正应力为平面分布。因此，为了确定该截面的最大正应力，首先要确定中性轴的位置。

设中性轴上任一点的坐标为 y_0 和 z_0。因中性轴上各点处的正应力为零，所以将 y_0 和 z_0 代入式（10－1）后，可得

$$\sigma = M\left(-\frac{\cos\varphi}{I_z} y_0 + \frac{\sin\varphi}{I_y} z_0\right) = 0$$

因 $M \neq 0$，故

$$-\frac{\cos\varphi}{I_z} y_0 + \frac{\sin\varphi}{I_y} z_0 = 0$$

这就是中性轴的方程。它是一条通过横截面形心的直线。设中性轴与 z 轴夹 α 角，则由上式得到

$$\tan\alpha = \frac{y_0}{z_0} = \frac{I_z}{I_y} \tan\varphi \tag{10-2}$$

上式表明，中性轴和外力作用线在相邻的象限内，如图 10－4（a）所示。

由式（10－2）可见，对于像矩形截面这类 $I_y \neq I_z$ 的截面，$\alpha \neq \varphi$，即中性轴与 $\boldsymbol{F}$ 力作用方向不垂直。这是斜弯曲的一个重要特征。但是对圆形、正方形等截面，由于任意一对形心轴都是主轴，且截面对任一形心轴的惯性矩都相等，所以 $\alpha = \varphi$，即中性轴与 F 力作用方向垂直。这表明，对这类截面，通过截面形心的横向力，不管作用在什么方向，梁

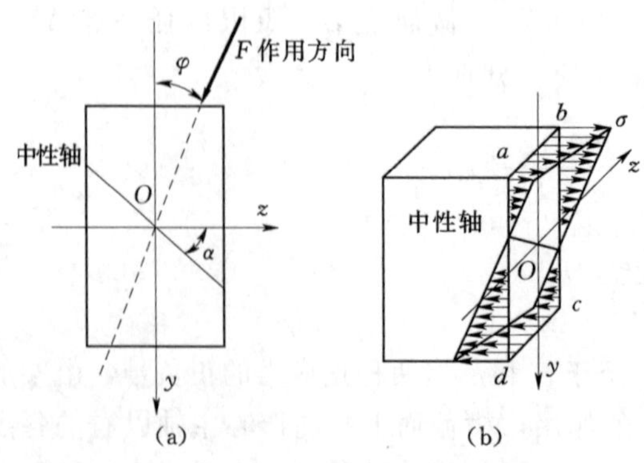

图 10-4　有凸角截面的中性轴与应力分布

只产生平面弯曲，而不可能发生斜弯曲。

横截面上中性轴的位置确定以后，即可画出横截面上的正应力分布图，如图 10-4 (b) 所示。由应力分布图可见，在中性轴一边的横截面上，各点处发生拉应力；在中性轴另一边的横截面上，各点处发生压应力。

横截面上的最大正应力，发生在离中性轴最远的点处。对于有凸角的截面，如图 10-4 所示的矩形截面，由应力分布图可见，角点 b 产生最大拉应力，角点 d 产生最大压应力，由式 (10-1)，它们分别为

$$\sigma_{\text{tmax}}=M\left(\frac{\cos\varphi}{I_z}y_{\max}+\frac{\sin\varphi}{I_y}z_{\max}\right)=\frac{M_z}{W_z}+\frac{M_y}{W_y} \tag{10-3a}$$

$$\sigma_{\text{cmax}}=-\left(\frac{M_z}{W_z}+\frac{M_y}{W_y}\right) \tag{10-3b}$$

对于有凸角的截面，例如矩形、工字形截面，根据斜弯曲是两个平面弯曲组合的情况，最大正应力显然发生在角点处。根据变形情况，即可确定发生最大拉应力和最大压应力的点。

对于没有凸角的截面，可用作图法确定发生最大正应力的点。例如图 10-5 所示的椭圆形截面，当确定了中性轴位置后，作平行于中性轴并切于截面周边的两条直线，切点 D_1 和 D_2 即为发生最大正应力的点。以该点的坐标代入式 (10-1)，即可求得最大拉应力和最大压应力。

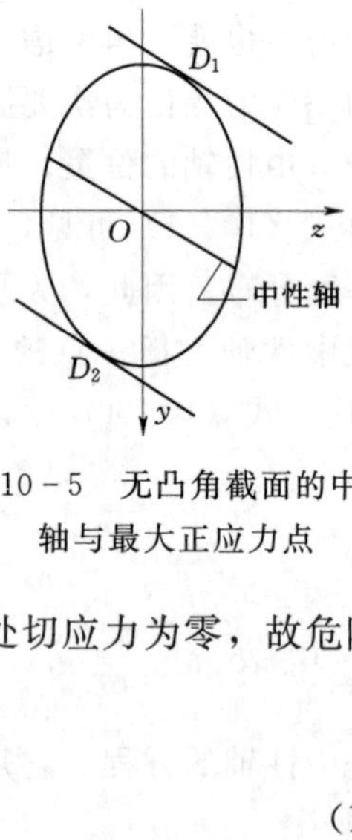

图 10-5　无凸角截面的中性轴与最大正应力点

图 10-3 所示的悬臂梁，在固定端截面上，弯矩最大，为危险截面；该截面上的角点 e 和 f 为危险点。由于角点处切应力为零，故危险点处于单向应力状态。因此，强度条件为

$$\left.\begin{aligned}\sigma_{\text{tmax}}&\leqslant[\sigma_{\text{t}}]\\\sigma_{\text{cmax}}&\leqslant[\sigma_{\text{c}}]\end{aligned}\right\} \tag{10-4}$$

据此，就可进行斜弯曲梁的强度计算。

10.2.3　变形

现在求图 10-3 所示悬臂梁自由端的挠度。该梁在 F_y 和 F_z 作用下，自由端截面的形心 C 在 xy 平面和 xz 平面内的挠度分别为

$$w_y=\frac{F_y l^3}{3EI_z},\ w_z=\frac{F_z l^3}{3EI_y}$$

由于 w_y 和 w_z 方向不同且相互正交，故得 C 点的总挠度为

$$w=\sqrt{w_y^2+w_z^2}$$

设总挠度方向与 y 轴夹 β 角，则

$$\tan\beta=\frac{w_z}{w_y}=\frac{I_z}{I_y}\tan\varphi \tag{10-5}$$

因 $I_y\neq I_z$，故 $\beta\neq\varphi$，即 C 点的总挠度方向和 F 力作用方向不重合，见图 10-6。比较式（10-5）和式（10-2）可见，C 点挠度方向垂直于中性轴。这是斜弯曲的又一特征。但是对圆形、正方形等截面，$\beta=\varphi$，即挠度方向和 F 力作用方向重合，均垂直于中性轴。

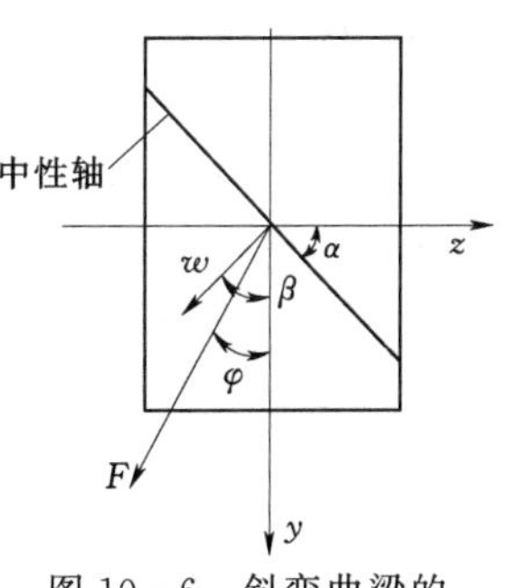

图 10-6　斜弯曲梁的变形特点

以上介绍了斜弯曲问题的分析方法。当梁在通过弯曲中心（或形心）的互相垂直的两个主惯性平面内分别有横向力作用而发生**双向弯曲**时，分析的方法完全相同。

【例 10-1】 图 10-7（a）所示屋架上的桁条，可简化为两端铰支的简支梁，如图 10-7（b）所示。桁条的跨度 $l=4\text{m}$，屋面传来的竖直荷载可简化为均布荷载 $q=4\text{kN/m}$，屋面与水平面的夹角 $\varphi=25°$。桁条的截面为 $h=28\text{cm}$，$b=14\text{cm}$ 的矩形，如图 10-7（c）所示。设桁条材料的容许拉应力和容许压应力相同，均为 $[\sigma]=10\text{MPa}$，试校核其强度。

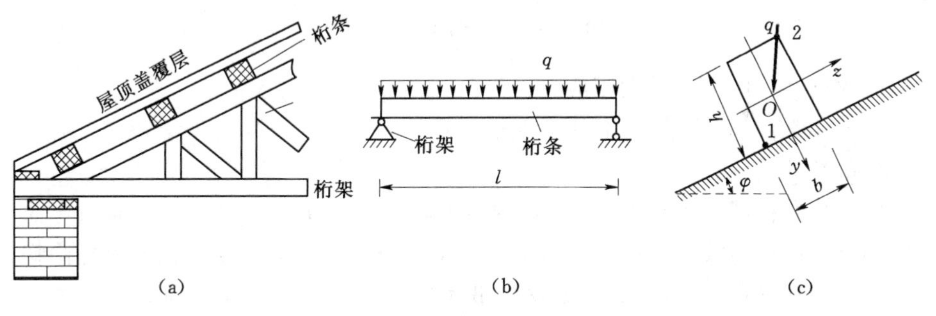

图 10-7　[例 10-1] 图

解　将均布荷载 q 沿 y 轴和 z 轴分解为

$$q_y=q\cos\varphi,\quad q_z=q\sin\varphi$$

它们分别使梁在 xy 平面和 xz 平面内产生平面弯曲。显然，危险截面在跨中截面。这一截面上的 1 点和 2 点是危险点，它们分别发生最大拉应力和最大压应力，且数值相等。由于材料的容许拉应力和容许压应力相等，故可校核 1 点或 2 点中的任一点。现校核 1 点。由式（10-3a），得

$$\sigma_{\text{tmax}}=\frac{M_y}{W_y}+\frac{M_z}{W_z}=\frac{q_z l^2/8}{hb^2/6}+\frac{q_y l^2/8}{bh^2/6}$$

将已知数据代入，得

$$\sigma_{\max}=\frac{\frac{1}{8}\times4\times10^3\text{N/m}\times\sin25°\times(4\text{m})^2}{\frac{1}{6}\times28\times10^{-2}\text{m}\times(14\times10^{-2}\text{m})^2}+\frac{\frac{1}{8}\times4\times10^3\text{N/m}\times\cos25°\times(4\text{m})^2}{\frac{1}{6}\times14\times10^{-2}\text{m}\times(28\times10^{-2}\text{m})^2}$$

$$=7.68\times10^6\text{N/m}^2=7.68\text{MPa}<[\sigma]$$

故桁条满足强度要求。

【例 10-2】 图 10-8 (a) 所示悬臂梁，采用 25a 号工字钢。在竖直方向受均布荷载 $q=5\text{kN/m}$ 作用，在自由端受水平集中力 $F=2\text{kN}$ 作用。已知截面的几何性质为：$I_z=5023.54\text{cm}^4$，$W_z=401.9\text{cm}^3$，$I_y=280.0\text{cm}^4$，$W_y=48.28\text{cm}^3$。材料的弹性模量 $E=2\times10^5\text{MPa}$。试求：

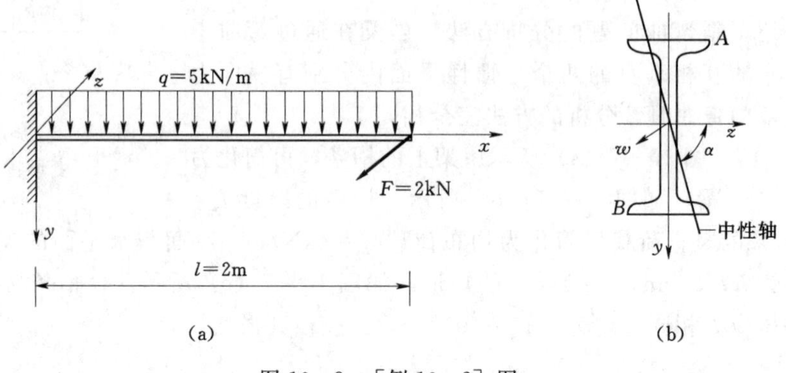

图 10-8 [例 10-2] 图

(1) 梁的最大拉应力和最大压应力。

(2) 固定端截面和 $l/2$ 截面上的中性轴位置。

(3) 自由端的挠度。

解 (1) 均布荷载 q 使梁在 xy 平面内弯曲，集中力 F 使梁在 xz 平面内弯曲，故为双向弯曲问题。两种荷载均使固定端截面产生最大弯矩，所以固定端截面是危险截面。由变形情况可知，在该截面上的 A 点处发生最大拉应力，B 点处发生最大压应力，且两点处应力的数值相等。由式 (10-3)，得

$$\sigma_A=\frac{M_y}{W_y}+\frac{M_z}{W_z}=\frac{Fl}{W_y}+\frac{\frac{1}{2}ql^2}{W_z}$$

$$=\frac{2\times10^3\text{N}\times2\text{m}}{48.28\times10^{-6}\text{N/m}^3}+\frac{\frac{1}{2}\times5\times10^3\text{N/m}\times(2\text{m})^2}{401.9\times10^{-6}\text{m}^3}=107.7\times10^6\text{N/m}^2=107.7\text{MPa}$$

$$\sigma_B=-\frac{M_y}{W_y}-\frac{M_z}{W_z}=-107.7\text{MPa}$$

(2) 因中性轴上各点处的正应力为零，故由 $\sigma=0$ 的条件可确定中性轴的位置。首先列出任一横截面上第一象限内任一点处的应力表达式，即

$$\sigma=\frac{M_y}{I_y}z-\frac{M_z}{I_z}y$$

令中性轴上各点的坐标为 y_0 和 z_0，则

$$\sigma=\frac{M_y}{I_y}z_0-\frac{M_z}{I_z}y_0=0$$

设中性轴与 z 轴的夹角为 α [图 10-8（b）]，则由上式得

$$\tan\alpha=\frac{y_0}{z_0}=\frac{M_y I_z}{M_z I_y}$$

由上式可见，因不同截面上 M_y/M_z 不是常量，故不同截面上的中性轴与 z 轴的夹角不同。

固定端截面：$\tan\alpha_1=\dfrac{2\times10^3\text{N}\times2\text{m}}{\dfrac{1}{2}\times5\times10^3\text{N/m}\times(2\text{m})^2}\times\dfrac{5023.54\times10^{-8}\text{m}^4}{280\times10^{-8}\text{m}^4}=7.18, \alpha_1=82.1^\circ$

$l/2$ 截面：$\tan\alpha_2=\dfrac{2\times10^3\text{N}\times1\text{m}}{\dfrac{1}{2}\times5\times10^3\text{N/m}\times(1\text{m})^2}\times\dfrac{5023.54\times10^{-8}\text{m}^4}{280\times10^{-8}\text{m}^4}=14.35, \alpha_2=86.0^\circ$

（3）自由端的总挠度由自由端在 xy 平面内和 xz 平面内的挠度 w_y 和 w_z 合成。

$$w_y=\frac{ql^4}{8EI_z}=\frac{5\times10^3\text{N/m}\times(2\text{m})^4}{8\times2\times10^5\text{N/m}^2\times5023.54\times10^{-8}\text{m}^4}=0.995\times10^{-3}\text{m}$$

$$w_z=\frac{Fl^3}{3EI_y}=\frac{2\times10^3\text{N/m}\times(2\text{m})^3}{3\times2\times10^5\times10^6\text{N/m}^2\times280\times10^{-8}\text{m}^4}=9.52\times10^{-3}\text{m}$$

总挠度为

$$w=\sqrt{w_y^2+w_z^2}=9.57\times10^{-3}\text{m}=9.57\text{mm}$$

10.3　拉伸（压缩）与弯曲的组合变形

当杆受轴向力和横向力共同作用时，将产生拉伸（压缩）与弯曲组合变形。图 10-1（a）中的烟囱就是一个实例。

如果杆所产生的弯曲变形是小变形，则由轴向力所引起的附加弯矩很小，可以略去不计。因此，可分别计算由轴向力引起的拉伸（压缩）正应力和由横向力引起的弯曲正应力，然后用叠加原理，即可求得两种荷载共同作用下引起的正应力。现以图 10-9（a）所示的杆受轴向拉力及横向均布荷载的情况为例，说明拉伸（压缩）与弯曲组合变形下的正应力及强度计算方法。

该杆受轴向力 F 拉伸时，x 横截面上的正应力为

$$\sigma'=\frac{F_N}{A}$$

杆受横向均布荷载作用时，x 横截面上第一象限中一点 $A(y, z)$ 处的弯曲正应力为

$$\sigma''=\frac{M(x)y}{I_z}$$

由叠加原理，该点的正应力为

$$\sigma=\sigma'+\sigma''=\frac{F_N}{A}-\frac{M(x)y}{I_z}$$

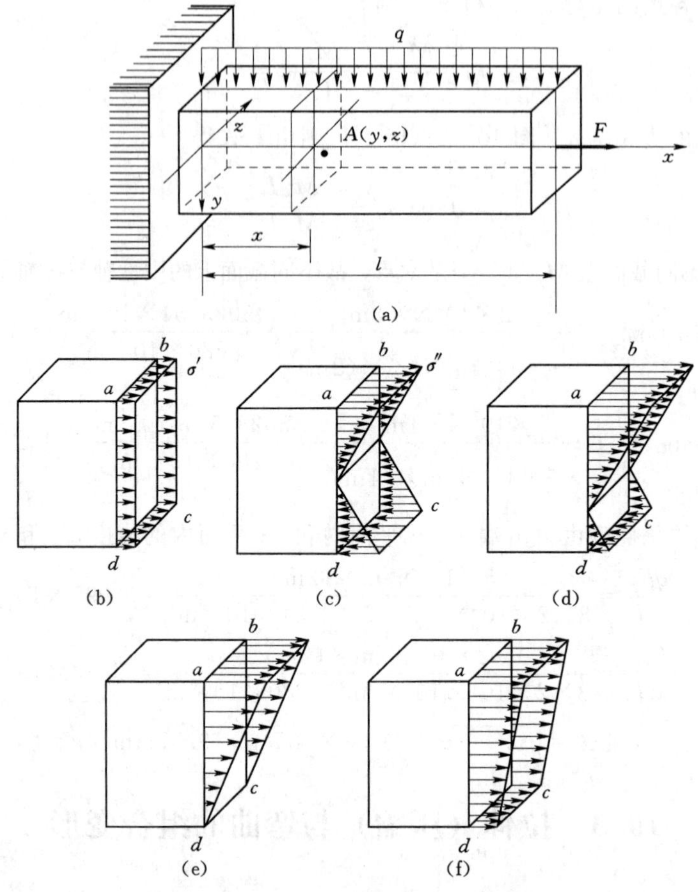

图 10-9 拉伸与弯曲组合变形杆

显然，固定端截面为危险截面。该横截面上正应力 σ' 和 σ'' 的分布如图 10-9（b）、（c）所示。由应力分布图可见，该横截面的上、下边缘处各点可能是危险点。这些点处的正应力为

$$\begin{matrix}\sigma_{\text{tmax}} \\ \sigma_{\text{cmax}}\end{matrix} = \frac{F_{\text{N}}}{A} \pm \frac{M_{\max}}{W_z} \tag{10-6}$$

当 $\sigma''_{\max} > \sigma'$ 时，该横截面上的正应力分布如图 10-9（d）所示，上边缘的最大拉应力数值大于下边缘的最大压应力数值。当 $\sigma''_{\max} = \sigma'$ 时，该横截面上的应力分布如图 10-9（e）所示，下边缘各点处的正应力为零，上边缘各点处的拉应力最大。当 $\sigma''_{\max} < \sigma'$ 时，该横截面上的正应力分布如图 10-9（f）所示，上边缘各点处的拉应力最大。在这三种情况下，横截面的中性轴分别在横截面内、横截面边缘和横截面以外。

杆在拉伸（压缩）与弯曲组合变形下，危险点的应力状态为单向应力状态，因此，强度条件为

$$\begin{matrix}\sigma_{\text{tmax}} \leqslant [\sigma_{\text{t}}] \\ \sigma_{\text{cmax}} \leqslant [\sigma_{\text{c}}]\end{matrix} \tag{10-7}$$

据此，就可进行拉伸（压缩）与弯曲的组合变形杆件的强度计算。

【例 10-3】 图 10-10(a)所示托架,受荷载 $F=45\text{kN}$ 作用。设 AC 杆为工字钢,容许应力 $[\sigma]=160\text{MPa}$,试选择工字钢型号。

解 取 AC 杆进行分析,其受力情况如图 10-10(b)所示。由平衡方程,求得

$F_{Ay}=15\text{kN}, F_{By}=60\text{kN}, F_{Ax}=F_{Bx}=104\text{kN}$

AC 杆在轴向力 F_{Ax} 和 F_{Bx} 作用下,在 AB 段内受到拉伸;在横向力作用下,AC 杆发生弯曲。故 AB 段杆的变形是拉伸与弯曲的组合变形。AB 杆的轴力图和 AC 杆的弯矩图如图 10-10(c)、(d)所示。由内力图可见,B 点左侧的横截面是危险截面。该横截面的上边缘各点处的拉应力最大,是危险点。强度条件为

$$\sigma_{\text{tmax}}=\frac{F_N}{A}+\frac{M_{\max}}{W_z}\leqslant[\sigma]$$

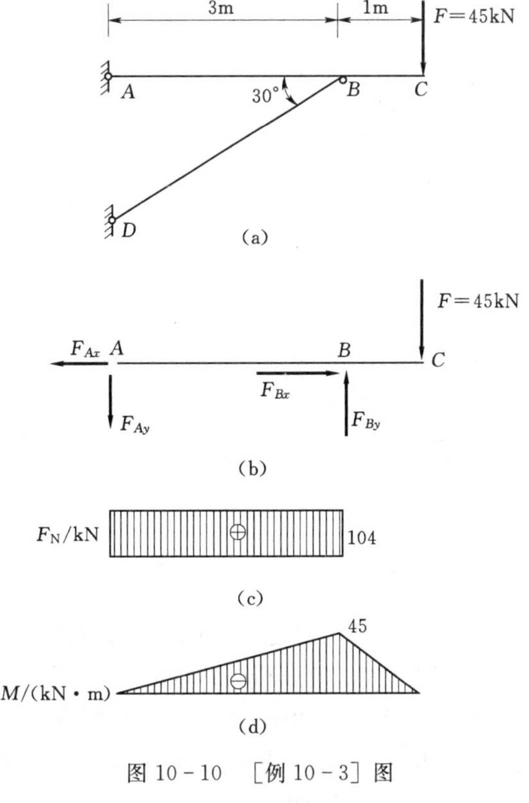

图 10-10 [例 10-3] 图

因为 A 和 W_z 都是未知量,故无法由上式选择工字钢型号。通常是先只考虑弯曲,求出 W_z 后,选择 W_z 略大一些的工字钢,再考虑轴力的作用进行强度校核。

由弯曲正应力强度条件,求出

$$W_z\geqslant\frac{M_{\max}}{[\sigma]}=\frac{45\times10^3\text{N}\cdot\text{m}}{160\times10^6\text{N/m}^2}=2.81\times10^{-4}\text{m}^3=281\text{cm}^3$$

查型钢表,选 22a 号工字钢,$W_z=309\text{cm}^3$,$A=42.1\text{cm}^2$。考虑轴力后,最大拉应力为

$$\sigma_{\text{tmax}}=\frac{F_N}{A}+\frac{M_{\max}}{W_z}=\frac{104\times10^3\text{N}}{42.1\times10^{-4}\text{m}^2}+\frac{45\times10^3\text{N}\cdot\text{m}}{309\times10^{-6}\text{m}^3}$$
$$=170.3\times10^6\text{N/m}^2=170.3\text{MPa}>[\sigma]$$

可见 22a 号工字钢截面还不够大。

现重新选择 22b 号工字钢,$W_z=325\text{cm}^3$,$A=46.5\text{cm}^2$,则最大拉应力为

$$\sigma_{\max}=\frac{104\times10^3\text{N}}{46.5\times10^{-4}\text{m}^2}+\frac{45\times10^3\text{N}\cdot\text{m}}{325\times10^{-6}\text{m}^3}=160.8\times10^6\text{N/m}^2=160.8\text{MPa}$$

虽然最大拉应力超过容许应力,但超过量不到 5%,工程上认为能满足强度要求。

10.4 偏心压缩(拉伸)

当杆受到与轴线平行,但不与轴线重合的外力作用时,杆将产生**偏心压缩(拉伸)**

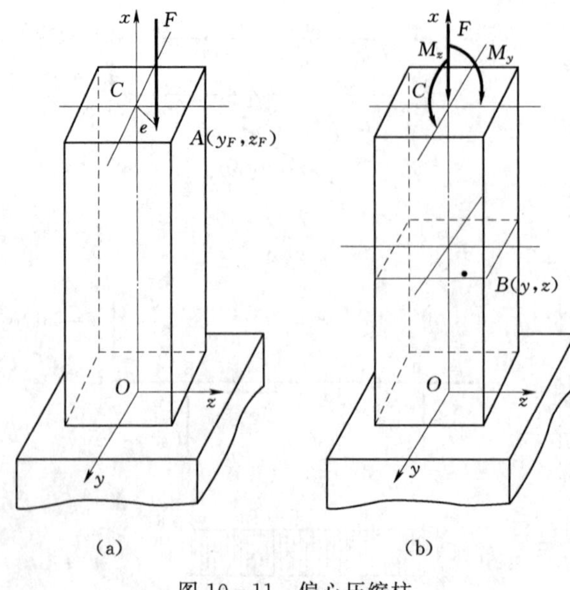

图 10-11　偏心压缩柱

(eccentric compression or tension)。图 10-1 (b) 所示的柱子就是偏心压缩的一个实例。现研究杆在偏心压缩(拉伸)时，横截面上的正应力和强度计算方法。

图 10-11 (a) 是下端固定的矩形截面杆，xy 和 xz 平面为两个形心主惯性平面。设在杆的上端截面的 A (y_F，z_F) 点处作用一平行于杆轴线的力 F。A 点到截面形心 C 的距离 e 称为偏心距。图 10-11 所示杆的情况，压力 F 在 y、z 两个方向偏心 ($y_F \neq 0$，$z_F \neq 0$) 称为**双向偏心压缩**。当压力 F 只在 y 或 z 一个方向偏心 ($y_F = 0$ 或 $z_F = 0$) 称为**单向偏心压缩**。

将 F 力向 C 点简化，得到通过杆轴线的压力 F 和力偶矩 $M = Fe$。再将力偶矩矢量沿 y 轴和 z 轴分解，可分别得到作用于 xz 平面内的力偶矩 $M_y = Fz_F$ 和作用于 xy 平面内的力偶矩 $M_z = Fy_F$，如图 10-11 (b) 所示。

由此可知，杆将产生轴向压缩和在 xz 平面及 xy 平面内的平面弯曲(纯弯曲)。杆的各横截面上的内力均为

$$F_N = F,\ M_y = Fz_F,\ M_z = Fy_F$$

对应于上述 3 个内力，任意横截面上第一象限中的任意点 $B(y, z)$ 处的正应力分别为

$$\sigma' = -\frac{F_N}{A} = -\frac{F}{A}$$

$$\sigma'' = -\frac{M_z y}{I_z} = -\frac{F y_F y}{I_z}$$

$$\sigma''' = -\frac{M_y z}{I_y} = -\frac{F z_F z}{I_y}$$

由叠加原理得 B 点处的总应力为

$$\sigma = \sigma' + \sigma'' + \sigma'''$$

即

$$\sigma = -\left(\frac{F}{A} + \frac{F y_F y}{I_z} + \frac{F z_F z}{I_y}\right) \tag{10-8}$$

将附录 A 的式 (A-8)，即

$$I_y = A i_y^2,\ I_z = A i_z^2$$

代入式 (10-8)，得

$$\sigma = -\frac{F}{A}\left(1 + \frac{y_F y}{i_z^2} + \frac{z_F z}{i_y^2}\right) \tag{10-9}$$

由式 (10-8) 或式 (10-9) 可见，横截面上的正应力为平面分布。为了确定横截面上正应力最大的点，需确定中性轴的位置。设 y_0 和 z_0 为中性轴上任一点的坐标，将 y_0

和 z_0 代入式（10-9）后，得

$$\sigma=-\frac{F}{A}\left(1+\frac{y_F y_0}{i_z^2}+\frac{z_F z_0}{i_y^2}\right)=0$$

即

$$1+\frac{y_F y_0}{i_z^2}+\frac{z_F z_0}{i_y^2}=0 \tag{10-10}$$

这就是中性轴方程。可见，中性轴是一条不通过横截面形心的直线。令式（10-10）中的 $z_0=0$ 和 $y_0=0$，可以得到中性轴在 y 轴和 z 轴上的截距

$$\left.\begin{aligned}a_y&=y_0\big|_{z_0=0}=-\frac{i_z^2}{y_F}\\a_z&=z_0\big|_{y_0=0}=-\frac{i_y^2}{z_F}\end{aligned}\right\} \tag{10-11}$$

式中负号表明，中性轴的位置和外力作用点的位置分别在横截面形心的两侧。横截面上中性轴的位置及正应力分布如图 10-12 所示。中性轴一边的横截面上产生拉应力，另一边产生压应力。最大正应力发生在离中性轴最远的点处。对于有凸角的截面，最大正应力一定发生在角点处。角点 D_1 产生最大压应力，角点 D_2 产生最大拉应力（图 10-12）。

对于有凸角的截面，可不必求中性轴的位置，而根据变形情况，确定发生最大拉应力和最大压应力的角点。对于没有凸角的截面，当中性轴位置确定后，作与中性轴平行并切于截面周边的两条直线，切点 D_1 和 D_2 即为发生最大压应力和最大拉应力的点，如图 10-13 所示。

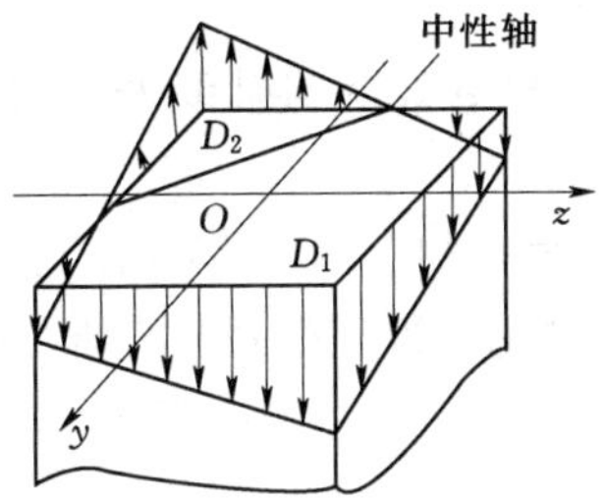

图 10-12 有凸角截面的中性轴与应力分布

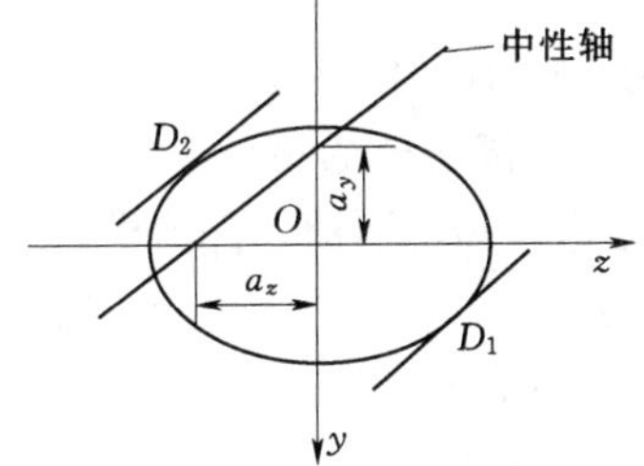

图 10-13 无凸角截面的中性轴与最大应力点

杆受偏心压缩（拉伸）时，危险点的应力状态是单向应力状态，因此，强度条件为

$$\left.\begin{aligned}\sigma_{tmax}&\leqslant[\sigma_t]\\\sigma_{cmax}&\leqslant[\sigma_c]\end{aligned}\right\} \tag{10-12}$$

据此，就可进行偏心压缩（拉伸）杆件的强度计算。

【例 10-4】 一钻床如图 10-14（a）所示。在零件上钻孔时，钻床所受荷载 $F=15\text{kN}$。力 F 与钻床立柱 AB 轴线的距离 $e=0.4\text{m}$，立柱为铸铁圆杆，容许拉应力 $[\sigma_t]=35\text{MPa}$，试求立柱所需的直径 d。

解 对于立柱 AB，F 是偏心拉力，将使立柱产生偏心拉伸。

假设在截面 c—c 处将立柱截开，取上部进行研究，如图 10-14（b）所示。由上部的平衡方程，求得立柱 c—c 截面上的轴力和弯矩分别为

$$F_N = F = 15\text{kN},\ M = Fe = 15\text{kN}\times 0.4\text{m} = 6\text{kN}\cdot\text{m}$$

立柱 AB 内侧边缘的点是危险点，产生的拉应力最大。由强度条件式（10－12），得

$$\sigma_{\text{tmax}} = \frac{F_N}{A} + \frac{M}{W_z} = \frac{15\times10^3\text{N}}{\frac{1}{4}\pi d^2} + \frac{6\times10^3\text{N}\cdot\text{m}}{\frac{1}{32}\pi d^3}$$

采用与例 10－3 相似的方法，或采用试算的方法，由上式可求得立柱所需的直径

$$d \geqslant 122\text{mm}$$

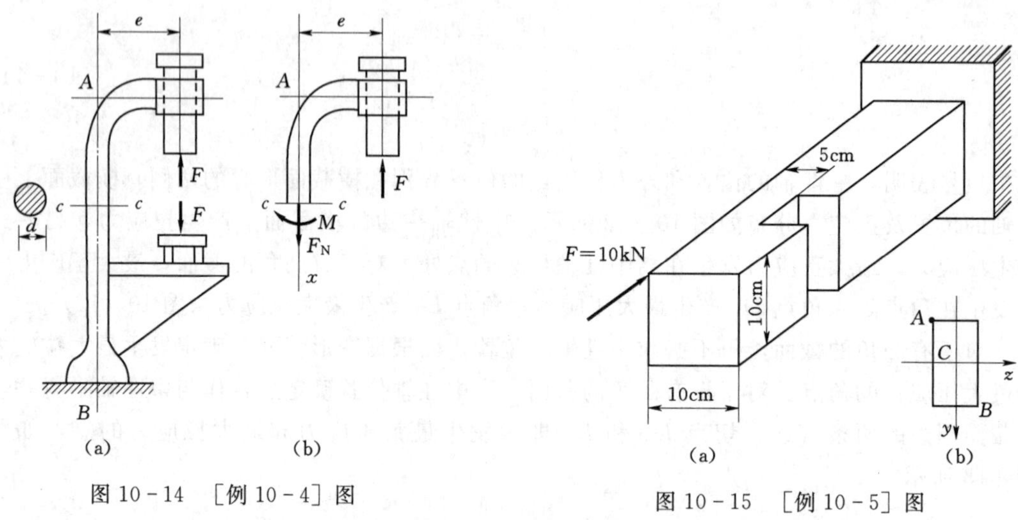

图 10－14　［例 10－4］图

图 10－15　［例 10－5］图

【例 10－5】 带有切槽的悬臂杆，在自由端左上角点处受与轴线平行的压力 F 作用，如图 10－15 所示。试求杆的最大正应力。

解　通过分析可知，切槽处杆的横截面是危险截面，如图 10－15（b）所示。对于该截面，力 F 是偏心压力。现将力 F 向该截面的形心 C 简化，得到截面上的轴力和弯矩分别为

$$F_N = F = 10\text{kN},\ M_z = F\times 0.05\text{m} = 0.5\text{kN}\cdot\text{m},\ M_y = F\times 0.025\text{m} = 0.25\text{kN}\cdot\text{m}$$

A 点处压应力最大，为

$$\begin{aligned}\sigma_{\text{cmax}} &= -\frac{F_N}{A} - \frac{M_z}{W_z} - \frac{M_y}{W_y}\\ &= -\frac{10\times10^3\text{N}}{0.1\times0.05\text{m}^2} - \frac{0.5\times10^3\text{N}\cdot\text{m}}{\frac{1}{6}\times0.05\text{m}\times(0.1\text{m})^2} - \frac{0.25\times10^3\text{N}\cdot\text{m}}{\frac{1}{6}\times0.1\text{m}\times(0.05\text{m})^2}\\ &= -14\times10^6\text{N/m}^2 = -14\text{MPa}\end{aligned}$$

B 点处拉应力最大，为

$$\sigma_{\text{tmax}} = -\frac{F_N}{A} + \frac{M_y}{W_y} + \frac{M_z}{W_z} = 10\times10^6\text{N/m}^2 = 10\text{MPa}$$

10.5　截　面　核　心

从 10.4 节式（10－11）可以看出，偏心压缩时中性轴在横截面的两个形心主轴上的

截距 a_y 和 a_z 随压力作用点的坐标 y_F 和 z_F 变化。压力作用点离横截面形心越近，中性轴离横截面形心越远；压力作用点离横截面形心越远，中性轴离横截面形心越近。随着压力作用点位置的变化，中性轴可能在横截面以内，或与横截面周边相切，或在横截面以外，在后两种情况下，横截面上就只产生压应力。工程上有些材料，例如混凝土、砖和石等，其抗拉强度很小，因此，由这类材料制成的杆，主要用于承受压力，当用于承受偏心压力时，要求杆的横截面上不产生拉应力。为了满足这一要求，压力必须作用在横截面形心周围的某一区域内，使中性轴与横截面周边相切或在横截面以外。这一区域称为**截面核心**（core of a section）。

图 10-16 为任意形状的截面。为了确定截面核心的边界，首先应确定截面的形心主轴 y 和 z，然后，作直线①与周边相切，将它看作中性轴。由该中性轴在形心主轴上的截距 a_{y1} 和 a_{z1}，用式（10-11），求出外力作用点的坐标为

$$y_{F1}=-\frac{i_z^2}{a_{y1}},\ z_{F1}=-\frac{i_y^2}{a_{z1}}$$

由此可得到 1 点。再分别以切线②、③等作为中性轴，用相同的方法可得到 2、3 等点。连接这些点，得到一条闭合曲线，即为截面核心的边界。边界以内的区域就是截面核心，如图 10-16 中的阴影部分。

需注意的是切线③为截面边界一个凹段的公切线，在此凹段内，不应再作切线，否则截面上将出现拉应力区。因此，有凹段边界截面的截面核心，仍应为凸边界。

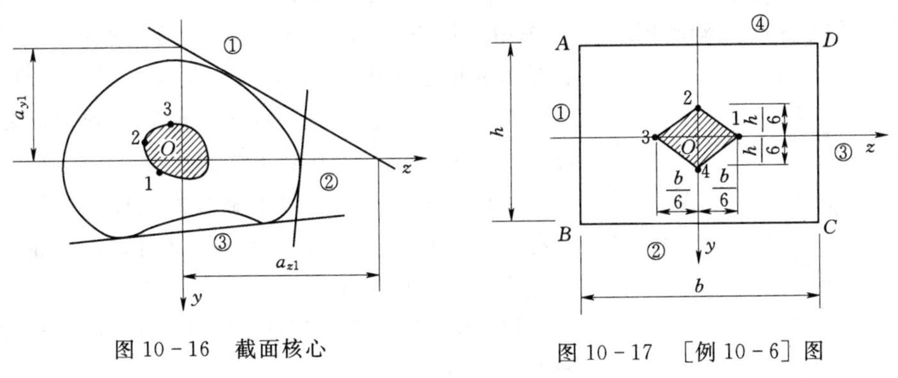

图 10-16　截面核心　　　图 10-17　［例 10-6］图

【例 10-6】 试确定图 10-17 所示矩形截面的截面核心。

解　矩形截面的对称轴 y 和 z 是形心主轴。

对该截面有

$$i_y^2=\frac{I_y}{A}=\frac{b^2}{12},\ i_z^2=\frac{I_z}{A}=\frac{h^2}{12}$$

先将与 AB 边重合的直线作为中性轴①，它在 y 和 z 轴上的截距分别为

$$a_{y1}=\infty,\ a_{z1}=-\frac{b}{2}$$

由式（10-11），得到与之对应的 1 点的坐标为

$$y_{F1}=-\frac{i_z^2}{a_{y1}}=-\frac{h^2/12}{\infty}=0$$

$$z_{F1}=-\frac{i_y^2}{a_{z1}}=-\frac{b^2/12}{-b/2}=\frac{b}{6}$$

同理可求得当中性轴②与 BC 边重合时，与之对应的 2 点的坐标为

$$y_{F2}=-\frac{h}{6},\ z_{F2}=0$$

中性轴③与 CD 边重合时，与之对应的 3 点的坐标为

$$y_{F3}=0,\ z_{F3}=-\frac{b}{6}$$

中性轴④与 DA 边重合时，与之对应的 4 点的坐标为

$$y_{F4}=\frac{h}{6},\ z_{F4}=0$$

确定了截面核心边界上的 4 个点后，还要确定这 4 个点之间截面核心边界的形状。为了解决这一问题，现研究中性轴从与一个周边相切转到与另一个周边相切时，外力作用点的位置变化的情况。例如，当外力作用点由 1 点沿截面核心边界移动到 2 点的过程中，与外力作用点对应的一系列中性轴将绕 B 点旋转，B 点是这一系列中性轴共有的点。因此，将 B 点的坐标 y_B 和 z_B 代入式（10－10），即得

$$1+\frac{y_F y_B}{i_z^2}+\frac{z_F z_B}{i_y^2}=0$$

在这一方程中，只有外力作用点的坐标 y_F 和 z_F 是变量，所以这是一个直线方程。它表明，当中性轴绕 B 点旋转时，外力作用点沿直线移动。因此，连接 1 点和 2 点的直线，就是截面核心的边界。同理，2 点和 3 点、3 点和 4 点、4 点和 1 点之间也分别是直线。最后得到矩形截面的截面核心是一个菱形，其对角线的长度分别是 $h/3$ 和 $b/3$。

由此例可以看出，对于矩形截面杆，当压力作用在对称轴上，并在“中间三分点”以内时，截面上只产生压应力。这一结论在建筑工程中经常用到。

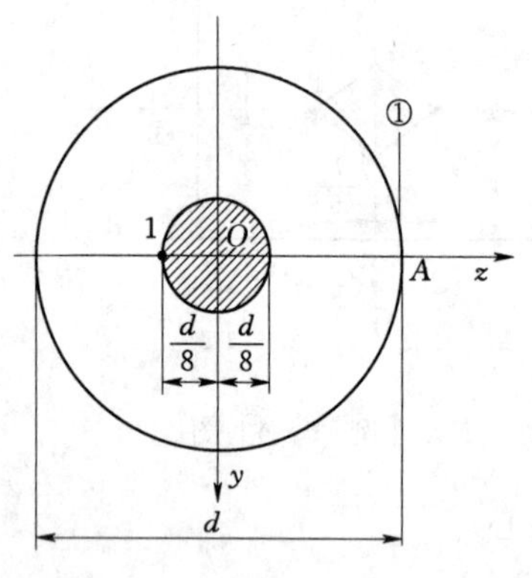

图 10－18 ［例 10－7］图

【例 10－7】 试确定图 10－18 所示圆形截面的截面核心。

解 由于圆形截面是轴对称的，所以截面核心的边界也是一个圆。只要确定了截面核心边界上的一个点，就可以确定截面核心。

设过 A 点的切线①是中性轴，它在 y、z 轴上的截距为

$$a_y=\infty,\ a_z=\frac{d}{2}$$

圆截面的 $i_y^2=i_z^2=\frac{\pi d^4/64}{\pi d^2/4}=\frac{d^2}{16}$。由式（10－11），求得与之对应的外力作用点 1 的坐标为

$$y_F=0,\ z_F=-\frac{d}{8}$$

由此可知，截面核心是直径为 $d/4$ 的圆，如图 10－18 中阴影部分所示。

10.6 弯曲与扭转的组合变形

弯曲与扭转组合变形是机械工程中常见的一种组合变形，例如图 10-1（c）所示的传动轴。现以图 10-19（a）所示的钢制直角曲拐中的圆杆 AB 为例，研究杆在弯曲和扭转组合变形下应力和强度计算的方法。

首先将作用在 C 点的 F 力向 AB 杆右端截面的形心 B 简化，得到一横向力 F 及力偶矩 $T=Fa$，如图 10-19（b）所示。力 F 使 AB 杆弯曲，力偶矩 T 使 AB 杆扭转，故 AB 杆同时产生弯曲和扭转两种变形。

AB 杆的弯矩图和扭矩图如图 10-19（c）、（d）所示。由内力图可见，固定端截面是危险截面。其弯矩和扭矩分别为

$$M_z=Fl，M_x=Fa$$

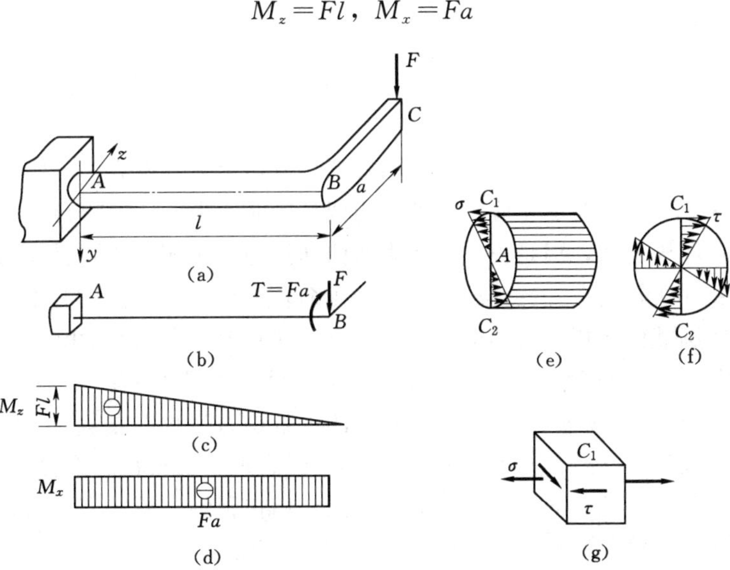

图 10-19 弯扭组合变形杆

在该截面上，弯曲正应力和扭转切应力的分布分别如图 10-19（e）、（f）所示。从应力分布图可见，横截面的上、下两点 C_1 和 C_2 是危险点。因 AB 杆是钢杆，C_1、C_2 两点危险程度相同，故只需对其中任一点作强度计算。现对 C_1 点进行分析。在该点处取出一单元体，其各面上的应力如图 10-19（g）所示。由于该单元体处于一般二向应力状态，所以需用强度理论来建立强度条件。该点处的弯曲正应力和扭转切应力分别为

$$\sigma=\frac{M_z}{W_z} \tag{a}$$

$$\tau=\frac{M_x}{W_P} \tag{b}$$

因此该点处的主应力为

$$\left.\begin{matrix}\sigma_1\\ \sigma_3\end{matrix}\right\}=\frac{\sigma}{2}\pm\sqrt{\left(\frac{\sigma}{2}\right)^2+\tau^2}，\sigma_2=0 \tag{c}$$

当采用第三强度理论或第四强度理论时，相当应力分别为

$$\sigma_{r3}=\sigma_1-\sigma_3 \tag{d}$$

$$\sigma_{r4}=\sqrt{\frac{1}{2}[(\sigma_1-\sigma_2)^2+(\sigma_2-\sigma_3)^2+(\sigma_3-\sigma_1)^2]} \tag{e}$$

将式（c）代入式（d）、式（e），可得第三强度理论和第四强度理论的强度条件分别为

$$\sigma_{r3}=\sqrt{\sigma^2+4\tau^2}\leqslant[\sigma] \tag{10-13}$$

$$\sigma_{r4}=\sqrt{\sigma^2+3\tau^2}\leqslant[\sigma] \tag{10-14}$$

对弯曲和扭转组合变形的圆截面杆，注意到圆截面的 $W_P=2W_z$。将式（a）和式（b）代入式（10-13）和式（10-14），则第三强度理论和第四强度理论的强度条件分别为

$$\sigma_{r3}=\sqrt{\left(\frac{M_z}{W_z}\right)^2+4\left(\frac{M_x}{W_P}\right)^2}=\sqrt{\left(\frac{M_z}{W_z}\right)^2+4\left(\frac{M_x}{2W_z}\right)^2}=\frac{1}{W_z}\sqrt{M_z^2+M_x^2}\leqslant[\sigma] \tag{10-15}$$

$$\sigma_{r4}=\sqrt{\left(\frac{M_z}{W_z}\right)^2+3\left(\frac{M_x}{W_P}\right)^2}=\sqrt{\left(\frac{M_z}{W_z}\right)^2+3\left(\frac{M_x}{2W_z}\right)^2}=\frac{1}{W_z}\sqrt{M_z^2+0.75M_x^2}\leqslant[\sigma] \tag{10-16}$$

当圆杆同时产生拉伸（压缩）和扭转两种变形时，上述分析方法仍然适用，只是弯曲正应力需用拉伸（压缩）时的正应力代替。当圆杆同时产生弯曲、扭转和拉伸（压缩）变形时，上述方法同样适用，但是正应力是由弯曲和拉伸（压缩）共同引起的。非圆截面杆如同时产生弯曲和扭转变形，甚至还有拉伸（压缩）变形时，仍可用上述方法分析。但扭转切应力需用非圆截面杆扭转的切应力公式计算，并且要仔细判断危险点的位置。

【例 10-8】 一钢质圆轴，直径 $d=6\text{cm}$，其上装有直径 $D=1\text{m}$、重为 5kN 的两个皮带轮，如图 10-20（a）所示。已知 A 处轮上的皮带拉力为水平方向，C 处轮上的皮带拉力为竖直方向。设钢的 $[\sigma]=160\text{MPa}$，试按第三强度理论校核轴的强度。

解 将轮上的皮带拉力向轮心简化后，得到作用在圆轴上的集中力和力偶，此外，圆轴还受到轮重作用。简化后的外力如图 10-20（b）所示。

在力偶作用下，圆轴的 AC 段内产生扭转，扭矩图如图 10-20（c）所示。在横向力作用下，圆轴在 xy 和 xz 平面内分别产生弯曲，两个平面内的弯矩图如图 10-20（d）、（e）所示。因为轴的横截面是圆形，不会发生斜弯曲，所以应将两个平面内的弯矩合成而得到横截面上的合成弯矩。由弯矩图可见，可能的危险截面是 B 截面和 C 截面。现分别求出这两个截面的合成弯矩为

$$M_B=\sqrt{M_{By}^2+M_{Bz}^2}=\sqrt{(2.1\text{kN}\cdot\text{m})^2+(1.5\text{kN}\cdot\text{m})^2}=2.58\text{kN}\cdot\text{m}$$

$$M_C=\sqrt{M_{Cy}^2+M_{Cz}^2}=\sqrt{(1.05\text{kN}\cdot\text{m})^2+(2.25\text{kN}\cdot\text{m})^2}=2.48\text{kN}\cdot\text{m}$$

因为 $M_B>M_C$，且 B、C 截面的扭矩相同，故 B 截面为危险截面。

将 B 截面上的弯矩和扭矩值代入式（10-17），得到第三强度理论的相当应力为

$$\sigma_{r3}=\frac{1}{W_z}\sqrt{M_B^2+M_{Bx}^2}=\frac{1}{\frac{\pi}{32}\times(6\times10^{-6}\text{m})^3}\sqrt{(2.58\text{kN}\cdot\text{m})^2+(1.5\text{kN}\cdot\text{m})^2}$$

$$=140.6\times10^6\text{N/m}^2=140.6\text{MPa}$$

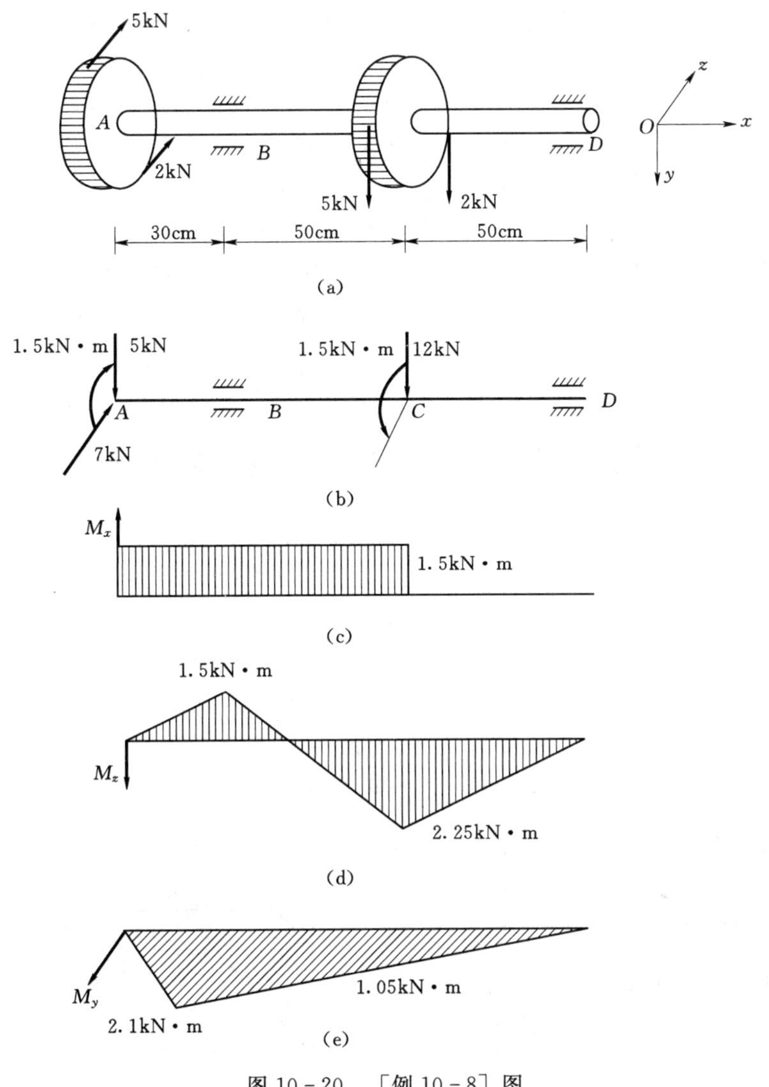

图 10-20　[例 10-8] 图

这一数值小于钢材的容许应力，所以圆轴是安全的。

建议读者找出危险点的位置，并在危险点处取一单元体，画出其上的应力，求出主应力，再进行强度校核。

习　　题

10-1　悬臂梁的横截面形状如图 10-21 所示。若作用于自由端的荷载 F 垂直于梁的

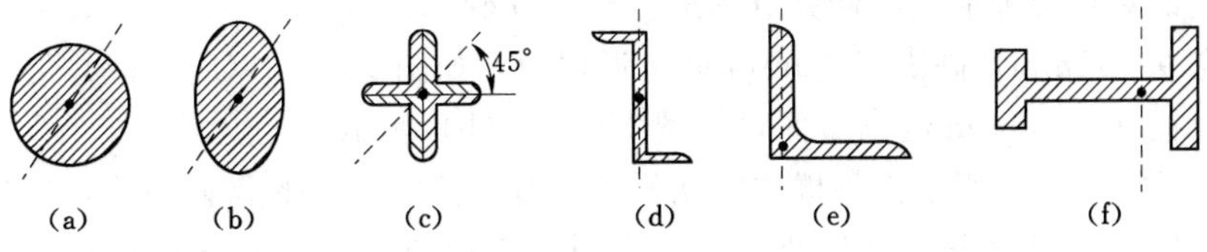

图 10-21　习题 10-1 图

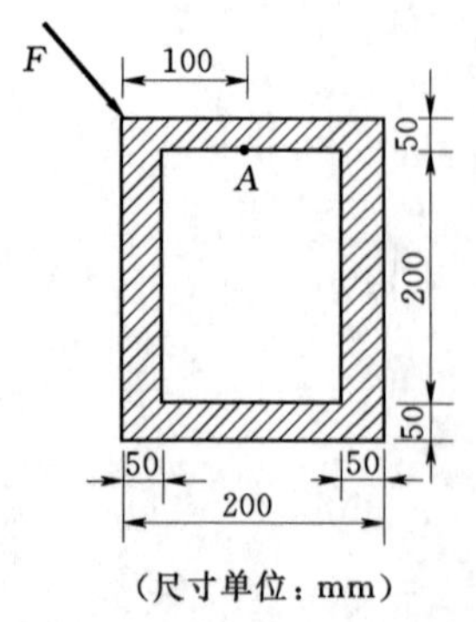

（尺寸单位：mm）

图10-22 习题10-2图

轴线，作用方向如图中虚线所示。试指出哪种情况是平面弯曲，哪种情况是斜弯曲。（小圆点为弯曲中心的位置）

10-2 一悬臂梁的截面如图10-22所示，在自由端有一倾斜力 F 沿截面对角线作用。此梁某一截面上的总弯矩为10kN·m，求该截面上 A 点处的正应力。

10-3 倾斜置放的矩形截面简支梁，受竖向均布荷载作用，跨度 $l=4$m，截面尺寸如图10-23所示。设材料为杉木，容许应力 $[\sigma]=10$MPa，试校核该梁的强度。

10-4 图10-24所示工字形截面简支梁，力 F 与 y 轴的夹角为5°。若 $F=65$kN，$l=4$m，已知容许应力 $[\sigma]=160$MPa，容许挠度为$\dfrac{l}{500}$，材料的 $E=2.0\times10^5$MPa，试选择工字钢的型号。

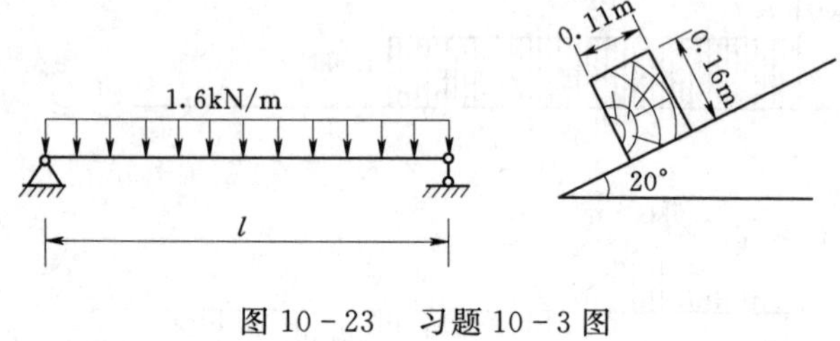

图10-23 习题10-3图

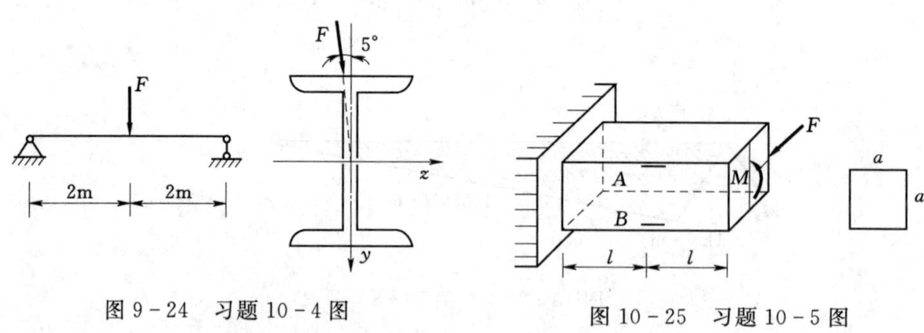

图9-24 习题10-4图

图10-25 习题10-5图

10-5 图10-25所示悬臂梁，梁中间截面前侧上、下两点 A、B 处，沿轴线方向贴有电阻片，当梁在 F、M 共同作用时，测得两点的应变值分别为 ε_A、ε_B。设截面为正方形，边长为 a，材料的 E、ν 为已知，试求 F 和 M 的大小。

10-6 图10-26所示悬臂梁在两个不同截面上分别受有水平力 F_1 和竖直力 F_2 的作用。若 $F_1=800$N，$F_2=1600$N，$l=1$m，试求以下两种情况下梁内最大正应力并指出其作用位置，请对这两种情况的计算过程进行对比分析。

（1）宽 $b=90$mm，高 $h=180$mm 的矩形截面，如图10-26（a）所示。

（2）直径 $d=130$mm 的圆截面，如图10-26（b）所示。

10-7 图10-27所示为一楼梯的扶梯梁 AB，长度 $l=4$m，截面为 $h\times b=0.2\text{m}\times0.1\text{m}$ 的矩形，$q=2$kN/m。试作此梁的轴力图和弯矩图，并求梁横截面上的最大拉应力和最大压应力。

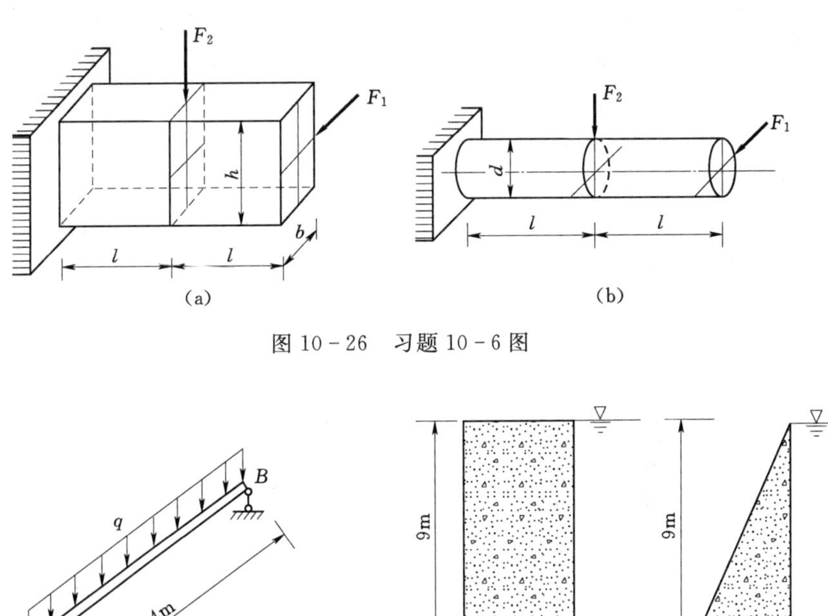

图 10-26　习题 10-6 图

q
B
A
30°
4m

图 10-27　习题 10-7 图

9m
b
(a)
9m
b
(b)

图 10-28　习题 10-8 图

10-8　图 10-28 (a)、(b) 所示的混凝土坝，右边一侧受水压力作用。试求当混凝土不出现拉应力时所需的宽度 b。设混凝土的重度为 24kN/m^3。请对比分析计算结果。

10-9　图 10-29 所示悬臂吊杆，其横梁由 16 号工字钢制成，材料的 $[\sigma]=120\text{MPa}$，允许吊重 $W=15\text{kN}$，试校核横梁的强度（不考虑其自重）。

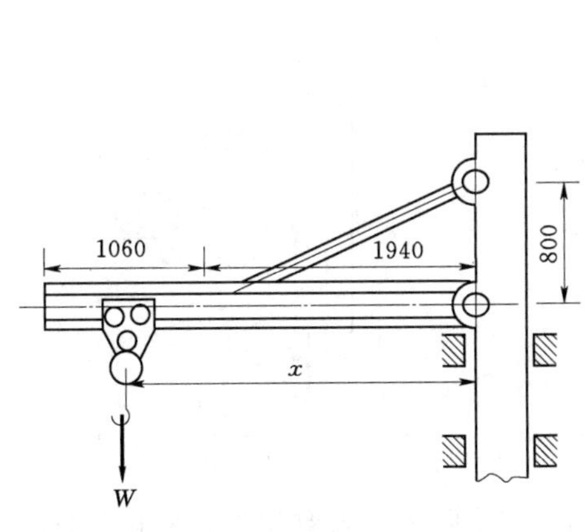

图 10-29　习题 10-9 图（尺寸单位：mm）

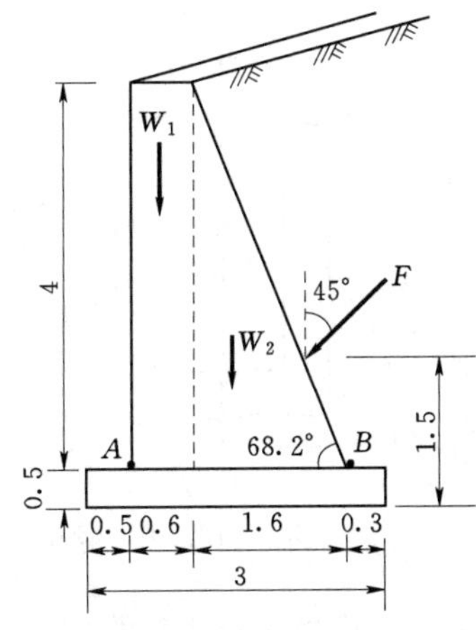

图 10-30　习题 10-10 图（尺寸单位：mm）

10-10　图 10-30 所示一浆砌块石挡土墙，墙高 4m，已知墙背承受的土压力 $F=140\text{kN}$ 并且与铅垂线成夹角 $a=45°$，浆砌石的重度为 23kN/m^3，其他尺寸如图所示。试取1m长的墙体作为计算对象，要求计算出作用在截面 AB 上 A 点和 B 点处的正应力。砌体容许压应力 $[\sigma_c]=3.5\text{MPa}$，容许拉应力 $[\sigma_t]=0.14\text{MPa}$，试作强度校核。

10-11　如图10-31所示，砖砌烟囱高 $H=30\text{m}$，底截面1—1的外径 $d_1=3\text{m}$，内径 $d_2=2\text{m}$，自重 $W_1=2000\text{kN}$，受 $q=1\text{kN/m}$ 的风力作用。试求：

（1）烟囱底截面上的最大压应力。

（2）若烟囱的基础埋深 $h=4\text{m}$，基础自重 $W_2=1000\text{kN}$，土壤的容许压应力 $[\sigma_c]=0.3\text{MPa}$，圆形基础的直径 D 应为多大？

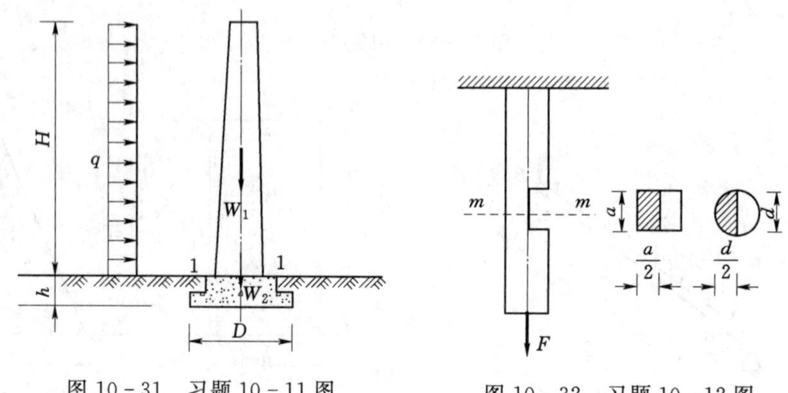

图10-31　习题10-11图　　　图10-32　习题10-12图

10-12　图10-32所示杆件在中间处开一切槽，使其横截面面积减小一半，求 $m-m$ 截面上的最大拉应力。问杆的最大拉应力值比截面减小前增大几倍？分两种情况进行计算：

（1）杆的原横截面为方形，长为 a。

（2）杆的原横截面为圆形，直径为 d。

10-13　开有内槽的杆如图10-33所示，外力 F 通过未开槽截面的形心。已知 $F=70\text{kN}$，作Ⅰ—Ⅰ截面上的正应力分布图。若杆件材料的容许应力 $[\sigma]=140\text{MPa}$，试校核其强度。

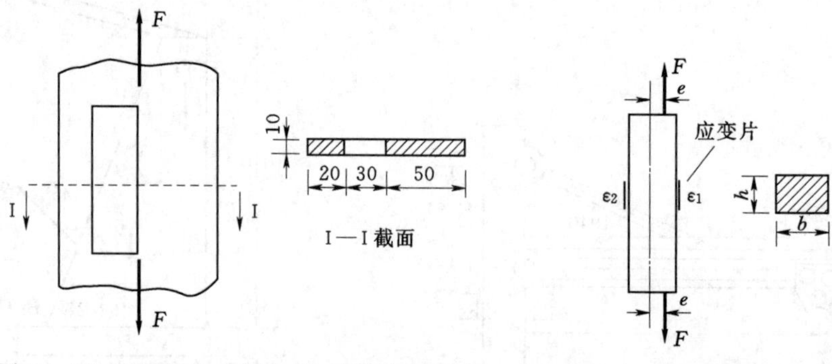

图10-33　习题10-13图（尺寸单位：mm）　　　图10-34　习题10-14图

10-14　承受偏心荷载的矩形截面杆如图10-34所示。若测得杆左右两侧面的纵向应变 ε_1 和 ε_2，试证明，偏心距 e 与 ε_1、ε_2 满足下式关系：

$$e=\frac{\varepsilon_1-\varepsilon_2}{\varepsilon_1+\varepsilon_2}\frac{b}{6}$$

10－15　短柱承载如图 10－35 所示，现测得 A 点的纵向正应变 $\varepsilon_A=500\times10^{-6}$，试求力 F 的大小。设 $E=1.0\times10^4$ MPa。

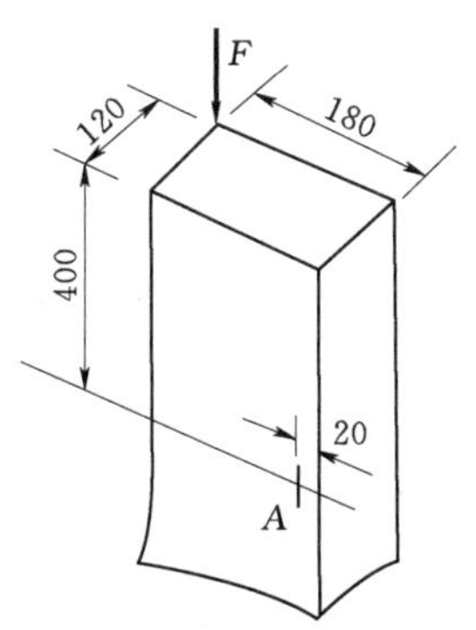

图 10－35　习题 10－15 图
（尺寸单位：mm）

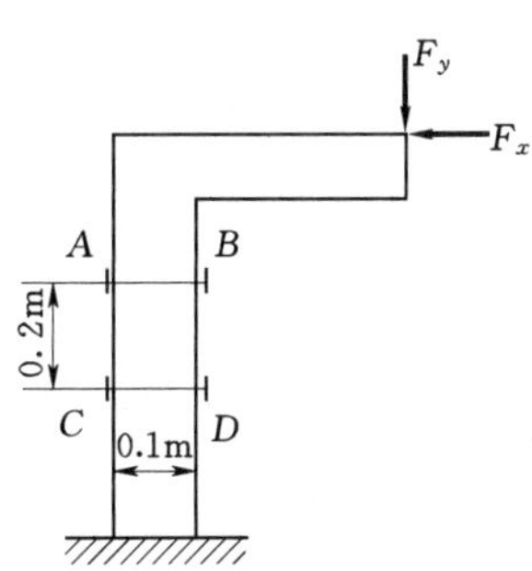

图 10－36　习题 10－16 图

10－16　边长 $a=0.1$m 的正方形截面折杆，受力如图 10－36 所示。在竖直部分，相距为 0.2m 的二截面的外侧，由试验测得 $\sigma_A=0$，$\sigma_B=-30$MPa，$\sigma_C=-24$MPa，$\sigma_D=-6$MPa。试确定 F_x 和 F_y 的大小。

10－17　试确定图 10－37 所示各截面图形的截面核心。

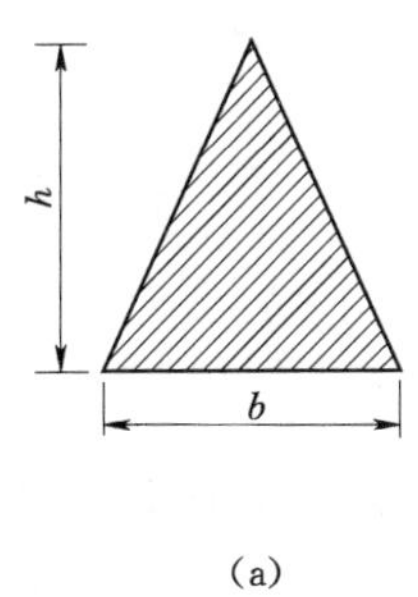

(a)

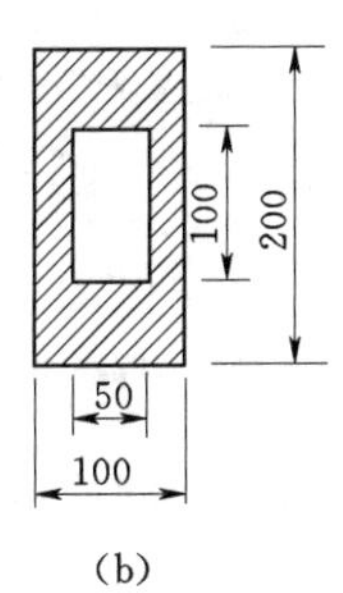

(b)

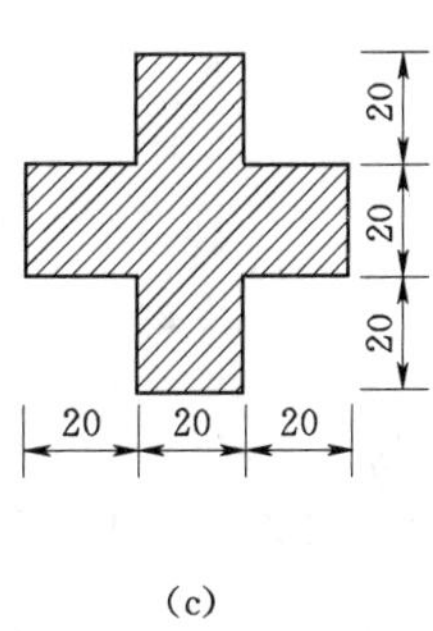

(c)

图 10－37　习题 10－17 图（尺寸单位：mm）

10－18　手摇绞车如图 10－38 所示。轴的直径 $d=30$mm，材料为 Q235 钢，$[\sigma]=80$MPa。试按第三强度理论求绞车的最大起吊重量 W。

10－19　某水轮机主轴的示意图如图 10－39 所示。水轮机组的输出功率为 $N=37500$kW，转速 $n=150$r/min。已知轴向推力 $F=4800$kN，转轮重 $W_1=390$kN；主轴的内径 $d=34$cm，外径 $D=75$cm，自重 $W=285$kN。主轴材料为 45 钢，其容许应力 $[\sigma]=80$MPa。试按第四强度理论校核主轴的强度。

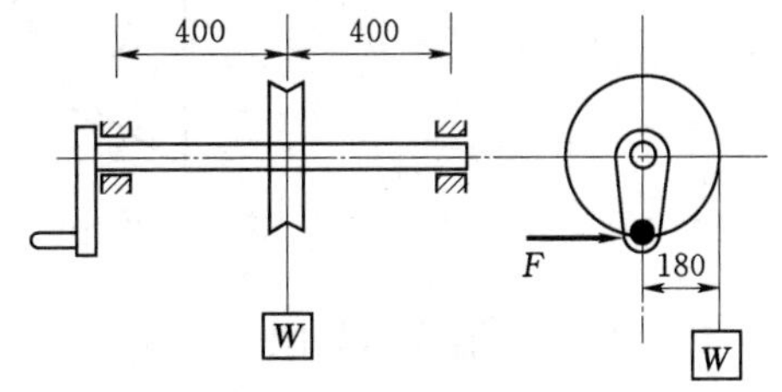

图 10－38　习题 10－18 图
（尺寸单位：mm）

10－20　如图 10－40 所示，铁道路标圆形信号板，装在外径 $D=60$mm 的空心圆柱上。受到最大水平风载 $p=2$kN/m^2，圆柱的 $[\sigma]=$

60MPa。试按第三强度理论选定空心圆柱的厚度。

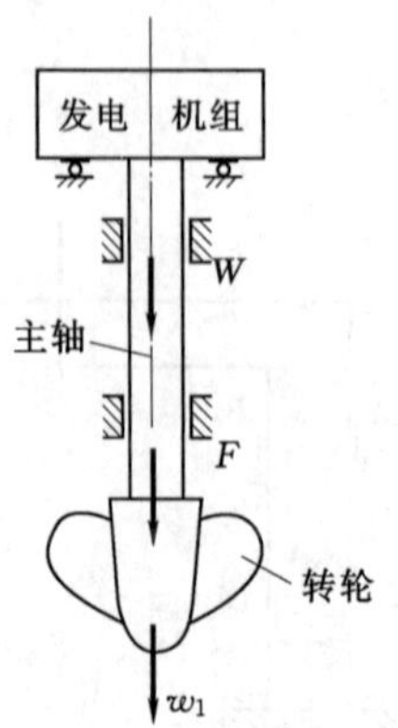

图 10-39 习题 10-19 图

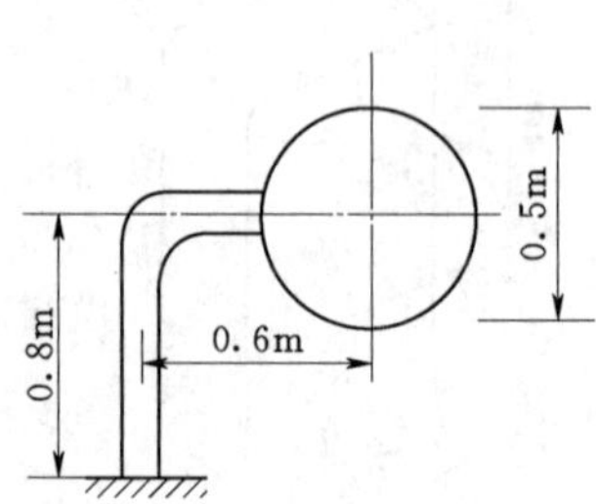

图 10-40 习题 10-20 图

10-21 直径为 50mm 的 L 形钢杆，一端固定一端简支，在水平面内拐角为 90°，如图 10-41 所示。现在拐角处施加 1kN 的集中力，试求危险点的相当应力 σ_{r4}。已知 $E=2.1\times10^5$MPa，$G=8\times10^4$MPa。

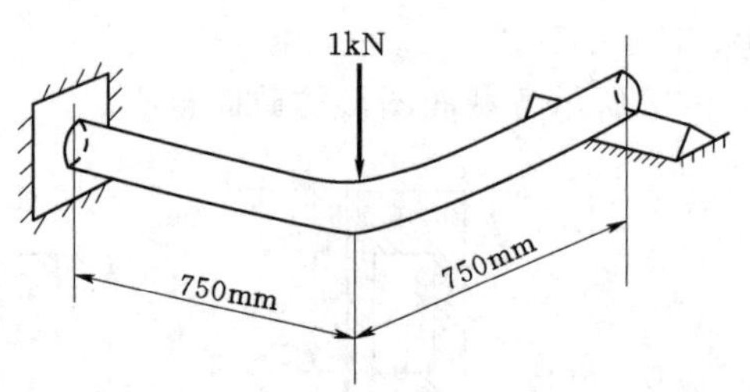

图 10-41 习题 10-21 图

10-22 如图 10-42 所示，用 Q235 钢制成的等直圆杆，受轴向力 F 和扭转力偶 T 共同作用，且 $T=\frac{1}{10}Fd$。测得该杆表面与母线成 30°方向的线应变 $\varepsilon_{30°}=143.3\times10^{-6}$，$d=10$mm，$E=200$GPa，$\nu=0.3$。试求外荷载 F 和 T。若容许应力 $[\sigma]=160$MPa，试按第四强度理论校核杆的强度。

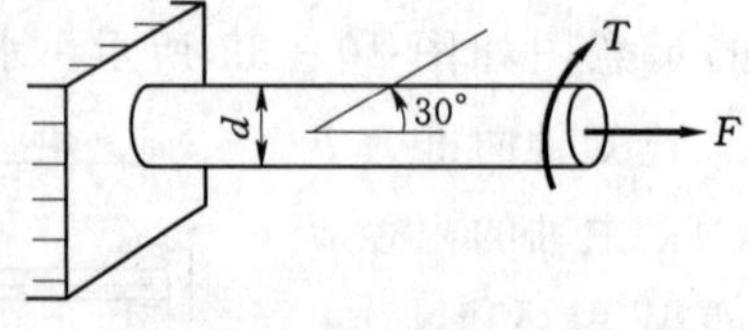

图 10-42 习题 10-22 图

10-23 圆轴受力如图 10-43 所示。直径 $d=100$mm，容许应力 $[\sigma]=160$MPa。

(1) 绘出 A、B、C 和 D 各点处所取单元体上的应力。

(2) 用第三强度理论对危险点进行强度校核。

10-24 矩形截面杆某截面上存在着轴力、扭矩和两个形心主惯性平面内的弯矩，如

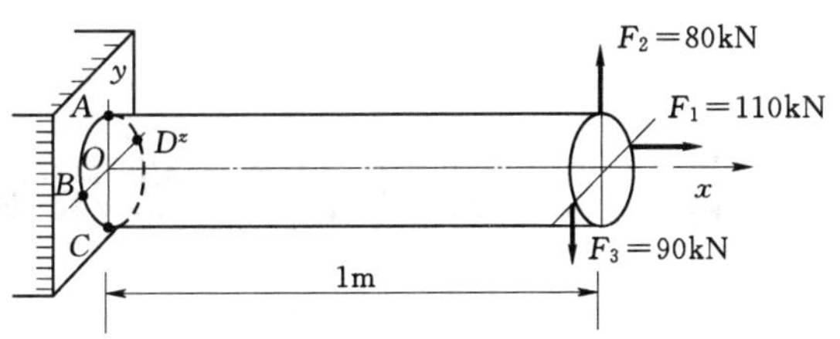

图 10-43　习题 10-23 图

图 10-44 所示。已知 $h=100$mm，$b=40$mm，容许应力 $[\sigma]=80$MPa，试指出危险点，画出危险点的应力状态，并按第三强度理论进行强度校核。

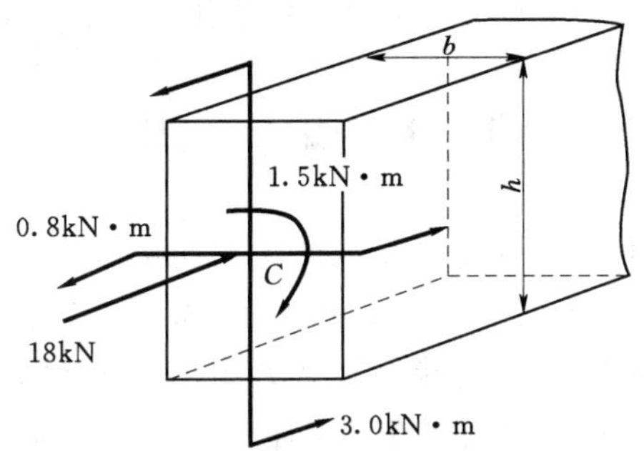

图 10-44　习题 10-24 图

习题详解

第11章 连接部分的强度计算

工程中的构件，有时是由几部分通过连接而组成的。连接后的构件整体以及连接部分本身都应具有足够的强度。

本章主要介绍以铆钉为代表的连接件的受力分析、破坏的可能、各种名义应力的计算和强度计算。对键连接、榫连接和拼合梁的连接计算也作了介绍。

11.1 概　　述

工程中的构件有时是由几部分连接而成的。在连接部位，一般要有起连接作用的部件，这种部件称为**连接件**（connective element）。例如图 11-1（a）所示两块钢板用铆钉连接成一块钢板，其中的铆钉就是连接件。又如图 11-1（b）所示的轮和轴用键连接，键就是连接件。此外，木结构中常用的榫、螺栓、销钉等，都是起连接作用的连接件。

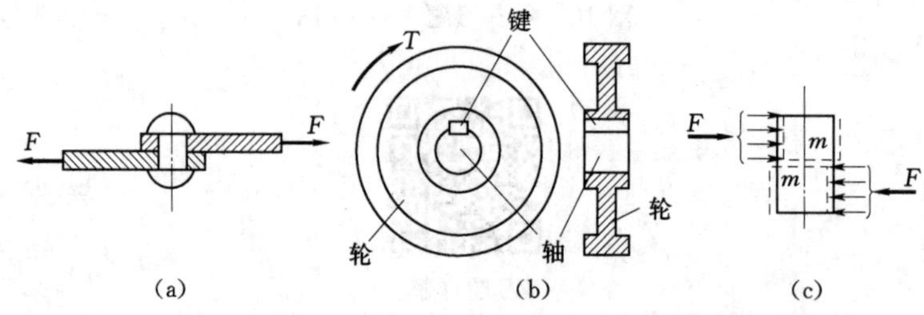

图 11-1　连接和连接件

为了保证连接后的构件不发生强度失效，除构件整体必须满足强度要求外，连接件本身也应具有足够的强度。

铆钉、键等连接件的主要受力和变形特点如图 11-1（c）所示。作用在连接件两侧面上的一对外力的合力大小相等，均为 F，而方向相反，作用线相距很近，并使各自作用的部分沿着与合力作用线平行的截面 m—m 发生相对错动，即发生**剪切变形**。

连接件的实际受力和变形情况很复杂，因而要精确地分析计算其内力和应力很困难。工程上对连接件通常是根据其实际破坏的主要形式，对其内力和相应的应力分布作一些合理的简化，计算出各种相应的名义应力，作为强度计算中的工作应力。而材料的容许应力，则是通过对连接件进行破坏试验，并用相同的计算方法由破坏荷载计算出各种极限应力，再除以相应的安全因数而获得。实践证明，只要简化得当，并有充分的试验依据，按这种**实用计算法**（method of utility calculation）得到的工作应力和容许应力建立起来的强度条件，可以满足工程要求。

此外，工程上还有一些构件的连接是采用焊接、胶接等形式，如图 11-2 所示。虽然其中没有明确的连接件，但在这些连接中接头部位的应力计算和强度计算，也采用与上述连接件相同的实用计算方法。

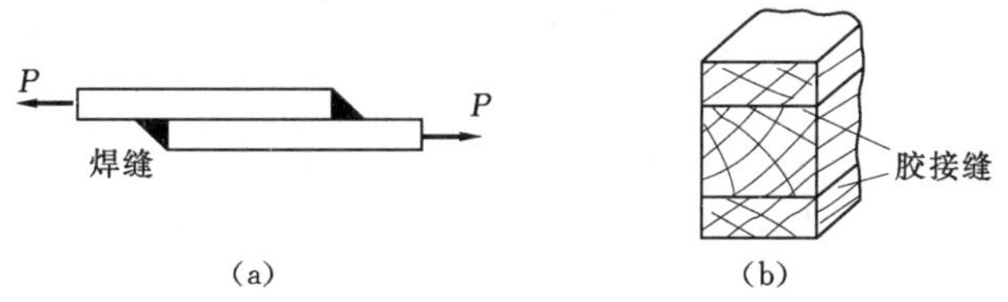

图 11-2　焊接和胶接

11.2　铆接强度计算

铆接、螺栓连接、销钉连接等都是工程中常用的连接形式。这一类连接通常是在被连接构件上用冲、钻等方法加工成孔，孔中穿以铆钉、螺栓或销钉而将各被连接构件连成整体。对这类连接构件，不仅要计算连接件的各种强度，通常还要对被连接构件的接头部位进行强度计算。下面以铆接作为这一类连接的典型形式，进行强度计算分析。

11.2.1　简单铆接接头

1. 搭接接头

图 11-3 (a) 所示的铆接接头，用一个铆钉将两块钢板以搭接形式连接成一钢板。两块钢板通过铆钉相互传递作用力。这种接头可能有 3 种破坏形式：①铆钉沿横截面剪断，称为剪切破坏；②铆钉与板中孔壁相互挤压而在铆钉柱表面或孔壁柱面的局部范围内发生显著的塑性变形，称为挤压破坏；③板在钉孔位置由于截面削弱而被拉断，称为拉断破坏。因此，在铆接强度计算中，对这 3 种可能的破坏情况均应考虑。

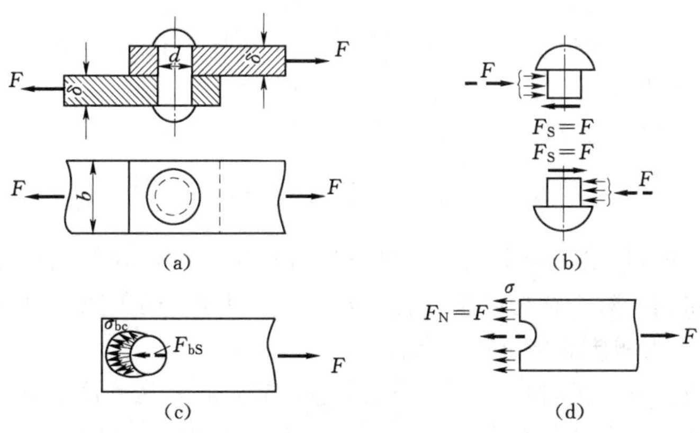

图 11-3　搭接铆接接头

(1) 剪切强度计算。在图 11-3 (a) 所示的连接情况下，铆钉的受力情况如图 11-3 (b) 所示。应用截面法，可求得铆钉中间横截面的内力只有剪力 F_S。这个横截面称为**剪切面** (shear surface)。在这种搭接连接中，铆钉的剪切面只有一个，故称为**单剪** (single shearing)。

铆钉将可能沿这个横截面发生剪切破坏。以铆钉为研究对象，由截面法求得

$$F_S = F \tag{11-1}$$

在连接件的实用计算中，剪切面上的名义切应力为

$$\tau = F_S / A_S \tag{11-2}$$

式中：A_S 为剪切面面积。若铆钉直径为 d，则 $A_S = \pi d^2/4$。

为使铆钉不发生剪切破坏，要求

$$\tau = \frac{F_S}{A_S} \leqslant [\tau] \tag{11-3}$$

式中：$[\tau]$ 为铆钉的容许切应力。

式（11-3）即为铆钉的剪切强度条件。如将铆钉按上述实际受力情况进行剪切破坏试验，量测出铆钉在剪断时的极限荷载 F_u，并由式（11-1）和式（11-2）计算出铆钉剪切破坏的极限切应力 τ_u，再除以安全因数 n，就可得到 $[\tau]$。对于钢材，通常取 $[\tau] = (0.6 \sim 0.8)[\sigma]$。

（2）挤压强度计算。在如图 11-3（a）所示的连接情况下，铆钉柱面和板的孔壁面上将因相互压紧而产生挤压力 F_{bs}。

以一块钢板为研究对象，由平衡方程求得挤压力 F_{bs}

$$F_{bs} = F \tag{11-4}$$

在相互压紧的范围内引起**挤压应力**（bearing stress）σ_{bs}，挤压应力的实际分布情况比较复杂。根据理论和试验分析的结果，半个铆钉圆柱面与孔壁柱面间挤压应力的分布大致如图 11-3（c）所示。如果以铆钉或孔的直径面面积，即铆钉直径与板厚的乘积作为假想的挤压面面积 A_{bs}，若铆钉的直径为 d，板的厚度为 δ，则式（11-5）中的 $A_{bs} = d\delta$。则该截面上的挤压应力为

$$\sigma_{bs} = F_{bs} / A_{bs} \tag{11-5}$$

它与实际**挤压面**（bearing surface）上的最大挤压应力在数值上相近。因此，就以式（11-5）计算出的挤压应力作为实用计算中的名义挤压应力。

为使铆钉或孔壁不发生挤压破坏，要求

$$\sigma_{bs} = \frac{F_{bs}}{A_{bs}} \leqslant [\sigma_{bs}] \tag{11-6}$$

式中：$[\sigma_{bs}]$ 为容许挤压应力，$[\sigma_{bs}]$ 也可由通过挤压破坏试验得到的极限挤压应力 σ_{bsu} 除以安全因数 n 得到，对于钢材而言，通常取 $[\sigma_{bs}]$ 为容许正应力的 1.7～2.0 倍。

式（11-6）即为铆接的挤压强度条件。

当铆钉与板的材料不相同时，应对 $[\sigma_{bs}]$ 较小者进行挤压强度计算。

（3）拉伸强度计算。在图 11-3（a）所示的连接情况下，板中有一铆钉孔，板的横截面面积在钉孔处受到削弱，并以钉孔直径处的截面面积为最小。故该横截面为板的危险截面，即拉断面（tension surface）。用截面法，则板的受力情况如图 11-3（d）所示。根据平衡方程，可以求出该截面的轴力为

$$F_N = F \tag{11-7}$$

实用计算中，可计算出该截面的名义拉应力为

$$\sigma_t = F_N / A_t \tag{11-8}$$

式中：A_t 为板的拉断面面积。若铆钉直径为 d，板的厚度为 δ，宽度为 b，则 $A_t=(b-d)\delta$。

为使板在该截面不发生拉断破坏，要求

$$\sigma_t = \frac{F_N}{A_t} \leqslant [\sigma_t] \tag{11-9}$$

式中：$[\sigma_t]$ 为板的容许拉应力。

式（11－9）即为铆接的拉伸强度条件。

为保证铆接接头的强度，应同时满足强度条件式（11－3）、式（11－6）和式（11－9）。根据这 3 个强度条件可校核铆接接头的强度，设计铆钉直径和计算容许荷载。

2. 对接接头

图 11－4（a）所示的铆接接头，是在上、下各加一块盖板，左、右各用一个铆钉，将对置的两块钢板连接起来的。两被连接的钢板称为主板。两主板通过铆钉及盖板相互传递作用力。

在这种对接连接中，任一铆钉的受力情况如图 11－4（b）所示。它有两个剪切面，称为**双剪**（double shearing）。在实用计算中，两个剪切面上的剪力相等，均为 $F_S=F/2$，则右边一个铆钉的受力情况如图 11－4（c）所示。每一剪切面上的名义切应力也假定相等，均为

$$\tau = F/2A_S \tag{11-10}$$

式中：A_S 为一个剪切面面积。

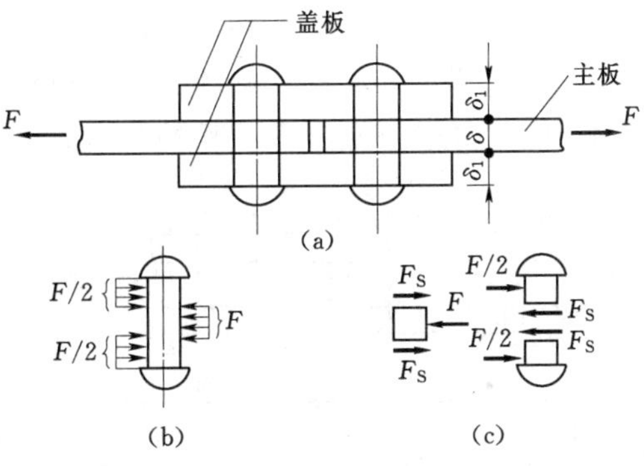

图 11－4 对接铆接接头

在这种对接连接中，主板的厚度 δ 通常小于两盖板厚度之和，即 $\delta<2\delta_1$，因而需要校核铆钉中段圆柱面与主板孔壁间的相互挤压。铆钉中段柱面与主板孔壁间的相互挤压力为 $F_{bs}=F$。因此，相应的名义挤压应力为

$$\sigma_{bs} = F_{bs}/A_{bs} \tag{11-11}$$

式中：A_{bs} 为挤压面面积。

在这种连接中，由于 $\delta<2\delta_1$，故只需计算主板的拉伸强度。主板被钉孔削弱后，过铆钉直径的横截面为危险截面，该截面上的轴力为 $F_N=F$，名义拉应力为

$$\sigma_t = F_N/A_t \tag{11-12}$$

式中：A_t 为主板受拉面面积。

这种对接连接的剪切强度、挤压强度和拉伸强度计算，仍可按强度条件式（11－3）、式（11－6）和式（11－9）进行。

11.2.2 铆钉群接头

如果搭接接头或对接接头的每块主板中的铆钉超过一个，这种接头就称为铆钉群接头。在铆钉群接头中，各铆钉的直径通常相等，材料也相同，并按一定的规律排列。可分

为两种情况。

1. 外力通过铆钉群中心

图 11－5（a）所示的铆钉群接头，用 4 个铆钉将两块板以搭接形式连接，外力 F 通过铆钉群中心。对这种接头，通常假定外力均匀分配在每个铆钉上，即每个铆钉所受的外力均为 $F/4$。从而，各铆钉剪切面上名义切应力相等，各铆钉柱面或板孔壁面上的名义挤压应力也相等。因此，可取任一铆钉作剪切强度计算，取任一铆钉柱面或孔壁面作挤压强度计算。具体方法可参照简单铆接情况进行。

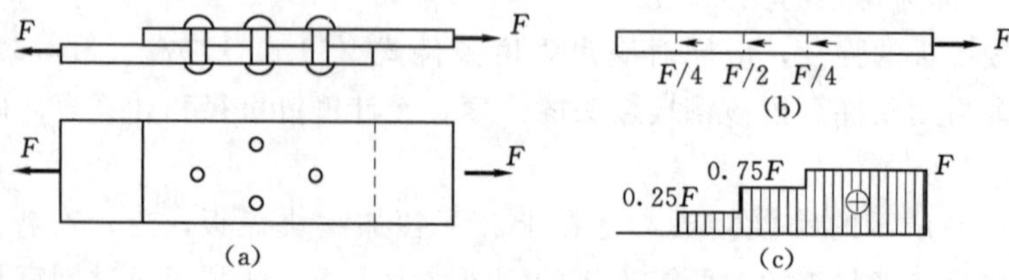

图 11－5　外力过铆钉群中心的接头

但是，对这种接头进行板的拉伸强度计算时，要注意铆钉的实际排列情况。图 11－5（a）所示的接头，上面一块板的受力图和轴力图分别如图 11－5（b）、（c）所示。该板的危险截面要综合考虑钉孔削弱后的截面面积和轴力大小 2 个因素。只要确定了危险截面并计算出板的最大名义拉应力，则板的拉伸强度计算也可参照简单铆接情况进行。

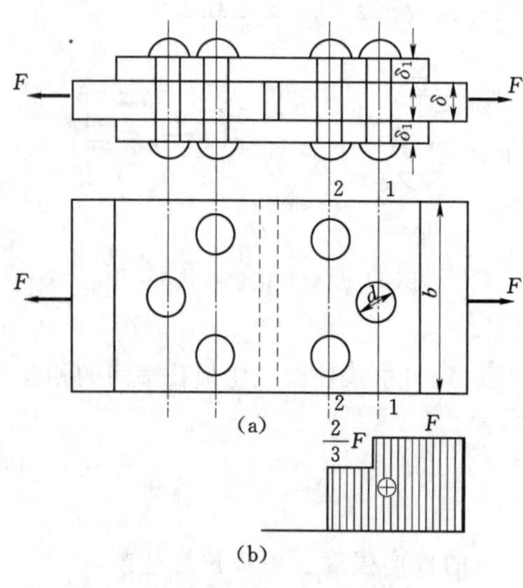

图 11－6　［例 11－1］图

【例 11－1】　图 11－6（a）所示为一对铆接接头。每边有 3 个铆钉，受轴向拉力 $F=130\text{kN}$ 作用。已知主板及盖板宽 $b=110\text{mm}$，主板厚 $\delta=10\text{mm}$，盖板厚 $\delta_1=7\text{mm}$，铆钉直径 $d=17\text{mm}$。材料的容许应力分别为 $[\tau]=120\text{MPa}$，$[\sigma_t]=160\text{MPa}$，$[\sigma_{bs}]=300\text{MPa}$。试校核铆接头的强度。

解　由于主板所受外力 F 通过铆钉群中心，故每个铆钉受力相等，均为 $F/3$。

由于对接，铆钉受双剪，由式（11－3），铆钉的剪切强度条件为

$$\tau=\frac{F/3}{2\times\pi d^2/4}\leqslant[\tau]$$

将已知数据代入，得

$$\tau=\frac{130\times10^3\text{N}/3}{2\times\pi\times(0.017\text{m})^2/4}=95.5\times10^6\text{N/m}^2=95.5\text{MPa}<[\tau]$$

所以铆钉的剪切强度是足够的。由于 $\delta<2\delta_1$，故只需校核主板（或铆钉中间段）的挤压强度，由式（11-6）可知，强度条件为

$$\sigma_{bs}=\frac{F/3}{\delta d}\leqslant[\sigma_{bs}]$$

将已知数据代入，得

$$\sigma_{bs}=\frac{130\times10^3\,\text{N}/3}{0.01\text{m}\times0.017\text{m}}=254.9\times10^6\,\text{N/m}^2=254.9\text{MPa}<[\sigma_{bs}]$$

所以挤压强度也是满足的。

主板的拉伸强度条件为

$$\sigma_t=F_N/A_t\leqslant[\sigma_t]$$

作出右边主板的轴力图，如图 11-6（b）所示。由图可见：在 1—1 截面上，轴力 $F_{N1}=F$，并只被 1 个铆钉孔削弱，$A_{t1}=(b-d)\delta$；对 2—2 截面，轴力 $F_{N2}=2F/3$，但被两个钉孔削弱，$A_{t2}=(b-2d)\delta$。无法直观判断哪一个是危险截面，故应对两个截面都进行拉伸强度校核。由已知数据，求得这两个横截面上的拉伸应力为

$$\sigma_{t1}=\frac{F_{N_1}}{A_{t1}}=\frac{130\times10^3\,\text{N}}{(0.11\text{m}-0.017\text{m})\times0.01\text{m}}=139.8\times10^6\,\text{N/m}^2=139.8\text{MPa}<[\sigma_t]$$

$$\sigma_{t2}=\frac{F_{N_2}}{A_{t2}}=\frac{2\times130\times10^3\,\text{N}/3}{(0.11\text{m}-2\times0.017\text{m})\times0.01\text{m}}=114.0\times10^6\,\text{N/m}^2=114.0\text{MPa}<[\sigma_t]$$

所以主板的拉伸强度也是满足的。

2. 外力不通过铆钉群中心

图 11-7（a）所示的铆钉群接头，用 3 个铆钉将 2 块钢板以搭接形式连接，所受外力 F 不通过铆钉群中心，为偏心受载铆钉群。对这种接头进行分析计算时，首先将外力 F 向铆钉群中心 C 点简化，得到一个作用在 C 点处并与原外力平行的力 F 和一个力偶矩 $M_e=Fe$，e 为偏心距。现分别对铆钉群受力 F 及力偶矩 M_e 作用的情况进行分析。

在通过中心 C 点处的力 F 作用下，如前所述，铆钉群中每个铆钉所受的力均为

$$F_{iF}=F/3 \tag{11-13}$$

各 F_{iF} 的方向与 F 平行。

在力偶矩 M_e 作用下，各铆钉所受的力 F_{iM} 与该铆钉至钉群中心 C 点的距离 r_i 有关，如果各 r_i 不等，则各铆钉所受的力也不等，且与 r_i 成正比关系。在 M_e 作用下，各铆钉受力如图 11-7（b）所示。由力矩的合成原理，可得

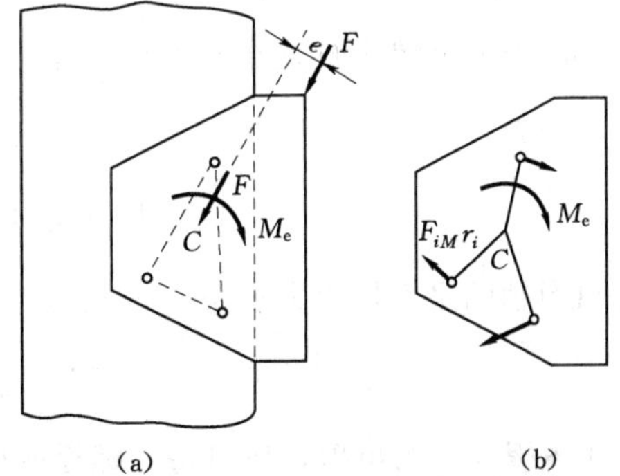

图 11-7　外力不过铆钉群中心的接头

$$M_e=\sum_{i=1}^{3}F_{iM}r_i \tag{11-14}$$

各 F_{iM} 的方向垂直于该铆钉的 r_i。

在 F 和 M_e 共同作用下，铆钉群中每一铆钉所受的力应为作用在铆钉上的 F_{iF} 和 F_{iM} 的矢量和。

各铆钉的受力明确后，即可各自按照前述对单铆钉的分析，计算其名义切应力和名义挤压应力以及剪切和挤压强度。

如果铆钉群接头仅受力矩 M_e 作用，则只需按上述与力矩 M_e 有关的部分进行分析计算。如果这种铆接接头是对接形式，铆钉将受双剪，则可参照前述双剪铆钉的情况，进行分析计算。请读者进行分析，并总结铆钉连接的类型及其计算方法。

【例 11-2】 直径 $D=100$mm 的轴，由 2 段连接而成，连接处加凸缘，并在 $D_0=200$mm 的圆周上布置 8 个螺栓紧固，如图 11-8 所示。已知轴在扭转时的最大切应力为 70MPa，螺栓的容许切应力 $[\tau]=60$MPa，试求螺栓所需直径 d。

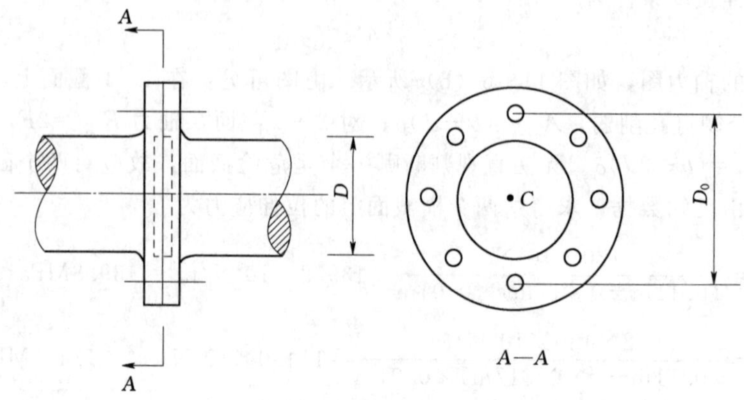

图 11-8　[例 11-2] 图

解　这个螺栓群接头所受的外力，是两轴段间所传递的外力偶矩 T，因而是一个仅承受力偶矩作用的螺栓群接头问题。螺栓均为单剪。

设每个螺栓所受的力为 F_i，至螺栓群中心 C 的距离为 r_i，由力矩合成原理，得

$$T=\sum_{i=1}^{8}F_i r_i$$

由于 8 个螺栓布置在同一圆周上，各 r_i 相等，均为 $\frac{D_0}{2}$，因而各螺栓所受的力必相等，均为

$$F_i=T/\left(8\times\frac{D_0}{2}\right)=T/(4D_0)$$

T 可由轴的最大切应力求得

$$T=\tau_{\max}W_P=\tau_{\max}\frac{\pi D^3}{16}$$

由于各螺栓均为单剪，所以每个螺栓剪切面上的剪力为

$$F_S=F_i=\frac{\tau_{\max}\times\pi D^3}{4D_0\times16}$$

将已知数据代入，得

$$F_S=\frac{70\times10^6\text{Pa}\times\pi\times(0.1\text{m})^3}{4\times0.2\text{m}\times16}=17.1\times10^3\text{N}$$

每个螺栓剪切面上的各义切应力为

$$\tau=\frac{F_S}{A_S}=\frac{4F_S}{\pi d^2}$$

再由式（11－3）的剪切强度条件，可得螺栓所需直径

$$d\geqslant\sqrt{4F_S/\pi[\tau]}$$

将已知数据代入，得

$$d\geqslant\sqrt{\frac{4\times17.1\times10^3\text{N}}{\pi\times60\times10^6\text{N/m}}}=1.91\times10^{-2}\text{m}=19.1\text{mm}$$

11.3　其他连接件和连接的计算

11.3.1　键连接的计算

图 11－1（b）所示的连接轮和轴的键也是工程上常用的连接件。现以此为例，说明键的强度计算方法。

将键和轴一起取出，如图 11－9（a）所示。作用在该部分上的主要外力有轴上的力偶矩 T 和轮对键侧面的压力 F。在这样的外力作用下，键将在 $m—m$ 面受剪，并在半个侧面 $m—n$ 上受挤压。因而，键的破坏可能是由于剪切，也可能是由于挤压。在对键进行强度计算时，应同时考虑这两种可能的破坏情况。

1. 剪切强度计算

假想沿 $m—m$ 面将键截开，并将键的下半部与轴一起取出，如图 11－9（b）所示。这时剪切面 $m—m$ 上将有剪力 F_S。根据力矩平衡方程，可得

$$F_S=T/\frac{d}{2}=2T/d \qquad (11-15)$$

式中：d 为轴的直径。

假定剪切面上的切应力是均匀分布的，得名义切应力为

$$\tau=F_S/A_S \qquad (11-16)$$

式中：A_S 为剪切面面积。若键的长度为 l，宽度为 b，则 $A_S=bl$。

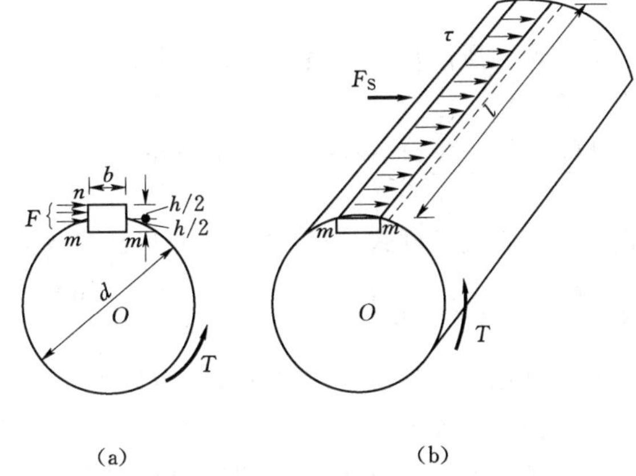

图 11－9　键连接的受力分析

为使键不发生剪切破坏，要求

$$\tau=F_S/A_S\leqslant[\tau] \qquad (11-17)$$

式中：$[\tau]$ 为键的容许切应力。

式（11－17）即为键的剪切强度条件。

2. 挤压强度计算

键的挤压面 $m—n$ 上的挤压力 F_{bs} 可由键 $m—m$ 面以上部分的平衡方程求得，为

$$F_{bs}=F=F_S=2T/d \qquad (11-18)$$

假定挤压面上的挤压应力均匀分布，则名义挤压应力为

$$\sigma_{bs}=F_{bs}/A_{bs} \qquad (11-19)$$

式中：A_{bs} 为挤压面面积，即实际受到挤压的半个键的侧面积。若键的高度为 h，则 $A_{bs}=hl/2$。

为使键不发生挤压破坏，要求

$$\sigma_{bs}=F_{bs}/A_{bs}\leqslant[\sigma_{bs}] \tag{11-20}$$

式中：$[\sigma_{bs}]$ 为键的容许挤压应力。

式（11-20）即为键的挤压强度条件。

【例 11-3】 两根 $d=80\text{mm}$ 的轴段通过轴套对接，如图 11-10 所示。轴与轴套间用 $h=14\text{mm}$，$b=24\text{mm}$，$l=140\text{mm}$ 的键连接。已知键的材料为钢材，$[\tau]=70\text{MPa}$，$[\sigma_{bs}]=200\text{MPa}$。试由键的强度求此轴所能传递的最大力偶矩。

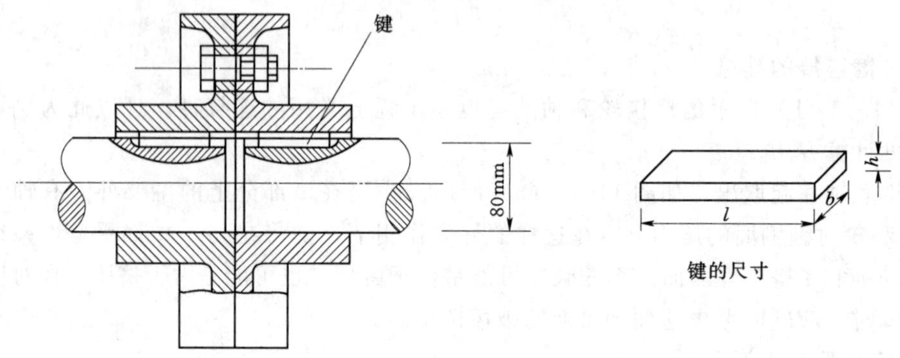

图 11-10 ［例 11-3］图

解 设轴所能传递的最大力偶矩为 T。按键的剪切强度条件式（11-17），并将已知数据代入，得

$$T=\frac{bld[\tau]}{2}=\frac{0.024\text{m}\times0.14\text{m}\times0.08\text{m}\times70\times10^{6}\text{N/m}^{2}}{2}=9.41\times10^{3}\text{N}\cdot\text{m}=9.41\text{kN}\cdot\text{m}$$

按键的挤压强度条件式（11-20），并将已知数据代入，得

$$T=\frac{hld[\sigma_{bs}]}{4}=\frac{0.014\text{m}\times0.14\text{m}\times0.08\text{m}\times200\times10^{6}\text{N/m}^{2}}{4}=7.84\times10^{3}\text{N}\cdot\text{m}=7.84\text{kN}\cdot\text{m}$$

比较两者可见，该轴所能传递的最大力偶矩为 $7.84\text{kN}\cdot\text{m}$。

11.3.2 榫连接计算

榫接是木结构或钢木混合结构中常用的接头形式。如图 11-11（a）所示的榫接接头，在外力 F 作用下，接头左、右两部分通过接触面 mn 相互压紧而传递作用力。

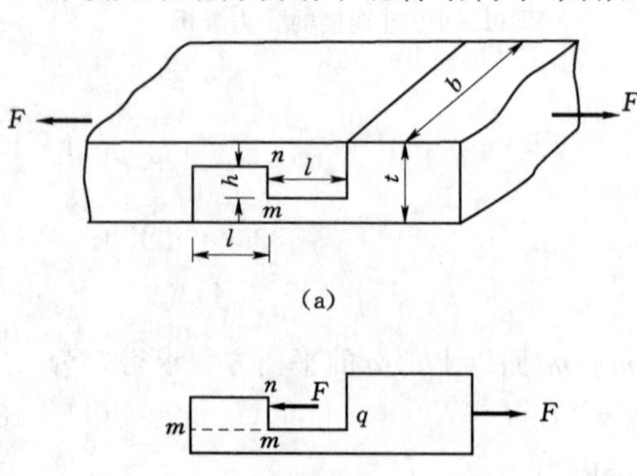

图 11-11 榫接接头及受力分析

分析这种榫接接头时，可取出其中一部分作为考察对象，如图 11-11（b）所示。由于该部分在右端受外力 F，因而 mn 面上受的压力也必为 F。在两个力作用下，m—m 面是剪切面，mn 面是挤压面。此外，榫槽 mq 段内，由于截面削弱，可能在该段任一横截面发生拉断破坏。因此，在进行强度计算时，应同时考虑这 3 种可能的破坏情况。

1. 剪切强度计算

取图 11-11 (b) 中 $m—m$ 截面以上部分，由平衡方程可求出 $m—m$ 剪切面上的剪力为

$$F_S=F \tag{11-21}$$

剪切面上的名义切应力为

$$\tau=F_S/A_S \tag{11-22}$$

式中：$A_S=bl$，为剪切面面积。

榫接头的剪切强度条件为

$$\tau=F_S/A_S\leqslant[\tau] \tag{11-23}$$

式中：$[\tau]$ 为材料的容许切应力。

2. 挤压强度计算

由图 11-11 (b) 可见，挤压面 $m—n$ 上的挤压力为

$$F_{bs}=F \tag{11-24}$$

挤压面上的名义挤压应力为

$$\sigma_{bs}=F_{bs}/A_{bs} \tag{11-25}$$

式中：$A_{bs}=hb$，为挤压面面积。

挤压强度条件为

$$\sigma_{bs}=F_{bs}/A_{bs}\leqslant[\sigma_{bs}] \tag{11-26}$$

式中：$[\sigma_{bs}]$ 为材料的容许挤压应力。

3. 拉伸强度计算（若不考虑偏心受拉）

由图 11-11 (b) 可见，当 t 较小时，可不考虑构件的偏心受拉，榫槽 mq 段内任一横截面上的轴力为

$$F_N=F \tag{11-27}$$

横截面上的名义拉应力为

$$\sigma_t=F_N/A_t \tag{11-28}$$

式中：$A_t=b(t-h)/2$，为横截面面积。

拉伸强度条件为

$$\sigma_t=F_N/A_t\leqslant[\sigma_t] \tag{11-29}$$

式中：$[\sigma_t]$ 为材料容许拉应力。

当 t 较大时，需要考虑图 11-11 (b) 的构件的偏心受拉，请读者自己思考如何求解。

【例 11-4】 图 11-12 所示为一木屋架榫接节点。斜杆和水平杆间的夹角为 30°，两杆均为 $h\times b=180\text{mm}\times140\text{mm}$ 的矩形截面；材料均为松木，材料的顺纹容许切应力 $[\tau_{顺}]=1\text{MPa}$，30°斜纹容许挤压应力 $[\sigma_{bs30°}]=6.2\text{MPa}$。已知斜杆上传来的压力 $F_1=50\text{kN}$，试确定图中 t 和 a 的最小尺寸。

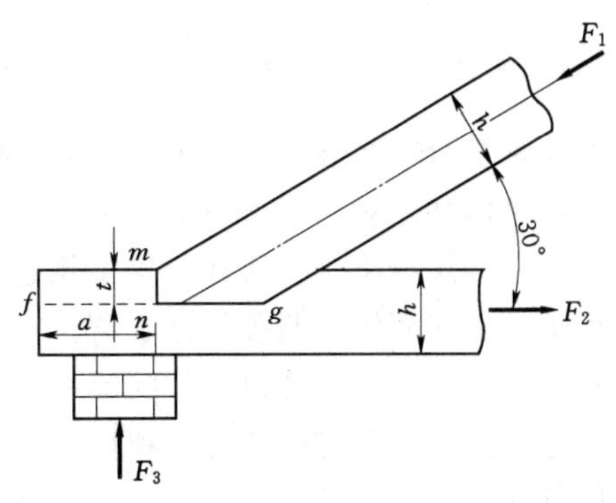

图 11-12 [例 11-4] 图

解 设水平杆拉力为 F_2，砖柱压力为 F_3，

则由该节点的平衡方程可求得

$$F_2 = F_1\cos 30° = 43.3\text{kN}$$

由图 11-12 可见，水平杆中的 $f-n$ 面为顺纹剪切面，其面积为 $A_s = ab$。该剪切面上的剪力为

$$F_S = F_2 = 43.3\text{kN}$$

因而，按剪切强度条件，可求得 a 的最小尺寸为

$$a = \frac{F_S}{b[\tau_{顺}]} = \frac{43.3\times10^3\text{N}}{0.14\text{m}\times1\times10^6\text{N/m}^2} = 0.13\text{m} = 310\text{mm}$$

此外，水平杆和斜杆的交界面 mn 为主要挤压面（次要挤压面为 ng），其面积为 $A_{bs} = tb$。该挤压面上的挤压力为

$$F_{bs} = F_2 = 43.3\text{kN}$$

因而按挤压强度条件，可以求得 t 的最小尺寸。但要注意的是挤压面 mn 上的挤压力是水平向的。因此，对水平杆是顺纹挤压，对斜杆却是斜纹挤压。两者的 $[\sigma_{bs}]$ 是不相同的。通常，木材的 $[\sigma_{bs顺}]$ 远大于 $[\sigma_{bs横}]$，而 $[\sigma_{bs斜}]$ 应介于两者之间。

t 的最小尺寸应由斜杆的挤压强度条件确定，即

$$t = \frac{F_{bs}}{b[\sigma_{bs30°}]} = \frac{43.3\times10^3\text{N}}{0.14\text{m}\times6.2\times10^6\text{N/m}^2} = 0.05\text{m} = 50\text{mm}$$

11.3.3　梁的连接计算

工程上有一些梁，是由几部分拼接而成的，如图 11-13 所示。这种梁称为**拼合梁**。梁的各部分之间可以用一定间隔的钉子或螺栓连接，或用胶粘接。钉子、螺栓或胶层起连接作用，主要承受剪力。

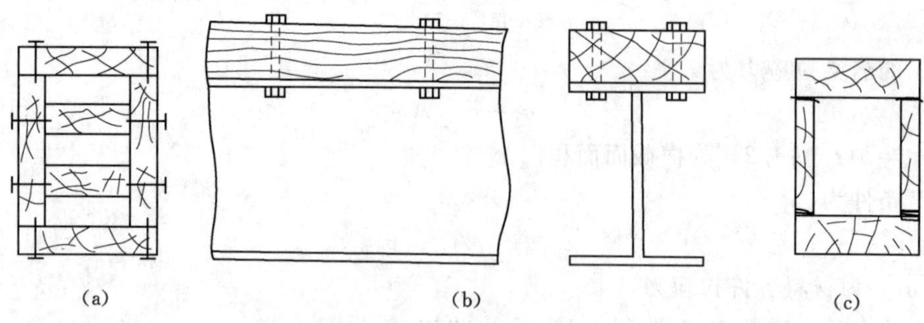

图 11-13　典型的拼合梁

这种拼合梁除整体要满足梁的强度要求外，对钉子、螺栓和胶层也有强度要求，以保证梁的整体性。对如图 11-13（a）所示用钉子将 6 块厚木板拼合成的梁，或如图 11-13（b）所示用螺栓将一木块和一工字钢连接成的梁，要求梁在受力后，不会因钉子或螺栓发生剪切破坏而使梁的各部分脱离。而对如图 11-13（c）所示由 4 块厚木板用胶粘合成的箱形梁，则要求梁受力后，胶层不会因抗剪强度不足而脱开。

这类梁的计算与梁的剪力和切应力有着密切的关系。对螺栓或钉子连接的梁，通常是对螺栓或钉子的数量、间距或直径进行计算，使其有足够的抗剪能力以承担梁的剪力。其计算原理和方法与本章前述铆钉的剪切强度计算相类似。而对胶粘的梁，则要进行胶层的

抗剪强度计算。这在第 5 章例 5－6 中已作了分析。

【例 11－5】 两块厚木板用螺钉连接成如图 11－14 所示的 T 形截面梁。横截面尺寸和中性轴位置示于图中。如果该梁各横截面上的剪力均为 3kN，已知螺钉直径 $d=4$mm，容许切应力 $[\tau]=60$MPa。为使该梁成一整体，试求螺钉的间距。

解 梁在外力作用下，两块木板沿纵向有相对滑动的趋势。作为起连接作用的螺钉将承受剪力，从而使梁成为整体。

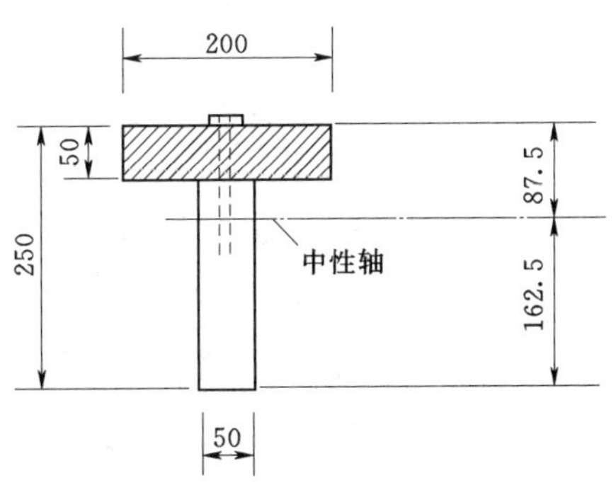

图 11－14 ［例 11－5］图
（尺寸单位：mm）

首先，需计算接触面上的水平剪力。为此，应计算接触面上的水平切应力。因为接触面上某处的水平切应力就等于该处横截面上的切应力，所以先计算该处横截面上的切应力。该切应力按梁横截面上的切应力公式计算，即

$$\tau=F_S S_z^*/(I_z b) \tag{a}$$

式中：F_S 为横截面上的剪力；b 为接触处梁横截面的宽度，为 50mm；S_z^* 和 I_z 可由横截面尺寸计算，得

$$S_z^*=50\text{mm}\times200\text{mm}\times(87.5\text{mm}-25\text{mm})=625\times10^3\text{mm}^3$$

$$\begin{aligned}I_z&=\frac{200\text{mm}\times50^3\text{mm}^3}{12}+50\text{mm}\times200\text{mm}\times(87.5\text{mm}-25\text{mm})^2\\&\quad+\frac{50\text{mm}\times200^3\text{mm}^3}{12}+50\text{mm}\times200\text{mm}\times(162.5\text{mm}-100\text{mm})^2\\&=113.5\times10^6\text{mm}^4\end{aligned}$$

将有关数据代入式（a），得

$$\tau=\frac{3\times10^3\text{N}\times625\times10^3\times10^{-9}\text{m}^3}{113.5\times10^6\times10^{-12}\text{m}^4\times0.05\text{m}}=0.33\times10^6\text{N/m}^2=0.33\text{MPa}$$

梁各横截面上的剪力均为 3kN，因此，在接触面上水平切应力为均匀分布，大小为 0.33MPa，在 1m 长度内接触面上的水平剪力为

$$F_S'=0.33\times10^6\text{N/m}^2\times1\text{m}\times0.05\text{m}=165\times10^2\text{N}$$

每一螺钉能承受的剪力为

$$F_{S0}=\frac{\pi d^2}{4}[\tau]=\frac{\pi\times(0.004\text{m})^2}{4}\times60\times10^6\text{N/m}^2=754\text{N}$$

所以，每 1m 长度内所需螺钉数为

$$n=\frac{F_S'}{F_{S0}}=\frac{16500\text{N}}{754\text{N}}=21.9\approx22$$

螺钉所需间距为

$$l=\frac{1\times10^3\text{mm}}{22}=45.5\text{mm}$$

习　题

11－1 测定材料剪切强度的剪切器的示意图如图 11－15 所示。设圆试件的直径 $d=$

15mm。当压力 $F=31.5$kN 时，试件被剪断，试求材料的名义极限切应力。若容许切应力 $[\tau]=80$MPa，试问安全因数有多大？

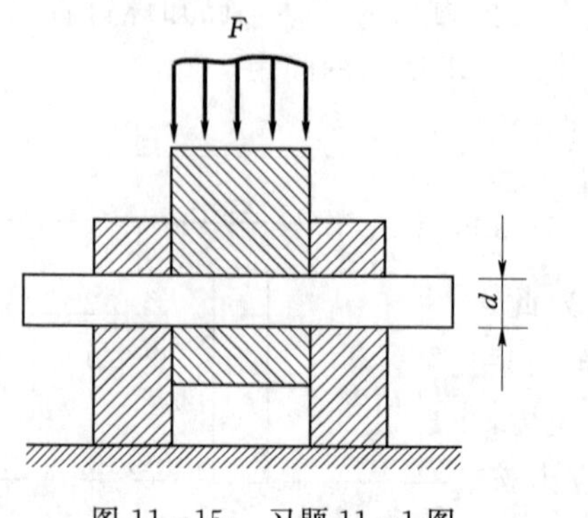

图 11-15　习题 11-1 图

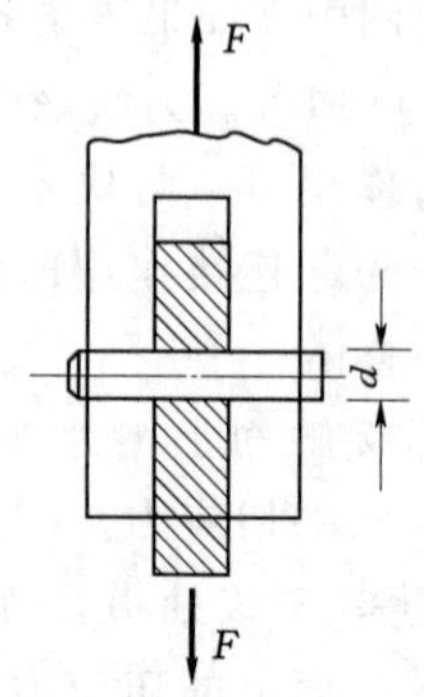

图 11-16　习题 11-2 图

11-2　试校核图 11-16 所示销钉的剪切强度。已知 $F=120$kN，销钉直径 $d=30$mm，材料的容许切应力 $[\tau]=70$MPa。若强度不够，应改用多大直径的销钉？

11-3　两块钢板搭接，铆钉直径为 25mm，排列如图 11-17 所示。已知 $[\tau]=100$MPa，$[\sigma_{bs}]=280$MPa，板①的容许应力 $[\sigma]=160$MPa，板②的容许应力 $[\sigma]=140$MPa，求拉力 F 的容许值。如果铆钉排列次序相反，上排是 2 个铆钉，下排是 3 个铆钉，则 F 值如何改变？

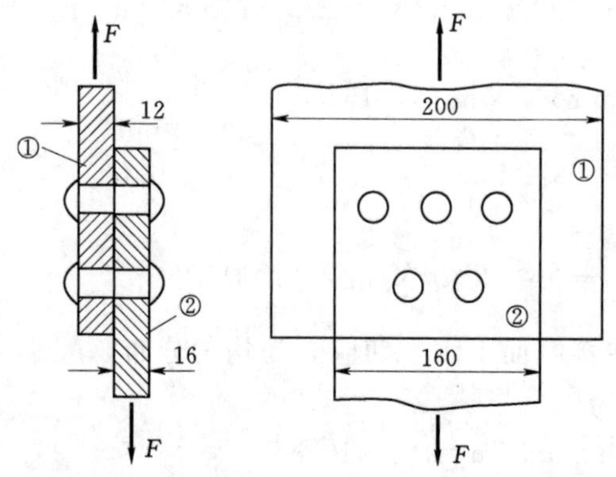

图 11-17　习题 11-3 图（尺寸单位：mm）

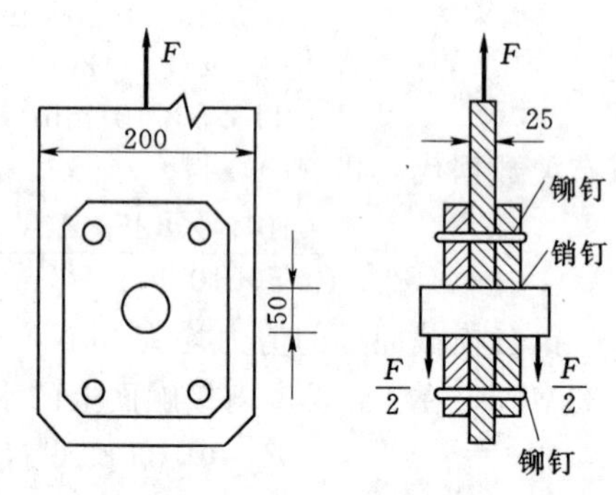

图 11-18　习题 11-4 图（尺寸单位：mm）

11-4　一块 25mm×200mm 的板，受拉力 $F=467$kN 作用，因挤压强度的需要，在直径为 50mm 的销钉孔处用两块侧板加强，如图 11-18 所示。

（1）若容许挤压应力 $[\sigma_{bs}]=185$MPa，试确定侧板所需要的厚度 t。

（2）若容许切应力 $[\tau]=90$MPa，试确定侧板与主板固结时所需要直径 $d=22$mm 的铆钉个数。

11-5　图 11-19 (a)、(b) 所示托架，受力 $F=40$kN，铆钉直径 $d=20$mm，铆钉为单剪，求最危险铆钉上的切应力的大小及方向。

11-6　正方形截面的混凝土柱，横截面边长为 200mm，基底为边长 $a=1$m 的正方形混凝土板。柱受轴向压力 $F=120$kN 作用，如图 11-20 所示。假设地基对混凝土板的

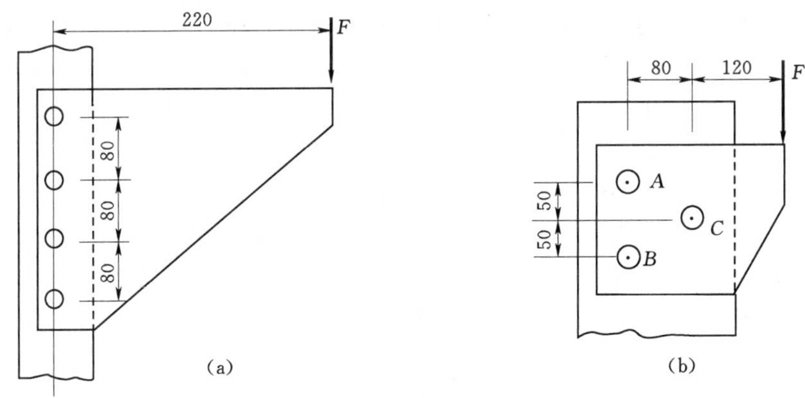

图 11-19　习题 11-5 图（尺寸单位：mm）

支反力均匀分布，混凝土的容许切应力 $[\tau]=1.5\text{MPa}$，求使柱不致穿过混凝土基底板，板所需要的最小厚度 t。

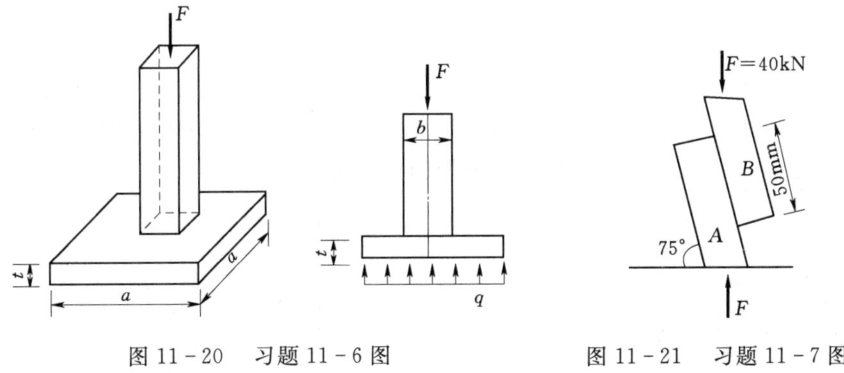

图 11-20　习题 11-6 图　　　　图 11-21　习题 11-7 图

11-7　试确定图 11-21 所示 A、B 两木块胶合面上的切应力。设胶合面积 $A=40\text{mm}\times50\text{mm}$。

11-8　图 11-22 所示机构中，手柄套筒与轴用键连接，已知键的长度为 40mm，容许切应力 $[\tau]=90\text{MPa}$，容许挤压应力 $[\sigma_{bs}]=200\text{MPa}$。试求手柄上端 F 力的最大值。

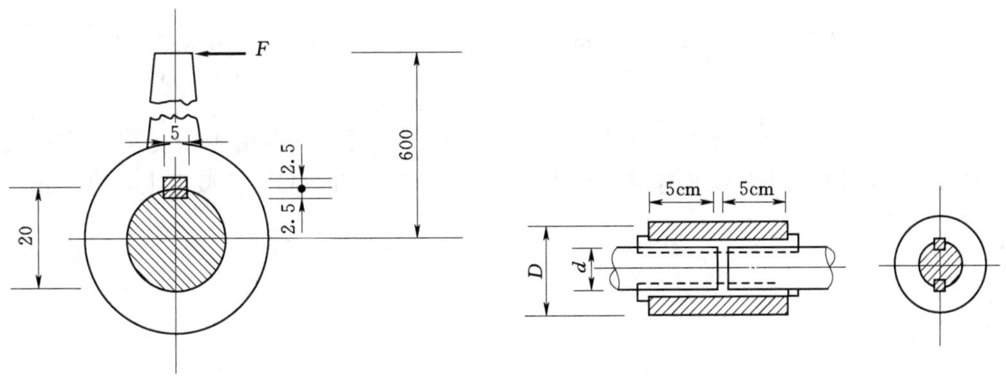

图 11-22　习题 11-8 图（尺寸单位：mm）　　　　图 11-23　习题 11-9 图

11-9　两根直径均为 $d=50\text{mm}$ 的钢轴，通过键与直径 $D=100\text{mm}$ 的铸铁套筒连接在一起，如图 11-23 所示。钢的容许切应力 $[\tau]=90\text{MPa}$，铸铁的容许切应力 $[\tau]=15\text{MPa}$，键的容许切应力 $[\tau]=80\text{MPa}$，容许挤压应力 $[\sigma_{bs}]=220\text{MPa}$。试求

(1) 轴的容许扭矩 $[M_T]$。

(2) 所需键的个数 n（键的截面积为 $10\text{mm}\times10\text{mm}$）。

11-10　矩形截面（$b\times h=12\text{cm}\times18\text{cm}$）木质拉杆接头如图 11-24 所示。接头处尺寸 $a=h/3=6\text{cm}$，$l=12\text{cm}$，材料的容许拉应力 $[\sigma]=5\text{MPa}$，容许挤压应力 $[\sigma_{bs}]=10\text{MPa}$，容许切应力 $[\tau]=2.5\text{MPa}$，求容许拉力 $[F]$。

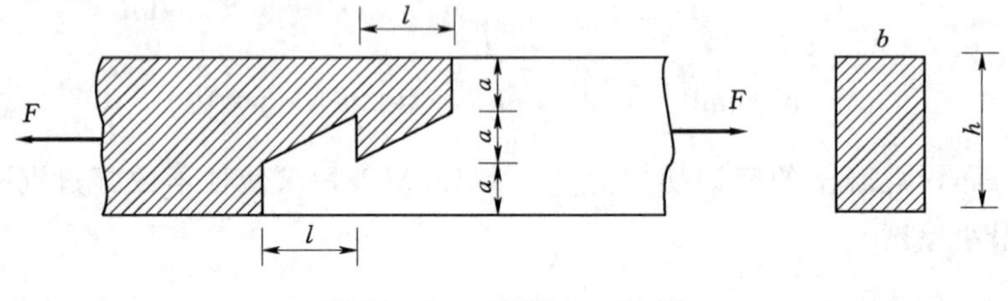

图 11-24　习题 11-10 图

11-11　有一木制箱梁，截面按图 11-25 所示方式构成。顶面和底面木板的横截面为 25mm×200mm，两边木板尺寸为 50mm×200mm。如果钉的纵向间距 $l=150\text{mm}$，每个钉子的容许剪力为 2.7kN，试求横截面能承受的容许剪力。

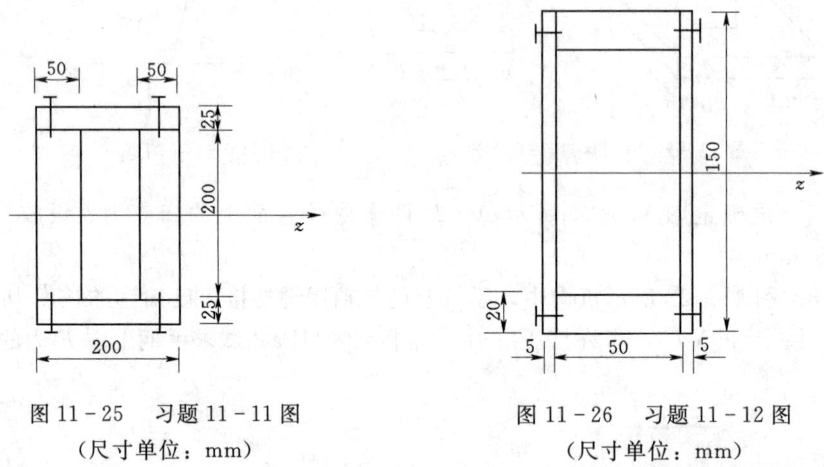

图 11-25　习题 11-11 图
（尺寸单位：mm）

图 11-26　习题 11-12 图
（尺寸单位：mm）

11-12　有一箱形木梁，其横截面如图 11-26 所示。两侧板用受剪容许承载力为 90N 的小钉与上、下翼缘板连接。试求在剪力为 454N 和 908N 的截面上，钉的最大容许间距。

第12章　压　杆　稳　定

稳定性是工程构件设计时需要满足的三方面要求之一，但并不是所有的工程构件都会有稳定问题。压杆稳定是所有稳定问题中最基本、最常见的问题。本章主要介绍压杆稳定性的概念、压杆临界力和临界应力的分析计算以及压杆稳定条件的建立、稳定计算及提高压杆稳定性的措施。还介绍了按折算弹性模量分析非弹性失稳压杆和纵横弯曲问题。

12.1　压杆稳定性的概念

在第2章研究受压直杆时，认为其之所以破坏是由于强度不够造成的，即当横截面上的正应力达到材料的极限应力时，压杆就发生破坏。实践表明，这对于粗而短的压杆是正确的，但对于细长的压杆，情况并非如此。细长压杆的破坏并不是由于强度不够，而是由于荷载增大到一定数值后，不能保持其原有的直线平衡形式而失效。

图12-1（a）所示为一两端铰支的细长压杆。当轴向压力 F 较小时，杆在力 F 作用下将保持其原有的直线平衡形式。即使在微小侧向干扰力作用下使其微弯，如图12-1（b）所示，当干扰力撤除，杆在往复摆动几次后仍回复到原来的直线形式，仍处于平衡状态，如图12-1（c）所示。可见，原有的直线平衡形式是**稳定**（stable）的。但当压力超过某一数值时，如作用一微小侧向干扰力使压杆微弯，则在干扰力撤除后，杆不能回复到原来的直线形式，并在一个曲线形态下平衡，如图12-1（d）所示。可见这时杆原有的直线平衡形式是**不稳定**（unstable）的。这种丧失原有平衡形式的现象称为丧失稳定性，简称**失稳**（lost stability）。

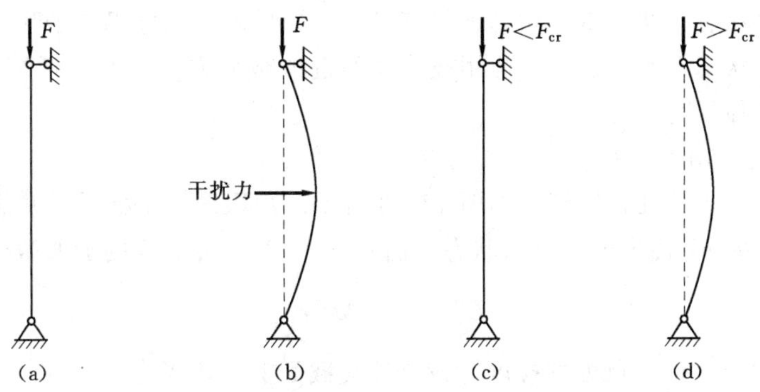

图12-1　压杆稳定平衡与不稳定平衡

某一压杆的平衡是稳定的还是不稳定的，取决于压力 F 的大小。压杆从稳定平衡过渡到不稳定平衡时，轴向压力的临界值称为**临界力**（critical force）或**临界荷载**，用 F_{cr}

表示。显然，如 $F<F_{cr}$，压杆将保持稳定，如 $F\geqslant F_{cr}$，压杆将失稳。因此，分析其稳定性问题的关键是求压杆的临界力。

工程结构中的压杆如果失稳，往往会引起严重的事故。例如 1907 年，加拿大长达 548m 的魁北克大桥在施工时由于两根压杆失稳而引起倒塌，造成数十人死亡；1909 年，汉堡一个 60 万 m^3 的大贮气罐由于支撑结构中的一根压杆失稳而倒塌。压杆的失稳破坏是突发性的，必须防范在先。

稳定性问题不仅在压杆中存在，在其他一些构件，尤其是一些薄壁构件中也存在。图 12-2 表示了几种构件失稳的情况。图 12-2（a）所示一薄而高的悬臂梁因受力过大而发生侧向失稳，图 12-2（b）所示一薄壁圆环因受外压力过大而失稳，图 12-2（c）所示一薄拱受过大的均布压力而失稳。

本章只介绍压杆的稳定性问题。

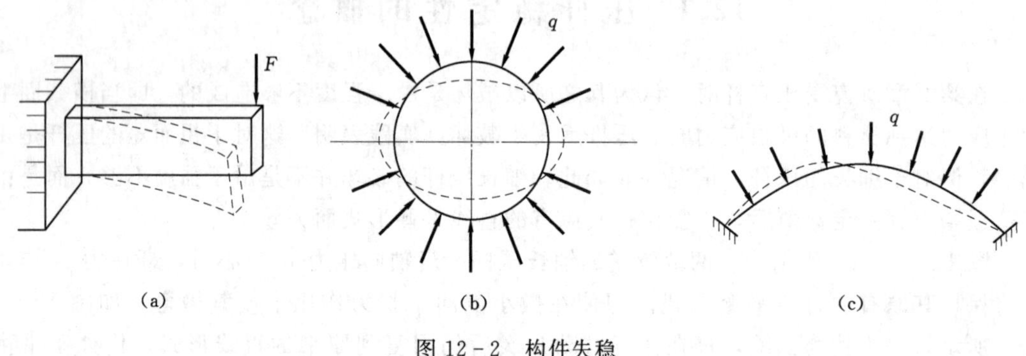

图 12-2 构件失稳

12.2 细长压杆的临界力

12.2.1 欧拉公式

当细长压杆的轴向压力稍大于临界力 F_{cr} 时，在侧向干扰力作用下，杆将从直线平衡状态转变为微弯状态，并在微弯状态下保持平衡。如果此时压杆仍处于弹性状态，则通过研究压杆在微弯状态下的平衡，并应用挠曲线的近似微分方程以及压杆端部的约束条件，即可确定压杆的临界力。

1. 两端铰支的细长压杆

两端为球形铰支的细长压杆，如图 12-3 所示。现取图示坐标系，并假设压杆在临界力 F_{cr} 作用下，在 xy 面内处于微弯状态。由式（6-2），挠曲线的近似微分方程为

$$EIw''=-M(x)$$

式中：w 为杆轴线上任一点处的挠度。该点处横截面上的弯矩为

$$M(x)=F_{cr}w$$

代入上式，得

$$EIw''=-F_{cr}w \tag{12-1}$$

若令
$$k^2=F_{cr}/EI \tag{12-2}$$
则式（12-1）可写为
$$w''+k^2w=0$$
这是一个二阶齐次常微分方程，通解为
$$w=A\sin kx+B\cos kx \tag{12-3}$$
式中的待定常数 A、B 和 k 可由杆的边界条件确定。由于杆是两端铰支，边界条件为
$$当\ x=0\ 时, w=0;\ 当\ x=l\ 时, w=0$$

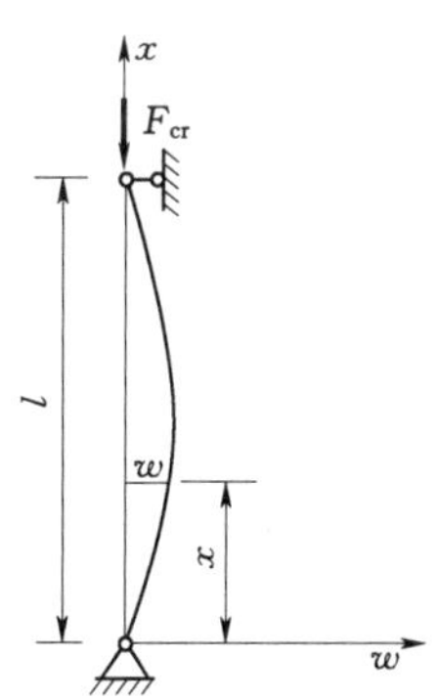

图 12-3　两端铰支细长压杆

将前一边界条件代入式（12-3），得 $B=0$。因此式（12-3）简化为
$$w=A\sin kx \tag{12-4}$$
再将后一边界条件代入式（12-4），得
$$A\sin kl=0$$
该式要求 $A=0$ 或 $\sin kl=0$。但如 $A=0$，则式（12-3）成为 $w=0$，即压杆各点处的挠度均为零，这显然与杆微弯的状态不相符。因此，只可能是 $\sin kl=0$，即 $kl=n\pi$ 或 $k=\dfrac{n\pi}{l}$，其中 $n=0$，1，2，3，…。

将 $k=\dfrac{n\pi}{l}$ 代入式（12-2），得
$$F_{cr}=\frac{n^2\pi^2EI}{l^2}$$
从理论上说，上式除 $n=0$ 的解不合理外，其他 $n=1$，2，3，…的解都能成立。由于只需求最小的临界力，因此取 $n=1$。由此得两端铰支细长压杆的临界力为
$$F_{cr}=\frac{\pi^2EI}{l^2} \tag{12-5}$$
上式是由瑞士科学家欧拉（L. Euler）于 1774 年首先导出的，故又称为**欧拉公式**。

将 $n=1$ 时 $k=\dfrac{\pi}{l}$ 代入式（12-4），得该压杆的挠曲线方程为
$$w=A\sin\frac{\pi x}{l} \tag{12-6}$$
式中：A 为待定常数。

可见该挠曲线为一半波正弦曲线。当 $x=\dfrac{l}{2}$时，挠度 w 具有最大值 w_0，由此得到
$$w_0=w|_{x=\frac{l}{2}}=A$$

可见 A 是压杆中点的挠度 w_0，但其值仍无法确定，因为 w_0 可以是任意的微小值。这是由于采用了挠曲线近似微分方程的缘故。F 和 w_0 的关系如图 12-4 中的折线 OAB 所示。

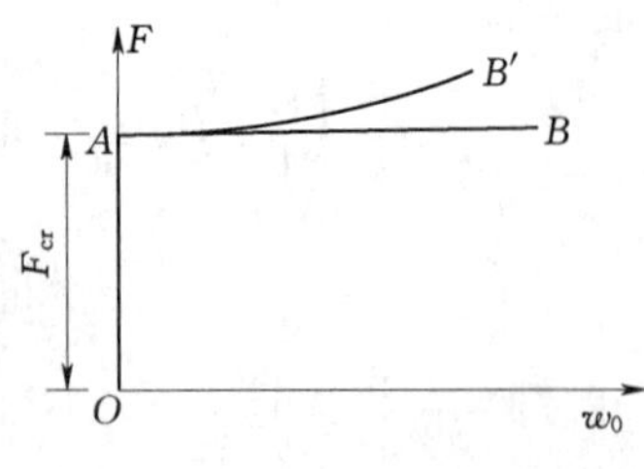

图 12-4 F 与 w_0 之间的关系

如果推导中采用精确的非线性挠曲线微分方程，则可得 w_0 与 F 的关系如图 12-4 中的曲线 OAB'所示。此曲线表明，当 $F>F_{cr}$ 时，w_0 增加很快，且 w_0 有确定的数值。

2. 杆端约束对临界力的影响

其他杆端约束情况的细长压杆的临界力公式可通过类似的方法推导（[例 12-1] ～ [例 12-3]），也可由它们微弯后的挠曲线形状与两端铰支细长压杆微弯后的挠曲线形状类比得到。

由图 12-5（b）可以看出，一端固定一端自由细长压杆的挠曲线，与两倍于其长度的两端铰支细长压杆的挠曲线［图 12-5（a）］相同，即均为半波正弦曲线。如两杆的弯曲刚度相同，则其临界力也相同。因此，将两端铰支细长压杆临界荷载公式（12-5）中的 l 用 $2l$ 代换，即得到一端固定一端自由细长压杆的临界力公式为

$$F_{cr}=\frac{\pi^2 EI}{(2l)^2} \tag{12-7}$$

由图 12-5（c）可以看出，两端固定细长压杆的挠曲线具有对称性，在上、下 $l/4$ 处的两点为反弯点，该两点处横截面上的弯矩为零，而中间长为 $l/2$ 的一段挠曲线与两端铰支细长压杆的挠曲线相同。故只需以 $l/2$ 代换式（12-5）中的 l，即可得两端固定细长压杆的临界力公式为

$$F_{cr}=\frac{\pi^2 EI}{(0.5l)^2} \tag{12-8}$$

再由图 12-5（d）可以看出，一端固定一端铰支细长压杆的挠曲线只有一个反弯点，其位置大约在距铰支端 $0.7l$ 处，这段长为 $0.7l$ 的一段杆的挠曲线与两端铰支细长压杆的挠曲线相同。故只需以 $0.7l$ 代换式（12-5）中的 l，即可得一端固定一端铰支细长压杆的临界力公式为

$$F_{cr}=\frac{\pi^2 EI}{(0.7l)^2} \tag{12-9}$$

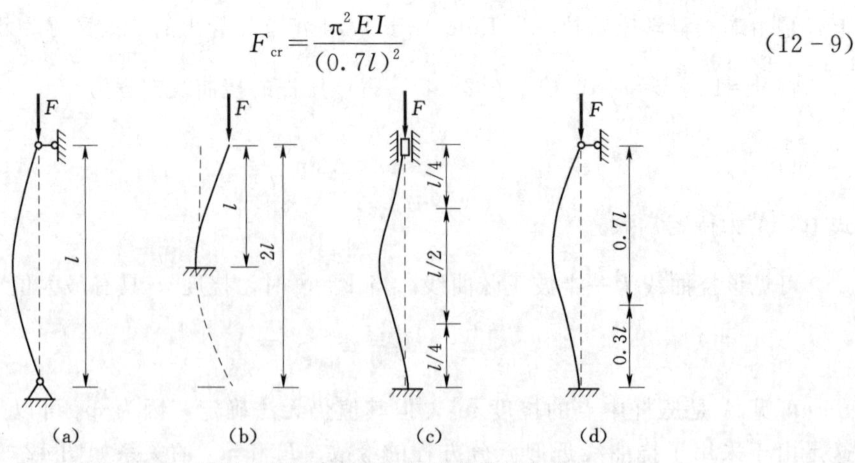

图 12-5 不同杆端约束细长压杆挠曲线的类比

上述 4 种细长压杆的临界力公式可以写成统一的形式，即

$$F_{cr}=\frac{\pi^2 EI}{(\mu l)^2} \tag{12-10}$$

式中：μl 称为**相当长度**（effective length）；μ 称为**长度因数**（length factor），其值由杆端约束情况决定，例如，两端铰支的细长压杆 $\mu=1$，一端固定一端自由的细长压杆 $\mu=2$，两端固定的细长压杆 $\mu=0.5$，一端固定一端铰支的细长压杆 $\mu=0.7$。

式（12-10）又称为细长压杆临界力的欧拉公式。由该式可知，细长压杆的临界力 F_{cr} 与杆的抗弯刚度 EI 成正比，与杆的长度平方成反比，同时，还与杆端的约束情况有关。显然，临界力越大，压杆的稳定性越好，即越不容易失稳。

【例 12-1】 图 12-6 所示为下端固定上端自由的细长压杆，自由端受轴向压力作用，试推导其临界力公式。

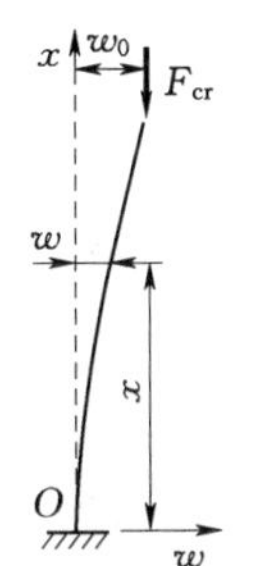

图 12-6　[例 12-1] 图

解　假设压杆在临界力 F_{cr} 作用下，在 xy 面内处于微弯状态。设自由端的挠度为 w_0，而杆轴线上任一点处的挠度为 w，则该点处横截面上的弯矩为

$$M(x)=-F_{cr}(w_0-w)$$

因此，杆的挠曲线近似微分方程为

$$EIw''=F_{cr}(w_0-w) \tag{a}$$

令 $k^2=F_{cr}/EI$，则式（a）成为

$$w''+k^2w=k^2w_0$$

该微分方程的通解为

$$w=A\sin kx+B\cos kx+w_0 \tag{b}$$

该杆的边界条件为

$$当\ x=0\ 时,w=0;当\ x=0\ 时,w'=0$$

由后一边界条件，可得 $A=0$，再由前一边界条件，可得 $B=-\omega_0$，因此式（b）成为

$$w=w_0(1-\cos kx) \tag{c}$$

由此可见，这种压杆的挠曲线仍为正弦曲线线型。

由于 $x=l$ 时 $w=w_0$，故由式（c），得 $\cos kl=0$，即 $kl=\frac{n\pi}{2}$，其中 $n=1$，3，5，…。临界力应取最小值，即 $n=1$，由此得 $k^2=\frac{\pi}{2l}$。因此，由 $k^2=F_{cr}/EI$，得一端固定一端自由细长压杆的临界力为

$$F_{cr}=\frac{\pi^2 EI}{(2l)^2}$$

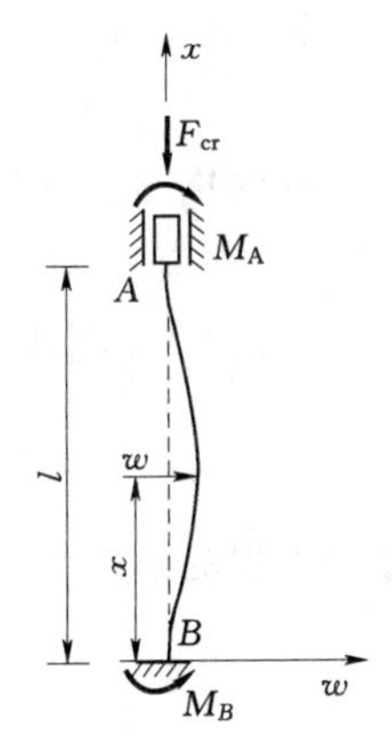

图 12-7　[例 12-2] 图

【例 12-2】 图 12-7 所示为两端固定的细长压杆，上端受轴向压力作用，试推导其临界力公式。

解　假设压杆在临界力 F_{cr} 作用下，在 xy 面内处于微弯状态。设下固定端的反力偶矩为 M_B，杆轴线上任一点处的挠度为

w，则该点处横截面上的弯矩为

$$M(x)=-M_B+F_{cr}w$$

因此，杆的挠曲线近似微分方程为

$$EIw''=M_B-F_{cr}w \tag{a}$$

令 $k^2=F_{cr}/EI$，则式（a）成为

$$w''+k^2w=\frac{M_B}{EI}=k^2\frac{M_B}{F_{cr}}$$

该微分方程的通解为

$$w=A\sin kx+B\cos kx+\frac{M_B}{F_{cr}} \tag{b}$$

该杆的边界条件为

当 $x=0$ 时，$w=0$；当 $x=0$ 时，$w'=0$

当 $x=l$ 时，$w=0$；当 $x=l$ 时，$w'=0$

由第二个边界条件得 $A=0$，再由第一个边界条件得 $B=-\frac{M_B}{F_{cr}}$。因此，式（b）成为

$$w=\frac{M_B}{F_{cr}}(1-\cos kx) \tag{c}$$

由此可见，这种压杆的挠曲线仍为正弦曲线线型。

再将第三个边界条件代入式（c），得 $\cos kl=1$，即 $kl=n\pi$，其中 $n=2$，4，6，…。临界力应取最小值，即 $n=2$，由此得 $k=\frac{2\pi}{l}$。因此，由 $k^2=F_{cr}/EI$，得两端固定细长压杆的临界力为

$$F_{cr}=\frac{4\pi^2EI}{l^2}=\frac{\pi^2EI}{(0.5l)^2}$$

【例 12-3】 图 12-8 所示为下端固定，上端铰支的细长压杆，上端受轴向压力作用，试推导其临界力公式。

解 假设在临界力 F_{cr} 作用下，杆在 xy 面内处于微弯状态。设铰支端的水平反力为 F_{Ay}，杆轴线上任一点处的挠度为 w，则该点处横截面上的弯矩为

$$M(x)=F_{cr}w-F_{Ay}(l-x)$$

因此，杆的挠曲线近似微分方程为

$$EIw''=-F_{cr}w+F_{Ay}(l-x) \tag{a}$$

令 $k^2=F_{cr}/EI$，则式（a）成为

$$w''+k^2w=\frac{F_{Ay}(l-x)}{EI}=k^2\frac{F_{Ay}(l-x)}{F_{cr}}$$

此微分方程的通解为

$$w=A\sin kx+B\cos kx+\frac{F_{Ay}(l-x)}{F_{cr}} \tag{b}$$

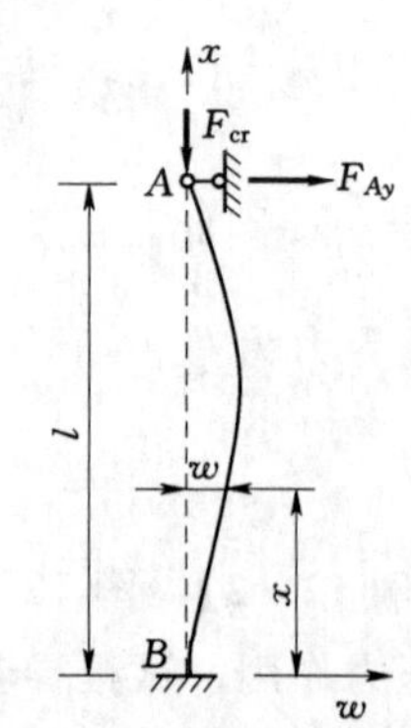

图 12-8 ［例 12-3］图

该杆的边界条件为

当 $x=0$ 时，$w=0$，$w'=0$；当 $x=l$ 时，$w=0$。

由第一个边界条件可得 $B=-F_{Ay}l/F_{cr}$，再由第二个边界条件可得 $A=F_{Ay}/kF_{cr}$，从而式（b）成为

$$w=\frac{F_{Ay}}{F_{cr}}\left[\frac{1}{k}\sin kx-l\cos kx+(l-x)\right] \tag{c}$$

由此可见，这种压杆的挠曲线仍为正弦曲线线型。

再将第三个边界条件代入式（c），得 $\tan kl=kl$，由此解得非零的最小根为 $kl=4.49$，即 $k=\frac{4.49}{l}$。因此，由 $k^2=F_{cr}/EI$，得一端固定一端铰支细长压杆的临界力为

$$F_{cr}=\frac{(4.49)^2EI}{l^2}=\frac{\pi^2EI}{(0.7l)^2}$$

12.2.2　欧拉公式应用中的几个问题

应用细长压杆临界力 F_{cr} 的公式时，有几个问题需要注意：

（1）在推导临界力公式时，均假定杆已在 xy 面内失稳而微弯，实际上杆的失稳方向与杆端约束情况有关。

如杆端约束情况在各个方向均相同，例如球铰或嵌入式固定端，压杆只可能在最小刚度平面内失稳。所谓最小刚度平面，就是形心主惯性矩 I 为最小的纵向平面。如图 12－9 所示的矩形截面压杆，其 I_y 为最小，故纵向平面 xz 即为最小刚度平面，该压杆将在这个平面内失稳。所以在计算其临界力时应取 $I=I_y$。因此，在这类杆端约束情况下，式（12－10）中的 I 应取 I_{min}。

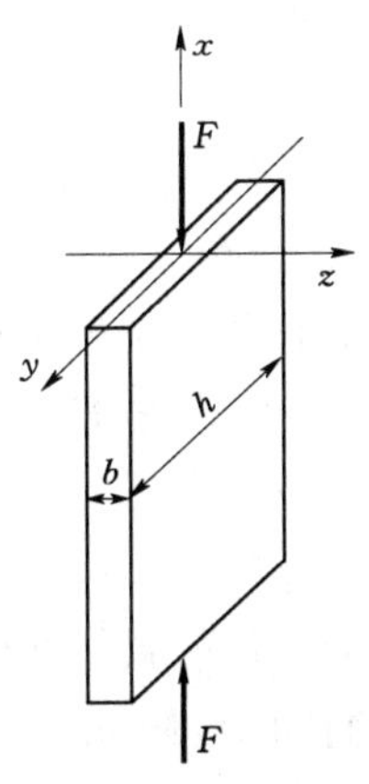

图 12－9　最小刚度平面

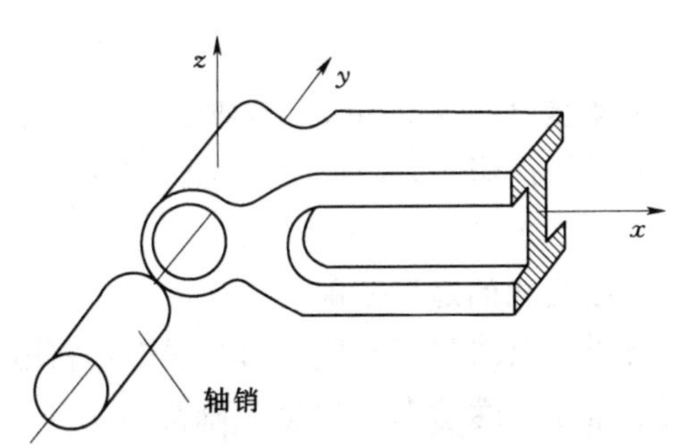

图 12－10　柱形铰

如杆端约束情况在各个方向不相同，例如图 12－10 所示的柱形铰，在 xz 面内，杆端可绕轴销自由转动，相当于铰支，而在 xy 面内，杆端约束相当于固定端。当这种杆端约束的压杆在 xz 或 xy 面内失稳时，其长度因数 μ 应取不同的值。此外，如果压杆横截面的 $I_y\neq I_z$，则该杆的临界力应分别按两个方向各取不同的 μ 值和 I 值计算，并取两者中较小者。并由此可判断出该压杆将在哪个平面内失稳。

（2）以上所讨论的压杆杆端约束情况都是比较典型的，实际工程中的压杆，其杆端约束还可能是弹性支座或介于铰支和固定端之间等情况。因此，要根据具体情况选取适当的

长度因数 μ 值，再按式（12－10）计算其临界力。

（3）在推导上述各细长压杆的临界力公式时，压杆都处于理想状态，即为均质的直杆，受轴向压力作用。而实际工程中的压杆，将不可避免地存在材料不均匀、有微小的初曲率及压力微小的偏心等现象。因此在压力小于临界力时，杆就发生弯曲，随着压力的增大，弯曲迅速增加，以致压力在未达到临界力时，杆就发生弯折破坏。因此，由式（12－10）所计算得到的临界力仅是理论值，是实际压杆承载能力的上限值。由这一理想情况和实际情况的差异所带来的不利影响，在稳定计算时，可以放在安全因数内考虑。因而，实际工程中的压杆，其临界力 F_{cr} 仍按式（12－10）计算。

12.3　压杆的柔度与压杆的非弹性失稳

12.3.1　压杆的临界应力与柔度

当压杆在临界力 F_{cr} 作用下仍处于直线平衡状态时，横截面上的正应力称为**临界应力**（critical stress）σ_{cr}。由式（12－10），得到细长压杆的临界应力为

$$\sigma_{cr}=\frac{F_{cr}}{A}=\frac{\pi^2 EI}{(\mu l)^2 A}=\frac{\pi^2 E}{(\mu l)^2}\frac{I}{A}$$

由附录A的式（A－8），将 $i^2=\dfrac{I}{A}$ 代入上式，得

$$\sigma_{cr}=\frac{\pi^2 E}{(\mu l)^2}i^2=\frac{\pi^2 E}{\left(\frac{\mu l}{i}\right)^2}=\frac{\pi^2 E}{\lambda^2} \tag{12-11}$$

其中

$$\lambda=\frac{\mu l}{i} \tag{12-12}$$

称为压杆的**柔度**（slenderness）或**细长比**。柔度是量纲为1的量，综合反映了压杆的几何尺寸和杆端约束的影响。λ 越大，则杆越细长，其 σ_{cr} 越小，因而其 F_{cr} 也越小，杆越容易失稳。

12.3.2　欧拉公式的适用范围

在推导欧拉公式（12－10）的过程中，利用了挠曲线的小挠度微分方程。该微分方程只有在材料处于弹性状态，也就是临界应力不超过材料的比例极限 σ_p 的情况下才成立。由式（12－11），欧拉公式的适用条件为

$$\sigma_{cr}=\frac{\pi^2 E}{\lambda^2}\leqslant\sigma_P \tag{12-13a}$$

由式（12－13a），得

$$\lambda\geqslant\sqrt{\frac{\pi^2 E}{\sigma_P}} \tag{12-13b}$$

若令

$$\lambda_P=\sqrt{\frac{\pi^2 E}{\sigma_P}} \tag{12-14}$$

则式（12－13b）可写为

$$\lambda\geqslant\lambda_P \tag{12-15}$$

式（12－15）表明，只有当压杆的柔度 λ 不小于某一特定值 λ_P 时，才能用欧拉公式计算其临界力和临界应力。而满足这一条件的压杆称为**细长杆**或**大柔度杆**。由于 λ_P 与材料的比例极限 σ_P 和弹性模量 E 有关，因而不同材料压杆的 λ_P 是不相同的。例如 Q235 钢 $\sigma_P=200\text{MPa}$，$E=206\text{GPa}$，代入式（12－14）后得 $\lambda_P=100$，同样可得 TC 13 松木压杆的 $\lambda_P=110$，灰口铸铁压杆的 $\lambda_P=80$，铝合金压杆的 $\lambda_P=62.8$，等等。

12.3.3　非弹性失稳压杆的临界力

大量试验表明，$\lambda<\lambda_P$ 的压杆，其失稳时的临界应力 σ_{cr} 大于比例极限 σ_P。这类压杆的失稳称为非弹性失稳。其临界力和临界应力均不能用欧拉公式计算。

对于这种非弹性失稳的压杆，已有一些理论分析的结果（见 12.5 节）。但工程中一般采用以试验结果为依据的经验公式来计算这类压杆的临界应力 σ_{cr}，并由此得到临界力为

$$F_{cr}=\sigma_{cr}A \tag{12-16}$$

常用的经验公式中最简单的为直线公式，此外还有抛物线公式。下面分别予以介绍。

1. 直线公式

在直线公式中，临界应力 σ_{cr} 与柔度 λ 成直线关系，其表达式为

$$\sigma_{cr}=a-b\lambda \tag{12-17}$$

式中：a、b 为与材料有关的常数，由试验确定。例如 Q235 钢 $a=304\text{MPa}$，$b=1.12\text{MPa}$；TC13 松木 $a=29.3\text{MPa}$，$b=0.19\text{MPa}$。

实际上，式（12－17）只能在下述范围内适用

$$\sigma_P<\sigma_{cr}<\sigma_u \tag{12-18}$$

因为当 $\sigma_{cr}\geqslant\sigma_u$（塑性材料 $\sigma_u=\sigma_s$，脆性材料 $\sigma_u=\sigma_b$）时，压杆将发生强度破坏而不是失稳破坏。

式（12－18）的范围也可用柔度表示为

$$\lambda_P>\lambda>\lambda_u \tag{12-19}$$

柔度在此范围内的压杆称为**中柔度杆**或**中长杆**，而 $\sigma_{cr}\geqslant\sigma_u$，即 $\lambda\leqslant\lambda_u$ 的压杆称为小柔度杆或短杆。短杆的破坏是强度破坏。

λ_u 是中长杆和短杆柔度的分界值。如在式（12－17）中令 $\sigma_{cr}=\sigma_u$，则所得到的 λ 就是 λ_u，即

$$\lambda_u=\frac{a-\sigma_u}{b} \tag{12-20}$$

例如 Q235 钢的 $\lambda_u=60$，TC13 松木的 $\lambda_u=85$。

2. 抛物线公式

通常，在钢结构设计中采用抛物线公式。在抛物线公式中，临界应力 σ_{cr} 与柔度 λ 用以下关系表示

$$\sigma_{cr}=a_1-b_1\lambda^2 \tag{12-21}$$

式中：a_1、b_1 分别为与材料有关的常数。例如 Q235 钢的 $a_1=235\text{MPa}$，$b_1=0.0068\text{MPa}$；16Mn 钢的 $a_1=343\text{MPa}$，$b_1=0.00161\text{MPa}$。

采用这个抛物线公式时，不再区分中、小柔度杆，也就是认为即使是小柔度压杆，由于存在初曲率、材料不均匀及荷载偏心的影响，仍可能失稳，故应首先考虑其失稳破坏，

而不是强度破坏。

但是，应用这个公式时，中、小柔度杆与大柔度杆的柔度分界值不再是 λ_P 而是 λ_c，λ_c 可按下式计算

$$\lambda_c = \sqrt{\frac{2\pi^2 E}{\sigma_s}} \tag{12-22}$$

例如 Q235 钢的 $\lambda_c=123$；16Mn 钢的 $\lambda_c=109$。

12.3.4 临界应力总图

综上所述，如用直线公式，临界力或临界应力的计算可按柔度分为 3 类：

(1) $\lambda \geqslant \lambda_P$ 的大柔度杆，即细长杆，用欧拉公式（12-11）计算临界应力；

(2) $\lambda_P > \lambda > \lambda_u$ 的中柔度杆，即中长杆，用直线公式（12-17）计算临界应力；

(3) $\lambda \leqslant \lambda_u$ 的小柔度杆，即短杆，实际上是强度破坏。

如用抛物线公式，临界应力的计算只有两类：

(1) $\lambda > \lambda_c$ 时，用欧拉公式（12-11）计算临界应力；

(2) $\lambda \leqslant \lambda_c$ 时，用抛物线公式（12-21）计算临界应力。

不同柔度的压杆，其临界应力的公式不相同。因此，在压杆的稳定性计算中，应首先按式（12-12）计算其柔度值 λ，再按上述分类选用合适的公式计算其临界应力和临界力。

为了清楚地表明各类压杆的临界应力 σ_{cr} 和柔度 λ 之间的关系，可绘制临界应力总图。图 12-11 是 Q235 钢的临界应力总图。其中，中、小柔度杆部分，实线是用直线公式，虚线是用抛物线公式。

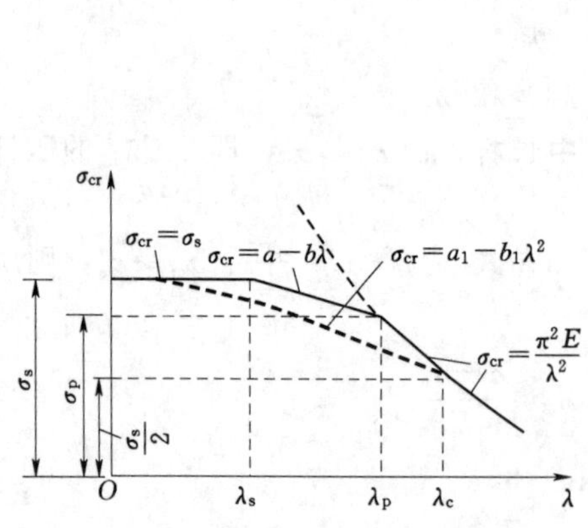

图 12-11　Q235 钢的临界应力总图

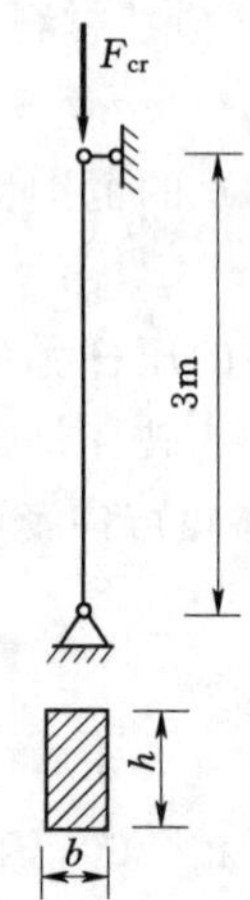

图 12-12　［例 12-4］图

【例 12-4】 TC13 松木的压杆，两端为球铰，如图 12-12 所示。已知压杆材料的比例极限 $\sigma_P=9\text{MPa}$，强度极限 $\sigma_b=13\text{MPa}$，弹性模量 $E=1.0\times10^4\text{MPa}$。直线公式中的 $a=29.3\text{MPa}$，$b=0.19\text{MPa}$。压杆截面为如下两种：(1) $h=120\text{mm}$，$b=90\text{mm}$ 的矩形；(2) $h=b=104\text{mm}$ 的正方形。试比较两者的临界荷载。

解 (1) 矩形截面。

压杆两端为球铰，$\mu=1$。截面的最小惯性半径 i_{min} 为

$$i_{\min}=\sqrt{\frac{I_{\min}}{A}}=\sqrt{\frac{hb^3/12}{hb}}=\frac{b}{\sqrt{12}}=\frac{90\text{mm}}{\sqrt{12}}=26.0\text{mm}$$

压杆的柔度为

$$\lambda=\frac{\mu l}{i}=\frac{1\times3\times10^3\text{mm}}{26\text{mm}}=115.4$$

由式（12-14），得

$$\lambda_P=\sqrt{\frac{\pi^2E}{\sigma_P}}=\sqrt{\frac{\pi^2\times1\times10^4\text{MPa}}{9\text{MPa}}}=104.7$$

可见 $\lambda>\lambda_P$，故该压杆为细长杆。临界力用欧拉公式（12-10）计算，得

$$F_{cr}=\frac{\pi^2EI}{(\mu l)^2}=\frac{\pi^2\times1\times10^{10}\text{N/m}^2\times\frac{1}{12}\times120\times90^3\times10^{-12}\text{m}^4}{(1\times3\text{m})^2}=79944\text{N}=79.9\text{kN}$$

（2）正方形截面。

μ 仍为 1。截面的惯性半径 i 为

$$i=\frac{b}{\sqrt{12}}=\frac{104\text{mm}}{\sqrt{12}}=30.0\text{mm}$$

压杆的柔度为

$$\lambda=\frac{\mu l}{i}=\frac{1\times3\times10^3\text{mm}}{30\text{mm}}=100$$

由式（12-20）得

$$\lambda_u=\frac{a-\sigma_b}{b}=\frac{29.3\text{MPa}-13\text{MPa}}{0.19\text{MPa}}=85.8$$

可见 $\lambda_u<\lambda<\lambda_P$，杆为中长杆，先用直线公式（12-17）计算其临界应力

$$\sigma_{cr}=a-b\lambda=29.3\text{MPa}-0.19\text{MPa}\times100=10.3\text{MPa}$$

再由式（12-16），临界力为

$$F_{cr}=\sigma_{cr}A=10.3\times10^6\text{N/m}^2\times(104\times10^{-3}\text{m})^2=111.5\text{kN}$$

上述两种截面的面积相等，而正方形截面压杆的临界力较大，稳定性好。

【例 12-5】 截面为 10 号工字钢，长为 $l=2$m 的压杆。材料为 Q235 钢，$\lambda_P=100$，$\lambda_u=60$，$\lambda_c=123$，$\sigma_s=235$MPa，$E=206$GPa，$\sigma_P=200$MPa。直线公式中的 $a=304$MPa，$b=1.12$MPa。压杆两端为如图 12-10 所示的柱形铰。试求压杆的临界荷载。

解 先计算压杆的柔度。在 xz 平面内，压杆两端可视为铰支，$\mu=1$。查型钢表，得 $i_y=4.14$cm，故

$$\lambda_y=\frac{\mu l}{i_y}=\frac{1\times2000\text{mm}}{41.4\text{mm}}=48.3$$

在 xy 平面内，压杆两端可视为固定端，$\mu=0.5$。查型钢表，得 $i_z=1.52$cm，故

$$\lambda_z=\frac{\mu l}{i_z}=\frac{0.5\times2000\text{mm}}{15.2\text{mm}}=65.8$$

由于 $\lambda_z>\lambda_y$，故该压杆将在 xy 平面内失稳，并应根据 λ_z 计算临界荷载。

由于 $\lambda_u<\lambda<\lambda_P$，因此该杆为中长杆。如采用直线公式，按式（12-17）计算临界

应力

$$\sigma_{cr}=a-b\lambda=304\text{MPa}-1.12\text{MPa}\times 65.8=230.3\text{MPa}$$

查型钢表，得工字钢截面面积 $A=14.3\text{cm}^2$。再计算临界荷载，得

$$F_{cr}=\sigma_{cr}A=230.3\times 10^6\text{N/m}^2\times 14.3\times 10^{-4}\text{m}^2=329329\text{N}=329.3\text{kN}$$

由于 $\lambda<\lambda_c$，对于钢压杆也可采用抛物线公式。如采用抛物线公式，按式（12-21）计算临界应力（a_1 取 235MPa，b_1 取 0.0068MPa）

$$\sigma_{cr}=a_1-b_1\lambda^2=235\text{MPa}-0.0068\text{MPa}\times 65.8^2=205.6\text{MPa}$$

再计算临界荷载，得

$$F_{cr}=\sigma_{cr}A=205.6\times 10^6\text{N/m}^2\times 14.3\times 10^{-4}\text{m}^2=294008\text{N}=294\text{kN}$$

可见，采用不同的临界应力公式，临界荷载的结果不同。

12.4 压杆的稳定计算及提高压杆稳定性的措施

12.4.1 压杆的稳定计算

为了使压杆能正常工作而不失稳，压杆所受的轴向压力 F 必须小于临界力 F_{cr}，或压杆的压应力 σ 必须小于临界应力 σ_{cr}。对工程上的压杆，由于存在着种种不利因素，还需有一定的安全储备，所以要有足够的**稳定安全因数** n_{st}。于是，压杆的稳定条件为

$$F\leqslant\frac{F_{cr}}{n_{st}}=[F_{st}] \tag{12-23}$$

或

$$\sigma\leqslant\frac{\sigma_{cr}}{n_{st}}=[\sigma_{st}] \tag{12-24}$$

式中：$[F_{st}]$ 和 $[\sigma_{st}]$ 分别称为**稳定容许压力**和**稳定容许应力**。它们分别等于临界力和临界应力除以稳定安全因数。

稳定安全因数 n_{st} 的选取，除了要考虑在选取强度安全因数时的那些因素外，还要考虑影响压杆失稳所特有的不利因素，如压杆不可避免地存在初曲率、材料不均匀、荷载的偏心等。这些不利因素，对稳定的影响比对强度的影响大。再由于失稳破坏的突发性特点，因而，通常稳定安全因数的数值要比强度安全因数大得多。例如，钢材压杆的 n_{st} 一般取 1.8～3.0，铸铁取 5.0～5.5，木材取 2.8～3.2。而且，当压杆的柔度越大，即越细长时，这些不利因素的影响越大，稳定安全因数也应取得越大。对于压杆，都要以稳定安全因数作为其安全储备进行稳定计算，而不必作强度校核。

但是，工程上的压杆由于构造或其他原因，有时截面会受到局部削弱，如杆中有小孔或槽等，当这种削弱不严重时，对压杆整体稳定性的影响很小，在稳定计算中可不予考虑。但对这些削弱了的局部截面，则应作强度校核。

根据稳定条件式（12-23）和式（12-24），就可以对压杆进行稳定计算。压杆稳定计算的内容与强度计算相类似，包括校核稳定性、设计截面和求容许荷载 3 个方面。压杆稳定计算通常有 2 种方法。

1. 安全因数法

压杆的临界力为 F_{cr}。当压杆受力为 F 时，它实际具有的安全因数 $n=F_{cr}/F$，按式

(12－23)，则应满足下述条件

$$n=\frac{F_{cr}}{F}\geqslant n_{st} \tag{12-25}$$

式（12－25）是用安全因数表示的稳定条件。表明只有当压杆实际具有的安全因数不小于规定的稳定安全因数时，压杆才能正常工作。

用这种方法进行压杆稳定计算时，必须计算压杆的临界力，而且应给出规定的稳定安全因数。而为了计算 F_{cr}，应首先计算压杆的柔度，再按不同的范围选用合适的公式计算。

2. 折减因数法

将式（12－24）中的稳定容许应力表示为 $[\sigma_{st}]=\varphi[\sigma]$。其中 $[\sigma]$ 为强度容许应力，φ 称为**稳定因数**或**折减因数**。因此，式（12－24）所示的稳定条件成为如下形式

$$\sigma=\frac{F}{A}\leqslant\varphi[\sigma] \tag{12-26}$$

由于这个方法引进了折减因数 φ，因此，先就 φ 的有关问题作一些讨论。因为

$$[\sigma_{st}]=\frac{\sigma_{cr}}{n_{st}}及[\sigma]=\frac{\sigma_u}{n}$$

所以

$$\varphi=\frac{[\sigma_{st}]}{[\sigma]}=\frac{\sigma_{cr}}{n_{st}}\frac{n}{\sigma_u} \tag{12-27}$$

式中：σ_u 为强度极限应力；n 为强度安全因数。

由于 $\sigma_{cr}<\sigma_u$ 而 $n_{st}>n$，故 φ 值小于1而大于0。又由于 σ_{cr} 和 n_{st} 都随柔度变化，所以 φ 也随柔度 λ 变化。在 GB 50017—2003《钢结构设计规范》中，根据我国常用构件的截面形式、尺寸和加工条件等因素，将压杆的稳定因数 φ 与柔度 λ 之间的关系归并为 a、b、c 3类不同截面分别给出（有关截面分类情况请参看《钢结构设计规范》），表 12－1 仅给出其中的一部分。当计算出的 λ 不是表中的整数时，可查规范或用线性内插的近似方法计算。

表 12－1　　钢材及铸铁压杆的 λ－φ 表

$\lambda=\frac{\mu l}{i}$	φ				
	Q235 钢		16Mn 钢		铸铁
	a 类截面	b 类截面	a 类截面	b 类截面	
0	1.000	1.000	1.000	1.000	1.00
10	0.995	0.992	0.993	0.989	0.97
20	0.981	0.970	0.973	0.956	0.91
30	0.963	0.936	0.950	0.913	0.81
40	0.941	0.899	0.920	0.863	0.69
50	0.916	0.856	0.881	0.804	0.57
60	0.883	0.807	0.825	0.734	0.44
70	0.839	0.751	0.751	0.656	0.34
80	0.783	0.688	0.661	0.575	0.26
90	0.714	0.621	0.570	0.499	0.20
100	0.638	0.555	0.487	0.431	0.16

续表

$\lambda=\frac{\mu l}{i}$	φ				
	Q235 钢		16Mn 钢		铸铁
	a 类截面	b 类截面	a 类截面	b 类截面	
110	0.563	0.493	0.416	0.373	
120	0.494	0.437	0.358	0.324	
130	0.434	0.387	0.310	0.283	
140	0.383	0.345	0.271	0.249	
150	0.339	0.308	0.239	0.221	
160	0.302	0.276	0.212	0.197	
170	0.270	0.249	0.189	0.176	
180	0.243	0.225	0.169	0.159	
190	0.220	0.204	0.153	0.144	
200	0.199	0.186	0.138	0.131	

表 12－1 还给出了铸铁材料压杆不同 λ 的 φ 值。

对于木制压杆的折减因数 φ 值，由 GB 50005—2003《木结构设计规范》，按不同树种的强度等级分两组计算公式：

树种强度等级为 TC17、TC25 及 TC20 时

$$\lambda \leqslant 75, \quad \varphi=\frac{1}{1+\left(\frac{\lambda}{80}\right)^2} \tag{12-28a}$$

$$\lambda > 75, \quad \varphi=\frac{3000}{\lambda^2} \tag{12-28b}$$

树种等级为 TC13、TC11、TB17 及 TB15 时

$$\lambda \leqslant 91, \quad \varphi=\frac{1}{1+\left(\frac{\lambda}{65}\right)^2} \tag{12-29a}$$

$$\lambda > 91, \quad \varphi=\frac{2800}{\lambda^2} \tag{12-29b}$$

式（12－28）和式（12－29）中，λ 为压杆的柔度。树种的强度等级，TC17 有柏木、东北落叶松等，TC25 有红杉、云杉等，TC13 有红松、马尾松等，TC11 有西北云杉、冷杉等，TB20 有栎木、桐木等，TB17 有水曲柳等，TB15 有桦木、栲木等。代号后的数字为树种抗弯强度（MPa）。

用这种方法进行稳定计算时，不需要计算临界力或临界应力，也不需要稳定安全因数，因为 λ－φ 表的编制中，已考虑了稳定安全因数的影响。

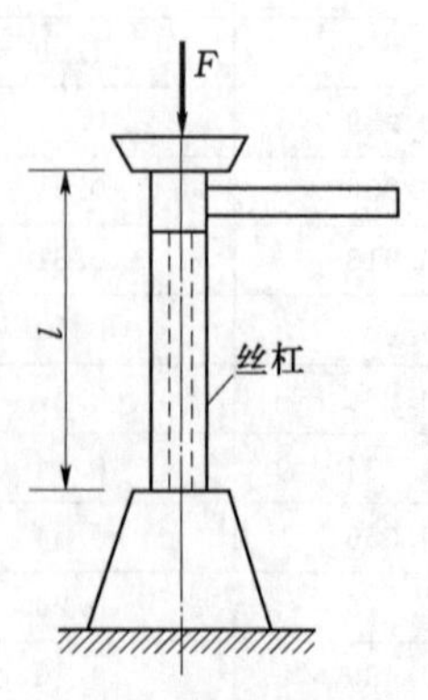

图 12－13　［例 12－6］图

【例 12－6】　由 Q235 钢制成的千斤顶如图 12－13 所示。丝杠长 $l=800\text{mm}$，上端自由，下端可视为固定，丝杠的直

径 $d=40\text{mm}$，材料的弹性模量 $E=2.1\times10^5\text{MPa}$，$\lambda_P=100$。若该丝杠的稳定安全因数 $n_{st}=3.0$，试求该千斤顶的最大承载力。

解　丝杠为一压杆，先求出丝杠的临界力 F_{cr}，再由规定的稳定安全因数求得其容许荷载，即为千斤顶的最大承载力。

丝杠为一端自由，一端固定，$\mu=2$。丝杠截面的惯性半径为

$$i=\sqrt{\frac{I}{A}}=\sqrt{\frac{\pi d^4}{64}\Big/\frac{\pi d^2}{4}}=\frac{d}{4}=\frac{40\text{mm}}{4}=10\text{mm}$$

故其柔度为

$$\lambda=\frac{\mu l}{i}=\frac{2\times800\text{mm}}{10\text{mm}}=160$$

由于 $\lambda>\lambda_P$，故该丝杠属于细长杆，应用欧拉公式计算临界力，即

$$F_{cr}=\frac{\pi^2 EI}{(\mu l)^2}=\frac{\pi^2\times2.1\times10^{11}\text{N/m}^2\times\frac{1}{64}\times\pi\times(0.04\text{m})^4}{(2\times0.8\text{m})^2}=101739\text{N}=101.7\text{kN}$$

所以，丝杠的容许荷载为

$$[F_{st}]=\frac{F_{cr}}{n_{st}}=\frac{101.7\text{kN}}{3}=33.9\text{kN}$$

此即千斤顶的最大承载力。

【例 12-7】　某厂房钢柱长 7m，由两根 16b 号槽钢组成，材料为 Q235 b 类截面钢，横截面见图 12-14，截面类型为 b 类。钢柱的两端用螺栓通过连接板与其他构件连接，因而截面上有 4 个直径为 30mm 的螺栓孔。钢柱两端约束在各方向均相同，根据钢柱两端约束情况，取 $\mu=1.3$。该钢柱承受 270kN 的轴向压力，材料的 $[\sigma]=170\text{MPa}$，$\lambda-\varphi$ 关系见表 12-1。(1) 求两槽钢的合理间距 h；(2) 校核钢柱的稳定性和强度。

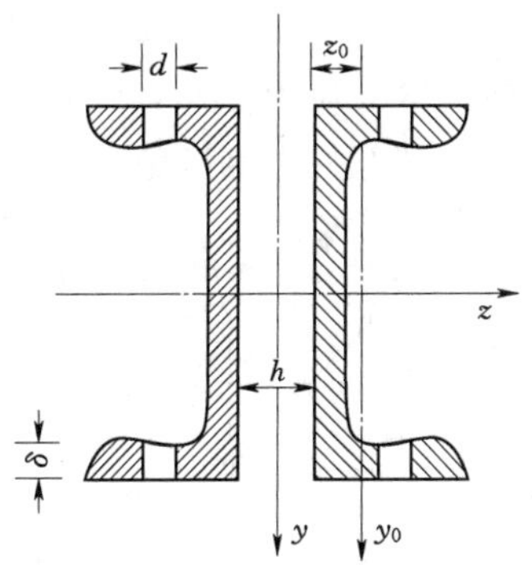

图 12-14　[例 12-7] 图

解　(1) 确定两槽钢的间距 h。钢柱两端约束在各方向均相同，因此，最合理的设计应使 $I_y=I_z$，从而使钢柱在各方向有相同的稳定性。两槽钢的间距 h 应按此原则确定。

单根 16b 号槽钢的截面几何性质可由型钢表查得

$$A=25.16\text{cm}^2,\ I_z=935.0\text{cm}^4,\ I_{y_0}=83.4\text{cm}^4,\ z_0=1.75\text{cm},\ \delta=10\text{mm}$$

按惯性矩的平行移轴公式 (A-10)，钢柱截面对 y 轴的惯性矩为

$$I_y=2\left[I_{y_0}+A\left(z_0+\frac{h}{2}\right)^2\right]$$

由 $I_y=I_z$ 的条件得到

$$2\times935.0\text{cm}^4=2\times\left[83.4\text{cm}^4+25.16\text{cm}^2\left(1.75\text{cm}+\frac{h}{2}\right)^2\right]$$

整理后得到　　$12.58h^2+88.06h-1549.10=0$

解出 h 后，弃不合理的负值，得 $h=8.14\text{cm}$。

(2) 校核钢柱的稳定性。钢柱两端附近截面虽有螺栓孔削弱，但属于局部削弱，不影响整体的稳定性。

钢柱截面的 i 和 λ 分别为

$$i=\sqrt{\frac{I_z}{A}}=\sqrt{\frac{2\times935.0\text{cm}^4}{2\times25.16\text{cm}^2}}=6.1\text{cm}$$

和
$$\lambda=\frac{\mu l}{i}=\frac{1.3\times7000\text{cm}}{6.1\text{cm}}=149.2$$

由表 12-1 查得 $\varphi=0.308$，所以

$$\varphi[\sigma]=0.308\times170\text{MPa}=52.4\text{MPa}$$

而钢柱的工作应力为

$$\sigma=\frac{F}{A}=\frac{270\times10^3\text{N}}{2\times25.16\times10^{-4}\text{m}^2}=5.37\times10^7\text{Pa}=53.7\text{MPa}$$

可见，σ 虽大于 $\varphi[\sigma]$，但不超过 5%，故可认为满足稳定性要求。

(3) 校核钢柱的强度。对螺栓孔削弱的截面，应进行强度校核。该截面上的工作应力为

$$\sigma=\frac{F}{A}=\frac{270\times10^3\text{N}}{(2\times25.16-4\times1\times3)\times10^{-4}\text{m}^2}=7.05\times10^7\text{Pa}=70.5\text{MPa}$$

可见 $\sigma<[\sigma]$，故削弱的截面仍有足够的强度。

【例 12-8】 图 12-15 所示桁架中，上弦杆 AB 为 Q235 工字钢，截面类型为 b 类，材料的容许应为 $[\sigma]=170\text{MPa}$，$\lambda-\varphi$ 的关系见表 12-1，已知该杆受 250kN 的轴向压力作用，试选择工字钢型号。

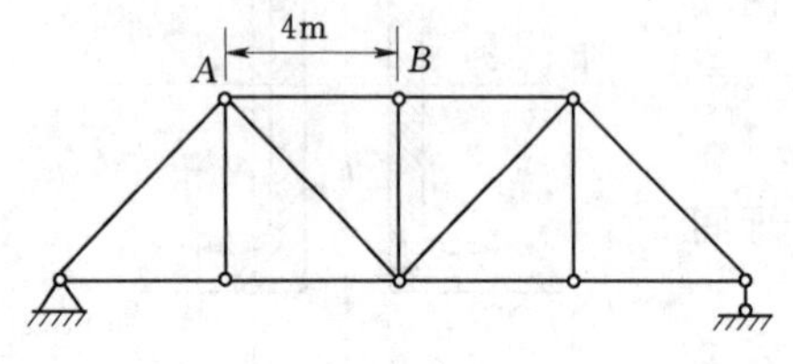

AB杆截面

图 12-15 [例 12-8] 图

解 在已知条件中给出了 $[\sigma]$ 值，但对 n_{st} 没有明确要求，所以应按折减因数法进行计算。本例要求设计截面，应按式 (12-26) 进行，但其中 φ 尚未知，而 φ 应根据 λ 值由表 12-1 查得，λ 又与待设计的工字钢截面尺寸有关，因此采用试算法。

先假设 $\varphi=0.5$，代入式 (12-26)，得

$$A\geqslant\frac{F}{\varphi[\sigma]}=\frac{250\times10^3\text{N}}{0.5\times170\times10^6\text{N/m}^2}=0.002941\text{m}^2=29.41\text{cm}^2$$

查型钢表选 18 号工字钢，$A=30.8\text{cm}^2$，$i_{\min}=2.0\text{cm}$。弦杆 AB 两端可视为球铰，$\mu=1$，因而

$$\lambda=\frac{\mu l}{i}=\frac{1\times400\text{cm}}{2.0\text{cm}}=200$$

查表 12-1，得 $\varphi=0.186$。与原假设 $\varphi=0.5$ 相差甚大，需作第二次试算。

再假设 $\varphi=\dfrac{0.5+0.186}{2}=0.343$，代入式 (12-26)，得

$$A\geqslant\frac{250\times10^3\text{N}}{0.343\times170\times10^6\text{N/m}^2}=0.004287\text{m}^2=42.87\text{cm}^2$$

查型钢表选 22b 工字钢，$A=46.5\text{cm}^2$，$i_{\min}=2.27\text{cm}$，因而

$$\lambda=\frac{1\times400\text{cm}}{2.27\text{cm}}=176.2$$

查表 12-1 得 $\varphi=0.234$，与假设 $\varphi=0.343$ 仍相差过大，再作第三次试算。

再假设 $\varphi=\dfrac{0.343+0.243}{2}=0.289$，代入式（12-26），得

$$A\geqslant\frac{250\times10^3\text{N}}{0.289\times170\times10^6\text{N/m}^2}=0.005089\text{m}^2=50.89\text{cm}^2$$

查型钢表选 28a 工字钢，$A=55.4\text{cm}^2$，$i_{\min}=2.50\text{cm}$，因而

$$\lambda=\frac{1\times400\text{cm}}{2.50\text{cm}}=160$$

查表 12-1 得 $\varphi=0.276$，与假设 $\varphi=0.289$ 相差小于 5%，故可选 28a 工字钢，并按式（12-26）校核其稳定性。先计算工作应力

$$\sigma=\frac{F}{A}=\frac{250\times10^3\text{N}}{55.4\times10^{-4}\text{m}^2}=45.1\times10^6\text{Pa}=45.1\text{MPa}$$

再计算
$$\varphi[\sigma]=0.276\times170\text{MPa}=46.9\text{MPa}$$

可见 $\sigma<\varphi[\sigma]$，AB 杆稳定，可见应选 28a 工字钢。

【例 12-9】 图 12-16 所示结构中，AB 杆为 14 号工字钢，CD 为圆截面直杆，直径 $d=20\text{mm}$，二者材料均为钢材，$\sigma_s=235\text{MPa}$，$\lambda_P=100$，$E=206\text{GPa}$。若已知 $F=25\text{kN}$，$l_1=1.25\text{m}$，$l_2=0.55\text{m}$，强度安全因数 $n=1.45$，稳定安全因数 $n_{st}=1.8$。试校核此结构是否安全。

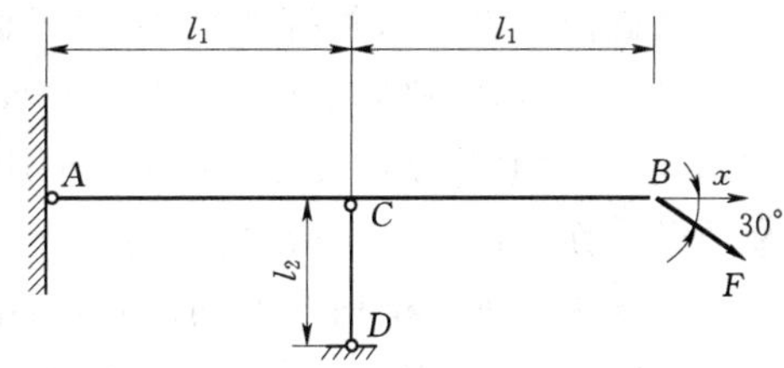

图 12-16　［例 12-9］图

解　分析此结构的受力，将外力 F 分解成竖向和水平两个分力，则可知 AB 杆发生拉弯组合变形，需进行强度校核，而 CD 杆受压，应进行稳定性校核。只有两者均安全，整个结构才安全。

（1）AB 杆的强度。AB 为拉弯组合变形杆件，分析计算其内力，可得轴力 $F_{NAB}=F\cos30°=25\text{kN}\times\cos30°=21.65\text{kN}$；截面 C 处弯矩最大，$M_{\max}=F\times\sin30°\times l_1=25\text{kN}\times0.5\times1.25\text{m}=15.63\text{kN}\cdot\text{m}$。

由型钢表查得 14 号工字钢 $W_z=102\text{cm}^3$，$A=21.5\text{cm}^2$，由此得到 AB 杆的最大应力

$$\sigma_{\max}=\frac{M_{\max}}{W_z}+\frac{F_{NAB}}{A}=\frac{15.63\times10^3\text{N}\cdot\text{m}}{102\times10^{-6}\text{m}^3}+\frac{21.65\times10^3\text{N}}{21.5\times10^{-4}\text{m}^2}=163\text{MPa}$$

由式（2-6）计算，得

$$[\sigma]=\frac{\sigma_s}{n}=\frac{235\text{MPa}}{1.45}=162\text{MPa}$$

$\sigma_{\max}$ 略大于［σ］，但不超过 5%，工程上认为 AB 杆安全。

（2）压杆 CD 的稳定性。由平衡方程求得压杆 CD 的轴力为

$$F_N=2F\sin30°=F=25\text{kN}$$

因为两端为铰支，$\mu=1$，所以

$$\lambda=\frac{\mu l_2}{i}=\frac{1\times0.55\text{m}}{\dfrac{20\times10^{-3}\text{m}}{4}}=110>\lambda_P=100$$

故 CD 杆为细长杆，按欧拉公式计算临界力

$$F_{cr}=\frac{\pi^2 EI}{(\mu l)^2}=\frac{\pi^2\times206\times10^9\text{Pa}\times\dfrac{\pi\times(0.02\text{m})^4}{64}}{(1\times0.55\text{m})^2}=52.8\text{kN}$$

所以
$$F_N<[F_{st}]=\frac{F_{cr}}{n_{st}}=\frac{52.8\text{MPa}}{1.8}=29.3\text{kN}$$

压杆 CD 稳定。故整个结构安全。

12.4.2 提高压杆稳定性的措施

每一根压杆都有一定的临界力，临界力越大，表示该压杆越不容易失稳。临界力取决于压杆的长度、截面形状和尺寸、杆端约束以及材料的弹性模量等因素。因此，为提高压杆稳定性，应从这些方面采取适当的措施。

1. 选择合理的截面形式

当压杆两端约束在各个方向均相同时，若截面的两个主形心惯性矩不相等，压杆将在 I_{min} 的纵向平面内失稳。因此，当截面面积不变时，应改变截面形状，使其两个形心主惯性矩相等，即 $I_y=I_z$，这样就有 $\lambda_y=\lambda_z$，压杆在各个方向就具有相同的稳定性。这种截面形状就较为合理。例如，在截面面积相同的情况下，正方形截面就比矩形截面合理。

在截面的两个形心主惯性矩相等的前提下，应保持截面面积不变并增大 I 值。例如，将实心圆截面改为面积相等的空心圆截面，就较合理。由同样 4 根角钢组成的截面，图 12-17（b）所示的放置就比图 12-17（a）所示的合理。采用槽钢时，用两根并且按图 12-18（a）所示的方式放置，再调整间距 h，使 $I_y=I_z$（见例 12-7）。工程上常用型钢组成薄壁截面，比用实心截面合理。

当压杆由角钢、槽钢等型钢组合而成时，必须保证其整体稳定性。工程上常用如图 12-18（b）所示加缀条的方法以保证组合压杆的整体稳定性。两水平缀条间的一段单肢称为分支，也是一压杆，如其长度 a 过大，也会因该分支失稳而导致整体失效。

因此，应使每个分支和整体具有相同的稳定性，即满足 $\lambda_{分支}=\lambda_{整体}$，才是合理的。分支长度 a 通常由此条件确定。在计算分支的 λ 时，两端一般按铰支考虑。

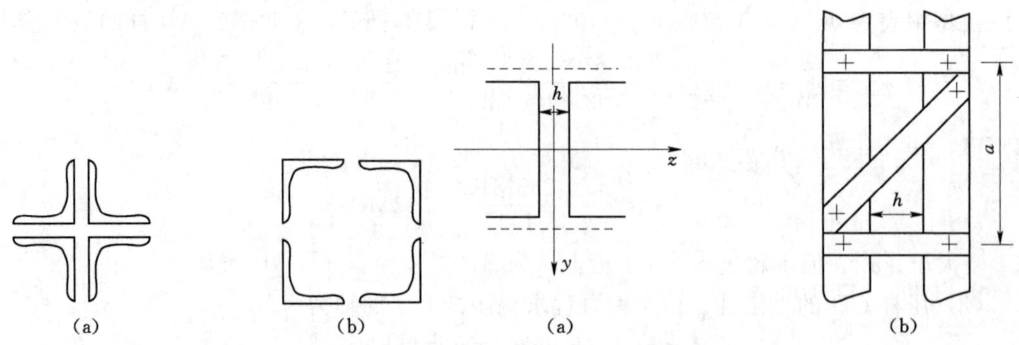

图 12-17 等边角钢截面

图 12-18 槽钢截面和缀条与分支

当压杆在两个形心主惯性平面内的杆端约束不同时，如柱形铰，则其合理截面的形式是使 $I_y \neq I_z$，以保证 $\lambda_y = \lambda_z$。这样，压杆在两个方向才具有相同的稳定性。

2. 减小相当长度和增强杆端约束

压杆的稳定性随杆长的增加而降低，因此，应尽可能减小杆的相当长度，例如可以在压杆中间设置中间支承。

此外，增强杆端约束，即减小长度因数 μ 值，也可以提高压杆的稳定性。例如在支座处焊接或铆接支撑钢板，以增强支座的刚性从而减小 μ 值。

3. 合理选择材料

细长压杆的临界力 F_{cr} 与材料的弹性模量 E 成正比，因此，选用 E 大的材料可以提高压杆的稳定性。但若压杆由钢材制成，因各种钢材的 E 值大致相同，所以选用优质钢或低碳钢对细长压杆稳定性并无明显影响。而对中长杆，其临界应力 σ_{cr} 总是超过材料的比例极限 σ_P，因此，对这类压杆采用高强度材料会提高稳定性。

*12.5　按折算弹性模量理论分析非弹性失稳的压杆

对于 $\lambda < \lambda_P$ 的压杆，其临界应力 σ_{cr} 将超过材料的比例极限 σ_P。从图 12-19 所示的材料 σ—ε 曲线可见，当应力超过材料的比例极限 σ_P 时，σ—ε 间的关系将从线性转化为非线性。在大于比例极限 σ_P 的应力水平下，加载时可将 σ—ε 曲线的切线斜率视为该应力水平时的弹性模量，称为**切线弹性模量**，用 E_T 表示，而卸载时的弹性模量则与 σ—ε 曲线初始加载段的弹性模量相同，仍为 E。

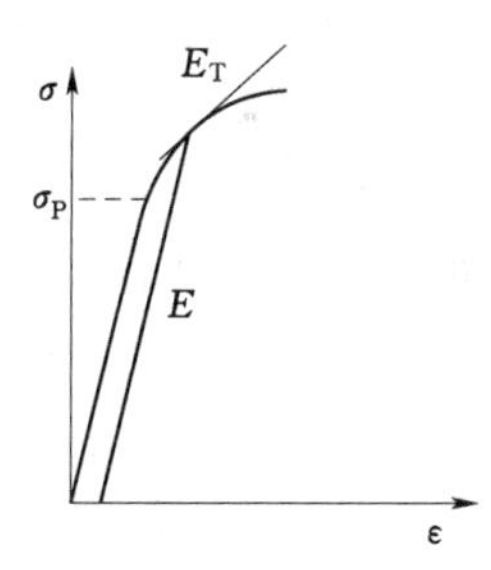

图 12-19　材料 σ—ε 曲线

当 $\sigma_{cr} > \sigma_P$ 的压杆在临界力 F_{cr} 作用下，从不稳定的直线平衡形式转为微弯的平衡形式时，在杆横截面上受压区由于有弯曲引起的附加压应力，故压应力要比 $\sigma_{cr} = F_{cr}/A$ 稍大，相当于加载，该区弹性模量应为 E_T；而在受拉区，由于有弯曲引起的附加拉应力，故压应力要比 $\sigma_{cr} = F_{cr}/A$ 稍小，相当于卸载，该区弹性模量仍为 E。由弯曲变形的平面假设可知，压杆在弯曲时横截面上各点处的纵向线应变 ε 沿 y 方向按线性规律变化，即 $\varepsilon = y/\rho$，ρ 为曲率半径。因此，压杆横截面上由微弯引起的附加应力

$$\left.\begin{aligned} &\text{受压区} \quad \sigma_c = E_T y/\rho(x) \\ &\text{受拉区} \quad \sigma_t = E y/\rho(x) \end{aligned}\right\} \tag{a}$$

式中：$\rho(x)$ 为微弯挠曲线的曲率半径。

进而，用与 5.2 节推导梁的正应力公式类似的静力学关系，可求得弯曲中性轴的位置和附加弯矩的大小。首先，由

$$F_N = \int_{A_1} \sigma_c \mathrm{d}A + \int_{A_2} \sigma_t \mathrm{d}A = 0 \tag{b}$$

式中：A_1、A_2 分别为横截面受压区和受拉区的面积。

将式 (a) 代入式 (b)，并考虑到 $\rho(x) \neq 0$，从而可得

$$E_T S_1 + E S_2 = 0 \tag{12-30}$$

式中：S_1、S_2 分别为 A_1、A_2 对中性轴的面积矩。

利用式（12-30），就可以确定中性轴的位置，由于 E_T 与 E 不相等，故中性轴并不通过截面形心。中性轴位置确定后，由弯曲引起的附加应力 σ_c 和 σ_t 的作用范围，即受压区和受拉区的范围就确定了，在受压区和受拉区中，σ_c 和 σ_t 沿 y 方向都是线性分布的。

将上述由弯曲引起的附加应力与压杆的压应力叠加后，即可得微弯时压杆横截面上的应力分布图，如图 12-20 所示。

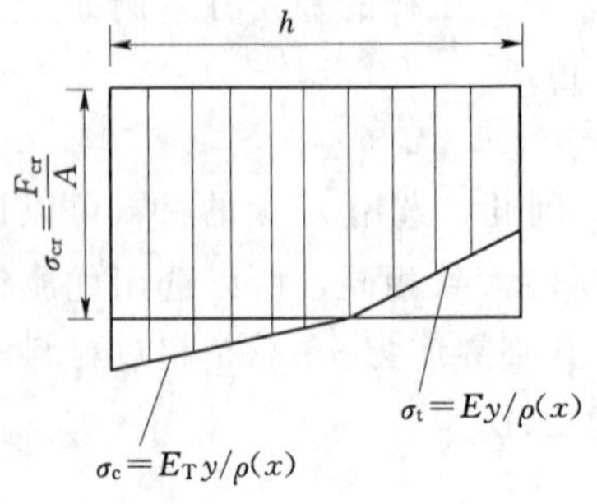

图 12-20 压杆横截面应力分布

附加弯矩可由下式得到

$$M(x)=\int_{A_1} y\sigma_c \mathrm{d}A+\int_{A_2} y\sigma_t \mathrm{d}A \tag{c}$$

将式（a）代入式（c），得

$$M(x)=\frac{E_T}{\rho(x)}\int_{A_1} y^2 \mathrm{d}A+\frac{E}{\rho(x)}\int_{A_2} y^2 \mathrm{d}A$$

$$=\frac{1}{\rho(x)}(E_T I_1+EI_2) \tag{d}$$

式中：I_1、I_2 分别为 A_1、A_2 对中性轴的惯性矩。

如令 $E_T I_1+EI_2=E_D I$，I 为整个横截面对形心主轴 z 的惯性矩，则式（d）可写为

$$\frac{1}{\rho(x)}=\frac{M(x)}{E_D I} \tag{e}$$

其中

$$E_D=(E_T I_1+EI_2)/I \tag{12-31}$$

称为**折算弹性模量**（discounted modulus of elasticity）。

由式（e），可以得到压杆挠曲线的近似微分方程为

$$E_D I w''=-M(x)$$

再仿照欧拉临界力公式的推导过程，可得到用折算弹性模量表示的 $\sigma_{cr}>\sigma_P$（即 $\lambda<\lambda_P$）情况下压杆临界力公式和临界应力公式

$$F_{cr}=\frac{\pi^2 E_D I}{(\mu l)^2} \tag{12-32}$$

和

$$\sigma_{cr}=\frac{\pi^2 E_D}{\lambda^2} \tag{12-33}$$

E_D 的具体确定与压杆截面形状有关，对图 12-21 所示的矩形截面而言，设中性轴与形心轴 z 的距离为 e，由式（12-30）得

$$E_T\left(\frac{h}{2}+e\right)^2=E\left(\frac{h}{2}-e\right)^2 \tag{f}$$

由于

$$\left(\frac{h}{2}+e\right)+\left(\frac{h}{2}-e\right)=h \tag{g}$$

从式（f）、式（g）可解得

$$\left.\begin{aligned}\left(\frac{h}{2}+e\right)&=\frac{h\sqrt{E}}{\sqrt{E_T}+\sqrt{E}}\\ \left(\frac{h}{2}-e\right)&=\frac{h\sqrt{E_T}}{\sqrt{E_T}+\sqrt{E}}\end{aligned}\right\} \tag{h}$$

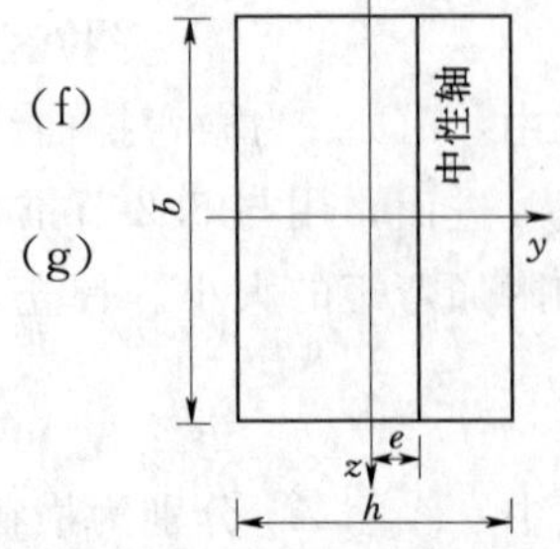

图 12-21 矩形截面 E_D 的计算

又由于 $$I_1=\frac{b\left(\frac{h}{2}+e\right)^3}{3},\ I_2=\frac{b\left(\frac{h}{2}-e\right)^3}{3},\ I=\frac{bh^3}{12} \tag{i}$$

将式(h)、式(i)代入式(12-31),化简后得

$$E_D=\frac{4E_TE}{(\sqrt{E_T}+\sqrt{E})^2} \tag{12-34}$$

式(12-34)即为仅适用于矩形截面的折算弹性模量公式。对于其他形式的截面,E_D 的公式将不同于式(12-34)。

*12.6 纵横弯曲问题

当杆件受轴向压力外,同时还受横向力作用时,杆件也将发生弯曲。这种弯曲是横向力和轴向力共同作用的结果。如果杆的抗弯刚度 EI 很大,则由轴向压力引起的弯曲内力、应力等可以忽略不计。在此情况下,轴向压力和横向力的作用相互独立,没有影响。这就是9.3节中所讨论的压弯组合变形。如果抗弯刚度 EI 很小,则横向力将引起较大的挠度,因而轴向力将在横向力引起的挠度上引起附加弯曲。在此情况下,轴向压力和横向力不再是互相独立,而是互有影响;尽管杆仍在弹性范围内工作,但杆的内力、应力等不再与外力成线性关系,因而叠加原理在此不再适用。这种由横向力和轴向压力共同引起的弯曲,称为**纵横弯曲**(longitudinal and transverse bending)。

现以图12-22所示的杆为例来说明纵横弯曲问题的概念及求解方法。

该杆为两端铰支,受两端的轴向压力 F 及跨中的横向力 F_T 共同作用,并假定杆在某一主惯性平面内弯曲,抗弯刚度为 EI。力 F_T 所引起的两端横向反力均为 $F_T/2$,方向向上。

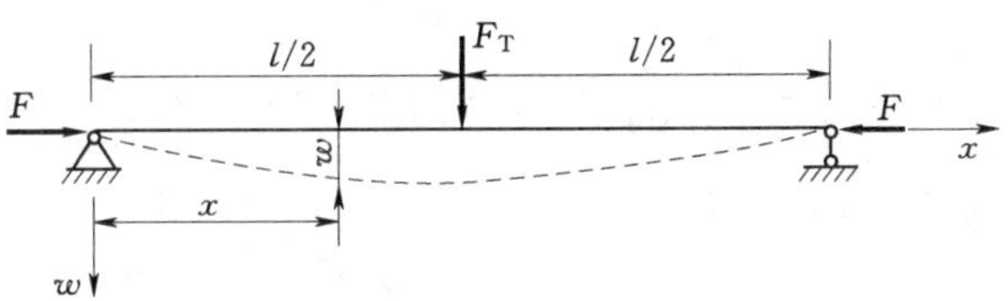

图12-22 纵横弯曲杆件

由于对称,取左半段杆分析。在图12-22所示坐标系中,如杆轴线上任意点处的挠度为 w,则该截面上的弯矩应为

$$M(x)=\frac{F_T}{2}x+Fw \tag{a}$$

而其挠曲线近似微分方程为

$$EIw''=-M(x)=-\frac{F_T}{2}x-Fw$$

令 $k^2=F/EI$,则上式成为

$$w''+k^2w=-\frac{F_T}{2EI}x=-\frac{F_T}{2F}k^2x$$

该微分方程的通解为

$$w=A\sin kx+B\cos kx-\frac{F_T}{2F}x \tag{b}$$

式中：A、B 为常数，可由左半段杆两端的边界条件确定。

边界条件为当 $x=0$ 时，$w=0$；当 $x=\frac{l}{2}$时，$w'=0$。由此可求得 $B=0$ 和 $A=\frac{F_T}{2Fk\cos\frac{kl}{2}}$。代回式（b），得左半段杆的挠曲线方程

$$w=\frac{F_T\sin kx}{2Fk\cos\frac{kl}{2}}-\frac{F_T}{2F}x \tag{c}$$

再代入式（a），得左半段杆的弯矩方程

$$M(x)=\frac{F_T\sin kx}{2k\cos\frac{kl}{2}} \tag{d}$$

由于 $k=\sqrt{F/EI}$，故杆的挠度 w 和弯矩 M 与轴向压力 F 的关系已不再是线性关系，但与横向力 F_T 仍成线性关系。

显然，该杆的 w_{max} 和 M_{max} 均在中点处，将 $x=\frac{l}{2}$代入式（c）和式（d），得

$$w_{max}=\frac{F_T}{2Fk}\tan\frac{kl}{2}-\frac{F_T}{4F}$$

$$M_{max}=\frac{F_T}{2k}\tan\frac{kl}{2}$$

再令$\frac{kl}{2}=\frac{l}{2}\sqrt{\frac{F}{EI}}=u$，则上二式又可写为

$$w_{max}=\frac{F_T}{2Fk}\tan u-\frac{F_T l}{4F}=\frac{F_T l^3}{48EI}\left(\frac{3\tan u-3u}{u^3}\right) \tag{12-35}$$

和

$$M_{max}=\frac{F_T}{2k}\tan u=\frac{F_T l}{4}\frac{\tan u}{u} \tag{12-36}$$

式（12-35）和式（12-36）两式中，等号右边的第一个因子$\frac{F_T l}{48EI}$和$\frac{F_T l}{4}$恰为不考虑轴向压力 F，即只有横向力 F_T 作用时，杆的最大挠度和最大弯矩。而第二个因子$\frac{3\tan u-3u}{u^3}$和$\frac{\tan u}{u}$就是轴向压力 F 对 w_{max} 和 M_{max} 的影响。

在求出 M_{max} 后，可求得该纵横弯曲杆中的最大正应力

$$\sigma_{max}=\frac{F}{A}+\frac{M_{max}}{W} \tag{12-37}$$

纵横弯曲杆件的破坏，可能是强度破坏，也可能是失稳破坏。在 F、F_T 共同作用下，如按式（12-37）计算得到的 σ_{max} 等于或大于材料的容许应力 $[\sigma]$，则杆件将发生强度破坏。从式（12-35）可以看出，当 $u=\frac{kl}{2}=\frac{l}{2}\sqrt{\frac{F}{EI}}$ 趋于$\frac{\pi}{2}$时，即 F 趋于$\frac{\pi^2 EI}{l^2}$时，该式等

号右边的第二个因子$\frac{3\tan u-3u}{u^3}$趋于无限大。而$\frac{\pi^2 EI}{l^2}$恰为两端铰支压杆的临界荷载F_{cr}。可见在F、F_T共同作用下，不论F_T如何微小，只要F趋于F_{cr}，杆件的挠度都将趋于无限大，表明杆件已经失稳破坏。

综上可知，杆件的纵横弯曲与压弯组合变形完全不同，它是一个大变形问题，叠加原理已不再适用。而且，纵横弯曲杆件有强度破坏的可能，也有失稳破坏的可能。

习　　题

12－1　两端为球形铰支的压杆，当横截面如图12－23所示各种不同形状时，试问压杆会在哪个平面内失去稳定（即失去稳定时压杆的截面绕哪一根形心轴转动）？

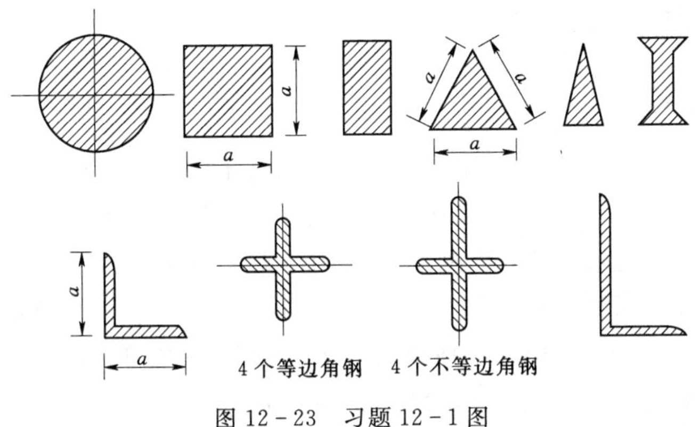

图12－23　习题12－1图

12－2　图12－24所示压杆的截面为矩形，$h=60\text{mm}$，$b=40\text{mm}$，杆长$l=2\text{m}$，材料为Q235钢，$E=2.1\times10^5\text{MPa}$。两端约束示意图为：在正视图［图12－24（a）］中的平面内相当于铰支；在俯视图［图12－24（b）］中的平面内为弹性固定，采用$\mu=0.8$。试用欧拉公式求此杆的临界力F_{cr}。

12－3　两端铰支压杆，材料为Q235钢，$E=2.1\times10^5\text{MPa}$，具有图12－25所示4种横截面形状，截面面积均为$4.0\times10^3\text{mm}^2$，试比较它们的临界力值。设$d_2=0.7d_1$。

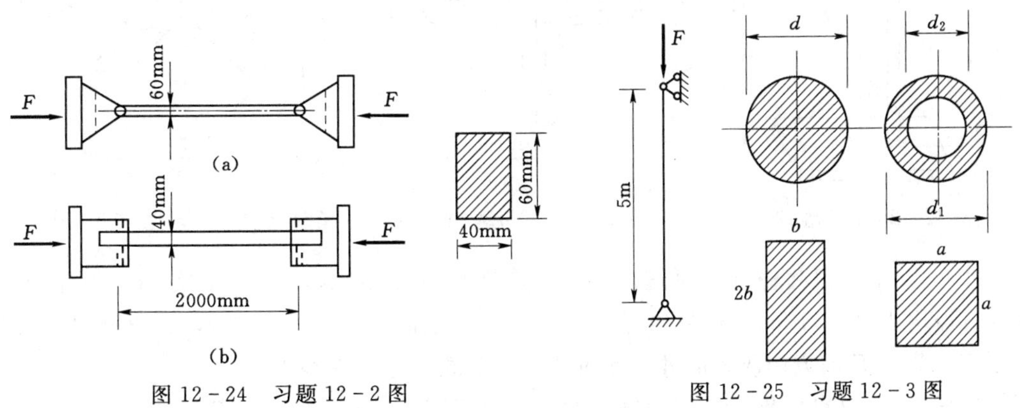

图12－24　习题12－2图　　图12－25　习题12－3图

12－4　图12－26所示的桁架中，两根杆的横截面均为50mm×50mm，材料的$E=$

70×10^{3}MPa。试用欧拉公式确定结构失稳时的 F 值。

12－5 长5m的10号工字钢，在温度5℃时安装在两个固定支座之间，这时杆不受力如图12－27所示。已知钢的线膨胀系数 $\alpha=125\times10^{-7}$℃$^{-1}$，$E=2.1\times10^{5}$MPa，问当温度升高至多少度时杆将失稳？

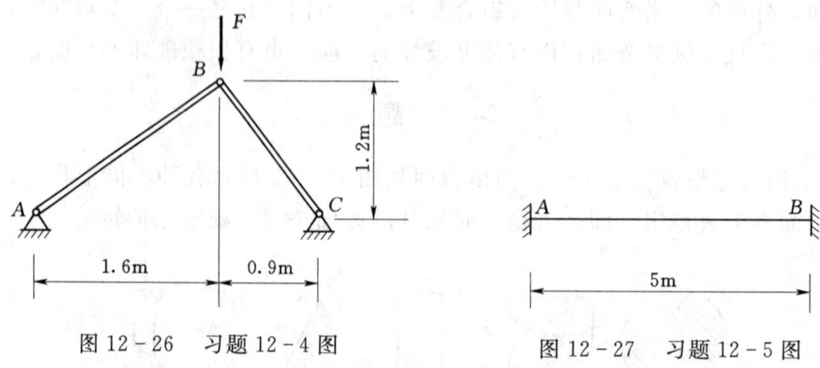

图12－26 习题12－4图

图12－27 习题12－5图

12－6 两根直径为 d 的立柱，上、下端分别与强劲的顶、底块刚性连接，如图12－28所示。试根据杆端的约束条件，分析在总压力 F 作用下，立柱微弯时可能的几种挠曲线形状，分别写出对应的总压力 F 之临界值的算式（按细长杆考虑），并确定最小临界力 F_{cr} 的算式。

12－7 试求可以用欧拉公式计算临界力的杆的最小柔度，如果杆分别由下列材料制成：

（1）比例极限 $\sigma_P=220$MPa，弹性横量 $E=1.9\times10^{5}$MPa的钢。

（2）$\sigma_P=490$MPa，$E=2.15\times10^{5}$MPa的镍合金钢。

（3）$\sigma_P=20$MPa，$E=1.1\times10^{4}$MPa的松木。

12－8 某塔架的横撑杆长6m，杆由4根70mm×70mm×8mm的等边角钢组成。截面形式如图12－29所示。材料为Q235钢，$E=2.1\times10^{5}$MPa，稳定安全系数 $n_{st}=1.75$。若按两端铰支考虑，试求此杆所能承受的最大安全压力。

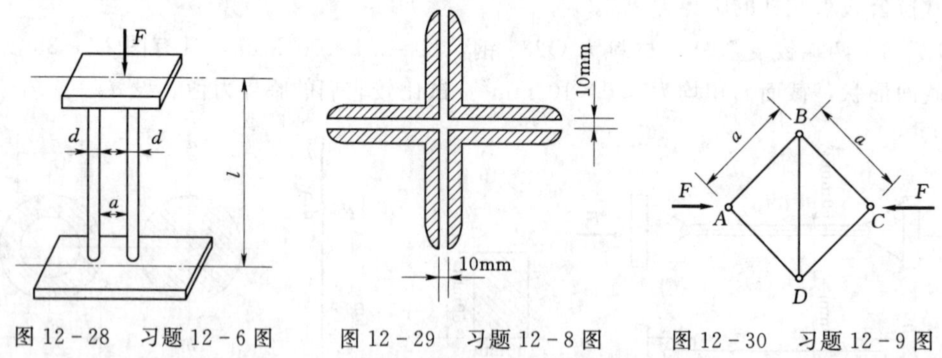

图12－28 习题12－6图

图12－29 习题12－8图

图12－30 习题12－9图

12－9 由5根圆杆组成的正方形结构如图12－30所示，$a=1$m，各结点均为铰接，杆的直径均为 $d=35$mm，材料均为Q235钢a类截面，$[\sigma]=160$MPa，试求此时的容许荷载 F。若力 F 的方向改为向外，此时的容许荷载 F 应为多少？

12－10 由Q235钢b类截面制成的圆截面钢杆，长度 $l=1$m，其下端固定，上端自由，承受轴向压力100kN。已知材料的容许应力 $[\sigma]=170$MPa，试求杆的直径 d。

12－11　两端铰支的木柱，截面为150mm×150mm的正方形，长度$l=4.5$m，设强度容许压应力$[\sigma]=11$MPa，材料的$\sigma_P=10$MPa，$E=10$GPa，木柱的$n_{st}=2.29$，材料直线公式的$a=29.3$MPa，$b=0.19$MPa，求木柱的最大安全荷载。

12－12　由$\lambda_P=100$的Q235钢杆组成的结构如图12－31所示。AB段为一端固定另一端铰支的圆截面杆，直径$d=70$mm；BC段为两端铰支的正方形截面杆，边长$a=70$mm。AB和BC两杆可各自独立发生弯曲，互不影响。已知$l=2.5$m，稳定安全系数$n_{st}=2.5$，$E=2.1\times10^5$MPa，材料直线公式的$a=304$MPa、$b=1.12$MPa，强度容许应力$[\sigma]=170$MPa。试求此结构的最大安全荷载。

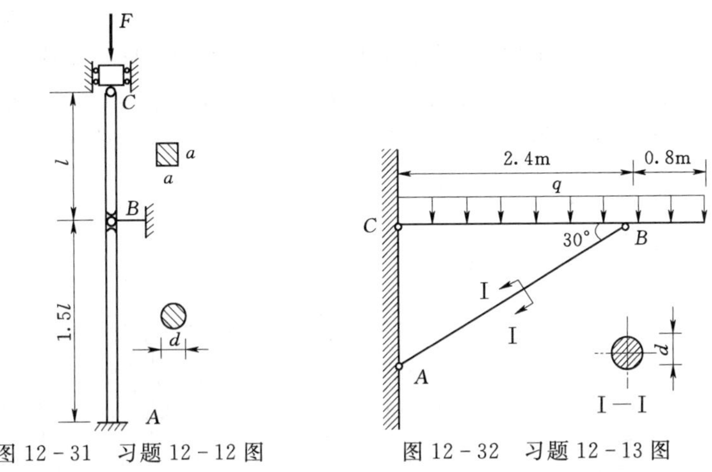

图12－31　习题12－12图　　　图12－32　习题12－13图

12－13　一简单托架如图12－32所示，其撑杆AB为圆截面细长受压木杆。若托架上受集度为$q=60$kN/m的均布荷载作用，A、B、C三处均为球形铰，木杆材料的$E=10$GPa，$n_{st}=2$。试求撑杆所需的直径d。

12－14　一细长（$\lambda>\lambda_P$）支柱由4根75mm×75mm×6mm的角钢所组成（见图12－33）。支柱的两端为铰支，柱长$l=6$m，压力为450kN。若材料为Q235钢，稳定安全系数为$n_{st}=3$，$E=210$GPa。试求支柱横截面边长a的尺寸。

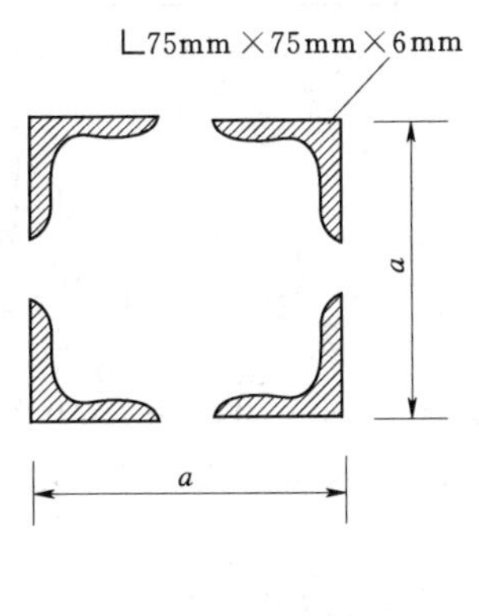

图12－33　习题12－14图

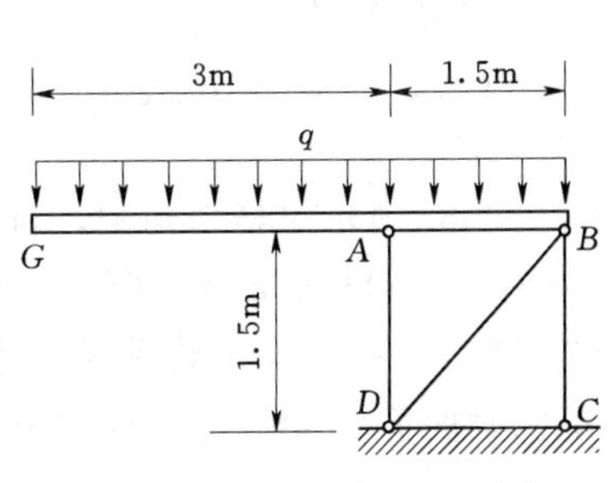

图12－34　习题12－15图

12－15 图 12－34 所示结构中 GAB 为刚性杆，AD 为 $\lambda_P=80$ 的铸铁圆杆，直径 $d=60$mm，$n_{st}=2$，$E=100$GPa；BC 为钢圆杆，直径 $d=10$mm，$[\sigma]=160$MPa。如各连接处均为铰，试求容许分布荷载 q。

12－16 图 12－35 所示托架中，AB 杆的直径 $d=40$mm，两端可视为铰支，材料为 Q235 钢。$\sigma_p=200$MPa，$E=200$GPa，若为中长杆，经验公式 $\sigma_{cr}=a-b$ 中的 $a=304$MPa、$b=1.12$MPa。

(1) 试求托架的临界荷载 F_{cr}。

(2) 若已知工作荷载 $F=70$kN，并要求 AB 杆的稳定安全因数 $n_{st}=2$，试问托架是否安全？

12－17 图 12－36 所示结构中，各杆均由 Q235 钢（b 类截面）制成。立柱 CD 的直径 $d=20$mm，长 $l=0.55$m；梁为 14 号工字钢，长 $2a=2\times1.25$m。在 B 端受有与轴线夹角为 $\alpha=30°$的集中力 $F=25$kN。设结构的容许应力 $[\sigma]=160$MPa，试问结构是否安全？

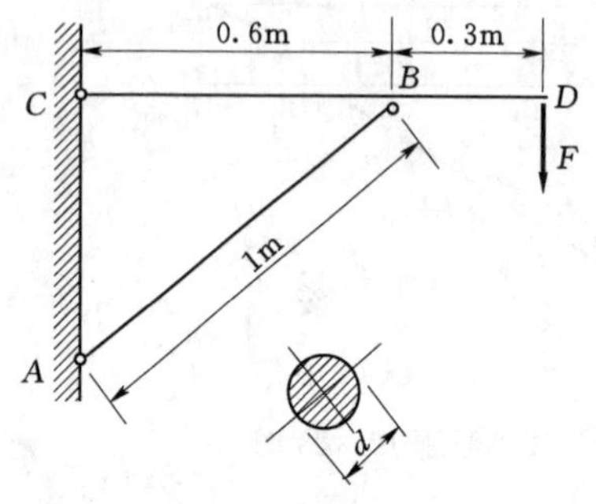

图 12－35 习题 12－16 图

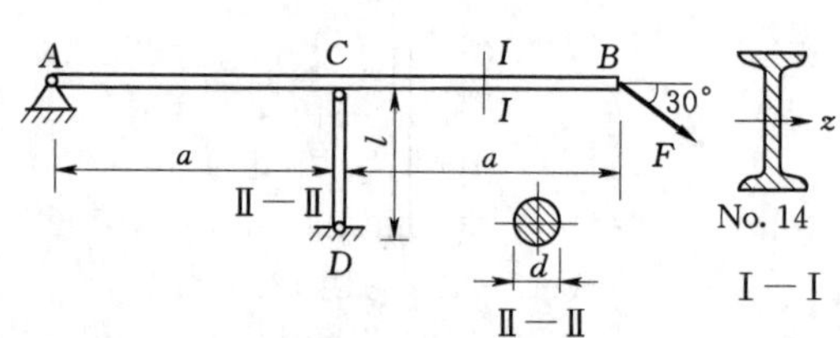

图 12－36 习题 12－17 图

12－18 图 12－37 所示结构中，钢梁 AB 及立柱 CD 分别由 16 号工字钢和连成一体的两根 63mm×63mm×5mm 的角钢制成。均布荷载集度 $q=50$kN/m，梁及柱的材料均为 Q235 钢，柱子是 b 类截面，$[\sigma]=170$MPa，$E=2.1\times10^5$MPa。试验算梁和柱是否安全。

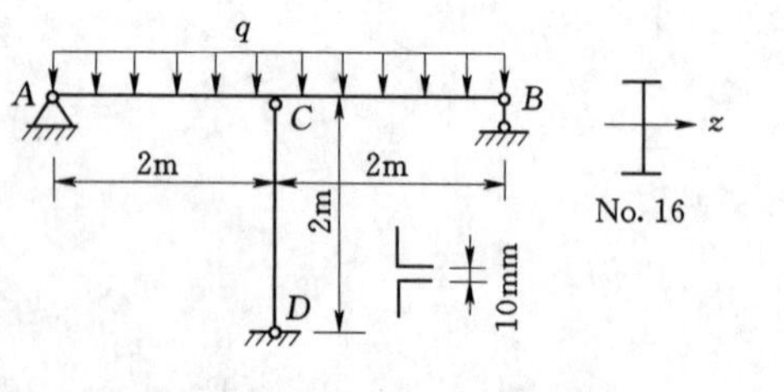

图 12－37 习题 12－18 图

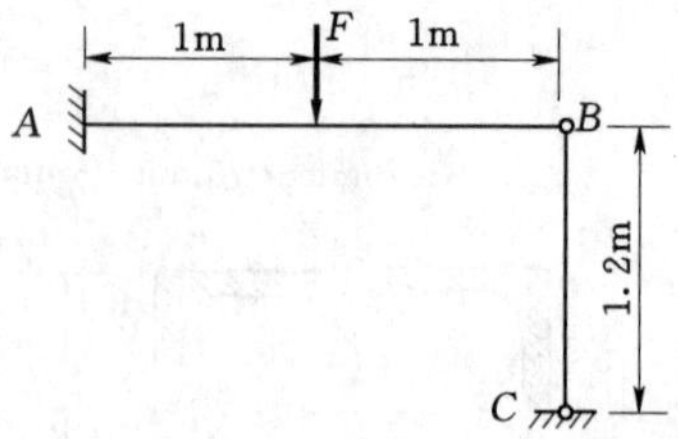

图 12－38 习题 12－19 图

12－19 图 12－38 所示梁杆结构中，材料均为 Q235 钢。AB 梁为 16 号工字钢，BC 杆为 $d=48$mm 的圆杆。已知 $E=200$GPa，$\sigma_P=200$MPa，$\sigma_s=240$MPa，强度安全系数 $n=2$，稳定安全系数 $n_{st}=3$，求容许荷载 F 值。

12－20 矩形截面简支梁，受轴向力和横向力共同作用，如图 12－39 所示。已知 $F=40$kN，$F_T=2$kN，$b=40$mm，$h=80$mm，$E=200$GPa。试求梁的最大正应力。

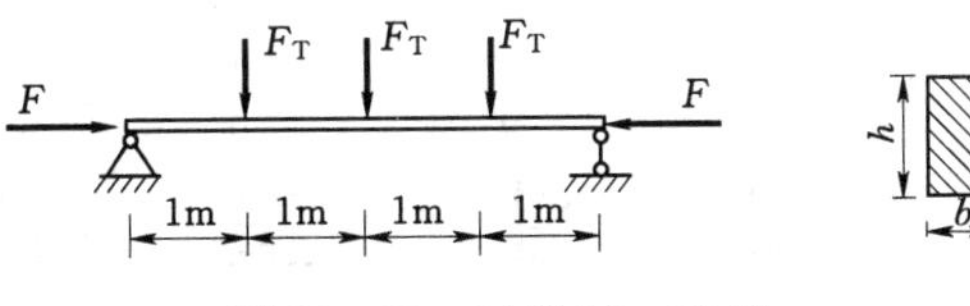

图 12－39　习题 12－20 图

习题详解

第 13 章　能　量　法

在应变能和功的概念上建立起来的能量法，是固体力学中一种应用很广的基本方法，可以用来研究与弹性体变形有关的许多问题，如变形固体的位移、变形和内力计算以及冲击等问题。本章先介绍杆件的弹性应变能，然后介绍卡氏定理和莫尔定理以及用以计算杆和简单杆系的位移和变形的方法。最后还介绍了功的互等和位移互等定理。

13.1　概　　述

在第 2、3、6 章中已介绍了杆在基本变形下位移（或变形）的计算。但是，对组合变形下的杆以及桁架、刚架和拱等结构，用以前的方法计算某一点或某截面的位移将是十分复杂的。本章将介绍在应变能和功的概念的基础上建立起来的**能量法**（energy method），这种方法可以计算变形固体的位移、变形和内力。能量法的应用范围非常广泛，它可以用来研究与弹性体变形有关的许多问题。本章将介绍如何用能量法计算杆和简单杆系的位移或变形及其有关问题。

13.2　杆件的弹性应变能计算

在 8.6 节中介绍了弹性体在外力作用下发生变形时，由于外力做功，在其内部将积蓄应变能。应变能在数值上等于外力所做的功，即 $V_\varepsilon = W$。因为应变能的计算是能量法的基础，现先介绍杆件应变能的计算及其特点。

13.2.1　杆在基本变形下的应变能

1. 杆在轴向拉伸（压缩）时的应变能

在 7.6 节中已导出了杆在轴向拉伸（压缩）时的应变能，其表达式为

$$V_\varepsilon = \frac{1}{2} F_{\mathrm{N}} \Delta l = \frac{F_{\mathrm{N}}^2 l}{2EA} \tag{13-1}$$

2. 圆杆扭转时的应变能

图 13-1（a）所示圆杆在外力偶矩 T 作用下扭转，杆端的扭转角为 φ。当材料在弹性范围时，因扭转角和外力偶矩成正比，故外力偶矩所做的功可用图 13-1（b）中的三角形 OAB 的面积表示，即

$$W = \frac{1}{2} T\varphi$$

因扭转圆杆的 $M_x = T$，$\varphi = \dfrac{M_x l}{GI_{\mathrm{P}}}$，所以圆杆扭转时的应变能为

$$V_\varepsilon = W = \frac{1}{2}M_x\varphi = \frac{M_x^2 l}{2GI_P} \tag{13-2}$$

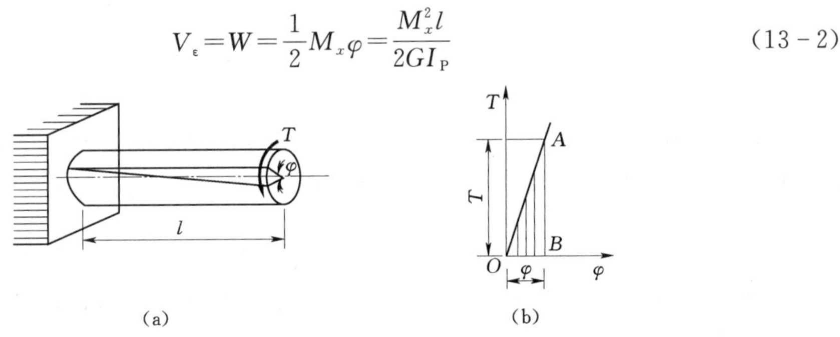

(a)　　　　(b)

图 13-1　圆杆扭转时 T-φ 之间的关系

3. 梁弯曲时的应变能

首先分析梁纯弯曲时的应变能。图 13-2 所示一简支梁，在两端受力偶矩 M_e 作用发生纯弯曲。各个横截面上的弯矩均为 $M=M_e$。梁弯曲后，轴线上各点处的曲率半径 ρ 相同，即梁弯曲后的轴线为一圆弧。由式（5-1）可得两端面的相对转角为

$$\theta = \frac{l}{\rho} = \frac{Ml}{EI} \tag{a}$$

即 θ 与 M 成正比。

因此，外力偶矩 M_e 所做的功为

$$W = \frac{1}{2}M_e\theta \tag{b}$$

由式（a）和式（b），得到梁纯弯曲时的应变能为

$$V_\varepsilon = W = \frac{1}{2}M_e\theta = \frac{M^2 l}{2EI} \tag{13-3}$$

梁在剪切弯曲时，横截面上一般既有弯矩，又有剪力，而且弯矩和剪力均为截面位置 x 的函数。现由发生剪切弯曲的梁上取一长度为 $\mathrm{d}x$ 的梁段，如图 13-3 所示。该梁段由弯矩 $M(x)$ 引起的应变能为

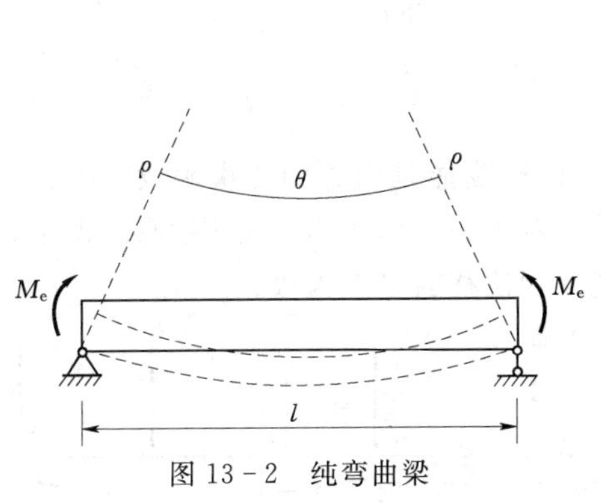

图 13-2　纯弯曲梁

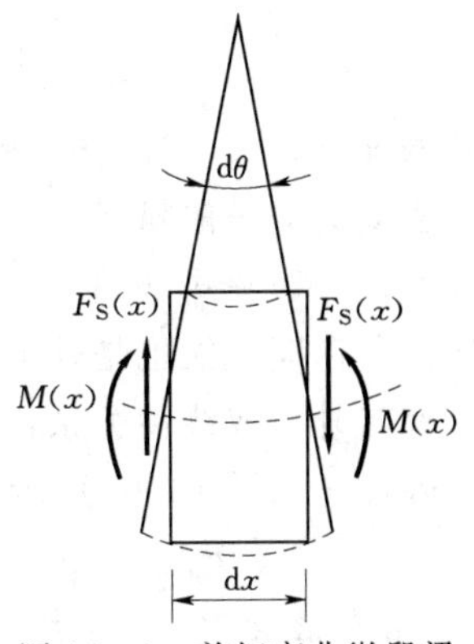

图 13-3　剪切弯曲微段梁

$$\mathrm{d}V_{\varepsilon M} = \frac{M^2(x)\mathrm{d}x}{2EI}$$

故全梁的应变能为

$$V_{\varepsilon M}=\int_{l}\frac{M^{2}(x)\mathrm{d}x}{2EI} \tag{13-4}$$

为了计算剪力 $F_S(x)$ 引起的应变能，必须考虑切应力在横截面上的分布规律。现以高为 h，宽为 b 的矩形截面为例进行计算。矩形截面上的切应力分布规律由下式表示（见5.3节）：

$$\tau=\frac{6F_S}{bh^3}\left(\frac{h^2}{4}-y^2\right) \tag{c}$$

在距中性轴 y 处，取一微小长方体 $b\mathrm{d}x\mathrm{d}y$，可以证明，该微小长方体由切应力引起的应变能为

$$\mathrm{d}V_{\varepsilon F_S}=\frac{1}{2}\frac{\tau^2}{G}b\mathrm{d}x\mathrm{d}y \tag{d}$$

由式（c）及式（d），可得到全梁由剪力引起的应变能为

$$V_{\varepsilon F_S}=\int_0^l\left[\int_{-\frac{h}{2}}^{\frac{h}{2}}\frac{18F_S^2(x)}{Gb^2h^6}\left(\frac{h^2}{4}-y^2\right)^2b\mathrm{d}y\right]\mathrm{d}x=\int_0^l\frac{6}{10}\frac{F_S^2(x)\mathrm{d}x}{Gbh}=\int_0^l\lambda\frac{F_S^2(x)\mathrm{d}x}{2GA} \tag{13-5}$$

式中：λ 为**剪切形状系数**（form coefficient for shear）。矩形截面 $\lambda=\frac{6}{5}$，对于不同形状的截面，剪切形状系数不同，如圆形截面 $\lambda=\frac{10}{9}$，工字形和箱形截面 $\lambda=\frac{A}{A_f}$，其中 A 为总面积，A_f 为腹板部分的面积。

梁在剪切弯曲时的应变能等于弯矩引起的应变能与剪力引起的应变能之和，但对一般的细长梁，由剪切引起的应变能很小，可以略去不计。

13.2.2 杆在组合变形下的应变能

杆件产生组合变形时，截面上存在轴力 $F_N(x)$、弯矩 $M(x)$、剪力 $F_S(x)$ 和扭矩 $M_x(x)$ 几种内力。每种内力只在与其本身相应的位移上做功，在其他内力引起的位移上不做功。所以，组合变形杆的总应变能等于各种内力相应的应变能之和，其一般形式为

$$V_\varepsilon=\int_0^l\frac{F_N^2(x)\mathrm{d}x}{2EA}+\int_0^l\frac{M^2(x)\mathrm{d}x}{2EI}+\int_0^l\lambda\frac{F_S^2(x)\mathrm{d}x}{2GA}+\int_0^l\frac{M_x^2(x)\mathrm{d}x}{2GI_P} \tag{13-6}$$

对于非圆截面杆，式（13-6）中 I_P 应该用 I_T 来代替。

13.2.3 应变能的一般算式

由式（13-1）～式（13-6）可见，杆件的应变能是内力的二次函数。因为内力和外力成正比，所以应变能也是外力的二次函数。对于一般弹性体，在小变形情况下，弹性体各点的位移与外力成线性关系，因而应变能又为位移的二次函数。

设一弹性体如图13-4所示。弹性体上受到外力 F_1、F_2、…、F_i、…、F_n 作用，且各外力按同一比例逐渐由零增至最终值。以 Δ_1、Δ_2、…、Δ_i、…、Δ_n 表示各外力作用点沿外力作用方向的位移。在变形后，弹性体的应变能在数值上等于各外力所做的功，即

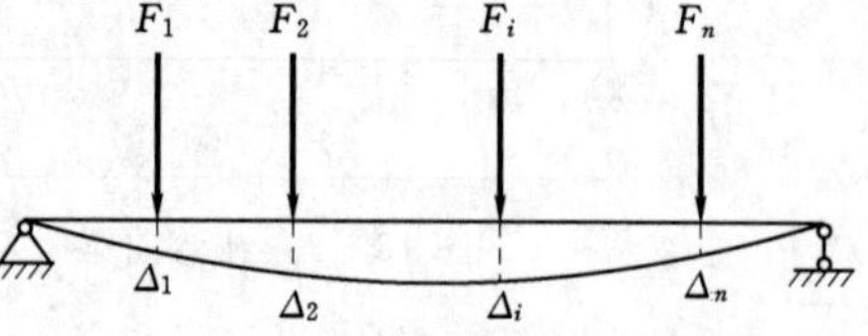

图13-4 弹性体外力与位移

$$V_\varepsilon = W = \frac{1}{2}F_1\Delta_1 + \frac{1}{2}F_2\Delta_2 + \cdots + \frac{1}{2}F_i\Delta_i + \cdots + \frac{1}{2}F_n\Delta_n = \frac{1}{2}\sum_{i=1}^{n}F_i\Delta_i \quad (13-7)$$

这就是弹性体应变能的一般算式，称为**克拉贝依隆**（B. P. E. Clapeyron）**原理**。

式（13－7）中的 F_i 称为**广义力**（generalized force），它既可代表集中力，也可代表集中力偶，Δ_i 称为**广义位移**（generalized displacement），它代表与广义力相应的位移。

因为广义力和广义位移成线性关系，所以应变能是广义力或广义位移的二次函数。

应变能的大小由各外力的最终值决定，与各外力作用的先后次序无关。例如图 13－5（a）所示的梁，在中点受集中力 F 作用，左端受集中力偶矩 M_e 作用时，梁中点的位移为

$$\Delta_C = \frac{Fl^3}{48EI} + \frac{M_e l^2}{16EI} \quad \text{(a)}$$

梁左端的转角为

$$\theta_A = \frac{Fl^2}{16EI} + \frac{M_e l}{3EI} \quad \text{(b)}$$

若集中力 F 和集中力偶矩 M_e 同时按比例由零逐渐增加到最终值，则梁的弯曲应变能为

$$V_\varepsilon = \frac{1}{2}F\Delta_C + \frac{1}{2}M_e\theta_A = \frac{1}{EI}\left(\frac{F^2l^3}{96} + \frac{M_e^2 l}{6} + \frac{M_e F l^2}{16}\right) \quad \text{(c)}$$

若先作用集中力 F，再作用集中力偶矩 M_e，如图 13－5（b）、（c）所示，则由集中力 F 所做的功为

$$W_F = \frac{1}{2}F\Delta_{CF} = \frac{1}{2}F\,\frac{Fl^3}{48EI} = \frac{F^2l^3}{96EI} \quad \text{(d)}$$

在力偶矩作用的过程中，除了 M_e 在由自身引起的位移 θ_{AM} 上做功外，力 F 在由 M_e 引起的力 F 作用点所产生的位移 Δ_{CM} 上也要做功，由于在 M_e 作用过程中力 F 保持不变，故这部分功为常力功，不需乘以 1/2。因此，在这个过程中的总功为

$$W_{M_e} = \frac{1}{2}M_e\theta_{AM} + F\Delta_{CM} = \frac{1}{2}M_e\,\frac{M_e l}{3EI} + F\,\frac{M_e l^2}{16EI} = \frac{M_e^2 l}{6EI} + \frac{M_e F l^2}{16EI} \quad \text{(e)}$$

梁的弯曲应变能在数值上就等于上述两部分功之和。由式（d）和式（e），得

$$V_\varepsilon = W_F + W_{M_e} = \frac{1}{EI}\left(\frac{F^2l^3}{96} + \frac{M_e^2 l}{6} + \frac{M_e F l^2}{16}\right) \quad \text{(f)}$$

由式（c）和式（f）可见，两种加载次序所得的弯曲应变能相等。这就说明应变能的大小是由各外力的最终值决定的，与各外力作用的先后次序无关。

由图 13－5 还可看出，当集中力 F 和集中力偶 M_e 分别单独作用于梁上时，则梁的弯曲应变能分别为

$$V_{\varepsilon F} = \frac{1}{2}F\Delta_{CF} = \frac{1}{2}F\,\frac{Fl^3}{48EI} = \frac{F^2l^3}{96EI}$$

$$V_{\varepsilon M_e} = \frac{1}{2}M_e\theta_{AM} = \frac{1}{2}M_e\,\frac{M_e l}{3EI} = \frac{M_e^2 l}{6EI}$$

将这两项应变能相加后所得的弯曲应变能，不等于由

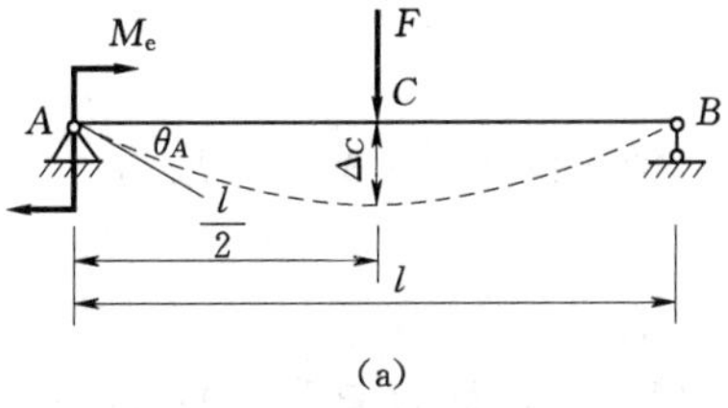

(a)

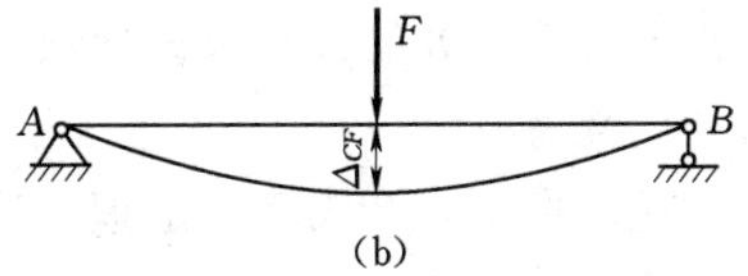

(b)

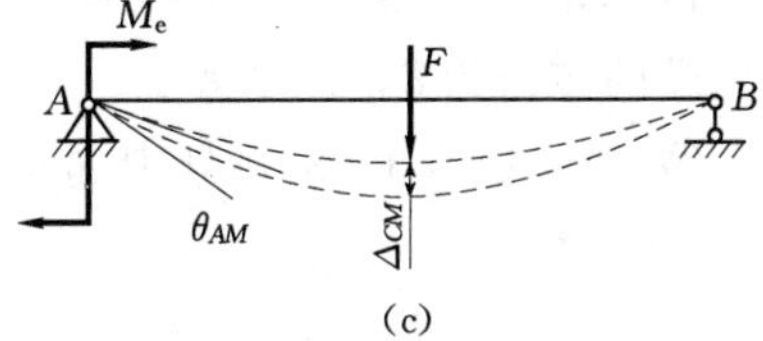

(c)

图 13－5　梁的应变能

式（c）或式（f）算出的弯曲应变能，即应变能的计算不能用叠加法。这是因为当一个力作用而做功时，其他的力将产生附加功，即各力所做的功会相互影响，因而应变能与外力之间成非线性关系。

13.3 卡 氏 定 理

13.3.1 卡氏第一定理

图13-6所示一受多个集中力作用的弹性材料梁，设与 F_1、F_2、…、F_i、…、F_n 相应的最后位移分别为 Δ_1、Δ_2、…、Δ_i、…、Δ_n。外力所做的总功 W 就等于每个外力在加载过程中所做功的总和。由于梁的应变能 V_ε 在数值上就等于外力功，即 $V_\varepsilon=W$，所以，梁的应变能可表示为各位移的函数，即

$$V_\varepsilon=f(\Delta_1,\Delta_2,\cdots,\Delta_i,\cdots,\Delta_n) \tag{a}$$

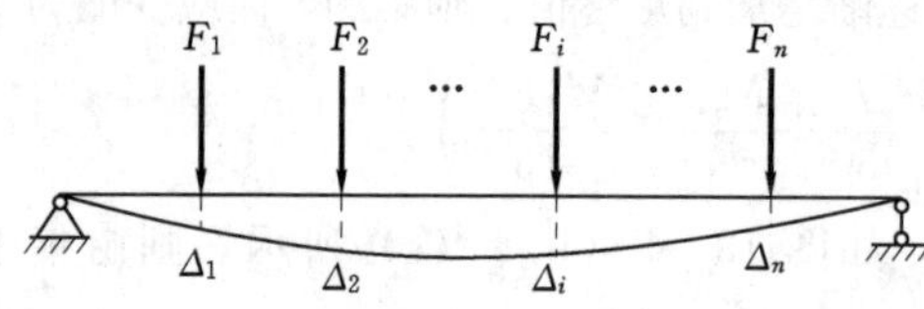

图13-6 梁的受载及位移

假设第 i 个位移 Δ_i 有一微小增量 $\mathrm{d}\Delta_i$，则梁的应变能也将有一增量 $\mathrm{d}V_\varepsilon$，显然

$$\mathrm{d}V_\varepsilon=\frac{\partial V_\varepsilon}{\partial \Delta_i}\mathrm{d}\Delta_i \tag{b}$$

由于只是与外力 F_i 相应的 Δ_i 有微小增量，而与其余各外力相应的位移保持不变。因此，对于 $\mathrm{d}\Delta_i$，仅外力 F_i 做功，因而，外力功的增量 $\mathrm{d}W$ 为

$$\mathrm{d}W=F_i\mathrm{d}\Delta_i \tag{c}$$

由于外力功与应变能在数值上相等，故有

$$\mathrm{d}V_\varepsilon=\mathrm{d}W \tag{d}$$

将式（b）、式（c）代入式（d），得

$$F_i\mathrm{d}\Delta_i=\frac{\partial V_\varepsilon}{\partial \Delta_i}\mathrm{d}\Delta_i$$

消去两边的 $\mathrm{d}\Delta_i$，最后得

$$F_i=\frac{\partial V_\varepsilon}{\partial \Delta_i} \tag{13-8}$$

式（13-8）称为**卡氏**（A. Castigliauo）**第一定理**。它表明弹性杆件（弹性体）的应变能对其上的某一处的位移求偏导数，即为与该位移相应的外力。这里的位移和外力是广义位移和广义力。

还应指出，卡氏第一定理既适用线弹性体，也适用于非线性弹性体。

【例13-1】 悬臂梁如图13-7所示，弯曲刚度为 EI，在自由端作用一外力偶矩 M_e，自由端的转角为 θ，试求 M_e。

解 由式（13-8），外力偶矩为

$$M_e=\frac{\partial V_\varepsilon}{\partial \theta} \tag{a}$$

故应计算梁的 V_ε，为便于应用式（a），必须将 V_ε 表示为 θ 的函数形式。

梁在 M_e 作用下为纯弯曲梁。故梁内任一点处的线应变为

$$\varepsilon = y/\rho \tag{b}$$

式中：ρ 为挠曲线的曲率半径；y 为梁横截面上任一点到截面中性轴的距离。

纯弯曲情况下，挠曲线为圆弧，由图 13－7 可见

$$\rho\theta = l \tag{c}$$

代入式（b），得

$$\varepsilon = y\theta/l \tag{d}$$

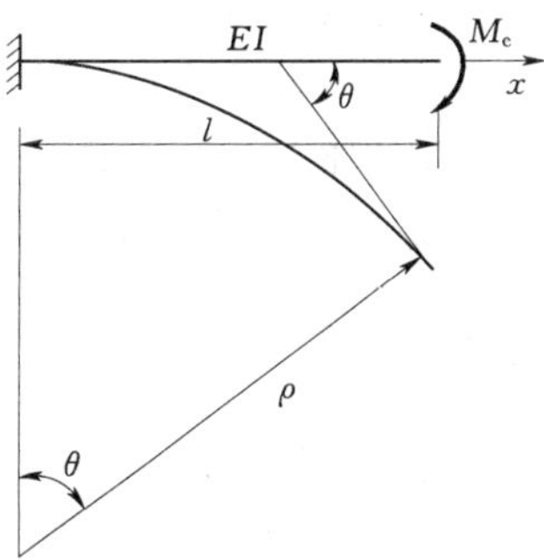

图 13－7 ［例 13－1］图

纯弯曲梁内任一点处均为单向应力状态，其应变能密度按式（8－23），为

$$v_\varepsilon = \frac{1}{2}\sigma\varepsilon$$

将胡克定律式（2－4）和式（d）代入，得

$$v_\varepsilon = \frac{1}{2}E\varepsilon^2 = \frac{1}{2}\frac{E\theta^2}{l^2}y^2 \tag{e}$$

从而，梁的应变能为

$$V_\varepsilon = \int_V v_\varepsilon \mathrm{d}V \tag{f}$$

若取 $\mathrm{d}V = \mathrm{d}A\,\mathrm{d}x$，并将式（e）代入，则式（f）又可写为

$$V_\varepsilon = \int_l \left(\int_A v_\varepsilon \mathrm{d}A\right)\mathrm{d}x = \int_l \left(\frac{E\theta^2}{2l^2}\int_A y^2\mathrm{d}A\right)\mathrm{d}x = \frac{EI}{2l}\theta^2 \tag{g}$$

将式（g）代入式（a），可得

$$M_e = \frac{\partial V_\varepsilon}{\partial\theta} = \frac{EI}{2l}(2\theta) = \frac{EI\theta}{l}$$

13.3.2 卡氏第二定理

对如图 13－6 所示的梁，其应变能又可表示为各外力的函数，即

$$V_\varepsilon = f(F_1, F_2, \cdots, F_i, \cdots, F_n) \tag{a}$$

假设第 i 个外力 F_i 有一微小增量 $\mathrm{d}F_i$，则梁的应变能也将有一增量 $\mathrm{d}V_\varepsilon$，显然

$$\mathrm{d}V_\varepsilon = \frac{\partial V_\varepsilon}{\partial F_i}\mathrm{d}F_i \tag{b}$$

由于只有 F_i 有微小增量，其余各外力均保持不变。因此，只有 $\mathrm{d}F_i$ 在与 F_i 相应的位移 Δ_i 上做功，故外力功的增量为

$$\mathrm{d}W = \mathrm{d}F_i\Delta_i \tag{c}$$

由于外力功与应变能在数值上相等，故有

$$\mathrm{d}V_\varepsilon = \mathrm{d}W \tag{d}$$

将式（b）、式（c）代入式（d），得

$$\mathrm{d}F_i\Delta_i = \frac{\partial V_\varepsilon}{\partial F_i}\mathrm{d}F_i$$

消去两边的 $\mathrm{d}F_i$，最后得

$$\Delta_i = \frac{\partial V_\varepsilon}{\partial F_i} \tag{13-9}$$

式（13-9）称为**卡氏第二定理**。它表明弹性杆件（弹性体）的应变能对作用于其上某一外力求偏导数，即为与该外力相应的位移。同样，这里的外力和位移也是广义力和广义位移。卡氏第二定理只适用于线弹性体。

若弹性体上某点处没有广义力作用，要求该点处的广义位移时，可在该点处加一广义力 F_0，然后与其他广义力一起计算弹性体的应变能，对应变能求偏导数后，令 $F_0=0$，即可得到该点的广义位移为

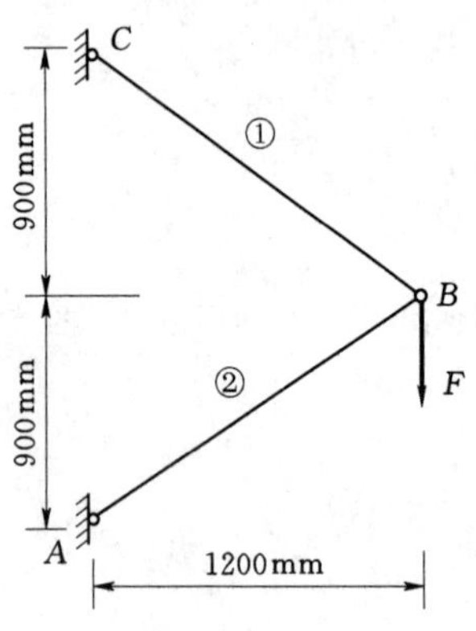

图 13-8 ［例 13-2］图

$$\Delta = \left.\frac{\partial V_\varepsilon}{\partial F_0}\right|_{F_0=0} \tag{13-10}$$

【例 13-2】 求图 13-8 所示桁架结点 B 的竖直位移。已知 1、2 两杆的材料相同，$E=2.0\times10^5$MPa；1、2 两杆的横截面面积分别为 $A_1=90\text{mm}^2$，$A_2=150\text{mm}^2$；$F=12$kN。

解 1、2 两杆分别受到轴向拉伸和压缩，杆的应变能由式（13-1）计算。桁架的总应变能为

$$V_\varepsilon = \sum_{i=1}^{2} \frac{F_{Ni}^2 l_i}{2EA_i}$$

由式（13-9），B 点的竖直位移为

$$\Delta_{BV} = \frac{\partial V_\varepsilon}{\partial F} = \sum_{i=1}^{2} \frac{F_{Ni} l_i}{EA_i} \frac{\partial F_{Ni}}{\partial F}$$

由平衡方程，可求得各杆的轴力，并求它们对 F 的偏导数

$$F_{N1} = \frac{5}{6}F, \quad \frac{\partial F_{N1}}{\partial F} = \frac{5}{6}$$

$$F_{N2} = -\frac{5}{6}F, \quad \frac{\partial F_{N2}}{\partial F} = -\frac{5}{6}$$

由此可求得 B 点的竖直位移为

$$\Delta_{BV} = \frac{l}{EA_1}\left(\frac{5}{6}F\right)\left(\frac{5}{6}\right) + \frac{l}{EA_2}\left(-\frac{5}{6}F\right)\left(-\frac{5}{6}\right)$$

将 $l=1500$mm 和其他数据代入后，得

$$\Delta_{BV} = 1.11\text{mm}$$

位移方向和 F 力方向一致。

【例 13-3】 求图 13-9 所示简支梁 A 截面的转角 θ_A，设梁的 EI 为常数。

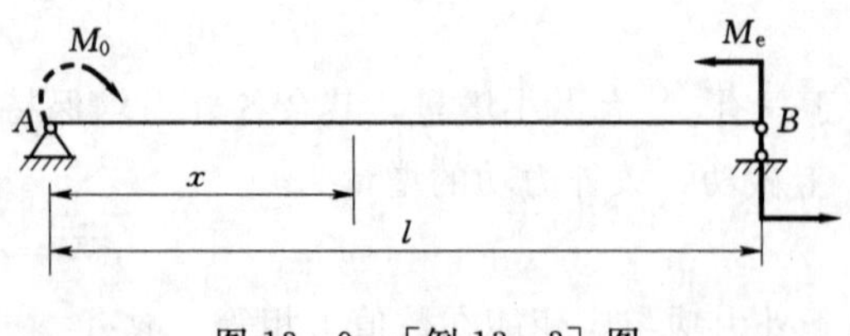

图 13-9 ［例 13-3］图

解 为了求 A 截面的转角 θ_A，可在 A 端加一力偶 M_0，如图 13-10 所示，由式（13-10），A 截面的转角

$$\theta_A = \left.\frac{\partial V_\varepsilon}{\partial M_0}\right|_{M_0=0}$$

不计剪力的影响，梁的应变能为

$$V_\varepsilon=\int_0^l \frac{M^2(x)}{2EI}\mathrm{d}x$$

故
$$\theta_A=\frac{\partial V_\varepsilon}{\partial M_0}\bigg|_{M_0=0}=\frac{1}{EI}\left[\int_0^l M(x)\ \frac{\partial M(x)}{\partial M_0}\mathrm{d}x\right]\bigg|_{M_0=0}$$

列梁的弯矩方程并对 M_0 求偏导数：

$$M(x)=\frac{M_e}{l}x-\frac{M_0}{l}x+M_0,\ \frac{\partial M(x)}{\partial M_0}=-\frac{x}{l}+1\ (0\leqslant x\leqslant l)$$

由此得
$$\theta_A=\frac{\partial V_\varepsilon}{\partial M_0}\bigg|_{M_0=0}=\frac{1}{EI}\left[\int_0^l\left(\frac{M_e}{l}x-\frac{M_0}{l}x+M_0\right)\left(-\frac{x}{l}+1\right)\mathrm{d}x\right]\bigg|_{M_0=0}$$
$$=\frac{M_e l}{6EI}$$

求得的转角为正，表明实际转角的转向与 M_0 的转向相同。

【例 13-4】 弯曲刚度均为 EI 的静定组合梁 ABC，在 AB 段上受均布荷载 q 作用，如图 13-10(a)所示。梁材料为线弹性体，不计切应变对梁变形的影响。试用卡氏第二定理求梁中间铰 B 两侧截面的相对转角。

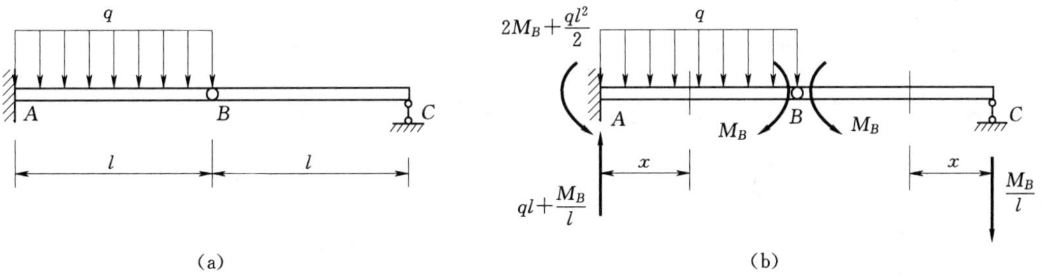

图 13-10 [例 13-4]图

解 为计算中间铰 B 两侧截面的相对转角，在中间铰两侧虚设一对外力偶 M_B[图 13-10(b)]。组合梁在均布荷载和虚设外力偶的共同作用下，由平衡条件，可得梁固定端 A 和活动铰支座 C 处的支反力如图 13-10(b)中所示。

两段梁在任意 x 横截面上的弯矩分别为

AB 梁
$$M(x)=\left(ql+\frac{M_B}{l}\right)x-\left(2M_B+\frac{ql^2}{2}\right)-\frac{qx^2}{2}\quad(0<x<l)$$

BC 梁
$$M(x)=-\frac{M_B}{l}x\quad(0\leqslant x<l)$$

由卡氏第二定理得中间铰 B 两侧截面的相对转角为

$$\Delta\theta_B=\frac{\partial V_\varepsilon}{\partial M_B}\bigg|_{M_B=0}=\sum\int_l M(x)\,|_{M_B=0}\cdot\frac{\partial M(x)}{\partial M_B}\bigg|_{M_B=0}\cdot\frac{1}{2EI}\mathrm{d}x$$

$$=\frac{1}{EI}\int_0^l\left(qlx-\frac{ql^2}{2}-\frac{qx^2}{2}\right)\left(\frac{x}{l}-2\right)\mathrm{d}x+0=\frac{7ql^3}{24EI}$$

相对转角 $\Delta\theta_B$ 的转向与图 13-10 (b) 中虚设外力偶 M_B 的转向一致。

【例 13-5】 曲拐 ABC，如图 13-11 所示，求力 F 作用点 C 的铅直位移。设曲拐各段 EI 和 GI_P 均为常数。

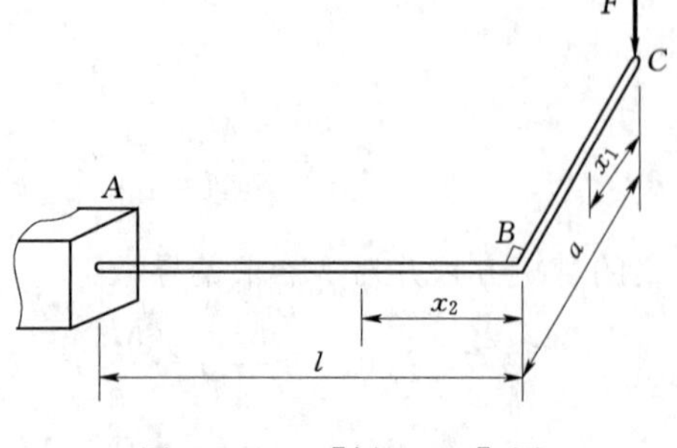

图 13-11 [例 13-5] 图

解 由式（13-9），C 点的铅直位移为

$$\Delta_{CV}=\frac{\partial V_\varepsilon}{\partial F}$$

在各杆变形中，均可不计弯曲剪力的影响，BC 段只有弯矩 $M_1(x_1)$，AB 段有弯矩 $M_2(x_2)$ 和扭矩 $M_x(x_2)$，由式（13-6），其应变能为

$$V_\varepsilon=\int_0^a\frac{M_1^2(x_1)}{2EI}\mathrm{d}x_1+\int_0^l\frac{M_2^2(x_2)}{2EI}\mathrm{d}x_2+\int_0^l\frac{M_x^2(x_2)}{2GI_P}\mathrm{d}x_2$$

故 $$\Delta_{CV}=\frac{\partial V_\varepsilon}{\partial F}=\frac{\partial}{\partial F}\left[\int_0^a\frac{M_1^2(x_1)}{2EI}\mathrm{d}x_1+\int_0^l\frac{M_2^2(x_2)}{2EI}\mathrm{d}x_2+\int_0^l\frac{M_x^2(x_2)}{2GI_P}\mathrm{d}x_2\right]$$

$$=\int_0^a\frac{M_1(x_1)}{EI}\frac{\partial M_1(x_1)}{\partial F}\mathrm{d}x_1+\int_0^l\frac{M_2(x_2)}{EI}\frac{\partial M_2(x_2)}{\partial F}\mathrm{d}x_2+\int_0^l\frac{M_x(x_2)}{GI_P}\frac{\partial M_x(x_2)}{\partial F}\mathrm{d}x_2$$

现分段列出内力方程（参见图 13-11），并对 F 求偏导数：

BC 段 $$M_1(x_1)=-Fx_1,\ \frac{\partial M_1}{\partial F}=-x_1\quad(0\leqslant x_1\leqslant a)$$

AB 段 $$M_2(x_2)=-Fx_2,\ \frac{\partial M_2}{\partial F}=-x_2\quad(0\leqslant x_2\leqslant l)$$

$$M_x(x)=-Fa,\ \frac{\partial M_x}{\partial F}=-a$$

由此可得

$$\Delta_{CV}=\frac{1}{EI}\int_0^a(-Fx_1)(-x_1)\mathrm{d}x_1+\frac{1}{EI}\int_0^l(-Fx_2)(-x_2)\mathrm{d}x_2+\frac{1}{GI_P}\int_0^l Fa^2\mathrm{d}x_2$$

$$=\frac{F}{3EI}(a^3+l^3)+\frac{Fa^2l}{GI_P}$$

求得位移为正，表明实际位移方向和力 F 作用方向相同。

在本章中，介绍了应用能量法求解杆系在荷载作用下的位移，于是，利用能量方法就可求解杆系、刚架等的超静定问题。

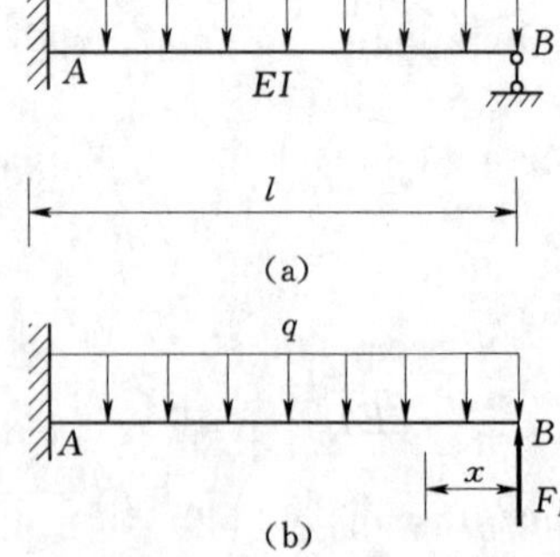

图 13-12 [例 13-6] 图

【例 13-6】 试用卡氏第二定理求解图 13-12（a）所示的超静定梁。

解 该梁有一个多余未知力，为一次超静定问题。现以 B 处支座为多余约束，假想将其解除，所得的悬臂梁为基本静定梁。然后将梁上的荷载 q 及多余支座反力 F_B 作用在基本静定梁上，如图 13-12（b）所示。变形协调条件为 B 点的挠度为零。由卡氏第二定理式（13-9），得

$$w_B=\frac{\partial V_\varepsilon}{\partial F_B}=0 \tag{a}$$

该梁的应变能如果略去由剪力引起的而只计由弯矩引起的，则可用式（13-4）

$$V_\varepsilon=\int_l \frac{M^2(x)\mathrm{d}x}{2EI}$$

代入式（a），得

$$w_B=\frac{\partial}{\partial F_B}\int_l \frac{M^2(x)\mathrm{d}x}{2EI}=\frac{1}{EI}\int_l M(x)\frac{\partial M(x)}{\partial F_B}\mathrm{d}x=0 \tag{b}$$

梁任一横截面上的弯矩方程及其对 F_B 的偏导数为

$$M(x)=F_Bx-\frac{1}{2}qx^2,\ \frac{\partial M(x)}{\partial F_B}=x$$

将其代入式（b），得

$$w_B=\frac{1}{EI}\int_0^l\left(F_Bx-\frac{1}{2}qx^2\right)x\mathrm{d}x=\frac{1}{EI}\left(\frac{F_Bl^3}{3}-\frac{ql^4}{8}\right)=0$$

这就是由变形协调条件所得的补充方程。由此可得

$$F_B=\frac{3}{8}ql$$

求得多余支座反力后，再应用平衡方程，就可得其余两个支座约束力 F_A 和 M_A，完成超静定梁的求解。

【例 13-7】 试用卡氏第二定理求图 13-13（a）所示刚架的支反力。已知两杆的弯曲刚度均为 EI，不计剪力和轴力对刚架变形的影响。

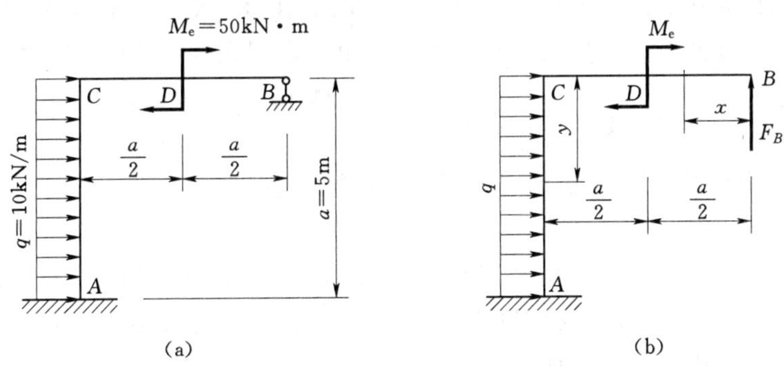

图 13-13 ［例 13-3］图

解 刚架为一次超静定。取支座 B 为多余约束，解除该约束并以多余未知力 F_B 代替，得到基本静定系如图 13-13（b）所示。和原刚架相比较，应满足的变形协调条件是在 B 点处的挠度为零，即

$$w_B=0 \tag{a}$$

按卡氏第二定理，得力与位移的物理关系为

$$w_B=\frac{\partial V_\varepsilon}{\partial F_B}=\frac{1}{EI}\int_l M(x)\frac{\partial M(x)}{\partial F_B}\mathrm{d}x \tag{b}$$

刚架各段的弯矩方程及其对 x 的偏导数分别为

BD 段 $\quad M(x)=F_Bx\quad\left(0\leqslant x\leqslant\frac{a}{2}\right),\qquad \frac{\partial M(x)}{\partial F_B}=x$

DC 段 $\qquad M(x)=F_Bx-M_e \quad (\frac{a}{2}<x\leqslant a),\qquad \frac{\partial M(x)}{\partial F_B}=x$

CA 段 $\qquad M(x)=F_Ba-M_e-\frac{qy^2}{2} \quad (0\leqslant y\leqslant a),\qquad \frac{\partial M(y)}{\partial F_B}=a$

将上列各式代入式（b），再由式（a）得补充方程为

$$w_B=\frac{1}{EI}\left[\int_0^{\frac{a}{2}}(F_Bx)x\mathrm{d}x+\int_{\frac{a}{2}}^{a}(F_Bx-M_e)x\mathrm{d}x+\int_0^a(F_Ba-M_e-\frac{qy^2}{2})a\mathrm{d}y\right]=0$$

将上式积分、整理并代入荷载 M_e 及 q 值后，得

$$F_B=\frac{1}{32a}(33M_e+4qa^2)=\frac{1}{32\times(5\mathrm{m})}[33\times(50\times10^3\mathrm{N\cdot m})+4\times(10\times10^3\mathrm{N/m})\times(5\mathrm{m})^2]$$

$$=16.56\times10^3\mathrm{N}=16.56\mathrm{kN}$$

求得多余未知力 F_B 值后，便可按基本静定系［图 13-13（b）］，由平衡方程求得固定端 A 的支反力为 $F_{Ax}=50\mathrm{kN}$（←）；$F_{Ay}=16.56\mathrm{kN}$（↓）；$M_A=92.2\mathrm{kN\cdot m}$（∩）。

13.4 莫 尔 定 理

由卡氏第二定理可以导出计算弹性体位移的另一个重要定理——**莫尔定理**。现以梁为例导出这一定理。

对于梁，当计算任意点处的广义位移时，一般要在该点处加一广义力 F_0，如梁只考虑弯矩的影响，则任意点处的广义位移可由卡氏第二定理式（13-10）求得为

$$\Delta=\left.\frac{\partial V_\varepsilon}{\partial F_0}\right|_{F_0=0}=\int_l\left[\frac{M(x)}{EI}\frac{\partial M(x)}{\partial F_0}\mathrm{d}x\right]_{F_0=0} \tag{a}$$

式中：$M(x)$ 为由荷载及广义力 F_0 共同引起的弯矩，即

$$M(x)=M_F(x)+M_{F_0}(x) \tag{b}$$

式中：$M_F(x)$ 为由荷载引起的弯矩；$M_{F_0}(x)$ 为由 F_0 引起的弯矩。

$M_F(x)$ 与 F_0 无关，$M_{F_0}(x)$ 与 F_0 成线性关系。为计算方便，令 $F_0=1$（称为单位力），因此，式（a）中的偏导数项为

$$\frac{\partial M(x)}{\partial F_0}=M^0(x) \tag{c}$$

式中：$M^0(x)$ 为当 $F_0=1$ 时的弯矩。

将式（b）及式（c）代入式（a）求位移时，只需令式（b）中的 $F_0=0$，所以式（b）中的 $M_{F_0}(x)$ 项为零，即 $M(x)=M_F(x)$，最后由式（a）得到

$$\Delta=\int_l\frac{M(x)M^0(x)}{EI}\mathrm{d}x \tag{13-11}$$

式（13-11）即为莫尔定理，或称**莫尔积分**。它由马克斯威尔（J. C. Maxwell）在 1864 年提出，莫尔于 1874 年将它应用到实际计算中，故又称**马克斯威尔-莫尔定理**。

应用式（13-11）求位移时，先列出由荷载引起的弯矩方程，然后在需求广义位移处加一个单位广义力，列出由单位广义力引起的弯矩方程 $M^0(x)$，然后代入式（13-11）

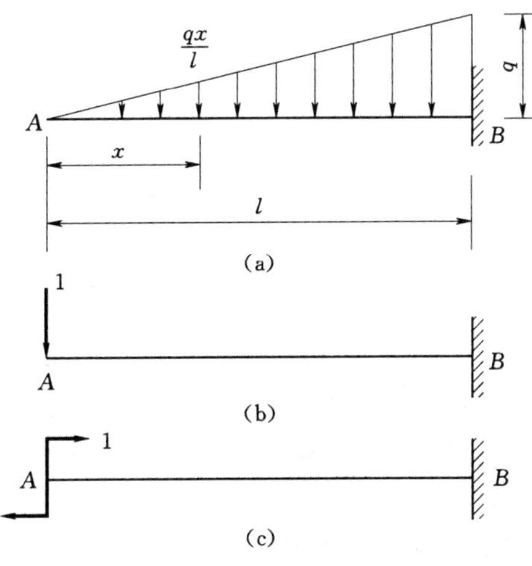

图 13-14 [例 13-8] 图

积分，即得到所求的广义位移。

莫尔定理也可推广应用到拉压杆件、扭转杆件、桁架和其他结构。

【例 13-8】 用莫尔定理求图 13-14 (a) 所示悬臂梁 A 点处的竖直位移和转角。设梁的抗弯刚度为 EI。

解 首先列出荷载引起的弯矩方程

$$M(x)=-\frac{1}{2}\frac{qx}{l}x\ \frac{x}{3}=-\frac{qx^3}{6l}$$

求 A 点竖直位移时，在 A 点加一单位力，如图 13-14 (b) 所示。由单位力引起的弯矩方程为

$$M^0(x)=-x$$

由式 (13-11) 求得 A 点的竖直位移为

$$\Delta_A=\int_l \frac{M(x)M^0(x)}{EI}\mathrm{d}x=\frac{1}{EI}\int_0^l\left(-\frac{qx^3}{6l}\right)(-x)\mathrm{d}x=\frac{ql^5}{30EI}$$

Δ_A 的方向与单位力的方向相同。

求 A 截面的转角时，在 A 点处加一单位力偶，如图 13-14 (c) 所示。由单位力偶引起的弯矩方程为

$$M^0(x)=1$$

由式 (13-11) 求得 A 截面的转角为

$$\theta_A=\frac{1}{EI}\int_0^l\left(-\frac{qx^3}{6l}\right)\times 1\times \mathrm{d}x=-\frac{ql^4}{24EI}$$

θ_A 的方向与单位力偶的方向相反。

【例 13-9】 用莫尔定理求图 13-15 所示结构 C 点的竖直位移。已知 BD 杆和 AC 杆的横截面面积分别为 $A_1=5\text{cm}^2$，$A_2=50\text{cm}^2$，AC 杆横截面对中性轴的惯性矩 $I=6\times10^{-5}\text{m}^4$；各杆的材料相同，$E=7\times10^4\text{MPa}$。

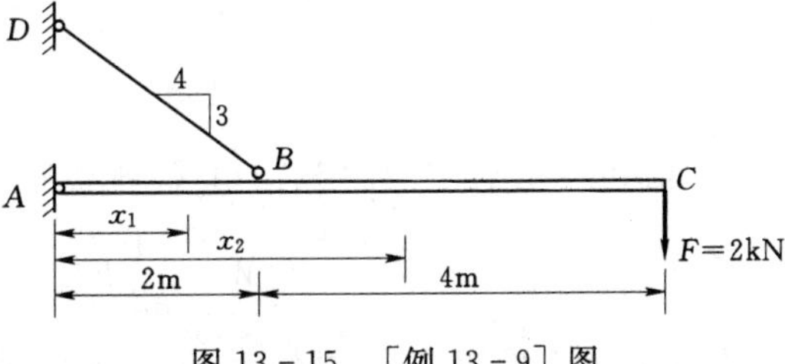

图 13-15 [例 13-9] 图

解 在 C 点沿竖直方向加一向下的单位力，分别求出由荷载及单位力引起的各杆内力

BD 杆： $F_N=5F$， $F_N^0=5$

AB 杆段： $F_N=-4F$，$F_N^0=-4$

$$M(x_1)=-2Fx_1,\ M^0(x_1)=-2x_1\quad(0\leqslant x_1\leqslant 2)$$

BC 杆段： $M(x_2)=Fx_2-6F,\ M^0(x_2)=x_2-6\quad(2\leqslant x_2\leqslant 6)$

将莫尔定理推广，则可得本例中

$$\Delta_C=\sum\frac{F_{Ni}F_{Ni}^0 l_i}{EA_i}+\sum\int_l\frac{M(x)M^0(x)}{EI}\mathrm{d}x$$

将各杆的内力及长度代入，得

$$\Delta_C=\frac{5F\times5\times2.5}{EA_1}+\frac{(-4F)(-4)\times2}{EA_2}+\frac{1}{EI}\int_0^2(-2Fx_1)(-2x_1)\mathrm{d}x_1$$
$$+\frac{1}{EI}\int_2^6(Fx_2-6F)(x_2-6)\mathrm{d}x_2$$
$$=\frac{62.5F}{EA_1}+\frac{32F}{EA_2}+\frac{32F}{EI}$$

将已知数据代入，并注意各项的单位，得

$$\Delta_C=\frac{62.5\times2\times10^3\mathrm{N\cdot m}}{7\times10^{10}\mathrm{N/m^2}\times5\times10^{-4}\mathrm{m^2}}+\frac{32\times2\times10^3\mathrm{N\cdot m}}{7\times10^{10}\mathrm{N/m^2}\times50\times10^{-4}\mathrm{m^2}}+\frac{32\times2\times10^3\mathrm{N\cdot m\cdot m^2}}{7\times10^{10}\mathrm{N/m^2}\times6\times10^{-5}\mathrm{m^4}}$$
$$=3.57\times10^{-3}\mathrm{m}+0.18\times10^{-3}\mathrm{m}+15.24\times10^{-3}\mathrm{m}=19.0\times10^{-3}\mathrm{m}=19.0\mathrm{mm}$$

*13.5 功的互等及位移互等定理

利用弹性体的变形能与加载次序无关的特点，可以导出功的互等定理和位移互等定理。现以简支梁为例证明这两个定理。

在图 13-16 所示的简支梁上任取两点 1 和 2。先在 1 点处作用广义力 F_1，它在 1 点处产生的位移为 Δ_{11}，在 2 点处产生的位移为 Δ_{21}；再在 2 点处作用广义力 F_2，它在 1 点处产生的位移为 Δ_{12}，在 2 点处产生的位移为 Δ_{22}，如图 13-16 (a) 所示。位移的第一个下标表示产生位移的点号，第二个下标表示产生此位移的广义力作用点处的点号。一般的表示方法是 i 点处由作用在 j 点处的广义力 F_j 所产生的位移为 Δ_{ij}。

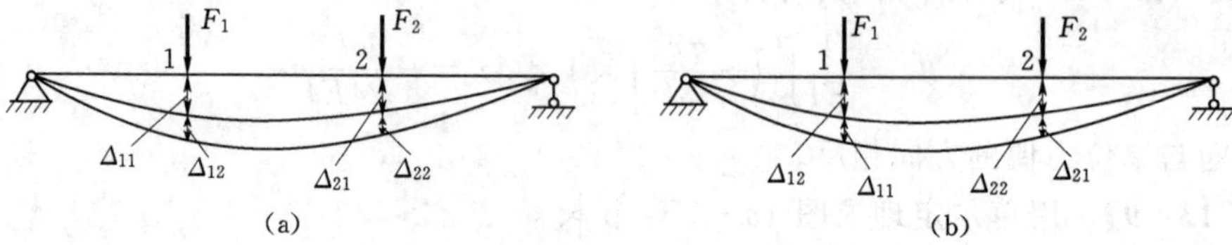

图 13-16 简支梁的受力和挠度

弹性体在 F_1 和 F_2 作用后，它们所做的功和梁的应变能为

$$V_{\varepsilon1}=W_1=\frac{1}{2}F_1\Delta_{11}+\frac{1}{2}F_2\Delta_{22}+F_1\Delta_{12}$$

如先在梁上作用 F_2，再作用 F_1，所引起的位移如图 13-16 (b) 所示。则在 F_2 和 F_1 作用后，它们所做的功和梁的应变能为

$$V_{\varepsilon2}=W_2=\frac{1}{2}F_2\Delta_{22}+\frac{1}{2}F_1\Delta_{11}+F_2\Delta_{21}$$

因应变能的大小只由外力的最终值决定，与各外力作用的先后次序无关，所以 $V_{\varepsilon1}=V_{\varepsilon2}$，由此得到

$$F_1\Delta_{12}=F_2\Delta_{21}\tag{13-12}$$

式 (13-12) 表示力 F_1 在力 F_2 所产生的位移 Δ_{12} 上所做的功，等于力 F_2 在力 F_1 所产生的位移 Δ_{21} 上所做的功。这就是**功的互等定理**。

当 $F_1=F_2=F$ 时，由式（13－12）得到

$$\Delta_{12}=\Delta_{21} \tag{13-13}$$

式（13－13）表示广义力 F 作用在 2 点时，使 1 点所产生的位移，等于广义力 F 作用在 1 点时，使 2 点所产生的位移。这就是**位移互等定理**。

功的互等和位移互等定理在结构分析中很重要，并可在工程实际中应用。

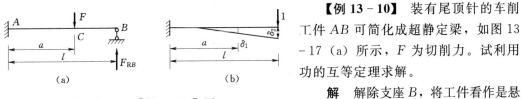

【例 13－10】 装有尾顶针的车削工件 AB 可简化成超静定梁，如图 13－17（a）所示，F 为切削力。试利用功的互等定理求解。

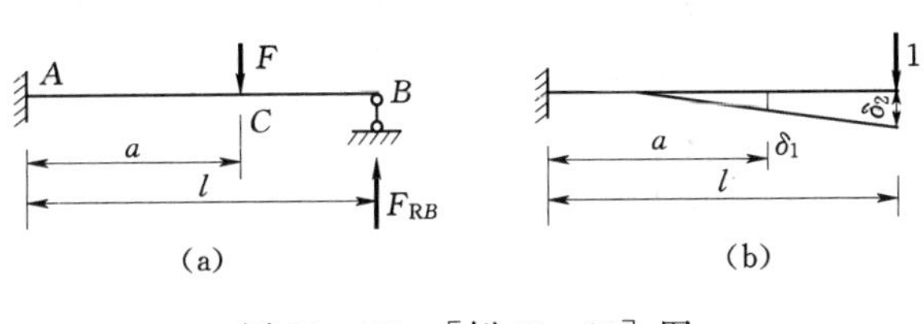

图 13－17　［例 13－10］图

解　解除支座 B，将工件看作是悬臂梁。先将工件上的作用力 F 和 B 支座反力 F_{RB} 作为第一组力。再假想在悬臂梁 B 端作用一单位力 1［见图 13－17（b）］，并作为第二组力。

在单位力 1 作用下，F 及 F_{RB} 作用点处的位移分别为

$$\delta_1=\frac{a^2}{6EI}(3l-a),\delta_2=\frac{l^3}{3EI}$$

则第一组力在第二组力引起的位移上所做的功为

$$F\delta_1-F_{RB}\delta_2=\frac{Fa^2}{6EI}(3l-a)-\frac{F_{RB}l^3}{3EI}$$

而在 F 及 F_{RB} 作用下，由于 B 端不可能有位移，故第二组力在第一组力引起的位移上所做的功也必将为零。

从而，由功的互等定理，得

$$\frac{Fa^2}{6EI}(3l-a)-\frac{F_{RB}l^3}{3EI}=0$$

由此解出

$$F_{RB}=\frac{Fa^2}{2l^3}(3l-a)$$

多余约束反力 F_{RB} 求得后，其他的反力、内力、应力、变形等均可按静定梁求解。

习　　题

13－1　计算图 13－18 所示各杆的应变能。设 EA、EI、GI_P 均已知。

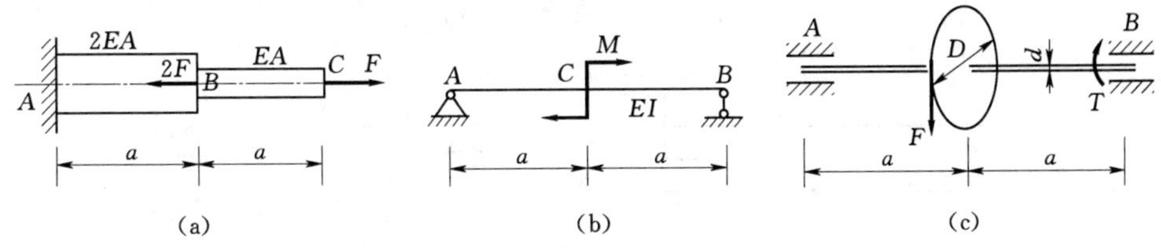

图 13－18　习题 13－1 图

13－2　试求图 13－19 所示杆的应变能。各杆均由同一种材料制成，弹性模量为 E。

各杆的长度均为 l。

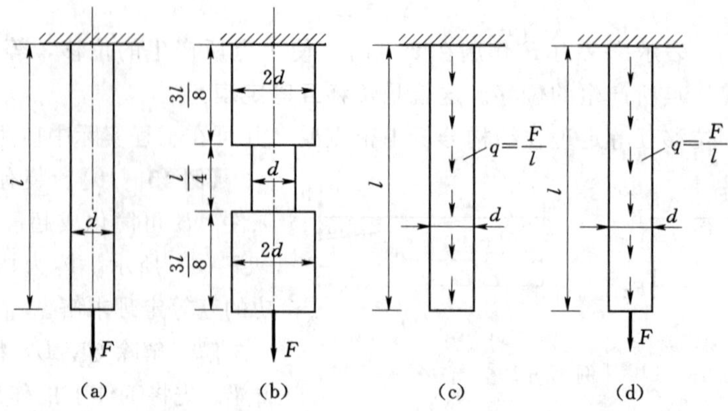

图 13-19　习题 13-2 图

13-3　试求图 13-20 所示受扭圆轴内的应变能 ($d_2=1.5d_1$)。

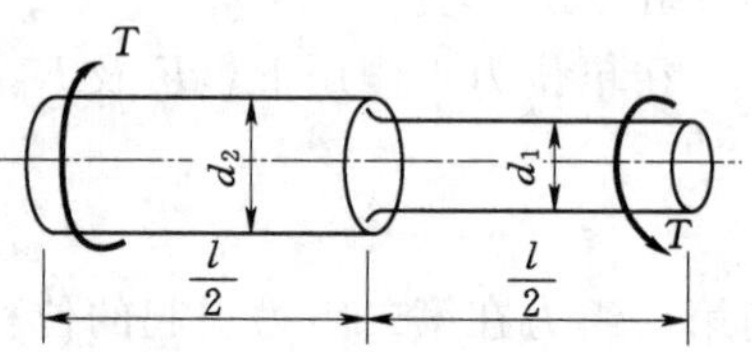

图 13-20　习题 13-3 图

13-4　试计算图 13-21 所示梁或结构内的应变能。略去剪力和轴力的影响，EI 为已知。

13-5　用卡氏第二定理求图 13-22 各梁中 C 截面的挠度和转角。设梁的 EI 为已知。

13-6　用卡氏第二定理求图 13-23 结构中 C 点的竖直位移。设各杆的材料、横截面积均相同并已知。

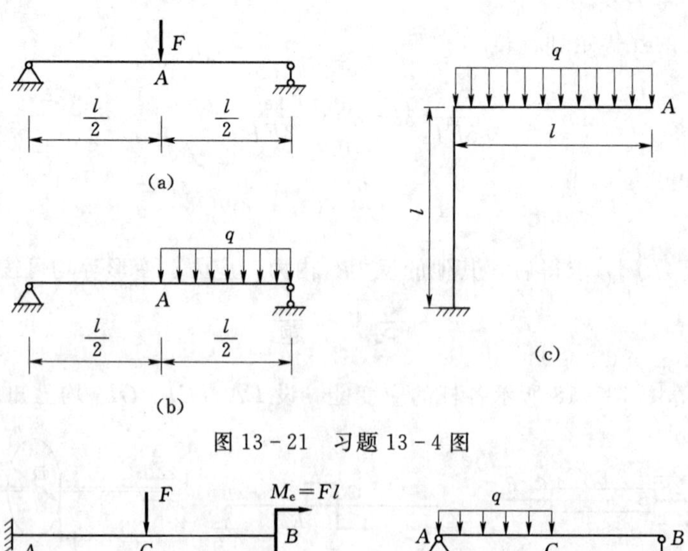

图 13-21　习题 13-4 图

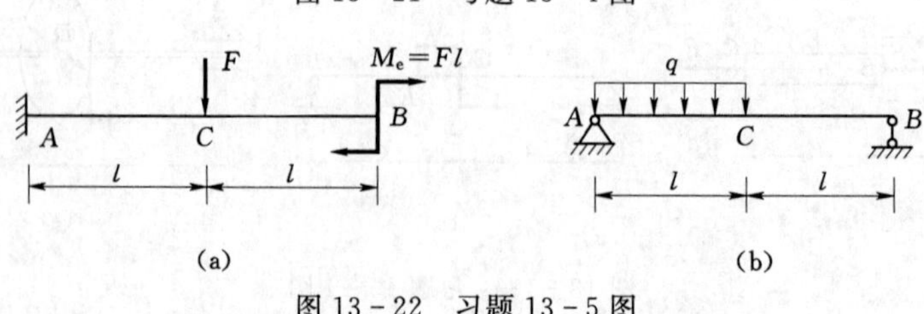

图 13-22　习题 13-5 图

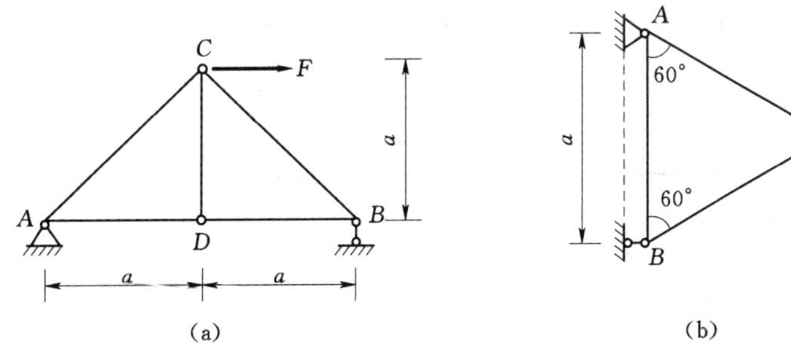

图 13-23　习题 13-6 图

13-7　试用卡氏第二定理求图 13-24 所示各刚架 A 截面的位移和 B 截面的转角。EI 为已知，略去轴力和剪力的影响。

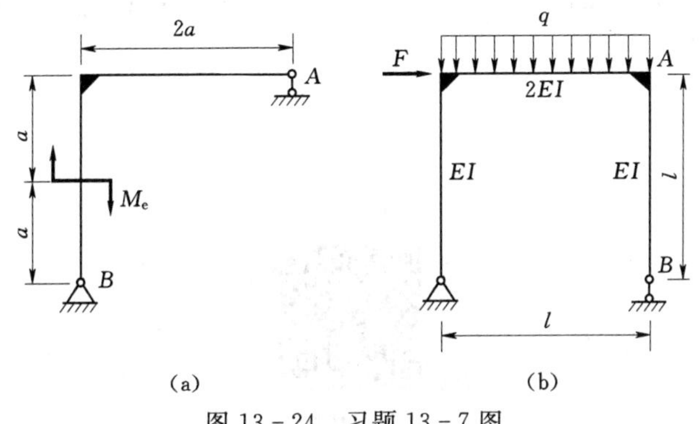

图 13-24　习题 13-7 图

13-8　试用莫尔定理求图 13-25 各梁 C 截面挠度和 A 截面转角。

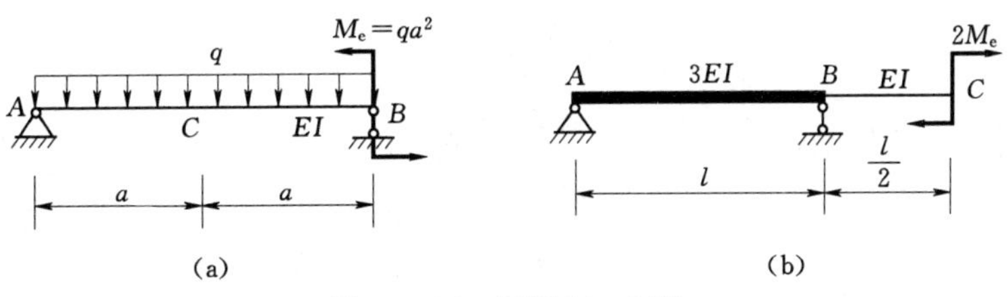

图 13-25　习题 13-8 图

13-9　试用莫尔定理求图 13-26 各刚架 C 截面的竖向位移。EI 已知。

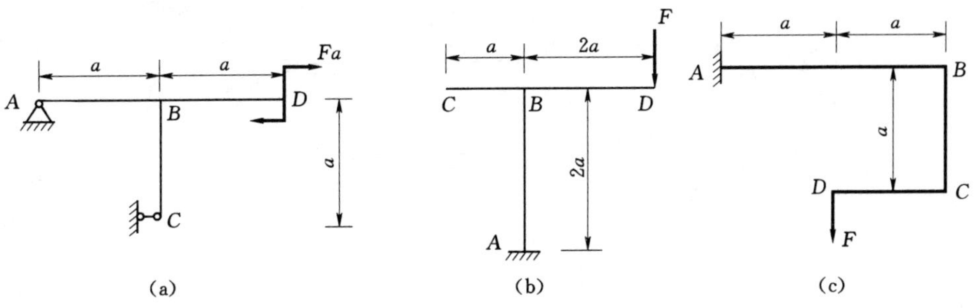

图 13-26　习题 13-9 图

13-10 用能量法求解图13-27中超静定结构的约束力，并作内力图。设 EA，EI 已知。

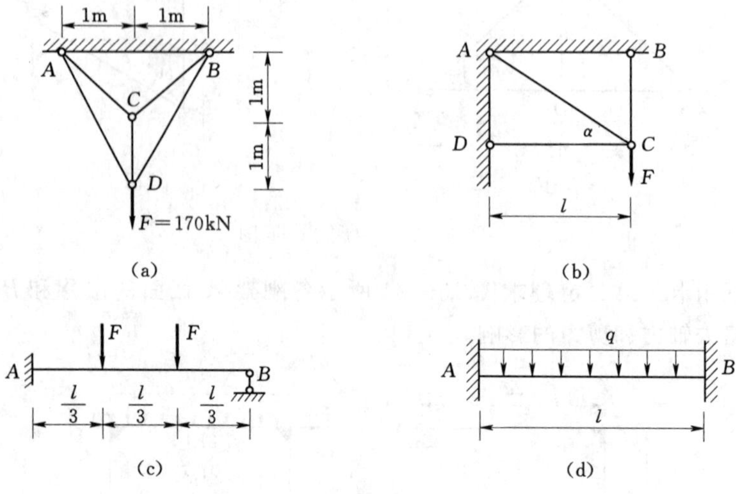

图13-27 习题13-10图

习题详解

第14章 动荷载和交变应力

动荷载是指随时间作显著变化的荷载，构件由动荷载引起的应力和变形称为动应力和动变形，构件在动荷载作用下同样有强度、刚度和稳定性问题。交变应力是指构件在某些荷载作用下，产生随时间作周期性变化的应力，这类构件的破坏为疲劳破坏。本章主要介绍构件作匀加速直线运动、匀速转动和冲击时的动荷载问题，以及交变应力、疲劳破坏、疲劳极限的概念和构件的疲劳强度计算问题。

14.1 概 述

前面各章讨论了构件在静荷载作用下的问题。所谓静荷载，是指由零开始缓慢地增加到最终值，以后就不再变动的荷载。

实际工程中，有很多构件受到**动荷载**（dynamic load）的作用。所谓动荷载，是指随时间作显著变化的荷载，以及作加速运动或转动的构件的惯性力。例如，起重机加速吊升重物时，吊索受到**惯性力**的作用，汽锤打桩时，桩受到**冲击荷载**的作用等。

构件由动荷载所引起的应力和变形称为**动应力**（dynamic stress）和**动变形**（dynamic deformation）。构件在动荷载作用下同样有强度、刚度和稳定性问题。试验结果表明，在静荷载作用下服从胡克定律的材料，在动荷载作用下，只要动应力不超过材料的比例极限，胡克定律仍然适用。

若构件内的应力随时间作周期性的变化，则称为**交变应力**（alternating stress）。塑性材料的构件长期在交变应力作用下，虽然最大工作应力远低于材料的屈服极限，且无明显的塑性变形，却往往会发生脆性断裂。这种破坏称为**疲劳破坏**（fatigue failure）。因此，在交变应力作用下的构件还应校核疲劳强度。

本章将研究构件作匀加速直线运动或匀速转动和冲击这两类动荷载问题，并着重研究其动应力。还将研究交变应力作用下构件的疲劳破坏和疲劳强度校核。

14.2 构件作匀加速直线运动和匀速转动时的应力

构件作匀加速直线运动时，内部各质点均有相同的加速度；构件作匀速转动时，内部各质点均具有向心加速度。在这类问题中，由于加速度很容易确定，因而可应用理论力学中的达朗贝尔原理，在构件上加相应的惯性力，然后按与静荷载问题相同的方法进行分析和计算。

14.2.1 构件作匀加速直线运动时的应力

图 14-1（a）所示的桥式起重机，以匀加速度 a 吊起一重为 W 的物体。若钢索横截面面积为 A，材料密度为 ρ，现分析和计算钢索横截面上的动应力。

先计算钢索任一 x 横截面上的内力。应用截面法，取出如图 14-1（b）所示的部分钢索和吊物作为研究对象。作用于其上的外力有吊物自重 W，一段长为 x 的钢索的自重，吊物和该段钢索的惯性力，以及截开面上的动内力 F_{Nd}。钢索的自重是匀布的轴向力，分布集度为 $q=\rho gA$，其惯性力也是匀布的轴向力，分布集度为 $q_{\mathrm{d}}=\frac{\rho gA}{g}a$，吊物的惯性力为 $\frac{W}{g}a$。惯性力的方向均与加速度 a 的方向相反，如图 14-1（b）所示。

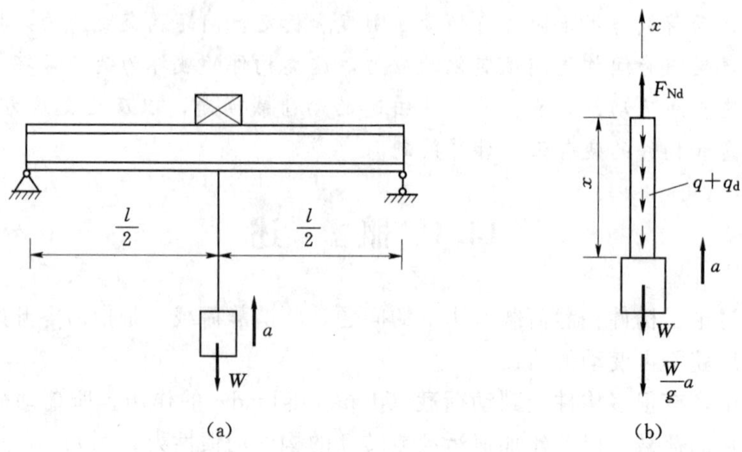

图 14-1　桥式起重机吊索动应力分析

钢索 x 横截面上的动内力可由取出部分的平衡求得，即

$$F_{\mathrm{Nd}}=W+\frac{W}{g}a+qx+q_{\mathrm{d}}x=W+\frac{W}{g}a+\rho gAx+\frac{\rho gA}{g}ax=(W+\rho gAx)\left(1+\frac{a}{g}\right)$$

式中：$W+\rho gAx$ 为同一截面上的静内力 F_{Nst}。

因此上式可写成

$$F_{\mathrm{Nd}}=k_{\mathrm{d}}F_{\mathrm{Nst}} \tag{14-1}$$

其中

$$k_{\mathrm{d}}=1+\frac{a}{g} \tag{14-2}$$

称为**动荷因数**（dynamic coefficient）。可见，钢索横截面上的动内力等于该截面上的静内力乘以动荷因数。

进而可以计算钢索横截面上的动应力。按轴向拉、压杆件横截面上的正应力公式，有

$$\sigma_{\mathrm{d}}=\frac{F_{\mathrm{Nd}}}{A}=\frac{k_{\mathrm{d}}F_{\mathrm{Nst}}}{A}=k_{\mathrm{d}}\sigma_{\mathrm{st}} \tag{14-3}$$

可见，钢索横截面上的动应力为该截面上的静应力乘以动荷因数。

显然，求解这类动荷载问题的关键是求出动荷因数。

由式（14-1）可知，钢索的危险截面，即动内力最大的截面在钢索的上端。该截面的动应力也将最大。由式（14-3），得

$$\sigma_{\mathrm{dmax}}=k_{\mathrm{d}}\sigma_{\mathrm{stmax}}$$

计算出最大动应力后，就可按如下的强度条件进行钢索的强度计算

$$\sigma_{\mathrm{dmax}}=k_{\mathrm{d}}\sigma_{\mathrm{stmax}}\leqslant[\sigma] \tag{14-4}$$

式中：$[\sigma]$ 仍采用静荷载情况的容许应力值。

【例 14-1】 图 14-2（a）所示一自重为 20kN 的起重机 G，装在两根 22b 号工字钢的大梁上，起吊重为 $W=40\text{kN}$ 的物体。若重物以等加速度 $a=2.5\text{m/s}^2$ 上升，已知钢索直径 $d=20\text{mm}$，钢索和梁的材料相同，其 $[\sigma]=160\text{MPa}$，试校核钢索与梁的强度（不计钢索和梁的自重）。

解 （1）钢索的强度校核。用截面法将钢索截断，取如图 14-2（b）所示部分作分析。作用于其上的外力有吊物自重 W 和相应的惯性力 $\dfrac{W}{g}a$，并有截面上的动拉力 F_{Nd}。由平衡方程求得

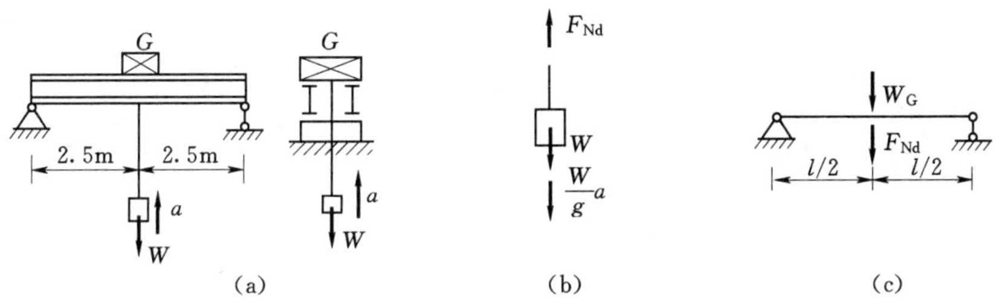

图 14-2 ［例 14-1］图

$$F_{\text{Nd}}=W+\frac{W}{g}a=W\left(1+\frac{a}{g}\right)=k_{\text{d}}W$$

式中，动荷因数为

$$k_{\text{d}}=1+\frac{a}{g}=1+\frac{2.5\text{m/s}^2}{9.81\text{m/s}^2}=1.26$$

钢索的动拉力和动应力分别为

$$F_{\text{Nd}}=k_{\text{d}}W=1.26\times40\text{kN}=50.4\text{kN}$$

$$\sigma_{\text{d}}=k_{\text{d}}\sigma_{\text{st}}=k_{\text{d}}\frac{W}{A}=1.26\times\frac{40\times10^3\text{N}}{\dfrac{\pi\times(0.02\text{m})^2}{4}}=160.4\times10^6\text{Pa}=160.4\text{MPa}$$

虽然最大应力略超过容许应力，但超过量不到 5%，工程上认为钢索的强度满足要求。

（2）梁的强度校核。梁的受力如图 14-2（c）所示。起重机自重为 W_{G}，其最大动弯矩为

$$M_{\text{dmax}}=\frac{1}{4}(W_{\text{G}}+F_{\text{Nd}})l=\frac{1}{4}(20\text{kN}+50.4\text{kN})\times5\text{m}=88\text{kN}\cdot\text{m}$$

由型钢表查得 22b 号工字钢截面的弯曲截面系数为 $W_z=325\text{cm}^3$，由此得梁的最大动应力为

$$\sigma_{\text{dmax}}=\frac{M_{\text{dmax}}}{W_z}=\frac{88\times10^3\text{N}\cdot\text{m}}{2\times325\times10^{-6}\text{m}^3}=135.4\times10^6\text{Pa}=135.4\text{MPa}$$

因为 $\sigma_{\text{dmax}}<[\sigma]$，所以梁的强度也满足要求。

14.2.2 构件作匀速转动时的应力

以一匀速转动的飞轮为例，分析轮缘上的动应力。通常飞轮的轮缘较厚，而中间的轮

幅较薄。因此，当飞轮的平均直径 D 远大于轮缘的厚度 δ 时，可略去轮辐的影响，将飞轮简化为平均直径为 D、厚度为 δ 的薄壁圆环，如图 14-3 (a) 所示。

设圆环以角速度 ω 绕圆心 O 匀速转动。圆环的横截面面积为 A，材料的密度为 ρ。圆环匀速转动时，各质点只有向心加速度。由于壁厚 δ 远小于圆环平均直径 D，可认为圆环沿径向各点的向心加速度与圆环中线上各点处的向心加速度相等，均为 $a_n=\dfrac{\omega^2 D}{2}$。因而，沿圆环中线上将有匀布的离心惯性力，其集度 $q_d=\rho A a_n=\dfrac{\rho A\omega^2 D}{2}$，如图 14-3 (b) 所示。

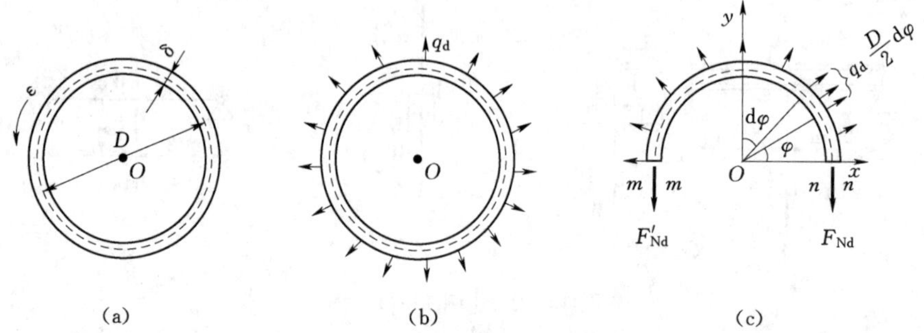

图 14-3　匀速转动飞轮

假想将圆环沿水平直径面截开，取上半部分进行研究。这部分上的外力如图 14-3 (c) 所示，在 $d\varphi$ 范围内的外力为 $q_d\dfrac{D}{2}d\varphi$，由平衡方程 $\sum F_y=0$ 得

$$-2F_{Nd}+\int_0^{\pi} q_d\frac{D}{2}d\varphi\sin\varphi=0$$

将 q_d 代入，得到截面 m—m 和 n—n 上的内力为

$$F_{Nd}=\rho A\frac{\omega^2 D^2}{4}=\rho A v^2 \tag{14-5}$$

圆环横截面上的动应力为

$$\sigma_d=\frac{F_{Nd}}{A}=\rho\frac{\omega^2 D^2}{4}=\rho v^2 \tag{14-6}$$

以上二式中的 $v=\omega D/2$，为圆环中线上各点的线速度。

圆环的强度条件为

$$\sigma_d=\rho v^2\leqslant[\sigma] \tag{14-7}$$

工程上，为保证飞轮的安全，必须控制飞轮的转速 ω，即限制轮缘的线速度 v。由式 (14-7) 可知，轮缘容许的最大线速度即临界速度为

$$[v]=\sqrt{\frac{[\sigma]}{\rho}} \tag{14-8}$$

【例 14-2】 图 14-4 所示一装有飞轮和制动器的圆轴。已知飞轮重 $W=450$N，回转半径 $\rho=250$mm，圆轴长 $l=1.5$m，直径 $d=50$mm，转速 $n=120$r/min。试求圆轴在 10s

内均匀减速制动时，由惯性力矩引起的轴内最大动切应力。

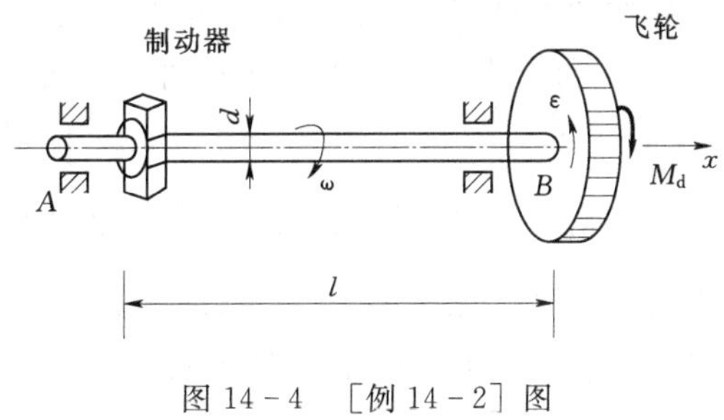

图 14-4 ［例 14-2］图

解 当圆轴在制动的 10s 内，飞轮与圆轴同时作匀减速转动，负角加速度为

$$\varepsilon=\frac{\omega}{t}=\frac{2\pi n}{60t}=\frac{2\pi\times120\text{r/min}}{60\times10\text{s}}=1.26\text{rad/s}^2$$

其方向与角速度 ω 相反。

在制动过程中，飞轮的惯性力矩为 $M_d=I\varepsilon$，方向与角加速度 ε 相反（图 14-4）。其中 I 为飞轮的转动惯量。由理论力学可知

$$I=\frac{W}{g}\rho^2=\frac{450\text{N}}{9.81\text{m/s}^2}\times(0.25\text{m})^2=2.867\text{N}\cdot\text{m}\cdot\text{s}^2$$

制动时，制动器与圆轴之间的摩擦力矩和飞轮的惯性力矩使圆轴扭转。由截面法，得圆轴横截面上的扭矩为

$$M_{xd}=M_d=I\varepsilon=2.867\text{N}\cdot\text{m}\cdot\text{s}^2\times1.26\text{rad/s}^2=3.61\text{N}\cdot\text{m}$$

所以，圆轴的最大扭转动切应力为

$$\tau_{d\max}=\frac{M_{xd}}{W_P}=\frac{16M_{xd}}{\pi d^3}=\frac{16\times3.61\text{N}\cdot\text{m}}{\pi\times(0.05\text{m})^3}=147085\text{Pa}=0.147\text{MPa}$$

14.3 构件受冲击时的应力和变形

当运动着的物体作用到静止的物体上时，在相互接触的极短时间内，运动物体的速度急剧下降，从而使静止的物体受到很大的作用力，这种现象称为**冲击**（impact）。冲击中的运动物体称为冲击物，静止的物体称为被冲击构件。工程中的落锤打桩、汽锤锻造和飞轮突然制动等，都是冲击现象。其中落锤、汽锤、飞轮是冲击物，而桩、锻件、轴就是被冲击构件。在冲击过程中，冲击物将获得很大的负加速度，从而产生很大的惯性力作用在被冲击构件上，在被冲击构件中产生很大的冲击应力和变形。

在冲击问题中，由于冲击物的速度在极短时间内发生很大变化，所以加速度大小很难确定，因此，不可能按 14.2 节中的方法进行计算。事实上，用精确方法分析冲击问题是十分困难的。工程上一般采用偏于安全的**能量方法**，对冲击瞬间的最大应力和变形进行近似的分析计算。这种方法基于如下假设：①冲击时冲击物本身不发生变形，即当作刚体，冲击后不发生回弹；②忽略被冲击构件的质量；③在冲击过程中被冲击构件的材料仍服从胡克定律。下面将讨论竖向冲击和水平冲击两种情况。

14.3.1 竖向冲击问题

设一重为 W 的物体，从高度 h 处自由下落到杆的顶端，使杆受到竖向冲击而发生压缩变形如图 14-5（a）所示。现以此为例，说明冲击应力和变形的计算方法。

冲击物落到被冲击构件顶端且即将与之接触时，具有速度 v。当其与构件接触后，将贴合在一起运动，速度迅速减小，最后降为零。与此同时，被冲击构件的变形也达到最大值 Δ_d。构件因此受到冲击荷载 F_d，并产生冲击应力 σ_d。

如在冲击过程中不计其他能量的损耗，则按能量守恒原理，冲击物在冲击前后所减少的动能 T 和位能 V 应与被冲击构件所获得的应变能 V_{ε} 相等，即

$$T+V=V_{\varepsilon} \tag{14-9}$$

冲击物即将与杆的顶端接触时（即冲击前），作为位能零点，且具有动能 $T_0=\frac{W}{2g}v^2=Wh$；接触后（即冲击后），速度降为零，即动能为零。故冲击前后，冲击物减少的动能为 $T_0=Wh$，减少的位能为 $V=W\Delta_d$。由于冲击过程中被冲击构件的材料仍服从胡克定律，故获得的应变能为 $V_{\varepsilon}=\frac{1}{2}F_d\Delta_d$。代入式（14-9），得

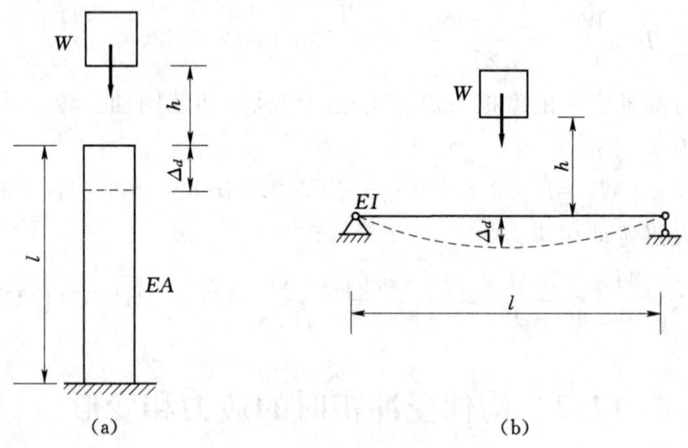

图 14-5　竖向冲击

$$Wh+W\Delta_d=\frac{1}{2}F_d\Delta_d \tag{14-10}$$

F_d 与 Δ_d 之间成线性关系，即

$$F_d=\frac{EA}{l}\Delta_d=C\Delta_d \tag{14-11}$$

式中：$C=\frac{EA}{l}$，为被冲击构件的刚度系数。

若将重物 W 以静荷载方式作用于冲击点处，构件沿冲击方向的静变形（即缩短）为 Δ_{st}，则由于材料服从胡克定律，可得 $W=C\Delta_{st}$，将 $C=\frac{W}{\Delta_{st}}$ 代入式（14-11），得

$$F_d=\frac{W}{\Delta_{st}}\Delta_d \tag{14-12}$$

将此 F_d 代入式（14-10），整理后得

$$\Delta_d^2-2\Delta_{st}\Delta_d-2\Delta_{st}h=0$$

由此解得

$$\Delta_d=\Delta_{st}\pm\sqrt{\Delta_{st}^2+2h\Delta_{st}}=\left(1\pm\sqrt{1+\frac{2h}{\Delta_{st}}}\right)\Delta_{st}$$

为了求得 Δ_d 的最大值，上式根号前应取正号，故有

$$\Delta_d=\left(1+\sqrt{1+\frac{2h}{\Delta_{st}}}\right)\Delta_{st}=k_d\Delta_{st} \tag{14-13}$$

其中

$$k_d=1+\sqrt{1+\frac{2h}{\Delta_{st}}} \tag{14-14}$$

称为**竖向冲击的动荷因数**。

再将式 $k_d=\frac{\Delta_d}{\Delta_{st}}$代入式（14－12），可得

$$F_d=k_dW \tag{14-15}$$

由冲击荷载 F_d，按静荷载作用下的公式计算冲击应力 σ_d，由式（14－15）可见，σ_d 必等于静荷载 W 引起的静应力 σ_{st} 乘以动荷因数 k_d，即

$$\sigma_d=k_d\sigma_{st} \tag{14-16}$$

由此可知，将由式（14－14）求得的动荷因数 k_d 分别乘以静荷载 W 引起的静应力 σ_{st} 和静位移 Δ_{st}，就可得到冲击应力 σ_d 和冲击位移 Δ_d。这种计算冲击应力和冲击变形的方法，并不局限于图 14－5（a）所示的受压杆件，它们同样适用于受竖向冲击的其他构件，例如图 14－5（b）所示的梁。冲击问题的关键是计算动荷因数，计算公式（14－14）中的 **Δ_{st} 是将冲击物重量 W 当作静荷载作用于被冲击构件上冲击点处，在构件冲击点处沿冲击方向所产生的与静荷载类型相对应的静变形。**

由 k_d 的计算公式（14－14）可见：

（1）当 $h=0$ 时，$k_d=2$。表明这时构件的动应力和动变形都是静荷载作用下的 2 倍。这种荷载称为**突加荷载**（sudden load）。

（2）当 $h\gg\Delta_{st}$ 时，动荷因数近似为 $k_d=\sqrt{\frac{2h}{\Delta_{st}}}$。

（3）若已知冲击物自由下落且即将接触被冲击构件时的速度为 v，则 h 可用$\frac{v^2}{2g}$代替，动荷因数成为

$$k_d=1+\sqrt{1+\frac{v^2}{g\Delta_{st}}}$$

14.3.2　水平冲击问题

图 14－6（a）所示一重为 W 的物体，水平冲击在竖杆的 A 点，使杆发生弯曲。仍作出竖向冲击时的三点假设，并仍应用由能量守恒原理所得的式（14－9）进行分析。

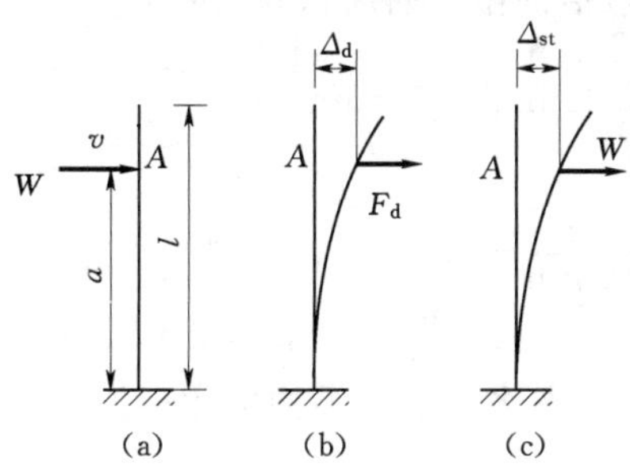

图 14－6　水平冲击

冲击物即将接触到 A 点时的速度为 v，当与被冲击构件接触后便一起运动，速度迅速降到零，与此同时，被冲击构件受到的冲击荷载 F_d 和产生的冲击变形 Δ_d 都达到最大值，如图 14－6（b）所示。冲击前后冲击物减少的动能为 $T=\frac{W}{2g}v^2$；由于水平冲击，冲击前后位能无变化，故减少的位能为 $V=0$。同时，被冲击构件受冲击后获得的应变能为 $V_\varepsilon=$

$\frac{1}{2}F_d\Delta_d$。由式（14-9），得

$$\frac{W}{2g}v^2=\frac{1}{2}F_d\Delta_d$$

将 $F_d=\frac{W}{\Delta_{st}}\Delta_d$ 代入，可解得

$$\Delta_d=\sqrt{\frac{v^2\Delta_{st}}{g}}=\sqrt{\frac{v^2}{g\Delta_{st}}}\Delta_{st}=k_d\Delta_{st}$$

其中

$$k_d=\sqrt{\frac{v^2}{g\Delta_{st}}} \tag{14-17}$$

称为**水平冲击动荷因数**。其中 Δ_{st} 是将冲击物重量 W 作为静荷载，水平作用于被冲击构件上冲击点处，构件在冲击点处沿冲击方向的静变形（即挠度），如图14-6（c）所示。

求得了动荷因数 k_d 后，与竖向冲击的情况相似，可求得冲击应力 σ_d 和冲击变形 Δ_d。

无论是竖向冲击还是水平冲击，在求得被冲击构件中的最大动应力 σ_{dmax} 后，均可按下述强度条件进行强度计算：

$$\sigma_{dmax}\leqslant[\sigma]$$

【例14-3】 图14-7所示的16号工字钢梁，右端置于一弹簧常数 $k=0.16\text{kN/mm}$ 的弹簧上。重量 $W=2\text{kN}$ 的物体自高 $h=350\text{mm}$ 处自由落下，冲击在梁跨中 C 点。梁材料的 $[\sigma]=160\text{MPa}$，$E=2.1\times10^5\text{MPa}$，试校核梁的强度。

解 为计算动荷因数，首先计算 Δ_{st}。将 W 作为静荷载作用在 C 点。由型钢表查得梁截面的 $I_z=1130\text{cm}^4$ 和 $W_z=141\text{cm}^3$。梁本身的静变形为

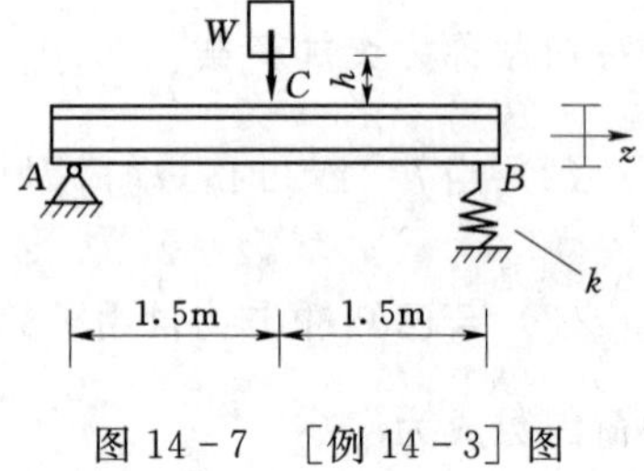

图14-7 ［例14-3］图

$$\Delta_{Cst}=\frac{Wl^3}{48EI_z}=\frac{2\times10^3\text{N}\times(3\text{m})^3}{48\times2.1\times10^{11}\text{N/m}^2\times1130\times10^{-8}\text{m}^4}$$
$$=0.474\times10^{-3}\text{m}=0.474\text{mm}$$

由于右端支座是弹簧，在支座反力 $F_{By}=\frac{W}{2}$ 的作用下，其缩短量为

$$\Delta_{Bst}=\frac{0.5W}{k}=\frac{0.5\times2\text{kN}}{0.16\text{kN/mm}}=6.25\text{mm}$$

支座的缩短又将引起梁跨中 C 点的附加静位移，故 C 点沿冲击方向的总静位移为

$$\Delta_{st}=\Delta_{Cst}+\frac{1}{2}\Delta_{Bst}=0.474\text{mm}+\frac{1}{2}\times6.25\text{mm}=3.6\text{mm}$$

再由式（14-14），求得动荷因数为

$$k_d=1+\sqrt{1+\frac{2h}{\Delta_{st}}}=1+\sqrt{1+\frac{2\times350\text{mm}}{3.6\text{mm}}}=14.98$$

梁的危险截面为跨中 C 截面，危险点为该截面上、下边缘处各点。C 截面的弯矩为

$$M_{max}=\frac{Wl}{4}=\frac{2\times10^3\text{N}\times3\text{m}}{4}=1.5\times10^3\text{N}\cdot\text{m}$$

危险点处的静应力为

$$\sigma_{stmax}=\frac{M_{max}}{W_z}=\frac{1.5\times10^3\text{N}\cdot\text{m}}{141\times10^{-6}\text{m}^3}=10.64\times10^6\text{Pa}=10.64\text{MPa}$$

所以，梁的最大冲击应力为

$$\sigma_{dmax}=k_d\sigma_{stmax}=14.98\times10.64\text{MPa}=159.4\text{MPa}$$

因为 $\sigma_{dmax}<[\sigma]$，所以梁安全。

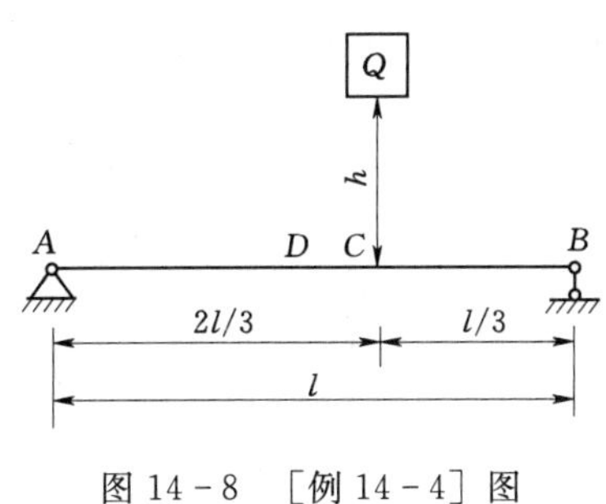

图 14-8 ［例 14-4］图

【例 14-4】 重量 $W=150\text{N}$ 的物体，从高 $h=75\text{mm}$ 处自由落下，冲击在简支梁的 C 点，如图 14-8 所示。已知梁长 $l=2\text{m}$，截面为边长 $a=50\text{mm}$ 的正方形，材料的弹性模量 $E=2\times10^5\text{MPa}$。试求梁的最大冲击应力 σ_{dmax} 和梁跨中 D 点的冲击挠度。不计梁的自重。

解 梁受到竖向冲击，应按式（14-14）计算动荷因数。首先计算 Δ_{st}，即将 W 作为静荷载作用于 C 点时该点的挠度。其大小为

$$\Delta_{st}=\frac{4Wl^3}{243EI}=\frac{4\times150\text{N}\times(2\text{m})^3}{243\times2\times10^{11}\text{Pa}\times(0.05\text{m})^4/12}=0.1896\times10^{-3}\text{m}\approx0.19\text{mm}$$

于是，动荷因数为

$$k_d=1+\sqrt{1+\frac{2h}{\Delta_{st}}}=1+\sqrt{1+\frac{2\times75\text{mm}}{0.19\text{mm}}}=29.1$$

梁的危险截面为 C 截面，危险点为该截面的上、下边缘处各点。C 截面的弯矩为

$$M_{max}=\frac{W}{3}\times\frac{2l}{3}=\frac{2}{9}\times150\text{N}\times2\text{m}=66.7\text{N}\cdot\text{m}$$

危险点处的静应力为

$$\sigma_{stmax}=\frac{M_{max}}{W_z}=\frac{6\times66.7\text{N}\cdot\text{m}}{(0.05\text{m})^3}=3201600\text{Pa}=3.2\text{MPa}$$

所以梁的最大冲击应力为

$$\sigma_{dmax}=k_d\sigma_{stmax}=29.1\times3.2\text{MPa}=93.1\text{MPa}$$

梁跨中 D 点处的静挠度为

$$w_{Dst}=\frac{23Wl^3}{1296EI}=\frac{23\times150\text{N}\times(2\text{m})^3}{1296\times2\times10^{11}\text{Pa}\times\frac{(0.05\text{m})^4}{12}}=0.204\times10^{-3}\text{m}=0.204\text{mm}$$

所以 D 点处的冲击挠度为

$$w_{Dd}=k_dw_{Dst}=29.1\times0.204\text{mm}=5.95\text{mm}$$

【例 14-5】 将例 14-2 中的 10s 内制动改为瞬时紧急刹车，其他条件不变。试求圆轴内的最大切应力 τ_{dmax}。轴材料的切变模量 $G=80\text{GPa}$。

解 紧急刹车前，飞轮以角速度 ω 旋转，具有动能 $T=\frac{1}{2}I\omega^2$。在短暂的刹车过程中，飞轮和圆轴一起转过一个角度后，角速度降为零，因而圆轴受到冲击。冲击扭矩的最

大值为 M_{xd}，扭转变形的最大值为 $\varphi_d=\dfrac{M_{xd}l}{GI_P}$，冲击前后，飞轮减少的动能为 $T=\dfrac{1}{2}I\omega^2$，圆轴获得的应变能为 $V_\varepsilon=\dfrac{1}{2}M_{xd}\varphi_d=\dfrac{M_{xd}^2 l}{2GI_P}$。按能量守恒原理，得

$$\frac{1}{2}I\omega^2=\frac{M_{xd}^2 l}{2GI_P}$$

式中：I 为飞轮的转动惯量，[例 14-2] 已算得 $I=2.867\text{N}\cdot\text{m}\cdot\text{s}^2$；圆轴横截面的极惯性矩 $I_P=\dfrac{\pi d^4}{32}$。

将 I、ω、l、G、I_P 的数值代入上式，得冲击扭矩

$$M_{xd}=\sqrt{\frac{GI_P I\omega^2}{l}}=\sqrt{\frac{80\times10^9\text{Pa}\times\dfrac{\pi\times(0.05)^4}{32}\times2.867\text{N}\cdot\text{m}\cdot\text{s}^2\times\left(\dfrac{2\pi\times120\text{r/min}}{60}\right)^2}{1.5}}$$
$$=3849.1\text{N}\cdot\text{m}$$

由此得圆轴的最大切应力为

$$\tau_{d\max}=\frac{M_{xd}}{W_P}=\frac{16\times3849.1\text{N}\cdot\text{m}}{\pi\times(0.05\text{m})^3}=156.8\times10^6\text{Pa}=156.8\text{MPa}$$

将此结果与例 14-2 的结果相比较可见，紧急刹车的应力比在 10s 内制动要高出 1066 倍。所以，带有大飞轮而又高速转动的圆轴，不宜紧急刹车，以避免扭转冲击而使圆轴断裂。

14.3.3　提高构件抗冲能力的措施

由上述分析可知，冲击将引起冲击荷载，并在被冲击构件中产生很大的冲击应力。在工程中，有时要利用冲击的效应，如打桩、金属冲压成型加工等。但更多的情况下是采取适当的缓冲措施以减小冲击的影响。

一般来说，在不增加静应力的情况下，减小动荷因数 k_d 可以减小冲击应力。从以上各 k_d 的公式可见，加大冲击点沿冲击方向的静位移 Δ_{st}，就可有效地减小 k_d 值。因此，被冲击构件采用弹性模量低而变形大的材料制作，或在被冲击构件上冲击点处垫以容易变形的缓冲附件，如橡胶或软塑料垫层、弹簧等，都可以使 Δ_{st} 值大大提高。例如汽车大梁和底盘轴间安装钢板弹簧，就是为了提高 Δ_{st} 而采取的缓冲措施。

14.3.4　冲击韧度

衡量材料抗冲击能力的力学指标是**冲击韧度**（impact toughness）α_k。在受冲击构件的设计中，它是一个重要的材料力学性能指标。

材料的冲击韧度是由冲击试验测得的。试验时，将如图 14-9（a）所示的标准试件置于冲击试验机机架上，并使 U 形切槽位于受拉的一侧，如图 14-9（b）所示。如试验机的摆锤从一定高度沿圆弧线自由落下将试件正好冲断，则试件所吸收的能量就等于摆锤所做的功 W。将 W 除以试件切槽处的最小横截面面积 A，就得到冲击韧度，即

$$\alpha_k=\frac{W}{A}\tag{14-18}$$

α_k 的单位为 $\text{N}\cdot\text{m/m}^2$ 或 J/m^2。α_k 越大，表示材料的抗冲击能力越好。一般说来，塑性

材料的 α_k 比脆性材料大。故塑性材料的抗冲击能力优于脆性材料。

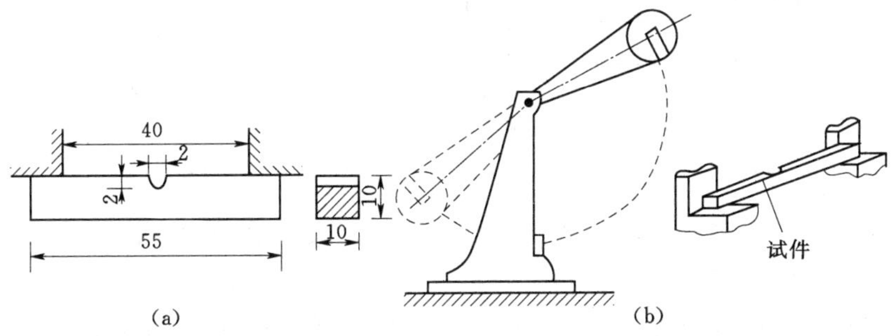

图 14-9 冲击韧度试验（尺寸单位：mm）

14.4 交变应力和疲劳破坏

14.4.1 交变应力的概念

工程中，某些构件所受的荷载是随时间改变而变化的，即受交变荷载作用。例如图 14-10（a）所示的梁，受电动机的重量 W 与电动机转动时引起的干扰力作用，干扰力 $F_H\sin\omega t$ 是随时间作周期性变化的，因而梁跨中截面下边缘危险点处的拉应力将随时间作周期性变化，如图 14-10（b）所示。这种应力随时间变化的曲线即 $\sigma-t$ 曲线，称为**应力谱**（stress spectrum）。

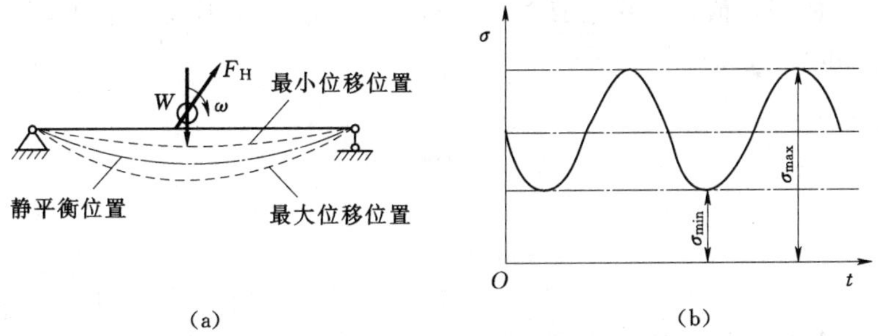

图 14-10 荷载随时间作周期性变化的应力谱

此外，还有某些构件，虽然所受的荷载并不随时间变化，但由于构件本身在转动，因而构件内各点处的应力也随时间作周期性的变化。如图 14-11（a）所示的火车轮轴，承受车厢传来的荷载 F，F 并不随时间变化，轴的弯矩图如图 14-11（b）所示。但由于轴在转动，横截面上除圆心以外的各点处的正应力都随时间作周期性的变化。如以截面边缘上的某点 i 而言，当 i 点转至位置 1 时［图 14-11（c）］，正处于中性轴上，$\sigma=0$；当 i 点转至位置 2 时，$\sigma=\sigma_{max}$；当 i 点转至位置 3 时，又在中性轴上，$\sigma=0$；当 i 点转至位置 4 时，$\sigma=\sigma_{min}$。可见，轴每转一周，i 点处的正应力经过了一个**应力循环**（stress cycle），其 $\sigma-t$ 曲线即应力谱如图 14-11（d）所示。

在上述两类情况下，构件中都将产生随时间作周期性交替变化的应力。这种应力称为**交变应力**（alternating stress）。

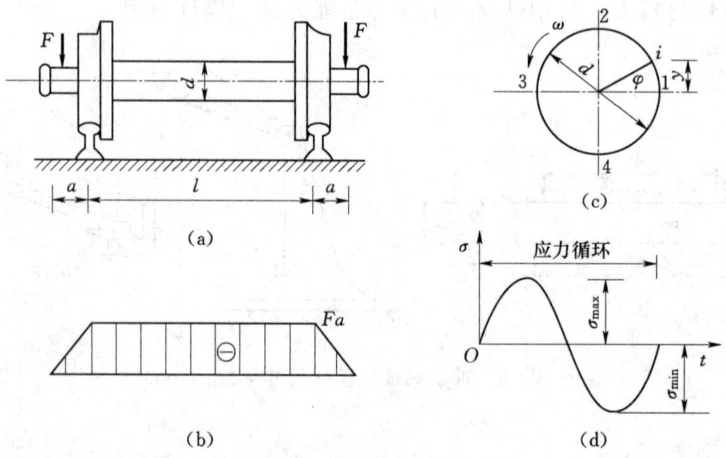

图 14-11　转动构件的应力谱

14.4.2　交变应力的特性

在交变应力作用下，构件中的应力每重复变化一次，即为一个应力循环。重复的次数称为**循环次数**。现用图 14-12 所示的一般性的 $\sigma-t$ 曲线来说明交变应力的一些特性。

对交变应力，最小应力 σ_{min} 与最大应力 σ_{max} 之比，通常称为**循环特征**（cycle performance）r，即

$$r=\sigma_{min}/\sigma_{max} \tag{14-19}$$

而将 σ_{max} 与 σ_{min} 的平均值称为**平均应力**（meam stress）σ_m，应力变化的幅度称为**应力幅**（stress amplitude）σ_a，即

$$\sigma_m=\frac{1}{2}(\sigma_{max}+\sigma_{min}) \tag{14-20}$$

$$\sigma_a=\frac{1}{2}(\sigma_{max}-\sigma_{min}) \tag{14-21}$$

由式（14-20）和式（14-21），显然可得

$$\sigma_{max}=\sigma_m+\sigma_a$$

和

$$\sigma_{min}=\sigma_m-\sigma_a$$

如将图 14-12 中的曲线看作是图 14-10（b）所示的受强迫振动梁中危险点处的 $\sigma-t$ 曲线，则 σ_m 就相当于梁处于静力平衡位置时的静应力，称为交变应力中的**静应力部分**；σ_a 相当于交变荷载 F_H 引起的应力改变量，称为交变应力中的**动应力部分**。

交变应力的特征可以用上述 5 个量 σ_{max}、σ_{min}、σ_m、σ_a 和 r 来表示。但 5 个量中，只有 σ_{max} 和 σ_{min} 是独立的，另 3 个可由式（14-19）～式（14-21）导出。

下面介绍几种工程中常见的交变应力类型：

(1) 当 $r=\dfrac{\sigma_{min}}{\sigma_{max}}=-1$ 时，称为**对称循环交变应力**(reverse stress)。这时，$\sigma_{min}=-\sigma_{max}$，$\sigma_m=0$，$\sigma_a=\sigma_{max}$。图 14-11 (d) 所示的轮轴转动时截面边缘上各点的交变应力即为这种类型。

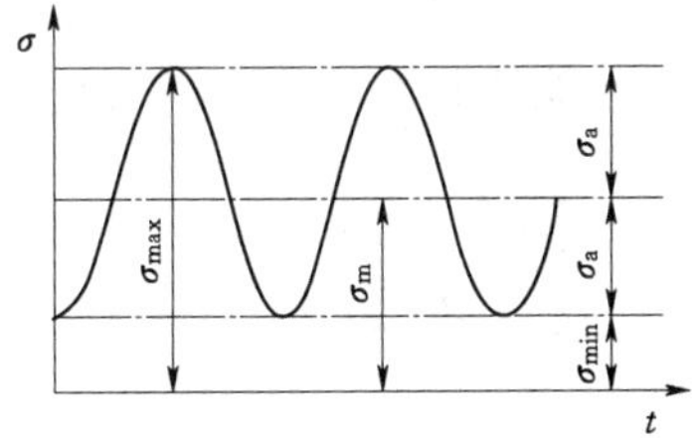

图 14-12 σ-t 曲线

(2) 当 $r=\dfrac{\sigma_{min}}{\sigma_{max}}=0$ 时，称为**脉冲循环交变应力**(pulsating stress)。这时，$\sigma_{min}=0$，$\sigma_{max}>0$，$\sigma_m=\sigma_a=\dfrac{1}{2}\sigma_{max}$。图 14-13 (a) 所示的齿轮啮合传动中齿根的交变弯曲拉、压应力 [图 14-13 (b)] 即为这种类型。

(3) 当 $r=\dfrac{\sigma_{min}}{\sigma_{max}}=+1$ 时，$\sigma_{max}=\sigma_{min}=\sigma_m$，而 $\sigma_a=0$。这实际上是静荷载作用下的应力。可见，静应力是交变应力的一种特殊情况，其 σ-t 曲线如图 14-14 所示。

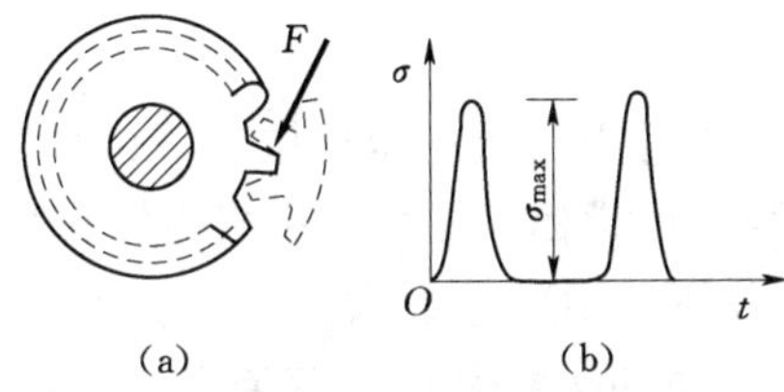

图 14-13 脉冲循环

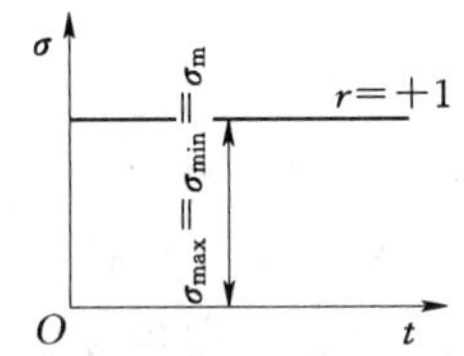

图 14-14 静应力

通常，除对称循环 ($r=-1$) 以外的交变应力，统称为**非对称循环交变应力** (unsymmetric stress)，其 σ-t 曲线的一般形式如图 14-12 所示。脉冲循环 ($r=0$) 交变应力和静应力 ($r=+1$) 均为非对称循环交变应力的特例。如图 14-12 所示的非对称循环交变应力可以看作是一个大小为 σ_m 的静应力与一个应力幅为 σ_a 的对称循环交变应力的叠加。

14.4.3 疲劳破坏

试验结果以及大量工程构件的破坏现象表明，构件在交变应力作用下的破坏形式与静荷载作用下全然不同。在交变应力作用下，即使应力低于材料的屈服极限（或强度极限），经过长期重复作用之后，构件也往往会突然断裂。对于由塑性很好的材料制成的构件，也往往在没有明显塑性变形的情况下突然发生断裂。这种破坏称为**疲劳破坏** (fatigue failure)。所谓疲劳破坏可作如下解释：由于构件不可避免地存在着材料不均匀、有夹杂物等缺陷，构件受载后，这些部位会产生应力集中；在交变应力长期反复作用下，这些部位将产生细微的裂纹。在这些细微裂纹的尖端，不仅应力情况复杂，而且有严重的应力集中。反复作用的交变应力又导致细微裂纹扩展成宏观裂纹。在裂纹扩展的过程中，裂纹两边的材料时而分离，时而压紧，或时而反复地相互错动，起到了类似"研磨"的作用，从而使这个区域十分光滑。随着裂纹的不断扩展，构件的有效截面逐渐减小。当截面削弱到一定程度时，在一个偶然的振动或冲击下，构件就会沿此截面突然断裂。可见，构件的疲劳破坏实质上是由于材料的缺陷而引起细微裂纹，进而扩展成宏观裂纹，裂纹不断扩展后，最后发生脆性断裂的过程。虽然近代的上述研究结果已否定了材料是由于“疲劳”而引起构件的断裂破坏，但习惯上仍然称这种破坏为疲劳破坏。

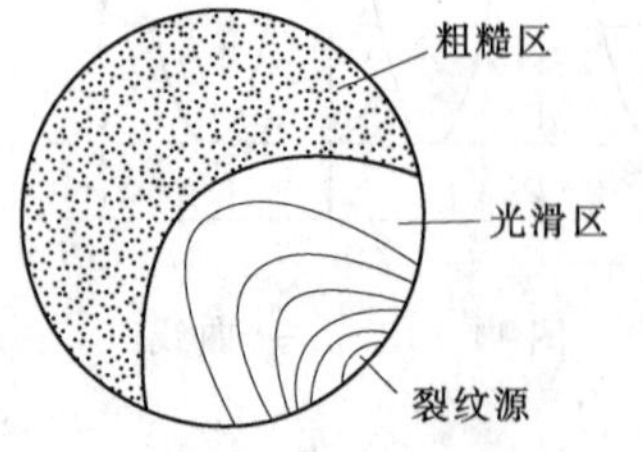

图 14－15　疲劳破坏断口

以上对疲劳破坏的解释与构件的疲劳破坏断口是吻合的。一般金属构件的疲劳断口都有着如图 14－15 所示的光滑区和粗糙区。光滑区实际上就是裂纹扩展区，是经过长期“研磨”所致，而粗糙区是最后发生脆性断裂的那部分剩余截面。

构件的疲劳破坏，是在没有明显预兆的情况下突然发生的，因此，往往会造成严重的事故。所以，了解和掌握交变应力的有关概念，并对交变应力作用下的构件进行疲劳计算，是十分必要的。

14.5　对称循环下的疲劳极限及其影响因素

14.5.1　疲劳极限 σ_r

构件在交变应力作用下，即使其最大工作应力小于屈服极限（或强度极限），也可能发生疲劳破坏。可见，材料的屈服极限等静强度指标不能用来说明构件在交变应力作用下的强度。材料在交变应力作用下是否发生破坏，不仅与最大应力 σ_{max} 有关，还与循环特征 r 和循环次数 N 有关。发生疲劳破坏时的循环次数又称为**疲劳寿命**（fatigue life）。试验表明，在一定的循环特征 r 下，σ_{max} 越大，到达破坏时的循环次数 N 就越小，即寿命越短；反之，如 σ_{max} 越小，则到达破坏时的循环次数 N 就越大，即寿命越长。当 σ_{max} 减小到某一限值时，虽经“无限多次”应力循环，材料仍不发生疲劳破坏，这个应力限值就称为**材料的持久极限或疲劳极限**（fatigue limit），以 σ_r 表示。同一种材料在不同循环特征下的疲劳极限 σ_r 是不相同的，对称循环下的疲劳极限 σ_{-1} 是衡量材料疲劳强度的一个基本指标。不同材料的 σ_{-1} 是不相同的。

材料的疲劳极限可由疲劳试验来测定，如材料在弯曲对称循环下的疲劳极限，可按国家标准 GB/T 4337—2008《金属材料疲劳试验旋转弯曲方法》以旋转弯曲疲劳试验来测定。在试验时，取一组标准光滑小试件，使每根试件都在试验机上发生对称弯曲循环且每根试件危险点承受不同的最大应力（称为应力水平），直至疲劳破坏，即可得到每根试件的疲劳寿命。然后在以 σ_{max} 为纵坐标，疲劳寿命 N 为横坐标的坐标系内，定出每根试件 σ_{max} 与 N 的相应点，从而可描出一条应力与疲劳寿命关系曲线，即 $S-N$ 曲线（S 代表正应力 σ 或切应力 τ），称为**疲劳曲线**（fatigue curve）。图 14－16 为某种钢材在弯曲对称循环下的疲劳曲线。

由疲劳曲线可见，试件达到疲劳破坏时的循环次数将随最大应力的减小而增大，当最大应力降至某一值时，$S-N$ 曲线趋于水平，从而可作出一条 $S-N$ 曲线的水平渐近线，对应的应力值就表示材料经过无限多次应力循环而不发生疲劳破坏，即为材料的疲劳极限 $(\sigma_{-1})_{弯}$。事实上，钢材和铸铁等黑色金属材料的 $S-N$ 曲线都具有趋于水平的特点，即经过很大的有限循环次数 N_0 而不发生疲劳破坏，N_0 称为循环基数。通常，钢的 N_0 取

10^7 次，某些有色金属的 N_0 取 10^8 次。

有些构件受到交变拉、压应力作用，以上有关概念同样适用。此外，还有一些扭转构件受到交变切应力的作用，以上有关概念也同样适用，只需将正应力 σ 改为切应力 τ 即可。

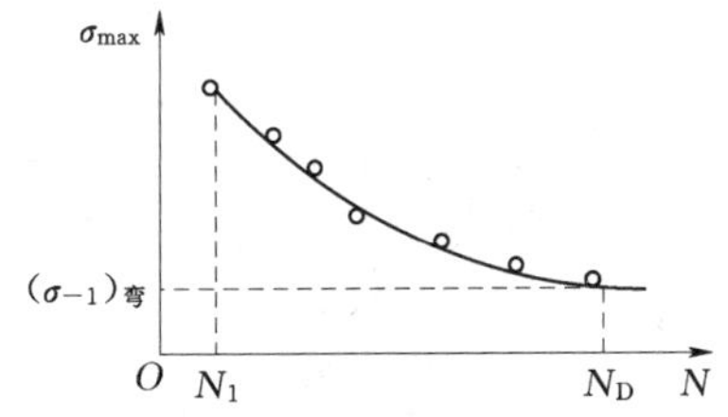

图 14-16 弯曲对称循环疲劳曲线

拉、压对称循环的持久极限 $(\sigma_{-1})_拉$ 和扭转对称循环的持久极限 $(\tau_{-1})_扭$ 也可通过光滑的标准试件由相应的疲劳试验测定。

试验结果表明，对称循环的持久极限与抗拉强度 σ_{bt} 之间存在一定的关系。如钢材，$(\sigma_{-1})_弯=0.28\sigma_{bt}$，$(\sigma_{-1})_拉=0.40\sigma_{bt}$，$(\tau_{-1})_扭=0.22\sigma_{bt}$；有色金属，$(\sigma_{-1})_弯=(0.25\sim0.50)\sigma_{bt}$。

14.5.2 影响构件疲劳极限的因素

实际构件的疲劳极限，不仅与材料有关，还受构件形状、尺寸大小、表面加工质量等因素的影响。因此，用标准的光滑小试件所测得的材料对称循环的疲劳极限 σ_{-1}，不能直接作为实际构件对称循环的疲劳极限，而必须就上述影响因素，进行适当的修正。下面介绍影响疲劳极限的几种主要影响因素及相应的修正方法。

1. 构件外形的影响

构件外形的突然变化，如孔洞、缺口、沟槽、轴肩等，将引起应力集中，而在这些应力集中的局部区域，更容易形成疲劳裂纹，从而使构件的疲劳极限显著降低。

应力集中对疲劳极限的影响用有效应力集中因数来表示。设对称循环下，没有应力集中影响的光滑试件的疲劳极限为 σ_{-1}，而同样尺寸但有应力集中影响的构件的疲劳极限为 σ_{-1}^{k}，二者的比值称为有效应力集中因数 k_σ，即

$$k_\sigma=\frac{\sigma_{-1}}{\sigma_{-1}^{k}} \tag{14-22}$$

k_σ 大于 1。

各种情况下构件的有效应力集中因数可从有关手册中查到，图 14-17 给出了其中一部分。

由图 14-17 所示曲线可见，材料的强度极限越高，有效应力集中因数越大，表明应力集中对高强度材料的疲劳极限影响较大；阶梯状圆轴的过渡半径 r 越小，则有效应力集中因数越大，即对疲劳极限的影响越大。

2. 构件尺寸的影响

试验表明，试件的疲劳极限随着试件尺寸的增大而减小。因为试件尺寸越大，内含的缺陷就越多，疲劳裂纹就越容易产生和扩展，因而疲劳极限将降低。

设标准光滑小试件（$d=7\sim10$mm）的疲劳极限为 σ_{-1}，而光滑大尺寸构件的疲劳极限为 σ_{-1}^{d}，二者之比值称为尺寸因数 ε_σ，即

$$\varepsilon_\sigma=\frac{\sigma_{-1}^{d}}{\sigma_{-1}} \tag{14-23}$$

ε_σ 小于 1。表 14-1 给出了钢材构件的尺寸因数值。

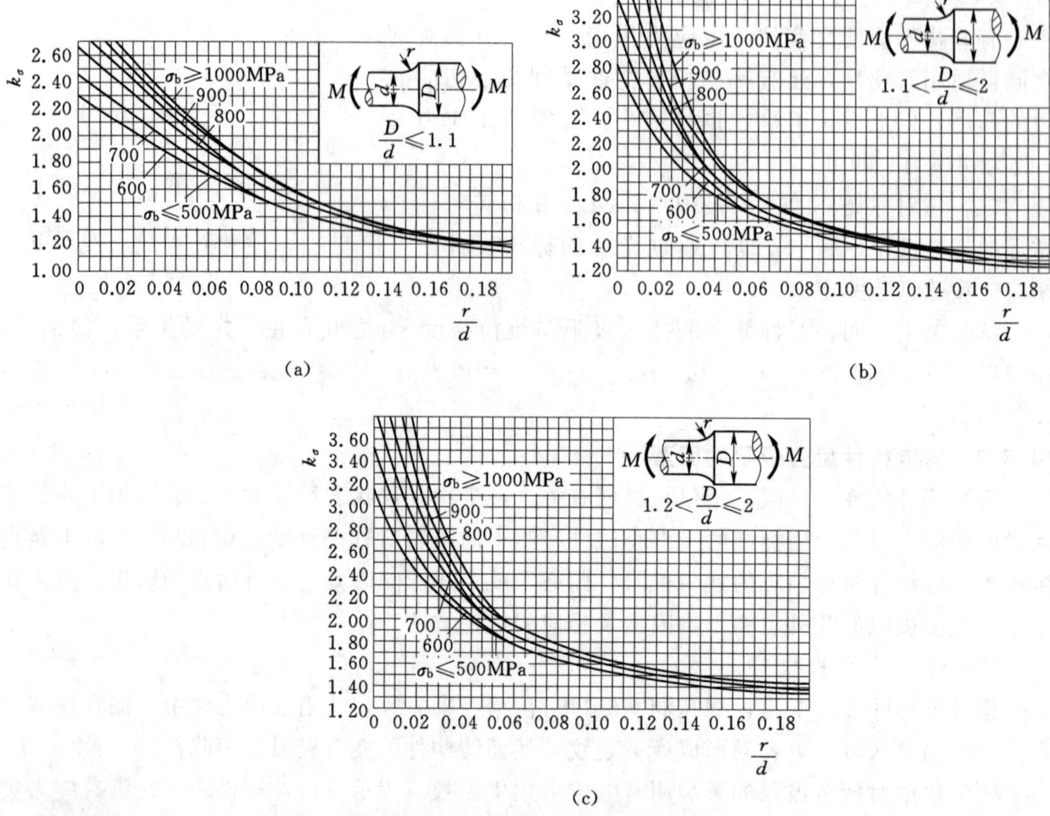

图 14-17 有效应力集中因数曲线

表 14-1 **尺寸因数**

d/mm	ε_σ	
	碳钢	合金钢
20～30	0.91	0.83
30～40	0.88	0.77
40～50	0.84	0.73
50～60	0.81	0.70
60～70	0.78	0.68
70～80	0.75	0.66
80～100	0.73	0.64
100～120	0.70	0.62
120～150	0.68	0.60
150～500	0.60	0.54

3. 构件表面加工质量的影响

试验表明，构件表面的加工质量对其疲劳极限有很大的影响。构件表面的光滑度越差，其疲劳极限越低。这是由于光滑度越差、表面越粗糙，越容易引起应力集中，从而疲劳极限将降低。

设标准光滑试件的疲劳极限为 σ_{-1}，而其他表面加工情况下，构件的疲劳极限为 σ_{-1}^{β}，则二者的比值称为表面质量因数 β，即

$$\beta=\frac{\sigma_{-1}^{\beta}}{\sigma_{-1}} \tag{14-24}$$

表 14-2 给出了钢材在不同表面粗糙度时的表面质量因数值。

由表 14-2 可见，钢的强度越高，表面加工质量对其疲劳极限的影响越显著。所以对高强度钢，须有较高的加工质量，才能充分发挥其高强度作用。

综合考虑上述三种主要影响因素后，就可得到构件在对称循环时的疲劳极限为

$$\sigma_{-1}^{\mathrm{m}}=\frac{\varepsilon_{\sigma}\beta}{k_{\sigma}}\sigma_{-1} \tag{14-25}$$

表 14-2　　**不同表面粗糙度的表面质量因数 β**

加工方法	表面粗糙度 $R_a/\mu m$	σ_b/MPa		
		400	800	1200
磨削	0.2～0.1	1	1	1
车削	1.6～0.4	0.95	0.90	0.80
粗车	12.5～3.2	0.85	0.80	0.65
未加工的表面		0.75	0.65	0.45

构件的疲劳极限 σ_{-1}^{m} 是决定构件在对称循环的交变应力作用下是否发生疲劳破坏的直接依据。因而提高构件的疲劳极限对于增强构件抵抗疲劳破坏的能力有着重要意义。构件的疲劳破坏是由疲劳裂纹及其扩展引起的，疲劳裂纹又多发生在应力集中的部位和构件表面。因而，提高构件的疲劳极限，主要应从减缓应力集中、提高表面质量两方面采取措施。

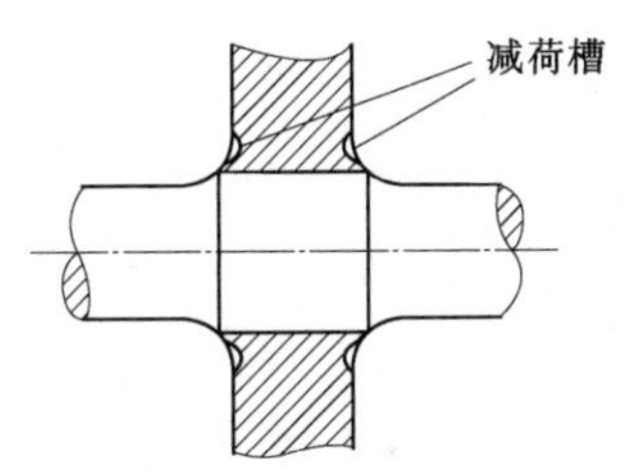

图 14-18　紧配合轮轴

首先，在构件设计中，应尽可能消除或减缓应力集中。例如构件的外形应避免出现方形或带有尖角的孔和槽，在轴肩等截面突然改变处，要采用半径足够大的过渡圆角或减荷槽、退刀槽。在轮、轴紧配合时，配合区边缘处将有明显的应力集中。为了降低应力集中的程度，可加粗轴的配合段，并在轮上开减荷槽，如图 14-18 所示。

其次，提高构件表面的光滑度，以减小加工刀痕等所引起的应力集中；或采用淬火、渗碳、喷丸，甚至表面爆炸等新工艺进行表面处理，以提高构件表面的强度。这些都是提高表面质量的有效措施。

14.6　对称循环下构件的疲劳强度计算

在对称循环交变应力作用下，为保证构件不发生疲劳破坏，构件的最大工作应力 σ_{max} 不应超过持久极限 σ_{-1}^{m}。当考虑了安全因数后，得构件的疲劳强度条件为

$$\sigma_{max} \leqslant [\sigma_{-1}] \tag{14-26}$$

式中：$[\sigma_{-1}]$为对称循环时的容许应力。若规定的安全因数为n_r，则

$$[\sigma_{-1}]=\sigma_{-1}^{m}/n_r$$

将其代入式（14-26），则得用安全因数表示的**疲劳强度条件**为

$$n_\sigma \geqslant n_r \tag{14-27}$$

其中

$$n_\sigma=\frac{\sigma_{-1}^{m}}{\sigma_{max}}=\frac{\varepsilon_\sigma \beta \sigma_{-1}}{k_\sigma \sigma_{max}} \tag{14-28}$$

式中：n_σ为构件的实际安全因数。

在疲劳强度计算中，往往是根据构件的已定尺寸（由静荷载强度计算确定）计算危险点处的实际安全因数n_σ，再按式（14-27）作疲劳强度校核。

【例14-6】 图14-19所示为某车轴的一段。由车厢传来的荷载$F=80\text{kN}$。车轴的材料为合金钢，已知其$\sigma_b=900\text{MPa}$，$\sigma_{-1}=200\text{MPa}$。车轴表面车削。若要求轴的疲劳安全因数$n_r=1.4$，试校核轴中车轮所在的Ⅰ—Ⅰ截面［车轮未画出，参见图14-11（a）］的疲劳强度。

解 车轴在对称循环交变应力下工作，可用式（14-27）校核疲劳强度。

（1）计算Ⅰ—Ⅰ截面上的最大工作应力σ_{max}。Ⅰ—Ⅰ截面为车轮所在截面，车轴作为外伸梁，该面上最大工作应力为

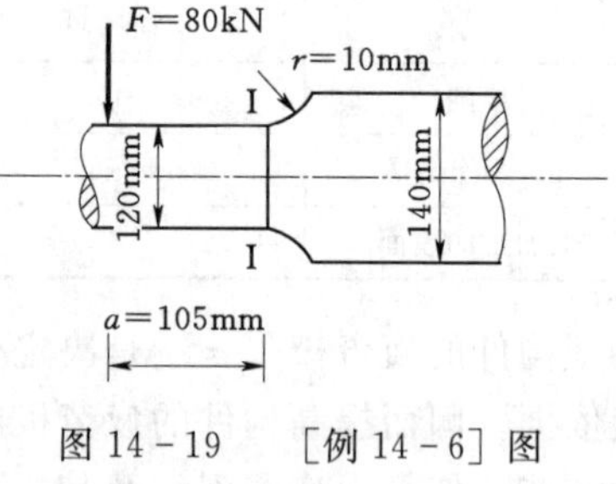

图14-19　［例14-6］图

$$\sigma_{max}=\frac{M}{W_z}=\frac{32Fa}{\pi d^3}=\frac{32\times 80\times 10^3\text{N}\times 0.105\text{m}}{\pi\times(0.12\text{m})^3}$$

$$=49.5\times 10^6\text{Pa}=49.5\text{MPa}$$

（2）确定有效应力集中系数k_σ。由于$\frac{D}{d}=\frac{140}{120}=1.17$，应按图14-17（b）由$\frac{r}{d}=\frac{10}{120}=0.083$及$\sigma_b=900\text{MPa}$查图中的曲线，得$k_\sigma$为1.58。

（3）确定尺寸系数ε_σ。由$d=120\text{mm}$，查表14-1，得ε_σ为0.62。

（4）确定表面质量系数β。由车削查表14-2，得β为0.88。

（5）校核车轴的疲劳强度。由式（14-28）得

$$n_\sigma=\frac{\varepsilon_\sigma \beta \sigma_{-1}}{k_\sigma \sigma_{max}}=\frac{0.62\times 0.88}{1.58}\times\frac{200\text{MPa}}{49.5\text{MPa}}=1.40$$

可见$n_\sigma=n_r$，所以轴有足够的疲劳强度。

*14.7　非对称循环下的疲劳极限和疲劳强度计算

14.7.1　疲劳极限曲线

非对称循环下材料的疲劳极限也是用光滑小试件通过试验测定的。对每一个r，由试件的σ_{max}和破坏时所经历的循环次数N都可得一条$\sigma-N$曲线，然后在曲线上取与循环基数N_0相应的σ_{max}，即得循环特征为r时的疲劳极限σ_r。

图 14－20 表示了不同 r 值的几条 $\sigma-N$ 曲线。根据 N_0，可在这一组曲线上得到各相应的持久极限 σ_r 值。显然，由某一 r 值的 σ_{max}（即 σ_r）可以算出 σ_{min}，再由式（14－20）和式（14－21），可以算出平均应力 σ_m 和应力幅 σ_a。对每一不同的 r 值都算出相应的 σ_m 和 σ_a 后，就可在以 σ_a 为纵坐标，σ_m 为横坐标的坐标系内定出若干点，从而描出一条曲线，如图 14－21 中的 $AICB$ 曲线。这条曲线就称为**疲劳极限曲线**。

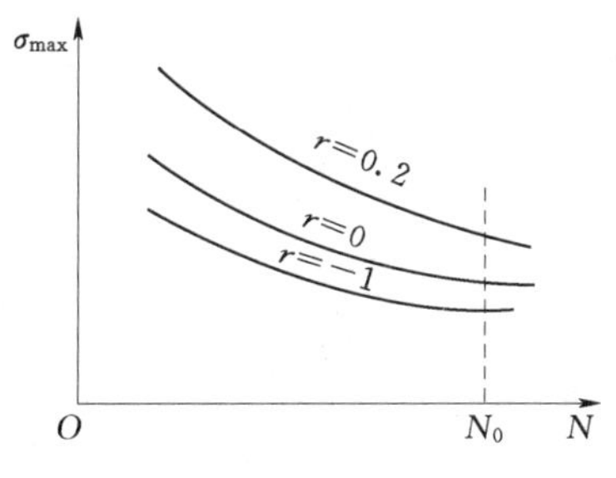

图 14－20　不同 r 值的 $\sigma-N$ 曲线

该曲线上任一点的纵、横坐标之和，显然就是某一循环特征时的疲劳极限。以图线上 I 点看，若从坐标原点 O 向 I 点作射线 OI，其倾角 α 的正切可由式（14－20）、式（14－21）和式（14－19）求得为

$$\tan\alpha=\frac{\sigma_a}{\sigma_m}=\frac{\frac{1}{2}(\sigma_{max}-\sigma_{min})}{\frac{1}{2}(\sigma_{max}+\sigma_{min})}=\frac{1-r}{1+r} \tag{14-29}$$

因此，为求某一循环特征 r 时的持久极限 σ_r，先按式（14－29）求得 α，然后作射线，此射线与疲劳极限曲线交点的纵、横坐标之和，即为所求的 σ_r。在同一 r 值下但应力水平 σ_r 不同情况下的非对称循环，由各 σ_m 和 σ_a 所得到的点必在同一射线 OI 上。如果点在图线以内，如 i 点，则表示在该非对称循环作用下不会发生疲劳破坏。因而，I 点是该 r 下正好发生疲劳破坏的临界点。

按类似的方法，根据不同的 r，可以得到相应的疲劳破坏的临界点。例如，如 $r=-1$，即对称循环，由式（14－29）可得 $\alpha=90°$，射线与纵坐标轴重合，临界点为 A 点，其纵坐标即为 σ_{-1}；如 $r=+1$，即静应力，得 $\alpha=0°$，射线与横坐标轴重合，临界点为 B 点，其横坐标即为 $\sigma_{+1}=\sigma_b$；如 $r=0$，即脉冲循环，可得 $\alpha=45°$，射线为 OC，临界点为 C 点，其纵横坐标之和即为脉冲循环的疲劳极限 σ_0，因此，C 点的纵横坐标均为$\frac{\sigma_0}{2}$。

曲线上的任一点是相应 r 下发生疲劳破坏的临界点，所以疲劳极限曲线也就是发生疲劳破坏的临界曲线。由图 14－21 可以看出，在靠近 OB 轴的范围内，纵坐标 σ_a 比横坐标 σ_m 小得多，即应力的交变性不明显，只有在 OA 轴和 OC 之间以及在 OC 右下方附近范围内，才确实属于交变应力。

材料的疲劳极限曲线是构件在非对称循环交变应力作用下进行疲劳强度计算的依据。但由上可知，如果直接利用图 14－21 的图线，则需对同一种材料的试件进行很多的疲劳试验，这实际上是困难的。因此，工程上常采用简化的曲线来代替上述曲线。其中最常用的是根据试验测定的 σ_{-1}、σ_0 和 σ_b 3 个数据，作出如图 14－22 中的折线 ACB 作为简化曲线。由图可见，这条简化折线与实际的曲线相当接近，而且按此折线所得的 σ_r 除 A、C、B 3 点处外，均比实际的 σ_r 小，所以应用上是偏安全的。

在非对称循环交变应力作用下工作的构件，其持久极限也受到应力集中、尺寸大小和

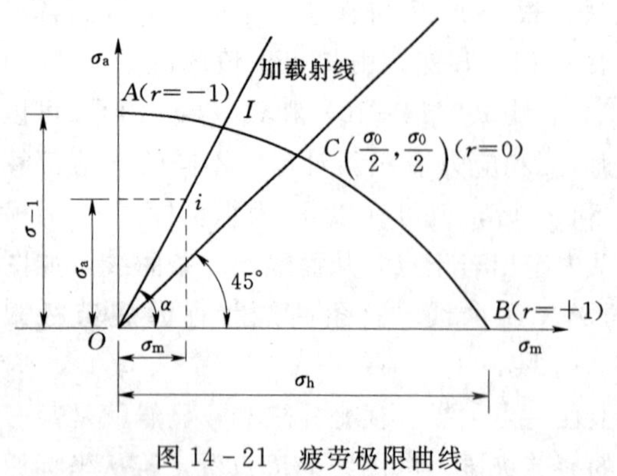

图 14-21 疲劳极限曲线

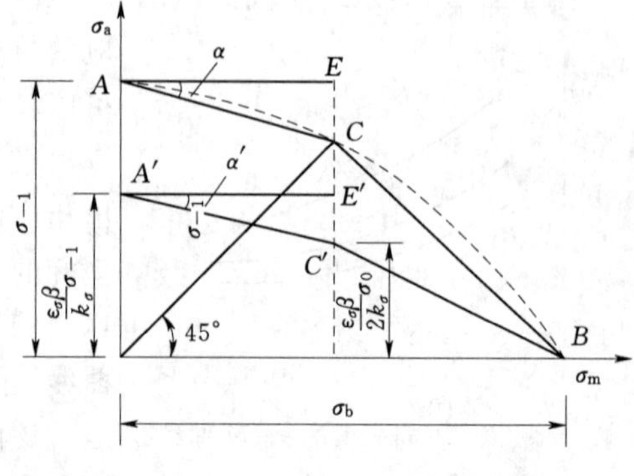

图 14-22 简化的疲劳极限曲线

表面质量等因素的影响。非对称循环交变应力可以看作是由应力幅为 σ_a 的对称循环交变应力和大小为平均应力 σ_m 的静应力两部分所组成的。试验证明，上述因素只是对 σ_a 有影响，而对 σ_m 并无影响。因此，只需将 ACB 折线上各点的纵坐标乘以$\dfrac{\varepsilon_\sigma\beta}{2k_\sigma}$，而横坐标不变，这样，$A$、$C$ 两点分别移至 A'、C'，其纵坐标分别为$\dfrac{\varepsilon_\sigma\beta}{k_\sigma}\sigma_{-1}$ 和$\dfrac{\varepsilon_\sigma\beta}{2k_\sigma}\sigma_0$，如图 14-22 所示。折线 $A'C'B$ 即为**构件的疲劳极限简化曲线**。该折线上任一点的纵、横坐标之和即等于构件在某一循环特征 r 时的疲劳极限 σ_r^m。

为了后面的需要，现求出简化折线的 $A'C'$ 段与水平线 $A'E'$ 夹角 α' 的正切为

$$\tan\alpha'=\frac{\overline{E'C'}}{\overline{A'B'}}=\frac{\dfrac{\varepsilon_\sigma\beta}{k_\sigma}\sigma_{-1}-\dfrac{\varepsilon_\sigma\beta}{2k_\sigma}\sigma_0}{\dfrac{\sigma_0}{2}}=\frac{\varepsilon_\sigma\beta}{k_\sigma}\left(\frac{\sigma_{-1}-\dfrac{\sigma_0}{2}}{\dfrac{\sigma_0}{2}}\right)=\frac{\varepsilon_\sigma\beta}{k_\sigma}\varphi_\sigma \tag{14-30}$$

由图 14-22 可见，$\dfrac{\sigma_{-1}-\dfrac{\sigma_0}{2}}{\dfrac{\sigma_0}{2}}$为材料疲劳极限简化折线的 AC 段与水平线 AE 夹角 α 的正切 $\tan\alpha$，故可得

$$\varphi_\sigma=\frac{\sigma_{-1}-\dfrac{\sigma_0}{2}}{\dfrac{\sigma_0}{2}}=\tan\alpha$$

式中：φ_σ 为一与材料的疲劳极限 σ_{-1} 和 σ_0 有关的常数。对于碳钢 $\varphi_\sigma=0.1\sim0.2$，对于合金钢 $\varphi_\sigma=0.25$。

14.7.2 非对称循环下构件的疲劳强度计算

如上所述，构件在非对称循环交变应力作用下的疲劳极限曲线可采用图 14-23 中的简化折线 $A'C'B$。设在某一循环特征 r 时，由构件危险点处求得的平均应力 σ_m 和应力幅 σ_a 所得到的点处于折射 $A'C'B$ 的内侧，如图 14-23 中的 j 点，则表示构件不会发生疲劳破坏。现进一步分析构件的实际安全因数。

将 Oj 射线延长，与 $A'C'$ 交于 J 点，J 点的纵横坐标之和即为构件在该 r 循环特征下的疲劳极限 σ_r^{m}，由图可见 $\sigma_r^{\mathrm{m}}=\overline{JK}+\overline{OK}$。而 j 点的纵横坐标之和为危险点处的最大工作应力 $\sigma_{\max}=\overline{jG}+\overline{OG}$。注意到 $\triangle OjG \backsim \triangle OJK$，由此得到构件实际安全因数为

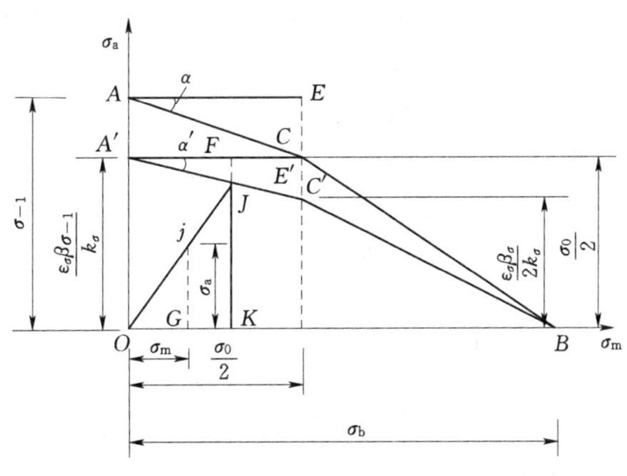

图 14-23 疲劳极限曲线的应用

$$n_\sigma=\frac{\sigma_r^{\mathrm{m}}}{\sigma_{\max}}=\frac{\overline{JK}+\overline{OK}}{\overline{jG}+\overline{OG}}=\frac{\overline{JK}}{\overline{jG}}=\frac{\overline{JK}}{\sigma_{\mathrm{a}}}$$

由图 14-23 及式（14-30），可得

$$\overline{JK}=\overline{FK}-\overline{FJ}=\frac{\varepsilon_\sigma\beta}{k_\sigma}\sigma_{-1}-\overline{A'F}\ \frac{\varepsilon_\sigma\beta}{k_\sigma}\varphi_\sigma$$

而 $\overline{A'F}=\overline{OK}=\dfrac{\sigma_{\mathrm{m}}}{\sigma_{\mathrm{a}}}\overline{JK}$，将 $\overline{A'F}$ 代入上式，可以解得 $\overline{JK}$。再将所得的 $\overline{JK}$ 代入 $n_\sigma=\dfrac{\overline{JK}}{\sigma_{\mathrm{a}}}$式，最后得

$$n_\sigma=\frac{\sigma_{-1}}{\dfrac{k_\sigma}{\varepsilon_\sigma\beta}\sigma_{\mathrm{a}}+\varphi_\sigma\sigma_{\mathrm{m}}} \tag{14-31}$$

为使构件不发生疲劳破坏，实际安全因数应不小于规定的安全因数 n_{r}，即

$$\frac{\sigma_{-1}}{\dfrac{k_\sigma}{\varepsilon_\sigma\beta}\sigma_{\mathrm{a}}+\varphi_\sigma\sigma_{\mathrm{m}}}\geqslant n_{\mathrm{r}} \tag{14-32}$$

这就是非对称循环下，构件的疲劳强度条件。

最后需要指出，构件在非对称循环交变应力作用下，当循环特征 $r>0$，特别在 r 接近 1 时，由于应力幅 σ_{a} 比平均应力 σ_{m} 小得多，$\sigma_{\max}$ 与 $\sigma_{\min}$ 接近，这种交变应力就与静应力相接近。对于这种情况，构件会因 $\sigma_{\max}$ 超过材料的屈服极限 σ_{s} 而发生屈服破坏。因此，需对材料是否屈服进行校核。当 $r<0$，构件通常发生疲劳破坏。但当 r 接近于零时，疲劳破坏和屈服破坏都有可能，且难以判断哪个在先。因此，需对疲劳和屈服两种破坏的可能都进行校核。

屈服破坏的实际安全因数为

$$n'_\sigma=\frac{\sigma_{\mathrm{s}}}{\sigma_{\max}} \tag{14-33}$$

为使构件不出现屈服破坏，n'_σ应不小于屈服安全因数 n_{s}。故屈服强度条件为

$$n'_\sigma\geqslant n_{\mathrm{s}} \tag{14-34}$$

从式（14-20）和式（14-21）可见，非对称循环中的应力幅 σ_{a} 将大于零，而平均应力 σ_{m} 可以大于零，也可以小于零。上面按 $\sigma_{\mathrm{m}}>0$ 的情况，讨论了材料在非对称循环下的持久极限图线及其简化折线，并得到了构件的疲劳强度条件和屈服强度条件。对于塑性材料，当 $\sigma_{\mathrm{m}}<0$ 时，由试验可以证明，其疲劳强度条件和屈服强度条件均与 $\sigma_{\mathrm{m}}>0$ 时相同。

【例 14-7】 已知某等截面活塞杆，材料为碳钢，直径 $d=60\text{mm}$，表面经抛光加工。当气缸点火时活塞杆受轴向压力为 500kN；当吸气开始时活塞杆受轴向拉力为 100kN。已知材料的 $(\sigma_{-1})_{拉}=330\text{MPa}$，$\sigma_b=1200\text{MPa}$，$\sigma_s=860\text{MPa}$，$\varphi_\sigma=0.1$，$n_r=n_s=2.0$，试校核该活塞杆的强度。

解　活塞杆承受数值不等的拉、压交变荷载，杆的应力为非对称循环的交变应力。

(1) 计算交变应力的特性值。最大拉应力为

$$\sigma_{tmax}=\frac{N_t}{A}=\frac{4\times100\times10^3\text{N}}{\pi\times(0.06\text{m})^2}=35.4\times10^6\text{Pa}=35.4\text{MPa}$$

最大压应力为

$$\sigma_{cmax}=\frac{N_c}{A}=\frac{-4\times500\times10^3\text{N}}{\pi\times(0.06\text{m})^2}=-176.8\times10^6\text{Pa}=-176.8\text{MPa}$$

故该交变应力的 $\sigma_{max}=\sigma_{tmax}=35.4\text{MPa}$，而 $\sigma_{min}=\sigma_{cmax}=-176.8\text{MPa}$。从而得

$$\sigma_m=\frac{1}{2}(\sigma_{max}+\sigma_{min})=\frac{1}{2}(35.4\text{MPa}-176.8\text{MPa})=-70.7\text{MPa}$$

$$\sigma_a=\frac{1}{2}(\sigma_{max}-\sigma_{min})=\frac{1}{2}(35.4\text{MPa}+176.8\text{MPa})=106.1\text{MPa}$$

(2) 计算各影响因数。由于该活塞杆为等直杆，外形没有变化，故其有效应力集中因数 $k_\sigma=1$。

由 $d=60\text{mm}$，查表 14-1，得 $\varepsilon_\sigma=0.78$。

由于杆的表面为磨削且 $\sigma_b=1200\text{MPa}$，查表 14-2，得 $\beta=1$。

(3) 计算 n_σ 并校核疲劳强度。按式 (14-31)，得

$$n_\sigma=\frac{\sigma_{-1}}{\dfrac{k_\sigma}{\varepsilon_\sigma\beta}\sigma_a+\varphi_\sigma\sigma_m}=\frac{330\text{MPa}}{\dfrac{1}{0.78\times1}\times106.1\text{MPa}-0.1\times70.7\text{MPa}}=2.56$$

可见 $n_\sigma>n_r$，所以杆的疲劳强度是足够的。

(4) 校核屈服强度。由于杆的交变应力为非对称循环，杆又是塑性材料，所以需要进行屈服强度校核。

由式 (14-33)，得

$$n'_\sigma=\frac{\sigma_s}{\sigma_{max}}=\frac{860\text{MPa}}{176.8\text{MPa}}=4.86$$

可见 $n'_\sigma>n_s$，所以杆也有足够的屈服强度。

14.8　钢结构构件的疲劳计算

传统的构件疲劳设计方法是采用前述安全因数法。目前，机械行业中对机械零部件的疲劳强度计算仍是以疲劳强度条件式 (14-27) 为基础进行的。

20 世纪 60 年代后，结构工程中的钢结构焊接工艺得到广泛应用。由于焊缝附近往往存在着残余应力，钢结构的疲劳裂纹多从焊缝处产生和发展，因而在疲劳计算中应考虑焊接残余应力的影响。在此情况下，就不能按传统的疲劳强度条件进行疲

劳计算。

GB 50017—2003《钢结构设计规范》规定，承受交变应力重复作用的钢结构构件，如吊车梁、吊车桁架、工作平台梁等及其连接部位，当应力变化的循环次数 N 等于或大于 10^5 次时，应进行疲劳计算。疲劳计算采用**容许应力幅法**，对常幅（所有应力循环内的应力幅保持常量）疲劳，按下式计算：

$$\Delta\sigma \leqslant [\Delta\sigma] \tag{14-35}$$

计算时，σ_{max}、σ_{min} 按弹性状态计算。必须注意的是，根据《钢结构设计规范》这里的应力幅已不再是式（14-21）所表示的 σ_a，而是用 $\Delta\sigma$ 表示，并按如下方法计算：对焊接部位，应力幅 $\Delta\sigma=\sigma_{max}-\sigma_{min}$；对非焊接部位，应力幅采用折算应力幅，即 $\Delta\sigma=\sigma_{max}-0.7\sigma_{min}$。常幅疲劳的容许应力幅，按下式计算：

$$[\Delta\sigma]=\left(\frac{C}{N}\right)^{\frac{1}{\beta}} \tag{14-36}$$

式中：N 为交变应力循环次数；C、β 为与构件和连接的类别及其受力情况有关的参数，如表 14-3 所示。在应力循环中不出现拉应力的部位，可不作疲劳计算。

表 14-3　　参数 C、β 构件和连接类别

构件和连接类别	1	2	3	4	5	6	7	8
C	1940×10^{12}	861×10^{12}	3.26×10^{12}	2.18×10^{12}	1.47×10^{12}	0.96×10^{12}	0.65×10^{12}	0.41×10^{12}
β	4	4	3	3	3	3	3	3

【例 14-8】 图 14-24 所示一焊接箱形钢梁，在跨中截面受到 $F_{min}=10\text{kN}$ 和 $F_{max}=100\text{kN}$ 的常幅交变荷载作用。该梁由手工焊接而成，属第 4 类构件，若欲使此梁在服役期内能经受 2×10^6 次交变荷载作用，试校核其疲劳强度。

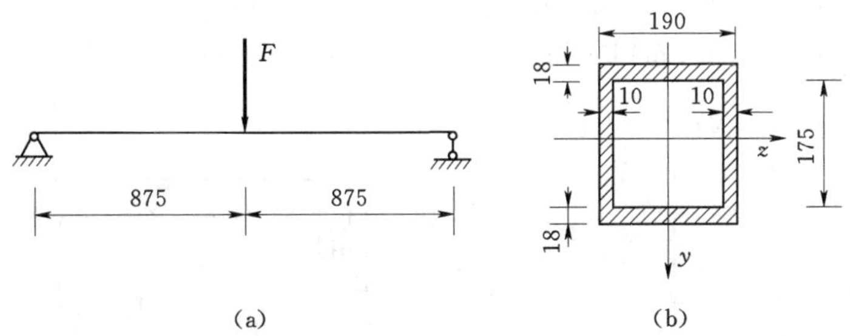

图 14-24　[例 14-8] 图（尺寸单位：mm）

解　(1) 计算梁跨中截面危险点处的应力幅。截面对 z 轴的惯性矩为

$$I_z=\frac{190\text{mm}\times(211\text{mm})^3}{12}-\frac{170\text{mm}\times(175\text{mm})^3}{12}=72.81\times10^{-6}\text{m}^4$$

跨中截面下翼缘底边上各点处的正应力相等，且为该截面上的最大拉应力，为危险点。在 $F_{min}=10\text{kN}$ 的作用下

$$\sigma_{\min}=\frac{M_{\min}y_{\max}}{I_z}=\frac{\frac{1}{4}\times10\times10^3\,\text{N}\times1750\times10^{-3}\,\text{m}\times\frac{211}{2}\times10^{-3}\,\text{m}}{72.81\times10^{-6}\,\text{m}^4}=6.34\text{MPa}$$

当梁跨中荷载在 $F_{\max}=100\text{kN}$ 时

$$\sigma_{\max}=\frac{M_{\max}y_{\max}}{I_z}=\frac{\frac{1}{4}\times100\times10^3\,\text{N}\times1750\times10^{-3}\,\text{m}\times\frac{211}{2}\times10^{-3}\,\text{m}}{72.81\times10^{-6}\,\text{m}^4}=63.39\text{MPa}$$

故危险点处的应力幅为

$$\Delta\sigma=\sigma_{\max}-\sigma_{\min}=63.39\text{MPa}-6.34\text{MPa}=57.05\text{MPa}$$

(2) 确定容许应力幅 $[\Delta\sigma]$，并校核危险点的疲劳强度。因该焊接钢梁属第 4 类构件，由表 14-3 查得 $C=2.18\times10^{12}$，$\beta=3$。

将 C 和 β 代入式 (14-36)，可得此焊结钢梁常幅疲劳的容许应力幅

$$[\Delta\sigma]=\left(\frac{C}{N}\right)^{\frac{1}{\beta}}=\left(\frac{2.18\times10^{12}}{2\times10^6}\right)^{\frac{1}{3}}\text{MPa}=103.0\text{MPa}$$

将工作应力幅与容许应力幅比较，显然

$$\Delta\sigma<[\Delta\sigma]$$

因此，该焊接钢梁在服役期限内能满足疲劳强度要求。

习　题

14-1　用两根吊索以向上的匀加速度平行起吊一根 18 号工字钢梁，如图 14-25 所示。加速度 $a=10\text{m/s}^2$，工字钢梁的长度 $l=10\text{m}$，吊索的横截面面积 $A=60\text{mm}^2$。若只考虑工字钢梁的重量，而不计吊索的自重，试计算工字钢梁内的最大动应力和吊索的动应力。

14-2　桥式起重机上悬挂一重量 $W=60\text{kN}$ 的重物，以匀速度 $v=1\text{m/s}$ 向前移动（即移动方向垂直于纸面，如图 14-26 所示）。当起重机突然停止时，重物像单摆一样向前摆动。若梁为 16 号工字钢，吊索横截面面积 $A=450\text{mm}^2$，问此时吊索及梁内的最大应力增加多少？设吊索的自重以及重物摆动引起的斜弯曲影响都忽略不计。

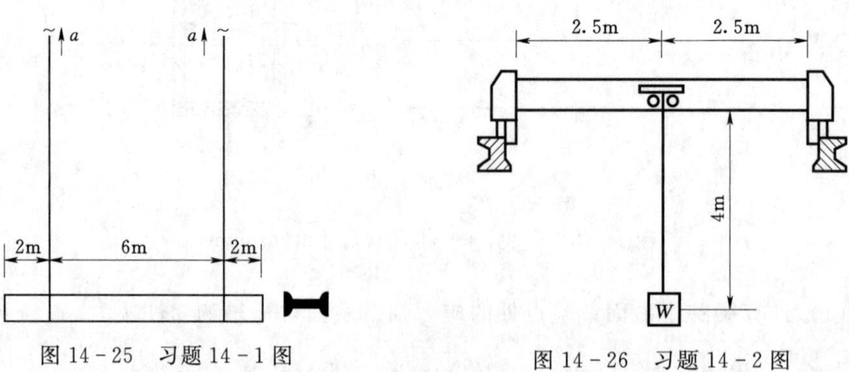

图 14-25　习题 14-1 图

图 14-26　习题 14-2 图

14-3　图 14-27 所示机车车轮以 $n=400\text{r/min}$ 的转速旋转。平行杆 AB 的横截面为矩形，$h=60\text{mm}$，$b=30\text{mm}$，长 $l=2\text{m}$，$r=250\text{mm}$，材料的重度为 $\rho g=78\text{kN/m}^3$。试确定平行杆最危险位置和杆内最大正应力。

14－4　图 14－28 所示重物 $W=30\text{kN}$，用绳索以等加速度 6m/s^2 向上起吊。绳索绕在一重量为 5kN，直径为 1200mm 的鼓轮上，其回转半径为 450mm，设鼓轮轴两端可视为铰支，其容许应力 $[\sigma]=100\text{MPa}$，试按第三强度理论选定轴的直径。

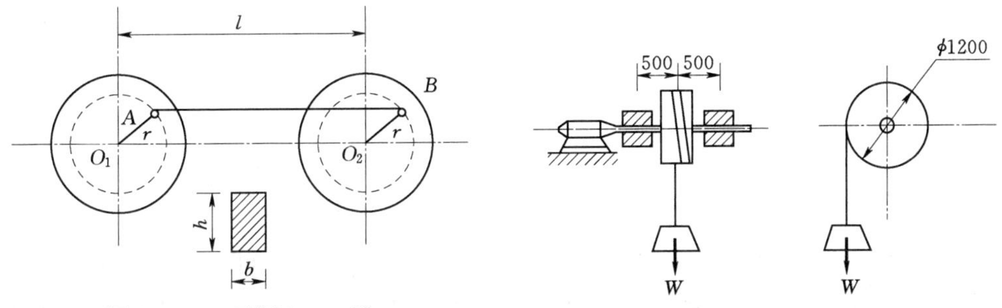

图 14－27　习题 14－3 图

图 14－28　习题 14－4 图（尺寸单位：mm）

14－5　材料相同，长度相等的变截面杆和等截面杆如图 14－29 所示。若两杆的最大截面面积相同，问哪一根杆承受冲击的能力强？为什么？设变截面杆直径为 d 的部分长为$\dfrac{2}{5}l$，$D=2d$。为了便于比较，假设 H 较大，可以近似地将动荷系数取为 $k_{\text{d}}=1+\sqrt{1+\dfrac{2H}{\Delta_{\text{st}}}}\approx\sqrt{\dfrac{2H}{\Delta_{\text{st}}}}$。

14－6　钢梁 AB 和木杆 BC 在 B 点用铰连接，如图 14－30 所示。BC 杆长 $2l=2\text{m}$，截面为正方形，边长 $a=0.1\text{m}$。在 BC 杆中间截面处固接一刚性盘，当重物 $W=1\text{kN}$ 从 $h=10\text{mm}$ 处落在刚盘上时，试校核杆是否安全。已知木杆的 $E=10\text{GPa}$，容许应力 $[\sigma]=6\text{MPa}$。

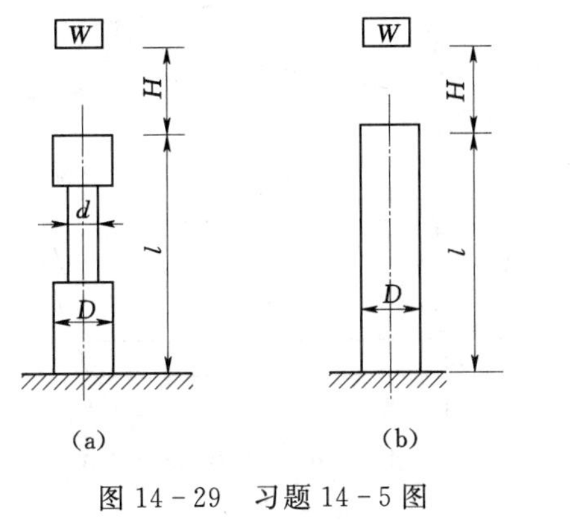

图 14－29　习题 14－5 图

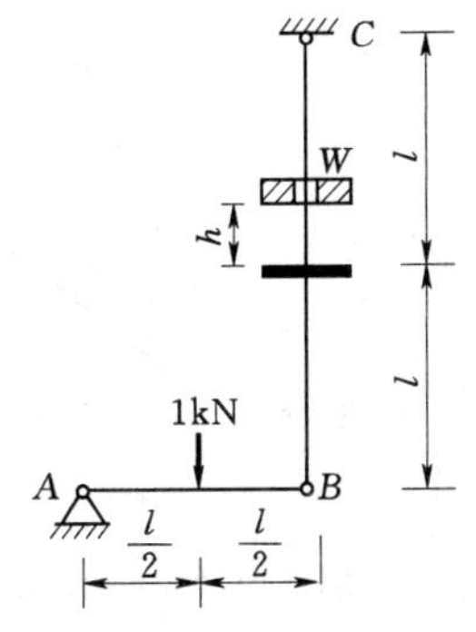

图 14－30　习题 14－6 图

14－7　吊索 CA 悬吊一重物 W，并以匀速度 v 下降，如图 14－31 所示。若重物在 A 点处突然停止，证明吊索的伸长 Δ_{d} 可表示为：$\Delta_{\text{d}}=\Delta_{\text{st}}+v\sqrt{\dfrac{\Delta_{\text{st}}}{g}}$。

14－8　弹性地基受静荷 W 作用时的压缩量为 f，若将重物提高至高度 h 处下落，如图 14－32 所示，其压缩量为 $6f$，求下落高度 h 值。

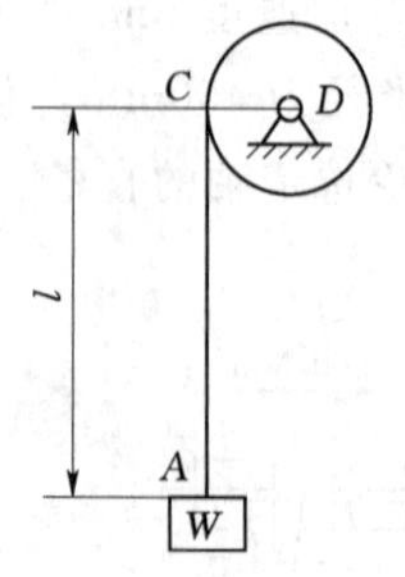

图14－31　习题14－7图

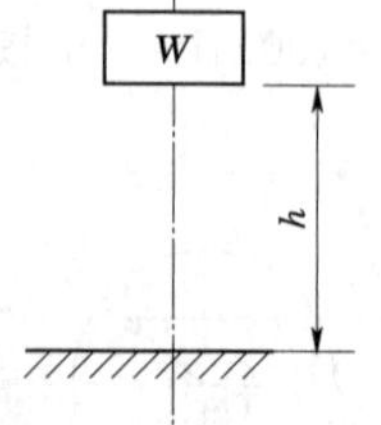

图14－32　习题14－8图

14－9　外伸梁ABC，在C点上方有一重物$W=700$N从高度$h=300$mm处自由下落，如图14－33所示。若梁材料的弹性模量$E=1.0\times10^4$MPa，试求梁中最大正应力。

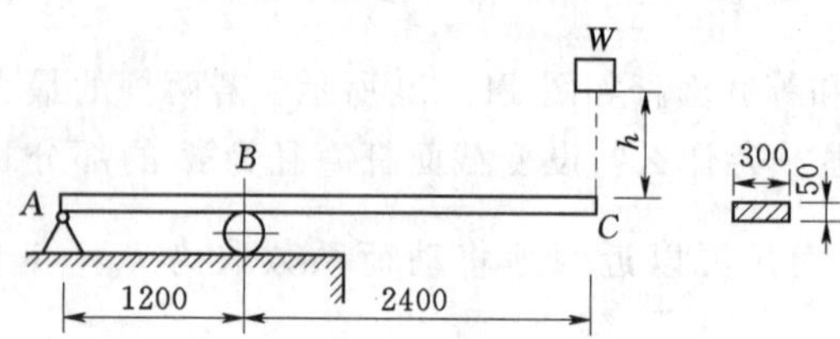

图14－33　习题14－9图（尺寸单位：mm）

14－10　直径为D的圆截面的水平直角折杆ABC，一重物W从高度h处自由下落至C点，如图14－34所示，试按第三强度理论写出危险点的相当应力表达式。设G、EI已知。

14－11　重为W的荷载从高度h处下落至图14－35所示宽度按直线变化的等强度梁的自由端，求梁产生的最大冲击应力。在相同条件下，求宽度b不变的悬臂梁产生的最大冲击应力，并将两者进行比较。

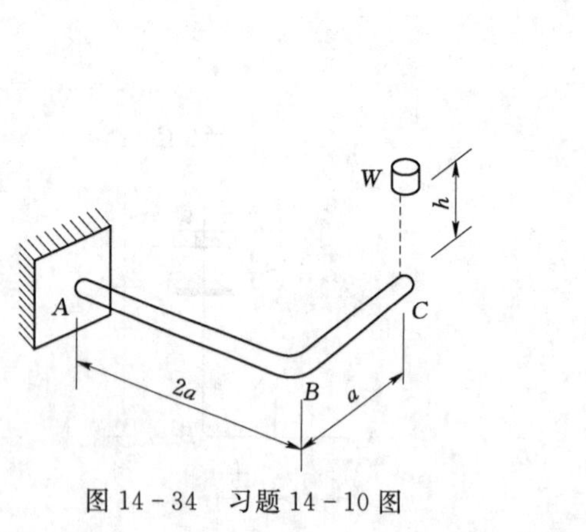

图14－34　习题14－10图

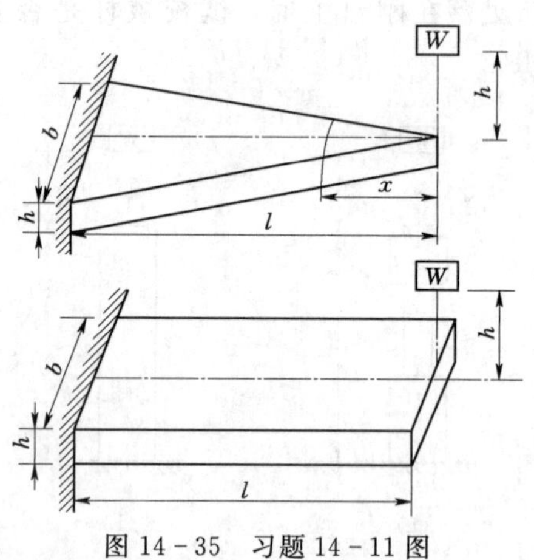

图14－35　习题14－11图

14－12　图14－36所示简支梁，$E=1.0\times10^4$MPa，横截面尺寸为100mm×100mm。重物$W=100$N从高度$h=150$mm处下落至梁跨度中点时，梁产生最大冲击应力$\sigma_d=20$MPa，问梁的跨度l为多少？

14－13　长$l=400$mm，直径$d=12$mm的圆截面直杆，在B端受到水平方向重物W的轴向冲击，如图14－37所示。已知杆AB材料的弹性模量$E=210$GPa，冲击时冲击物的动能为2000N·mm。在不考虑杆的质量的情况下，试求杆内的最大冲击正应力。

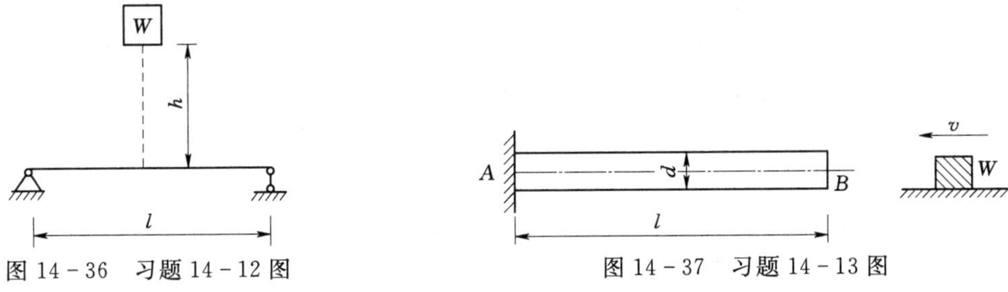

图 14-36　习题 14-12 图

图 14-37　习题 14-13 图

14-14　试求图 14-38 所示 4 种交变应力的循环特征 r，应力幅度 σ_a 和平均应力 σ_m。

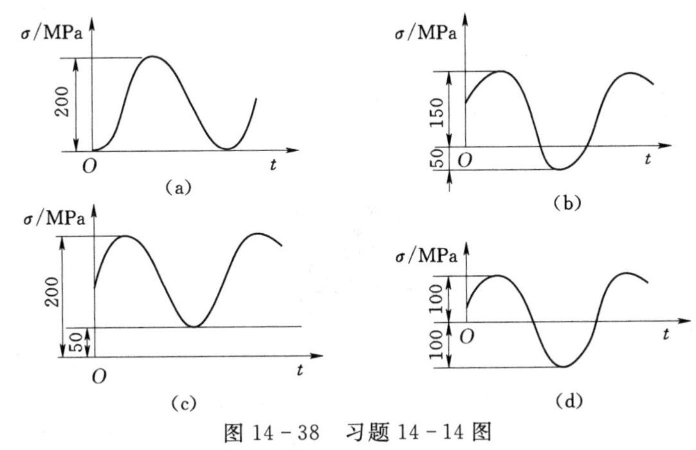

图 14-38　习题 14-14 图

14-15　试说明下列概念，并指出它们的异同点：

(1) 交变应力的最大应力 σ_{max} 与材料的持久极限 σ_r。

(2) 材料的持久极限与构件的持久极限。

(3) 交变应力的容许应力与静荷载的容许应力。

14-16　图 14-39 所示的传动轴上作用有交变扭矩 M_x，扭矩变化的范围为 800～－800kN·m。材料为碳钢，$\sigma_b=500\text{MPa}$，$\tau_{-1}=110\text{MPa}$，轴表面经磨削加工。若规定 $n_r=1.8$，试校核轴的疲劳强度。

14-17　如图 14-40 所示的精车加工的碳钢轴，两端直径分别为 50mm 和 40mm，圆角 r 为 2mm，$\sigma_b=500\text{MPa}$，$\tau_s=190\text{MPa}$，$\tau_{-1}=140\text{MPa}$，$\psi_\tau=0$。轴受到非对称交变扭矩 M_x 的作用，$M_{x\max}=5M_{x\min}$。若规定安全因数为 1.6，试求 $M_{x\max}$。

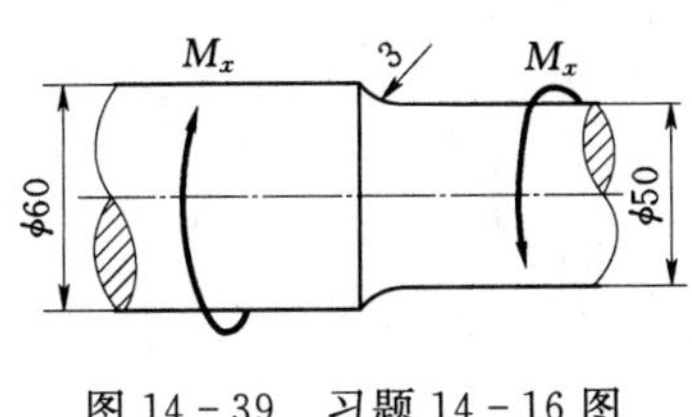

图 14-39　习题 14-16 图

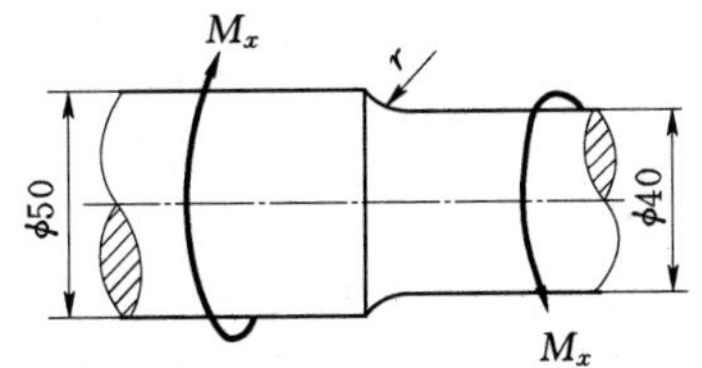

图 14-40　习题 14-17 图

14－18 图14－41所示吊车梁由22a号工字钢制成，并在中段焊上两块截面为120mm×10mm，长为2.5m的加强钢板，吊车每次起吊50kN的重物。若不考虑吊车及梁的自重，该梁所承受的交变荷载可简化为$F_{max}=50kN$和$F_{min}=0$的常幅交变荷载。焊结段采用手工焊接，属第3类构件，若此吊车梁在服役期内能经受2×10^{6}次交变荷载作用，试校核梁的疲劳强度。

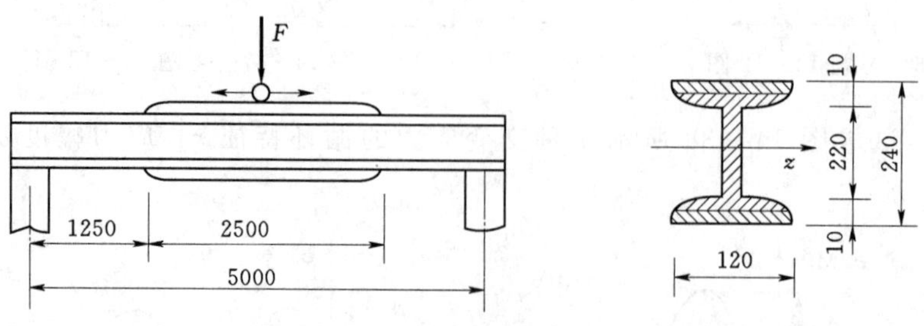

图14－41 习题14－18图（尺寸单位：mm）

习题详解

*第 15 章　考虑材料塑性时杆的强度计算

对塑性材料杆件，当其危险点处的应力达到极限应力时，其他点的应力并未达到极限应力，杆件仍可继续承载，直至所有点都达到极限应力时，杆才破坏。以极限荷载为依据而建立的强度计算方法，称为极限荷载法。本章主要介绍塑性材料受扭圆轴的极限扭矩、梁极限弯矩和超静定拉压杆系的极限荷载，以及相应的极限荷载法强度条件。还将以梁为例，介绍残余应力的概念。

15.1　概　　述

前面所研究的杆件强度计算，都限定于杆件材料在线弹性范围内。其强度条件表达式为

$$\sigma_{\max}\leqslant[\sigma]\text{或}\ \tau_{\max}\leqslant[\tau]$$

在复杂应力状态下，强度条件表达式为

$$\sigma_r\leqslant[\sigma]$$

式中：σ_r 为相当应力，由所选用的强度理论决定。

这种强度计算方法称为**容许应力法**。按照这个方法的基本观点，如杆件危险点处的最大工作应力或相当应力达到了材料的极限应力，就认为材料已发生强度破坏，当然杆件也就失去了承载能力。但是，对于塑性材料制成的梁、轴或超静定拉压杆系，这种计算方法并不合理。例如，对于塑性材料的梁，当其危险截面的上、下边缘处的正应力达到了屈服极限时，该点应力暂时不再增加，但其余各点处的应力仍可继续增大。所以梁的承载能力事实上并未丧失，仍可继续承载。因此，为了充分利用材料，对塑性材料的梁、轴和超静定拉压杆系，工程上又采用了另一种强度计算方法，即**极限荷载法**（method of limit load)。这种方法以杆件或杆系破坏时的荷载，即极限荷载为依据建立强度条件，并进行强度计算。

塑性材料杆件的破坏过程与材料的力学性质有关。对于具有明显屈服，且屈服阶段比较长的材料，如低碳钢，工程上常采用如图 15－1 (a) 所示的简化 $\sigma-\varepsilon$ 曲线。按照简化曲线，当正应力不超过屈服极限时，材料是完全弹性的，服从胡克定律，且拉伸和压缩时的弹性模量相等，屈服极限数值也相同。在材料屈服之后，

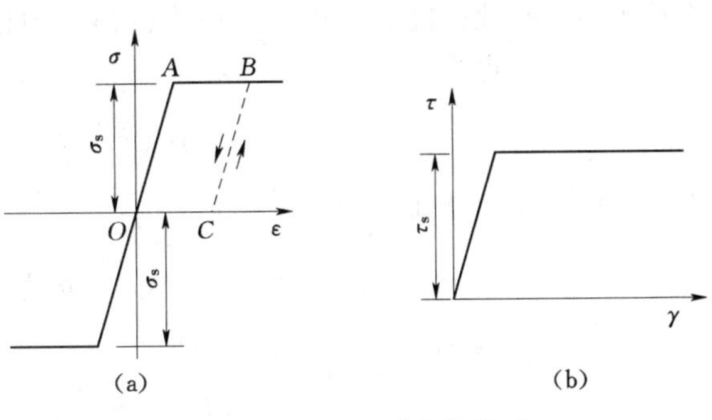

图 15－1　理想弹塑性模型

应力不再继续增大，维持在 σ_s 的水平，但同时线应变却无限增大。如在屈服后某一点 B 卸载，则应力和应变之间将沿着与 OA 平行的直线 BC 返回，亦即卸载时材料仍服从胡克定律。这时的 OC 段为塑性应变。

具有如图 15-1 (a) 所示的力学特性的材料，称为**理想弹塑性材料** (ideal elastic plastic materials)，它只是一种材料的简化**模型**。材料的理想弹塑性模型与实际材料的主要不同之处是忽略了材料的强化特性，这样就使材料具有一定的强度储备，因而是偏于安全的。

材料的理想弹塑性模型的 $\tau-\gamma$ 简化曲线则如图 15-1 (b) 所示。

本章主要按材料的理想弹塑性模型讨论梁、轴和超静定拉压杆系的极限荷载的分析方法，并进而按极限荷载建立强度条件，以便进行极限荷载法的强度计算。

15.2　圆杆的极限扭矩

在第 3 章中，已经讨论了圆杆在弹性范围内的扭转问题。塑性材料的实心圆杆扭转时，按理想弹塑性模型的 $\tau-\gamma$ 曲线 [图 15-1 (b)]，当圆杆横截面周边上各点处的最大切应力达到 τ_s 时，横截面上的切应力从圆心至周边将呈直线分布，如图 15-2 (a) 中的实线 Oa、Ob 所示。此时，横截面上的扭矩由式 (3-7) 计算得到

$$M_{xs}=\tau_s W_P=\tau_s \frac{\pi d^3}{16} \tag{15-1}$$

这是**材料处于弹性状态时实心圆杆横截面上扭矩的最大值**。但这并不是该圆杆横截面上的极限扭矩。因为在上述情况下，圆杆还可以继续承受荷载。当外力偶矩继续加大时，圆杆横截面上的屈服区将逐渐由周边向中心扩展，同时，位于圆截面的中心附近的弹性区将逐渐缩小。按图 15-1 (b) 所示的关系，横截面上各点处的切应力将由周边向中心陆续增大到 τ_s。这时，圆杆横截面上切应力的变化规律如图 15-2 (a) 中各虚线所示。极限情况是圆杆横截面上各点处的切应力都达到 τ_s，如图 15-2 (b) 所示。这时横截面已全部屈服，变形将无限增大，杆已不能再继续承载。与此相应的扭矩才是该横截面上的**极限扭矩** (ultimate torgue) M_{xu}。极限扭矩可由下式求得

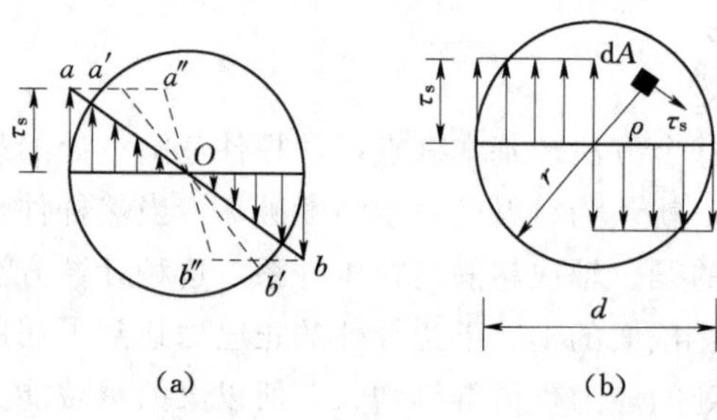

图 15-2　扭转圆杆横截面上的切应力变化

$$M_{xu}=\int_A \rho\tau_s \mathrm{d}A$$

如取圆环面积元，即 $\mathrm{d}A=2\pi\rho\mathrm{d}\rho$，则

$$M_{xu}=2\pi\tau_s\int_0^{d/2}\rho^2\mathrm{d}\rho=\frac{\pi d^3}{12}\tau_s \tag{15-2}$$

比较式 (15-1) 和式 (15-2)，可得

$$\frac{M_{xu}}{M_{xs}}=\frac{\pi d^3\tau_s/12}{\pi d^3\tau_s/16}=\frac{4}{3}$$

由此可见，当采用材料的理想弹塑模型时，圆杆横截面可以承受的极限扭矩比只考虑材料的弹性所能承受的最大扭矩增大 33%。

对圆杆而言，按式（15－2）所得的是截面的极限扭矩，并不是圆杆的极限荷载（外力偶矩），但根据圆杆的实际受力情况，总是可以由截面的极限扭矩得到圆杆的极限荷载。

将极限扭矩除以安全因数 n，得到**容许扭矩**，即

$$[M_x]=\frac{M_{xu}}{n} \tag{15-3}$$

从而得到按极限荷载法建立的圆杆扭转的强度条件为

$$M_{x\max}\leqslant[M_x] \tag{15-4}$$

若将 $[M_x]=\frac{\pi d^3}{12}\frac{\tau_s}{n}=\frac{\pi d^3}{12}[\tau]$代入式（15－4），即得强度条件的另一种形式

$$\frac{12M_{x\max}}{\pi d^3}\leqslant[\tau]$$

由此，即可对圆杆进行强度计算。

15.3　梁的极限弯矩和残余应力的概念

15.3.1　梁的极限弯矩

塑性材料的矩形截面梁弯曲时，按理想弹塑性模型的 $\sigma-\varepsilon$ 曲线［图 15－1（a）］，当横截面的上、下边缘处的正应力达到 σ_s 时，横截面上的正应力沿梁高呈直线分布，如图 15－3（a）所示。此时，上、下边缘开始屈服。这时，横截面上的弯矩可由式（5－4）求得

$$M_s=W\sigma_s=\frac{bh^2}{6}\sigma_s \tag{15-5}$$

这是**材料处于弹性状态时矩形截面梁横截面上弯矩的最大值**。但这并不是该横截面的极限弯矩，因为当横截面上、下边缘处的正应力达到 σ_s 时，其他各处的正应力仍小于 σ_s，梁还可以继续承受荷载。随着荷载的加大，横截面上、下边缘处的正应力将保持 σ_s，不会再增大。但其他各处的正应力将继续增大至 σ_s。即横截面上的屈服区将从上、下边缘逐渐向中性轴扩展。其正应力分布规律将如图 15－3（b）所示。横截面上中心部分仍为弹性区，而靠近上、下边缘的部分为屈服区或塑性区。截面呈**弹塑性状态**。

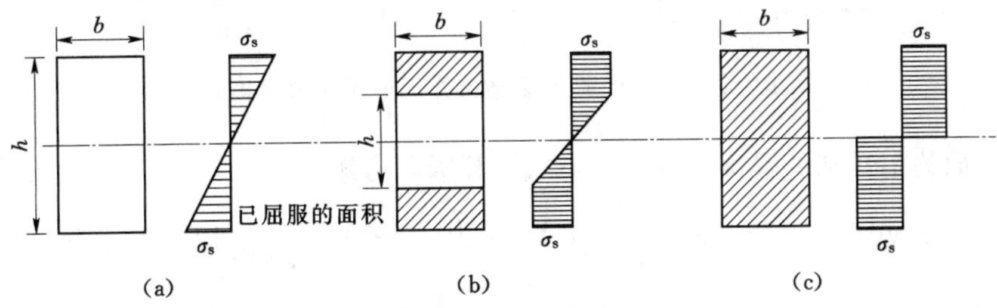

图 15－3　矩形截面梁横截面上的正应力变化

上述情况的极限是横截面上各点的正应力都达到 σ_s，正应力沿梁高的分布如图 15-3(c) 所示。这时横截面已全部屈服，变形将无限增大，即梁的上半（或下半）部分将在该截面处无限缩短，而另半个部分将无限伸长。因此，梁在该截面左、右两侧将绕该截面的中性轴无限制地转动，如同在该截面中性轴处出现了一个**中间铰**。这样的铰称为**塑性铰**(plastic hinge)。实际上，塑性铰是该截面中性轴附近的一个区域成为塑性区所致。图 15-4 所示为简支梁中点受集中力时出现塑性铰的情况，是由于中部成为塑性区（图中阴影部分）所致。对于静定梁，只要出现了一个塑性铰，就将成为几何可变系统而不能继续承载。当截面上各点处的正应力都达到 σ_s 时，截面上的弯矩就是**极限弯矩**（ultimate bending moment）M_u。

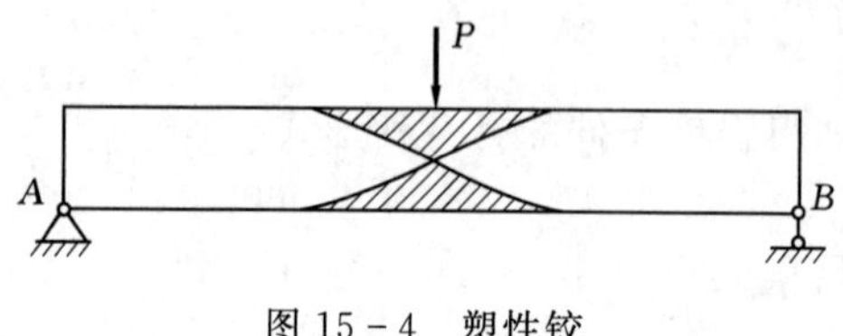

图 15-4　塑性铰

为了计算极限弯矩，首先要确定该截面完全屈服时的中性轴位置。与弹性状态时一样，横截面上中性轴的位置可由横截面上轴力 $F_N=0$ 的条件确定。由图 15-3(c) 可见，在完全屈服的情况下，横截面的上半（或下半）部分的正应力将合成为一压力 F_{N1}，而另一半上的正应力将合成为一拉力 F_{N2}，但该截面上不可能有轴力，因此，F_{N1}，F_{N2} 之和必为零，即

$$F_N=F_{N1}+F_{N2}=\int_{A_1}\sigma_s dA+\int_{A_2}(-\sigma_s)dA=0$$

式中：A_1 为横截面上拉应力区的面积；A_2 为压应力区的面积。

显然，由上式可以导出 $A_1=A_2$。可见，在横截面完全屈服的情况下，拉应力区的面积必定与压应力区的面积相等，即中性轴将横截面分为面积相等的两部分。

显然，对于矩形、圆形、工字形等有水平对称轴的截面，在弹性状态和完全屈服两种情况下的中性轴位置是相同的，并没有变动。

对于没有水平对称轴的截面，如图 15-5 所示的 T 形截面，当梁的横截面由弹性状态转变为完全屈服时，中性轴将上移至等分面积处。

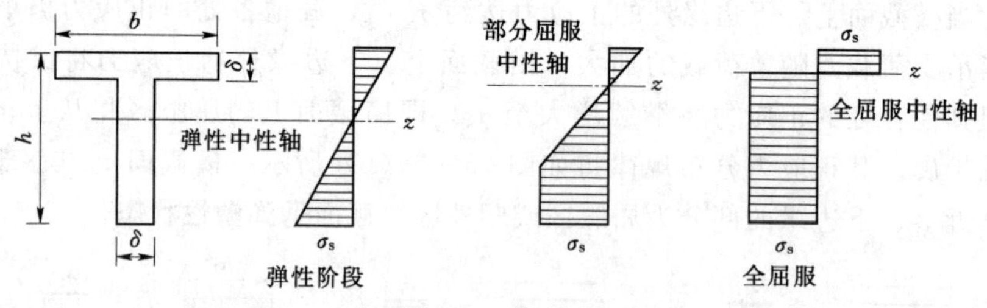

图 15-5　T 形截面梁横截面上的正应力变化

当横截面的中性轴位置确定后，按下式计算极限弯矩

$$M_u=\int_{A_1}\sigma_s y dA+\int_{A_2}(-\sigma_s)(-y)dA=\sigma_s\left(\int_{A_1}y dA+\int_{A_2}y dA\right)=\sigma_s(S_1+S_2)$$

式中：$S_1=\int_{A_1}y dA$ 和 $S_2=\int_{A_2}y dA$ 分别为横截面上拉应力区和压应力区面积对中性轴 z 的面积矩。它们都取绝对值。

若令 $W_s=S_1+S_2$，则上式又可写为

$$M_u=\sigma_s W_s \tag{15-6}$$

式中：W_s 称为**塑性弯曲截面系数**。

对于矩形截面，$S_1=S_2=\frac{bh^2}{8}$，所以 $W_s=S_1+S_2=\frac{bh^2}{4}$。与弹性状态的 $W=\frac{bh^2}{6}$ 相比，二者比值为 $\frac{W_s}{W}=1.5$，此比值称为**截面形状因数**。

对于其他形状的截面，可用相同的方法得到形状因数的数值。几种常见截面的形状因数列于表 15-1 中。

表 15-1　　**常见截面的形状因数**

截面形式				
形状因数	1.50	1.70	1.27	1.15～1.17

将矩形截面的 W_s 代入式（15-6），则得矩形截面梁的极限弯矩为

$$M_u=\frac{bh^2}{4}\sigma_s \tag{15-7}$$

由式（15-5）和式（15-7），得

$$\frac{M_u}{M_s}=\frac{bh^2\sigma_s/4}{bh^2\sigma_s/6}=1.5$$

可见，矩形截面梁从弹性极限状态到横截面完全屈服，横截面所承受的弯矩增大 50%。

对梁而言，按式（15-6）所得的是截面的极限弯矩，并不是梁的极限荷载，但是，根据梁的实际受力情况，总可以由截面的极限弯矩得到梁的极限荷载。

将极限弯矩除以强度安全因数 n，即得容许弯矩 $[M]$，即

$$[M]=M_u/n \tag{15-8}$$

从而得到按极限荷载法建立的梁的强度条件为

$$M_{max}\leqslant[M] \tag{15-9}$$

由此即可对梁进行强度计算。

【例 15-1】 T 形截面梁的截面尺寸如图 15-6 所示。已知材料的屈服极限 $\sigma_s=240\text{MPa}$。试求该截面完全屈服时中性轴的位置和极限弯矩，并与弹性极限状态进行比较。

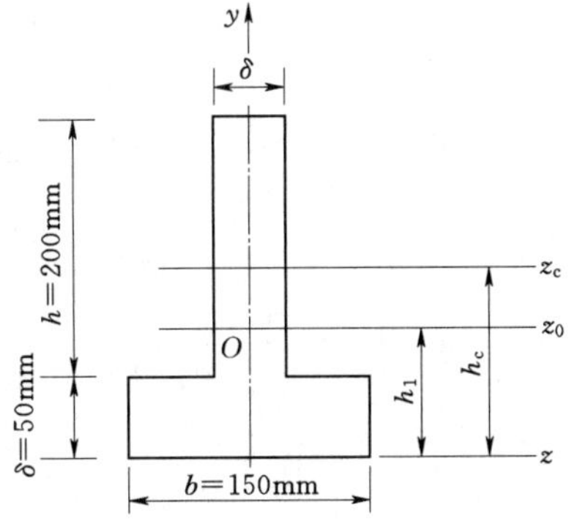

图 15-6　[例 15-1] 图

解　(1) 截面处于完全屈服状态。首先求中性轴的位置。设中性轴 z_0 至截面底边的距离为 h_1，则由 $A_1=A_2$，得

$$b\delta+\delta(h_1-\delta)=\delta[h-(h_1-\delta)]$$

将已知数据代入，可解得

$$h_1=\frac{2\delta+h-b}{2}=\frac{2\times50\text{mm}+200\text{mm}-150\text{mm}}{2}=75\text{mm}$$

再计算截面的极限弯矩。由式（15-6），得

$$M_u=\sigma_s W_s=\sigma_s(S_1+S_2)$$

其中 $S_1=b\delta\left(h_1-\frac{\delta}{2}\right)+(h_1-\delta)\delta\frac{h_1-\delta}{2}$

$$=150\text{mm}\times50\text{mm}\left(75\text{mm}-\frac{50\text{mm}}{2}\right)+(75\text{mm}-50\text{mm})$$

$$\times50\text{mm}\times\frac{75\text{mm}-50\text{mm}}{2}$$

$$=390625\text{mm}^3=390.6\times10^{-6}\text{m}^3$$

$$S_2=[h-(h_1-\delta)]\delta\frac{[h-(h_1-\delta)]}{2}$$

$$=[200\text{mm}-(75\text{mm}-50\text{mm})]\times50\text{mm}\times\frac{200\text{mm}-(75\text{mm}-50\text{mm})}{2}$$

$$=765625\text{mm}^3=765.6\times10^{-6}\text{m}^3$$

所以 $M_u=240\times10^6\text{N/m}^2\times(390.6+765.6)\times10^{-6}\text{m}^3=277488\text{N}\cdot\text{m}=277.5\text{kN}\cdot\text{m}$

（2）截面处于弹性极限状态。首先确定中性轴 z_C 的位置。按附录 A 所述的方法计算得

$$h_C=\frac{\sum A_i y_i}{A}=\frac{b\delta\frac{\delta}{2}+h\delta\left(\frac{h}{2}+\delta\right)}{b\delta+h\delta}$$

$$=\frac{150\text{mm}\times50\text{mm}\times\frac{50\text{mm}}{2}+200\text{mm}\times50\text{mm}\times\left(\frac{200\text{mm}}{2}+50\text{mm}\right)}{150\text{mm}\times50\text{mm}+200\text{mm}\times50\text{mm}}=94.6\text{mm}$$

此时，截面的弯矩按 $M_s=W\sigma_s$ 计算。并应先计算截面对中性轴 z_C 的惯性矩 I 和弯曲截面系数 W，即

$$I=\frac{b\delta^3}{12}+b\delta\left(h_C-\frac{\delta}{2}\right)^2+\frac{\delta h^3}{12}+h\delta\left[\frac{\delta}{2}-(h_C-\delta)\right]^2$$

$$=\frac{150\text{mm}\times(50\text{mm})^3}{12}+150\text{mm}\times50\text{mm}\times\left(96.4\text{mm}-\frac{50}{2}\text{mm}\right)^2$$

$$+\frac{50\text{mm}\times(200\text{mm})^3}{12}+200\text{mm}\times50\text{mm}$$

$$\times\left[\frac{200\text{mm}}{2}-(96.4\text{mm}-50\text{mm})\right]^2$$

$$=101.9\times10^6\text{mm}^4$$

$$W=\frac{I}{y_{\max}}=\frac{I}{(h+\delta)-h_C}=\frac{101.9\times10^6\text{mm}^4}{(200\text{mm}+50\text{mm})-96.4\text{mm}}$$

$$=663.4\times10^3\text{mm}^3=663.4\times10^{-6}\text{m}^3$$

从而得

$$M_s=W\sigma_s=663.4\times10^{-6}\text{m}^3\times240\times10^6\text{N/m}^2=159216\text{N}\cdot\text{m}=159.2\text{kN}\cdot\text{m}$$

(3) 比较。当截面由弹性极限状态到完全屈服状态时，中性轴自截面形心向下移动。由$\dfrac{M_u}{M_s}=\dfrac{277.5}{159.2}=1.743$，说明截面完全屈服时的弯矩比弹性极限状态时增大了74.3%，这一比值实际上就是该T形截面的形状因数。

【例15-2】 跨度$l=6\text{m}$的简支梁，在中点受集中荷载F作用。梁的横截面为T形，尺寸如图15-6所示。已知材料的容许应力$[\sigma]=160\text{MPa}$，试按极限荷载法求此梁的容许荷载$[F]$。

解 由式（15-6）和式（15-8）得

$$[M]=\frac{M_u}{n}=\frac{\sigma_s(S_1+S_2)}{n}=[\sigma](S_1+S_2)$$

将上例的$S_1=390.6\times10^{-6}\text{m}^3$、$S_2=765.6\times10^{-6}\text{m}^3$和$[\sigma]=160\text{MPa}$代入，得

$$[M]=160\times10^6\text{N/m}^2\times(390.6+765.6)\times10^{-6}\text{m}^3=184992\text{N}\cdot\text{m}=185\text{kN}\cdot\text{m}$$

梁的最大弯矩为

$$M_{max}=\frac{Fl}{4}$$

将M_{max}和$[M]$代入强度条件式（15-9），得

$$\frac{Fl}{4}=\frac{F\times6\text{m}}{4}\leqslant185\text{kN}\cdot\text{m}$$

由此得到容许荷载为

$$[F]=\frac{185\text{kN}\cdot\text{m}}{1.5\text{m}}=123.3\text{kN}$$

15.3.2 残余应力的概念

当梁承载超出了弹性阶段，在卸载后，梁中正应力已达到屈服极限σ_s的点处沿σ_s方向具有残余变形。这种残余变形还将阻止原属弹性状态的各点处的变形完全回复。因此，卸载后梁中将产生残余应力。

设梁的截面为矩形，如图15-7（a）所示。当梁承载至截面上的弯矩达到极限弯矩M_u时，截面上的正应力都达到σ_s，如图15-7（b）所示。在梁卸载后，截面上的$M_u=0$。这相当于在截面全部屈服的情况下，在该截面上加一个数值为M_u的反向弯矩。由图

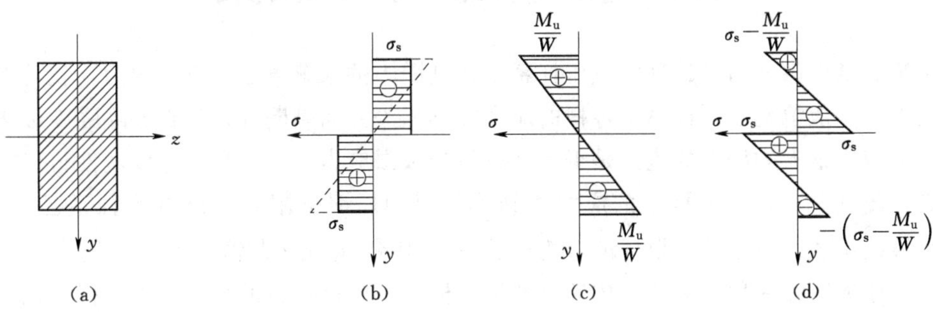

图15-7 矩形截面梁横截面全屈服时的残余应力

15－1（a）可知，应力达到 σ_s 的点处卸载，材料仍然服从胡克定律。因此，这个反向弯矩所产生的正应力仍可按弹性状态的情况进行计算，其分布如图 15－7（c）所示，其中 $\sigma_{max}=\dfrac{M_u}{W}$。将图 15－7（b）、（c）叠加，即得该截面上各点残余应力分布图，如图 15－7（d）所示。截面上、下边缘各点处残余应力的数值为 $\left|\sigma_s-\dfrac{M_u}{W}\right|$，而中性轴上各点处有最大残余应力 σ_s。对处于完全屈服状态的其他形状的截面（如圆形、工字形、T 形等），最大残余应力也都是产生在截面中性轴上各点处，其值为 σ_s。

如果梁受载至截面上只有上、下部分屈服，而中心部分仍处于弹性状态，即截面处于弹塑性状态，如图 15－8（a）所示，则截面上的正应力分布如图 15－8（b）中实线所示。设横截面上的弯矩为 M_r，此 M_r 必介于弹性极限状态时的弯矩 M_s 和截面的极限弯矩 M_u 之间。在梁卸载后，$M_r=0$。这相当于在截面上加一个与 M_r 数值相等的反向弯矩。这个反向弯矩所产生的正应力仍按弹性状态计算，其分布如图 15－8（b）中虚线所示。将两部分应力叠加，即得截面上各点残余应力分布图，如图 15－8（c）所示。在此情况下的最大残余应力产生在横截面中屈服区和弹性区的交界处，而中性轴处的残余应力为零。

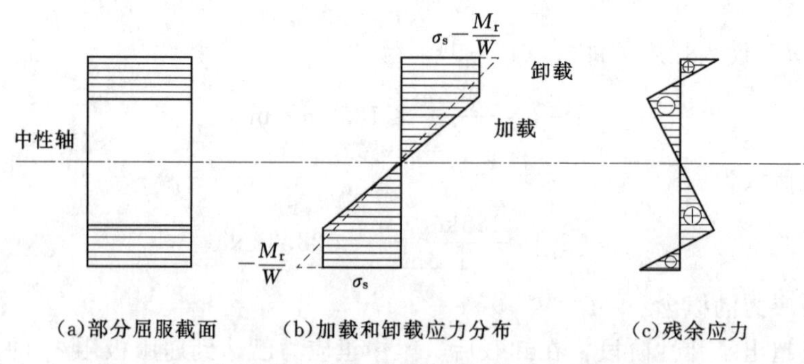

图 15－8　矩形截面梁横截面为弹塑性状态时的残余应力

当梁上的荷载卸去后，横截面上既无弯矩，也无轴力。因此，截面上的微内力组成自相平衡的力系。即横截面上正、负残余应力合成的力必定自相抵消。

15.4　超静定拉压杆系的极限荷载

在第 2 章中已介绍过超静定拉压杆系中各杆内力的求解方法。有了内力，就可求出各杆的应力。一般情况下，杆系中各杆的应力并不相等。而判断杆系是否发生强度破坏，是以杆系中应力最大的杆中的应力是否达到材料的极限应力作为依据的。以塑性材料制成的超静定拉压杆系，若某一杆中的应力达到了材料的屈服极限 σ_s，就认为杆系已经破坏，不能再继续承载。但是，一根杆的应力达到 σ_s，其余杆的应力仍小于 σ_s，作为超静定拉压杆系，还能继续承载。因此，按理想弹塑性模型，塑性材料的超静定拉压杆系也存在极限荷载的问题。

现以图 15－9 所示由 3 杆组成的对称超静定杆系为例来说明。为简单起见，假定 3 杆

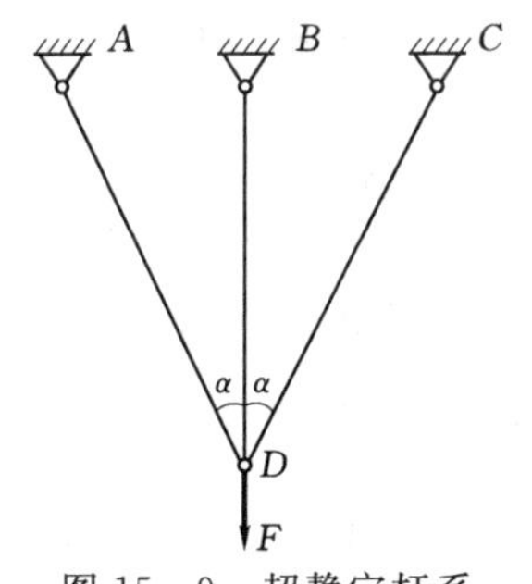

图 15-9　超静定杆系

的材料相同，弹性模量均为 E，横截面面积也相同，均为 A。当杆系在 D 点受力 F 作用后，按 2.9.1 小节的结果，3 杆的内力分别为

$$F_{NBD}=F/(1+2\cos^3\alpha)$$

$$F_{NAD}=F_{NCD}=F\cos^2\alpha/(1+\cos^3\alpha)$$

显然，中间杆 BD 的内力最大。

若增大荷载，中间杆将先屈服，应力 σ_{BD} 达到 σ_s。此时杆系的承载力为

$$F_s=\sigma_s A(1+2\cos^3\alpha) \tag{15-10}$$

这是杆系在弹性状态时承载力的最大值。但这并不是杆系的极限荷载，因为虽然此时中间杆已屈服，但斜杆 AD，CD 并未屈服，杆系仍可继续承载。

当荷载继续增大，直至两斜杆也同时屈服，这时，3 根杆的应力都达到 σ_s，各杆的变形将无限增大，杆系已不可能再继续承载。此时杆系的承载力才是极限荷载 F_u。在这个过程中，中间杆 BD 的内力保持为 $F_{NBD}=\sigma_s A$，而荷载增大至 F_u 时，斜杆 AD 和 CD 的内力也将是 $F_{NAD}=F_{NCD}=\sigma_s A$。因此，由结点 D 的平衡方程，可求得

$$F_u=F_{NBD}+(F_{NAD}+F_{NCD})\cos\alpha=\sigma_s A+2\sigma_s A\cos\alpha=\sigma_s A(1+2\cos\alpha) \tag{15-11}$$

比较式（15-11）和式（15-10），可得 F_u 与 F_s 的比值为

$$\frac{F_u}{F_s}=\frac{\sigma_s A(1+2\cos\alpha)}{\sigma_s A(1+2\cos^3\alpha)}=\frac{1+2\cos\alpha}{1+2\cos^3\alpha}$$

若令 $\alpha=30°$，上述比值为 1.19；若令 $\alpha=45°$，则比值为 1.41；若令 $\alpha=60°$，则比值为 1.60。可见该杆系从弹性极限状态到 3 根杆都屈服的极限状态，其承载力在 $\alpha=30°$、45°和 60°时，将分别提高 19%，41%和 60%。

将极限荷载除以强度安全因数 n，即得到容许荷载 $[F]$ 为

$$[F]=F_u/n \tag{15-12}$$

从而，按极限荷载法建立起的超静定拉压杆系的强度条件是

$$F_{max}\leqslant[F] \tag{15-13}$$

由此，即可对超静定拉压杆系进行强度计算。

【例 15-3】 在图 15-10 所示结构中，刚性杆 HJ 在 H 端铰接，并由 AB 和 CD 两钢制杆悬吊，两杆长度和横截面面积都相同。已知在 J 端受力 F 作用，试确定结构的极限荷载 F_u；若取安全因数 $n=1.85$，试求结构的容许荷载 $[F]$。

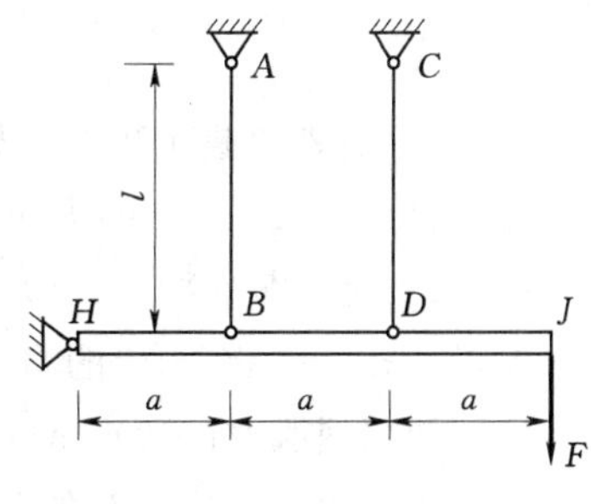

图 15-10　［例 15-3］图

解　图示结构为超静定杆系。设 AB 和 CD 杆的轴力（拉力）为 F_{NAB} 和 F_{NCD}，由平衡方程 $\sum M_H=0$，得

$$F\times 3a-F_{NAB}a-F_{NCD}\times 2a=0$$

即

$$3F=F_{NAB}+2F_{NCD} \tag{a}$$

由变形的几何关系和胡克定律，可得补充方程

$$F_{NCD}=2F_{NAB} \tag{b}$$

由式（b）可见，CD 杆拉力比 AB 杆大。若增大荷载，CD 杆将先屈服，而 AB 杆尚未屈服，这时两杆的拉力分别为

$$F_{NCD}=\sigma_s A,\ F_{NAB}=\frac{1}{2}\sigma_s A$$

再继续增大荷载，CD 杆的拉力保持为 $\sigma_s A$，不再增大，直至 AB 杆也屈服，即 AB 杆拉力也达到 $\sigma_s A$。这时，结构已不可能再继续承载。与此相应的荷载即为极限荷载 F_u。

将 $F_{NCD}=F_{NAB}=\sigma_s A$ 代入式（a），得极限荷载为

$$F_u=\frac{\sigma_s A+2\sigma_s A}{3}=\sigma_s A$$

再由式（15－12），可得容许荷载为

$$[F]=\frac{F_u}{n}=\frac{\sigma_s A}{1.85}=0.54\sigma_s A$$

习　题

15－1　杆的截面形状如图 15－11 所示。实心杆的直径 $d=60$mm，空心杆的内、外径分别为 $d_0=40$mm，$D_0=80$mm，若材料的剪切屈服极限 $\tau_s=150$MPa，求两杆的极限扭矩。

15－2　一半径为 R 的实心圆杆，如图 15－12 所示，在扭转时处于弹塑性阶段。试证明此杆弹性区半径为 $r_0=\sqrt[3]{4R^3-\dfrac{6M_x}{\pi\tau_s}}$，式中的 M_x 为相应的扭矩。在塑性区内，$\tau=f(r)$ 可按理想塑性情况下的 $\tau-\gamma$ 图［即图 15－1（b）］计算。

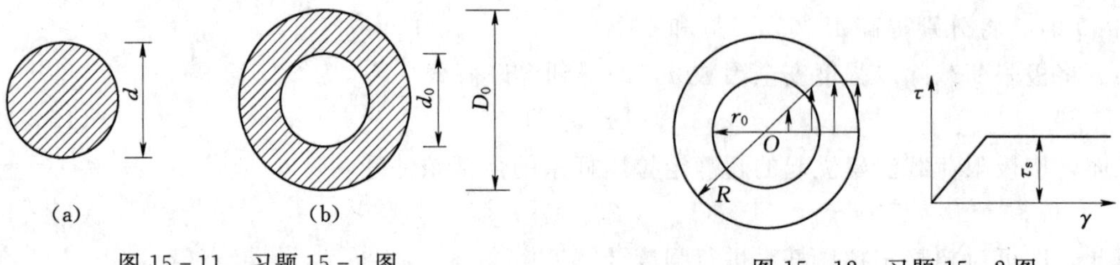

图 15－11　习题 15－1 图

图 15－12　习题 15－2 图

15－3　钢梁的截面及受力如图 15－13 所示。设容许应力［σ］＝160MPa，试以极限荷载法求容许荷载［F］的大小。

15－4　矩形截面梁 $b=80$mm，$h=20$mm，由拉伸屈服极限 $[\sigma_s]_t=270$MPa，压缩屈服极限 $[\sigma_s]_c=300$MPa 的材料制成。若梁受纯弯曲作用，计算下列状态下的弯矩：

（1）初始屈服时的弯矩 M_s。

（2）压缩边开始屈服时的弯矩 M_s'。

15－5　外伸梁受均布载荷 $q=7.5$kN/m 的作用，如图 15－14 所示。如果屈服极限 $\sigma_s=340$MPa，安全因数 $n=1.71$，试按极限荷载法选择此梁的工字钢型号。若按容许应力法选择，又应取几号工字钢？

15－6　用极限荷载法计算图 15－15 所示梁所能承受的最大荷载 F。设 $\sigma_s=240$MPa。

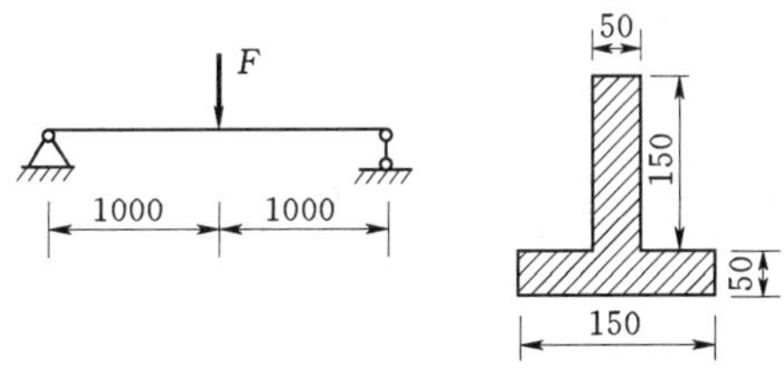

图 15-13　习题 15-3 图（尺寸单位：mm）

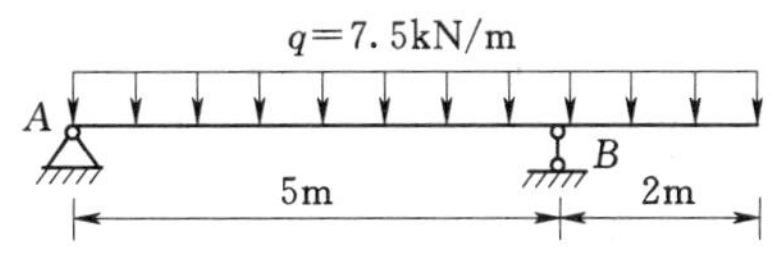

图 15-14　习题 15-5 图

15-7　有一受纯弯曲的矩形截面梁，材料的屈服极限 $\sigma_s=240\text{MPa}$。该梁承受极限弯矩 M_u 的作用，然后将此弯矩撤去。

(1) 试问梁顶处的残余应力为多少？截面上中性轴处的残余应力为多少？

(2) 试绘出表明沿梁高的残余应力分布图形。

(3) 如果这根具有残余应力的梁重新承受正弯矩作用，试问梁仍具有线弹性性能的最大弯矩值是多少？

15-8　4 根对称的悬索吊着一刚体 AB，如图 15-16 所示。刚体上作用一荷载 F，每根悬索的横截面积均为 A，由弹塑性材料制成，试求极限荷载 F_u。

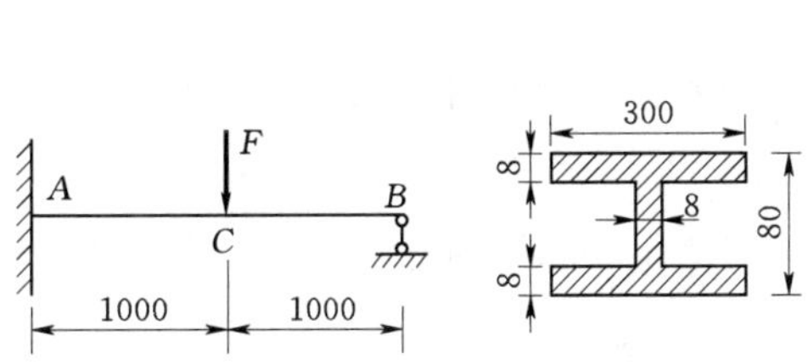

图 15-15　习题 15-6 图（尺寸单位：mm）

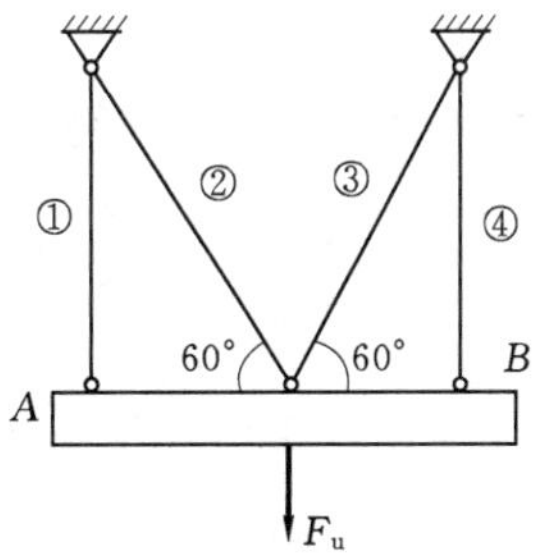

图 15-16　习题 15-8 图

15-9　有一刚性杆 AB，C 处铰支，并由 3 根塑性材料制成的长度和横截面面积均相同的吊杆拉住，如图 15-17 所示。若在 B 端承受荷载 F，试求屈服荷载 F_s 和极限荷载 F_u。

15-10　图 15-18 所示结构受极限荷载 F_u 作用，BD 为刚性杆，B 点铰支，C、D 处用两根钢丝拉住。设 AD、AC 材料相同，截面积相同，试求两钢丝的面积。

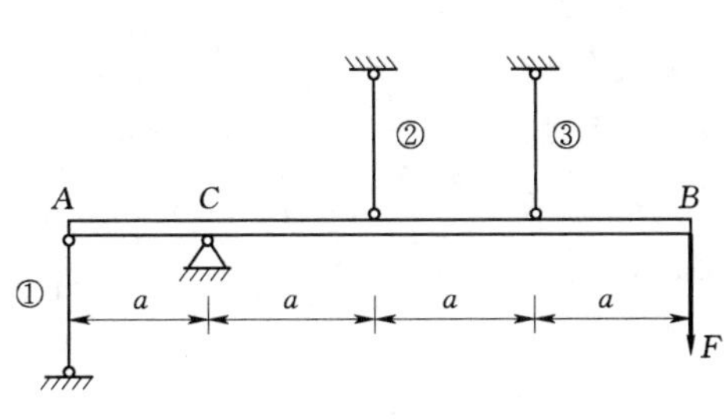

图 15-17　习题 15-9 图

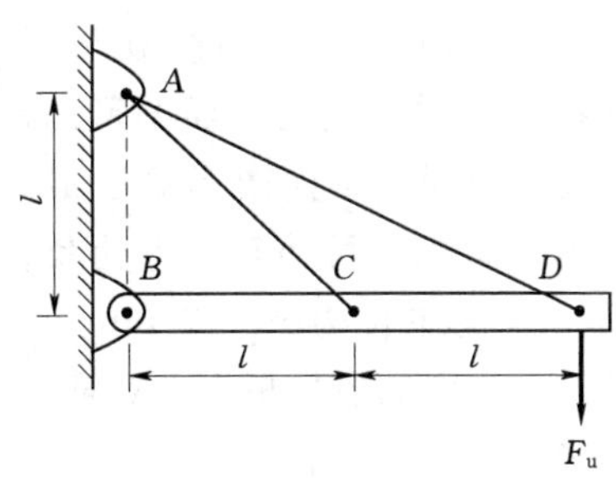

图 15-18　习题 15-10 图

附录A　平面图形几何性质

计算杆在外力作用下的应力和变形时，需要用到与杆的横截面形状、尺寸有关的几何量。例如，在轴向拉伸或压缩问题中，需要用到杆的横截面面积 A；在圆杆扭转问题中，需要用到横截面的极惯性矩和扭转截面系数；在弯曲问题和组合变形问题中，还要用到**面积矩**（area moment）和**惯性矩**（moment of inertia）等。所有这些与杆的横截面（即平面图形）的形状和尺寸有关的几何量称为平面图形的几何性质。下面将介绍平面图形各种几何性质的计算方法。

A.1　平面图形的形心和面积矩

1. 形心的位置

在理论力学中推导出三维物体的形心为

$$x_C=\frac{\int_V x\mathrm{d}V}{V},\ y_C=\frac{\int_V y\mathrm{d}V}{V},\ z_C=\frac{\int_V z\mathrm{d}V}{V}$$

对于 Oyz 面内的平面图形（见图 A-1），则退化为二维问题。其形心为

$$y_C=\frac{\int_A y\mathrm{d}A}{A},\ z_C=\frac{\int_A z\mathrm{d}A}{A} \tag{A-1}$$

可见，**平面图形的形心就是它们的几何中心。**

2. 面积矩

式（A-1）中的积分

$$S_y=\int_A z\mathrm{d}A,\ S_z=\int_A y\mathrm{d}A$$

称为图形对 y 轴和 z 轴的**面积矩（或一次矩）**，或称**静矩**（static moment）。面积矩 S_y 和 S_z 不仅和平面图形的面积 A 有关，还与平面图形的形状以及坐标轴的位置有关，即同一平面图形对于不同的坐标轴有不同的面积矩。面积矩**可为正、可为负，也可为零**。其量纲为 L^3，常用单位为 m^3 或 mm^3。面积矩的这些性质，与理论力学中的质量矩、力对轴的矩有相似之处。

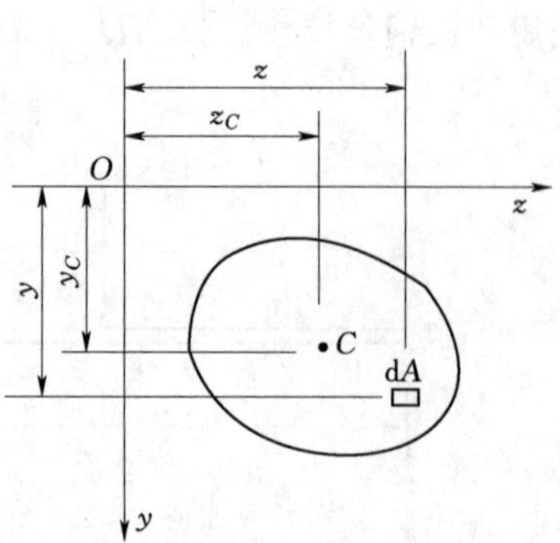

图 A-1　形心和面积矩

式（A-1）可改写为

$$y_C=\frac{S_z}{A},\ z_C=\frac{S_y}{A} \tag{A-2}$$

或
$$S_y = Az_C,\ S_z = Ay_C \tag{A-3}$$

由式（A-2）和式（A-3）可见：如果平面图形对某一轴的面积矩为零，则该轴必通过平面图形的形心；反之，如果某一轴过平面图形的形心，则平面图形对该轴的面积矩必为零。过平面图形形心的轴称为**形心轴**（centroid axis）。

3. 组合平面图形的面积矩和形心

当平面图形由若干个简单的图形（如矩形、圆形、三角形等）组合而成时，该平面图形称为**组合平面图形**。由于各简单图形的形心位置是已知的，故组合平面图形对某一轴的面积矩为

$$S_y = \sum_{i=1}^{n} A_i z_{Ci},\ S_z = \sum_{i=1}^{n} A_i y_{Ci} \tag{A-4}$$

式中：A_i 和 y_{Ci}，z_{Ci} 分别表示各简单图形的面积及其形心坐标。

将式（A-4）代入式（A-2），并将总面积 A 用 $\sum_{i=1}^{n} A_i$ 代替，则组合平面图形的形心位置由下式确定：

$$y_C = \frac{\sum_{i=1}^{n} A_i y_{Ci}}{\sum_{i=1}^{n} A_i},\ z_C = \frac{\sum_{i=1}^{n} A_i z_{Ci}}{\sum_{i=1}^{n} A_i} \tag{A-5}$$

【例 A-1】 求图 A-2 所示平面图形的形心位置。

解 取参考坐标系 Oyz，其中 y 轴为对称轴，该图形由 3 个矩形组成，各矩形的面积及形心坐标分别为

$$A_1 = 150\text{mm} \times 50\text{mm} = 7.5 \times 10^3 \text{mm}^2$$

$$y_{C1} = -\left(50\text{mm} + 180\text{mm} + \frac{50\text{mm}}{2}\right) = -255\text{mm}$$

$$A_2 = 180\text{mm} \times 50\text{mm} = 9.0 \times 10^3 \text{mm}^2$$

$$y_{C2} = -\left(\frac{180\text{mm}}{2} + 50\text{mm}\right) = -140\text{mm}$$

$$A_3 = 250\text{mm} \times 50\text{mm} = 12.5 \times 10^3 \text{mm}^2$$

$$y_{C3} = -\frac{50\text{mm}}{2} = -25\text{mm}$$

$$z_{C1} = z_{C2} = z_{C3} = 0$$

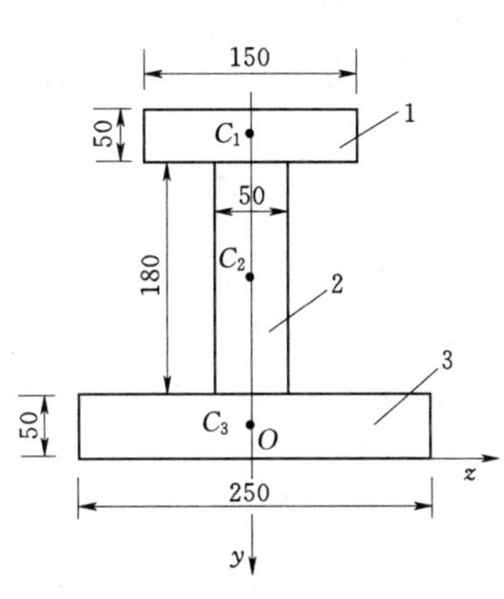

图 A-2 ［例 A-1］图
（尺寸单位：mm）

将以上数据代入式（A-5），得图 A-2 所示平面图形的形心位置坐标（y_C，z_C），即

$$\begin{aligned} y_C = &[7.5 \times 10^3 \text{mm}^2 \times (-255\text{mm}) + 9.0 \times 10^3 \text{mm}^2 \times (-140\text{mm}) \\ &+ 12.5 \times 10^3 \text{mm}^2 \times (-25\text{mm})] \div [7.5 \times 10^3 \text{mm}^2 + 9.0 \times 10^3 \text{mm}^2 \\ &+ 12.5 \times 10^3 \text{mm}^2] = -120\text{mm} \end{aligned}$$

$$z_C = 0$$

A.2　惯性矩和惯性积

1. 惯性矩、惯性半径

在理论力学中已建立了刚体绕定轴转动的转动惯量的概念。对于单位厚度的均质薄板，其转动惯量为

$$J_y=\int_V z^2\mathrm{d}m,\ J_z=\int_V y^2\mathrm{d}m$$

而 $\mathrm{d}m=\rho\mathrm{d}A$（其中 ρ 为质量密度），从而上式又可写为

$$J_y=\rho\int_A z^2\mathrm{d}A,\ J_z=\rho\int_A y^2\mathrm{d}A$$

定义上式中的积分为该平面图形对 y 轴和 z 轴的**惯性矩**（moment of inertia）（或截面二次轴矩）I_y 和 I_z，即

$$I_y=\int_A z^2\mathrm{d}A,\ I_z=\int_A y^2\mathrm{d}A \tag{A-6}$$

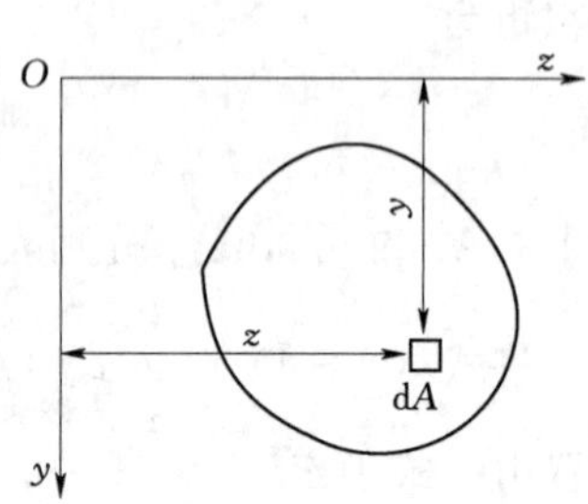

图 A-3　惯性矩与惯性积

由于 y^2 和 z^2 总是正值，所以 I_y 和 I_z 恒为正值。惯性矩的量纲为 L^4，常用单位为 m^4 或 mm^4（图 A.3）。

需要指出的是，转动惯量和惯性矩这两个量的含义是不同的，前者是质量对轴的二次矩，而后者是面积对轴的二次矩。但两者又有相似之处，两者都不仅与质量或面积的大小有关，而且与质量或面积对轴的分布即距轴的远近有关。

在材料力学中，还常用到**惯性半径**（radius of gyration）i。它与惯性矩的关系式为

$$i_y=\sqrt{\frac{I_y}{A}},\ i_z=\sqrt{\frac{I_z}{A}} \tag{A-7}$$

或

$$I_y=Ai_y^2,\ I_z=Ai_z^2 \tag{A-8}$$

惯性半径的量纲为 L，单位为 m 或 mm。

显然，惯性半径虽与动力学中的回转半径有相似的数学表示形式，但含义并不相同。

【例 A-2】 计算图 A-4 所示矩形对 y 轴和 z 轴的惯性矩。

解　为了简便，计算 I_z 时，取 $\mathrm{d}A=b\mathrm{d}y$。由式（A-6），得

$$I_z=\int_{-h/2}^{h/2}y^2b\mathrm{d}y=\frac{bh^3}{12}$$

同理，计算 I_y 时，取 $\mathrm{d}A=h\mathrm{d}z$。由式（A-6），得

$$I_y=\frac{hb^3}{12}$$

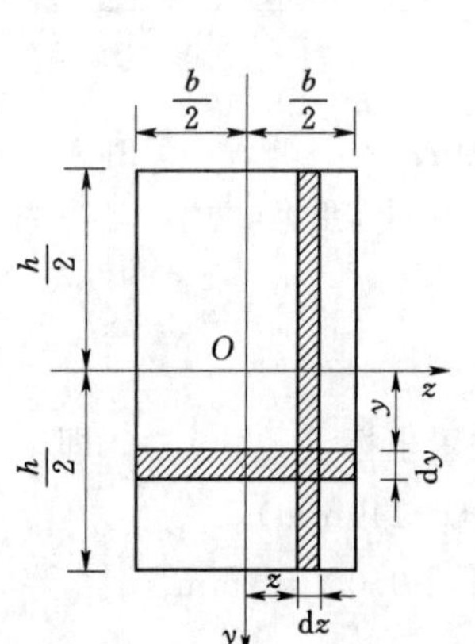

图 A-4　［例 A-2］图

【例 A-3】 计算图 A-5 所示圆形对其直径轴 y 和 z 的惯性矩。设圆的直径为 d。

解　取 $\mathrm{d}A=2z\mathrm{d}y=d\cos\varphi\mathrm{d}y$，由式（A-6）得

$$I_z=\int_A y^2\mathrm{d}A=\int_{-\pi/2}^{\pi/2}\frac{d^2}{4}\sin^2\varphi\left(\frac{d^2}{2}\cos^2\varphi\mathrm{d}\varphi\right)=\frac{\pi d^4}{64}$$

由圆的对称性可知

$$I_y=I_z=\frac{\pi}{64}d^4$$

在 3.2 节中已得到圆截面的极惯性矩为 $I_P=\frac{\pi d^4}{32}$，故 $I_P=I_y+I_z$。

2. 惯性积

图 A-3 所示图形对 y、z 这一对正交坐标轴的**惯性积**（product of inertia）定义为

$$I_{yz}=\int_A yz\mathrm{d}A \tag{A-9}$$

惯性积可为正值或负值，也可为零。其量纲为 L^4，常用单位为 m^4 或 mm^4。

由式（A-9）可见，若平面图形有一根对称轴，例如图 A-6 中的 y 轴，则图形对包含该轴在内的任意一对正交坐标轴的惯性积恒等于零。因为在对称于 y 轴处，各取一微面积 $\mathrm{d}A$，则它们的惯性积 $yz\mathrm{d}A$ 必定大小相等且正负号相反，故对整个平面图形求和后，惯性积必定为零。

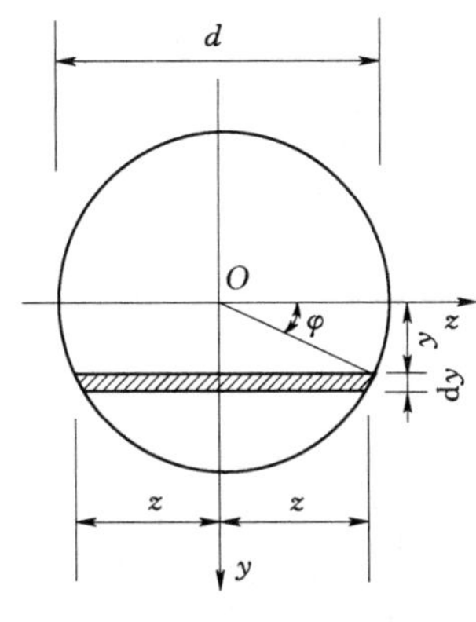

图 A-5 ［例 A-3］图

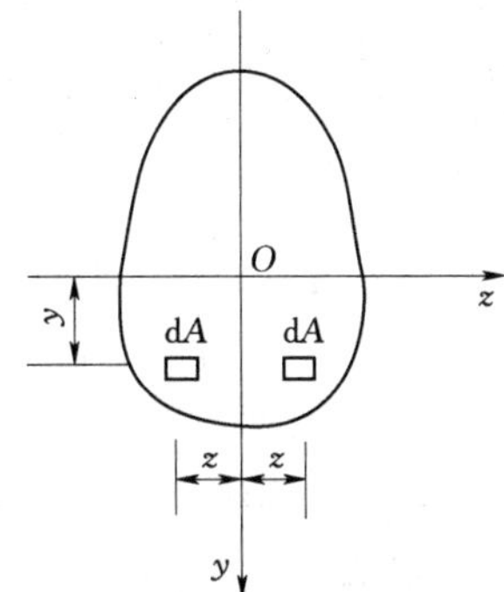

图 A-6 对称图形的惯性积

惯性积为零的一对轴，称为平面图形的**主惯性轴**，简称**主轴**（principal axis）。

3. 组合平面图形的惯性矩和惯性积

由式（A-6），组合图形对某轴（例如 y 轴）的惯性矩为

$$I_y=\int_A z^2\mathrm{d}A=\int_{A_1} z^2\mathrm{d}A+\int_{A_2} z^2\mathrm{d}A+\cdots+\int_{A_n} z^2\mathrm{d}A=\sum_{i=1}^{n} I_{yi}$$

式中：A_1、A_2、…、A_n 为组合图形中各简单图形的面积。

上式表明，组合平面图形对某轴的惯性矩，等于各简单图形对该轴的惯性矩之和。这一结论同样适用于惯性积的计算。

为了应用方便，表 A-1 给出了几种常用平面图形的几何性质计算公式。

表 A-1　常用平面图形的几何性质计算公式

图形形状和形心位置	面积 A	惯性矩 I_y、I_z	惯形半径 i_y、i_z
$\frac{b}{2}$ $\frac{b}{2}$ $\frac{h}{2}$ O z $\frac{h}{2}$ y	bh	$I_y=\frac{hb^3}{12}$ $I_z=\frac{bh^3}{12}$	$i_y=\frac{b}{2\sqrt{3}}$ $i_z=\frac{h}{2\sqrt{3}}$

续表

图形形状和形心位置	面积 A	惯性矩 I_y、I_z	惯形半径 i_y、i_z
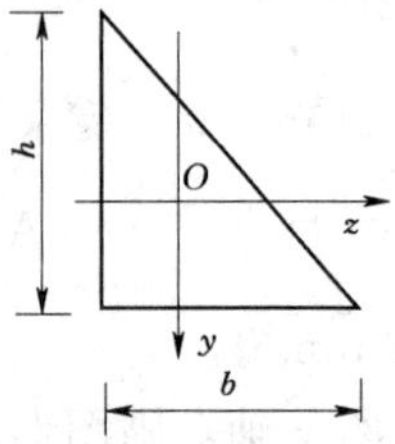	$\frac{bh}{2}$	$I_y=\frac{hb^3}{36}$ $I_z=\frac{bh^3}{36}$	$i_y=\frac{b}{3\sqrt{2}}$ $i_z=\frac{h}{3\sqrt{2}}$
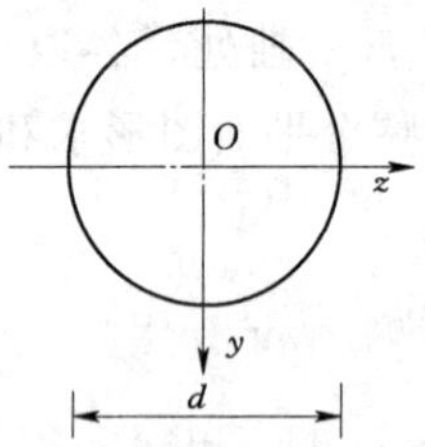	$\frac{\pi d^2}{4}$	$I_y=I_z=\frac{\pi d^4}{64}$	$i_y=i_z=\frac{d}{4}$
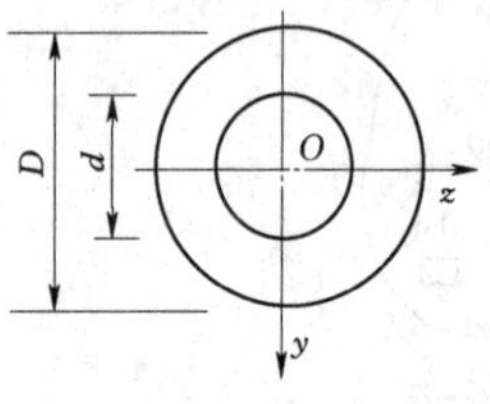	$\frac{\pi D^2}{4}(1-\alpha)^2$ $\alpha=d/D$	$I_y=I_z=\frac{\pi D^4}{64}(1-\alpha^4)$	$i_y=i_z=\frac{D}{4}\sqrt{1+\alpha^2}$
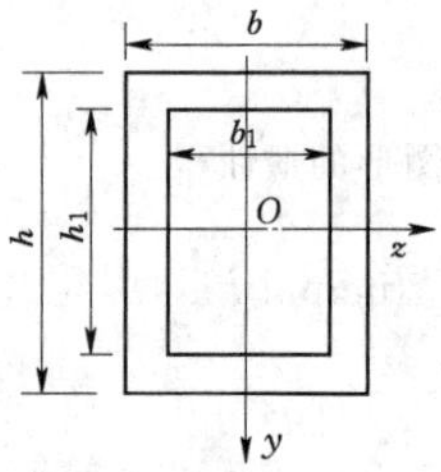	$bh-b_1h_1$	$I_y=\frac{hb^3-h_1b_1^3}{12}$ $I_z=\frac{bh^3-b_1h_1^3}{12}$	
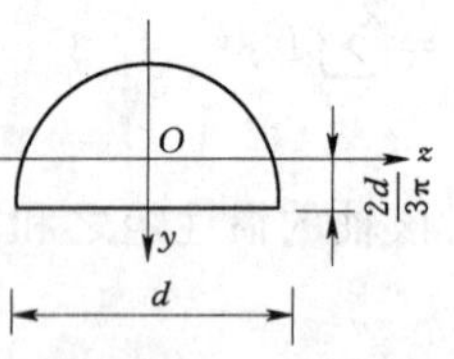	$\frac{\pi d^2}{8}$	$I_y=\frac{\pi d^4}{128}$ $I_z=\frac{\pi d^4}{128}-\frac{\pi d^4}{18\pi^2}$	

A.3　惯性矩和惯性积的平行移轴公式

在理论力学中已推导出了转动惯量的平行移轴公式为

$$J_{z'}=J_z+mh^2$$

式中：J_z 为刚体对其形心轴 y 的转动惯量；$J_{z'}$ 为该刚体对与形心轴 z 平行的 z' 轴的转动惯量；m 为该刚体的质量；h 为此二轴间的距离。

由惯性矩与转动惯量的相似性，用平面图形的面积 A 代替转动刚体的质量，即可得到惯性矩的**平行移轴公式**（parallel axes fomulas）：

$$\left.\begin{aligned} I_z &= I_{z_C} + a^2 A \\ I_y &= I_{y_C} + b^2 A \end{aligned}\right\} \tag{A-10}$$

此式表明，平面图形对任意轴的惯性矩，等于它对与该轴平行的形心轴的惯性矩，再加上该图形面积与上述两轴间距离平方的乘积，各轴及距离见图 A-7。由于该乘积恒为正值，所以在一组互相平行的轴中，平面图形对形心轴的惯性矩最小。利用平行移轴公式，可以由平面图形对形心轴的惯性矩求出该图形对任一与形心轴平行的轴的惯性矩。这在计算组合平面图形的惯性矩时经常用到。

与惯性矩的平行移轴公式相类似，惯性积的平行移轴公式为

$$I_{yz} = I_{y_C z_C} + abA \tag{A-11}$$

由于 a 和 b 有正负号，所以 I_{yz} 可能大于或小于 $I_{y_C z_C}$。

【例 A-4】 在图 A-8 所示的矩形中，挖去两个直径为 d 的圆形，求剩下部分（阴影部分）图形对 z 轴的惯性矩。

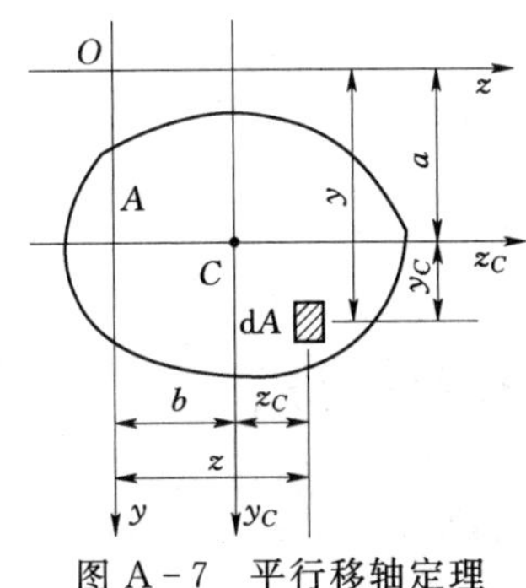

图 A-7　平行移轴定理

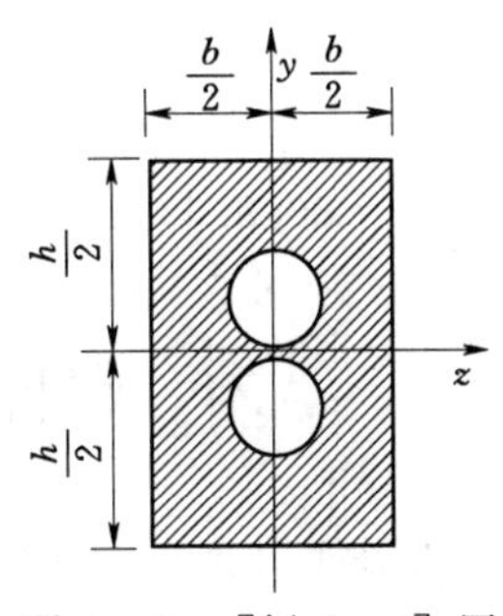

图 A-8　[例 A-4] 图

解　此平面图形对 z 轴的惯性矩为

$$I_z = I_{z矩} - 2I_{z圆}$$

z 轴通过矩形的形心，故 $I_{z矩} = \dfrac{bh^3}{12}$；但 z 轴不通过圆形的形心，故求 $I_{z圆}$时，需要应用平行移轴公式。由式（A-10），一个圆形对 z 轴的惯性矩为

$$I_{z圆} = I_{z_C} + a^2 A = \frac{\pi d^4}{64} + \left(\frac{d}{2}\right)^2 \times \frac{\pi d^2}{4} = \frac{5\pi d^4}{64}$$

最后得到剩下部分图形对 z 轴的惯性矩

$$I_z = \frac{bh^3}{12} - 2\times\frac{5\pi d^4}{64} = \frac{bh^3}{12} - \frac{5\pi d^4}{32}$$

【例 A-5】 由 2 个 20a 号槽钢截面图形组成的组合平面图形如图 A-9（a）所示。设 $a=100$mm，试求此组合平面图形对对称轴 y、z 的惯性矩。

解　由附录 C 可查得图 A-9（b）所示一个 20a 号槽钢截面图形的几何性质

$A=28.83\times10^2\text{mm}^2$，$I_{y_C}=128\times10^4\text{mm}^4$，$I_{z_C}=1780.4\times10^4\text{mm}^4$，$z_0=20.1$mm

因此，组合图形的 I_z 为

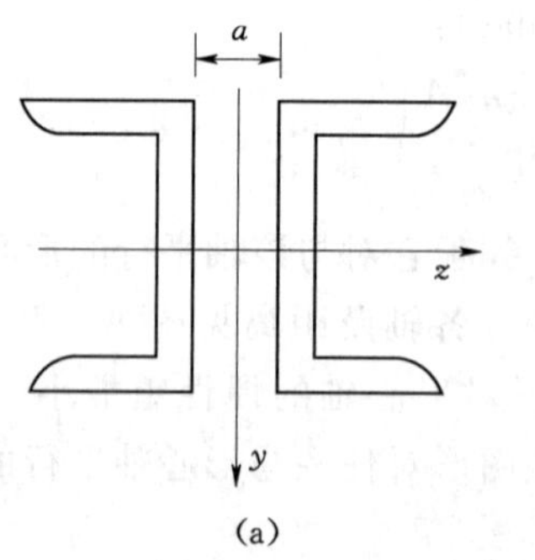

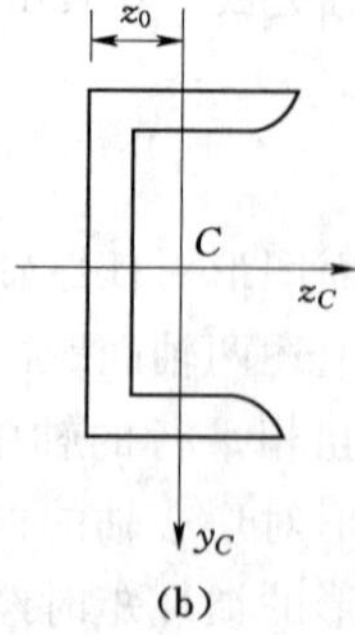

图 A-9　[例 A-5] 图

$$I_z=2I_{z_C}=2\times1780.4\times10^4\text{mm}^4=3560.8\times10^4\text{mm}^4$$

而组合图形的 I_y 由平行移轴公式（A-10）可求得

$$\begin{aligned}I_y&=2\left[I_{y_C}+\left(\frac{a}{2}+z_0\right)^2A\right]\\&=2\left[128\times10^4\text{mm}^4+\left(\frac{100\text{mm}}{2}+20.1\text{mm}\right)^2\times28.83\times10^2\text{mm}^2\right]\\&=3089.4\times10^4\text{mm}^4\end{aligned}$$

A.4　惯性矩和惯性积的转轴公式

设任意平面图形如图 A-10 所示。该图形对 y、z 轴的惯性矩为 I_y 和 I_z，惯性积为 I_{yz}。当 y、z 轴绕 O 点逆时针旋转 α 角后，该图形对 y'，z' 轴的惯性矩为 $I_{y'}$，$I_{z'}$，惯性积为 $I_{y'z'}$。现研究该图形对这两对坐标轴的惯性矩之间和惯性积之间的关系。

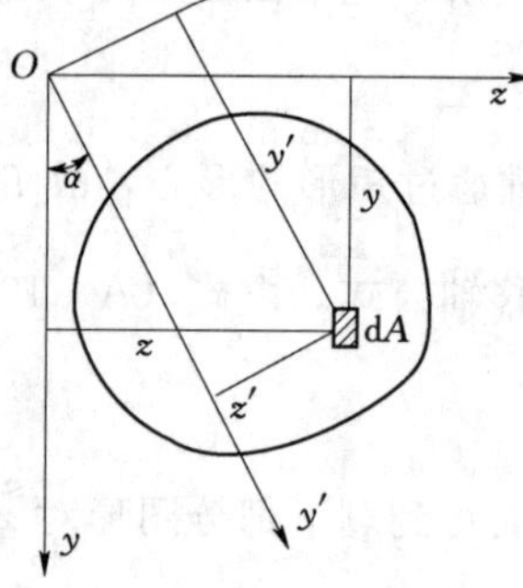

图 A-10　转轴定理

由图 A-10 可见，微面积 dA 在两坐标系中的坐标关系为

$$y'=y\cos\alpha+z\sin\alpha,\ z'=z\cos\alpha-y\sin\alpha$$

由惯性矩的定义可得

$$\begin{aligned}I_{y'}&=\int_A z'^2\text{d}A=\int_A(z\cos\alpha-y\sin\alpha)^2\text{d}A\\&=\cos^2\alpha\int_A z^2\text{d}A-2\sin\alpha\cos\alpha\int_A yz\text{d}A+\sin^2\alpha\int_A y^2\text{d}A\\&=I_y\cos^2\alpha-2\sin\alpha\cos\alpha I_{yz}+I_z\sin^2\alpha\end{aligned}$$

利用三角函数关系

$$\cos^2\alpha=\frac{1+\cos2\alpha}{2},\ \sin^2\alpha=\frac{1-\cos2\alpha}{2},\ 2\sin\alpha\cos\alpha=\sin2\alpha$$

上式成为

$$I_{y'}=\frac{I_y+I_z}{2}+\frac{I_y-I_z}{2}\cos 2\alpha-I_{yz}\sin 2\alpha \tag{A-12}$$

用同样方法可得

$$I_{z'}=\frac{I_y+I_z}{2}-\frac{I_y-I_z}{2}\cos 2\alpha+I_{yz}\sin 2\alpha \tag{A-13}$$

$$I_{y'z'}=\frac{I_y-I_z}{2}\sin 2\alpha+I_{yz}\cos 2\alpha \tag{A-14}$$

式中 α 以逆时针方向旋转为正。式（A-12）～式（A-14）是惯性矩和惯性积的**转轴公式**（transfer formulas for rotation of axes）。

将式（A-12）和式（A-13）相加得到

$$I_{y'}+I_{z'}=I_y+I_z \tag{A-15}$$

式（A-15）表明，当坐标轴旋转时，平面图形对通过一点的任一对正交坐标轴的惯性矩之和为常量。

A.5 主轴和主惯性矩

由式（A-14）看出，当 2α 在 0°～360°范围内变化时，$I_{y'z'}$ 有正、负的变化。因此，通过一点总可以找到一对轴，平面图形对这一对轴的惯性积为零，这一对轴即为**主轴**(principal axes)。当坐标系的原点和平面图形的形心重合时，这一对轴称为**形心主轴**(centroid principal axes of inertia)。平面图形对主轴的惯性矩称为**主惯性矩**（principal moment of inertia)，对形心主轴的惯性矩称为**形心主惯性矩**（centroid principal moment of inertia)。

现在确定过坐标原点的主轴位置。设 α_0 为主轴与原坐标轴的夹角，将 $\alpha=\alpha_0$ 代入式（A-14）并令 $I_{y'z'}=0$，得到

$$\frac{I_y-I_z}{2}\sin 2\alpha_0+I_{yz}\cos 2\alpha_0=0$$

因此

$$\tan 2\alpha_0=\frac{-2I_{yz}}{I_y-I_z} \tag{A-16}$$

由式（A-12）和式（A-13）还可看出，当 2α 在 0°～360°范围内变化时，$I_{y'}$ 和 $I_{z'}$ 存在着极值。设 α_1 为惯性矩为极值的轴与原坐标轴的夹角，则可利用求极值的方法，得到

$$\left.\frac{\mathrm{d}I_{y'}}{\mathrm{d}\alpha}\right|_{\alpha=\alpha_1}=-(I_y-I_z)\sin 2\alpha_1-2I_{yz}\cos 2\alpha_1=0$$

因此

$$\tan 2\alpha_1=\frac{-2I_{yz}}{I_y-I_z}$$

将上式与式（A-16）比较可知，$\alpha_1=\alpha_0$，即平面图形对主轴的惯性矩是对过同一点其他轴的惯性矩的极值。由式（A-15）可知，对通过同一点的正交轴的惯性矩之和为常量，故如果平面图形对一根主轴的惯性矩是该图形对过该点的所有轴的惯性矩中的最大值，则对另一根主轴的惯性矩为最小值。

现在确定主惯性矩的大小。利用式（A-16）可求得

$$\sin 2\alpha_0=\frac{\tan 2\alpha_0}{\sqrt{1+\tan^2 2\alpha_0}}=\frac{-2I_{yz}}{\sqrt{(I_y-I_z)^2+4I_{yz}^2}}$$

$$\cos 2\alpha_0=\frac{1}{\sqrt{1+\tan^2 2\alpha_0}}=\frac{I_z-I_y}{\sqrt{(I_y-I_z)^2+4I_{yz}^2}}$$

将上式代入式（A－12）及式（A－13），得到主惯性矩的计算公式为

$$\left.\begin{aligned}I_{y_0}&=\frac{I_y+I_z}{2}+\sqrt{\left(\frac{I_y-I_z}{2}\right)^2+I_{yz}^2}\\I_{z_0}&=\frac{I_y+I_z}{2}-\sqrt{\left(\frac{I_y-I_z}{2}\right)^2+I_{yz}^2}\end{aligned}\right\}\tag{A－17}$$

由此可见，$I_{max}=I_{y_0}$，$I_{min}=I_{z_0}$。

在材料力学的计算中，主要是求平面图形的**形心主轴**和**形心主惯性矩**。其计算方法如下：①如平面图形没有对称轴，则先由式（A－5）确定平面图形形心的位置，然后选取一对便于计算惯性矩和惯性积的形心轴 y 和 z，计算平面图形的 I_y、I_z 和 I_{yz}，再由式（A－16）确定形心主轴的位置，最后由式（A－17）计算形心主惯性矩；②如平面图形有一根对称轴，则该轴和与之正交的形心轴即为该平面图形的形心主轴，平面图形对这对形心主轴的惯性矩，即为形心主惯性矩；③如平面图形有两根对称轴，则这两根对称轴即为形心主惯性轴，平面图形对这两根对称轴的惯性矩即为形心主惯性矩。

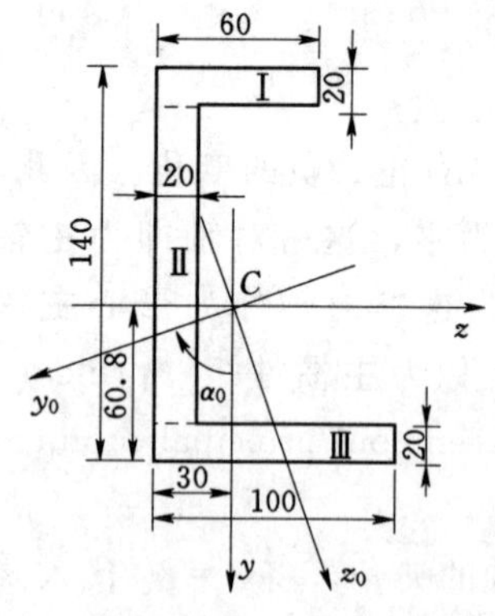

图A－11　［例A－6］图
（尺寸单位：mm）

【例A－6】　计算图A－11所示平面图形的形心主惯性矩。

解　将平面图形划分成3个矩形Ⅰ、Ⅱ和Ⅲ。

（1）确定平面图形形心的位置。由式（A－5）定出形心 C 的位置如图A－11所示。

（2）计算 I_y、I_z 和 I_{yz}。

过形心 C 选取便于计算的形心轴 y、z。由平行移轴公式（A－10）和式（A－11），计算得到

$$\begin{aligned}I_y=&\frac{1}{12}\times 20\text{mm}\times(60\text{mm})^3+\frac{1}{12}\times 100\text{mm}\times(20\text{mm})^3\\&+(-20\text{mm})^2\times 100\text{mm}\times 20\text{mm}+\frac{1}{12}\times 20\text{mm}\times(100\text{mm})^3\\&+(20\text{mm})^2\times 100\text{mm}\times 20\text{mm}=369\times 10^4\text{mm}^4\end{aligned}$$

$$\begin{aligned}I_z=&\frac{1}{12}\times 60\text{mm}\times(20\text{mm})^3+(-69.2\text{mm})^2\times 60\text{mm}\times 20\text{mm}\\&+\frac{1}{12}\times 20\text{mm}\times(100\text{mm})^3+(-9.2\text{mm})^2\times 20\text{mm}\times 100\text{mm}\\&+\frac{1}{12}\times 100\text{mm}\times(20\text{mm})^3+(50.8\text{mm})^2\times 100\text{mm}\times 20\text{mm}\end{aligned}$$

$$=1290\times10^4\,\mathrm{mm}^4$$

$$I_{yz}=0+0\times(-69.2\mathrm{mm})\times60\mathrm{mm}\times20\mathrm{mm}+0$$
$$+(-20\mathrm{mm})\times(-9.2\mathrm{mm})\times100\mathrm{mm}\times20\mathrm{mm}$$
$$+0+20\mathrm{mm}\times50.8\mathrm{mm}\times100\mathrm{mm}\times20\mathrm{mm}=240\times10^4\,\mathrm{mm}^4$$

（3）确定形心主轴的位置。由式（A-16）得到

$$\tan2\alpha_0=\frac{-2\times240\times10^4\,\mathrm{mm}^4}{(369-1290)\times10^4\,\mathrm{mm}^4}=\frac{-480}{-921}=0.521$$

因 $\tan2\alpha_0$ 的分子和分母均为负值，故 $2\alpha_0$ 在第三象限，即

$$2\alpha_0=27.52^\circ-180^\circ=-152.47^\circ;\ \alpha_0=-76.24^\circ$$

将 y 轴顺时针转 76.24°，得 y_0 轴，z_0 轴与 y_0 轴垂直，如图 A-11 所示。

（4）计算形心主惯性矩。由式（A-17）得到

$$I_{\max}=I_{y_0}=\frac{(369+1290)\times10^4\,\mathrm{mm}^4}{2}$$
$$+\sqrt{\left(\frac{369\times10^4\,\mathrm{mm}^4-1290\times10^4\,\mathrm{mm}^4}{2}\right)^2+(240\times10^4\,\mathrm{mm}^4)^2}$$
$$=1350\times10^4\,\mathrm{mm}^4$$

$$I_{\min}=I_{z_0}=\frac{(369+1290)\times10^4\,\mathrm{mm}^4}{2}$$
$$-\sqrt{\left(\frac{369\times10^4\,\mathrm{mm}^4-1290\times10^4\,\mathrm{mm}^4}{2}\right)^2+(240\times10^4\,\mathrm{mm}^4)^2}$$
$$=310\times10^4\,\mathrm{mm}^4$$

通过计算可知，平面图形对 y_0 轴的惯性矩最大，对 z_0 轴的惯性矩最小。实际上，通过平面图形面积的分布，也可直观地作出判断。由图 A-11 可见，该平面图形面积的分布离 y_0 轴较远，而离 z_0 轴较近，所以平面图形对 y_0 轴的惯性矩最大，对 z_0 轴的惯性矩最小。

习　题

A-1　试确定图 A-12（a）、（b）两阴影线图形的形心位置。

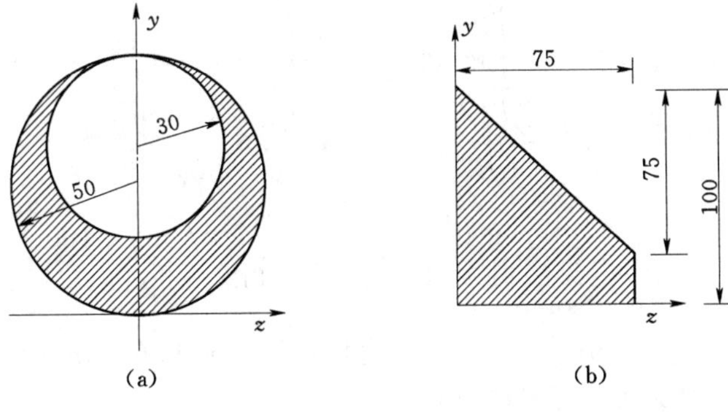

图 A-12　习题 A-1 图（尺寸单位：mm）

A-2　试求图A-13（a）、（b）两图形水平形心轴 z 的位置，并求阴影线部分面积对 z 轴的面积矩 S_z。

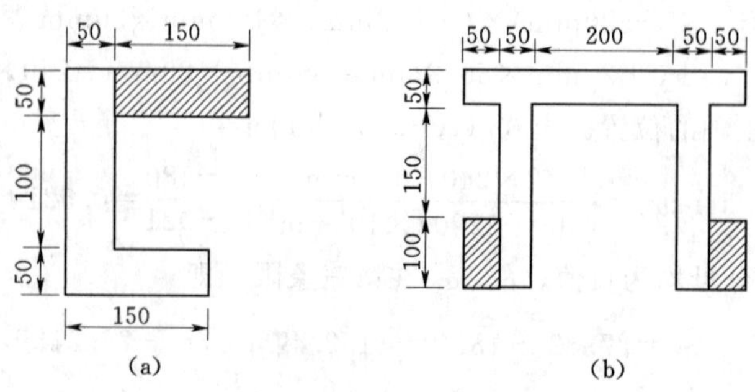

图A-13　习题A-2图（尺寸单位：mm）

A-3　试计算图A-14（a）、（b）图形对 y、z 轴的惯性矩和惯性积。

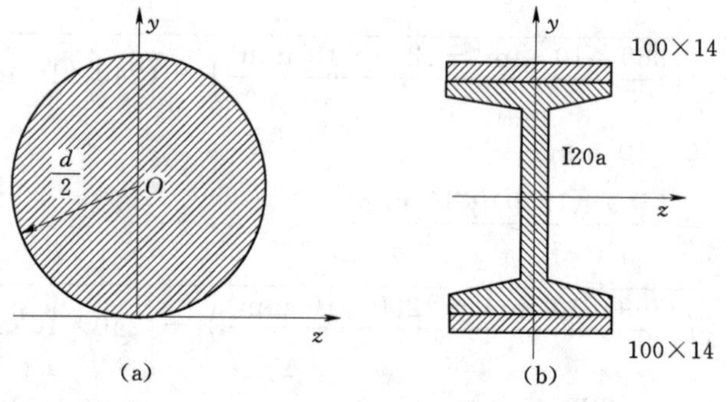

图A-14　习题A-3图（尺寸单位：mm）

A-4　当图A-15所示组合截面对两对称轴 y、z 的惯性矩相等时，求它们的间距 a。

图A-15（a）是由两个14a号槽钢组成的截面。图A-15（b）是由两个10号工字钢组成的截面。

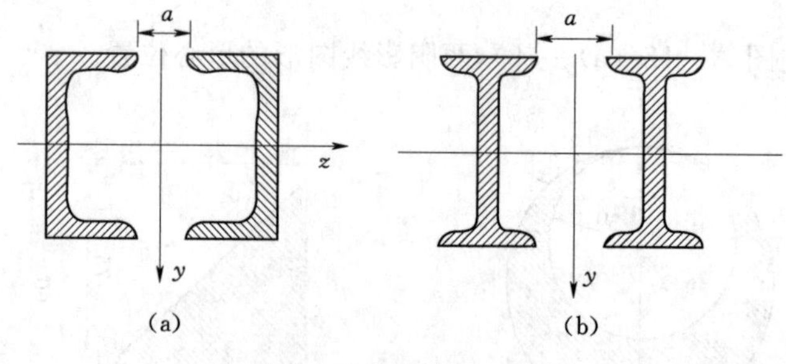

图A-15　习题A-4图

A-5　4个70mm×70mm×8mm的等边角钢组合成图A-16（a）、（b）两种截面形式，试求这两种截面对 z 轴的惯性矩之比值。

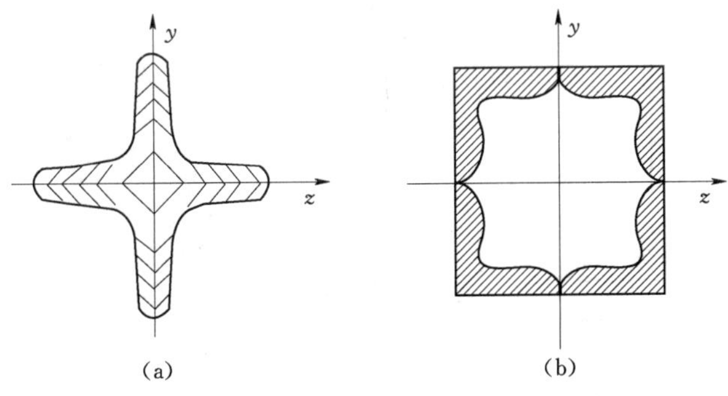

(a)　　(b)

图 A-16　习题 A-5 图

A-6　试证明正方形及等边三角形图 A-17 对通过形心的任一对轴均为形心主轴，并对任一形心主轴的惯性矩均相等。

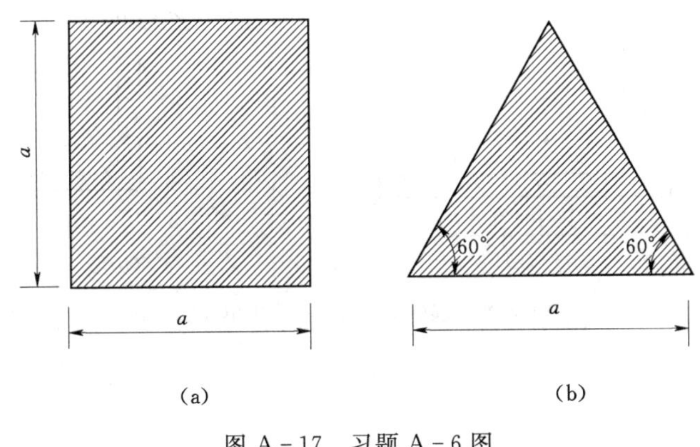

(a)　　(b)

图 A-17　习题 A-6 图

A-7　试画出图 A-18 所示各图形的形心主轴的大致位置，并指出图形对哪根轴的惯性矩最大。

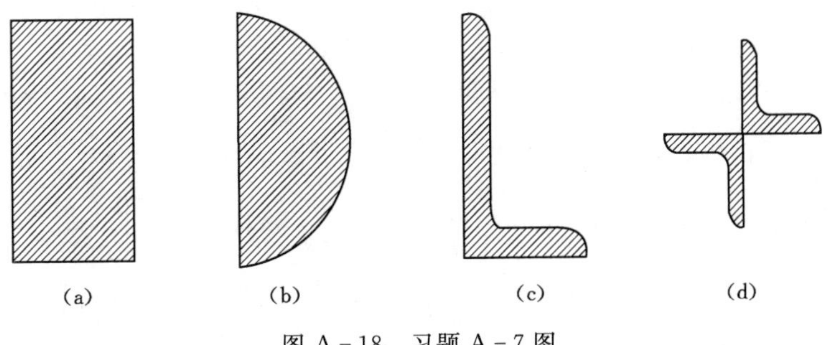

(a)　(b)　(c)　(d)

图 A-18　习题 A-7 图

A-8　计算图 A-19 所示各图形的形心主惯性矩。

A-9　确定图 A-20 所示截面形心主轴的位置，并求形心主惯性矩。

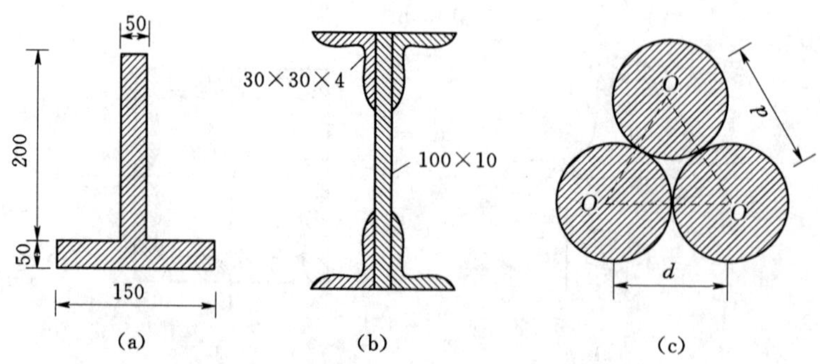

图 A-19　习题 A-8 图（尺寸单位：mm）

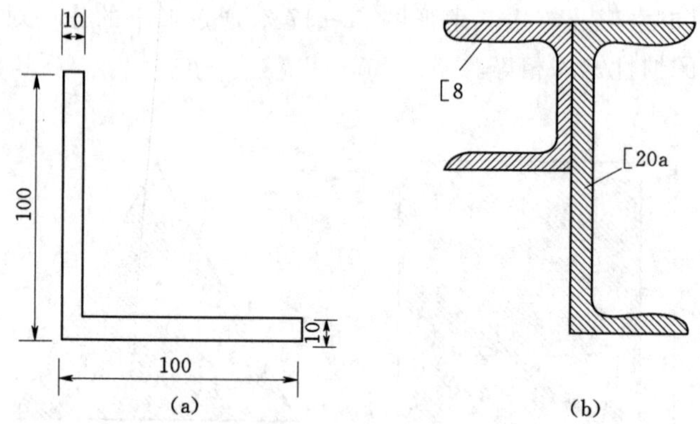

图 A-20　习题 A-9 图（尺寸单位：mm）

附录B 型钢截面尺寸、截面面积、理论质量及截面特性（GB/T 706—2016）

表B-1　　工字钢截面尺寸、截面面积、理论重量及截面特性

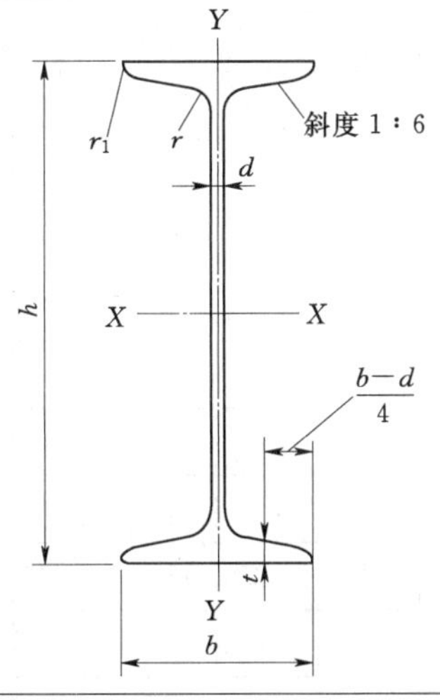

h—高度；
b—腿宽度；
d—腰厚度；
t—平均腿厚度；
r—内圆弧半径；
r_1—腿端圆弧半径。

型号	截面尺寸/mm						截面面积/cm²	理论重量/(kg/m)	惯性矩/cm⁴		惯性半径/cm		截面模数/cm³	
	h	b	d	t	r	r_1			I_x	I_y	i_x	i_y	W_x	W_y
10	100	68	4.5	7.6	6.5	3.3	14.345	11.261	245	33.0	4.14	1.52	49.0	9.72
12	120	74	5.0	8.4	7.0	3.5	17.818	13.987	436	46.9	4.95	1.62	72.7	12.7
12.6	126	74	5.0	8.4	7.0	3.5	18.118	14.223	488	46.9	5.20	1.61	77.5	12.7
14	140	80	5.5	9.1	7.5	3.8	21.516	16.890	712	64.4	5.76	1.73	102	16.1
16	160	88	6.0	9.9	8.0	4.0	26.131	20.513	1130	93.1	6.58	1.89	141	21.2
18	180	94	6.5	10.7	8.5	4.3	30.756	24.143	1660	122	7.36	2.00	185	26.0
20a	200	100	7.0	11.4	9.0	4.5	35.578	27.929	2370	158	8.15	2.12	237	31.5
20b		102	9.0				39.578	31.069	2500	169	7.96	2.06	250	33.1
22a	220	110	7.5	12.3	9.5	4.8	42.128	33.070	3400	225	8.99	2.31	309	40.9
22b		112	9.5				46.528	36.524	3570	239	8.78	2.27	325	42.7
24a	240	116	8.0	13.0	10.0	5.0	47.741	37.477	4570	280	9.77	2.42	381	48.4
24b		118	10.0				52.541	41.245	4800	297	9.57	2.38	400	50.4
25a	250	116	8.0				48.541	38.105	5020	280	10.2	2.40	402	48.3
25b		118	10.0				53.541	42.030	5280	309	9.94	2.40	423	52.4

续表

型号	截面尺寸/mm						截面面积/cm^2	理论重量/(kg/m)	惯性矩/cm^4		惯性半径/cm		截面模数/cm^3	
	h	b	d	t	r	r_1			I_x	I_y	i_x	i_y	W_x	W_y
27a	270	122	8.5	13.7	10.5	5.3	54.554	42.825	6550	345	10.9	2.51	485	56.6
27b		124	10.5				59.954	47.064	6870	366	10.7	2.47	509	58.9
28a	280	122	8.5				55.404	43.492	7110	345	11.3	2.50	508	56.6
28b		124	10.5				61.004	47.888	7480	379	11.1	2.49	534	61.2
30a	300	126	9.0	14.4	11.0	5.5	61.254	48.084	8950	400	12.1	2.55	597	63.5
30b		128	11.0				67.254	52.794	9400	422	11.8	2.50	627	65.9
30c		130	13.0				73.254	57.504	9850	445	11.6	2.46	657	68.5
32a	320	130	9.5	15.0	11.5	5.8	67.156	52.717	11100	460	12.8	2.62	692	70.8
32b		132	11.5				73.556	57.741	11600	502	12.6	2.61	726	76.0
32c		134	13.5				79.956	62.765	12200	544	12.3	2.61	760	81.2
36a	360	136	10.0	15.8	12.0	6.0	76.480	60.037	15800	552	14.4	2.69	875	81.2
36b		138	12.0				83.680	65.689	16500	582	14.1	2.64	919	84.3
36c		140	14.0				90.880	71.341	17300	612	13.8	2.60	962	87.4
40a	400	142	10.5	16.5	12.5	6.3	86.112	67.598	21700	660	15.9	2.77	1090	93.2
40b		144	12.5				94.112	73.878	22800	692	15.6	2.71	1140	96.2
40c		146	14.5				102.112	80.158	23900	727	15.2	2.65	1190	99.6
45a	450	150	11.5	18.0	13.5	6.8	102.446	80.420	32200	855	17.7	2.89	1430	114
45b		152	13.5				111.446	87.485	33800	894	17.4	2.84	1500	118
45c		154	15.5				120.446	94.550	35300	938	17.1	2.79	1570	122
50a	500	158	12.0	20.0	14.0	7.0	119.304	93.654	46500	1120	19.7	3.07	1860	142
50b		160	14.0				129.304	101.504	48600	1170	19.4	3.01	1940	146
50c		162	16.0				139.304	109.354	50600	1220	19.0	2.96	2080	151
55a	550	166	12.5	21.0	14.5	7.3	134.185	105.335	62900	1370	21.6	3.19	2290	164
55b		168	14.5				145.185	113.970	65600	1420	21.2	3.14	2390	170
55c		170	16.5				156.185	122.605	68400	1480	20.9	3.08	2490	175
56a	560	166	12.5				135.435	106.316	65600	1370	22.0	3.18	2340	165
56b		168	14.5				146.635	115.108	68500	1490	21.6	3.16	2450	174
56c		170	16.5				157.835	123.900	71400	1560	21.3	3.16	2550	183
63a	630	176	13.0	22.0	15.0	7.5	154.658	121.407	93900	1700	24.5	3.31	2980	193
63b		178	15.0				167.258	131.298	98100	1810	24.2	3.29	3160	204
63c		180	17.0				179.858	141.189	102000	1920	23.8	3.27	3300	214

注 表中 r、r_1 的数据用于孔型设计，不做交货条件。

表 B-2　　槽钢截面尺寸、截面面积、理论重量及截面特性

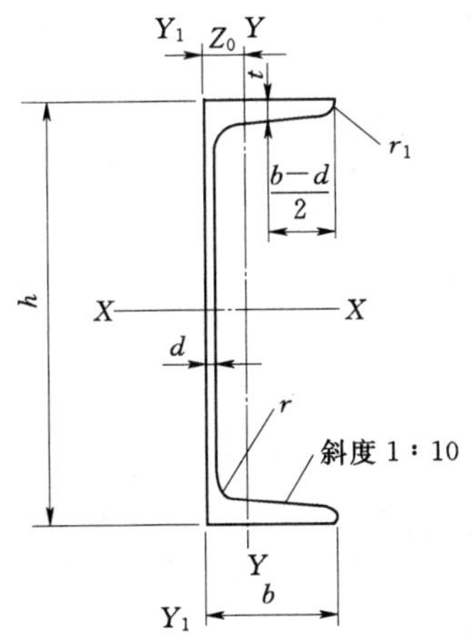

h—高度；
b—腿宽度；
d—腰厚度；
t—平均腿厚度；
r—内圆弧半径；
r_1—腿端圆弧半径；
Z_0—YY 轴与 Y_1Y_1 轴间距。

型号	截面尺寸/mm						截面面积/cm^2	理论重量/(kg/m)	惯性矩/cm^4			惯性半径/cm		截面模数/cm^3		重心距离/cm
	h	b	d	t	r	r_1			I_x	I_y	I_{y1}	i_x	i_y	W_x	W_y	Z_0
5	50	37	4.5	7.0	7.0	3.5	6.928	5.438	26.0	8.30	20.9	1.94	1.10	10.4	3.55	1.35
6.3	63	40	4.8	7.5	7.5	3.8	8.451	6.634	50.8	11.9	28.4	2.45	1.19	16.1	4.50	1.36
6.5	65	40	4.3	7.5	7.5	3.8	8.547	6.709	55.2	12.0	28.3	2.54	1.19	17.0	4.59	1.38
8	80	43	5.0	8.0	8.0	4.0	10.248	8.045	101	16.6	37.4	3.15	1.27	25.3	5.79	1.43
10	100	48	5.3	8.5	8.5	4.2	12.748	10.007	198	25.6	54.9	3.95	1.41	39.7	7.80	1.52
12	120	53	5.5	9.0	9.0	4.5	15.362	12.059	346	37.4	77.7	4.75	1.56	57.7	10.2	1.62
12.6	126	53	5.5	9.0	9.0	4.5	15.692	12.318	391	38.0	77.1	4.95	1.57	62.1	10.2	1.59
14a	140	58	6.0	9.5	9.5	4.8	18.516	14.535	564	53.2	107	5.52	1.70	80.5	13.0	1.71
14b		60	8.0				21.316	16.733	609	61.1	121	5.35	1.69	87.1	14.1	1.67
16a	160	63	6.5	10.0	10.0	5.0	21.962	17.24	866	73.3	144	6.28	1.83	108	16.3	1.80
16b		65	8.5				25.162	19.752	935	83.4	161	6.10	1.82	117	17.6	1.75
18a	180	68	7.0	10.5	10.5	5.2	25.699	20.174	1270	98.6	190	7.04	1.96	141	20.0	1.88
18b		70	9.0				29.299	23.000	1370	111	210	6.84	1.95	152	21.5	1.84
20a	200	73	7.0	11.0	11.0	5.5	28.837	22.637	1780	128	244	7.86	2.11	178	24.2	2.01
20b		75	9.0				32.837	25.777	1910	144	268	7.64	2.09	191	25.9	1.95
22a	220	77	7.0	11.5	11.5	5.8	31.846	24.999	2390	158	298	8.67	2.23	218	28.2	2.10
22b		79	9.0				36.246	28.453	2570	176	326	8.42	2.21	234	30.1	2.03
24a	240	78	7.0	12.0	12.0	6.0	34.217	26.860	3050	174	325	9.45	2.25	254	30.5	2.10
24b		80	9.0				39.017	30.628	3280	194	355	9.17	2.23	274	32.5	2.03
24c		82	11.0				43.817	34.396	3510	213	388	8.96	2.21	293	34.4	2.00
25a	250	78	7.0				34.917	27.410	3370	176	322	9.82	2.24	270	30.6	2.07
25b		80	9.0				39.917	31.335	3530	196	353	9.41	2.22	282	32.7	1.98
25c		82	11.0				44.917	35.260	3690	218	384	9.07	2.21	295	35.9	1.92

续表

型号	截面尺寸/mm						截面面积/cm²	理论重量/(kg/m)	惯性矩/cm⁴			惯性半径/cm		截面模数/cm³		重心距离/cm
	h	b	d	t	r	r_1			I_x	I_y	I_{y1}	i_x	i_y	W_x	W_y	Z_0
27a	270	82	7.5	12.5	12.5	6.2	39.284	30.838	4360	216	393	10.5	2.34	323	35.5	2.13
27b		84	9.5				44.684	35.077	4690	239	428	10.3	2.31	347	37.7	2.06
27c		86	11.5				50.084	39.316	5020	261	467	10.1	2.28	372	39.8	2.03
28a	280	82	7.5				40.034	31.427	4760	218	388	10.9	2.33	340	35.7	2.10
28b		84	9.5				45.634	35.823	5130	242	428	10.6	2.30	366	37.9	2.02
28c		86	11.5				51.234	40.219	5500	268	463	10.4	2.29	393	40.3	1.95
30a	300	85	7.5	13.5	13.5	6.8	43.902	34.463	6050	260	467	11.7	2.43	403	41.1	2.17
30b		87	9.5				49.902	39.173	6500	289	515	11.4	2.41	433	44.0	2.13
30c		89	11.5				55.902	43.883	6950	316	560	11.2	2.38	463	46.4	2.09
32a	320	88	8.0	14.0	14.0	7.0	48.513	38.083	7600	305	552	12.5	2.50	475	46.5	2.24
32b		90	10.0				54.913	43.107	8140	336	593	12.2	2.47	509	49.2	2.16
32c		92	12.0				61.313	48.131	8690	374	643	11.9	2.47	543	52.6	2.09
36a	360	96	9.0	16.0	16.0	8.0	60.910	47.814	11900	455	818	14.0	2.73	660	63.5	2.44
36b		98	11.0				68.110	53.466	12700	497	880	13.6	2.70	703	66.9	2.37
36c		100	13.0				75.310	59.118	13400	536	948	13.4	2.67	746	70.0	2.34
40a	400	100	10.5	18.0	18.0	9.0	75.068	58.928	17600	592	1070	15.3	2.81	879	78.8	2.49
40b		102	12.5				83.068	65.208	18600	640	114	15.0	2.78	932	82.5	2.44
40c		104	14.5				91.068	71.488	19700	688	1220	14.7	2.75	986	86.2	2.42

注　表中 r、r_1 的数据用于孔型设计，不做交货条件。

表B-3　**等边角钢截面尺寸、截面面积、理论重量及截面特性**

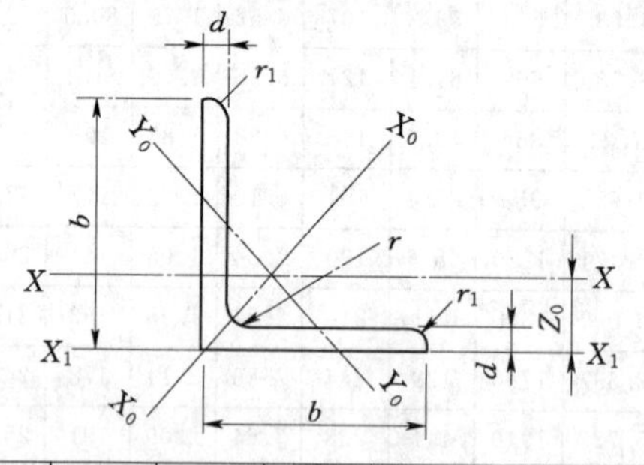

b—边宽度；
d—边厚度；
r—内圆弧半径；
r_1—边端圆弧半径；
Z_0—重心距离。

型号	截面尺寸/mm			截面面积/cm²	理论重量/(kg/m)	外表面积/(m²/m)	惯性矩/cm⁴				惯性半径/cm			截面模数/cm³			重心距离/cm
	b	d	r				I_x	I_{x1}	I_{x0}	I_{y0}	i_x	i_{x0}	i_{y0}	W_x	W_{x0}	W_{y0}	Z_0
2	20	3	3.5	1.132	0.889	0.078	0.40	0.81	0.63	0.17	0.59	0.75	0.39	0.29	0.45	0.20	0.60
		4		1.459	1.145	0.077	0.50	1.09	0.78	0.22	0.58	0.73	0.38	0.36	0.55	0.24	0.64
2.5	25	3		1.432	1.124	0.098	0.82	1.57	1.29	0.34	0.76	0.95	0.49	0.46	0.73	0.33	0.73
		4		1.859	1.459	0.097	1.03	2.11	1.62	0.43	0.74	0.93	0.48	0.59	0.92	0.40	0.76

续表

型号	截面尺寸/mm			截面面积/cm^2	理论重量/(kg/m)	外表面积/(m^2/m)	惯性矩/cm^4				惯性半径/cm			截面模数/cm^3			重心距离/cm
	b	d	r				I_x	I_{x1}	I_{x0}	I_{y0}	i_x	i_{x0}	i_{y0}	W_x	W_{x0}	W_{y0}	Z_0
3.0	30	3	4.5	1.749	1.373	0.117	1.46	2.71	2.31	0.61	0.91	1.15	0.59	0.68	1.09	0.51	0.85
		4		2.276	1.786	0.117	1.84	3.63	2.92	0.77	0.90	1.13	0.58	0.87	1.37	0.62	0.89
3.6	36	3		2.109	1.656	0.141	2.58	4.68	4.09	1.07	1.11	1.39	0.71	0.99	1.61	0.76	1.00
		4		2.756	2.163	0.141	3.29	6.25	5.22	1.37	1.09	1.38	0.70	1.28	2.05	0.93	1.04
		5		3.382	2.654	0.141	3.95	7.84	6.24	1.65	1.08	1.36	0.70	1.56	2.45	1.00	1.07
4	40	3	5	2.359	1.852	0.157	3.59	6.41	5.69	1.49	1.23	1.55	0.79	1.23	2.01	0.96	1.09
		4		3.086	2.422	0.157	4.60	8.56	7.29	1.91	1.22	1.54	0.79	1.60	2.58	1.19	1.13
		5		3.791	2.976	0.156	5.53	10.74	8.76	2.30	1.21	1.52	0.78	1.96	3.10	1.39	1.17
4.5	45	3		2.659	2.088	0.177	5.17	9.12	8.20	2.14	1.40	1.76	0.89	1.58	2.58	1.24	1.22
		4		3.486	2.736	0.177	6.65	12.18	10.56	2.75	1.38	1.74	0.89	2.05	3.32	1.54	1.26
		5		4.292	3.369	0.176	8.04	15.2	12.74	3.33	1.37	1.72	0.88	2.51	4.00	1.81	1.30
		6		5.076	3.985	0.176	9.33	18.36	14.76	3.89	1.36	1.70	0.8	2.95	4.64	2.06	1.33
5	50	3	5.5	2.971	2.332	0.197	7.18	12.5	11.37	2.98	1.55	1.96	1.00	1.96	3.22	1.57	1.34
		4		3.897	3.059	0.197	9.26	16.69	14.70	3.82	1.54	1.94	0.99	2.56	4.16	1.96	1.38
		5		4.803	3.770	0.196	11.21	20.90	17.79	4.64	1.53	1.92	0.98	3.13	5.03	2.31	1.42
		6		5.688	4.465	0.196	13.05	25.14	20.68	5.42	1.52	1.91	0.98	3.68	5.85	2.63	1.46
5.6	56	3	6	3.343	2.624	0.221	10.19	17.56	16.14	4.24	1.75	2.20	1.13	2.48	4.08	2.02	1.48
		4		4.390	3.446	0.220	13.18	23.43	20.92	5.46	1.73	2.18	1.11	3.24	5.28	2.52	1.53
		5		5.415	4.251	0.220	16.02	29.33	25.42	6.61	1.72	2.17	1.10	3.97	6.42	2.98	1.57
		6		6.420	5.040	0.220	18.69	35.26	29.66	7.73	1.71	2.15	1.10	4.68	7.49	3.40	1.61
		7		7.404	5.812	0.219	21.23	41.23	33.63	8.82	1.69	2.13	1.09	5.36	8.49	3.80	1.64
		8		8.367	6.568	0.219	23.63	47.24	37.37	9.89	1.68	2.11	1.09	6.03	9.44	4.16	1.68
6	60	5	6.5	5.829	4.576	0.236	19.89	36.05	31.57	8.21	1.85	2.33	1.19	4.59	7.44	3.48	1.67
		6		6.914	5.427	0.235	23.25	43.33	36.89	9.60	1.83	2.31	1.18	5.41	8.70	3.98	1.70
		7		7.977	6.262	0.235	26.44	50.65	41.92	10.96	1.82	2.29	1.17	6.21	9.88	4.45	1.74
		8		9.020	7.081	0.235	29.47	58.02	46.66	12.28	1.81	2.27	1.17	6.98	11.00	4.88	1.78
6.3	63	4	7	4.978	3.907	0.248	19.03	33.35	30.17	7.89	1.96	2.46	1.26	4.13	6.78	3.29	1.70
		5		6.143	4.822	0.248	23.17	41.73	36.77	9.57	1.94	2.45	1.25	5.08	8.25	3.90	1.74
		6		7.288	5.721	0.247	27.12	50.14	43.03	11.20	1.93	2.43	1.24	6.00	9.66	4.46	1.78
		7		8.412	6.603	0.247	30.87	58.60	48.96	12.79	1.92	2.41	1.23	6.88	10.99	4.98	1.82
		8		9.515	7.469	0.247	34.46	67.11	54.56	14.33	1.90	2.40	1.23	7.75	12.25	5.47	1.85
		10		11.657	9.151	0.246	41.09	84.31	64.85	17.33	1.88	2.36	1.22	9.39	14.56	6.36	1.93
7	70	4	8	5.570	4.372	0.275	26.39	45.74	41.80	10.99	2.18	2.74	1.40	5.14	8.44	4.17	1.86
		5		6.875	5.397	0.275	32.21	57.21	51.08	13.31	2.16	2.73	1.39	6.32	10.32	4.95	1.91
		6		8.160	6.406	0.275	37.77	68.73	59.93	15.61	2.15	2.71	1.38	7.48	12.11	5.67	1.95
		7		9.424	7.398	0.275	43.09	80.29	68.35	17.82	2.14	2.69	1.38	8.59	13.81	6.34	1.99
		8		10.667	8.373	0.274	48.17	91.92	76.37	19.98	2.12	2.68	1.37	9.68	15.43	6.98	2.03

续表

型号	截面尺寸/mm			截面面积/cm^2	理论重量/(kg/m)	外表面积/(m^2/m)	惯性矩/cm^4				惯性半径/cm			截面模数/cm^3			重心距离/cm
	b	d	r				I_x	I_{x1}	I_{x0}	I_{y0}	i_x	i_{x0}	i_{y0}	W_x	W_{x0}	W_{y0}	Z_0
7.5	75	5	9	7.412	5.818	0.295	39.97	70.56	63.30	16.63	2.33	2.92	1.50	7.32	11.94	5.77	2.04
		6		8.797	6.905	0.294	46.95	84.55	74.38	19.51	2.31	2.90	1.49	8.64	14.02	6.67	2.07
		7		10.160	7.976	0.294	53.57	98.71	84.96	22.18	2.30	2.89	1.48	9.93	16.02	7.44	2.11
		8		11.503	9.030	0.294	59.96	112.97	95.07	24.86	2.28	2.88	1.47	11.20	17.93	8.19	2.15
		9		12.825	10.068	0.294	66.10	127.30	104.71	27.48	2.27	2.86	1.46	12.43	19.75	8.89	2.18
		10		14.126	11.089	0.293	71.98	141.71	113.92	30.05	2.26	2.84	1.46	13.64	21.48	9.56	2.22
8	80	5		7.912	6.211	0.315	48.79	85.36	77.33	20.25	2.48	3.13	1.60	8.34	13.67	6.66	2.15
		6		9.397	7.376	0.314	57.35	102.50	90.98	23.72	2.47	3.11	1.59	9.87	16.08	7.65	2.19
		7		10.860	8.525	0.314	65.58	119.70	104.07	27.09	2.46	3.10	1.58	11.37	18.40	8.58	2.23
		8		12.303	9.658	0.314	73.49	136.97	116.60	30.39	2.44	3.08	1.57	12.83	20.61	9.46	2.27
		9		13.725	10.774	0.314	81.11	154.31	128.60	33.61	2.43	3.06	1.56	14.25	22.73	10.29	2.31
		10		15.126	11.874	0.313	88.43	171.74	140.09	36.77	2.42	3.04	1.56	15.64	24.76	11.08	2.35
9	90	6	10	10.637	8.350	0.354	82.77	145.87	131.26	34.28	2.79	3.51	1.80	12.61	20.63	9.95	2.44
		7		12.301	9.656	0.354	94.83	170.30	150.47	39.18	2.78	3.50	1.78	14.54	23.64	11.19	2.48
		8		13.944	10.946	0.353	106.47	194.80	168.97	43.97	2.76	3.48	1.78	16.42	26.55	12.35	2.52
		9		15.566	12.219	0.353	117.72	219.39	186.77	48.66	2.75	3.46	1.77	18.27	29.35	13.46	2.56
		10		17.167	13.476	0.353	128.58	244.07	203.90	53.26	2.74	3.45	1.76	20.07	32.04	14.52	2.59
		12		20.306	15.940	0.352	149.22	293.76	236.21	62.22	2.71	3.41	1.75	23.57	37.12	16.49	2.67
10	100	6	12	11.932	9.366	0.393	114.95	200.07	181.98	47.92	3.10	3.90	2.00	15.68	25.74	12.69	2.67
		7		13.796	10.830	0.393	131.86	233.54	208.97	54.74	3.09	3.89	1.99	18.10	29.55	14.26	2.71
		8		15.638	12.276	0.393	148.24	267.09	235.07	61.41	3.08	3.88	1.98	20.47	33.24	15.75	2.76
		9		17.462	13.708	0.392	164.12	300.73	260.30	67.95	3.07	3.86	1.97	22.79	36.81	17.18	2.80
		10		19.261	15.120	0.392	179.51	334.48	284.68	74.35	3.05	3.84	1.96	25.06	40.26	18.54	2.84
		12		22.800	17.898	0.391	208.90	402.34	330.95	86.84	3.03	3.81	1.95	29.48	46.80	21.08	2.91
		14		26.256	20.611	0.391	236.53	470.75	374.06	99.00	3.00	3.77	1.94	33.73	52.90	23.44	2.99
		16		29.627	23.257	0.390	262.53	539.80	414.16	110.89	2.98	3.74	1.94	37.82	58.57	25.63	3.06
11	110	7	12	15.196	11.928	0.433	177.16	310.64	280.94	73.38	3.41	4.30	2.20	22.05	36.12	17.51	2.96
		8		17.238	13.535	0.433	199.46	355.20	316.49	82.42	3.40	4.28	2.19	24.95	40.69	19.39	3.01
		10		21.261	16.690	0.432	242.19	444.65	384.39	99.98	3.38	4.25	2.17	30.60	49.42	22.91	3.09
		12		25.200	19.782	0.431	282.55	534.60	448.17	116.93	3.35	4.22	2.15	36.05	57.62	26.15	3.16
		14		29.056	22.809	0.431	320.71	625.16	508.01	133.40	3.32	4.18	2.14	41.31	65.31	29.14	3.24
12.5	125	8	14	19.750	15.504	0.492	297.03	521.01	470.89	123.16	3.88	4.88	2.50	32.52	53.28	25.86	3.37
		10		24.373	19.133	0.491	361.67	651.93	573.89	149.46	3.85	4.85	2.48	39.97	64.93	30.62	3.45
		12		28.912	22.696	0.491	423.16	783.42	671.44	174.88	3.83	4.82	2.46	41.17	75.96	35.03	3.53
		14		33.367	26.193	0.490	481.65	915.61	763.73	199.57	3.80	4.78	2.45	54.16	86.41	39.13	3.61
		16		37.739	29.625	0.489	537.31	1048.62	850.98	223.65	3.77	4.75	2.43	60.93	96.28	42.96	3.68

续表

型号	截面尺寸/mm			截面面积/cm²	理论重量/(kg/m)	外表面积/(m²/m)	惯性矩/cm⁴				惯性半径/cm			截面模数/cm³			重心距离/cm
	b	d	r				I_x	I_{x1}	I_{x0}	I_{y0}	i_x	i_{x0}	i_{y0}	W_x	W_{x0}	W_{y0}	Z_0
14	140	10	14	27.373	21.488	0.551	514.65	915.11	817.27	212.04	4.34	5.46	2.78	50.58	82.56	39.20	3.82
		12		32.512	25.522	0.551	603.68	1099.28	958.79	248.57	4.31	5.43	2.76	59.80	96.85	45.02	3.90
		14		37.567	29.490	0.550	688.81	1284.22	1093.56	284.06	4.28	5.40	2.75	68.75	110.47	50.45	3.98
		16		42.539	33.393	0.549	770.24	1470.07	1221.81	318.67	4.26	5.36	2.74	77.46	123.42	55.55	4.06
15	150	8		23.750	18.644	0.592	521.37	899.55	827.49	215.25	4.69	5.90	3.01	47.36	78.02	38.14	3.99
		10		29.373	23.058	0.591	637.50	1125.09	1012.79	262.21	4.66	5.87	2.99	58.35	95.49	45.51	4.08
		12		34.912	27.406	0.591	748.85	1351.26	1189.97	307.73	4.63	5.84	2.97	69.04	112.19	52.38	4.15
		14		40.367	31.688	0.590	855.64	1578.25	1359.30	351.98	4.60	5.80	2.95	79.45	128.16	58.83	4.23
		15		43.063	33.804	0.590	907.39	1692.10	1441.09	373.69	4.59	5.78	2.95	84.56	135.87	61.90	4.27
		16		45.739	35.905	0.589	958.08	1806.21	1521.02	395.14	4.58	5.77	2.94	89.59	143.40	64.89	4.31
16	160	10	16	31.502	24.729	0.630	779.53	1365.33	1237.30	321.76	4.98	6.27	3.20	66.70	109.36	52.76	4.31
		12		37.441	29.391	0.630	916.58	1639.57	1455.68	377.49	4.95	6.24	3.18	78.98	128.67	60.74	4.39
		14		43.296	33.987	0.629	1048.36	1914.68	1665.02	431.70	4.92	6.20	3.16	90.95	147.17	68.24	4.47
		16		49.067	38.518	0.629	1175.08	2190.82	1865.57	484.59	4.89	6.17	3.14	102.63	164.89	75.31	4.55
18	180	12		42.241	33.159	0.710	1321.35	2332.80	2100.10	542.61	5.59	7.05	3.58	100.82	165.00	78.41	4.89
		14		48.896	38.383	0.709	1514.48	2723.48	2407.42	621.53	5.56	7.02	3.56	116.25	189.14	88.38	4.97
		16		55.467	43.542	0.709	1700.99	3115.29	2703.37	698.60	5.54	6.98	3.55	131.13	212.40	97.83	5.05
		18		61.055	48.634	0.708	1875.12	3502.43	2988.24	762.01	5.50	6.94	3.51	145.64	234.78	105.14	5.13
20	200	14	18	54.642	42.894	0.788	2103.55	3734.10	3343.26	863.83	6.20	7.82	3.98	144.70	236.40	111.82	5.46
		16		62.013	48.680	0.788	2366.15	4270.39	3760.89	971.41	6.18	7.79	3.96	163.65	265.93	123.96	5.54
		18		69.301	54.401	0.787	2620.64	4808.13	4164.54	1076.74	6.15	7.75	3.94	182.22	294.48	135.52	5.62
		20		76.505	60.056	0.787	2867.30	5347.51	4554.55	1180.04	6.12	7.72	3.93	200.42	322.06	146.55	5.69
		24		90.661	71.168	0.785	3338.25	6457.16	5294.97	1381.53	6.07	7.64	3.90	236.17	374.41	166.65	5.87
22	220	16	21	68.664	53.901	0.866	3187.36	5681.62	5063.73	1310.99	6.81	8.59	4.37	199.55	325.51	153.81	6.03
		18		76.752	60.250	0.866	3534.30	6395.93	5615.32	1453.27	6.79	8.55	4.35	222.37	360.97	168.29	6.11
		20		84.756	66.533	0.865	3871.49	7112.04	6150.08	1592.90	6.76	8.52	4.34	244.77	395.34	182.16	6.18
		22		92.676	72.751	0.865	4199.23	7830.19	6668.37	1730.10	6.73	8.48	4.32	266.78	428.66	195.45	6.26
		24		100.512	78.902	0.864	4517.83	8550.57	7170.55	1865.11	6.70	8.45	4.31	288.39	460.94	208.21	6.33
		26		108.264	84.987	0.864	4827.58	9273.39	7656.98	1998.17	6.68	8.41	4.30	309.62	492.21	220.49	6.41
25	250	18	24	87.842	68.956	0.985	5268.22	9379.11	8369.04	2167.41	7.74	9.76	4.97	290.12	473.42	224.03	6.84
		20		97.045	76.180	0.984	5779.34	10426.97	9181.94	2376.74	7.72	9.73	4.95	319.66	519.41	242.85	6.92
		24		115.201	90.433	0.983	6763.93	12529.74	10742.67	2785.19	7.66	9.66	4.92	377.34	607.70	278.38	7.07
		26		124.154	97.461	0.982	7238.08	13585.18	11491.33	2984.84	7.63	9.62	4.90	405.50	650.05	295.19	7.15
		28		133.022	104.422	0.982	7700.60	14643.62	12219.39	3181.81	7.61	9.58	4.89	433.22	691.23	311.42	7.22
		30		141.807	111.318	0.981	8151.80	15705.30	12927.26	3376.34	7.58	9.55	4.88	400.51	731.28	327.12	7.30
		32		150.508	118.149	0.981	8592.01	16770.41	13615.32	3568.71	7.56	9.51	4.87	487.39	770.20	342.33	7.37
		35		163.402	128.271	0.980	9232.44	18374.95	14611.16	3853.72	7.52	9.46	4.86	526.97	826.53	364.30	7.48

注 截面图中的 $r_1=1/3d$ 及表中 r 的数据用于孔型设计，不做交货条件。

表 B-4　不等边角钢截面尺寸、截面面积、理论重量及截面特性

B—长边宽度；
b—短边宽度；
d—边厚度；
r—内圆弧半径；
r_1—边端圆弧半径；
X_0—重心距离；
Y_0—重心距离。

型号	截面尺寸/mm				截面面积/cm²	理论重量/(kg/m)	外表面积/(m²/m)	惯性矩/cm⁴					惯性半径/cm			截面模数/cm³			tanα	重心距离/cm	
	B	b	d	r				I_x	I_{x1}	I_y	I_{y1}	I_u	i_x	i_y	i_u	W_x	W_y	W_u		X_0	Y_0
2.5/1.6	25	16	3	3.5	1.162	0.912	0.080	0.70	1.56	0.22	0.43	0.14	0.78	0.44	0.34	0.43	0.19	0.16	0.392	0.42	0.86
			4		1.499	1.176	0.079	0.88	2.09	0.27	0.59	0.17	0.77	0.43	0.34	0.55	0.24	0.20	0.381	0.46	1.86
3.2/2	32	20	3		1.492	1.171	0.102	1.53	3.27	0.46	0.82	0.28	1.01	0.55	0.43	0.72	0.30	0.25	0.382	0.49	0.90
			4		1.939	1.522	0.101	1.93	4.37	0.57	1.12	0.35	1.00	0.54	0.42	0.93	0.39	0.32	0.374	0.53	1.08
4/2.5	40	25	3	4	1.890	1.484	0.127	3.08	5.39	0.93	1.59	0.56	1.28	0.70	0.54	1.15	0.49	0.40	0.385	0.59	1.12
			4		2.467	1.936	0.127	3.93	8.53	1.18	2.14	0.71	1.36	0.69	0.54	1.49	0.63	0.52	0.381	0.63	1.32
4.5/2.8	45	28	3	5	2.149	1.687	0.143	445	9.10	1.34	2.23	0.80	1.44	0.79	0.61	1.47	0.62	0.51	0.383	0.64	1.37
			4		2.806	2.203	0.143	5.69	12.13	1.70	3.00	1.02	1.42	0.78	0.60	1.91	0.80	0.66	0.380	0.68	1.47
5/3.2	50	32	3	5.5	2.431	1.908	0.161	6.24	12.49	2.02	3.31	1.20	1.60	0.91	0.70	1.84	0.82	0.68	0.404	0.73	1.51
			4		3.177	2.494	0.160	8.02	16.65	2.58	4.45	1.53	1.59	0.90	0.69	2.39	1.06	0.87	0.402	0.77	1.60
5.6/3.6	56	36	3	6	2.743	2.153	0.181	8.88	17.54	2.92	4.70	1.73	1.80	1.03	0.79	2.32	1.05	0.87	0.408	0.80	1.65
			4		3.590	2.818	0.180	11.45	23.39	3.76	6.33	2.23	1.79	1.02	0.79	3.03	1.37	1.13	0.408	0.85	1.78
			5		4.415	3.466	0.180	13.86	29.25	4.49	7.94	2.67	1.77	1.01	0.78	3.71	1.65	1.36	0.404	0.88	1.82
6.3/4	63	40	4	7	4.058	3.185	0.202	16.49	33.30	5.23	8.63	3.12	2.02	1.14	0.88	3.87	1.70	1.40	0.398	0.92	1.87
			5		4.993	3.920	0.202	20.02	41.63	6.31	10.86	3.76	2.00	1.12	0.87	4.74	2.07	1.71	0.396	0.95	2.04
			6		5.908	4.638	0.201	23.36	49.98	7.29	13.12	4.34	1.96	1.11	0.86	5.59	2.43	1.99	0.393	0.99	2.08
			7		6.802	5.339	0.201	26.53	58.07	8.24	15.47	4.97	1.98	1.10	0.86	6.40	2.78	2.29	0.389	1.03	2.12

续表

型号	截面尺寸/mm				截面面积/cm²	理论重量/(kg/m)	外表面积/(m²/m)	惯性矩/cm⁴					惯性半径/cm			截面模数/cm³			tanα	重心距离/cm	
	B	b	d	r				I_x	I_{x1}	I_y	I_{y1}	I_u	i_x	i_y	i_u	W_x	W_y	W_u		X_0	Y_0
7/4.5	70	45	4	7.5	4.547	3.570	0.226	23.17	45.92	7.55	12.26	4.40	2.26	1.29	0.98	4.86	2.17	1.77	0.410	1.02	2.15
			5		5.609	4.403	0.225	27.95	57.10	9.13	15.39	5.40	2.23	1.28	0.98	5.92	2.65	2.19	0.407	1.06	2.24
			6		6.647	5.218	0.225	32.54	68.35	10.62	18.58	6.35	2.21	1.26	0.98	6.95	3.12	2.59	0.404	1.09	2.28
			7		7.657	6.011	0.225	37.22	79.99	12.01	21.84	7.16	2.20	1.25	0.97	8.03	3.57	2.94	0.402	1.13	2.32
7.5/5	75	50	5	8	6.125	4.808	0.245	34.86	70.00	12.61	21.04	7.41	2.39	1.44	1.10	6.83	3.30	2.74	0.435	1.17	2.36
			6		7.260	5.699	0.245	41.12	84.30	14.70	25.37	8.54	2.38	1.42	1.08	8.12	3.88	3.19	0.435	1.21	2.40
			8		9.467	7.431	0.244	52.39	112.50	18.53	34.23	10.87	2.35	1.40	1.07	10.52	4.99	4.10	0.429	1.29	2.44
			10		11.590	9.098	0.244	62.71	140.80	21.96	43.43	13.10	2.33	1.38	1.06	12.79	6.04	4.99	0.423	1.36	2.52
8/5	80	50	5		6.375	5.005	0.255	41.96	85.21	12.82	21.06	7.66	2.56	1.42	1.10	7.78	3.32	2.74	0.388	1.14	2.60
			6		7.560	5.935	0.255	49.49	102.53	14.95	25.41	8.85	2.56	1.41	1.08	9.25	3.91	3.20	0.387	1.18	2.65
			7		8.724	6.848	0.255	56.16	119.33	46.96	29.82	10.18	2.54	1.39	1.08	10.58	4.48	3.70	0.384	1.21	2.69
			8		9.867	7.745	0.254	62.83	136.41	18.85	34.32	11.38	2.52	1.38	1.07	11.92	5.03	4.16	0.381	1.25	2.73
9/5.6	90	56	5	9	7.212	5.661	0.287	60.45	121.32	18.32	29.53	10.98	2.90	1.59	1.23	9.92	4.21	3.49	0.385	1.25	2.91
			6		8.557	6.717	0.286	71.03	145.59	21.42	35.58	12.90	2.88	1.58	1.23	11.74	4.96	4.13	0.384	1.29	2.95
			7		9.880	7.756	0.286	81.01	169.60	24.36	41.71	14.67	2.86	1.57	1.22	13.49	5.70	4.72	0.382	1.33	3.00
			8		11.183	8.779	0.286	91.03	194.17	27.15	47.93	16.34	2.85	1.56	1.21	15.27	6.41	5.29	0.380	1.36	3.04
10/6.3	100	63	6	10	9.617	7.550	0.320	99.06	199.71	30.94	50.50	18.42	3.21	1.79	1.38	14.64	6.35	5.25	0.394	1.43	3.24
			7		11.111	8.722	0.320	113.45	233.00	35.26	59.14	21.00	3.20	1.78	1.38	16.88	7.29	6.02	0.394	1.47	3.28
			8		12.534	9.878	0.319	127.37	266.32	39.39	67.88	23.50	3.18	1.77	1.37	19.08	8.21	6.78	0.391	1.50	3.32
			10		15.467	12.142	0.319	153.81	333.06	47.12	85.73	28.33	3.15	1.74	1.35	23.32	9.98	8.24	0.387	1.58	3.40
10/8	100	80	6		10.637	8.350	0.354	107.04	199.83	61.24	102.68	31.65	3.17	2.40	1.72	15.19	10.16	8.37	0.627	1.97	2.95
			7		12.301	9.656	0.354	122.73	233.20	70.08	119.98	36.17	3.16	2.39	1.72	17.52	11.71	9.60	0.626	2.01	3.0
			8		13.944	10.946	0.353	137.92	266.61	78.58	137.37	40.58	3.14	2.37	1.71	19.81	13.21	10.80	0.625	2.05	3.04
			10		17.167	13.476	0.353	166.87	333.63	94.65	172.48	49.10	3.12	2.35	1.69	24.24	16.12	13.12	0.622	2.13	3.12
11/7	110	70	6		10.637	8.350	0.354	133.37	265.78	42.92	69.08	25.36	3.54	2.01	1.54	17.85	7.90	6.53	0.403	1.57	3.53
			7		12.301	9.656	0.354	153.00	310.07	49.01	80.82	28.95	3.53	2.00	1.53	20.60	9.09	7.50	0.402	1.61	3.57
			8		13.944	10.946	0.353	172.04	354.39	54.87	92.70	32.45	3.51	1.98	1.53	23.30	10.25	8.45	0.401	1.65	3.62
			10		17.167	13.476	0.353	208.39	443.13	65.88	116.83	39.20	3.48	1.96	1.51	28.54	12.48	10.29	0.397	1.72	3.70

续表

型号	截面尺寸/mm				截面面积/	理论重量/	外表面积/	惯性矩/cm^4					惯性半径/cm			截面模数/cm^3			tanα	重心距离/cm	
	B	b	d	r	cm^2	(kg/m)	(m^2/m)	I_x	I_{x1}	I_y	I_{y1}	I_u	i_x	i_y	i_u	W_x	W_y	W_u		X_0	Y_0
12.5/8	125	80	7	11	14.096	11.066	0.403	227.98	454.99	74.42	120.32	43.81	4.02	2.30	1.76	26.86	12.01	9.92	0.408	1.80	4.01
			8		15.989	12.551	0.403	256.77	519.99	83.49	137.85	49.15	4.01	2.28	1.75	30.41	13.56	11.18	0.407	1.84	4.06
			10		19.712	15.474	0.402	312.04	650.09	100.67	173.40	59.45	3.98	2.26	1.74	37.33	16.56	13.64	0.404	1.92	4.14
			12		23.351	18.330	0.402	364.41	780.39	116.67	209.67	69.35	3.95	2.24	1.72	44.01	19.43	16.01	0.400	2.00	4.22
14/9	140	90	8	12	18.038	14.160	0.453	365.64	730.53	120.69	195.79	70.83	4.50	2.59	1.98	38.48	17.34	14.31	0.411	2.04	4.50
			10		22.261	17.475	0.452	445.50	913.20	140.03	245.92	85.82	4.47	2.56	1.96	47.31	21.22	17.48	0.409	2.12	4.58
			12		26.400	20.724	0.451	521.59	1096.09	169.79	296.89	100.21	4.44	2.54	1.95	55.87	24.95	20.54	0.406	2.19	4.66
			14		30.456	23.908	0.451	594.10	1279.26	192.10	348.82	114.13	4.42	2.51	1.94	64.18	28.54	23.52	0.403	2.27	4.74
15/9	150	90	8		18.839	14.788	0.473	442.05	898.35	122.80	195.96	74.14	4.84	2.55	1.98	43.86	17.47	14.48	0.364	1.97	4.92
			10		23.261	18.260	0.472	539.24	1122.85	148.62	246.26	89.86	4.81	2.53	1.97	53.97	21.38	17.69	0.362	2.05	5.01
			12		27.600	21.666	0.471	632.08	1347.50	172.85	297.46	104.95	4.79	2.50	1.95	63.79	25.14	20.80	0.359	2.12	5.09
			14		31.856	25.007	0.471	720.77	1572.38	195.62	349.74	119.53	4.76	2.48	1.94	73.33	28.77	23.84	0.356	2.20	5.17
			15		33.952	26.652	0.471	763.62	1684.93	206.50	376.33	126.67	4.74	2.47	1.93	77.99	30.53	25.33	0.354	2.24	5.21
			16		36.027	28.281	0.470	805.51	1797.55	217.07	403.24	133.72	4.73	2.45	1.93	82.60	32.27	26.82	0.352	2.27	5.25
16/10	160	100	10	13	25.315	19.872	0.512	668.69	1362.89	205.03	336.59	121.74	5.14	2.85	2.19	62.13	26.56	21.92	0.390	2.28	5.24
			12		30.054	23.592	0.511	784.91	1635.56	239.06	405.94	142.33	5.11	2.82	2.17	73.49	31.28	25.79	0.388	2.36	5.32
			14		34.709	27.247	0.510	896.30	1908.50	271.20	476.42	162.23	5.08	2.80	2.16	84.56	35.83	29.56	0.385	0.43	5.40
			16		29.281	30.835	0.510	1003.04	2181.79	301.60	548.22	182.57	5.05	2.77	2.16	95.33	40.24	33.44	0.382	2.51	5.48
18/11	180	110	10	14	28.373	22.273	0.571	956.25	1940.40	278.11	447.22	166.50	5.80	3.13	2.42	78.96	32.49	26.88	0.376	2.44	5.89
			12		33.712	26.440	0.571	1124.72	2328.38	325.03	538.94	194.87	5.78	3.10	2.40	93.53	38.32	31.66	0.374	2.52	5.98
			14		38.967	30.589	0.570	1286.91	2716.60	369.55	631.95	222.30	5.75	3.08	2.39	107.76	43.97	36.32	0.372	2.59	6.06
			16		44.139	34.649	0.569	1443.06	3105.15	411.85	726.46	248.94	5.72	3.06	2.38	121.64	49.44	40.87	0.369	2.67	6.14
20/12.5	200	125	12		37.912	29.761	0.641	1570.90	3193.85	483.16	787.74	285.79	6.44	3.57	2.74	116.73	49.99	41.23	0.392	2.83	6.54
			14		43.687	34.436	0.640	1800.97	3726.17	550.83	922.47	326.58	6.41	3.54	2.73	134.65	57.44	47.34	0.390	2.91	6.62
			16		49.739	39.045	0.639	2023.35	4258.88	615.44	1058.86	366.21	6.38	3.52	2.71	152.18	64.89	53.32	0.388	2.99	6.70
			18		55.526	43.588	0.639	2238.30	4792.00	677.19	1197.13	404.83	6.35	3.49	2.70	169.33	71.74	59.18	0.385	3.06	6.78

注　截面图中的 $r_1=1/3d$ 及表中 r 的数据用于孔型设计，不做交货条件。

表 B-5　　　　L型钢截面尺寸、截面面积、理论重量及截面特性

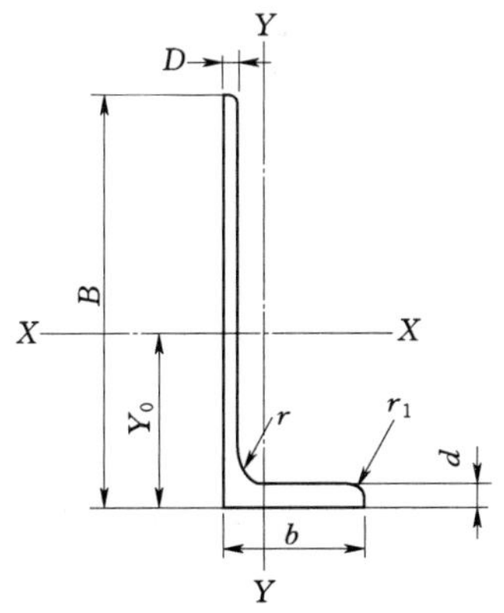

B—长边宽度；
b—短边宽度；
D—长边厚度；
d—短边厚度；
r—内圆弧半径；
r_1—边端圆弧半径；
Y_0—重心距离。

型　号	截面尺寸/mm						截面面积/ cm^2	理论重量/ (kg/m)	惯性矩 I_x/ cm^4	重心距离 Y_0/ cm
	B	*b*	*D*	*d*	*r*	r_1				
L250×90×9×13	250	90	9	13	15	7.5	33.4	26.2	2190	8.64
L250×90×10.5×15			10.5	15			38.5	30.3	2510	8.76
L250×90×11.5×16			11.5	16			41.7	32.7	2710	8.90
L300×100×10.5×15	300	100	10.5	15			45.3	35.6	4290	10.6
L300×100×11.5×16			11.5	16			49.0	38.5	4630	10.7
L350×120×10.5×16	350	120	10.5	16	20	10	54.9	43.1	7110	12.0
L350×120×11.5×18			11.5	18			60.4	47.4	7780	12.0
L400×120×11.5×23	400	120	11.5	23			71.6	56.2	11900	13.3
L450×120×11.5×25	450	120	11.5	25			79.5	62.4	16800	15.1
L500×120×12.5×33	500	120	12.5	33			98.6	77.4	25500	16.5
L500×120×13.5×35			13.5	35			105.0	82.8	27100	16.6

习 题 参 考 答 案

第 1 章

（略）

第 2 章

2-1　(a) $F_{Nmax}=400kN$；(b) $F_{Nmax}=F$；(c) $F_{Nmax}=3F$；(d) $F_{Nmax}=2F$

(e) $F_{Nmax}=2F$；(f) $F_{Nmax}=2F$

2-2　（略）

2-3　(a) $\sigma_{①}=35.3MPa$，$\sigma_{②}=31.6MPa$

(b) $\sigma_{①}=15.9MPa$（压），$\sigma_{②}=22.5MPa$，$\sigma_{③}=38.2MPa$（压）

2-4　(1) $\sigma_{max}=350MPa$；(2) $\sigma_{max}=950MPa$；(3) $\sigma_{max}=400MPa$

2-5　$\sigma_{AB}=137.5MPa$，$\sigma_{BC}=12.1MPa$（压）

2-6　$\sigma_{CD}=53.1MPa$

2-7　$E=73.4GPa$，$\nu=0.326$，$\sigma_P=330.5MPa$

2-8　$\Delta b=-1.56\times10^{-3}mm$，$\Delta h=-13\times10^{-3}mm$

2-9　$\Delta l_s=16.92mm$

2-10　$F=1931kN$

2-11　$\Delta_B=\frac{2Fl}{EA}+\frac{3\rho gl^2}{2E}$（压缩）

2-12　$\Delta_{Cy}=0.14mm$

2-13　$\Delta=1mm$（张开）

2-14　$\Delta_G=0.69mm$

2-15　$\Delta l=4Fl/(\pi Ed_1d_2)$

2-16　$A_1=5cm^2$，$A_2=14.1cm^2$，$A_3=25cm^2$

2-17　杆 AB：2∟90×10；杆 AD：2∟75×6

2-18　$[F]=45.24kN$

2-19　$a=0.574m$

第 3 章

3-1　(a) $|M_x|_{max}=4T$；(b) $|M_x|_{max}=5kN\cdot m$；(c) $|M_x|_{max}=100N\cdot m$

(d) $|M_x|_{max}=2.5kN\cdot m$

3-2　(1) $M_{xmax}=2.15kN\cdot m$；(2) $M_{xmax}=1.43kN\cdot m$

3-3　$\tau_1=31.4MPa$，$\tau_2=0$，$\tau_3=47.2MPa$，$\gamma_{max}=0.59\times10^{-3}rad$

3-4　$\tau_{max}=162.97MPa$

3-5　6.7%

3-6　(1) $\tau_{max}=35.56\text{MPa}$；(2) $\varphi=0.01143\text{rad}$

3-7　$a=405\text{mm}$

3-8　(1) $M_x=6.43\text{kN}\cdot\text{m}$；(2) $\varphi_B=1.07°$

3-9　$\varphi=\dfrac{16ml^2}{G\pi d^4}$

3-10　$d=195\text{mm}$，$D=325\text{mm}$

3-11　81.94%

3-12　(1) $D=79\text{mm}$；(2) $d_1=67\text{mm}$，$d_2=79\text{mm}$，$d_3=79\text{mm}$，$d_4=50\text{mm}$

3-13　(1) $d_1=91\text{mm}$，$d_2=80\text{mm}$；(2) $d=91\text{mm}$

3-14　(1) $m=13.26\text{N}\cdot\text{m/m}$；(2) $\tau_{max}=24.1\text{MPa}<[J]$

3-15　$T_2=5.23\text{kN}\cdot\text{m}$，$T_1=10.5\text{kN}\cdot\text{m}$

3-16　(1) $\tau_{max}=80.3\text{MPa}$；(2) $\theta_{max}=0.0197\text{rad/m}$

3-17　$\tau_{max}=18.2\text{MPa}$，$\theta_{max}=0.0227\text{rad/m}$

3-18　$\tau_{max}=200\text{MPa}$，$\varphi_{max}=0.0625\text{rad}$

第4章

4-1　(a) $F_{S1-1}=-2\text{kN}$，$M_{1-1}=-\dfrac{4}{3}\text{kN}\cdot\text{m}$，$F_{S2-2}=-6\text{kN}$，$M_{2-2}=-\dfrac{28}{3}\text{kN}\cdot\text{m}$

(b) $F_{S1-1}=0$，$M_{1-1}=-ql^2$，$F_{S2-2}=0$，$M_{2-2}=0$

(c) $F_{S1-1}=-6\text{kN}$，$F_{S2-2}=\dfrac{2}{3}\text{kN}$，$M_{1-1}=-12\text{kN}\cdot\text{m}$，$M_{2-2}=-12\text{kN}\cdot\text{m}$

(d) $F_{S1-1}=F_{S2-2}=-\dfrac{ql}{4}$，$M_{1-1}=\text{M}_{2-2}=\dfrac{3}{4}ql^2$

(e) $F_{S1-1}=-\dfrac{22}{3}\text{kN}$，$F_{S2-2}=0$，$M_{1-1}=M_{2-2}=-4\text{kN}\cdot\text{m}$

(f) $F_{S1-1}=0$，$M_{1-1}=\dfrac{ql^2}{6}$

4-2　(a) $|F_S|_{max}=36\text{kN}$，$|M|_{max}=141\text{kN}\cdot\text{m}$

(b) $|F_S|_{max}=25\text{kN}$，$|M|_{max}=75\text{kN}\cdot\text{m}$

(c) $|F_S|_{max}=10\text{kN}$，$|M|_{max}=27\text{kN}\cdot\text{m}$

(d) $|F_S|_{max}=\dfrac{7}{6}F$，$|M|_{max}=\dfrac{5}{6}Fl$

(e) $|F_S|_{max}=ql$，$|M|_{max}=\dfrac{1}{2}ql^2$

(f) $|F_S|_{max}=2ql$，$|M|_{max}=\dfrac{3}{2}ql^2$

(g) $|F_S|_{max}=\dfrac{5}{2}ql$，$|M|_{max}=\dfrac{25}{16}ql^2$

(h) $|F_S|_{max}=4F$, $|M|_{max}=2Fl$

(i) $|F_S|_{max}=F$, $|M|_{max}=\frac{1}{2}Fl$

4-3 (a) $|F_S|_{max}=4\text{kN}$, $|M|_{max}=24\text{kN}\cdot\text{m}$

(b) $|F_S|_{max}=ql$, $|M|_{max}=\frac{1}{2}ql^2$

(c) $|F_S|_{max}=F$, $|M|_{max}=4Fl$

(d) $|F_S|_{max}=7.167\text{kN}$, $|M|_{max}=8\text{kN}\cdot\text{m}$

(e) $|F_S|_{max}=14\text{kN}$, $|M|_{max}=12\text{kN}\cdot\text{m}$

(f) $|F_S|_{max}=\frac{1}{3}ql$, $|M|_{max}=\frac{\sqrt{3}}{27}ql^2$

(g) $|F_S|_{max}=2F$, $|M|_{max}=\frac{3}{2}Fl$

(h) $|F_S|_{max}=6\text{kN}$, $|M|_{max}=\frac{16}{3}\text{kN}\cdot\text{m}$

(i) $|F_S|_{max}=15\text{kN}$, $|M|_{max}=15\text{kN}\cdot\text{m}$

(j) $|F_S|_{max}=2ql$, $|M|_{max}=ql^2$

(k) $|F_S|_{max}=ql$, $|M|_{max}=ql^2$

(l) $|F_S|_{max}=\frac{ql}{4}$, $|M|_{max}=\frac{1}{12}ql^2$

4-4 (a) $|M|_{max}=\frac{9}{8}ql^2$; (b) $|M|_{max}=Fl$;

(c) $|M|_{max}=Fl$; (d) $|M|_{max}=M_e$

(e) $|M|_{max}=ql^2$, (f) $|M|_{max}=\frac{5}{4}ql^2$

4-5 (略)

4-6 (a) $x=\frac{2}{3}l$; (b) $x=2(\sqrt{2}-1)l$; (c) $x=\frac{\sqrt{2}-1}{2}l$

4-7 (a) $|F_N|_{max}=12.12\text{kN}$, $|F_S|_{max}=10.5\text{kN}$, $|M|_{max}=9.09\text{kN}\cdot\text{m}$

(b) $|F_N|_{max}=\frac{\sqrt{3}}{2}F$, $|F_S|_{max}=\frac{F}{2}$, $|M|_{max}=\frac{\sqrt{3}}{6}Fl$

(c) $|F_N|_{max}=\frac{\sqrt{2}}{2}F$, $|F_S|_{max}=\frac{\sqrt{2}}{2}F$, $|M|_{max}=\frac{\sqrt{2}}{2}Fl$

(d) $|F_N|_{max}=ql$, $|F_S|_{max}=ql$, $|M|_{max}=\frac{5}{2}ql^2$

(e) $|F_N|_{max}=\frac{5}{2}\text{kN}$, $|F_S|_{max}=\frac{3}{2}\text{kN}$, $|M|_{max}=3\text{kN}\cdot\text{m}$

(f) $|F_N|_{max}=F$, $|F_S|_{max}=F$, $|M|_{max}=\frac{Fl}{2}$

4-8 (a) $x=\frac{l}{2}-\frac{a}{4}$，$M_{max}=F\left(\frac{l}{2}-\frac{a}{2}+\frac{a^2}{8l}\right)=\frac{F}{8l}(2l-a)^2$

(b) $x=0$，最大负弯矩 $|M_{max}|=50$kN·m，$x=4.5$m，最大正弯矩 $|M_{max}|=31.25$kN·m

第5章

5-1 $\rho=85.7$m

5-2 $\sigma_{max}=1000$MPa

5-3 (a) $\sigma_A=0$，$|\sigma_B|=73.4$MPa，$|\sigma_C|=36.7$MPa

(b) $|\sigma_A|=97.9$MPa，$|\sigma_B|=29.42$MPa，$|\sigma_C|=85.1$MPa

5-4 (略)

5-5 $\sigma_D=0.0754$MPa，$\sigma_{tmax}=4.75$MPa，$\sigma_{cmax}=6.29$MPa

5-6 (1) 21%；(2) 腹板 15.9%，翼缘 84.1%

5-7 (a) $\sigma_{max}=\frac{3ql^2}{4a^3}$；(b) $\sigma_{max}=\frac{3ql^2}{2a^3}$；(c) $\sigma_{max}=\frac{3ql^2}{4a^3}$

5-8 $F=85.8$kN

5-9 $q=19.9$kN/m，$\sigma_{max}=141.8$MPa

5-10 (a) $\tau_{max}=5.18$MPa；(b) $\tau_{max}=6.77$MPa

5-11 $\tau_{a-a}=0$，$\tau_{b-b}=1.76$MPa

5-12 cd 面:$F_S=0.81$kN，$F_N=-32.1$kN

ab 面：$F_S=0.83$kN，$F_N=-33.7$kN

5-13 (1) 略；(2) $F'_S=\frac{3ql^2}{4h}$

5-14 $F_{min}=13.1$kN

5-15 $[q]=16.0$kN/m

5-16 $n_t=2.97$，$n_c=12.46$

5-17 $\sigma_{tmax}=28.8$MPa，$\sigma_{cmax}=46.1$MPa

5-18 (1) $x=\frac{9}{4}h=225$mm；(2) $\delta=11$mm

5-19 $d_{min}=266$mm

5-20 $d=111$mm

5-21 $[q]=15.7$kN/m

5-22 $n=18$

5-23 $[q]=3.97$kN/m

5-24 $\sigma_A=-146.3$MPa，$\sigma_B=121.3$MPa，$\sigma_C=-36.3$MPa

5-25 $\sigma_{max}=61.7$MPa

5-26 $\sigma_A=106.6$MPa，$\sigma_B=-106.6$MPa，$\sigma_C=0$MPa

5-27 (略)

5－28 （a）$e=49.1\text{mm}$；（b）$e=180\text{mm}$

5－29 $\sigma_{\text{smax}}=130\text{MPa}$，$\sigma_{\text{wmax}}=17.2\text{MPa}$

5－30 $\sigma_{\max}=94.1\text{MPa}$

第6章

6－1 （a）$\theta_C=-\dfrac{7qa^3}{9EI}$，$w_C=\dfrac{8qa^4}{9EI}$；（b）$\theta_B=\dfrac{qa^3}{6EI}$，$w_C=\dfrac{qa^4}{12EI}$

（c）$\theta_B=\dfrac{qa^3}{2EI}$，$w_D=-\dfrac{qa^3}{8EI}$；（d）$\theta_C=-\dfrac{Fa^2}{12EI}$，$w_C=-\dfrac{Fa^3}{12EI}$

6－2 （略）

6－3 （a）$w_B=-\dfrac{9Fa^3}{8EI}$，$\theta_C=-\dfrac{19Fa^4}{24EI}$；（b）$w_A=\dfrac{3qa^4}{8EI}$，$\theta_B=\dfrac{5qa^3}{12EI}$

（c）$w_C=-\dfrac{2qa^4}{EI}$，$\theta_C=-\dfrac{qa^3}{6EI}$；

（d）$\theta_C=8.307\times10^{-4}\text{rad}$，$\theta_B=-8.225\times10^{-4}\text{rad}$

（e）$w_B=29.9\text{mm}$，$\theta_C=4.342\times10^{-3}\text{rad}$

6－4 （a）$w_D=\dfrac{27Fl^3}{2EI}$，$w_B=\dfrac{43Fl^3}{2EI}$；（b）$\theta_C=\dfrac{Fl^2}{4EI}$

（c）$w_C=\dfrac{5ql^4}{12EI}$，$\theta_B=-\dfrac{23ql^3}{12EI}$；（d）$w_C=\dfrac{23Fl^3}{24EI}$，$w_A=0$

（e）$w_C=\dfrac{5Fl^3}{8EI}$，$\theta_{C左}=\dfrac{11Fl^2}{12EI}$，$\theta_{C右}=\dfrac{13Fl^2}{48EI}$；

（f）$\theta_C=-\dfrac{2M_el}{3EI}$，$w_D=-\dfrac{M_el^2}{EI}$

6－5 距 C 支座$0.517l$

6－6 $|M|_{\max}=M_e,F_S=-\dfrac{3M_e}{2l}$

6－7 14a 号槽钢

第7章

7－1 $\sigma_{①}=\dfrac{4F}{11A}$，$\sigma_{②}=\dfrac{6F}{11A}$

7－2 $\Delta_{BC}=0$

7－3 $F_{N钢}=60\text{kN}$，$F_{N混}=240\text{kN}$

7－4 $\sigma_{①}=92.86\text{MPa}$，$\sigma_{②}=46.43\text{MPa}$；$\delta_0=0$ 时，$\sigma_{①}=178.6\text{MPa}$，$\sigma_{②}=89.3\text{MPa}$

7－5 $F_{NAA'}=F_{NCC'}=240\text{N}$，$F_{NBB'}=720\text{N}$

7－6 $\sigma_{①}=72.74\text{MPa}$，$\sigma_{②}=54.56\text{MPa}$

7－7 $\dfrac{a}{l}=d_1^4/(d_1^4+d_2^4)$

7-8 $\tau_{max}=66.3\text{MPa}$

7-9 (a) $F_{RB}=1.86F$；(b) $F_{RB}=\frac{5}{8}ql$；(c) $F_{RB}=\frac{F}{3}$；(d) $F_{RB}=\frac{23}{72}ql$

7-10 (a) $F_{RA}=\frac{17}{32}ql$，$|M|_{max}=ql^2$

(b) $F_{RA}=26.65\text{kN}$，$|M|_{max}=10\text{kN}\cdot\text{m}$

7-11 (a) $w_{max}=\frac{5ql^4}{24EI}$，$M_C=\frac{1}{2}ql^2$；$w_{max}=\frac{5ql^4}{192EI}$，$M_{max}=\frac{9ql^2}{128}$

(b) $w_{max}=\frac{2M_el^2}{EI}$，$M_{max}=M_e$；$w_{max}=\frac{3M_el^2}{4EI}$，$M_{max}=M_e$

7-12 加固后 $w_{max}=\frac{2Fl^3}{9EI}$，$M_{max}=\frac{FL}{3}$，均减少了 2/3

7-13 $M_{max}=\frac{9}{17}M_e$

7-14 $w_C=\frac{Fl^3}{24E(I_2+2I_1)}$

7-15 $\Delta=\frac{7ql^4}{72EI}$

7-16 $F_A=\frac{6EI\theta}{l^2}$（铅直向上），$M_A=\frac{EI\theta}{l}$（逆时针）

7-17 $F_B=-\frac{3\alpha_l(t_2-t_1)EI}{2hl}$（铅直向下）

第 8 章

8-1 （略）

8-2 (a) $\sigma_{60°}=18.12\text{MPa}$，$\tau_{60°}=47.99\text{MPa}$

(b) $\sigma_{-30°}=-83.12\text{MPa}$，$\tau_{-30°}=-22\text{MPa}$

(c) $\sigma_{-45°}=-60\text{MPa}$，$\tau_{-45°}=-10\text{MPa}$

(d) $\sigma_{120°}=-35\text{MPa}$，$\tau_{120°}=-8.66\text{MPa}$

8-3 A 点：$\sigma_{-70°}=0.58\text{MPa}$，$\tau_{-70°}=-0.84\text{MPa}$

B 点：$\sigma_{-70°}=0.45\text{MPa}$，$\tau_{-70°}=-1.23\text{MPa}$

8-4 (a) $\sigma_1=160.5\text{MPa}$，$\sigma_2=0$，$\sigma_3=-30.5\text{MPa}$，$\alpha_0=-23.56°$

(b) $\sigma_1=55\text{MPa}$，$\sigma_2=0$，$\sigma_3=-115\text{MPa}$，$\alpha_0=-55.28°$

(c) $\sigma_1=88.3\text{MPa}$，$\sigma_2=0$，$\sigma_3=-28.3\text{MPa}$，$\alpha_0=-15.48°$

(d) $\sigma_1=20\text{MPa}$，$\sigma_2=\sigma_3=0$，$\alpha_0=45°$

8-5 A 点：$\sigma_1=5.84\text{MPa}$，$\sigma_3=-0.01\text{MPa}$，$\alpha_0=-1.83°$

B 点：$\sigma_1=0.08\text{MPa}$，$\sigma_3=-3.75\text{MPa}$，$\alpha_0=81.65°$

8-6 $F=4.8\text{kN}$

8-7 （略）

8-8 (a) $\sigma_1=3F/A$，$\sigma_2=0$，$\sigma_3=-F/A$，$\alpha_0=0$

(b) $\sigma_1=2F/A$，$\sigma_2=0$，$\sigma_3=-2F/A$，$\alpha_0=90°$

8-9 (1) $\sigma_x=4.48\text{MPa}$，$\sigma_y=2.52\text{MPa}$，$\tau_x=3.36\text{MPa}$

(2) $\sigma_1=7\text{MPa}$，$\sigma_2=\sigma_3=0$，$\alpha_0=-36.9°$

8-10 (略)

8-11 $\tau_x=80\text{MPa}$

8-12 $\alpha=60°$

8-13 (略)

8-14 $\sigma_1=\sigma_2=0$，$\sigma_3=-66.5\text{MPa}$

8-15 $\varepsilon_3=-4.71\times10^{-5}$

8-16 $F=13.4\text{kN}$

8-17 $F=31.1\text{kN}$

8-18 $M_x=8.37\text{kN}\cdot\text{m}$

8-19 $\sigma_1=\tau_{12}-\dfrac{\Delta\delta E}{2\delta\nu}$，$\sigma_2=-\tau_{12}-\dfrac{\Delta\delta E}{2\delta\nu}$

8-20 $\Delta\varepsilon_{0°}=250\times10^{-6}$，$\Delta\varepsilon_{45°}=121\times10^{-6}$，$\Delta\varepsilon_{90°}=-75\times10^{-6}$

8-21 $V_{\varepsilon1}=\dfrac{F^2l}{2EA}$，$V_{\varepsilon2}=\dfrac{F^2l}{6EA}$

8-22 $V_{\varepsilon1}=\dfrac{F^2l}{2EA}$，$V_{\varepsilon2}=\dfrac{5F^2l}{8EA}$

8-23 $\upsilon_v=0.0147\text{MPa}$，$\upsilon_d=0.0195\text{MPa}$

8-24 $\varepsilon_1=420\times10^{-6}$，$\varepsilon_3=-100\times10^{-6}$，$\alpha_0=11.3°$

8-25 $\varepsilon_1=\varepsilon_2=857\times10^{-6}$，$\varepsilon_3=-572\times10^{-6}$，$\gamma_{max}=1429\times10^{-6}\text{rad}$

第9章

9-1 $d_1=42\text{mm}$，$d_3=45\text{mm}$

9-2 $M=3.434\text{kN}\cdot\text{m}$

9-3 $\sigma_{r3}=95\text{MPa}$，$\sigma_{r4}=86.75\text{MPa}$

9-4 $\sigma_{r1}=24.3\text{MPa}$，$\sigma_{r2}=26.6\text{MPa}$

9-5 $\sigma_{rM}=54.27\text{MPa}$

9-6 $\sigma_{r3}=250\text{MPa}$，$\sigma_{r4}=229\text{MPa}$

9-7 $\sigma_{r3}=183\text{MPa}$

9-8 $\sigma_{r3}=79.1\text{MPa}$

9-9 (1) $(\sigma_{r3})_a=\sqrt{\sigma^2+4\tau^2}$，$(\sigma_{r3})_b=\sigma+\tau$；(2) $(\sigma_{r4})_a=(\sigma_{r4})_b=\sqrt{\sigma^2+3\tau^2}$

9-10 $\sigma_{rM}=1.18\text{MPa}$，$\tau_{A-A}=1.4\text{MPa}$

9-11 工字钢20a号，$\sigma_{r3}=118.7\text{MPa}$

9-12 $\sigma_{max}=168.8\text{MPa}$，$\tau_{max}=89.6\text{MPa}$，$(\sigma_{r4})_a=162.7\text{MPa}$

9-13 (略)

9－14　$\tau_b = \frac{4}{5}(\sigma_b)_t$

第 10 章

10－1　（略）

10－2　$\sigma_A = 2.17\text{MPa}$

10－3　$\sigma_{max} = 9.8\text{MPa}$

10－4　工字钢32b

10－5　$F = -\frac{\varepsilon_A + \varepsilon_B}{12l}Ea^3$，$M = \frac{-\varepsilon_A + \varepsilon_B}{12}Ea^3$

10－6　（1）$\sigma_{max} = 9.88\text{MPa}$；（2）$\sigma_{max} = 10.5\text{MPa}$

10－7　$\sigma_{tmax} = 5.09\text{MPa}$，$\sigma_{cmax} = 5.29\text{MPa}$

10－8　（a）$b = 5.81\text{m}$；（b）$b = 5.81\text{m}$

10－9　$|\sigma|_{max} = 134\text{MPa}$（压）

10－10　$\sigma_A = -0.192\text{MPa}$，$\sigma_B = -0.0114\text{MPa}$

10－11　（1）$\sigma_{max} = 0.72\text{MPa}$；（2）$D = 4.15\text{m}$

10－12　（1）8 倍；（2）7.17 倍

10－13　$\sigma_{tmax} = 135.6\text{MPa}$，$\sigma_{cmax} = 72.55\text{MPa}$

10－14　（略）

10－15　$F = 24.9\text{kN}$

10－16　$F_x = 20\text{kN}$，$F_y = 150\text{kN}$

10－17　（略）

10－18　$W = 788\text{N}$

10－19　$\sigma_{r4} = 54.4\text{MPa}$

10－20　$\delta = 2.65\text{mm}$

10－21　$\sigma_{r4} = 51.7\text{MPa}$

10－22　$F = 2.065\text{kN}$，$T = 2.01\text{N} \cdot \text{m}$，$\sigma_{r4} = 32\text{MPa}$

10－23　（1）略；（2）$\sigma_{r3} = 138\text{MPa}$

10－24　$\sigma_{r3} = 83.1\text{MPa}$

第 11 章

11－1　$\tau = 89.13\text{MPa}$，$n = 1.11$

11－2　$\tau = 84.88\text{MPa}$，$d = 33\text{mm}$

11－3　$F_1 = 240\text{kN}$，$F_2 = 190.4\text{kN}$

11－4　$t = 12\text{mm}$

11－5　（a）$\tau = 109.8\text{MPa}$；（b）$\tau = 169.5\text{MPa}$

11－6　$t = 96\text{mm}$

11－7　$T = 19.32\text{MPa}$

11－8 $F=300\text{N}$

11－9 $[M_T]=2.21\text{kN}\cdot\text{m}$，$n=4$

11－10 $[F]=5.14\text{kN}$

11－11 $[F_S]=12.4\text{kN}$

11－12 $l_1=69\text{mm}$，$l_2=35\text{mm}$

第12章

12－1 （略）

12－2 $F_{cr}=258.8\text{kN}$

12－3 矩形：实心圆：正方形：空心圆＝1：1.91：2.0：5.6

12－4 $F_{cr}=150\text{kN}$

12－5 升高29℃

12－6 $F_{cr}=\dfrac{\pi^3 Ed^4}{128l^2}$

12－7 （1）$\lambda_P=92.32$；（2）$\lambda_P=65.81$；（3）$\lambda_P=73.68$

12－8 $[F]=153\text{kN}$

12－9 $[F_1]=115.95\text{kN}$，$[F_2]=45.74\text{kN}$

12－10 $d=49.4\text{mm}$

12－11 $[F]=89.7\text{kN}$

12－12 $[F]=141.6\text{kN}$

12－13 $d=168.85\text{mm}$

12－14 $a=198.08\text{mm}$

12－15 $[q]=5.58\text{kN/m}$

12－16 （1）$F_{cr}=132.3\text{kN}$；（2）$\dfrac{F_{cr}}{F}=1.89$

12－17 AB 梁 $\sigma_{max}=163.3\text{MPa}$，$CD$ 杆 $\sigma=79.6\text{MPa}$

12－18 AB 梁 $\sigma_{max}=167.4\text{MPa}$，$CD$ 杆 $\sigma=100.6\text{MPa}$

12－19 $[F]=45.12\text{kN}$

12－20 $\sigma_{max}=127.8\text{MPa}$

第13章

13－1 （a）$V_\varepsilon=\dfrac{3F^2a}{4EA}$；（b）$V_\varepsilon=\dfrac{M^2a}{12EI}$；（c）$V_\varepsilon=\dfrac{F^2a^3}{12EI}+\dfrac{D^2F^2a}{8GI_P}$

13－2 （a）$V_\varepsilon=\dfrac{2F^2l}{\pi Ed^2}$；（b）$V_\varepsilon=\dfrac{7F^2l}{8\pi Ed^2}$；（c）$V_\varepsilon=\dfrac{2F^2l}{3\pi Ed^2}$；（d）$V_\varepsilon=\dfrac{14F^2l}{8\pi Ed^2}$

13－3 $V_\varepsilon=\dfrac{9.6T^2}{\pi Gd_1^4}$

13－4 （a）$V_\varepsilon=\dfrac{F^2l^3}{96EI}$；（b）$V_\varepsilon=\dfrac{17q^2l^5}{15360EI}$；（c）$V_\varepsilon=\dfrac{F^2l^3}{16EI}$

13-5 (a) $w_C=\frac{5Fl^3}{6EI}$，$\theta_C=\frac{3Fl^2}{2EI}$；(b) $y_C=\frac{5Fl^4}{48EI}$，$\theta_C=-\frac{Fl^2}{48EI}$

13-6 (a) $\Delta_C=\frac{Fa}{2EA}$；(b) $\Delta_C=\frac{9Fa}{4EA}$

13-7 (a) $\Delta_{Ax}=\frac{17M_e a^2}{6EI}$ (→)，$\Delta_{Ay}=0$，$\theta_B=\frac{5M_e a}{3EI}$ (↻)

(b) $\Delta_{Ax}=\frac{l^3}{48EI}(ql+24F)$ (→)，$\Delta_{Ay}=0$，$\theta_B=\frac{l^2}{48EI}(ql+4F)$ (↺)

13-8 (a) $w_C=\frac{11qa^4}{24EI}$，$\theta_A=\frac{2qa^3}{3EI}$；(b) $w_C=\frac{13Ml^2}{36EI}$，$\theta_A=-\frac{Ml}{9EI}$

13-9 (a) $\Delta_C=\frac{Fa^3}{3EI}$；(b) $\Delta_C=\frac{4Fa^3}{EI}$；(c) $\Delta_C=\frac{2Fa^3}{EI}$

13-10 (a) $F_{NAC}=F_{NBC}=53.68\text{kN}$，$F_{NAD}=F_{NBD}=52.6\text{kN}$

(b) $F_{NB}=\frac{1+\cos^3\alpha}{1+\cos^3\alpha+\sin^3\alpha}F$，$F_{NA}=\frac{F\sin^2\alpha}{1+\cos^3\alpha+\sin^3\alpha}$，$F_{ND}=\frac{-F\sin^2\alpha\cos\alpha}{1+\cos^3\alpha+\sin^3\alpha}$

(c) $F_{Ny}=\frac{4}{3}F$，$M_A=-\frac{Fl}{3}$，$F_B=\frac{2F}{3}$

(d) $M_A=M_B=\frac{ql^2}{12}$，$F_{Ay}=F_{Ay}=\frac{ql}{2}$

第14章

14-1 梁:$\sigma_{\max}=46.3\text{MPa}$；吊索：$\sigma_d=40.2\text{MPa}$

14-2 梁:$\Delta\sigma=13.56\text{MPa}$；吊索：$\Delta\sigma=3.4\text{MPa}$

14-3 $\sigma_{\max}=174.7\text{MPa}$

14-4 $d=150\text{mm}$

14-5 (a) $\sigma_{\max}=\sqrt{\frac{160HEW}{11\pi ld^2}}$；(b) $\sigma_d=\sqrt{\frac{2HEW}{\pi ld^2}}$

14-6 $\sigma_d=4.62\text{MPa}$

14-7 (略)

14-8 $h=12f$

14-9 $\sigma_{d\max}=43.14\text{MPa}$

14-10 $\sigma_{r3}=\frac{32Wa}{\pi d^3}\sqrt{5}\left[1+\sqrt{1+\frac{\pi d^4 HEW}{32Wa^3(3W+E)}}\right]$

14-11 (a) $K_d=1+\sqrt{1+\frac{4EIh}{Wl^3}}$；(b) $K_d=1+\sqrt{1+\frac{6EIh}{Wl^3}}$

14-12 $l=0.675\text{m}$

14-13 $\sigma=134.6\text{MPa}$

14-14 (略)

14-15 (略)

14-16 $n_\sigma=1.84$

14-17 $M_{x\max}=1.41\text{kN}\cdot\text{m}$

14-18 $\Delta\sigma=114\text{MPa}$

第 15 章

15-1 (a) $M_{xu}=8.48\text{kN}\cdot\text{m}$；(b) $M_{xu}=17.58\text{kN}\cdot\text{m}$

15-2 (略)

15-3 $[F]=240\text{kN}$

15-4 (1) $M_s=1.44\text{kN}\cdot\text{m}$；(2) $M'_s=1.59\text{kN}\cdot\text{m}$

15-5 按极限荷载法选12b，按容许应力法选 14

15-6 $[F]=130\text{kN}$

15-7 (1) $\sigma_{顶}=120\text{MPa}$，$\sigma_{中}=0$；(2)(略)；(3) $M=\dfrac{bh^2}{4}\sigma_s$

15-8 $F_u=3732\sigma_s A$

15-9 $F_s=A\sigma_s, F_u=\dfrac{4}{3}A\sigma_s$

15-10 $A=1.249\dfrac{F_u}{\sigma_s}$

附录 A

A-1 (a) $y_C=38.8\text{mm}$；(b) $y_C=35\text{mm}$，$z_C=30\text{mm}$

A-2 (a) $S_z=5\times10^5\text{mm}^3$；(b) $S_z=1159\times10^3\text{mm}^3$

A-3 (a) $I_y=\dfrac{\pi d^4}{64}$，$I_z=\dfrac{5\pi d^4}{64}$，$I_{yz}=0$

(b) $I_y=391.3\times10^4\text{mm}^4$，$I_z=5580\times10^3\text{mm}^4$，$I_{yz}=0$

A-4 (a) $a=23.2\text{mm}$；(b) $a=8.89\text{mm}$

A-5 (a) $I_y=I_z=368.5\times10^4\text{mm}^4$；(b) $I_y=I_z=1247\times10^4\text{mm}^4$

A-6 (略)

A-7 (略)

A-8 (a) $I_y=1615\times10^4\text{mm}^4$，$I_z=10186\times10^4\text{mm}^4$

(b) $I_y=25.78\times10^4\text{mm}^4$，$I_z=244.5\times10^4\text{mm}^4$

(c) $I_y=I_z=\dfrac{11\pi d^4}{64}$

A-9 (a) $\alpha_0=-45°$，$I_y=73.5\times10^4\text{mm}^4$，$I_z=286.5\times10^4\text{mm}^4$

(b) $\alpha_0=-85.4°$，$I_y=221.4\times10^4\text{mm}^4$，$I_z=2166.3\times10^4\text{mm}^4$

参　考　文　献

[1]　徐道远，朱为玄，王向东．材料力学［M］．南京：河海大学出版社，2006.

[2]　徐道远，黄孟生，朱为玄，等．材料力学［M］．南京：河海大学出版社，2004.

[3]　范钦珊，王波，殷雅俊．材料力学［M］．北京：高等教育出版社，2000.

[4]　孙训方，胡增强，等．材料力学［M］．5版．北京：高等教育出版社，2009.

[5]　刘鸿文．材料力学［M］．3版．北京：高等教育出版社，1997.

[6]　刘鸿文．高等材料力学［M］．北京：高等教育出版社，1985.

[7]　杜庆华，等．材料力学［M］．北京：人民教育出版社，1963.

[8]　Russell C Hibbeler. 材料力学［M］．武建华，缩编．重庆：重庆大学出版社，2007.

[9]　Gere J M，Timoshenko S P. Mecheaics of materials. Second SI Edition［M］．N. Y.：Van Nostrand Reinhold，1984.